石油石化职业技能培训教程

石油地震勘探工

（上册）

中国石油天然气集团有限公司人事部　编

石油工业出版社

内 容 提 要

本书是由中国石油天然气集团有限公司人事部统一组织编写的《石油石化职业技能培训教程》中的一本。书中包括石油地震勘探工基础知识、初级工技能操作及相关知识、中级工技能操作及相关知识，分别介绍了应掌握的石油勘探的基础知识、石油地震勘探钻井、爆炸、放线工序所使用的专用设备和仪器的操作技能及相关知识，并配套了相应等级的知识练习题，以便于员工对知识点的理解和掌握。

本书既可用于职业技能鉴定前培训，也可用于员工岗位技术培训和自学提高。

图书在版编目（CIP）数据

石油地震勘探工. 上册／中国石油天然气集团有限公司人事部编. —北京：石油工业出版社，2020.1
石油石化职业技能培训教程
ISBN 978-7-5183-3664-7

Ⅰ. ①石… Ⅱ. ①中… Ⅲ. ①油气勘探-地震勘探-技术培训-教材 Ⅳ. ①P618.130.8

中国版本图书馆 CIP 数据核字（2019）第 221031 号

出版发行：石油工业出版社
　　　　（北京市朝阳区安华里2区1号楼 100011）
　　网　　址：www.petropub.com
　　编辑部：（010）64256770
　　图书营销中心：（010）64523633
经　销：全国新华书店
印　刷：北京中石油彩色印刷有限责任公司

2020年3月第1版　2020年3月第1次印刷
787毫米×1092毫米　开本：1/16　印张：36.25
字数：930千字

定价：98.00元
（如发现印装质量问题，我社图书营销中心负责调换）
版权所有，翻印必究

《石油石化职业技能培训教程》
编委会

主　任：黄　革

副主任：王子云

委　员（按姓氏笔画排序）：

丁哲帅	马光田	丰学军	王正才	王勇军
王　莉	王　焯	王　谦	王德功	邓春林
史兰桥	吕德柱	朱立明	朱耀旭	刘子才
刘文泉	刘　伟	刘　军	刘孝祖	刘纯珂
刘明国	刘学忱	李忠勤	李振兴	李　丰
李　超	李　想	杨力玲	杨明亮	杨海青
吴　芒	吴　鸣	何　波	何　峰	何军民
何耀伟	邹吉武	宋学昆	张　伟	张海川
陈　宁	林　彬	罗昱恒	季　明	周宝银
周　清	郑玉江	赵宝红	胡兰天	段毅龙
贾荣刚	夏申勇	徐周平	徐春江	唐高嵩
常发杰	蒋国亮	蒋革新	傅红村	褚金德
窦国银	熊欢斌			

《石油地震勘探工》编审组

主　　编：王秀宁

副 主 编：韩明森　王建领　张　伟

编写人员（按姓氏笔画排序）：

　　　　　丁洪文　王全义　冯广占　冯　军

　　　　　刘　伟　刘　坤　杜桂峰　杜晨辉

　　　　　李龙江　吴国楼　张永和　岳春雷

　　　　　周阿群　赵林冬　段孟宪　秦明辉

　　　　　姬玉敏　黄旭东

参审人员（按姓氏笔画排序）：

　　　　　田永彬　李　彪　何　平　张庭豪

　　　　　周北华

PREFACE 前言

随着企业产业升级、装备技术更新改造步伐不断加快，对从业人员的素质和技能提出了新的更高要求。为适应经济发展方式转变和"四新"技术变化要求，提高石油石化企业员工队伍素质，满足职工鉴定、培训、学习需要，中国石油天然气集团有限公司人事部根据《中华人民共和国职业分类大典（2015年版）》对工种目录的调整情况，修订了石油石化职业技能等级标准。在新标准的指导下，组织对"十五""十一五""十二五"期间编写的职业技能鉴定试题库和职业技能培训教程进行了全面修订，并新开发了炼油、化工专业部分工种的试题库和教程。

教程的开发修订坚持以职业活动为导向，以职业技能提升为核心，以统一规范、充实完善为原则，注重内容的先进性与通用性。教程编写紧扣职业技能等级标准和鉴定要素细目表，采取理论实践一体化编写模式，基础知识统一编写，操作技能及相关知识按等级编写，内容范围与鉴定试题库基本保持一致。特别需要说明的是，本套教程在相应内容处标注了理论知识鉴定点的代码和名称，同时配套了相应等级的理论知识练习题，以便于员工理解和掌握知识点，加强学习的针对性。此外，为了提高学习效率，检验学习成果，本套教程为员工免费提供了学习增值服务，员工通过手机登录注册后即可进行移动练习。本套教程既可用于职业技能鉴定前培训，也可用于员工岗位技术培训和自学提高。

本书分上、下两册，上册为基础知识、初级工操作技能及相关知识、中级工操作技能及相关知识，下册为高级工操作技能及相关知识、技师与高级技师操作技能及相关知识。

本工种教程由西南油气田分公司任主编单位，参与审核的单位有长庆油田分公司、青海油田分公司、新疆油田分公司等，在此表示衷心感谢。

由于编者水平有限，书中错误、疏漏之处请广大读者提出宝贵意见。

编者

CONTENTS 目录

第一部分 基础知识

模块一 地球的基本面貌及石油地质基础知识 ·········· 3
  项目一 地球的基本面貌 ·········· 3
  项目二 地质作用概述 ·········· 6
  项目三 地球上的岩石 ·········· 12
  项目四 背斜、向斜与断层 ·········· 23
  项目五 石油地质学相关知识 ·········· 25

模块二 石油物探基础知识 ·········· 50
  项目一 石油物探方法概述及地震勘探基本原理 ·········· 50
  项目二 地震资料野外采集方法 ·········· 60
  项目三 野外地震勘探工作流程 ·········· 86

模块三 滩浅海地震勘探基础知识 ·········· 100
  项目一 滩浅海区域自然条件 ·········· 100
  项目二 海上勘探工作的基本原理 ·········· 102
  项目三 海上地震勘探工作方法 ·········· 106

模块四 机械基础知识 ·········· 110
  项目一 工程材料 ·········· 110
  项目二 典型机械零件及其精度 ·········· 115
  项目三 机械修理基础知识 ·········· 155
  项目四 油料基础知识 ·········· 183

模块五 焊接基础知识 ·········· 195
  项目一 锡焊常用工具 ·········· 195

  项目二 焊料与助焊剂 ·· 198
  项目三 电路焊接方法 ·· 201
模块六 野外施工作业管理基础知识 ·· 204
  项目一 地震勘探中的主要风险 ······································ 204
  项目二 班组管理基础知识 ·· 208
  项目三 环境管理与野外求生知识 ···································· 211

第二部分 初级工操作技能及相关知识

模块一 地震勘探钻井 ·· 217
  项目一 相关知识 ·· 217
  项目二 检查钻机发动机 ·· 243
  项目三 检查钻具 ·· 244
  项目四 检查钻机的润滑系统 ·· 245
  项目五 出工前检查钻机 ·· 245
  项目六 收工后检查钻机 ·· 246
  项目七 更换钻井泵润滑油 ·· 247
  项目八 更换涡轮箱润滑油 ·· 247
  项目九 更换动力头润滑油 ·· 248
  项目十 更换钻机钻井泵活塞 ·· 249
  项目十一 更换钻机钻井泵阀垫 ······································ 250
  项目十二 启动钻机发动机 ·· 250
  项目十三 操作 WT50 钻机液压系统 ·································· 251
  项目十四 操作 WT50 钻机钻井液循环系统 ···························· 252
  项目十五 配制钻井液 ·· 252
  项目十六 接钻杆 ·· 253
  项目十七 卸钻杆 ·· 254
  项目十八 冲击器拆装与保养 ·· 255
模块二 地震勘探爆炸 ·· 257
  项目一 相关知识 ·· 257
  项目二 制作成型炸药包 ·· 288
  项目三 装填炸药 ·· 290
  项目四 连接炮线安置井口检波器 ···································· 291
  项目五 操作雷管测试仪 ·· 292

| 项目六　警戒炮点规程 | 293 |

模块三　地震勘探放线

项目一　相关知识	294
项目二　布设地震电缆检波器	304
项目三　使用万用表测量电阻	305
项目四　操作手持通信电台	306
项目五　操作收放电缆机	307

第三部分　中级工操作技能及相关知识

模块一　地震钻井

项目一　相关知识	313
项目二　保养钻机钻井泵总成	350
项目三　保养井架总成	351
项目四　更换分动箱润滑油	352
项目五　保养起升加压装置总成	352
项目六　常规保养气动系统	353
项目七　更换链轮箱润滑油	354
项目八　更换钻井泵阀组件	354
项目九　更换钻机加压系统装置小链轮总成	355
项目十　更换钻机动力头水封	356
项目十一　更换钻机动力头下油封	357
项目十二　更换万向节十字轴	358
项目十三　维护气动离合器	358
项目十四　操作钻机钻井	359

模块二　地震勘探爆炸

项目一　相关知识	363
项目二　连接爆炸网络	387
项目三　排除爆炸网络故障	388
项目四　爆炸机电瓶检测与充电	389
项目五　安装检测爆炸机	390
项目六　操作爆炸机通信电台	391

模块三　地震勘探放线

| 项目一　相关知识 | 393 |

项目二　复杂地形布设埋置检波器……………………………………… 410
　　项目三　排除排列故障……………………………………………………… 411
　　项目四　排除3串3并检波器故障………………………………………… 412
　　项目五　组装检波器芯体与外壳………………………………………… 414
　　项目六　更换检波器上盖………………………………………………… 415
　　项目七　更换检波器防水帽……………………………………………… 416

理论知识练习题

初级工理论知识练习题及答案………………………………………………… 421
中级工理论知识练习题及答案………………………………………………… 473

附　录

附录1　职业技能等级标准…………………………………………………… 527
附录2　初级工理论知识鉴定要素细目表…………………………………… 536
附录3　初级工操作技能鉴定要素细目表…………………………………… 542
附录4　中级工理论知识鉴定要素细目表…………………………………… 543
附录5　中级工操作技能鉴定要素细目表…………………………………… 550
附录6　高级工理论知识鉴定要素细目表…………………………………… 551
附录7　高级工操作技能鉴定要素细目表…………………………………… 556
附录8　技师、高级技师理论知识鉴定要素细目表………………………… 558
附录9　技师操作技能鉴定要素细目表……………………………………… 565
附录10　高级技师操作技能鉴定要素细目表……………………………… 566
附录11　操作技能考核内容层次结构表…………………………………… 567
参考文献………………………………………………………………………… 568

第一部分

基础知识

模块一　地球的基本面貌及石油地质基础知识

项目一　地球的基本面貌

地球是太阳系八大行星之一,其形状近似一个旋转椭球体,大约是 46 亿年前形成的,平均半径约为 6378km。地球绕太阳按椭圆形轨道公转,绕地轴自西向东自转。地球的表面由陆地和海洋组成,其中海洋面积占地球表面积的 70.8%。地球表面起伏不平,有高原、山地、丘陵、平原、盆地和海洋等。

地球的构造就像是一个半熟的鸡蛋,主要分为三层。地球的外表相当于蛋壳,这部分叫作"地壳",它的厚度各处很不均一,由几千米到 70km 不等,其中大陆壳较厚,海洋壳较薄。地壳的下面是"中间层",相当于鸡蛋白,也叫"地幔",它主要是由熔融状态的岩浆构成,厚度约为 2865km。地壳的内部相当于蛋黄的部分叫作"地核",地核又分为外地核、过渡层和内地核。

一、地球的内部结构

> GAA011　地球的内部结构

(一) 地壳

地壳是地球的表面层,也是人类生存和从事各种生产活动的场所。地壳实际上是由多组断裂的、很多大小不等的块体组成的,它的外部呈现出高低起伏的形态,因而地壳的厚度并不均匀:大陆下的地壳平均厚度约 35km,我国青藏高原的地壳厚度达 65km 以上;海洋下的地壳厚度仅约 5~10km;整个地壳的平均厚度约 17km,这与地球平均半径 6371km 相比,仅是薄薄的一层。地壳上层为花岗岩层(岩浆岩),主要由硅-铝氧化物构成;下层为玄武岩层(岩浆岩),主要由硅-镁氧化物构成。

地壳由 90 多种元素组成,它们多以化合物的形态存在。氧、硅、铝、铁、钙、钠、钾、镁 8 种元素的质量占地壳总质量的 98.04%。其中氧几乎占 1/2,硅占 1/4。硅酸盐类矿物在地壳中分布最广。

地壳内部的温度产生的热量,一般认为,是由于地球物质中所含的放射性元素衰变产生的热量。有人估计,在地球的历史中,地球内部由于放射性元素衰变而产生的热量,平均为每年 5 万亿亿卡。

莫霍面是地壳和地幔的分界面。1909 年,奥地利地震学家莫霍洛维奇发现,当地震波通过地下 33km 处时,纵波速度由 7.6km/s 急增到 8.1km/s,横波速度由 4.2km/s 增至 4.6km/s 有一个明显的不连续面,后经各地观测证实,这个不连续面在全球普遍存在,故把这一不连续面称莫霍洛维奇面,简称莫霍面,或称莫氏面。

(二) 地幔

地壳下面是地球的中间层，叫作"地幔"，厚度约 2865km，主要由致密的造岩物质构成，这是地球内部体积最大、质量最大的一层。地幔又可分成上地幔和下地幔两层。一般认为上地幔顶部存在一个软流层，推测是由于放射元素大量集中，蜕变放热，将岩石熔融后造成的，可能是岩浆的发源地。软流层以上的地幔部分和地壳共同组成了岩石圈。下地幔温度、压力和密度均增大，物质呈可塑性固态。地幔上层物质具有固态特征，主要由铁、镁的硅酸盐类矿物组成，由上而下，铁、镁的含量逐渐增加。

古登堡面是地幔和地核的分界面。自莫霍面向下，地震波速度持续增大，在地下 2900km 处纵波速度由 13.64km/s，突然降为 8.1km/s，而横波由 7.3km/s 至此完全消失。这个不连续面是在 1914 年由美籍德国地震学家古登堡最早发现的，故称古登堡不连续面，简称古登堡面。

(三) 地核

地幔下面是地核，地核的平均厚度约 3400km。地核还可分为外地核、过渡层和内地核三层，外地核厚度约 2080km，物质大致成液态，可流动；过渡层的厚度约 140km；内地核是一个半径为 1250km 的球心，物质大概是固态的，主要由铁、镍等金属元素构成。地核的温度和压力都很高，估计温度在 5000℃ 以上，压力达 $1.32×10^8$ kPa 以上，密度为 12.51g/cm³。美国一些科学家用实验方法推算出地幔与地核交界处的温度为 3500℃ 以上，外核与内核交界处温度为 6300℃，核心温度约 6600℃。横波不能在外地核中传播，表明了外地核的物质在高温和高压环境下呈液态或熔融状态。它们相对于地壳的"流动"（软流层一般认为可能是岩浆的主要发源地之一），可能是地球磁场产生的主要原因。

二、地球的外部圈层

地球的外部圈层与磁层及内部圈层之间并没有严格的界线，各圈层之间也没有明显的分界，特别在底层，大气圈、水圈、生物圈相互交错。

(一) 大气圈

大气圈是地球外圈中最外部的气体圈层，又叫大气层。地球就被这一层很厚的大气层包围着。大气圈是地球海陆表面到星际空间的过渡圈层，没有明显的上限，一直可以延续到 800km 高度以上，只是越趋向外大气越少，空气密度随高度而减小，越高空气越稀薄。整个大气层随高度不同表现出不同的特点，分为对流层、平流层、中间层、暖层和散逸层，再上面就是星际空间了。在 2000~16000km 高空仍有稀薄的气体和基本粒子。它包围着海洋和陆地。地下土壤和某些岩石中也会有少量空气，它们也可认为是大气圈的一个组成部分。大气层的成分主要有氮气（占 78.1%）、氧气（占 20.9%）、氩气（占 0.93%），还有少量的二氧化碳、稀有气体（氦气、氖气、氩气、氪气、氙气、氡气）和水蒸气。大气层的大气圈对生物的形成、发育和保护有很大的作用。由于大气圈的存在，挡住绝大多数飞向地球的陨石，拦截下太阳辐射中的大部分紫外线和来自宇宙的高能粒子流，保护了地球生命，免遭外来的打击。因此，大气圈是地球表面和生命的盾牌。

（二）水圈

水圈是指连续包围地球表面的水层，包括海洋、江河、湖泊、沼泽、冰川和地下水等，它是一个连续但不很规则的圈层，既有液态水，也有气态水和固态水。从离地球数万千米的高空看地球，可以看到地球大气圈中水汽形成的白云和覆盖地球大部分的蓝色海洋，它使地球成为一颗"蓝色的行星"，又是一颗"水球"。水圈是地球特有的环境优势。水圈的运动和循环影响了地球上各种环境条件的变化，影响各个圈层，使地球处在不断变换之中。更重要的是水对亿万种生命及人类能在地球上生存和发展，具有决定性的意义。

（三）生物圈

生物圈是指地球表层生物有机体及其生存环境的总称，是一个有生命的特殊圈层。生物圈是地球特有的圈层，它是地球大气、水和地壳长期演化、相互作用的结果，它又参与了对岩石、大气和水等其他圈层的改造，对地表物质的循环、能量转换和积聚具有特殊作用。

三、地球的物理性质

地球内部的主要物理性质包括密度、压力、重力、温度、磁场及弹塑性等。

（一）密度

根据万有引力公式可算出地球的质量为 5.974×10^{21} g，再利用地球体积可得出地球平均密度为 5.516 g/cm^3。地球内部的密度由表层的 $2.7\sim2.8$ g/cm^3 向下逐渐增加到地心处的 12.51 g/cm^3，并且在一些不连续面处有明显的跳跃，其中以古登堡面（核—幔界面）处的跳跃幅度最大，从 5.56 g/cm^3 剧增到 9.98 g/cm^3；在莫霍面（壳—幔界面）处密度从 2.9 g/cm^3 左右突然增至 3.32 g/cm^3。

（二）压力

地球内部的压力是指不同深度上单位面积上的压力，实质上是压强。在地内深处某点，来自其周围各个方向的压力大致相等，其值与该点上方覆盖的物质的重量成正比。地内的这种压力又称为静压力或围压，静压力平衡公式可表示为 $p=h\rho_h g_h$（即静压力 p 等于某深度 h 和该深度以上的地球物质平均密度 ρ_h 与平均重力加速度 g_h 的乘积）。因此，地内压力总是随深度连续而逐渐地增加的。

（三）重力

地球上的任何物体都受着地球的吸引力和因地球自转而产生的离心力的作用。地球吸引力和离心力的合力就是重力。地球的离心力相对吸引力来说是非常微弱的，其最大值不超过引力的 1/288，因此重力的方向仍大致指向地心。地球周围受重力影响的空间称重力场。重力场的强度用重力加速度来衡量，并简称为重力（单位为伽或毫伽：$1\text{Gal}=1\text{cm/s}^2=10^3\text{mGal}$）。根据万有引力定律 $\left(F=G\dfrac{m_1\cdot m_2}{r^2}\right)$，地球表面的引力与地球半径的平方成反比，而地球的形状接近于一个赤道半径略大、两极半径略小的扁球体。因此，地球两极的重力值最大，并向赤道减小，减小数值可达 1.8Gal 左右。

(四)温度

温度在地球内部的分布状况称为地温场。在地壳表层,由于太阳辐射热的影响,其温度常有昼夜变化、季节变化和多年周期变化,这一层称为外热层。外热层受地表温差变化的影响由地表向下逐渐减弱,外热层的平均深度约15m,最多不过几十米。在外热层的下界处,温度常年保持不变,等于或略高于年平均气温,这一深度带称为常温层。在常温层以下,由于受地球内部热源的影响,温度开始随深度增加而逐渐增高。理论上认为地壳内的温度和压力随深度增加,每加深100m温度升高1℃。近年的钻探结果表明,在深达3km以上时,每加深100m温度升高2.5℃,到11km深处温度已达200℃。

对于地球深部的温度分布,目前主要是根据地震波的传播速度与介质熔点温度的关系式推导得出的。根据目前最新的推算资料,在莫霍面处的地温大约为400~1000℃,在岩石圈底部大约为1100℃,在上地幔、下地幔界面附近(约650km深处)大约为1900℃,在古登堡面(核幔界面)附近大约为3700℃,地心处的温度大约为4300~4500℃。地热也是一种重要的天然资源,地热田可用于发电、工业、农业、医疗和民用等。

(五)磁场

地球周围存在着磁场,称地磁场。地磁场近似于一个放置地心的磁棒所产生的磁偶极子磁场,它有两个磁极,S极位于地理北极附近,N极位于地理南极附近。两个磁极与地理两极位置相近,但并不重合,磁轴与地球自转轴的夹角约为15°。以地磁极和地磁轴为参考系定出的南北极、赤道及子午线被称为磁南极、磁北极、磁赤道及磁子午线。地磁场的磁场强度是一个具有方向(即磁力线的方向)和大小的矢量,为了确定地球上某点的磁场强度,通常采用磁偏角、磁倾角和磁场强度三个地磁要素。磁偏角是磁场强度矢量的水平投影与正北方向之间的夹角,变即磁子午线与地理子午线之间的夹角。

(六)弹塑性

地球具有弹性,表现在地球内部能传播地震波,因为地震波是弹性波。日、月的吸引力能使海水发生涨落即潮汐现象,用精密仪器对地表的观测发现,地表的固体表面在日、月引力下也有交替的涨落现象,其幅度为7~15cm,这种现象称为固体潮,这也说明固体地球具有弹性。同时,地球也表现出塑性。地球自转的惯性离心力能使地球赤道半径加大而成为椭球体,表明地球具有塑性;在野外常观察到一些岩石可发生强烈的弯曲却未破碎或断裂,这也表明固体地球具有塑性。

项目二 地质作用概述

J(GJ)AA003 地质作用的概念和类型

一、地质作用的概念

地质作用,是指由于受到某种能量(外力、内力、人为)的作用,从而引起地壳组成物质、地壳构造、地表形态等不断地变化和形成的作用。

二、地质作用的类型

根据产生地质作用的能源及作用发生的部位,地质作用分为内力地质作用和外力地质作用两类。

内、外力地质作用互有联系,但发展趋势相反。内力地质作用使地球内部和地壳的组成和结构复杂化,造成地表高低起伏;外力地质作用使地壳原有的组成和构造改变。一般来说,内力地质作用控制着外力地质作用的过程和发展。

(一) 内力地质作用

内力地质作用是因地球内部能产生的地质作用,这类地质作用主要发生在地下深处,有的可波及地表。它使岩石圈发生变形、变位,或发生变质,或发生物质重熔,以至形成新岩石。

根据地质营力,内力地质作用又可分成构造运动、岩浆作用和变质作用。

(1) 构造运动:是指岩石圈物质的机械运动。它有垂直和水平两种运动形式。构造运动可使岩石变形、变位,形成各种构造形迹,塑造岩石圈的构造,并决定地表形态发育的基础。构造运动可引起海陆变迁。地震是岩石中积蓄的应变能以弹性波形式突然释放而引起的地球内部的快速颤动。地震发源于地下深处,并波及地表。绝大多数地震是构造运动引起岩石断裂而发生的。

(2) 岩浆作用:是岩浆从形成、运动直到冷凝成岩的全过程。岩浆是地下岩石的高温(800~1200℃)熔融体。它不连续地发源于地幔顶部或地壳深部。岩浆形成后循软弱带从深部向浅部运动,在运动中随温度、压力的降低,本身也发生变化,并与周围岩石相互作用。

(3) 变质作用:是岩石在风化带以下,受温度、压力和流体物质的影响,在固态下转变成新的岩石的作用。岩石变质后,其原有构造、矿物成分都有不同程度的变化,有的可完全改变原岩特征。

(二) 外力地质作用

外力地质作用是因地球外部能产生的,它主要发生在地表或地表附近。外力地质作用按照其发生的序列还可分成风化作用、剥蚀作用、搬运作用、沉积作用和成岩作用。

(1) 风化作用:是地表环境中,矿物和岩石因大气温度的变化,水分、氧、二氧化碳和生物的作用在原地分解、碎裂的作用。

(2) 剥蚀作用:是河流、地下水、冰川、风等在运动中对地表岩石和地表形态的破坏和改造的总称。

(3) 搬运作用:是地质营力将风化、剥蚀作用形成的物质从原地搬往他处的过程。

(4) 沉积作用:是各种被外营力搬运的物质因营力动能减小或介质的物化条件发生变化而沉淀、堆积的过程。

(5) 成岩作用:是松散沉积物转变为坚硬岩石的过程。这种过程往往是因上覆沉积物的重荷压力作用使下层沉积物减少孔隙,排除水分、碎屑颗粒间的联系力增强而发生;也可以因碎屑间隙中的充填物质具有黏结力,或因压力、温度的影响,沉积物部分溶解并再结晶而发生。

三、引起地质作用的能源

J(GJ)AA005 地质作用的能源

来自地球内部的能源称为内能,主要有地内热能、重力能、地球旋转能、化学能和结晶能。来自地球外部的能源称为外能,主要有太阳辐射热、潮汐能和生物能等。

(一)地内热能

地内热能主要是放射性元素蜕变释放的热能和地幔重熔形成的热能。这些能量,部分传导到地面散失,大量的内热由于岩石导热性差,在地下聚积,成为产生各种内力地质作用的动力。根据岩石圈板块理论,地热内能对流是板块运动趋动力的主要能源。

(二)重力能

由于地球重力场的存在,不论是地球表面还是地球内部的任何部位,都将受到重力的影响而具有位能,这就是重力能。在地球内部(主要是地壳和地幔),物质因具有不同密度,在重力作用下按密度不同而重新分配,使密度大的物质下沉,而密度小的物质则上升,从而引起地球内部的物质运动——地壳运动,这种运动既可以表现为上下的升降运动,也可表现为水平运动。

(三)地球旋转能

地球旋转能是地球自转产生的力给予地球表层物质的能,它包括离心力、离极力和科里奥利力。

(四)化学能和结晶能

化学能和结晶能是地表发生化学反应和结晶释放的能。在地球内部,化学反应和结晶作用是普遍存在的,熔融的岩浆在冷凝结晶时,岩浆内部和高温下的岩石内部进行的化学反应都有化学能和结晶能的形成。

(五)太阳辐射热

太阳辐射热是太阳向地球输送的热。其中60%为大气、大陆和海洋吸收,成为大气圈、水圈和生物圈赖以活动、发育,并相互进行物质、能量交换的主要能源。由此产生了一系列外营力,如风、流水、冰川、波浪等。

(六)潮汐能

潮汐能是因日、月对旋转着的地球的各点的引力不断变化而产生的能。在它的作用下,地球上海水发生潮汐现象。潮汐具有机械能,是海洋中地质营力之一。

(七)生物能

生物能是生命活动经过能量转换而产生的能。其中特别指出人类大规模改造自然的活动,更是重要的能的表现形式。

四、地质年代的划分

根据生物的发展和地层形成的顺序,按地壳的发展历史划分的若干自然阶段,叫作地质年代。"宙""代""纪""世"分别指地质年代分期的第一级、第二级、第三级、第四级。地质年代表见(表1-1-1)。

表 1-1-1　国际年代地层表

宇(宙)	界(代)	系(记)	统(世)		阶(期)	年龄值(Ma)
显生宇	新生界	第四系	全新统	上/晚	梅加拉亚阶	0.0042
				中	诺斯格瑞比阶	0.0082
				下/早	格陵兰阶	0.0117
			更新统		上阶	0.126
					中阶	0.781
					卡拉布里雅阶	1.80
					杰拉阶	2.58
		新近系	上新统		皮亚琴察阶	3.600
					赞克勒阶	5.333
			中新统		墨西拿阶	7.246
					托尔托纳阶	11.63
					塞拉瓦莱阶	13.82
					兰盖阶	15.97
					波尔多阶	20.44
					阿基坦阶	23.03
		古近系	渐新统		夏特阶	27.82
					吕珀尔阶	33.9
			始新统		普利亚本阶	37.8
					巴顿阶	41.2
					卢泰特阶	47.8
					伊普里斯阶	56.0
			古新统		坦尼特阶	59.2
					塞兰特阶	61.6
					丹麦阶	66.0
	中生界	白垩系	上白垩统		马斯特里赫特阶	72.1±0.2
					坎潘阶	83.6±0.2
					圣通阶	86.3±0.5
					康尼亚克阶	89.8±0.3
					土伦阶	93.9
					塞诺曼阶	100.5
			下白垩统		阿尔布阶	~113.0
					阿普特阶	~125.0
					巴雷姆阶	~129.4
					欧特里夫阶	~132.9
					瓦兰今阶	~139.8
					贝里阿斯阶	~145.0
		侏罗系	上侏罗统		提塘阶	152.1±0.9
					钦莫利阶	157.3±1.0
					牛津阶	163.5±1.0

续表

宇(宙)	界(代)	系(记)	统(世)		阶(期)	年龄值(Ma)
显生宇	中生界	侏罗系	中侏罗统		卡洛夫阶	166.1±1.2
					巴通阶	168.3±1.3
					巴柔阶	170.3±1.4
					阿林阶	174.1±1.0
			下侏罗统		托阿尔阶	182.7±0.7
					普林斯巴阶	190.8±1.0
					辛涅缪尔阶	199.3±0.3
					赫塘阶	201.3±0.2
		三叠系	上三叠统		瑞替阶	~208.5
					诺利阶	~227
					卡尼阶	~237
			中三叠统		拉丁阶	~242
					安尼阶	247.2
			下三叠统		奥伦尼克阶	251.2
					印度阶	252.17±0.06
	古生界	二叠系	乐平统		长兴阶	254.17±0.07
					吴家坪阶	259.8±0.4
			瓜德鲁普统		卡匹敦阶	265.1±0.4
					沃德阶	268.8±0.5
					罗德阶	272.3±0.5
			乌拉尔统		空谷阶	283.5±0.6
					亚丁斯克阶	290.1±0.26
					萨克马尔阶	293.52±0.17
					阿瑟尔阶	298.9±0.15
		石炭系	宾夕法尼亚亚系	上	格舍尔阶	303.7±0.1
					卡西莫夫阶	307.0±0.1
				中	莫斯科阶	315.2±0.2
				下	巴什基尔阶	323.2±0.4
			密西西比亚系	上	谢尔普霍夫阶	330.9±0.2
				中	维宪阶	346.7±0.4
				下	杜内阶	358.9±0.4
		泥盆系	上泥盆统		法门阶	372.2±1.6
					弗拉阶	382.7±1.6
			中泥盆统		吉维特阶	387.7±0.8
					艾菲尔阶	393.3±1.2
			下泥盆统		埃姆斯阶	407.6±2.6
					布拉格阶	410.8±2.8
					洛赫考夫阶	419.2±3.2
		志留系	普里道利统			423.0±2.3
			罗德洛统		卢德福特阶	425.6±0.9
					高斯特阶	427.4±0.5

续表

宇(宙)	界(代)	系(记)	统(世)	阶(期)	年龄值(Ma)
显生宇	古生界	志留系	温洛克统	侯墨阶	430.5±0.7
				申伍德阶	433.4±0.8
			兰多维列统	特列奇阶	438.5±1.1
				埃隆阶	440.8±1.2
				鲁丹阶	443.8±1.5
		奥陶统	上奥陶统	赫南特阶	445.2±1.4
				凯迪阶	453.0±0.7
				桑比阶	458.4±0.9
			中奥陶统	达瑞威尔阶	467.3±1.1
				大坪阶	470.0±1.4
			下奥陶统	弗洛阶	477.7±1.4
				特马豆克阶	485.4±1.9
		寒武系	芙蓉统	第十阶	~489.5
				江山阶	~494
				排碧阶	~497
			苗岭统	古丈阶	~500.5
				鼓山阶	~504.5
				乌溜阶	~509
			第二统	第四阶	~514
				第三阶	~521
			纽芬兰统	第二阶	~529
				幸运阶	541.0±1.0
前寒武系	元古宇	新元古界		埃迪卡拉系	~635
				成冰系	~720
				拉伸系	1000
		中元古界		狭带系	1200
				延展系	1400
				盖层系	1600
		古元古界		固结系	1800
				造山系	2050
				层侵系	2300
				成铁系	2500
	太古宇	新太古界			2800
		中太古界			3200
		古太古界			3600
		始太古界			4000
	冥古宇				~4600

项目三　地球上的岩石

一、岩石的分类

> J(GJ)AA 001 岩石的分类

岩石是组成地壳的主要物质。岩石根据成因不同可分为岩浆岩、沉积岩和变质岩三大类。它们在地表的分布极不均匀。在数量上,沉积岩只占地壳质量的 5%,但其覆盖范围占陆地面积的 75%。变质岩和岩浆岩在数量上占地壳质量的 95%,其覆盖范围只占陆地面积的 25%。石油和天然气主要存在于沉积岩中。

(一)岩浆活动和岩浆岩

> J(GJ)AA 006 岩浆及岩浆活动的概念

1. 岩浆和岩浆活动的概念

1)岩浆

岩浆是处于地内深处高温、高压下的含大量挥发性组分的复杂的硅酸盐化合物。地内深处是指 20~60km 甚至上百千米的深处,那里是岩浆本源所在地。那里的温度超过摄氏千度,压力在几千大气压以上。由于地壳的保温作用,越向地心其温度越高。地核因高压呈固体状态。而地壳之下的高温物质呈液体状态就是岩浆。根据现代火山喷溢而出的熔岩得知,硅酸盐是岩浆的主要成分。其中 SiO_2 的含量在 30%~80% 之间;金属氧化物如 Al_2O_3、Fe_2O_3、FeO、MgO、CaO、Na_2O、K_2O 等占 20%~60%。其他重金属、有色金属、稀有金属及放射性元素等含量不超过 5%。此外,岩浆中还含有一些挥发性组分,其中主要是 H_2O、CO_2、H_2S、F、Cl 等。

2)岩浆活动

由于岩浆的温度很高,内压力很大,因而本身具有极大的物理化学活动性。它可以顺着地壳薄弱地带侵入上部,或者沿着构造裂隙喷出地表。把岩浆的发生、运移、聚集、变化及冷凝成岩的全部过程,称为岩浆活动(或称为岩浆作用)。

岩浆是上地幔和地壳深处形成的以硅酸盐为主要成分的炽热、黏稠,含有挥发性的熔融体。根据岩浆侵入地壳之中还是喷出地表可将岩浆活动分为侵入活动(侵入作用)和喷出活动(火山作用)这两类。

> J(GJ)AA 008 侵入作用

2. 岩浆的侵入活动(侵入作用)

岩浆因具极高的温度和很大的内部压力,往往向地壳薄弱或构造活动地带上升,并在沿途不断熔化围岩或俘虏崩落的岩块,从而不断扩大其侵占的空间,冷凝后形成各种侵入岩体。地下岩浆上升侵入并占据一定空间的作用,叫侵入作用。形成的岩浆岩称为侵入岩。岩浆侵入作用不像火山喷发作用那样直观,但地史时期形成的各种侵入岩常受构造运动影响而被抬升,再经过外力剥蚀作用而露出地表,因此,人们可通过出露于地表的各种侵入岩来研究侵入作用的特征。侵入岩周围的岩石称为围岩。侵入岩与围岩之间的接触关系可分为协调接触和不协调接触两种类型。协调接触是指侵入岩与围岩的接触面基本与围岩的层理面或片理面平行;不协调接触则指侵入岩与围岩的接触面与围岩的层理面或片理面呈穿插交切关系。根据侵入深度不同,可将侵入岩分为深成侵入岩(深度>3km)和浅成侵入岩(深度<3km)两类,并按其规模和接触关系进一步分为多种类型。

1) 深成侵入作用

深成侵入作用及其岩体产状在地下相当深处的岩浆侵入活动,称深成侵入作用。这种侵入是通过岩浆对围岩的熔化、排挤、俘虏碎块以及变质等方式而逐渐占据空间的。其结果是形成深成岩体。深成岩体处于压力大温度高的条件下,冷凝过程可以上百万年计,故往往形成结晶良好、颗粒粗大的岩石。岩体一般规模很大,其主要产状有岩基、岩株等。

岩基:是出露面积大于 $100km^2$ 的深成侵入体,是规模最大的侵入体,与围岩呈不协调接触,平面上常呈椭圆形。主要分布于构造运动强烈地区的褶皱核部隆起带,通常由花岗岩类岩石组成。近年地球物理资料表明,岩基是有底界的,最大深度可达 $10~30km$。许多岩基向下逐渐变小,甚至超覆于围岩之上。

岩株:是出露面积小于 $100km^2$ 的深成侵入体。平面上呈近圆形或不规则状,与围岩呈不协调接触。岩株可独立产出,但其下部常与岩基相连,构成岩基的顶部突起部分。岩株的接触带上常形成铁、铜、金、银等金属矿产。

2) 浅成侵入作用

浅成侵入作用及其岩体产状在地壳浅处的岩浆侵入活动称浅成侵入作用。这种侵入是岩浆在压力作用下沿着断层、裂隙或层理贯入的方式进行的。其结果形成浅成岩体。浅成岩的规模较小,冷却较快,所以常常形成结晶颗粒较细或大小不均的斑状结构,其主要产状有岩盘、岩床、岩墙和岩脉等。

岩盘又称岩盖:一般是由黏性较大的中性岩、酸性岩浆顺岩层层理贯入,并将上覆岩层拱起而成的中间凸起、边部变薄的穹隆状岩体。其规模不大,但直径亦可达数千米;围岩顶板多被剥蚀掉,底板多是平整的,岩体边缘与围岩岩层是平行的,呈谐和关系;围岩亦多有变质现象。

岩床:流动性较大的岩浆顺着岩层层理侵入形成的板状岩体称岩床。它的特点:主要是由基性岩构成。岩床的规模大小不定,厚度从几厘米到几百米以上,延伸从几米到几百千米。岩体与围岩的顶板和底板是平行的,围岩有时有轻微的变质现象。

岩墙和岩脉:岩浆沿着岩层裂隙或断层贯入所形成的板状岩体称岩墙。它的特点是:(1)岩墙产状一般较陡,规模有大有小;厚度从几厘米到几千米,长度从几十米到几百千米。(2)岩性比较复杂,基性到酸性的都有。(3)岩墙切断围岩,呈不谐和接触。(4)围岩可能有变质现象。(5)根据岩墙和围岩的抵抗风化能力,岩墙在地貌上常表现为凸出的山脊或凹入的沟谷。岩墙有时沿着一系列裂隙侵入,形成大体平行的岩墙群。此外,还有一种近似岩墙的岩体称为岩脉。一般说,岩墙与围岩之间没有成因上的联系,而岩脉则有成因上的密切关系。例如,一个深成岩体当其主体部分凝固之后,而其内部还残留有未凝固的岩浆,这部分残余岩浆可以侵入到母岩中去形成岩脉。

J(GJ)AA007 火山作用

3. 岩浆的喷出活动(火山作用)

当岩浆沿构造裂缝上升时溢出地表或通过火山喷出到地表,称为岩浆的喷出活动(火山活动或火山作用)。

火山喷出物质的化学成分是很复杂的,按其物理性质大致可分为气体、液体和固体三种产物。

(1)气体产物。火山喷出的气体最常见的是水蒸气,一般占 $60\%~90\%$,此外还有 CO_2、

CO、HCl、NH_3、NaCl、H_2S、NH_4Cl、Cl_2、S、N_2 等。火山喷出的气体物质不是全部逸散,其中有相当一部分直接由气体凝固成升华物堆积于火山口附近,常见的有 S、NH_4Cl、KCl 等。

(2)液体产物。火山喷出的液体物质称为熔岩。对不同火山来说,熔岩喷出量是不一致的。有些火山一次只喷出几立方米的熔岩,有些火山一次喷出量可达几百万至几十亿立方米的熔岩。熔岩自火山口溢出地面,往往形成舌状体叫熔岩流。熔岩的类型可按 SiO_2 的含量百分比分为酸性熔岩(含 $SiO_2>65\%$),中性熔岩(含 SiO_2 为 $65\% \sim 52\%$)和基性熔岩(含 $SiO_2<52\%$)。

(3)固体产物。火山喷出的固体物质叫火山碎屑物质。来源有二:一为火山通道中的凝固岩浆岩和通道四周的围岩;二为液体物质喷射到空中冷却凝固的产物,有些甚至降落到地面时尚未完全硬化,这些在天空凝固的较大块体,从拳头般大小到几吨重,称为火山弹;常有流纹和裂隙甚至旋扭的痕迹,细小的火山碎屑叫火山灰。火山灰喷射到高空中可以被风吹送到很远的地方,但大部分仍落在火山附近,与其他火山碎屑物质堆积起来,形成很厚的一层,如火山集块岩、火山角砾岩和凝灰岩等。

4. 岩浆岩的成分及分类

岩浆岩又称火成岩是由地球内部高温熔融状的岩浆(以硅酸盐为主要成分)冷凝固结而成的岩石。

存在于地下深处的高温、高压、熔融状态的岩浆沿着地壳的薄弱处或裂隙上升,侵入地壳或喷出地表,冷凝形成岩浆岩。岩浆岩的特点是:致密坚硬,如花岗岩、玄武岩等。

1)岩浆岩的化学成分

主要造岩元素包括:O、Si、Al、Fe、Mg、Ca、K、Na、Ti 等,还有少量的 P、H、N、C、Mn 等。主要化合物由 SiO_2、Al_2O_3、Fe_2O_3、FeO、MgO、CaO、Na_2O、K_2O、H_2O 等九种氧化物组成。

二氧化硅(SiO_2)是最重要的一种氧化物,它是反映岩浆性质和直接影响矿物成分变化的主要因素。

2)岩浆岩的矿物成分

(1)岩浆岩的矿物成分按比例可分为主要矿物、次要矿物、副矿物。主要矿物指在岩石中含量多,并在确定岩石大类名称上起主要作用的矿物。次要矿物指在岩石中含量少于主要矿物的矿物。副矿物指在岩石中含量很少,在一般岩石分类命名中不起作用的矿物。

(2)岩浆岩的矿物成分按矿物元素可分为硅铝矿物和铁镁矿物。硅铝矿物也称为浅色矿物,指 SiO_2 和 Al_2O_3 的含量较高,不含铁镁的矿物,如石英、长石等。铁镁矿物也称暗色矿物,指 FeO 与 MgO 含量较高,SiO_2 含量较低的矿物,如橄榄石、辉石、角闪石及黑云母等矿物。

(3)岩浆岩矿物的成因类型。按矿物成因可分为原生矿物、他生矿物及次生矿物。原生矿物是指在岩浆结晶过程中形成的矿物。他生矿物是指由岩浆同化围岩和俘虏体使其成分改变而形成的矿物。次生矿物是指在岩浆形成后,由于受到风化作用和岩浆期后热液蚀变作用,原来的矿物发生变化而形成的新矿物。

3)岩浆岩的产状分类

由于岩浆的作用方式及形成的产状不同,把岩浆岩分成深成岩、浅成岩和喷出岩三种类型。

4)岩浆岩的结构分类

岩石结构:是指岩石组成部分的结晶程度、颗粒大小、自形程度及其相互间的关系。

结晶程度:是指岩石中结晶物质和非结晶玻璃质的含量比例。岩浆岩的结构分为三大类。

(1)全晶质结构:岩石全部由结晶矿物组成。

(2)半晶质结构:岩石由结晶物质和玻璃质两部分组成。

(3)玻璃质结构:岩石全部由玻璃质组成。

5)以酸度为标准岩浆岩的分类

岩浆岩根据二氧化硅的含量,分成超基性岩、基性岩、中性岩、酸性岩。

(1)超基性岩:二氧化硅的含量小于45%,如橄榄岩、辉石岩、苦榄岩等。

(2)基性岩:二氧化硅的含量大于45%,小于52%,如玄武岩、辉长岩等。

(3)中性岩:二氧化硅的含量大于52%,小于65%,如闪长岩、安山岩等。

(4)酸性岩:二氧化硅的含量大于65%,如花岗岩、流纹岩等。

6)常见的岩浆岩及特征

地球上常见的岩浆岩主要有花岗岩、橄榄岩、玄武岩、安山岩及流纹岩等。

(1)花岗岩:是分布最广的深成侵入岩。主要矿物成分是石英、长石和云母,浅灰色和肉红色最为常见,具有等粒状结构和块状构造。花岗岩既美观抗压强度又高,是优质建筑材料。

(2)橄榄岩:是侵入岩的一种。主要矿物成分为橄榄石及辉石,深绿色或绿黑色,比重大,粒状结构。

(3)玄武岩:是一种分布最广的喷出岩。矿物成分以斜长石、辉石为主,黑色或灰黑色,玄武岩具有气孔构造和杏仁状构造,斑状结构。玄武岩本身可用作优良耐磨耐酸的铸石原料。

(4)安山岩:是喷出岩之一,分布很广,仅次于玄武岩。安山岩主要矿物成分是斜长石、角闪石和少量的辉石等。新鲜时呈灰黑、灰绿或棕色,具斑状结构。与安山岩有关的矿产主要是铜,其次是金、铅、锌等。

(5)流纹岩:是一种与花岗岩化学成分相当的喷出岩。一般色浅,多为浅红、灰白或灰红色,具斑状结构,流纹构造。流纹岩性质坚硬致密,可作建筑材料。

(二)成岩作用和沉积岩

1.成岩作用

通常所说的成岩作用是指沉积物沉积后至岩石固结,在深埋环境下直到变质作用之前发生的物理、化学的变化,以及埋藏后岩石又被抬升至地表或接近地表的环境中所发生的一切物理、化学变化。直到固结为岩石以前所发生的一切物理的和化学的(或生物)变化过程。简单地说,成岩作用就是指使松散沉积物固结形成沉积岩石的作用。

沉积物在沉积以后,先呈松散的堆积状,颗粒与颗粒之间有许多空隙。当新的沉积物压在其上时,由于静压力的存在,空隙被挤压,颗粒被压实。由于压实、胶结及其他一些成岩作用,经过相当长的时间,沉积物逐渐固结和硬化,最终形成沉积岩。

压实作用,主导因素是压力,是碎屑沉积物,特别是黏土沉积物成岩的主要方式。沉积物的厚度随沉积作用的不断进行而增加,这就产生很大的压力,于是,存在于沉积物孔隙中的水分就被挤出来,减少了颗粒孔隙而成岩石。压实作用减少了岩石的孔隙度和渗透率,其影响随岩石的埋藏深度而增加。压实作用只有物理的变化。

胶结作用,是沉积物在成岩过程中的一种变化,存在于沉积颗粒间胶结物的沉积作用,指从孔隙溶液中沉淀出的矿物质,将松散的沉积物固结起来的作用。胶结作用是碎屑岩和部分碳酸盐岩的成岩方式。最常见的胶结物是钙质的($CaCO_3$)、硅质的($Si_2 \cdot nH_2O$)、铁质的(Fe_2O_3、FeO)和泥质的。胶结作用可使岩石的孔隙性和渗透性降低。

成岩作用的物理和化学过程,能够增大或降低岩石的容积,提高或减小岩石的孔隙度和渗透率,形成或消除某些矿物,或重新改组已经存在于沉积物中的某些矿物成分。因此,在与石油相关的研究中,对石油的运移和聚集来说,成岩作用是很重要的。

2. 沉积岩概述

沉积岩又称为水成岩是由各种沉积物组成的岩石。它是在地表或接近地表的条件下(即温度不高、压力不大),古老的岩石遭受风化剥蚀,其风化物再经过搬运、沉积及成岩作用而形成的。常见的砂岩、页岩、石灰岩、油页岩等都是沉积岩。在自然界凡露出地表的岩浆岩、变质岩和沉积岩,都要遭受风化剥蚀,为沉积岩的形成提供物质基础。此外,生物遗体、生物碎屑和火山喷出的碎屑以及地球外部飞来的宇宙物质,也是沉积岩的来源。

沉积岩主要分布在地表,往往成层。据统计,沉积岩约占底壳陆地总面积的75%,岩浆岩和变质岩只占25%。但如果从地球表面到16km深的整个岩石圈算,沉积岩只占总体积的5%。沉积岩中所含有的矿产,占全部世界矿产蕴藏量的80%。

3. 沉积岩的化学成分

随沉积岩中的主要造岩矿物含量差异而不同。例如,泥质岩以黏土矿物为主要造岩矿物,而黏土矿物是铝—硅酸盐类矿物,因此泥质岩中SiO_2及Al_2O_3的总含量常达70%以上。砂岩中石英、长石是主要的,一般以石英居多,因此SiO_2及Al_2O_3含量可高达80%以上,其中SiO_2可达60%~95%。石灰岩、白云岩等碳酸盐岩,以方解石和白云石为造岩矿物,CaO或$CaO+MgO$含量大,SiO_2、Al_2O_3等含量一般不足10%。

4. 沉积岩的颜色

沉积岩的颜色取决于沉积岩的矿物成分、混入的杂质和沉积时的环境以及成岩后遭受的次生变化,分为:继承色、原生色、次生色。继承色,与继承矿物的颜色有关,取决于碎屑颗粒的颜色,即继承的母岩的颜色;原生色(自生色),是那些原生矿物(化学沉积物和有机物)呈现出来的沉积岩的颜色;次生色(后生色),后生或风化作用阶段,新生成的次生矿物造成的颜色。

沉积岩具有各种各样的颜色,这主要决定于它的矿物成分或化学成分。例如,由石英颗粒组成的石英砂岩,往往显示白色、灰白色;由正长石颗粒组成的长石砂岩,往往显示肉红、黄白等色。有时岩石的颜色是由于其中混入的某些微量成分染色而成的,例如,岩石中含有少量的Fe_2O_3,就会呈现红色;含有少量的FeO,就会呈现绿色;高价铁与低价铁的比例不同,又会呈现紫红、棕红、绿灰、黑色等。岩石中若含有微量MnO_2,便会呈现黑褐色;含有一些有机碳质,常常呈现灰、黑色。这些微量成分有时是在沉积过程中形成的,例如,在氧化条件下可以形成Fe_2O_3,在还原环境下可以形成FeO或者有机碳等;有时岩石的颜色是在成岩后经受风化作用所产生的次生色,如岩石中含有黄铁矿,在风化过程中可以变成褐铁矿,从而把岩石染成黄褐色。次生色的特点是颜色深浅不均,分布不均,或者呈斑点状。

描述岩石的颜色,常用复合名称描述,有时加以深浅字样,如紫红色、蓝灰色、深紫色、浅灰色等。凡是复合颜色,前面的是次要颜色,后面的是主要颜色。

详细描绘沉积岩的颜色具有实践和理论意义。因为颜色是沉积岩命名的根据之一,如黑色页岩、红色砂岩等;沉积岩的颜色也可以提供找矿线索,如黑色碳质页岩可以提供找煤线索;沉积岩的颜色还往往反映岩石成分和沉积时的古地理环境。

5. 沉积岩的结构

沉积岩结构是指沉积岩颗粒的性质、大小、形态及其相互关系。主要有碎屑结构、非碎屑结构两类。

(1)碎屑结构:岩石中的颗粒是机械沉积的碎屑物。碎屑物可以是岩石碎屑,矿物碎屑,石化的有机体或其碎片以及火山喷发的固体产物等。

(2)非碎屑结构:岩石中的颗粒由化学沉积作用或生物沉积作用形成。其中大部分为晶质或隐晶质。

6. 沉积岩的简单分类

沉积岩依其成因和物质成分,可将沉积岩分为碎屑岩、黏土岩、碳酸盐岩、生物岩四类。

1)碎屑岩

碎屑岩是由碎屑沉积物经过压紧、胶结后形成,如砾岩、砂岩、粉砂岩。数量约占沉积岩的32%。

2)黏土岩

黏土岩主要是由黏土矿物组成,如泥岩、页岩。黏土岩约占沉积岩的46%。黏土矿物的粒径小于0.01mm。

3)碳酸盐岩(化学岩)

碳酸盐岩是由碳酸盐岩矿物组成,如石灰岩、白云岩等,即有化学成因的,又有机械成因的,约占沉积岩的21%。

4)生物岩(生物化学岩)

生物岩是由生物沉积物组成,如煤、油页岩,大约占沉积岩的1%。

7. 常见的沉积岩及特征

1)碎屑岩类

根据碎屑颗粒的大小,碎屑岩又分为砾岩、砂岩和粉砂岩。

(1)砾岩:是含有粗大砾石的沉积岩,其中砾石含量占50%以上,砾石直径1~1000mm。河床搬运和堆积形成的砾岩,其中的砾石会有不同程度的磨圆,越圆的砾石说明在河床中走得越远。砾石的大小则与水流的速度相关,水流急的河流,只有比较大的砾石留在了河床中。水流缓的河段,则会留下更小的砾石甚至沙砾。没有经过河流长途搬运的砾石会保留棱角,称为角砾岩。在风化地直接形成的岩石以及由冰川搬运堆积形成的砾岩都是角砾岩。

(2)砂岩:是由像沙滩上的沙子(粒度在1~0.1mm范围内)大小的颗粒组成的岩石,岩石的矿物成分主要是碎屑物质和胶结物。砂岩是碎屑岩中分布最广泛的一类,它是主要的储油岩石。根据石英、长石、岩屑成分的含量,可将砂岩分为石英砂岩(石英含量达90%以上)、长石砂岩(长石含量超过碎屑总量25%)和岩屑砂岩又称硬砂岩(岩屑组分超过碎屑总量的25%)。

(3)粉砂岩:粉砂岩的成分比较单纯,以石英为主,次为长石、白云母;岩屑极少见,碎屑粒径0.01~0.1mm,常分布在砂岩和黏土岩的过渡地带,粗粉砂岩可以作为良好的储油岩石。向黏土岩过渡的细粉砂岩,若富含有机质,可成为生油岩。

2)黏土岩类

(1)泥岩:没有页理的黏土岩称为泥岩。碎屑粒径小于0.01mm。泥岩的成分也较复杂,含有很多碎屑物质,含量较多时,便向碎屑岩过渡。常富含有机物,成为良好的生油岩系。

(2)页岩:具有页理的黏土岩称为页岩,是由黏土或泥土压实而成,质地致密,肉眼不易辨其成分,粒度小于0.01mm。页岩是层理很薄的一类岩石,常形成于河床及湖底等处,页岩常保存有古生物化石。

3)碳酸盐岩类

(1)石灰岩:是分布最广的一类岩石,属于典型的化学沉积岩,主要形成于浅海,是海水中含有的碳酸钙缓慢析出沉积而成的,主要成分为方解石,按成因可分为生物灰岩、化学灰岩及碎屑灰岩等。

(2)白云岩:是另一类化学沉积岩,主要由细小的白云石组成,其化学成分为碳酸镁和碳酸钙。外表特征与石灰岩极为相似,但加冷稀盐酸不起泡或起泡微弱,具有粗糙的断面,且风化表面多出现格状溶沟。

4)生物岩类(生物化学岩)

油页岩:油页岩基本上属于页岩(黏土岩)的范畴,颜色有黑色、褐色、浅黄色、棕色等,含有机质越多,其颜色越深。层理发育,是典型的湖沼沉积,其成因与石油成因很相似,所以它是生油岩系的重要标志。

(三)变质作用与变质岩

J(GJ)AA002 变质作用

1. 变质作用与变质岩概述

在地球内力作用(如地壳运动和岩浆活动)的影响下,使地下深处早期形成的岩浆岩和沉积岩,未经熔融状态而发生物理、化学性质变化的作用,称为变质作用。因变质作用而形成的岩石称为变质岩。由岩浆岩变质而成的称为正变质岩;由沉积岩变质而成的称为副变质岩。

由于岩浆岩和沉积岩在发生变质时未经熔融阶段,直接以固体状态进行变质,因而变质岩的成分、结构、构造、产状都与原岩有着密切的联系,但变质岩具有自身特殊的变质矿物、结构和构造,所以与原岩又有区别,可见,变质作用与岩浆作用有极大的不同。变质作用是由地热能引起的,故是内力地质作用,它与成岩作用和风化作用有着本质的区别。

变质作用的总结果形成变质岩和与其伴生的变质矿产。由变质岩组成的地壳大致占15%,可见,变质作用在地壳内部的物质活动也是广泛分布和普遍作用的。

2. 引起变质作用的因素

变质作用的产生包括两方面因素:一是内在因素,即不同的岩石以其固有的特性对变质作用有不同的影响;二是岩石所处外界物理化学条件的改变,这主要是温度作用、压力作用和新物质的加入。

1）温度作用

温度来源于三个方面：（1）随地壳深度而增高的地热；（2）岩浆活动产生的岩浆热；（3）地壳运动产生的摩擦热。温度作用是增强岩石矿物内部分子的活动能力，从而引起物质成分的变迁和促进矿物的重结晶作用，形成变质岩和变质矿物。

2）压力作用

引起变质作用的压力，有地壳本身的压力和地壳运动、岩浆活动产生的定向压力两种。

（1）地壳本身的压力又称静压力或称围压，是由上覆岩石的重量引起的压力。静压力具有均向性，随深度的增加而增大，其增加速率约为20~30MPa/km。静压力可促使岩石或矿物的体积变小，密度加大，形成密度更大的新矿物。也可以增加岩石的可塑性，使岩石易于塑性变形。

（2）地壳运动、岩浆活动产生的定向压力又称动压力或称应力，是由构造运动所产生的定向压力。动压力具有一定方向，导致受力岩石在不同方向上存在压力差，其差值为10~200MPa。动压力对变质作用影响重大，可引起矿物的压溶和重结晶，导致矿物在垂直于动压力的平面上定向排列。也可以使岩石发生脆性破裂变形。从而使原岩的结构、构造发生改变，形成一系列动力变质岩。

3）新物质的加入

新物质是指化学活动性流体，即是指在变质作用过程中存在于岩石空隙中的一种具有很大挥发性和活动性的流体，主要成分是H_2O和CO_2。除此尚有多种易挥发及易溶物质。化学活动性流体可使矿物组分溶解和迁移，产生各种化学交代反应，引起原岩物质成分的变化，形成新的矿物和岩石。

必须指出，在不同地质条件下起主要作用的变质因素有所不同，但上述各种变质作用因素的影响通常是同时存在、相互配合而又相互制约的。

3. 变质作用的类型

根据引起变质作用的主导因素，变质作用可分为接触变质作用、动力变质作用和区域变质作用。

1）接触变质作用

接触变质作用是由于高温熔融状态的岩浆在运动中引起的。炽热的岩浆及由岩浆中析出的高温气态和液态物质，使周围的岩石发生变质现象或岩浆岩中的挥发组分与围岩发生交代作用而改变。

2）动力变质作用

动力变质作用是由强烈的地壳运动所产生的地应力，而引起的原岩的机械变形以及破碎和重结晶作用。主要发生在褶皱山系的较高部位或是大断裂带附近。

3）区域变质作用

区域变质作用分布面积很大，变质的因素多而且复杂，几乎所有的变质因素——温度、压力、化学活动性的流体等都参加了。凡寒武纪以前的古老地层出露的大面积变质岩及寒武纪以后"造山带"内所见到的变质岩分布区，均可归于区域变质作用类型。

4. 变质岩的化学成分

变质岩的化学成分与原岩的化学成分有密切关系,同时与变质作用的条件有关。在变质岩的形成过程中,如无交代作用,除 H_2O 和 CO_2 外,变质岩的化学成分基本取决于原岩的化学成分;如有交代作用,则既决定于原岩的化学成分,也决定于交代作用的类型和强度。变质岩的化学成分主要由 SiO_2、Al_2O_3、Fe_2O_3、FeO、MnO、CaO、MgO、K_2O、Na_2O、H_2O、CO_2 以及 TiO_2、P_2O_5 等氧化物组成。由于形成变质岩的原岩不同、变质作用中各种性状的具化学活动性流体的影响不同,变质岩的化学成分变化范围往往较大。

5. 变质岩的结构与构造

GAA015 变质岩成分、结构及常见变质岩

1)结构

变质岩的结构定义与岩浆岩相同,因为都是结晶岩,但由于其成因有着本质的不同,而给予不同的名称。可分为变余结构和变晶结构两大类。

(1)变余结构。

变余结构是由于变质结晶和重结晶作用不彻底而保留下来的原岩结构的残余。用前缀"变余"命名,如变余砂状结构、变余辉绿结构、变余岩屑结构等,根据变余结构、可查明原岩的成因类型。

(2)变晶结构。

变晶结构是岩石在变质结晶和重结晶作用过程中形成的结构,常用后缀"变晶"命名,如粒状变晶结构、鳞片变晶结构等。变晶结构是变质岩的主要特征,是成因和分类研究的基础。

2)构造

变质岩构造按成因分为:(1)变余构造,指变质岩中保留的原岩构造,如变余层理构造、变余气孔构造等;(2)变晶构造,指变质结晶和重结晶作用形成的构造,如板状、千枚状、片状、片麻状、条带状、块状构造等。

6. 常见的变质岩

(1)板岩:具板状构造的变质岩,由黏土岩类、黏土质粉砂岩和中酸性凝灰岩变质而来。属于区域变质作用中的轻度变质的岩石。

(2)千枚岩:具有千枚状构造的变质岩,原岩类型与板岩相似,在其片理面上闪耀着强烈的丝绢光泽,并往往有变质斑晶出现。

(3)片岩:片理构造十分发育,原岩已全部重新结晶,由片状、柱状、粒状矿物组成,具鳞片、纤维、斑状变晶结构,常见的矿物有云母、绿泥石、滑石、角闪石、阳起石等。片岩是区域变质岩系中最多的一类变质岩。

(4)片麻岩:具片麻状或条带状构造的变质岩。原岩不一定全是岩浆岩类,有黏土岩、粉砂岩、砂岩和酸性、中性的岩浆岩。片麻岩是区域变质作用中颇为常见的变质岩。

(5)角闪岩:主要由斜长石和角闪石组成的变质岩。其原岩是基性火成岩和富铁白云质泥岩。具粒状变晶结构,块状微显片理构造。

(6)麻粒岩:是一种颗粒较粗、变质程度较深的岩石,基本上由浅色的石英、斜长石、铁铝榴石、辉石等矿物组成,无云母、角闪石。具粒状变晶结构,块状或条带状构造。

(7)大理岩:碳酸盐岩石经重结晶作用变质而成,具粒状变晶结构。块状或条带状构

造,由于它的原岩石灰岩含有少量的铁、镁、铝、硅等杂质,因而在不同条件下,形成不同特征的变质矿物。

(8)角岩:这是一类由泥质岩(以黏土矿物为主的页岩之类)在侵入体附近由接触变质作用而产生的变质岩。颜色呈深暗或灰色,硬度比原岩显著增加。

二、岩石的密度

岩石的密度(质量与体积的比值)决定了岩石中地震波的传播速度和重力值的大小,是指单位体积物质的质量,其单位为 g/cm^3 或 kg/m^3。地壳内不同地质体之间存在的密度差异,是开展重力勘探工作的地球物理前提条件,也是对重力测量结果进行地形校正和中间层校正不可缺少的参数。

(一)岩浆岩的密度

岩浆岩的密度变化范围大致在 $2.6 \sim 3.5 g/cm^3$。岩浆岩的密度主要由矿物成分及含量多少来决定。岩浆岩的矿物成分与其密度有一定关系。从酸性岩向基性岩过渡时,其密度值是随岩石中铁镁暗色矿物的百分含量的逐渐增加而变大。对于同一种侵入的火成岩体,在岩浆侵入后的冷凝过程中,结晶分异作用使得在岩体边部和顶部与其内部矿物结晶先后的不同,导致形成不同的岩相带。一般而言,在周围偏基性,向中心逐渐发育为偏酸性。对于同类侵入岩体,不同时期侵入,其矿物成分虽然相同,但因含量有所变化时,则其密度也会有所不同。对于同源岩浆,尽管其化学成分可能一样,但由于成岩环境不同时,也可能形成不同的矿物和岩石,当然其密度亦不同。由此可知,侵入岩与喷出岩之间密度有较大差异。

(二)沉积岩的密度

沉积岩密度的变化范围是 $1.2 \sim 3.0 g/cm^3$,常见值为 $1.7 \sim 2.7 g/cm^3$。组成沉积岩的矿物成分对岩石密度的影响虽然没有像对岩浆岩那样明显,但由于沉积岩具有不同的孔隙度,因而它们的密度往往有较大的变化范围。近地表的沉积岩由于受到的压力较小,其孔隙度较大,则密度较小;随着埋深增加上层负荷压力加大时,使其孔隙度相应减小,因而密度就要增大。总之,时代较老的沉积岩比时代新的同类岩石的密度要大些。当然,对于同一时代同一类岩性的沉积岩来说,由于所受地质作用条件的不同,在不同部位,其密度也会有所不同。

(三)变质岩的密度

变质岩的密度一般在 $2.4 \sim 3.1 g/cm^3$ 之间变化。对变质岩来说,其密度与矿物的成分、含量和孔隙度均有密切关系,这主要由变质的性质和变质的程度大小来决定。一般讲区域变质作用的结果、将使变质岩的密度比原岩的要增大。例如,变质程度较深的片麻岩,麻粒岩等要比变质程度浅的千枚岩,石英片岩等岩石密度大些。动力变质作用由于使原岩结构遭破坏,矿物被压碎,因而其密度自然要比原岩密度低。总之,对变质岩密度的研究要具体问题具体分析。从统计的密度资料来看,在不同构造单元中,同一时代的变质岩密度相差不大,但时代越老则密度往往越大。

对于各类矿体而言,其密度主要决定于成分和含量。一般来讲,金属矿的密度要比非金属矿的密度大。

(四)决定岩石密度的主要因素

根据大量的实验室标本测定和长期的理论研究,岩石密度的大小主要取决于下列三个因素:(1)岩石的矿物成分及含量;(2)岩石的孔隙度及孔隙中的充填物;(3)岩石的埋藏深度。

对于岩浆岩、变质岩而言,它们的密度主要由矿物成分及含量决定。由于这些岩石的孔隙度很小(一般为1%~2%),孔隙流体几乎对岩石的密度不产生任何影响。

沉积岩的密度在很大程度上取决于其孔隙度和孔隙充填物。同一种岩石,埋藏深度越大,其密度越高,在埋藏深度大致相同时,时代较老的沉积岩的密度要大于时代较新的沉积岩的密度。

三、影响岩石速度的主要因素

岩石的速度(地震波在岩石中的传播速度)主要与下列因素有关:岩性、密度、孔隙度、压力和埋深、含水饱和度、孔隙流体的黏度、温度、地质年代。

(一)岩性

岩性是影响岩石速度的一个重要因素。对于不同的岩性,其速度值可能不相同。利用地震波的速度值有可能区分岩性。例如,对于沉积岩,速度高可能意味着目的层是碳酸盐岩;而速度低一般代表砂岩或泥岩;对于位于中间的速度值,可能同时对应着碳酸盐岩和砂泥岩。

一般情况下,沉积岩速度低于岩浆岩和变质岩的速度。沉积岩内盐岩和石膏岩速度较高。

(二)密度

密度对速度有直接影响,一般情况下,岩石的密度越大,速度越高。

(三)孔隙度

孔隙度(岩石中孔隙的总体积占岩石总体积的百分比)是影响孔隙性岩石地震波速度的重要因素之一。孔隙度对速度的影响规律比较复杂。一般情况下,孔隙度越大,岩石的速度越低。

(四)压力和埋深

当压力增加时,岩石中的孔隙和裂隙被压实,因而密度增加,速度增加。如果岩石的孔隙度和裂隙度均接近于零,则速度基本上与压力无关。在地球内部,压力是随着埋藏深度的变化而增加的。因而,埋藏深度的增大一般会导致岩石速度的增加。

(五)含水饱和度

含水饱和度高的岩石具有较高的速度。岩石中含有油气时一般速度会降低。

(六)孔隙流体黏度

速度随着孔隙流体黏度的增大而增大。

(七)温度

温度对速度的影响一般很小。温度每增加100℃,速度会减小5%~6%。但是当岩石的孔隙流体含有重质原油和焦油时,温度对速度的影响比较大。当岩石的温度低于冰点时,水饱和岩石的速度会有明显的提高。

(八)地质年代

岩石的地质年代对速度有一定的影响。一般的规律是:年代越老的岩石其速度值越高。

项目四　背斜、向斜与断层

地质构造是指在各种地质作用下(主要是内力地质作用),使已经形成的岩层发生倾斜、弯曲、断裂等变形或变位,从而形成的具有一定空间形态的地质体。地质构造的规模大小不一,大的可至上百甚至上千千米,小的可能只有几个厘米甚至更小。

地质构造的基本类型有成层构造(水平岩层与单斜岩层)、褶皱构造(背斜与向斜)和断裂构造(节理与断层)。其中背斜和断层对油气藏的形成影响较大。这里只介绍背斜、向斜和断层的相关知识。

> GAA018 背斜与向斜

一、背斜、向斜

背斜和向斜是褶皱构造的两种基本类型(图1-1-1),普遍存在于地下地层中。背斜是指一个由新地层包围老地层并向上的地层弯曲;向斜是指一个新地层被老地层包围并向下的地层弯曲。一系列间隔出现的背斜和向斜构成了地壳中的褶皱构造。

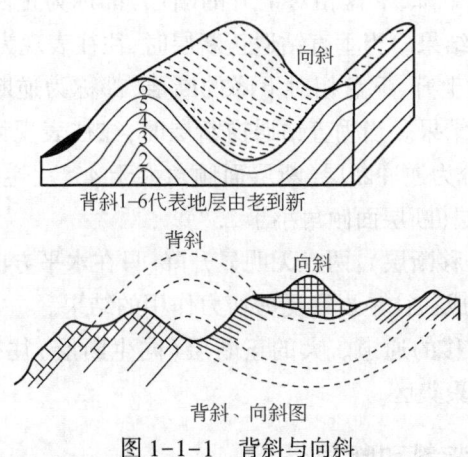

图1-1-1　背斜与向斜

背斜的成因多种多样,可以在地质作用下受挤压地层变形形成,也可以是与地层沉积同期形成(同沉积背斜);背斜根据不同的分类原则,有不同的称谓,如长轴背斜、短轴背斜、穹窿构造、长垣等。背斜构造往往不是孤立出现的,在平面上有一定的出现规律,往往在背斜构造的周围,可以找到其他的背斜构造。由于背斜是油气聚集的重要场所,所以在含油气区,有时一个完整的背斜构造就会形成一个油气田。半背斜构造(又叫鼻状构造)在有封挡的条件下也是较好的储油构造。

> GAA019 断层的概念

二、断层

断层是断裂构造的一种形式,是指岩层在地质构造运动的影响下发生破裂,且破裂面两侧的岩层沿着破裂面发生显著位移的构造现象。

断层的基本要素有:断层面、断层线、断盘、断距等。

(1)断层面:岩层断开时的破裂面称为断层面。

(2)断层线:断层面与地面(或岩层顶、底面)的交线称为断层线。

(3)断盘:断层面两侧的岩块称为断盘。如果断层面是倾斜的,则位于断层面以上的盘体称为上盘,位于断层面以下的盘体称为下盘;如果断层面是直立的,则只分左右盘,而不分上下盘。

(4)断距:断层两盘沿断层面相对移动的距离称为断距。通常使用总断距、垂直断距和水平错开对断距的大小进行描述。

断层分为正断层[图1-1-2(a)]、逆断层[图1-1-2(b)]和走滑断层[图1-1-2(c)]三大类。

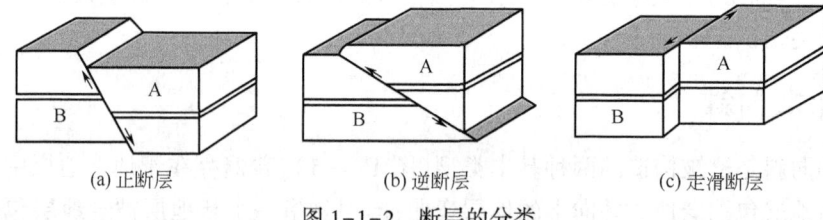

(a) 正断层　　　　(b) 逆断层　　　　(c) 走滑断层

图 1-1-2　断层的分类

(1)正断层:上盘相对下降、下盘相对上升的断层,都称为正断层。正断层的形成往往是地层受到拉张力作用的结果。当垂直钻遇正断层时,往往表现为某些地层的缺失。

(2)逆断层:上盘相对上升、下盘相对下降的断层,都称为逆断层。逆断层的形成往往是地层受到挤压力作用的结果。当垂直钻遇逆断层时,往往表现为某些地层的重复。根据断层面的产状,逆断层又分为逆冲断层(断层面倾角大于45°)、逆掩断层(断层面倾角介于25°和45°之间)和辗掩断层(断层面倾角小于25°)。

(3)走滑断层(也叫平移断层):两盘无明显升降、只在水平方向上发生错动的断层称为走滑断层。走滑断层的形成往往是岩层受剪切力作用的结果。

断层面往往是油气运移的通道。大的正断层(同生断层)往往控制盆地的发育过程。逆断层周围往往形成油气聚集区。

三、与沉积有关的背斜和断层

(一)同沉积背斜

同沉积背斜:在盆地整体沉降的背景下,在盆地内部,由于局部的隆起,使得隆起部位地层沉积的较薄,隆起四周地层沉积的较厚,这种边隆起边沉积,使得沉积的地层呈现背斜形态。这种与沉积作用同时形成的背斜称为同沉积背斜。

同沉积背斜具有以下特征:背斜构造与地层沉积同期形成;同一地层在顶部薄而两翼厚且顶部岩石颗粒粗而两翼细;顶部在纵向上出现位移现象并且构造幅度逐渐减小。

同沉积背斜是盆地中最有利的储油构造。

(二)同生断层

同生断层:是控制沉积盆地发育的大的正断层,随着断层的不断发育,在其上盘部位会沉积巨厚的地层。

同生断层的特点是:在不同的地质时期,不断地活动,从而控制沉积盆地的发育;在同生断层停止活动后,沉积盆地的发育也会随之停止。

项目五　石油地质学相关知识

从油气的生成到油气矿藏的形成，是客观事物不断发展和转化的过程。在适宜的地质环境中，地壳中的原始有机质转化成石油和天然气，并由分散状态聚集起来形成油气藏。在一定条件下，油气藏可能遭受破坏，散逸的油气遇到新的合适的条件，仍可能再次聚集成藏。因此，石油和天然气的生成、运移、聚集、破坏、再聚集，可视为一个统一的发展过程。地震勘探的目标就是寻找油气藏和其他有用矿产。

一、石油的成因

石油的成因，一直存在多种理论或假说，主要包括无机成因论、有机成因论和混合成因论。

（一）无机成因论

无机成因论以苏联学者为代表，19世纪晚期，俄国门捷列夫认为，地球深处的金属碳化物在高温下与水起反应，生成乙炔，随后凝聚成烃。石油来源于地壳深部和地幔内的含烃类物质。无机成因论者指出，有机论无法解释巨大的石油资源量，有些油田的石油资源量远远超过沉积物的生烃量。目前勘探已证实，有些天然气确实来源于地幔。

（二）有机成因论

有机成因论为石油地质学的主导思想，几乎所有的石油天然气田都位于沉积盆地内，烃源岩是沉积岩，烃源于有机物干酪根。有机成因论的科学依据在于，世界上已经发现的油气田99.9%都分布在沉积岩中。世界上25个大型含油气盆地占世界发现石油总量的86%，从前寒武纪至第四纪各个时代岩层中均发现了石油，都与沉积岩的分布、与煤和油页岩的分布密切相关。世界上没有化学成分完全相同的两种石油，这与石油的同源性和生成环境的不同有关。石油和煤的灰分均富集V、Cu、Ni、Co，说明石油和煤具有相似的成因。石油是在低温条件下生成的，很少超过100℃，且油气藏的聚集时间一般为1亿年。以上这些都是无机成因论难以解释的。

（三）混合成因论

石油成因的理论研究，由于对原始物质的看法不同，出现了有机与无机成因之争，形成无机成因和有机成因两大学派。无机成因论者认为，石油是由自然界的无机物生成的；有机成因论者认为，石油是由自然界的有机物生成的。在有机成因学派中，又有早期成油说和晚期成油说，以及唯海相有机质成油与陆相有机质亦能成油之争。目前，石油有机成因说得到绝大多数石油地质学者的支持，特别是石油有机成因的晚期成油说在石油地质勘探工作中占主导地位。

二、石油和天然气概述

（一）石油

石油又称原油，是以液态形式存在于地下岩石孔隙中的可燃有机矿产。在地下油气藏中石油无论在成分上还是在相态上都是极其复杂的混合物。在成分上以烃类为主，含有数量不等的非烃化合物及多种微量元素;在相态上以液态为主,溶有大量烃气及少量非烃气,并溶有数量不等的烃类和非烃类的固态物质。

1. 石油的元素组成

GAA001 石油的元素及烃类成分

组成石油的元素主要是 C、H 和少量的 O、S、N 及微量元素。其中 C 含量占 84%~87%;H 占 11%~14%;其他占 2%。C、H 在石油中以烃的形式出现,烃在石油中占绝对优势,是组成石油的主体,一般含量在 95%~99%。剩下的 O、S、N 及微量元素总含量一般为 1%~4%。但个别情况下 S 的含量可以高达 3%~7%。如墨西哥石油硫的含量达 3.6%~5.3%。以硫含量 1% 为界限,将原油分为高硫原油和低硫原油,我国油田的硫含量多以低硫出现,如华北油田硫含量为 0.33%~0.43%,克拉玛依油田为 0.05%;大庆油田为 0.11%。原油中氮含量平均值为 0.094%,90% 以上样品氮含量小于 0.2%。以氮含量 0.25% 为界限,将原油分为高氮原油和低氮原油。

2. 石油的化合物组成

石油的化合物中以烃类化合物为主,另外还有含氧、含硫、含氮的非烃化合物。

1) 烃类组成

目前在石油中已鉴定出的烃类化合物达 420 多种。按 C、H 两种元素之间结合的化学结构的不同,基本上可分为烷烃、环烷烃、芳香烃 3 大类。

(1) 烷烃(C_nH_{2n+2})。

烷烃是一种饱和烃,常温、常压下 $C_1 \sim C_4$ 为气态;$C_5 \sim C_{16}$ 为液态;C_{17} 以上的为固态。烷烃的熔点、沸点、折射率物理常数随相对分子质量增加而增加。

烷烃又分为正构烷烃(单键相连、排成直链)和异构烷烃(有支链)。

正构烷烃:—C—C—C—C—C—

异构烷烃:
$$
\begin{matrix}
& & & & & & & & C & \\
-C-C-C-C-C-C-C-C-C- \\
& C & & & & & & & C & \\
\end{matrix}
$$

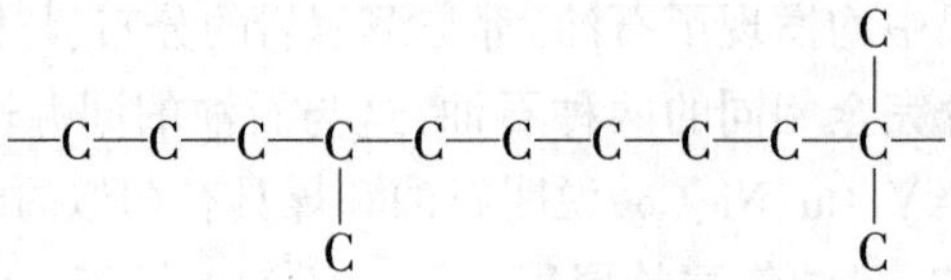

(2) 环烷烃(C_nH_{2n})。

环烷烃属于饱和烃,由许多围成环的多个甲基(—CH$_2$—)组成,组成环的碳原子数是多少,相应的称为几员环。按分子中所含碳的环的数目,分为单环烷烃、双环烷烃、三环烷烃和多环烷烃。石油中的环烷烃多为五员环(图 1-1-3)和六员环(图 1-1-4)。环烷烃的熔点、沸点都比碳原子相同的烷烃为高。低相对分子质量的环烷烃(<C_{10})以单环为主。石油中的环戊烷(五员环)和环己烷(六员环)及衍生物是其重要的组成部分。

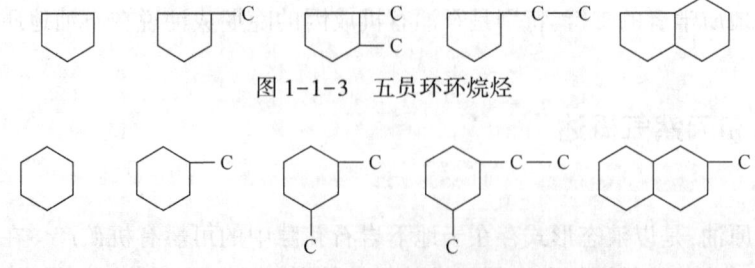

图 1-1-3 五员环环烷烃

图 1-1-4 六员环环烷烃

(3)芳香烃(C_nH_{2n-6})。

芳香烃属于不饱和烃,是由六个氢原子和六个碳原子组成的苯环化合物,按其结构不同分为单环、多环和稠环三类芳香烃(图1-1-5)。

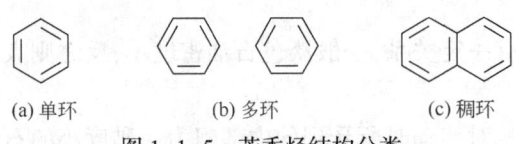

(a) 单环　　　(b) 多环　　　(c) 稠环

图1-1-5　芳香烃结构分类

在石油的低沸点馏分中,芳香烃含量较少,且多为单环芳香烃,随着温度的升高,芳香烃含量增多,除单环外,出现了双环。在重质馏分中,还可能出现稠环芳香烃,如萘、蒽、菲。

单环芳烃不溶于水,但溶于汽油、乙醇、乙醚等有机溶剂,它们具特殊气味,有毒,相对密度为0.86~0.9。石油中出现芳香烃含量最多的是苯、萘、菲,每个类型的分子常常不是母体,而是烷基衍生物,如苯是甲苯。石油中重要的是四环、五环的环烷芳香烃,它们大多数与甾族和萜族化合物有关。

2)非烃组成

石油中的非烃化合物是指除C、H两种主要元素外,还含有硫(S)、氮(N)、氧(O)或金属原子(主要是钒和镍)的一大类化合物。石油中这些元素的含量不多,但含这些元素的化合物却不少,有时可达石油重量的30%。其中又主要是含S、N、O的化合物。非烃化合物越少,石油的品质越好。

(1)含硫化合物:S是C和H之后的第三个重要元素,含硫的化合物也最为多见。目前石油中已鉴定出的含硫化合物将近100种,多呈硫醇、硫醚、硫化物(H_2S)和噻吩(以含硫的杂环化合物的形式存在,在重质石油中含量较为丰富)。

(2)含氮化合物:石油中含氮化合物较为少见,平均含量小于0.1%。目前从石油中分离出来的含氮化合物有30多种,主要是以含氮杂环化合物形式存在。可将其分为两组,一组为碱性化合物,有吡啶、喹啉、异喹啉、吖啶及卟啉、吲哚、咔唑及其同系物。其中以含钒和镍的金属卟啉化合物最为重要。

(3)含氧化合物:石油中含氧化合物已鉴定出50多种。包括有机酸、酚和酮类化合物。其中主要是与酸官能团-COOH有关的有机酸,有$C_1 \sim C_{24}$的脂肪酸,$C_5 \sim C_{10}$的环烷酸,$C_{10} \sim C_{15}$的类异戊二烯酸。石油中的有机酸和酚(酸性)统称石油酸,其中以环烷酸最多,占石油酸的95%,主要是五员酸和六员酸。几乎所有石油中都含有环烷酸,但含量变化较大,在0.03%~1.9%。环烷酸易与碱金属作用生成环烷酸盐,环烷酸盐又特别易溶于水。因此地下水中环烷酸盐的存在是找油的标志之一。

3.石油的物理性质

1)颜色

石油的颜色变化较大,从无色、淡黄色、黄褐色、淡红色、深褐色、黑绿色到黑色。颜色的不同跟成分有关。胶质—沥青质含量越高颜色越深,油质含量高,颜色浅。石油的颜色能反映其中重组分的含量,一般重组分越多,石油的颜色越深。

2）密度

石油的密度是指标准条件下原油密度与4℃纯水密度之比值。原油的相对密度在20℃下，一般介于0.75~1.0。通常把相对密度>0.9的石油称为重质石油，相对密度<0.9的为轻质石油。

石油的密度与颜色有一定关系，一般淡色石油密度小，反之则大。

3）黏度

黏度是指流体质点相对移动时所受到的内部阻力。黏度小的石油易于开采。

4）凝固点

将液体石油冷却到失去流动性时的温度称为凝固点。石油凝固点的高低取决于含蜡量及烷烃碳数高低。含蜡量高，则凝固点高，反之则低。

5）导电性

原油是一种非导体，其电阻率高达$10^9 \sim 10^{16} \Omega \cdot m$。可利用此性质，用电阻率曲线来判断油水层。

6）溶解性

石油易溶于有机溶剂而难溶于水。石油在水中的溶解度取决于其自身的成分和外界条件。

7）荧光性

石油及其大部分产品（轻汽油及石蜡除外），在紫外线照射下均发出特殊蓝光的现象，称为石油的荧光性。石油的发光现象取决于其化学结构。

8）旋光性

当偏光通过石油时，偏光面会旋转一定角度，这个角度称为旋光角。这种能使偏光面发生旋转的特性，称为旋光性。

（二）天然气

广义天然气的概念，可以理解为自然界中一切天然生成的气体均称为天然气，包括气圈、水圈、岩石圈以至地幔和地核中的一切天然气体。就石油勘探来讲，天然气是指存在于地下岩石中，与油气田有关的以烃类为主的气体。它既可呈聚集状态，也可呈分散状态；既可与石油伴生，也可单独存在。

> GAA005 天然气成分及分类

1. 天然气的化学成分

天然气以碳（C）、氢（H）为主，C占65%~80%。H占12%~20%，另有少量氮（N）、氧（O）、硫（S）及其他微量元素。与石油相比，天然气的成分较为简单，可分为烃和非烃两大类。

1）烃类组成

天然气的烃类组成一般以甲烷为主，通常占80%~90%以上。此外，还有少量的乙烷、丙烷、丁烷、戊烷、己烷等。甲烷称轻烃，乙烷及以上的烃类称重烃。重烃气以乙烷和丙烷为主，有时有少量的环烷烃和芳香烃。重烃在天然气中的含量变化较大，从小于百分之一至百分之几十。

一般常将天然气中重烃的含量将天然气分为湿气（富气）和干气（贫气）。

干气：甲烷含量大于95%，重烃含量小于5%，干气不与油相伴生，可形成纯气藏。燃烧时呈蓝色火焰，用导管收集通入水中不见油膜。

湿气:重烃含量大于5%,湿气与油相伴生。燃烧时有微弱的汽油味,呈黄色火焰,用导管收集通入水中,水面会出现彩色油膜。

2)非烃组成

天然气中的非烃气体有 N_2、CO_2、H_2S、H_2、CO、SO_2、Hg 蒸气及惰性气体。非烃气体的含量一般不高,但在个别情况下也曾发现 CO_2、H_2S 及 N_2 气含量很高,甚至以它们为主要成分的气藏。

2. 天然气的物理性质

天然气一般无色,可有汽油味或硫化氢味,可燃。由于天然气的化学组成变化大,致使其物理性质也变化大。

1)相对密度

相对密度是指在标准单位体积的天然气与同体积空气的质量比值,量纲为一。它与相对分子质量成正比,因此湿气的相对密度大于干气。其数值一般随重烃、二氧化碳、硫化氢、氮气含量的增加而增大。大多数天然气的相对密度在 0.6~0.7 之间,个别地区的天然气相对密度大于1。

2)黏度

黏度是指天然气指气体内部相对运动时,气体分子内摩擦力所产生的阻力,是研究天然气运移、开采和集输时的一项重要参数。天然气的黏度一般随相对分子质量增加而减小,随温度、压力增高而增大。天然气的黏度很小,远比石油低。

3)饱和蒸汽压力

某一温度下,将气体液化时所需施加的最低压力,称为该气体的饱和蒸汽压力。它随温度的升高、相对分子质量的减小而增大。

4)溶解性

天然气能不同程度地溶解于水和石油。在一定条件下,气体在单位体积石油或水中的溶解量称溶解度。在相同条件下,天然气在石油中的溶解度远大于在水中的溶解度。

5)热值

热值是指单位体积的天然气燃烧时所发出的热量,单位为 kJ/m^3。

6)临界温度和临界压力

单组分气体都有一特定温度,高于此温度时不管加多大压力都不能使该气体转化为液体,该特定温度称为临界温度。在临界温度时使气体液化所需的最低压力称为临界压力。天然气的临界温度随分子中碳原子数的增大而提高,而临界压力则减小(甲烷除外)。

3. 天然气的分类

1)按成因分类

天然气按成因可分为三大类,即有机成因气、无机成因气和混合成因气。有机成因气又分为油型气和煤层气两类。

2)按产状分类

天然气在地下由于所处的物理条件及成因的不同,它的存在状态是不同的,即天然气的产状是不同的。按天然气的产状及其分布特点,可分为聚集型(游离态)和分散型两大类。

1. 生物化学生气阶段

从地表至1500m深处,温度介于10~60℃,以细菌活动为主,相当于炭化作用的泥炭—褐煤阶段,以乏氧的生物化学降解为生气机制,类似"沼气",以甲烷为主。大部分有机质是以干酪根形式存在于沉积岩中。

2. 热催化生油气阶段

沉积物埋藏深度达到1500~4000m,有机质经受的地温达到60~180℃,相当于长烟煤—焦煤阶段,促使有机质转化的最活跃因素是热催化作用。页岩等黏土岩的催化作用十分关键,黏土矿物的催化作用可以降解有机质的成熟温度,促进石油的生成。

3. 热裂解生凝析气阶段

沉积物埋藏深度达到4000~7000m,地温达到180~250℃,超过了烃类物质的临界温度,环烷产生开环和破裂,液态烃急剧减少,主要以甲烷及其他气态的低分子正烷烃,在地下呈气态,当采至地面,随着温度和压力降低,反而凝结为液态轻质油。这个阶段是高成熟油气阶段,以凝析气和湿气为主要产物。

4. 深部高温生气阶段

当深度超过7000m,沉积物进入变生阶段,到了有机质转化的末期,相当于无烟煤阶段,地温超过250℃,以高温高压为主。石油全部裂解成最稳定的甲烷,干酪根残渣释出甲烷后进一步缩聚,生成碳沥青或石墨,是变质产物。

四、生油层、储集层和盖层

根据有机成油理论,有机质随沉积物沉积后,随埋藏深度的加大,温度不断升高,在还原条件下,逐步向油气转化。那么,能否形成储量丰富的油气藏,并且被保存下来,取决于诸多因素的影响,其中生油层、储集层、盖层的发育和匹配关系是重要因素之一。

(一) 生油层

凡能够生成并提供具有工业价值的石油和天然气的岩石,称为生油气岩(或烃源岩、生油岩)。由烃源岩组成的地层,称为生油(气)层。对一个盆地的含油气远景的评价,关键是看生油层的生烃潜力大小。

从岩性上看,能够作为生油层的岩性主要有两大类,即泥质岩和碳酸盐岩。泥质岩类以暗色的富含有机质的泥岩、页岩、黏土岩为主;碳酸盐类生油层的岩类以灰色、深灰色的沥青灰岩、隐晶质灰岩、豹斑灰岩、生物灰岩、泥灰岩为主。

最有利的生油岩相是浅海相、三角洲相和深水湖相,有利于形成黏土岩类生油层和碳酸盐岩类生油层。

浅海相的碳酸盐岩类和黏土岩类都具备很好的生油条件,多处于广海大陆架和潮下带的局限海,属持续低能环境,盆底长期稳定沉降,气候温暖湿润,生物繁盛,水体安静,长期的还原环境使丰富的有机质得以顺利堆积、保存并向油气转化。

(二) 储集层

1. 储集层的概念及分类

1) 概念

油气在地下是储存在岩石的孔隙、孔洞和裂缝之中的,就像海绵充满水一样。能够储存和渗滤流体的岩层称为储集层。作为储集层,应具备两个基本特性,即孔隙性和渗透性。孔隙性的好坏直接决定着储集层储存油气的数量,而渗透性的好坏则控制了储集层内所含油气的产能。

2)储集层的分类

(1)按储集层的岩石类型分类。

目前发现的含有油气的储集层可归为三大类:

碎屑岩类储集层:主要包括砂岩、砾岩、粉砂岩等碎屑沉积岩。

碳酸盐岩类储集层:主要为石灰岩、白云岩、礁灰岩。

其他岩类储集层:主要包括火山碎屑岩、火山岩、侵入岩、变质岩和泥页岩等。

据世界 546 个大中型油气田的统计,碎屑岩类和碳酸盐岩类储集层所储油气占总量的 99.8%,其中碎屑岩中的储量占 57.1%,碳酸盐岩中占 42.7%。碎屑岩储集层是我国目前最重要的储集层类型。

(2)按储集层的储集空间类型分类。

储集层岩石的储集空间类型很多,但按孔隙成因归纳起来,大致可分为与颗粒、晶粒(包括原生和次生)有关的孔隙型,与风化淋滤有关的溶洞型,与应力有关的裂隙型等三大类。

以这三种储集空间类型为基础,可将储集层划分为五类:孔隙型储集层、裂隙型储集层、溶洞—裂隙型储集层、孔隙—裂隙型储集层、孔隙—溶洞—裂隙型储集层。其中孔隙型储集层、孔隙—裂隙型储集层、孔隙—溶洞—裂隙型储集层占大多数。

2. 储集层岩石的物性

1)孔隙性

孔隙是指岩石中未被固体物质所填充的空间。严格地说,地壳中的所有岩石都多少具有一定的孔隙,即所有岩石都具有孔隙性,但不同岩石的孔隙性好坏差异很大。岩石的孔隙越大,发育程度越高,其孔隙性越好。

2)孔隙度

为了衡量不同岩石孔隙性的好坏,需要一个"量"的概念,这就是孔隙度。孔隙度是指岩石中的孔隙体积占岩石总体积的百分数。

3)渗透性

渗透性是指在一定压差下,储集岩本身允许流体通过的能力。同孔隙性一样,渗透性也是储集层最重要的参数之一,它不但控制着储能,而且控制着产能。

4)渗透率

渗透率是岩石渗透性好坏的参数。其物理意义是表示在多孔介质中渗流时测量的孔隙喉道截面的大小。

5)孔隙度和渗透率的关系

孔隙度和渗透率是储集岩的两个基本属性,孔隙度与渗透率之间没有绝对的函数关系。但对于碎屑岩储集层,有效孔隙度越高,渗透率越大。

(三)盖层

1. 盖层的定义

盖层是指位于储集层之上能够封隔储集层并能阻止储集层中油气向上溢散的岩层。与储集层作用不同,盖层的作用是阻碍油气溢散,油气层盖层的好坏,直接影响着油气在储集层中的聚集效果及保存时间,盖层发育层位和分布范围直接影响油气田分布的层位和区域。因此,盖层是形成油气藏必不可少的地质条件之一,也是油气田勘探和开发所要研究的重大课题之一。

2. 盖层的类型

根据盖层的岩石特征可以将其分为三类:泥质岩类、蒸发岩类和致密灰岩类。

(1) 泥质岩类盖层:包括泥岩、页岩,是油气田中最常见的一类盖层,常与碎屑岩储集层构成储盖组合。

(2) 蒸发岩类盖层:包括石膏、岩盐两种岩石类型,常与碳酸盐岩储集层构成储盖组合。

(3) 致密灰岩类盖层:在构造变动微弱的地区,裂缝不发育,致密的泥灰岩和石灰岩也可作为盖层,但这种盖层数量较少。

3. 盖层的封闭机理

国内普遍认盖层的封盖机理主要有毛管压力封闭(物性封闭)、超压封闭和烃浓度封闭3种。

(1) 毛管压力封闭(物性封闭):是指依靠盖层岩石的毛细管压力对油气运移的阻止作用,是盖层封油气最普遍的机理。

(2) 超压封闭:盖层依靠异常高流体压力而封闭油气的机理称之为流体压力封闭,简称超压封闭。

(3) 烃浓度封闭:所谓烃浓度封闭是指具有一定的生烃能力的地层,以较高的烃浓度阻滞下伏油气向上扩散运移。

4. 影响盖层封闭性的主要因素

影响盖层封闭性的主要因素主要有盖层的岩性、盖层的厚度和分布及构造运动。

(1) 盖层的岩性:最常见的盖层是页岩、泥岩、岩盐、石膏、硬石膏以及致密灰岩等。盖层的泥质含量越高,其封闭能力越强。

(2) 盖层的厚度和分布:从油气保存的角度看,盖层越厚越有利。厚度大则不易被小断层错断,泥岩中的流体不易排出,增加其封闭能力。盖层大范围内连续稳定分布,分布面积大于油气藏分布范围时,才能形成有效的封闭。盖层面积越大越稳定。

(3) 构造运动:地壳的抬升可能导致盖层遭受剥蚀而变薄,是封闭性变差甚至消失。

GAA007 油气的运移

五、油气运移和聚集

(一) 油气运移

1. 油气运移的概念

石油和天然气都是流体,当受到某种驱动力作用时就会在地壳中发生流动。油气在地壳内的任何移动都称为油气运移。根据油气的有机成因学说,油气是富含有机质的细粒岩石中形成的,而发现的油气却大都储集在孔隙性、渗透性比较好的粗粒岩石中。这样,油气从烃源岩层的分散状态到储集层圈闭中的聚集状态,期间必定有一个运移的过程。

为了表征油气生成后在不同的环境、不同阶段的运移特点,又分为初次运移和二次运移(图 1-1-6)。

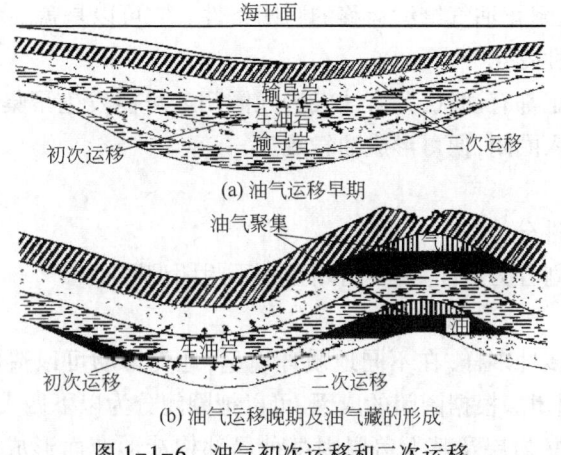

图 1-1-6 油气初次运移和二次运移

初次运移是指油气从烃源岩向储集层的运移。生油层中的有机质处于分散状态,呈微粒状分布在岩石颗粒之间,或为薄膜状吸附在颗粒表面。所以刚形成的油和气也是分散于原始母质之中。通常认为,油气初次运移的主要动力是地层静压力、地层被深埋所产生的热力以及黏土矿物的脱水作用。发生初次运移的主要时期为晚期生油阶段,与之相应的为晚期压实阶段(相应深度为1500~3000m)。初次运移的状态主要为水溶。碳酸盐岩生油层中油气的运移,可能以气溶为主。

二次运移是指油气进入储集层以后的一切运移。油气运移是指油气由生油(气)层进入运载层及其以后的一切运移,它发生在烃源岩、储集层内,或者从一个储集层到另一个储集层的过程中、运载层出了渗透性地层外,还可以是不整合、微裂缝、断层或断裂体系、古老的风化带和刺穿的底辟构造带。二次运移的动力主要是水力、浮力和毛细管力,运移状态主要为游离相态。油气在二次运移中的主要通道有储集层的孔隙、裂缝、断层、不整合面。

2. 油气运移的基本方式

油气在地下岩层中往往呈液态、气态和分子或分子团状态进行运移。它们既可透过岩石通道流动,也可以透过其他物质进行分子运动。它们的运移方式主要有两种:渗滤和扩散。

渗滤:岩层孔隙中的流体在一定压差条件下所发生的流动称为渗滤。渗滤作用是一种机械运动,整体流动,遵守能量守恒定律,由机械能高的地方向机械能低的地方流动。渗滤是油气在地下运移的主要方式。

扩散:是物质分子运动产生的传递过程。当物质存在浓度差时,从高浓度向低浓度进行,使浓度梯度达到均衡;扩散系数与分子大小有关,分子越小,扩散能力越强,轻烃具有明显的扩散作用,因此,扩散运移是轻烃的一种重要运移方式。

(二)圈闭

J(GJ)AA011 圈闭的形成及分类

1. 圈闭的概念

圈闭是指储集层中能够阻止油气运移,并使油气聚集、成藏的场所。圈闭由储集层、盖层、遮挡物三部分组成。

储集层:圈闭的储集层为油气提供了储存空间,是圈闭的主体部分。

盖层:位于储集层之上,阻止油气向上逸散。

遮挡物:在侧向上阻止油气继续运移的封闭条件。它可以是盖层本身的弯曲变形,如背斜,也可以是断层、岩性变化等。

但是圈闭中不一定都有油气,只有油气进入圈闭才可能发生聚集并形成油气藏。一旦有足够数量的油气进入圈闭,便可形成油气藏。

2. 圈闭的分类

1) 按圈闭的封闭性分类

按圈闭的封闭性划分为封闭型、半封闭型和不封闭型圈闭。

2) 按成因分类

圈闭的成因类型多种多样,在不同地质环境里,地壳运动可以造成各种各样的封闭条件,形成多种类型的圈闭。根据圈闭的成因,可以把圈闭分为以下四大基本类型。

(1) 构造圈闭:储集岩层及其上盖层因某种局部构造形变而形成的圈闭。主要有褶皱作用形成的背斜圈闭,断层作用形成的圈闭,裂隙作用形成的圈闭,刺穿作用形成的圈闭和由上述各种构造因素综合形成的圈闭。

(2) 地层圈闭:由储集层岩性横向变化或地层连续性中断而形成的圈闭。主要有由透镜体砂岩、岩相变化、生物礁体等形成的原生地层圈闭,由地层不整合、成岩后期溶蚀作用等形成的次生地层圈闭。

(3) 岩性圈闭:在沉积盆地中,由于沉积条件的差异造成储集层在横向上发生变化而形成的圈闭,如岩性尖灭圈闭和砂岩透镜体圈闭等。

(4) 复合圈闭:圈闭的形成往往受到多种因素的控制,当这些因素对圈闭的形成共同起大体相同的作用时,就称为复合圈闭。

3. 圈闭的度量参数

圈闭的大小可用其最大有效容积来度量。它表示圈闭能容纳油气的最大体积,是评价圈闭的重要参数之一。容积大小取决于闭合面积、闭合高度、储集层的有效厚度和有效孔隙度等参数。下面以背斜圈闭(图1-1-7)为例进行介绍。

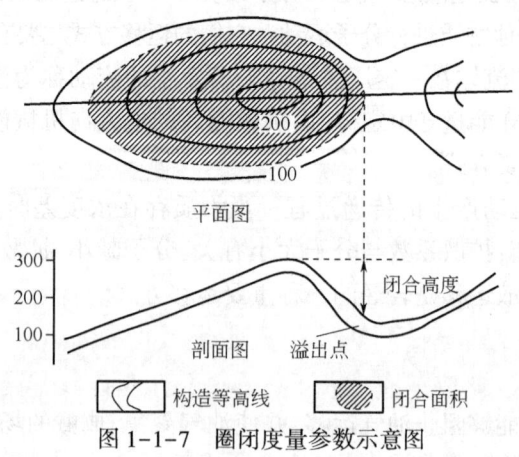

图1-1-7 圈闭度量参数示意图

溢出点:流体充满圈闭后,最先从圈闭中溢出的点,称为该圈闭的溢出点。它在剖面上是一个点,在平面上是一条闭合线。

闭合面积：通过溢出点的构造等高线所圈出的封闭面积。

闭合高度：从圈闭的最高点到溢出点之间的海拔高度差，称为闭合高度。闭合高度与构造幅度是完全不同的两个概念，具有同样大小构造起伏幅度的背斜，可以具有完全不同的闭合高度，如图 1-1-8 所示。

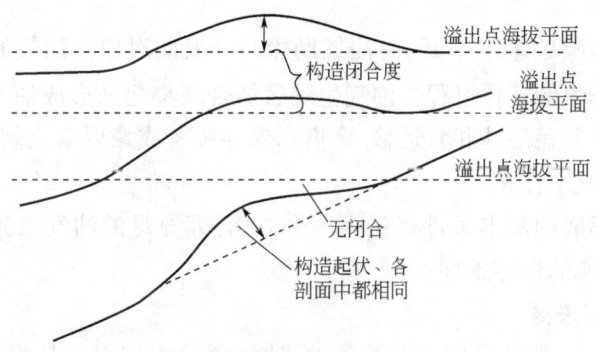

图 1-1-8 背斜圈闭闭合高度示意图

储集层的有效厚度：储集层的有效厚度是指储集层中具有工业性产油能力的那一部分厚度。

有效孔隙度：是指岩石中允许流体在其中流动、互动连通的孔隙体积之和占岩石总体积的百分数。

(三) 油气藏

油气藏是含油气中油气聚集的最小单元，是油气在单一圈闭中的聚集。每个油气藏具有统一的压力系统和油水界面。换言之，油气藏是地下岩层中具有统一流体动力学系统的最小油气聚集单元。

运移着的油气，遇到了圈闭，在盖层和遮挡物的作用下，阻止了它们的继续运移，就会在其中的储集层内聚集起来，形成油气藏。

如果圈闭中只聚集了油，称之为油藏；只聚集了气就称为气藏；二者同时聚集就称为油气藏。如图 1-1-9 所示的是 4 个独立的油藏，它们各自有独立的压力系统和油水界面。

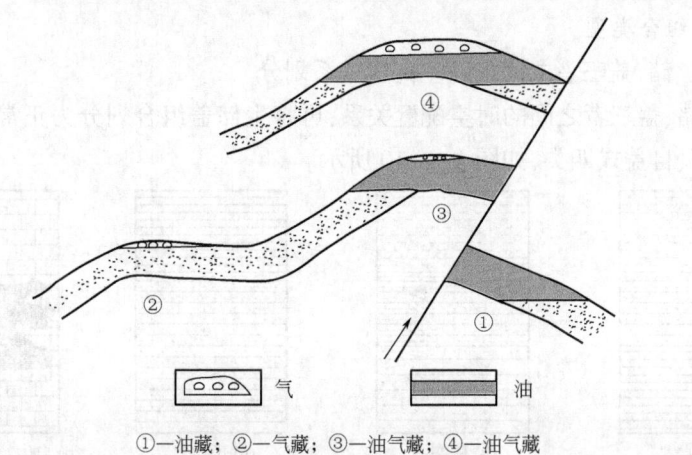

①—油藏；②—气藏；③—油气藏；④—油气藏

图 1-1-9 油气藏示意图（转引自付秀清，王正东《石油地质学》2009 年）

若油气聚集的数量足够大,达到了工业开采价值,则称为商业性油气藏;聚集的数量少,不具备工业开采价值,则称为非商业性油气藏。二者是一个相对概念,取决于政治、经济和技术条件。

六、油气藏形成的基本条件

GAA008 油气藏成藏要素

油气藏是油气聚集的基本单元,是油气勘探与开发的对象。油气的形成过程,是油气从分散状态到集中储集的转化过程。油气生成后能否聚集起来形成油气藏并保存下来,取决于烃源岩层、储集层、盖层、圈闭、运移、聚集和保存等各成藏要素之间的匹配。缺少任何一个要素,则油气藏就不存在。

可以将油气藏形成的基本条件概括为四个方面,即充足的油气来源、有利的生储盖组合、有效的圈闭和必要的保存条件。

(一)充足的油气来源

盆地中油气源是油气藏形成的首要条件,油气源的丰富程度从根本上控制着油气资源的规模,决定着油气藏的数量和大小;油气源的性质决定着烃类资源的种类、油藏与气藏的比例;油气源形成的中心区控制着油气藏的分布。因此,油气源条件是油气藏形成的前提。

成熟烃源岩有机质丰度高,体积大,并能提供充足的油气源,形成具有工业价值的油气聚集。只有具丰富油气资源的盆地,才能形成大型油气藏。

(二)有利的生储盖组合

1. 生储盖组合概念

油气生成后,只有及时的排出,聚集起来形成油气藏,才能成为可以利用的资源;否则,只能成为油浸泥岩。而储集层是容纳油气的介质,只有孔渗性良好,厚度较大的储集层,才能容纳大量的油气,形成巨大的油气藏,这是显然的。而有利的生储盖组合,也是形成大型油气藏不可缺少的基本条件。

有利的生储盖组合:是指三者在时、空上配置恰当,有良好的输导层,使烃源层生成的油气能及时地运移到储集层聚集;盖层的质量和厚度能确保油气不致于散失。

2. 生储盖组合类型

1)根据生、储、盖三者之间的时空配置关系划分

根据生、储、盖三者之间的时空配置关系,可将生储盖组合划分为正常式,侧变式,顶生式,自生、自储、自盖式四类,如图 1-1-10 所示。

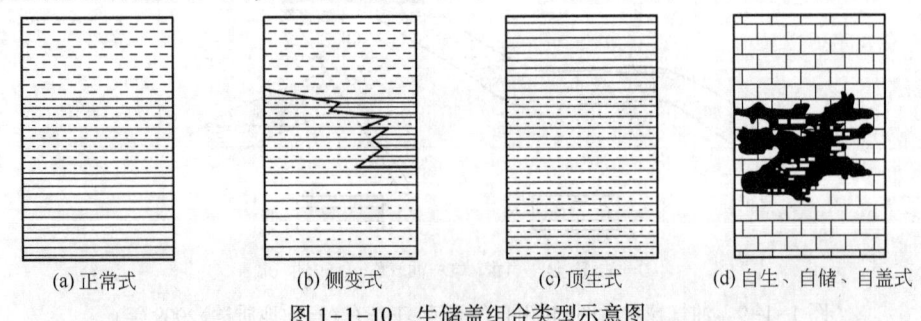

图 1-1-10　生储盖组合类型示意图

(1)正常式组合:烃源岩层在下,储集层居中,盖层在上。

(2)侧变式组合:由于岩性、岩相在空间上的变化,导致烃源岩层与储集层之间为侧向接触,盖层位于其上。

(3)顶生式组合:烃源岩层与盖层同属一层,储层位于其下方。

(4)自生、自储、自盖式组合:本身具生、储、盖三种功能于一身。

2)根据烃源岩层与储集层的时代关系划分

根据烃源岩层与储集层的时代关系,可将生储盖组合划分为新生古储式、古生新储式和自生、自储式三种。

3)根据生储盖组合之间的连续性划分

根据生储盖组合之间的连续性,可划分为连续性沉积的生储盖组合和不连续性的生储盖组合。

(三)有效的圈闭

圈闭是油气运移的"归宿",圈闭的规模决定了油气藏的规模和数量,其所处的空间位置和形成时间决定了其捕捉油气的几率,而圈闭的密封程度和水动力条件决定了油气的聚集条件,这些都决定了圈闭是否为有效圈闭。

有效圈闭:是指在具有油气来源的前提下,能聚集并保存油气的圈闭。它必须具备圈闭容积大、圈闭距源区近、圈闭形成时间早、圈闭的闭合度高、圈闭的封闭条件好等特点。

1. 圈闭容积大

圈闭容积大小是决定能否形成大型油气藏的前提。圈闭容积大小,由闭合面积、闭合高度、储集层有效厚度和有效孔隙度等参数决定。它与圈闭的类型,储层特性等有关。通常具有较大的闭合面积,较厚的储集层,较高的孔隙度的圈闭,是一个大容积的圈闭,但闭合度往往变化较大。

2. 圈闭距源区近

(1)空间位置上距源区近。

(2)与烃源层之间有良好的输导通道,圈闭位于油气运移的路线上。

3. 圈闭形成时间早

所谓圈闭形成时间早,是指圈闭形成时间不晚于大规模生、排烃期。只有在大规模成烃、排烃期之前或同时形成的圈闭,才有利于油气的聚集。

4. 圈闭的闭合度高

圈闭闭合高度要大于油水界面两端高差或油水过渡带的厚度,是有效圈闭的条件之一。圈闭闭合高度越大,其有效性越好。

5. 圈闭的封闭条件好

储层上方盖层的封闭条件是圈闭是否存在的关键,若盖层的封闭条件差,则很难聚集保存大油气藏,尤其是气藏。

(四)必要的保存条件

已经聚集形成的油气藏,是否能够完整的保存下来,是油气藏存在与否的重要前提,在漫长的地质历史中,油气藏将遭受不同程度的破坏,使油气散失、氧化或产生再分布,形成新的油气藏。因此,必要的保存条件是油气藏形成后得以保存下来的关键。油气的保存条件主要是受水动力环境、地壳运动及岩浆活动的影响。

> GAA009 油气藏类型

七、油气藏的类型及特征

目前世界上发现的油气藏数量众多,类型各异。它们在成因、形态、规模与大小以及储集层条件、遮挡条件、烃类相态等方面的差别都很大。油气藏分类的主要依据是圈闭的成因,圈闭是油气藏聚集的场所,也是形成油气藏的基本条件之一。划分油气藏类型时,应该遵循科学性和实用性的基本原则。

(1)科学性:即分类能充分反映圈闭的成因,反映油气藏形成的条件及储存状态,反映各种不同类型的油气藏之间的区别与联系。

(2)实用性:即分类能有效地指导油气藏的勘探及开发工作。

根据上述原则和有关油气藏的概念,将油气藏分为构造油气藏、地层油气藏、岩性油气藏、复合油气藏四大类,可再进一步细分为若干类型。油气藏的具体分类详见表1-1-2。

表1-1-2 油气藏分类表

大类	类	亚类
构造油气藏	背斜油气藏	挤压式油气藏
		基底升降背斜油气藏
		披覆背斜油气藏
		底辟背斜油气藏
		滚动背斜油气藏
	断层油气藏	断鼻油气藏
		弓形断层断块油气藏
		交叉断层断块油气藏
		复杂断层断块油气藏
		逆断层断块油气藏
	岩体刺穿油气藏	盐体岩体刺穿油气藏
		泥火山岩体刺穿油气藏
		岩浆岩体岩体刺穿油气藏
	裂缝性油气藏	
地层油气藏	地层不整合遮挡油气藏	潜伏剥蚀突起油气藏
		潜伏剥蚀构造油气藏
	地层超覆油气藏	
岩性油气藏	岩性尖灭油气藏	
	砂岩透镜体油气藏	
	生物礁油气藏	

续表

大类	类	亚类
复合油气藏	构造—地层复合油气藏	
	构造—岩性复合油气藏	
	岩性—水动力复合油气藏	
	构造—水动力复合油气藏	
	水动力—构造—岩性复合油气藏	

1. 构造油气藏

构造油气藏是指地壳运动使地层发生变形或变位而形成的构造圈闭中的油气聚集。构造运动可以形成各种各样的构造圈闭，因此，所形成的油气藏也不同。据此，又可分为背斜、断层、岩体刺穿及裂缝性油气藏。

J(GJ)AA012 背斜油气藏成因及分类

1) 背斜油气藏

在构造运动作用下，储集层呈拱起的背斜，其上方为非渗透性盖层所封闭，形成背斜圈闭，油气在其中的聚集称为背斜油气藏(图1-1-11)。背斜油气藏是各类油气藏中最常见、最具代表性的类型。

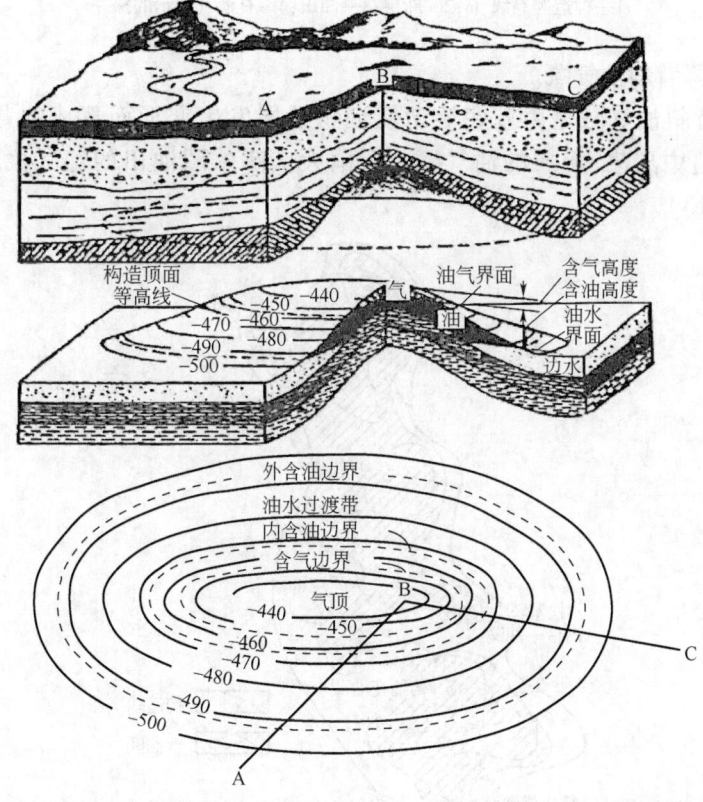

图1-1-11 理想的背斜油气藏和平面图(转引自付秀清，王正东《石油地质学》2009年)

根据背斜的成因，可将背斜油气藏分为挤压式油气藏、基底升降背斜油气藏、披覆背斜油气藏、底辟背斜油气藏、滚动背斜油气藏五种类型。

(1) 挤压式油气藏。

挤压式油气藏是指由侧向挤压应力为主的褶皱作用而形成的背斜圈闭中的油气聚集。我国酒泉盆地南部山前地带的背斜带可作为典型实例(图1-1-12)。

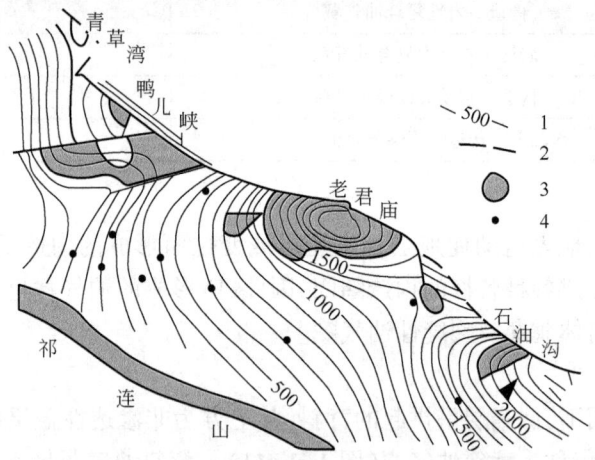

图1-1-12　酒泉盆地山前背斜带分布图
(转引自付秀清,王正东《石油地质学》2009年)
1—构造等高线,m;2—断层;3—油田;4—有油气显示的探井

(2) 基底升降背斜油气藏。

基底升降背斜油气藏是由基底活动使沉积盖层发生变形而形成的背斜圈闭,油气在这种背斜构造中聚集,形成的油气藏。我国大庆萨尔图油田的油气藏就属于这种油气藏(图1-1-13)。

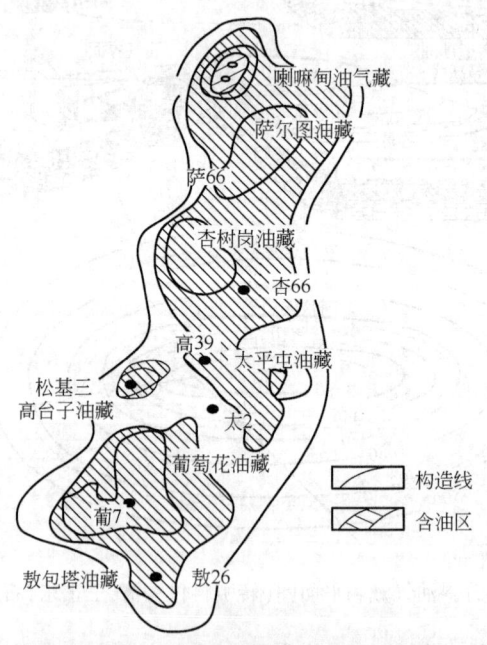

图1-1-13　大庆油田构造示意图
(转引自付秀清,王正东《石油地质学》2009年)

(3)披覆背斜油气藏。

披覆背斜是由于地下突起及差异压实作用形成的,油气在这里聚集形成的油气藏。典型实例如渤海湾盆地黄骅坳陷羊三木油田披覆背斜油气藏(图1-1-14)。

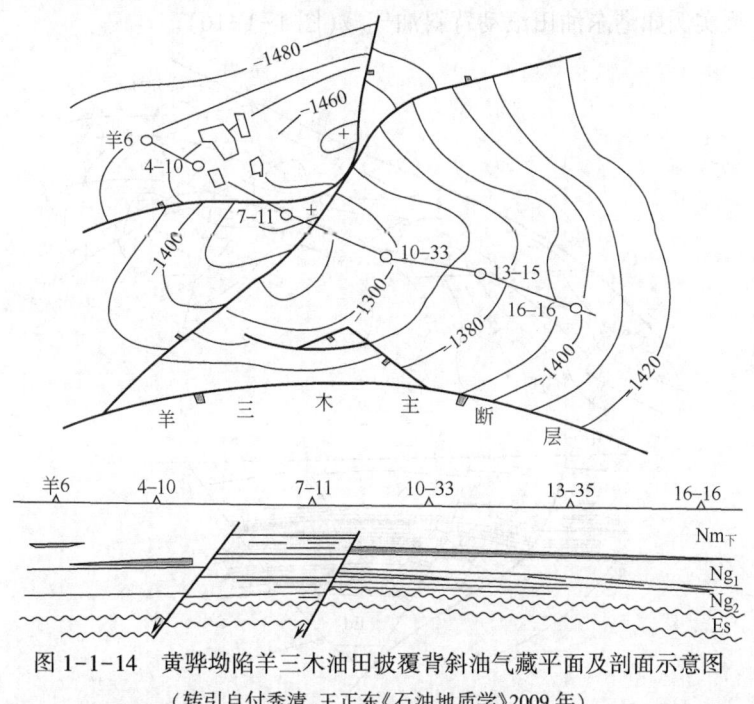

图1-1-14 黄骅坳陷羊三木油田披覆背斜油气藏平面及剖面示意图
(转引自付秀清,王正东《石油地质学》2009年)

(4)底辟拱升背斜油气藏。

底辟拱升背斜油气藏是由地下塑性物质运动引起的。典型实例如我国江汉盆地王场油田的油藏(图1-1-15)。

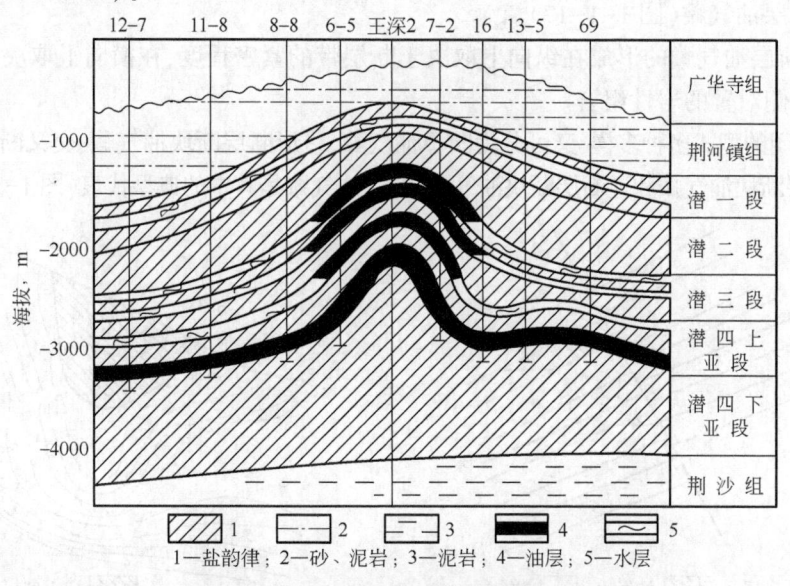

1—盐韵律;2—砂、泥岩;3—泥岩;4—油层;5—水层

图1-1-15 潜江凹陷王场构造横剖面图
(转引自付秀清,王正东《石油地质学》2009年)

(5)滚动背斜油气藏。

所谓滚动背斜,是指同生断层上盘的沉积层在向下滑动过程中因逆牵引作用而形成的背斜构造。由于滚动背斜圈闭距油源区近,又与沉积作用同期形成,因而常可形成富集高产的油气藏。典型实例如港东油田滚动背斜油气藏(图1-1-16)。

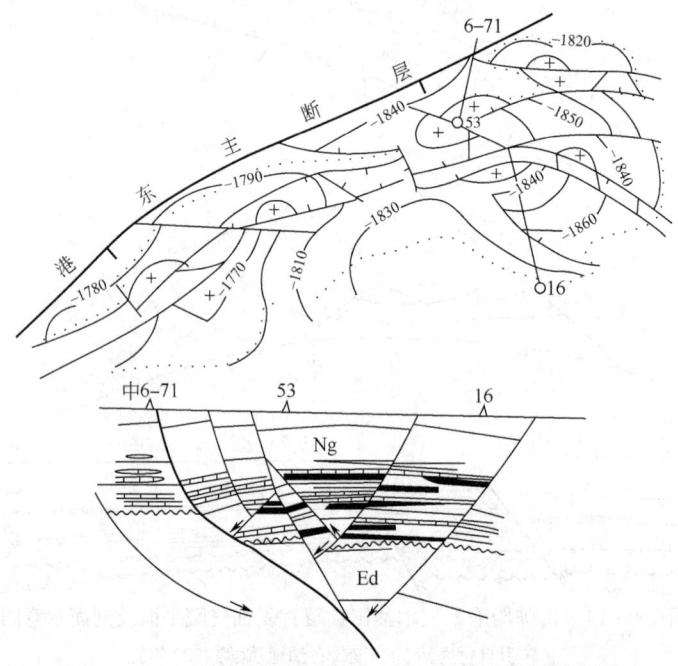

图1-1-16 港东油田滚动背斜油气藏平面图和剖面图

2)断层油气藏

油气在运移至断层时,既不能穿过断层做横向运移,也不能沿断裂带做垂向运移时可形成断层油气藏(图1-1-17)。

因此,断层油气藏的形成在纵向上取决于断层带的紧密程度,在横向上取决于断距大小以及断层两侧对置的岩性组合。

断层圈闭的型式多种多样,又可分为断鼻油气藏、弓形断层断块油气藏、交叉断层断块油气藏、复杂断层断块油气藏和逆断层断块油气藏,断鼻油气藏是其中的典型代表(图1-1-18)。

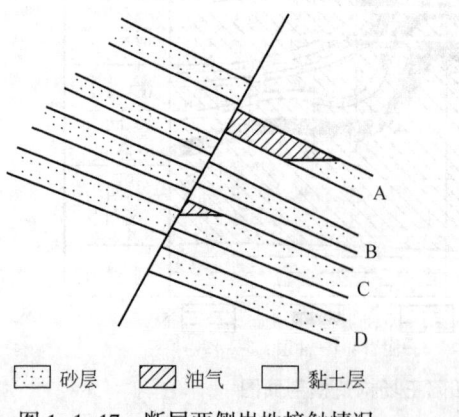

图1-1-17 断层两侧岩性接触情况　　图1-1-18 断鼻状构造圈闭与油气藏

(1)断鼻油气藏:在区域倾斜的背景上,鼻状构造的上倾方向被断层所封闭,在其中聚集了油气就形成了油气藏。我国典型油田代表是渤海盆地永安油气田。

(2)弓形断层断块油气藏:倾斜储集层的上倾方向被一向上倾方向突出的弯曲断层(弧形断层)面所包围形成圈闭,油气在其中聚集形成的油气藏。我国典型油田代表是胜利村油气田。

(3)交叉断层断块油气藏:是指在倾斜储集层的上倾方向被两条相交叉的断层所封闭而形成的油气藏。我国典型油田代表是青海柴达木盆地冷湖油田。

(4)复杂断层断块油气藏:在断层发育地区,往往有多组断层的交叉切割与地层产状相结合,组成各种形态的含油气断块,形成油气藏。典型代表是松辽盆地木头断块油藏。

(5)逆断层断块油气藏:这类油气藏出现在挤压型盆地边缘地带,可由多组逆断层或逆掩断层与储集层结合而形成的油气藏。典型代表是新疆克拉玛依油田。

3)岩体刺穿油气藏

地下深处的盐体刺穿上覆沉积岩层,使储集层的连续性遭到破坏,被刺穿体接触遮挡而形成的圈闭,称岩体刺穿圈闭。油气在其中的聚集,称为岩体刺穿油气藏。地下塑性岩体(包括盐岩、膏岩、软泥以及各种侵入岩浆岩)侵入到沉积岩层,使储集层上方发生变形;其上倾方向被侵入岩体封闭而形成刺穿(接触)圈闭。

岩体刺穿油气藏可分为盐体岩体刺穿油气藏、泥火山岩体刺穿油气藏、岩浆岩体岩体刺穿油气藏。

(1)盐体岩体刺穿油气藏:地下深处的盐体侵入并刺穿上覆的沉积岩层,形成圈闭,若聚集了油气则称为盐体岩体刺穿油气藏(图1-1-19)。

(2)泥火山岩体刺穿油气藏:由于泥火山刺穿作用形成圈闭条件,油气聚集其中而形成的油气藏(图1-1-20)。

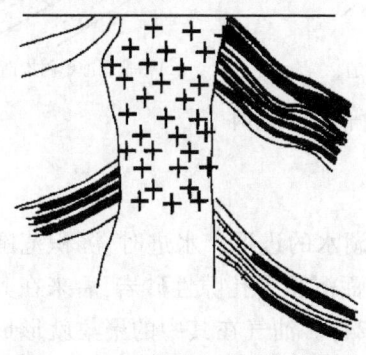

图1-1-19 莫连尼油田横剖面图

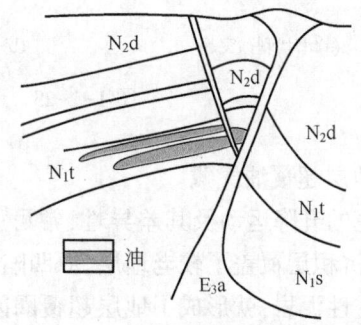

图1-1-20 新疆独子山油田剖面图

(3)岩浆岩体岩体刺穿油气藏:地下深处的岩浆侵入并刺穿上覆的沉积岩层,形成岩浆岩体刺穿圈闭,油气聚集其中形成的油气藏(图1-1-21)。

4)裂缝性油气藏

在各种致密、性脆的岩层中,原来的孔隙度和渗透率都很低,不具备储集油气的条件。但由于构造作用,加上其他后期改造作用,使其在局部地区的一定范围内,产生了裂缝和溶洞,具备了储集空间和渗滤通道的条件,与其他因素(如盖层、遮挡物)相结合,就形成了裂缝性圈闭，油气在其中聚集就形成了裂缝性油气藏(图 1-1-22)。

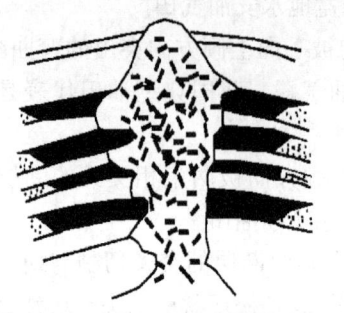
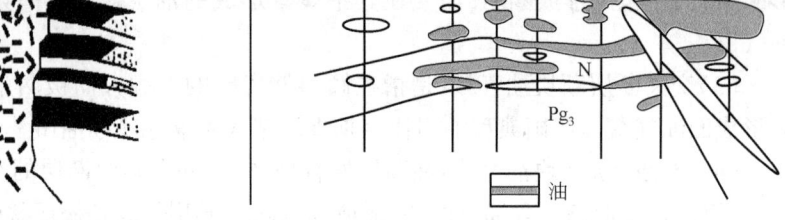

图 1-1-21　墨西哥的岩浆岩体刺穿油田横剖面图　　　图 1-1-22　油泉子油田剖面图

2. 地层油气藏

J(GJ)AA019 地层油气藏的形成与分类

地层圈闭是指沉积层由于纵向沉积连续性中断而形成的圈闭，即与地层不整合有关的圈闭。油气在其中聚集就成为地层油气藏；它主要分为地层不整合遮挡油气藏和地层超覆油气藏。

1) 地层不整合遮挡油气藏

油气勘探经验证明，不整合面的上下常常成为油气有利地带。剥蚀突起和剥蚀构造被后来沉积下来的不渗透性地层所覆盖而形成的圈闭，油气在其中的聚集就称为地层不整合遮挡油气藏。具体划分可分为潜伏剥蚀突起油气藏和潜伏剥蚀构造油气藏(图 1-1-23)。

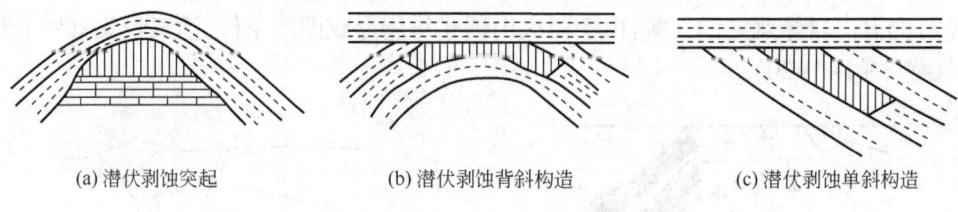

(a) 潜伏剥蚀突起　　　(b) 潜伏剥蚀背斜构造　　　(c) 潜伏剥蚀单斜构造

图 1-1-23　地层不整合遮挡圈闭示意图

2) 地层超覆油气藏

地壳的升降运动及其差异性，常可引起海水或湖水的进退。水进时，沉积范围不断扩大，较新沉积层覆盖了较老地层，原凹陷边部的侵蚀面沉积了孔隙性砂岩，后来在其上沉积了不渗透性泥岩，就形成了地层超覆圈闭(图 1-1-24)。油气在其中的聚集就形成了地层超覆油气藏。

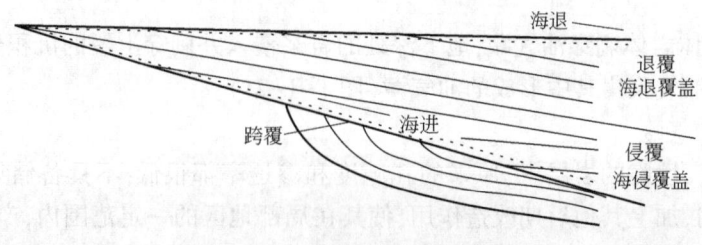

图 1-1-24　超覆与退覆示意图

3. 岩性油气藏

由于沉积条件的改变导致储集层岩性发生横向变化而形成圈闭,在其中聚集的油气就称为岩性油气藏。从圈闭形成条件来看,岩性圈闭不同于构造圈闭和地层圈闭,是属于同一层内由于局部沉积条件或后期次生变化形成的圈闭,即它是在非渗透岩层内局部岩性变化形成的,其遮挡物为非渗透性岩层。

在沉积过程中,因沉积环境或动力条件的改变,岩性在横向上会发生相变。当砂岩层向一个方向上变薄,直至上下层面相交于一点即尖灭在泥岩中,形成岩性尖灭圈闭,若向两边尖灭则形成透镜体圈闭(图1-1-25)。岩性油气藏中除了这两类油气藏外,还有生物礁油气藏。它是指出造礁生物如珊瑚、层孔虫、苔藓虫、藻类、古贝类等组成的碳酸盐体。生物礁中原生骨架孔隙、粒间孔隙很发育,再加上构造运动造成的各种裂缝,形成了储集空间发育、渗透性极佳的生物礁储集体,加被上覆非渗透岩石所覆盖,其中聚集油气,即为生物礁型油气藏。生物礁是指该类油气藏储量大,产量高。生物礁型大油田主要分布在波斯湾、墨西哥湾、加拿大的阿尔伯达等盆地。

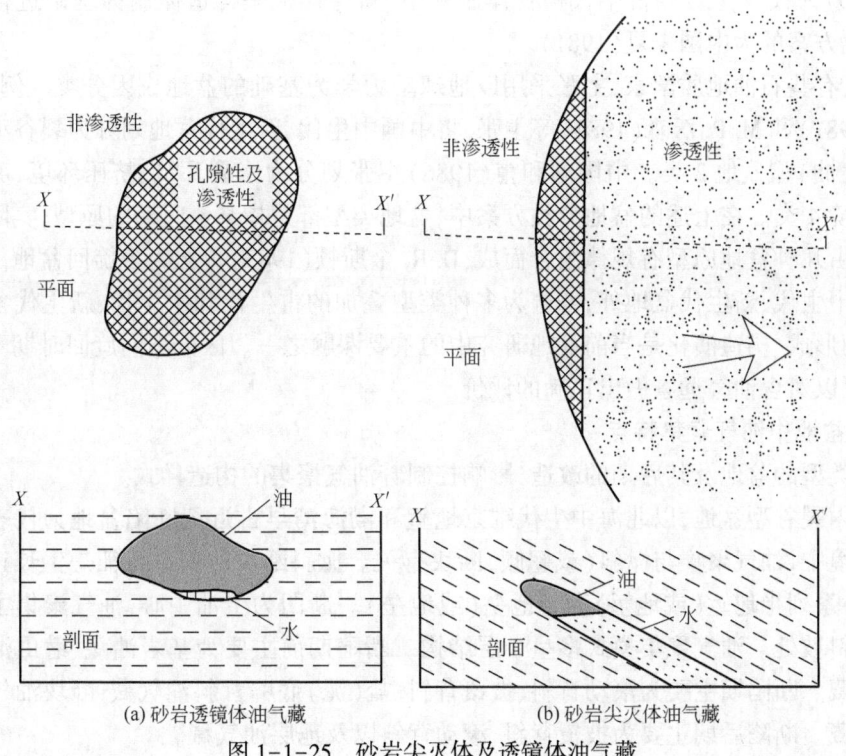

(a) 砂岩透镜体油气藏　　(b) 砂岩尖灭体油气藏

图1-1-25　砂岩尖灭体及透镜体油气藏

4. 复合油气藏

在自然界中,储油气圈闭往往受多种因素控制。当某种单一因素起绝对主导作用时,就归为某一类油气藏;但当多种因素共同起到大体相同或相似的作用时,称为复合圈闭。所以把两种或两种以上因素共同封闭而形成的圈闭,油气在其中的聚集就称为复合油气藏。主要分为构造—地层复合油气藏、构造—岩性复合油气藏、岩性—水动力复合油气藏、构造—水动力复合油气藏、水动力—构造—岩性复合油气藏。

八、含油气盆地

（一）基本概念

凡是地壳上具有统一的地质发展历史，发育着良好的生储盖组合及圈闭，并已发现油气田的沉积盆地，统称为含油气盆地，因此可将含油气盆地看作是油气生成、运移和聚集的基本地质单位。在油气勘探中，常把油气盆地作为一个统一整体看待，从整个含油气盆地的沉积发育史、构造发育史和水文地质条件出发，研究油气生成、运移和聚集的条件，划分出油气聚集的有利地区。

（二）分类

在油气勘探中，为了将未知含油气盆地与已知含油气盆地进行对比，常常将沉积盆地或含油气盆地进行分类。含油气盆地分类方案较多，归纳起来，主要有 3 大类：(1) 按槽台学说划分盆地类型，这种分类从 20 世纪 50 年代起沿用至今，主张这种分类的代表为 И. O. 布罗德；(2) 主要是根据板块活动的性质进行盆地分类，以 W. R. 迪金森(1974,1977) 和 A. W. 巴利(1980) 为代表；(3) 以古生代槽台体制和中、新生代板块构造体制为基础进行盆地分类，主张此方案的为中国朱夏(1981)。

此外，有些石油地质学家，主张采用以地球动力学为基础的盆地成因分类。例如，中国陈发景(1981) 和 M. P. 沃森(1986) 等主张，将中国中生代、新生代盆地划分为裂谷型盆地和前陆（或挠曲）型盆地 2 类。中国刘和甫(1986) 主张划分为张裂环境、挤压环境、剪切环境和重力环境 4 类。在上述的盆地分类方案中，盆地类型都是指某一时期的原型，实际上很多盆地都是由几种盆地原型有规律组合而成，D. R. 金斯顿(1983) 称之为多旋回盆地。除少数较年轻的中生代、新生代盆地外，普遍为多种类型叠加的古生代和中生代、新生代盆地。因此，盆地的形成、构造演化是当前盆地研究中的重要课题之一。区分不同旋回时期不同性质的盆地，可以对含油气远景做出正确的评价。

（三）盆地中油气聚集特点

不同类型的盆地及其后期的改造，影响控制着油气聚集的构造样式。

大陆内裂谷型盆地，以北海中生代维京地堑和渤海湾早古近纪断陷盆地为代表。在拉张裂谷环境中，油气聚集与掀斜（或翘倾）断块有关。掀斜断块的构造特征是生长正断层发育，形成一系列半地堑（或地堑）和半地垒（或地垒）。断凹为生油中心，油气聚集主要分布在断凹和斜坡处。油气聚集模式多呈 3 层结构。断陷期前主要为基岩油藏、潜山油藏和构造裂缝油藏。断陷期主要为滚动背斜、披覆背斜、盐（泥）底辟背斜油气藏、断块油气藏以及地层油气藏。断陷后期主要为披覆背斜、滚动背斜以及地层油气藏。

大陆内坳陷型盆地以中国松辽和俄罗斯西西伯利亚中生代盆地为代表，下伏有裂谷型盆地。油气藏类型有后期挤压作用形成的背斜油气藏、差异压实背斜油气藏以及地层油气藏。

前陆盆地属挤压环境下的产物，如北美落基山山前坳陷、中国四川盆地西缘龙门山山前坳陷和台湾西部盆地。前陆盆地中的湖相和滨海沼泽相沉积，以及下伏边缘海的深海、半深海相泥岩和滨海沼泽相沉积，是良好的烃源岩，所生成的油气田坳陷中心向侧翼运移和聚集。油气聚集类型主要是与挤压形成的背斜构造带、逆冲披覆构造带、盐丘刺穿背斜带构造带有关的油气藏。

克拉通简单碟状坳陷的实例有美国密执安和伊利诺伊古生代盆地。油气聚集类型以平缓的背斜、长垣中的油气藏为主,其次是包括礁块油气藏在内的地层圈闭油藏。中国鄂尔多斯盆地的油气聚集是与在平缓大单斜基础上发育的侏罗纪河道砂有关的地层油藏。在加拿大阿尔伯达盆地,上面为白垩纪单斜地层油藏,下面为泥盆纪礁块地层油藏。

克拉通隆坳相间的盆地,有俄罗斯伏尔加—乌拉尔盆地和二叠纪盆地。油气聚集在构造成因的隆起区局部构造中以及台地边缘相礁块地层圈闭中。美国西内部盆地和北非三叠纪盆地的油气聚集类型,主要为基岩和潜山油气藏以及披覆背斜油气藏。

克拉通边缘坳陷,以美国、墨西哥湾岸中生代、新生代盆地为代表,油气聚集类型是与同生正断层有关的滚动背斜构造带、盐丘构造带以及与三角洲体系有关的地层圈闭油气藏。

(四)含油气盆地的构造单元级别划分

实践证明,无论是含油气盆地的基底,还是其沉积盖层,它在地下的分布都不是平板一块,或仅有简单的凹凸,而是因有起有伏被分隔,或因褶皱、断层而变形和破坏,因此盆地内部常具有一定的地质构造,常分为以下三级(表1-1-3)。

表1-1-3 含油气盆地的构造单元级别划分

构造单元级别	一级构造	亚一级构造	二级构造带	三级(局部)构造
盆地	隆起	凸起	背斜带(长垣) 向斜带 断裂带 单斜带 ……	背斜 向斜 鼻状构造 穹隆 断块 ……
		凹陷		
	坳陷	凸起		
		凹陷		
	斜坡	斜坡		

盆地内的一级构造区划(隆、坳、斜)是由基底的相对起伏引起的,是盆地构造单元划分的基本单位。隆起处基底相对隆起,埋藏较浅,是盆地内以相对上升占优势的地区,上面的沉积层往往发育不全,甚至露出地表成为剥蚀区;坳陷则是盆地内基底下陷最深的地区,沉积盖层具有发育全、连续性好和厚度大等基本特征;斜坡是基底由下陷中心向边缘升起的地区。坳陷是盆地内生油最有利的地区,常成为油源区,而隆起则是油气运移的指向,如果斜坡有一些地层或岩性圈闭,就很容易捕获来自坳陷中的油气。

在某些大型盆地中,一级构造——隆起和坳陷尚可进一步细分为亚一级的凸起和凹陷,而在许多小型盆地中,受基底起伏的级次限级,只分出凸起、凹陷和斜坡就足够了。背斜、向斜、穹窿、断块、鼻状构造等是盆地内的最低一级构造,一般表现为沉积盖层产状的变化。

盆地的二级构造带是由位置相邻的、有一定成联系的三级构造所组成。二级构造带常常是一个复式油气聚集带,对油气有控制作用。一个二级构造带不仅有构造圈闭,还可有一些地层、岩性圈闭,划分和分析二级构造带的主要依据是:构造组成、形态及构造形成与发展。在某些盆地中,背斜构造常常大致沿着一个褶皱轴成排出现,形成所谓背斜带,如果在一组褶皱之下有一基底突起核心,则形成长垣。

模块二　石油物探基础知识

项目一　石油物探方法概述及地震勘探基本原理

一、石油物探方法概述

(一)石油物探的概念

石油天然气勘探是为了寻找和查明油气资源而利用各种勘探手段了解地下的地质状况,认识油气的生成、运移、聚集、保存等条件,综合评价含油气远景,确定油气聚集的有利地区,找到储油气的圈闭,探明油气田面积,摸清油气藏情况和产出能力的过程。

石油物探(石油地球物理勘探)是基于地球物理学和石油地质学理论,采用相应的地球物理仪器和装备在地球表面(包括陆地与海洋),或者在空中、井中记录地下信息,并通过相应的数据处理和解释获取地下地层的物性(弹性、电性、磁性、密度、放射性)及结构,寻找隐藏在地层中的石油及天然气的方法。

(二)石油物探方法

石油天然气勘探的主要工作方法有地质法、地球物理勘探方法、地球化学勘探方法和钻探方法。其中地球物理勘探方法主要有地震勘探、重力勘探、电法勘探、磁法勘探、放射性勘探等方法。

(1)地震勘探:是指在地球表面或在井中研究人工震源产生的弹性波(又称地震波)在地壳中的传播特性,进而反应地质构造和地层特性的方法。主要是利用岩石的弹性差异进行勘探。按照人工震源产生的波型分为纵波勘探和横波勘探(或转换波勘探)。以地震波场特征为准分为反射法勘探、折射法勘探。上述各种方法既可单独使用,又可联合使用。联合使用时称为多波勘探。地震勘探是石油物探方法中最主要的勘探方法,其中又以地震反射法应用最为普遍。

(2)重力勘探:是指在地球表面或空中及井中研究地下岩石密度分布特征为基础的勘探方法,主要是利用地壳岩石的重力差异进行勘探。

(3)电法勘探:是指在地表或井中、空中以测量地表面电磁场空间与时间的分布变化,勘查地质构造及地层的电磁性,进而推断不同电性层起伏及含油气性的方法,主要是利用岩石的导电性差异进行勘探。

(4)磁法勘探:是指在地球表面或空中测量磁场强度或者磁场强度某个分量变化的方法,主要是利用地壳岩石的磁性差异进行地质调查。

(5)放射性勘探:是指在地表或井中测量岩石放射性特性的勘探方法。

二、地震勘探基本原理

地震勘探作为一门边缘性的应用学科，是随着相关学科技术水平的提高而不断发展的。特别是20世纪80年代以来，计算机技术发展突飞猛进，硬件不断小型化，计算速度成几何级数增长，各类先进的系统软件和应用软件不断发展和完善；多道数字仪、无线遥测技术、海底电缆接收系统等相继得到开发与应用；在勘探方法上实现了从二维多次覆盖向三维、四维地震勘探等技术的迈进，凡此种种，均带动了地震勘探技术的进步，使地震勘探不但能研究地下构造形态，而且可以对岩性变化和流体性质进行研究；使地震勘探不但能为地质勘探服务，而且可为油田开发服务。

（一）地震波基本原理简介

所谓地震勘探，就是通过人工方法激发地震波，研究地震波在地层中的传播情况，以查明地下地质构造和岩性特征，为寻找油气田服务的一种勘探方法。

地震波的形成：弹性理论揭示，波实质上是弹性振动在弹性介质中的传播过程。在地震勘探中，在震源瞬间激发产生的冲击力作用下，岩石质点产生弹性振动，这种弹性振动在地下岩层中由近及远传播开去，就形成地震波。

由此可见，地震波的形成必须具备两个条件：第一，要有震源，这是产生冲击力和振动能量的来源；第二，存在能够传播弹性振动的弹性介质。

陆上地震勘探一般采用炸药震源。在地下钻一口井，将炸药包置于井中，然后激发爆炸，在爆炸产生的强大冲击力作用下，地下岩层形成了破坏圈、塑性带、弹性形变区3个形变区（图1-2-1）。

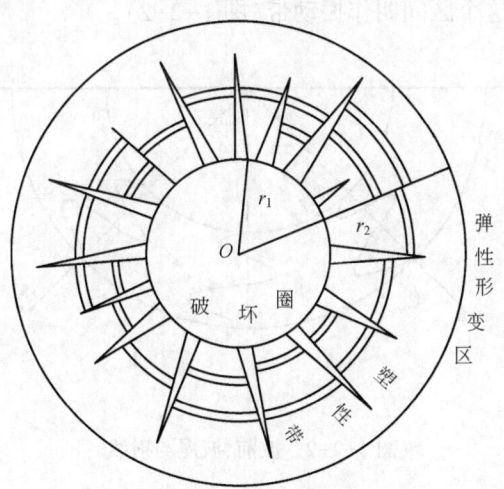

图1-2-1　爆炸冲击作用下的岩层形变

1. 破坏圈

炸药爆炸瞬间产生的高温高压气体，对药包周围的岩石形成一股巨大的冲击力，由于冲击造成的压力大大超过了岩石的极限强度，所以岩石被压碎破坏，造成一个空腔和一个破碎区，它们合称为破坏圈。有相当一部分爆炸能量在这一过程中被消耗掉。

2. 塑性带

随着离开震源距离的增加,爆炸能量迅速减小,于是对岩石的压力也随之减小,但还是超过岩石的弹性限度,因此岩石虽不遭破碎,但发生塑性形变,形成一些辐射状或环状裂隙,称为塑性带。

3. 弹性形变区

过了塑性带后,爆炸能量已经衰减得很小,对岩石的压力也变得很小,同时爆炸的延续时间非常短,只有几百微秒,所以在这个区内的岩石已处于弹性限度内,可以看成理想弹性体,称为弹性形变区。

(二)地震波传播的运动学特征

地震波传播的运动学特征主要包括:波前(惠更斯原理)、射线(费马原理)、时距曲线、速度。是几何地震学理论的核心。

地震波运动学研究的内容是地震波在地层中传播的空间几何位置与传播时间的关系,它与几何光学相似,也是引用波前、射线、时距曲线等几何图形来描述波的运动过程和规律,因此又叫几何地震学。

1. 波前与波前原理

假设地下岩石为均匀介质。所谓均匀介质是指地震波在其中的传播速度等于常数的介质。

在地表"O"点爆炸后,地震波就开始从震源"O"处向各个方向传播开去。如果把某一时刻(t_1)介质中所有刚刚开始振动的点连成曲面,这个面就叫作 t_1 时刻的波前。而由 t_1 时刻介质中所有刚刚停止振动的点连成曲面,叫作 t_1 时刻的波尾。波前与波尾之间的介质质点,此时正在振动,所以这个区间叫作振动带(图1-2-2)。

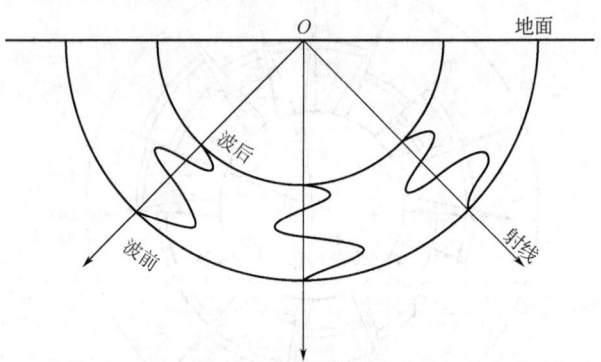

图1-2-2 波前、波尾与射线

惠更斯原理指出的是波前向前传播的规律,波前上的每一个点,都可以看成是一个新的点震源,叫作子波源;子波源发出的子波以原速度传播,所有子波波前形成的包络面就是新的波前。

根据这个原理,可以由已知时刻的波前,用作图法求出后来时刻的波前。图1-2-3 就是在均匀介质中求取球面波和平面波前的作图方法。

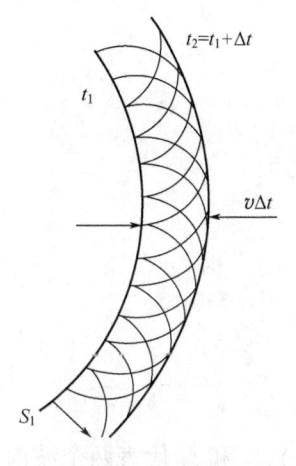 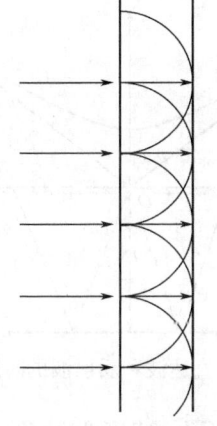 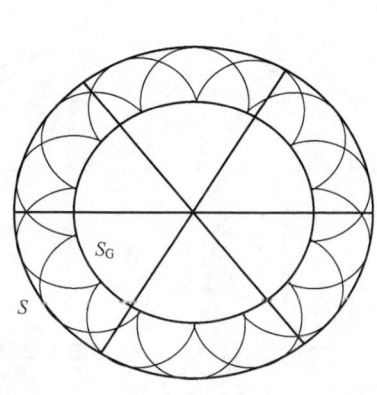

(a) 利用惠更斯原理求新波前　　　　(b) 惠更斯原理对平面波和球面波的应用

图 1-2-3　均匀介质中的波前求取法

2. 射线与射线原理

地震波的传播,除了可以用波前来描述外,还可以用射线来表示。可以认为,地震波从介质的这一点传播到另一点是沿着一条假想的"路径"运动的。这条假想的路径就叫射线。在各向同性介质中,通过某点的射线总是和通过该点的波面相垂直。

射线只是个假想的概念,并不真正存在,真正存在的是波前。实际的波前图是很复杂的,而采用射线来研究时,往往可使问题简化,所以射线成为几何地震学中方法研究的基础。

波沿射线传播的时间和其他任何路径传播的时间比较起来为最小,这就是费马原理或时间最小原理。根据费马原理很容易理解下列现象:在均匀介质中,球面波的射线是一簇由波源发出的辐射线,平面波的射线是一簇垂直于波面的平行线。

3. 时距曲线与时距曲线方程

时距曲线是表示波从震源出发,传播到测线上各观测点的传播时间 t 同观测点相对于激发点的距离之间的关系。时距曲线方程是时距曲线的代数方程式。

假设均匀介质,观测点相对于激发点的距离为 X,波速为 v,反射界面埋深为 H。则直达波的时距曲线方程为:

$$t = x/v$$

反射波的时距曲线方程为:

$$t = (4H^2 + X^2)^{1/2}/v$$

直达波的时距曲线是直线,反射波时距曲线是双曲线,如图 1-2-4 所示。

4. 视速度与真速度

真速度是指地震波沿垂直于波前方向的传播速度,通常就直接称为速度,用 V 表示;视速度是指地震波沿测线方向传播的速度,一般用 v^* 表示。视速度概念与时距曲线紧密相关,它可由时距曲线求得,即采用微分形式:

$$v^* = dx/dt$$

上式表示,视速度是时距曲线斜率的倒数。

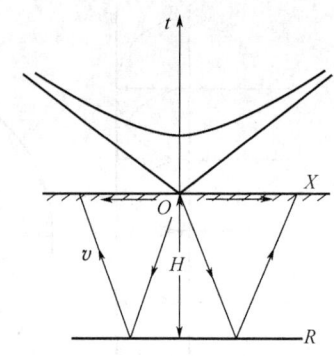

图 1-2-4　直达波和反射波的时距曲线

假设平面波以 α 角入射到水平界面上,速度为 v(图 1-2-5),t_1 和 t_2 代表两个波前平面,相距为 λ,λ 是真波长,设视波长为 λ^*,视速度为 v^*,则有：

$$v^* = V/\sin\alpha$$

$$\lambda^* = \lambda/\sin\alpha$$

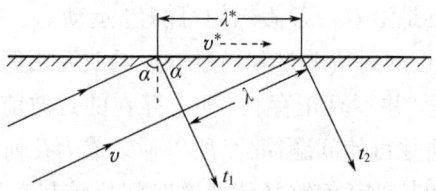

图 1-2-5　视速度与真速度的关系

因为恒有 $\sin\alpha \leq 1$,所以视速度总是大于等于真速度,视波长总是大于等于真波长。

(三) 地震波传播的动力学特征

J(GJ)AB010　地震波动力学特征

地震波动力学主要研究波动的形状变化、振幅、能量大小和频谱分布等问题,它们是物理地震学的基础。

1. 地震波波形

波在弹性介质中的传播过程,实质上是质点位移随时间和空间变化的过程,描述质点位移随时间或空间变化的图形叫作波形。如果在地面上沿某一条测线布置多道检波器来观测地震波,质点的空间位置用 x 表示,振动时间用 t 表示,质点位移用 U 表示,则地震波波形可分为两种:一种是振动曲线(图 1-2-6),另一种是波剖面(图 1-2-7)。振动曲线是反映某个固定质点,不同时刻的振动关系图形,用 $U(t)$ 表示。这一种应用比较广泛,大家也比较熟悉,平常看到的地震记录就是属于这一种图形。波剖面是反映同一时刻不同质点间的振动关系的图形,用 $U(x)$ 表示。

简谐波可用振幅 A、周期 T、频率 f、波长 λ 和波数 k 来描述。地震波是非周期振动,是脉冲波,不能直接用上述参数表示,为了有所区别,在地震勘探中第二次引入"视"参数的概念,以此来描述地震波的特性。

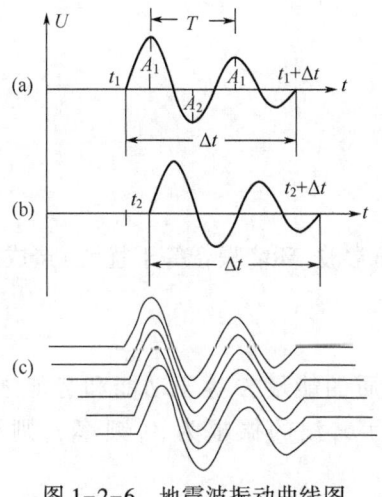

图 1-2-6 地震波振动曲线图

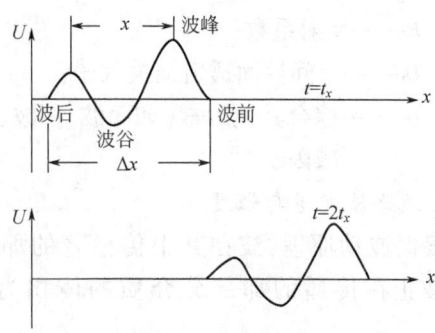

图 1-2-7 地震波波剖面

已知简谐波的 A、T、f、λ、k 与波速 v 之间有下列关系：
$$\lambda = Tv = v/f = 1/k$$
地震脉冲波的视参数与波速 V 也有类似关系：
$$\lambda^* = T^* v = v/f^* = 1/k^*$$

2. 地震波振幅

反射波振幅是地震勘探中的一个极重要的参数。在地震资料采集、处理过程中，人们千方百计地增强有效波，压制干扰波，目的就在于提高反射波振幅。

3. 几个不同的地震波振幅概念

地震波是非周期脉冲，一般有几个波峰，其振幅大小不一样，所以因研究或实际工作的不同需要，引入三种不同的振幅概念，以适应不同研究对象的需要。

(1) 最大值振幅：这是选择波峰或波谷中数值最大者作为地震波振幅。

(2) 平均振幅：假设地震脉冲波延续几个采样点。各采样点振幅值为 $A_1, A_2, \cdots, A_n$，平均振幅 A 定义为：$A = \sum_{i=1}^{n} A_i / n$。

(3) 均方根振幅：假设条件同上，均方根振幅 A_r，定义为：$A = \left(\sum_{i=1}^{n} A_r^2 / n \right)^{1/2}$。

一般说来，引用理论地震子波时，常选择最大值振幅，当研究的问题涉及地震波能量或强度时，更多地选择均方根振幅；通常平均振幅很少引用。

4. 反射波的振幅衰减因子

地震波从激发、传播、接收到最后在磁带上记录下来，在这过程中它的振幅要发生一系列的变化。如果将各种因素的影响都用衰减因子来表示的话，则反射波地震记录中的振幅可以表示为下式：
$$A = D_s D_d D_a R D_t D_r D_x A_o$$

式中 A_o——地震波初始振幅；

A——地震反射波的最终记录振幅；

D_s——综合的激发条件造成的衰减因子；

D_r——综合的接收条件造成的衰减因子；

D_d——波前发散因子；

D_a——介质吸收衰减因子；

R——反射系数；

D_t——中间界面透射损失因子；

D_x——综合其他因素（如面波、声波、侧面波、异常波、环境噪音等干扰波）造成的衰减因子。

5. 地震波能量与强度

根据波动原理，波在其中传播着的那一部分介质的能量 E 等于动能和势能之和。假设波正在传播的那部分介质的体积为 τ，密度为 ρ，波的振幅为 A，频率 f，则波的能量：

$$E = C\rho\tau f^2 A^2$$

式中　C——常数。

将包含在单位体积介质内的能量称为波的能量密度 ω，则有：

$$\omega = C\rho f^2 A^2$$

在实际问题讨论中，真正有意义的不是波的总能量，而是单位时间内通过单位面积的能量，称为波的强度 I：

$$I = \Omega V = C\rho V f^2 A^2$$

从上面三式中可以看出，波的能量、能量密度和强度都与波的振幅平方成正比，由此再次证实振幅这个参数的重要性。

6. 地震波频谱

频谱—振幅谱与相位谱统称为频谱。振动的振幅与频率的关系称振幅谱，振动的相位与频率的关系称相位谱，如图 1-2-8 所示。

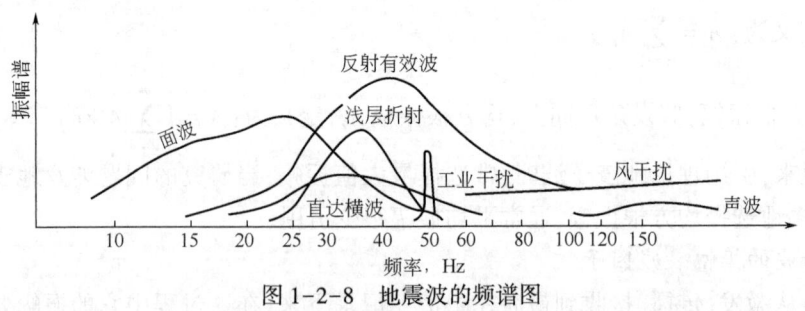

图 1-2-8　地震波的频谱图

地震波的频谱与波形等价，频谱是通过对波形的傅立叶变换获得的。地震波属于脉冲波是非周期振动，频谱是连续谱。

地震波的频谱与波的类型有关，又与地层岩性结构有关。所以，地震波的频谱特征是识别波的类型和进行数字滤波的重要依据，也是进行岩性解释的信息之一。

（四）地震波的分类

震源激发后,会产生各种各样的地震波。不同的区分方法,定义了不同名称的地震波;由于研究问题的角度不同,其中有些地震波还被赋予不同的名称。

1. 按弹性形变分类

不同类型的形变产生不同类型的应力,于是也就相应形成不同类型的地震波。按照弹性形变分类,地震波可以分为两种基本类型,即纵波与横波。

(1)纵波又称 P 波:弹性介质发生体应变所产生的波动称为纵波,或者定义为质点的振动方向和波的传播方向相同的波,叫作纵波。

(2)横波又称为 S 波:弹性介质发生切应变时所产生的波动称为横波。它的特点是质点的振动方向与波的传播方向互相垂直,而且只在固体中传播,在液体或气体介质中不存在横波。

2. 按波在介质中传播的空间范围分类

按波在介质中传播的空间范围分类,地震波可以分为体波和面波。

(1)体波:纵波和横波可以在介质的整个立体空间中传播,所以它们都称为体波。还有一种声波,它是在空气中传播的纵波,也是属于体波。

(2)面波:只存在于不同弹性介质的分界面附近,并沿着分界面传播的波称为面波。面波的主要特点是:其强度随离开界面的距离加大而迅速衰减,但在沿分界面传播时衰减很慢。在地面上接收不到深部岩层分界面上产生的面波。影响地震勘探最主要的面波是沿地表传播的瑞雷面波。

3. 按波面的形状分类

按照波面形状分类,地震波可分为球面波和平面波。

(1)球面波:在波的传播过程中,如果所有的波面都是球面,叫作球面波。

(2)平面波:在波的传播过程中,如果波面是一系列互相平行的平面,叫作平面波。

4. 按分界面上的传播方向分类

按分界面上的传播方向分类,当地震波入射到波阻抗分界面时,会产生各种不同的波,它们分别叫作入射波、反射波、透射波、滑行波、折射波,另外还有一种转换波。

5. 按上下传播方向分类

按上下传播方向、地震波可分为上行波和下行波两种类型。不管是反射波、透射波还是折射波,凡是从检波器上方到达检波器的波均称为上行波;反之,凡是由下向上到达检波器的波则称为下行波。

6. 按在分界面上反射次数分类

(1)直达波:由震源出发向外传播,没有遇到分界面反射而直接到达接收点的地震波称为直达波。

(2)一次波:在反射界面上只经过一次反射的波叫作一次波。

(3)多次波:地震波在两个以上波阻抗分界面之间多次反射形成的波称为多次波。所有经过二次以上反射产生的波统称为多次波。产生多次波的必要条件是存在反射系数较大的强反射界面。属于这类界面的有基岩面、不整合面、火成岩面、石灰岩面、低速带界面、海底和地表自由界面等。多次波是地震勘探中最主要的干扰波之一,多次覆盖技术是压制多次波干扰的最有效手段。多次波分为全程多次波、长程多次波、短程多次波、层间多次波等。

7. 按提供的信息对勘探目标所起作用分类

地震记录中记录了直达波、反射波、折射波、多次波、面波、声波等各种各样地震波,这些波按它们提供的信息对勘探目标所起的作用分类,可分为有效波和干扰波两大类。

(1)有效波:能提供与勘探方法和勘探目标相适应的地震地质信息,有利于解决地质任务的波称为有效波。

(2)干扰波:反之,所有对有效波起干扰和破坏作用的波叫作干扰波。

有效波和干扰波是一种相对的概念。对反射波地震勘探来说,反射纵波是有效波,其他就成了干扰波;但对折射波法来说,折射波成了有效波,而反射波却变成了干扰波。在反射波法中,折射波是干扰波,但在静校正处理阶段,如果采用初至折射静校正法,那么折射波又变成有效波了。

(五)地震波入射到分界面上的传播规律

与光线入射到空气和水的分界面上所产生的物理现象相类似,地震波入射到两种介质的分界面时,也会发生波的反射、透射和折射,同时也服从斯奈尔定律(反射—折射定律)。为了区分它们,将上述这些波相应地称为入射波、反射波、透射波、滑行波和折射波。

1. 反射—透射定律

假设地下有一个岩层分界面,如图1-2-9所示。波在介质1中的传播速度为v_1,在介质2中的传播速度为v_2,NA是过A点的分界面法线。地震波从O点沿射线OA入射到分界面上A点,入射线和法线所夹的角α_1叫作入射角,透射线和法线所夹的角α_2叫作透射角,反射波和法线所夹的角α_3叫作反射角,反射线、透射线都位于入射线平面内。实验总结得出如下的规律:

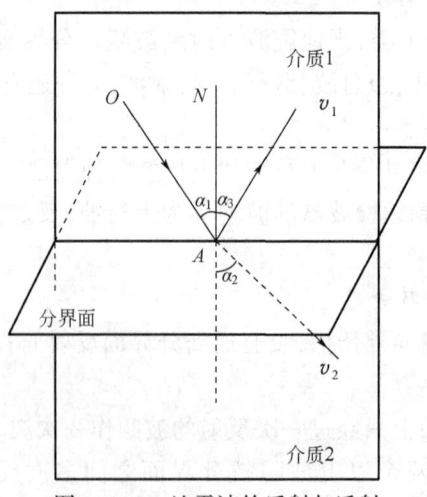

图1-2-9 地震波的反射与透射

(1)对于反射波来说,$\alpha_1=\alpha_3$,即入射角等于反射角,这就是反射定律。

(2)对于透射波：
$$\sin\alpha_1/\sin\alpha_2 = v_1/v_2 = C$$
式中　C——常数

入射角正弦与透射角正弦之比等于两种介质中的波速比,这就是透射定律。

2. 折射波与滑行波

根据透射定律,入射角 α_1 增大时,透射角 α_1 也随之增大,透射线逐渐向分界面靠拢。如果有 $v_2 > v_1$,则有 $\alpha_2 > \alpha_1$,当 α_1 增大到某个角 i 时,可使 $\alpha_2 = 90°$,这时透射波就以 v_2 的速度沿界面滑行,形成滑行波(图 1-2-10)。入射角 i 称为临界角,A 点为临界点。

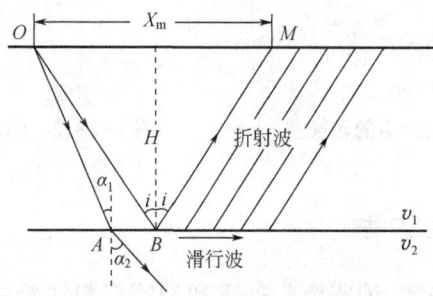

图 1-2-10　折射波及盲区

$$i = \sin^{-1}(v_1/v_2)$$

如果已知 v_2 和 v_1,可以求出临界角 i。

滑行波以 v_2 的速度沿界面传播,这就引起了界面下介质质点的振动,由于界面两侧岩石的质点间存在弹性联系,下面介质 2 质点的振动必然会引起上覆介质 1 质点的振动,于是就在介质 1 中形成了一种新的波动,在地震勘探中称为折射波。

射线 BM 是折射波的第一条射线,M 点称为折射波的起始点。从震源 O 到 M 点范围叫折射波盲区。根据图 1-2-10 很容易求出盲区大小。

$$X_m = 2H\tan i = 2H[(v_2/v_1)^2 - 1]^{-(1/2)}$$

式中　H——分界面的深度。

当地震波的入射角大于临界角 i 时,则在临界点以外的分界面上没有透射波产生,入射波都转换为反射波,这种现象叫作波的全反射。

3. 转换波

根据平面波在弹性固体分界面上的传播理论可知,当纵波入射或横波中的 SV 波入射,且入射角又较大时,则既会产生同类的反射波和透射波,也会产生不同类的反射波和透射波。这种在分界面上由一种振动类型转换为另一种振动类型的波叫转换波。

在图 1-2-11 中,纵波 P 入射,可以产生反射纵波 P—P、透射纵波 PP、反射横波 P—SV 和透射横波 PSV,P—SV 波和 PSV 波就是转换波。设 v_p 为纵波速度、v_s 为横波速度、α_1 为纵波入射角、α_3 为纵波反射角、α_2 为纵波透射角、β_2 为横波透射角、β_3 为横波反射角。转换波遵循广义斯奈尔定律,即有:

$$\sin\alpha_1/v_{p1} = \sin\alpha_3/v_{p1} = \sin\alpha_2/v_{p2} = \sin\beta_2/v_{s2} = \sin\beta_3/v_{s1}$$

同样,当横波 SV 波入射时,也会产生 4 种波,即反射横波 SV—SV、透射横波 SVSV、反射纵波 SV—P 和透射纵波 SVP(图 1-2-12)、SV—P 波和 SVP 也称为转换波。这些波同样服从斯奈尔定律。

需要补充指出,当入射波为 SH 横波时,只产生同类反射波和透射波,不产生转换波。

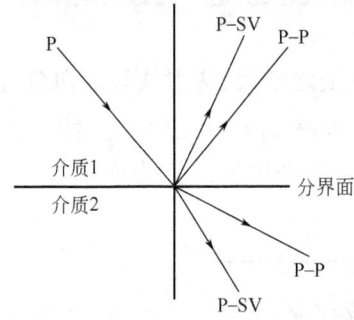

图 1-2-11　P 波入射产生的转换波

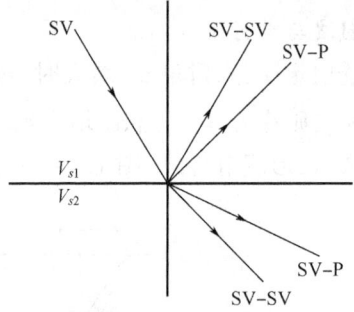

图 1-2-12　SV 波产生的转换 P 波

三、地震勘探的工作环节

CAA005 地震勘探的工作环节

地震勘探由野外资料采集、地震资料处理和地震资料解释三个环节组成,它们相对独立又互相衔接,上一个环节的工作对下一个环节的成果起着关联作用。特别是野外采集投入大、占地面积大、成本高,施工又是一次性完成的,如果发生问题,没有及时发现,是很难再有补救的机会的,因此采集阶段工作显得格外重要。

(一)野外资料采集

野外资料采集是在地质工作和其他物探工作初步确定的含油气目标区布置测线,人工激发地震波,并用野外地震仪器把地震波传播的情况记录下来。其成果是原始地震信息记录。这一工作由地震队完成。

(二)地震资料处理

地震资料处理是根据地震波的传播理论、地震勘探的基本原理、信号分析与处理的各种方法,利用大型计算机对野外获得的原始资料进行"去粗取精、去伪存真"的加工处理,并计算地震波在地层内传播的速度。资料处理阶段得到的是地震剖面图或具有"三高一准"(高信噪比、高分辨率、高保真度、准确成像)的成果数据以及地震波速度资料。这一工作由计算中心完成。

(三)地震资料解释

地震资料解释是以地质理论和规律为指导,运用地震波传播的理论和地震勘探的方法原理,综合地质、测井、钻井和其他物探资料,对地震数据进行深入研究、综合分析的过程。解释成果是目标层位的构造图、钻探井位以及成果报告等。这一工作由研究院或解释中心完成。

项目二　地震资料野外采集方法

无论过去、现在,还是将来,地震勘探都是寻找油气藏最主要的勘探方法。而地震勘探数据资料采集又是这一系统工程中最基础、最重要的工作。采集质量的优劣,直接影响后期的数据处理和解释成果的精度,事关勘探成败的大局,数据采集的费用一般要占地震勘探项目总投入的90%左右,其重要性不言而喻。

一、石油物探测量

测量学是研究地球表面各个部分以及整个地球的形状和大小、确定地球表面的位置和相互关系的一门应用科学。石油物探是个系统工程,首先需要测量技术为石油物探的激发点、接收点提供准确的地面位置,并实测出准确的坐标和高程,为物探资料解释提供必要的数据基础。所以说,石油物探测量就是在地球物理勘探作业中所进行的各种测量工作的统称。

(一)物探测线及物理点的基本概念

石油物探测量的任务是依据物探设计,将物探测线的物理点采用一定的测量方法放样到实地,为物探野外施工、资料处理及解释提供符合要求的测量成果和图件。

(1)物探测线:所谓物探测线是石油地质勘查工作者根据地质勘探的目标要求,以勘探目的区域的地质信息为依据,以石油物探方法为参考,在地球表面设计的一系列具有排列规律的线段。这些测线是石油物探施工的主要场所,物探工作者必须在规定好的测线上完成勘探任务。

(2)物理点:要想实现对地下地质构造的勘探和描述,物探工作者在设计测线上布设一定数量、一定分布规律的激发点和接收点。地震勘探中的接收点、激发点以及非地震勘探中的各种观测点统称为物理点。

(二)物理点的测量

测线物理点的坐标是由室内设计,通过测量仪器设备在野外将设计的位置在地表面标定出来。物理点的测量通常称为设计物理点的地面放样,可以通过光学经纬仪、全站仪、全球定位测量仪等任何满足于测量规范要求和工程技术要求的设备进行测量施工。无论哪种工作方法,都要进行室内的测线物理点设计、野外测量施工作业、野外观测数据的内业处理分析、上交测量成果等基本过程。

野外施工中,无论通过那种测量方法,都不能够绝对地把设计坐标放样到理论位置,因为工作中包含了大量的误差,其中包括仪器系统误差、环境干扰误差、人为偶然粗差等。测量员通过仪器在地面标定出设计点位置,这一测量位置与设计理论位置的偏差称为放样误差。

(三)坐标系统基本概念

1.地球椭球体

地球自然表面是一个起伏不平、十分不规则的表面,无法用数学公式表达,也无法进行计算。所以在测量与制图时,必须找一个规则的曲面来代替地球的自然表面。当海洋静止时,它的自由水面必定与该面上各点的重力方向(铅垂线方向)成正交,把这个面称为水准面。但水准面有无数多个,其中有一个与静止的平均海水面相重合。可以设想这个静止的平均海水面穿过大陆和岛屿形成一个闭合的曲面,这就是大地水准面(图1-2-13)。

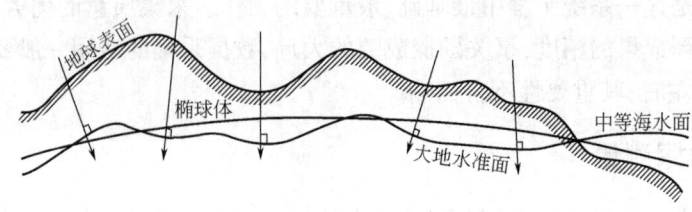

图 1-2-13　大地水准面

大地水准面所包围的形体,叫大地球体。由于地球体内部质量分布的不均匀,引起重力方向的变化,导致处处和重力方向成正交的大地水准面成为一个不规则的,仍然是不能用数学表达的曲面。大地水准面是一个很接近于绕自转轴(短轴)旋转的椭球体。所以在测量和制图中就用旋转椭球来代替大地球体,这个旋转球体通常称地球椭球体,简称椭球体。

2. 坐标系

所谓坐标系,包含两方面的内容:一是在把大地水准面上的测量成果换算到椭球体面上的计算工作中,所采用的椭球的大小;二是椭球体与大地水准面的相关位置不同,对同一点的地理坐标所计算的结果将有不同的值。因此,选定了一个一定大小的椭球体,并确定了它与大地水准面的相关位置,就确定了一个坐标系。工作中,坐标系的描述通常包括以下内容:

(1)椭球的形状和大小,即椭球长半轴、扁率等。

(2)投影方式。

(3)投影带宽。

(4)投影带号或中央子午线。

(5)假东坐标、假北坐标。

(6)投影比例系数。

3. 地理坐标系

地球椭球面上任一点的位置,可由该点的纬度(B)和经度(L)确定,即地面点的地理坐标值,由经线和纬线构成两组互相正交的曲线坐标网叫地理坐标网。由经纬度构成的球面坐标系统又叫地理坐标系(图1-2-14)。

地理坐标分为天文地理坐标和大地地理坐标。天文地理坐标是用天文测量方法确定的,大地地理坐标是用大地测量方法确定的。

在地球椭球面上所用的地理坐标系属于大地地理坐标系,确定椭球的大小后,还要进行椭球定向,即把旋转椭球面套在地球的一个适当的位置,这一位置就是该地理坐标系的"坐标原点",是全部大地坐标计算的起算点,俗称"大地原点"。

1)纬度

设椭球面上有一点 P(图1-2-14),通过 P 点作椭球面的垂线,称之为过 P 点的法线。法线与赤道面的交角,叫作 P 点的地理纬度(简称纬度),通常以字母 ϕ 或 B 表示。纬度从赤道起算,在赤道上纬度为 0°,纬线离赤道越远,纬度越大,至极点纬度为 90°。赤道以北叫北纬,以南叫南纬。

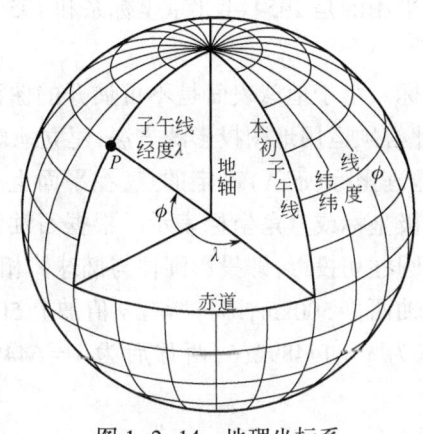

图 1-2-14 地理坐标系

2)经度

过 P 点的子午面与通过英国格林尼治天文台的子午面所夹的二面角(图 1-2-14),叫作 P 点的地理经度(简称经度),通常用字母 λ 或 L 表示。国际规定通过英国格林尼治天文台的子午线为本初子午线(或叫首子午线),作为计算经度的起点,该线的经度为 0°,向东 0°~180°叫东经,向西 0°~180°叫西经。

3)高程

地面点到大地水准面的高程,称为绝对高程。如图 1-2-15 所示,P_0P_0' 为大地水准面,地面点 A 和 B 到 P_0P_0' 的垂直距离 H_A 和 H_B 为 A、B 两点的绝对高程。地面点到任一水准面的高程,称为相对高程。如图 1-2-16 中,A、B 两点至任一水准面 P_1P_1' 的垂直距离 H_A' 和 H_B' 为 A、B 两点的相对高程。

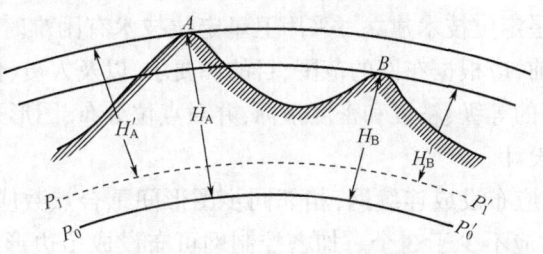

图 1-2-15 地面点的高程

4)大地坐标

在地面上建立一系列相连接的三角形,量取一段精确的距离作为起算边,在这个边的两端点,采用天文观测的方法确定其点位(经度、纬度和方位角),用精密测角仪器测定各三角形的角值,根据起算边的边长和点位,就可以推算出其他各点的坐标。这样推算出的坐标,称为大地坐标,用大地地理纬度和经度表示。

5)我国的大地控制网

我国面积辽阔,在 960 万平方公里的土地上进行测图工作,需要分成若干单元测区,而且测量的精度又要符合统一要求,为此,在全国范围内建立统一的大地控制网。控制网分为平面控制网和高程控制网。

目前地震勘探测量一般采用的是1954年北京坐标系和1956年黄海高程系。

4. 平面坐标

地理坐标是一种球面坐标。由于地球表面是不可展开的曲面,也就是说曲面上的各点不能直接表示在平面上,因此必须运用地图投影的方法,建立地球表面和平面上点的函数关系,使地球表面上任一点由地理坐标(ϕ、λ)确定的点,在平面上必有一个与它相对应的点,平面上任一点的位置可以用极坐标或直角坐标表示。根据石油物探的要求,物探测量工作中所使用的投影方式为横轴圆柱切投影,即投影圆柱与椭球体相切于子午线。

我国规定将各带纵坐标轴西移500km,即将所有 y 值加上500km,坐标值前再加各带带号。以21带为例,原坐标值为 $y=144892.6$,西移后为 $y=644892.6$,加带号通用坐标为 $y=21644892.6$。

(四)陆上石油物探控制测量

1. 概述

在GPS定位的各种作业模式和作业方法中,以载波相位测量静态相对定位的精度为最高,主要还是用于建立各种级别、不同用途的GPS控制网。

所谓GPS控制网,是指利用GPS卫星定位技术建立的测量控制网的统称。

2. 方案设计

(1)基准设计。

(2)精度和密度设计。

(3)网的图形设计。

(4)GPS技术方案设计的基本原则。GPS技术设计的一般原则主要是保证和提高GPS网的精度和可靠性。

(5)石油物探GPS网方案设计的基本要求。目前,各级石油物探测量控制网大都采用GPS或其他成熟的卫星定位技术建立。采用卫星定位技术有困难时,三级网也可采用导线测量方法建立。建网前,应根据布网的范围、目的和要求,以及人员、仪器的数量和工区的实际情况等,合理确定网的等级、精度和密度指标,并对点位分布、图形连接、已知点利用、水准联测路线等进行综合设计。

通常,首级控制网应布设成连续网,相邻同步图形间重合点数应不少于2个,每点(边缘点除外)的连接点数应不少于3个。加密控制网可布设成多边形或附合路线,但多边形或附合路线边数应不多于6个。

3. 外业施测

外业施测包括选点埋石、观测计划、观测实施等工作。

1)选点埋石

根据设计方案,结合测区踏勘情况进行选点埋石工作。

2)观测计划

观测工作是GPS测量的主要外业工作。在开始观测之前,拟定一套合理的观测计划,对于开展观测工作,提高作业效率,保证测量精度,是非常重要的。

3)观测实施

按照作业调度、技术规范的要求进行外业观测。有时,还要根据一些特殊情况(如不能按时开机、仪器故障和电源故障等)灵活地采取应对措施。

GPS 接收机的自动化程度非常高,在观测过程中一般不需要过多的人工干预。各种型号接收机的具体操作方法和步骤会有所不同,实际作业时,应按照仪器操作手册的有关规定和说明执行。

4. 内业处理

内业处理包括原始观测数据下载、原始观测数据整理、基线解算、控制网平差、GPS 坐标转换、GPS 高程转算等工作。

(1)原始观测数据下载。在一段外业观测结束后,应及时地将接收机中的数据下载到计算机中并做好备份。

(2)原始观测数据整理。

(3)基线解算。在一段外业观测结束后,应及时地对外业数据进行处理,解算出基线向量,并对解算结果进行质量评估。

(4)控制网平差。

(5)GPS 坐标转换。如果已知两个坐标系相应于某个转换模型的转换参数,则可以根据转换模型,将一点在一个坐标系中的坐标转换为在另一个坐标系中的坐标。如果不知道两个坐标系的转换参数,要将一点在一个坐标系中的坐标转换为在另一个坐标系中的坐标,就必须首先根据在两个坐标系中的坐标均为已知的点(通常称为公共点),求定两个坐标系之间的转换参数,然后,利用转换参数,将待转的点从一个坐标系转换到另一个坐标系。

(6)GPS 高程转算。在 GPS 测量中所获得的高程是大地高,而在实际应用上一般为海拔高(正高或正常高),因此,为了确定出正高或正常高,需要有大地水准面差距或高程异常数据。获取大地水准面差距或高程异常数据的方法主要有地球模型法和高程拟合法等。

(五)陆上石油物探施工测量

1. 概述

在 GPS 定位的各种作业模式和作业方法中,以静态相对定位和动态差分定位在测量中的应用最为广泛。动态差分定位是基于参考站和流动站采集的伪距差分观测值或载波相位差分观测值进行定位测量的技术。需借助数据链实时传送数据并实时解算出流动站位置的,称为实时动态差分测量。

2. 外业施测

1)参考站的发展

当控制点和加密控制点的数量和分布不能满足物探测量施工要求时,根据物探施工的需要分期分批地布设施工控制站点。施工控制站点包括发展的参考站和布设的施工导线点。

发展参考站的点位要求应符合卫星定位控制测量选点的基本规定。发展参考站的方法可采用静态测量、快速静态测量、RTK 测量、PPK 测量等方法。

2)参考站观测作业

根据实际情况合理选择参考站点。一般应选择地势较高,离测线较近的卫星定位控制点设站。

3）流动站观测作业

按仪器操作手册的要求架设、连接和操作仪器。在确认仪器稳固和各项连接正确后，启动流动站，进入流动站模式。

4）检核与复测

在 RTK 测量中，由于受地形条件、外界环境和人为因素的影响，有时会产生意想不到的误差。因此，在每日施工前、变换参考站后以及变更仪器观测参数后，都应在已知点上检核比对或在同一测点上两次重新初始化复测比对，以确认结果的可靠性和评定测量精度。

3. 内业处理

在野外所采集的原始数据，需在室内经过数据处理后才能形成可供下道工序使用的成果数据。实时差分法施工测量数据处理一般包括数据下载与格式转换、数据编辑与格式整理、数据处理与成果生成流程。

1）数据下载与格式转换

每日观测作业结束后，应及时将采集的原始数据从仪器中下载到微机中，并转储到外部存储介质上做好备份。

2）数据编辑与格式整理

依照标准对文本文件、原始数据进行编辑整理。

3）数据处理与成果生成

对经过整理的数据进行全面的检查和必要的处理，生成可供下道工序使用的成果数据以及质量报告。

二、野外观测系统

CAA006 野外观测系统基本概念

观测系统是指地震波的激发点与接收点的相互位置关系。为了了解地下构造形态，必须连续追踪各界面的反射波。沿测线在许多激发点上分别激发，并进行连续的多次观测。每次观测时，激发点和接收点的相对位置应该保持一定的关系，以保证能够连续追踪地震界面。

观测系统选择的总体原则是：施工简便，经济高效，能够连续追踪地下界面，满足地震勘探对资料品质（信噪比、分辨率）的基本要求。

地震测线分为纵测线和非纵测线两种。激发点和接收点在同一条直线上的测线称纵测线，激发点和接收点不在同一条直线上的测线称非纵测线。纵测线观测系统，根据对地下反射界面重复观测次数，分为单次覆盖观测系统和多次覆盖观测系统。

（一）单次覆盖观测系统

采用纵测线观测时，观测系统可用图形表示，图示方法有两种：时距平面图和综合平面图。

1. 时距平面图

作法：先把激发点和排列（安置检波器的接收段叫排列）按一定比例尺绘在横轴 x 上，通过激发点作纵轴 t 表示时间。然后把接收到的时距曲线和对应的反射界面画出来，就是纵测线的观测系统图，如图 1-2-16 所示。

时距平面图的具体做法：O_1 激发，O_1O_2 接收，时距曲线为 1，地下界面为 ab，O_2 激发，

O_1O_2 和 O_2O_3 分别接收,获得的时距曲线分别是 2 和 3,反映的地下界面为 bc 和 cd。以此类推,不断移动激发点和排列位置,得一系列的时距曲线和连续的地下反射界面。

2. 综合平面图

作法:先把分布在测线上的激发点和接收点,按一定比例尺标在一条水平直线上,然后过激发点向有排列的一侧作 45°斜线,再把测线上的接收段投影到 45°斜线上,这种图示即综合平面图。

如图 1-2-17 所示:O_1 激发,O_1O_2 段接收,用 O_1A 表示;O_2 激发,O_1O_2 段和 O_2O_3 段接收,分别用 O_2A 和 O_2B 表示。

综合平面图的优点是:绘制方法简单,表示激发点和接收段的相对位置关系明确。在复杂情况下要表示的观测内容也是明确的。在二维勘探中大多采用综合平面图。

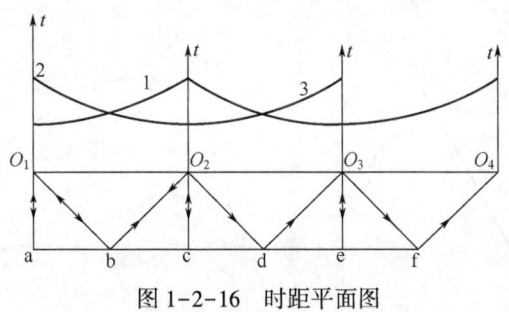

图 1-2-16　时距平面图

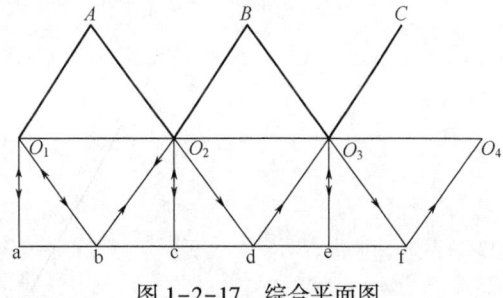

图 1-2-17　综合平面图

(二)二维观测系统

1. 观测系统参数

如图 1-2-18 所示:

(1)道间距 Δx(道距):是指相邻两个接收点之间的距离。

(2)排列长度 L:排列长度指安置接收点的测线长度。

(3)最大炮检距 X:指激发点到最后一个接收点的距离。

(4)炮点间距 d(炮距):指相邻两个激发点之间的距离。

(5)偏移距 X_1(也叫最小炮检距):偏移距通常指最小偏移距,激发点到第一个接收点距离称最小偏移距。

(6)覆盖次数 n:是指对地下同一反射点观测的次数。

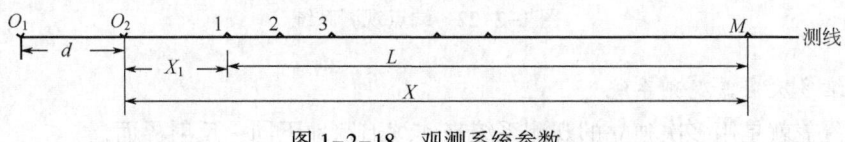

图 1-2-18　观测系统参数

2. 观测系统的分类

根据观测系统的叠加特性来分,分为单边放炮观测系统和双边放炮观测系统。

1)单边放炮观测系统

单边放炮观测系统是指炮点位于排列一侧的观测系统。炮点可以位于排列左侧,也可以位于排列的右侧,也可以在排列中间。位于左侧(小桩号)的叫单边小号放炮,如图 1-2-19 所示;位于右侧(大桩号)的叫单边大号放炮,如图 1-2-20 所示;位于中间的称中间放炮,如图 1-2-21 所示。

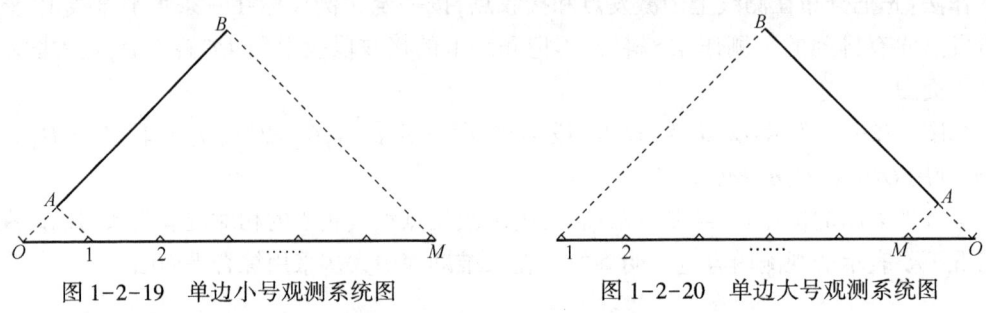

图 1-2-19　单边小号观测系统图　　　　图 1-2-20　单边大号观测系统图

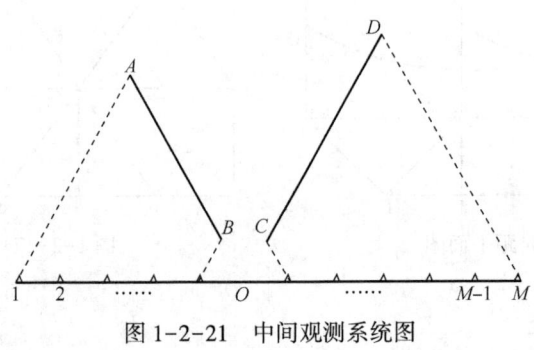

图 1-2-21　中间观测系统图

2) 双边放炮观测系统

双边放炮观测系统是指炮点位于排列两侧的观测系统,如图 1-2-22 所示。

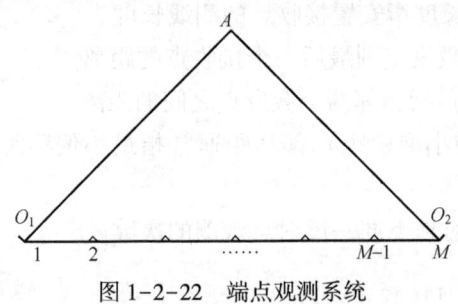

图 1-2-22　端点观测系统

3. 二维多次覆盖观测系统

多次覆盖就是用多次独立的观测系统来连续追踪地下同一反射界面。

下面以单边放炮,24 道接收,4 次覆盖为例说明多次覆盖的观测系统。如图 1-2-23 所示,炮点位于排列的一端,每激发一炮,炮点和接收点一起向前移动 3 个道间距。这样便组成一个 4 次覆盖的观测系统。

具体做法:将所有的炮点 O_1、O_2、O_3、O_4…及接收点按一定比例尺标在同一水平线上,然后从各炮点向排列一侧作与水平直线呈 45°的直线,将同一排列上的 24 道分别投影到对应炮的45°斜线上,即得多次覆盖观测系统图。

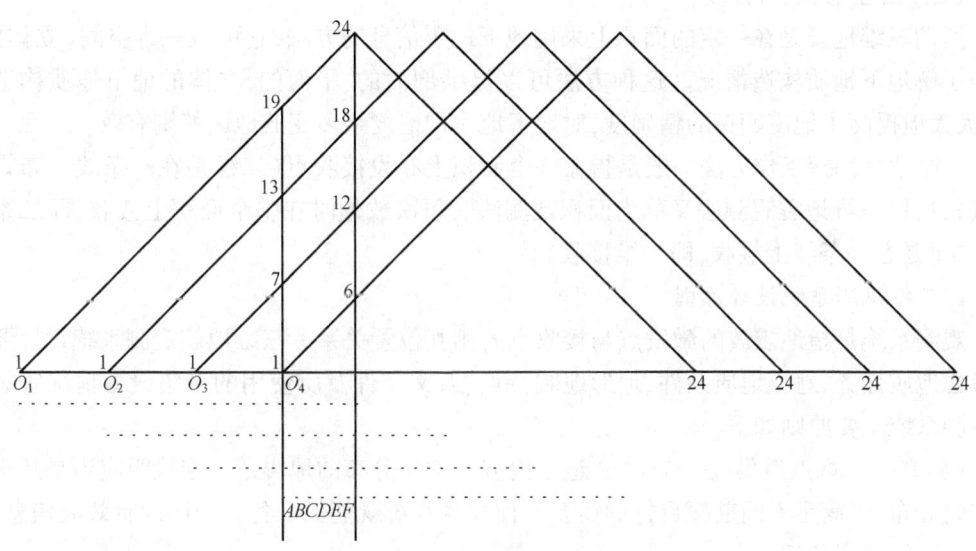

图 1-2-23 4 次覆盖观测系统

从图中可以看到 O_1 炮的第 19 道、O_2 炮的第 13 道、O_3 炮的第 7 道、O_4 炮的第 1 道,都接收到来自 A 点的反射。因此,在观测系统图上依次选出 O_1 炮的第 19 道、O_2 炮的第 13 道、O_3 炮的第 7 道、O_4 炮的第 1 道,就是共反射点道集。其他的反射点,也可以找到相应的共反射点道集。

从图 1-2-23 中可以看到,O_1、O_2、O_3、O_4 炮后只能获得 4 次覆盖的 6 个共反射点 A、B、C、D、E、F。如果放完 O_4 之后,继续放 O_5、O_6、O_7、O_8、…。则可获得一条连续观测的 4 次覆盖界面。

4. 二维观测系统表述方式及覆盖次数计算

1) 二维观测系统的表述方式

其表述方式反映出道距(ΔX)、最小炮检距(偏移距 $X_{\min}$)、最大炮检距($X_{\max}$)等主要观测系统参数和炮点、检波点的相对位置:

单边放炮:大号放炮 "$X_{\max}-X_{\min}-\Delta X$" 或小号放炮 "$\Delta X-X_{\min}-X_{\max}$"。

示例:大号放炮 "6075-125-50" 或小号放炮 "50-125-6075"。

中间放炮:"$X_{\max}-X_{\min}-\Delta X-X_{\min}-X_{\max}$"。

示例:"6075-125-50-125-6075"。

2) 二维覆盖次数计算

计算公式如下:

$$N_x = \frac{n}{2d_x}$$

式中 N_x——覆盖次数;
n——接收道数;

d_x——激发点移动间距相当道距的个数。

(三) 三维地震观测系统

所谓三维地震是在一定的面积上采用地下地震信息的方法,它可从三维空间(立体的)了解地下地质构造情况。这种方法可以提供剖面的、平面的,立体的地下地质构造图像,大大地提高了地震勘探的精确度,对地下地质构造复杂多变的地区特别有效。

三维地震勘探工作方法一般是指在一个面积上布设接收点(二维是在一条线上布设接收点),所以三维地震观测法又称为面积观测法。每次放炮时在整个面积上接收,即二维接收(二维是在一条线上接收,即一维接收)。

1. 三维观测系统设计原则

观测系统是指地震波的激发点与接收点的相互位置关系。三维地震观测系统设计要综合考虑地质任务、地震地质条件、地形地貌特点、人文条件及所使用的采集设备情况等。设计观测系统主要原则如下。

(1) 在一个炮点道集或一个CDP道集内应有均匀分布的地震道。炮检距应当是从小到大均匀分布,以满足不同勘探目标的需要。使观测系统既能保证各目的层的有效波信息,又能用来进行速度分析。

(2) 在一个CDP道集内各炮检点连线的方位方向应当尽可能地比较均匀地分布在共中心点的360°的方位上。这样一个面元上的地震道是从各个方向入射到这个面元上的,使三维的共中心点叠加具有真实显示三维反射波的特点。否则,沿着某一方向特别密集,三维地震勘探的优点不能发挥,实际上将与二维地震勘探的效果差不多。

(3) 各地下点的覆盖次数应尽可能相同或接近,在全区范围内分布是均匀的,均匀的覆盖次数是保证反射记录振幅均匀的前提条件,从而才能保持地震记录特征稳定,使地震记录特征的变化能够与地质变化的因素相联系,有利于对复杂地质构造与岩性岩相的研究。

(4) 三维观测系统的设计还受地面条件的制约。因此,设计前还要对三维施工工区进行较详细的调查。如果地面条件允许,我们将采用规则的测网进行三维地震观测。复杂地表条件下,可根据踏勘情况确定出既适合于工区地表条件,又有利于改善资料品质,有较强跨越能力的多种三维观测系统。

(5) 三维地震观测系统还要受地层倾角、最大炮检距、道距(面元大小)、规则干扰波等各种因素的影响。因此在参数选择方面还要进一步论证。

(6) 充分利用设备资源,在满足预期地质任务的前提下降低采集费用。

2. 三维观测系统有关术语的定义

(1) 震源点:也称激发点或炮点,是指地震勘探中的能量释放点。

(2) 接收点:也称检波点,是指地震勘探中通过检波器接收地震波的点。

(3) 接收线:也称检波线,在其上布设检波器的线。

(4) 震源线:也称炮点线,在其上布设炮点或震源点的线。

(5) 接收线距:也称检波线距,是指相邻两条接收线间的距离。

(6) 激发线距:也称炮线距,是指相邻两条炮点线间的距离。

(7) 道距:一个接收点就叫一道,道距是指沿接收线方向相邻道之间的距离。

(8) 面元:是指其中的各反射点叠加成一个叠加道的区域。

（9）排列片：一个特定炮点激发时，由参与接收的全部检波点所构成的区域（或点集）就是这一炮所对应的排列片。有时几个炮点可以有共同的排列片。

（10）In-Line 方向：纵（线方）向，三维勘探中平行于接收线的方向。

（11）Cross-Line 方向（X-Line）：横（线方）向，在三维勘探中指与接收线正交的方向。

（12）炮检距：任意炮点与任意和其有关的检波点（接收点）之间的距离。

（13）最大最小炮检距：每一个面元中都会有一个距离最短的炮检距，最大最小炮检距是指所有面元中那个最大的最短炮检距。

（14）最大炮检距：是指在某一特定方向上的距离最大的那个炮检距，有时是指所有方向上距离最大的炮检距。

（15）纵向最大炮检距：是指在纵向（In-Line）方向上的最大炮检距。

（16）最大非纵距：是指在横向（Cross-Line）方向上的最大炮检距。

（17）纵横比：也可称为横纵比，通常定义为最大非纵距与纵向最大炮检距之比。

（18）纵向滚动距：排列片平行接收线方向移动的距离。

（19）横向滚动距：排列片垂直接收线方向移动的距离。

3. 三维观测系统类型

三维观测系统的形式较多，但基本可分为两大类，即不规则观测系统和规则观测系统。不规则观测系统用于地面施工条件不好，有特殊施工障碍的地区；规则观测系统用于地面施工条件好，无特殊障碍物的地区。

1）不规则观测系统

不规则观测系统的形式是多种多样的，可以是任意形状的，主要是根据地表条件而定。下面仅以两种进行简单的说明。

（1）框架式或环形观测系统。

这种观测系统激发点和接收点都布设在各矩形或任意闭合形块的边界上，如图 1-2-24 所示。

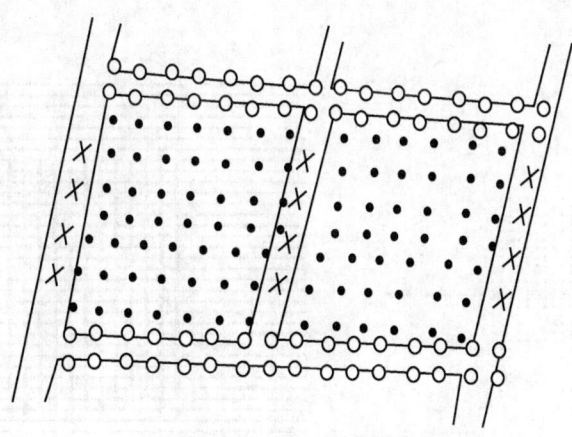

图 1-2-24　框架式或环形观测系统示意图

×—激发点；○—接收点；●—CDP 点

这种观测系统的 CDP 点距、覆盖次数没有统一的公式计算。

(2)树状观测系统。

这种观测系统一般多用于山区,由于地表原因,只能沿山谷布设观测系统。这种观测系统,既不成规则形状,也不是闭合回路,只能沿实际地形采用树状的观测方式,如图 1-2-25 所示。这种观测系统使地下的 CDP 点分布、覆盖次数更加不均匀。不规则观测系统覆盖次数、CDP 点分布都可能是不均匀的,因此也是很少使用的。

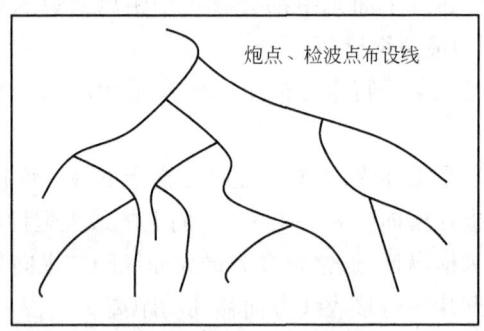

图 1-2-25 树状观测系统

2)规则观测系统

规则观测系统的形式也是多种多样的,下面介绍几种基本的和常用的类型。

(1)十字型观测系统。

十字型观测系统是规则观测系统中最基本的形式,其特点是激发点排列与接收点排列相互垂直,形成一个正交的"十"字排列,如图 1-2-26 所示。

十字型排列观测系统一般用于地震仪道数不多的情况,是三维地震工作早期所采用的一种观测系统。

(2)正交型观测系统。

正交型观测系统是在十字型观测系统的基础上,增加了接收线数,其特点是激发点排列与接收点排列相互垂直,如图 1-2-27 所示。这种观测系统的是三维地震勘探常用的一种观测系统。

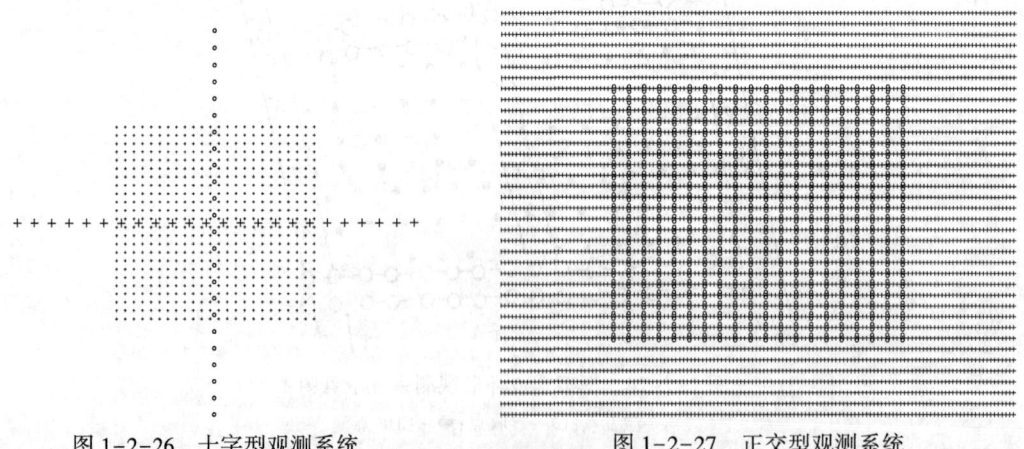

图 1-2-26 十字型观测系统
+—接收点;○—激发点

图 1-2-27 正交型观测系统

(3)块状观测系统。

砖块状观测系统也叫砖墙式观测系统,由于激发线、接收线的图形类似砖墙而得名。砖块状观测系统是在正交观测系统的基础上,只要交替地把相邻接收线之间的激发点群移动一定的位置,使激发线、接收线的图形类似砖墙,如图1-2-28所示。

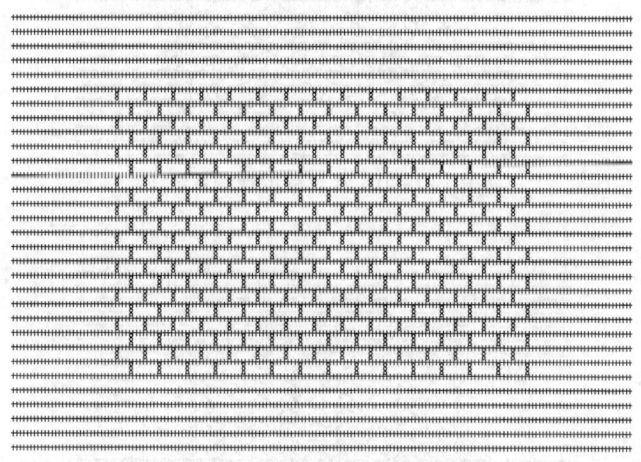

图1-2-28　砖块状观测系统

(4)斜交观测系统。

斜交观测系统是通过使激发线和接收线的非正交布设而得到的。斜交观测系统本质上是砖块状观测系统的极端情况。斜交观测系统是激发线与接收线有45°角的斜交束状观测系统,是目前国内比较常用的一种观测系统类型,如图1-2-29所示。

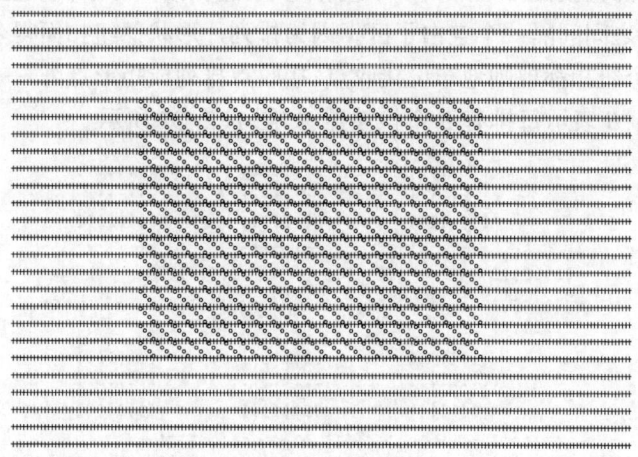

图1-2-29　斜交观测系统

(5)锯齿状观测系统。

锯齿状观测系统是由激发线呈锯齿状而得名。可以看作是斜交观测系统的一种变形。锯齿状观测系统分为常规锯齿观测系统、镜像锯齿观测系统,如图1-2-30、图1-2-31所示。

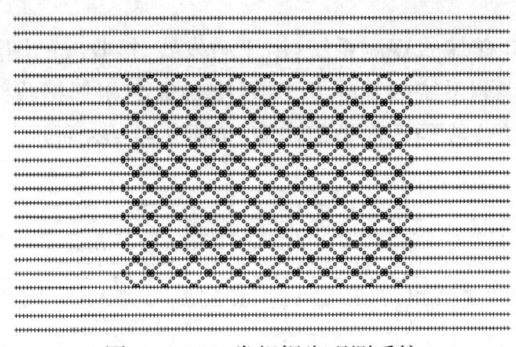

图 1-2-30　常规锯齿观测系统

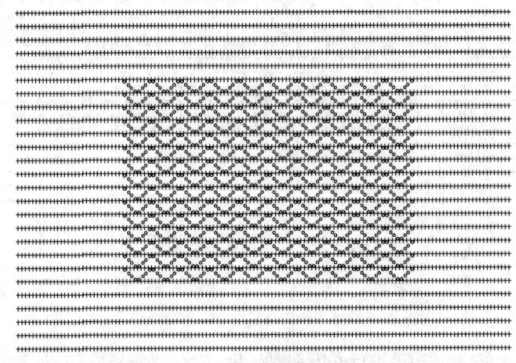

图 1-2-31　镜像锯齿观测系统

(6) 纽扣观测系统。

纽扣观测系统的检波器排列片由多个纽扣组成，纽扣按国际象棋棋盘式排列，在纵向和横向上接收点纽扣之间间隔一个空白子区。因为排列片形状似纽扣而得名。一个排列子区就是一个纽扣，每个纽扣都规则地布设接收点，接收点排列成矩形点阵，一般以 $A×B$ 表示，A 表示有 A 排检波器，B 表示每排有 B 个检波器，如图 1-2-32 所示。

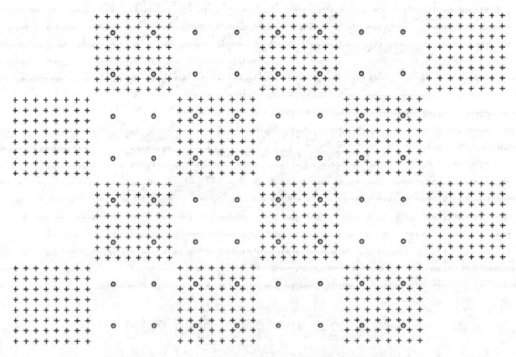

图 1-2-32　纽扣观测系统

4. 三维观测系统参数的选取

三维观测系统参数的选取可根据已有的地球物理资料，建立地球物理模型，根据所获得的地球物理模型参数合理选择最大炮检距、面元尺寸、接收线距、最大非纵距等观测系统参数。

1)地球物理模型参数建立

在充分了解全区地震地质条件的前提下,结合地质任务及采集要求选取具有代表性的论证点,以保证能够有效控制全区为原则。论证点要求在目的层埋深、地层倾角、速度等地球物理特征能够代表全区,对于构造较为复杂的地区通常要选取多个参数论证点。

2)面元尺寸的选择

面元尺寸大小的确定主要考虑:满足防止出现空间假频(最高无混叠频率)和横向分辨率的要求,从中选择最小的。

3)最大炮检距的选择

最大炮检距的选择应满足速度分析精度的要求、允许的最大动校拉伸、保证稳定的反射系数、不被干扰切除时切除掉。

4)接收线距选择

(1)考虑空间道内插和全三维处理。

考虑以后处理技术的发展,主要是全三维速度分析技术的发展,接收线距小于垂直入射时的菲涅尔带半径,以便为以后实现空间道内插和全三维处理奠定基础。

(2)考虑折射静校正耦合。

在进行折射静校正时,需要纵向和横向两个方向的折射波初至时间,使线与线之间建立联系。浅层折射层需要小炮检距。因此要保证线距足够小,才能保证横向上浅折射层的采样,通常在横向上有3个采样点时,才能准确测量出折射波速度。

5)最大非纵距的选择

考虑同相叠加,为保证三维资料同一面元内不同非纵距及方位角的炮检对在整个道集内能同相叠加。

6)横向滚动距的选择

采用较小的横向滚动距,这样可以提高面元之间炮检距、方位角分布的一致性。当然小的横向滚动距也必将带来对采集外设的需求增加,提高勘探成本。因此要根据实际情况合理选择。

5. 三维地震观测系统表述和覆盖次数选择与计算

1)三维地震观测系统表述方式

三维地震观测系统表述应反映出主要观测参数,炮点、检波点的相对位置和炮点线相对接收线的形状。

规则观测系统一般表述为:"接收线束 L×炮点数 S×单条接收线的接收道数 T×滚动接收线条数 R+形状"。示例:$20L$×$14S$×$168T$×$2R$ 斜交,或简单表述为:$20L14S168T2R$ 斜交,代表20线14炮单线168道横向滚动2条接收线斜交式观测系统。

三维纵向观测系统表述按二维观测系统表述(见二维观测系统表述)。

不规则观测系统一般按接收线、炮点线及相对形状来表述,如"树状三维"等。

2)覆盖次数选择与计算

三维总覆盖次数(N):是指纵向覆盖次数与横向覆盖次数之积。总覆盖次数选择应不少于最佳品质二维覆盖次数的三分之二,并满足地下共中心点覆盖次数分布均匀。为克服其横向介质的非均匀性,应满足横线方向上有足够的覆盖次数。

纵向覆盖次数的计算(按二维覆盖次数的计算)见下公式:

$$N_x = \frac{n}{2d_x}$$

式中　N_x——覆盖次数;

　　　n——接收道数;

　　　d_x——纵向激发点移动间距相当道距的个数。

横向覆盖次数的计算见下公式:

$$N_y = \frac{P \cdot R}{2d_y}$$

式中　N_y——横线方向覆盖次数;

　　　P——排列不动所需的激发点数;

　　　R——接收线数;

　　　d_y——线束滚动距离相当横向激发点距的个数。

总覆盖次数:$N = N_x \cdot N_y$。

三、地震波的激发

(一)地震波激发要求

在地震勘探的野外采集中,要用人工方法激发地震波。地震波激发应使地震有效波具有较强能量,且激发产生的有效波与干扰波之间在能量、频谱方面有差异,具有较高的分辨率,在同一工区震源类型、激发参数、记录特征应保持基本一致。

(二)地震勘探震源的种类

1. 震源种类

地震勘探震源主要分为两大类:一类是炸药震源,另一类是非炸药震源。

2. 炸药的主要类型

炸药主要有三类:硝酸甘油,TNT 和硝铵。每类炸药具体的爆速和密度,与其各合成配料的百分比有关。总体上,三者的爆速呈现高、中、低关系。低者如硝铵,爆速约 3000m/s,相对密度约 1.0,其特征阻抗与充水的第四系(速度 1700m/s,密度约 1.9)大体相当。

3. 陆上非炸药震源类型

陆上非炸药震源类型主要分为撞击型(如重锤和气动震源)和震动型(如可控震源)。

(1)重锤:是由车装机械装置,将 3 吨以上的重锤高举至 3m 后,让其坠向地面冲击以产生地震信号。产生的面波较强。

(2)气动震源:是一种车装非炸药震源,属于低频、低能量震源。

(3)可控震源:往地下发射的是一个长的"正弦信号",这种信号叫线性扫描信号。扫描信号是用固定程序通过计算机计算产生的,然后控制液压伺服系统,推动振动器振动的。可控震源的参数主要包括理想子波波形(与扫描频率信号的起始和终了频率有关)震源台数,扫描长度,震动次数等。

可控震源不产生地层不传播的振动频率,节约能量。不破坏岩石不消耗能量于岩石破碎上。抗干扰能力较强,引起地面损害小。

4. 海上非炸药震源的种类

(1)电火花震源:利用高压电极在水中的放电效应,使其间的水介质形成通路,电极间放电产生的热能使海水汽化,对海水产生巨大的冲击力,激发地震信号。

(2)空气枪震源:是将压缩空气在短暂的瞬间内释放于水中,形成气泡并造成强烈的地震振动。

(3)混合气体震源:是将丙烷和氧气混合起来代替空气,以激发出更强大的地震脉冲。

(4)无气泡蒸汽枪:是在海水中释放高温蒸汽造成地震振动。蒸汽在海水中迅速散热并恢复其体积,可以消除气泡效应并达到良好的地震效果。

(三)陆上炸药震源激发因素的选择

1. 炸药震源的优点

在油气田地震勘探中使用炸药震源,突出的优点是具有较强的能量,产生的脉冲尖锐,频率范围较宽,同时施工效率较高。用炸药激发现在最流行的方式是井中爆炸,井中爆炸的优点是:

(1)减低面波的强度,消除声波在记录反射波时造成的困难。

(2)有效信号品质高,在直达波中形成很宽的振动频谱。

(3)减少炸药用量,降低成本。

(4)准备爆炸的时间短,施工效率高,加快了采集进度。

2. 激发因素的选择

1)激发条件选择的原则

激发条件的选取原则主要考虑三个因素:激发子波的能量和频谱、虚反射的影响和激发岩性,并根据地质任务和实际地表结构确定井深和药量。激发条件的选取应符合以下几项原则:

(1)使产生的面波、浅层折射波等干扰尽可能弱,并不出现声波。

(2)目的层反射能量强、信噪比高。

(3)有效波频带较宽,符合地质任务的要求。

(4)爆炸后,在地面上不留有明显的爆炸痕迹。

(5)在保证资料品质的前提下尽量降低成本。

2)激发岩性的选择

选择激发岩性应选取潮湿的可塑性岩层,如胶泥、黏土、湿砂等这样的岩性,可使大量的爆炸能量转化为弹性振动能量,获得的地震波具有显著的振动特性。

3)炸药激发深度的选择

以反射波来说,要选在潜水面以下。最好穿过低速带,在潜水面以下 3~5m 的黏土或泥岩中爆炸。

4)炸药激发药量的选择

选择炸药用量应考虑几方面的因素:炸药包周围的岩性,要求的勘探深度,爆炸点与接收点之间的距离,仪器的灵敏度等。药量的选择应保证最大勘探深度的反射波振幅比背景噪声大几倍,在此基础上尽量用小药量。当必须使用大药量时,可以组合爆炸。因为单井最大药量有一个限度,可以采用小药量组合爆炸,这样还有利于激发高宽频信号,提高分辨能力。

5) 关于组合激发

CAA014 组合激发的概念及作用

当单井激发地震反射能量弱、信噪比低、不能达到勘探目的要求时,或为提高高频地震能量和信噪比而需要加大激发能量时,需要进行组合井激发。

随着深层地震勘探的发展,最大炮检距增大,如果仍采用单井、小药量激发,采集到的单炮表现为高频低能,面波等一些低频噪音干扰严重;风吹草动和检波器松动、50Hz 工业电等高频干扰几乎淹没了高频有效信息,记录信噪比低,有效频带窄,资料品质差。资料处理时,不论采用多高超的处理手段也难以补偿这种先天缺陷,无法提高资料信噪比和分辨率。采用组合激发可采集到频率成分丰富、信噪比高的地震记录。

(1) 关于组合激发的概念。

① 组合激发:几口炮井(几台震源)按一定规则布设,作为一次激发称作组合激发。

② 组合基距:是指组合内最远两个炮井或可控震源之间的距离。

③ 组合内距:是指组合内最近两个炮井或可控震源之间的距离。

④ 组合高差:是指一个组合内最高的井下爆炸点(震源点)与最低的井下爆炸点(震源点)之间的高程差。

要取得好的组合爆炸效果,必须使最近二个爆炸点间距不小于由单个炸药包起爆所形成的塑性带半径的二倍。

(2) 组合激发的作用。

① 井组合可以保证分辨率。

组合激发时,可以把大药量分布在每个单井中,每个单井各为中等药量激发,炸药爆炸时造成的空穴和破碎带就较小,激发噪声小,下传能量强,分辨率得到了保证,信噪比得到了提高。

② 井组合可以压制激发噪声。

压制激发噪声是提高地震采集资料信噪比和分辨率的关键因素,激发噪声的能量主要来源于滑行波,而井组合中各井激发的滑行波之间的时差可以通过调整组合基距来控制,使激发噪声在叠加后能量减弱,从而达到压制噪声的目的。

③ 井组合可以压制面波。

井组合中各激发井产生的不同时差的面波在检波器处叠加,使得进入检波器的面波能量减弱,这样进入检波器的最大能量减弱,提高了检波器的相对有效动态范围。

④ 井组合在最佳激发岩性薄的地区显得更重要。

在最佳激发岩性薄的地区,采用组合井激发效果更加明显。当有效激发岩性薄(0.5~1m)时,有时相差 0.5m 的激发井深,单炮品质就由一级品降至二级品或废品。采用组合井激发,避免了因药柱长而造成的激发子波频带变窄,避免了激发能量不足,避免了单井大药量所产生激发噪声强等问题,从而达到提高信噪比和分辨率的目的。

四、地震波的接收

(一)地震波接收对地震仪器的基本要求

1. 有放大作用(主要有地震放大器装置)

地震波经过长距离的传播,到达地面的振动是极其微弱的,由检波器所接收的最小地震信号,输出电压小至 $1\mu V$,这样微弱的地震信号,通常是不能直接记录的。因此,在记录之前,必须先进行放大,直到地震信号的幅度达到记录设备所要求的电压范围。

2. 滤波(良好的信噪比)

有效波与干扰波的频率范围是有显著差异的,通常有效波频率范围为 25~60Hz,而面波的频率范围为 5~20Hz,为了压制干扰波放大有效波,地震放大器中没有带定滤波装置,有选择地放大有效波,阻止通过干扰波。

3. 增益控制(足够大的动态范围)

来自深层的地震信息十分微弱,但来自浅层的地震信息却相当强烈。强弱的变化可达几十万倍,甚至近百万倍,若以最大振幅与最小振幅之比,定为动态范围,则地震信息的动态范围为 $120d\beta$。这样大幅度的变化则超出了记录设备的动态范围,这就要求地震放大器在记录浅层信号时,降低增益,在记录深层信号时,提高增益。可是浅层至深层的信号,在时间上的变化只有几秒钟,因此地震放大器必须根据地震信号幅度变化,自动地进行增益控制,使放大器的输出信号总是维持在记录设备所要求的动态范围之内。

4. 地震记录仪器具有较好的分辨能力(分辨地层厚度的能力)

记录的原始地震信息具有良好的分辨能力是指在地震记录上区分某底层顶部反射波的能力。在仪器设计方面应该合理选取仪器参数,使仪器的固有震动延续时间不要太长,具有较好的分辨能力。

5. 数字记录(A/D 模数转换器)

地震采集是以数字形式记录地震信号,但检波器所接收的、放大器所放大的都是连续的地震信号,为此必须将连续的地震信号进行离散取样变成数字形式的离散振幅值。

仪器多道、各道之间高度一致、原始记录长度任意可选、原始记录能够保存且能准确传输到计算机处理中心、精确的计时装置。另外仪器结构轻便、稳定、耗电少、操作简单、维修方便,还能经得起颠簸和恶劣的气候变化。

(二)接收方法

检波器(串)组合接收 → 电缆线 → 采集站 → 仪器接收。

检波器(串)组合接收:检波器是安置在地面、水中或井下拾取大地震动的地震探测器或接收器。它的实质是将机械振动转换为电信号的一种传感器。检波器有动圈式(陆地用)和压电式(海洋、沼泽用)。检波器组合接收的原理是利用有效波和干扰波的传播方向不同来压制干扰波的。组合是把 n 个检波器的输出叠加起来作为一道的信号。

地震电缆连接小线、采集站、电源站、交叉站等到中央地震记录仪,并传递地震信息的一组导线。无线遥测地震仪器和常规地震仪器所用地震电缆就是大线,而对于有线遥测仪器地震电缆包括大线、交叉线、加长线等。

(三)组合检波

1. 组合检波的概念

利用有效波和干扰波的差异,采用不同的方式,来压制干扰波、突出有效波。

组合法是利用有效波和干扰波传播方向上的差别来压制干扰波的方法组合:将多个检波器按一定的方式连接起来,组成一个地震道的输出。它是在一点激发,多道接收,每道一个检波器这一最基本的地震野外工作方法的基础上发展起来的一种压制干扰的有效措施,目前仍是野外工作的一种最基本的技术。

组合不但可以压制规则干扰波,还可以压制随机干扰。要想压制干扰波,就要清楚干扰波与有效波的主要区别,下面总结一下有效波与干扰波的主要区别:

(1)有效波和干扰波在频谱上有差别(有效波主频在25~60Hz,面波的主频在5~20Hz,工业电干扰主频在50Hz左右)。

(2)有效波和干扰波质点振动可能有所差别。

(3)有效波和干扰波在传播方向上可能不同。

(4)有效波与干扰波经过动校正后的剩余时差可能有差别。

(5)有效波和干扰波在出现的规律上可能有差别(有效波时距曲线为双曲线而干扰波则不同,如面波出现的规律为直线,随机干扰随时出现)。

2. 检波器(串)组合形式

组合检波形式有线性组合和面积组合两种。

1)检波器(串)的线形组合

检波器(串)的线形组合,就是组合时检波器沿测线方向布设在一条直线上,是最简单的野外排列布设方法。线形组合方式只能压制沿测线直线方向传播的规则干扰波,或者是只能压制沿测线垂直方向传播的规则干扰波。可见,检波器串的线形组合方式,只能用在环境噪声非常小的工区内,而且主要是抑制沿着测线直线或垂直方向传播的干扰波。而对于外界干扰特别厉害的工区,检波器串线形组合方式对干扰波就无能为力了。

2)检波器(串)的面积组合

在实际的野外地震勘探工作中,经常采用检波器(串)的面积组合,即组合时检波器不是布置在一条线上,而是布置在一个面积上。这是因为沿测线的直线组合只能压制沿测线方向传播的规则干扰波,而不能压制垂直于测线到达的规则干扰波。因此,如果工区内存在着来自不同方向的规则干扰波时,采用检波器(串)的面积组合较为合适。

检波器(串)面积组合主要有十字形、矩形、圆形及放射状组合等几种形式。当干扰波主要是沿着测线方向传播,别的方向也有时,一般采用矩形面积组合形式,即沿测线方向检波器多一些,垂直测线方向少一些。因为,在实际生产中,考虑到施工方便,大多采用检波器(串)矩形面积组合。矩形面积组合,是野外最常见的两种检波器(串)矩形面积组合图形,多用于高精度的二维、三维地震勘探施工中。此外,在检波器(串)组合中,应从保护有效信号的频率出发减少组合基距,具体检波器的个数、组合图形和组合基距待施工工区试验后确定。

3)组合参数的选择

检波器组合个数 n 的选择:一般情况信噪比大时,n 取小些,信噪比低时,n 选择大些。

规则干扰波视速度变化大时,n 取多些,反之取少些。

组内距 δx 的选择:要使有效波落在通放带,使干扰波落在压制带,组合长度 $l=(n-1)\delta x$。要考虑应大于随机干扰的相关半径,而最大组内距(组合基距)应以有效波的最小视速度来决定。

五、表层结构调查方法

ZAA008 表层结构调查方法

随着油田开发对地震勘探精度要求的提高,表层结构调查和静校正工作变得越来越重要。静校正是地震资料正确成像的关键,它同时影响着地震资料的叠加效果和构造的准确性,甚至影响地震剖面的分辨率。近地表结构调查是做好静校正工作的基础,它为表层模型建立和静校正量计算提供了第一手资料,同时还为确定合理的激发因素提供了依据。

微测井法(或双井微测井法)、折射法(或井中折射法)、大炮初至法、沙丘厚度曲线法、表层地质调查、浅层反射法、探地雷达法、面波频散法、重磁和电法都是作为单一技术调查表层信息的,每一种表层调查方法能够反应的表层特征是不同的,不同的表层结构及岩性特征的地区,各种表层调查方法的探测精度是不同的。

对地震勘探表层调查工作而言,任何一种方法均不是万能的,在不同施工区域解决问题的能力是不同的。现在主要采用地震类表层结构调查方法:微测井和浅层折射法,采用双井微测井法进行表层虚反射界面情况调查,采用井中折射方法克服表层高速层对浅层折射资料的影响。

(一)近地表低降速层(LVL)与静校正基本概念

ZAA009 近地表低降速层与静校正基本概念

1. 静校正

几何地震学的理论是以地面水平,地表介质均匀为前提假设的,实际情况并非如此。当地表起伏不平,低降速带厚度及速度横向变化剧烈时,会在叠加道集中的各道之间产生很大的时差,影响叠加效果和成像质量。这时,要进行表层因素的校正(消除),此即称为静校正。

图1-2-33为静校正的基本原理图,它画出了从炮点 S 到接收点 R 的射线路径。图中有两层:位于地面与LVL层底界面之间的低速层和向下直到反射界面的高速层,同时也标出了参考基准面。静校正的目的是用合理的静校正量对震道进行简单的时移,产生一个直接在基准面上进行观测,没有低速层介质存在的地震反射记录。

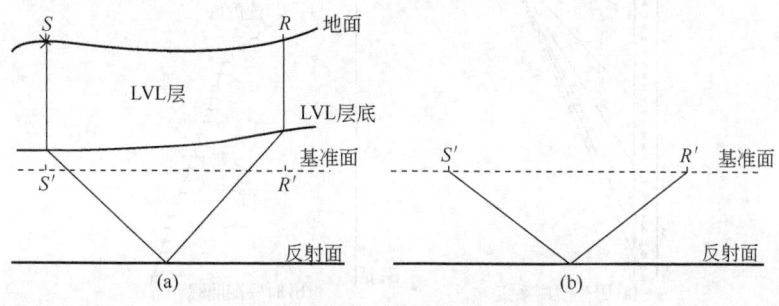

图1-2-33　基准面静校正原理

2. 低速带

存在于地表面的低速介质称为低速带。通常是指由空气而不是水充填岩和非固化土层的孔隙的区段。

3. 降速带

降速带是低速带与高速层之间的过渡带,速度高于低速带。降速带岩性一般与低速带差异不大,主要是由于压实作用或含水程度的不同造成的速度差异。

4. 高速层和高速层顶界面

高速层就是紧靠低降速带的地层。

高速层顶界面是高速层与降速层(低速层)之间的界面。静校正中的低降速带校正也是校正到这个面。

5. 地震基准面

一个任意的参考面,把地震数据调整到这个面上,使得当地的地形和表层的影响最小。地震时间和速度的确定结果都要归属到这个基准面上,犹如激发点和检波点都位于这个基准面上且无表层低速层存在一样。

6. 替换(填充)速度

把低速层底界面上的时间向上或向下校正到参考基准面的校正速度。替换速度有时也称为基准面速度、高程速度和高速层速度。

7. 产生静校正量的4个因素

(1)地表高程变化。

(2)低降速层横向厚度变化。

(3)低降速层横向速度变化。

(4)高速层顶界面高程变化。

(二)地震勘探表层结构调查方法

地震勘探表层结构调查方法分为微测井法和浅层折射法。

1. 微测井法

1) 概念及原理

采用打穿低降速带的钻孔,进行井中激发(接收)地面接收(激发),利用透射波初至时间研究低降速带的方法称为微地震测井法,简称微测井法,如图1-2-34所示。

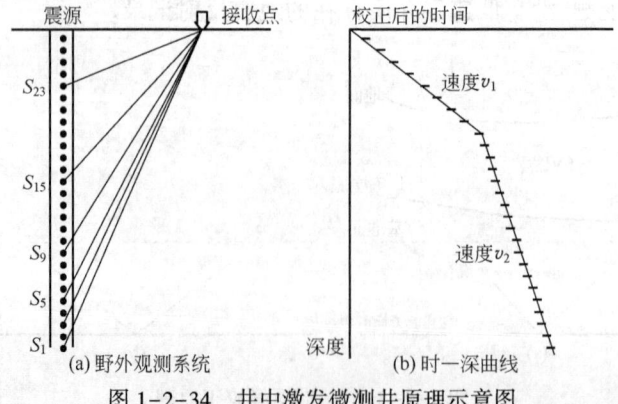

图1-2-34 井中激发微测井原理示意图

井中激发、地面接收的调查方式,被称为地面微测井。它将激发点布设在井中不同深度,用炸药震源(井深较浅时只用雷管)激发,井中激发点距随着深度的增加而逐渐增大。地面微测井方法的优点主要有两个:(1)用井中炸药震源激发,可以保证较深激发点的地震波能量;(2)可同时接收多方位和多个偏移距地震波信息。地面微测井仍是目前常用的方法,但它也存在成本高、环保性差等缺点。

2)双井微测井概念及原理

双井微测井就是在一定的距离内钻两口打穿低降速带的井,两井间的距离一般为 4~6m,如果表层低降速带内含有流砂层,则应适当地加大两井之间的距离,以保证两井间的原始地层不会被破坏。其中一口井内不同深度布设激发点,另一口井作为接收井,井下设有检波器。

在激发井井口附近布设地面检波器(图 1-2-35)。地面和地下接收用的检波器型号相同,用 10Hz 或 40Hz 的单只检波器均可以。地面接收一般采用 6~23 道,每道一个检波器呈扇形或直角形,井检距一般采用 1~4m。激发系统由电缆、雷管及引线构成,把雷管固定在专用微测井电缆上的指定位置,一次性下入井中,由深至浅依次激发。井中激发点的间距要考虑到介质的速度、厚度、检波器的灵敏度、仪器的采样间隔、动态范围等,激发点的间距太大会造成控制点数减少甚至丢层,反之冗余的采样会造成浪费。接收井井下检波器深度和最深的激发点相同。

地面检波器采集的信号主要是地震波的初至。井下检波器接收的信号,除直达波以外,还有来自界面的反射波(图 1-2-36)。选择单一反射界面模型为对象,建立如图所示的坐标系,图中 h 是两口井间的水平距离。L_0 是反射界面在激发井中的深度,当激发点位于反射界面上时,直达波和界面反射波重合,因此,该重合点对应的激发点的深度为反射界面的深度点。当激发点在反射界面 L_0 上面时,井下检波器接收的信号主要为透射波。

双井微测井法主要用于表层虚反射界面的调查。

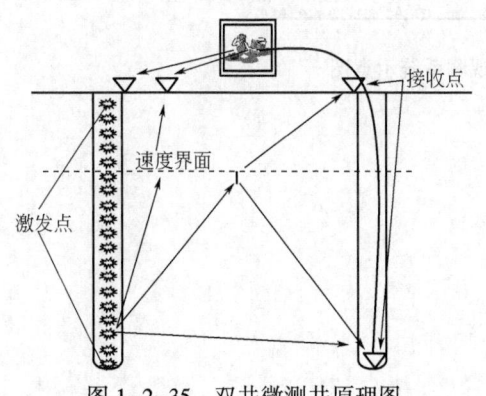

图 1-2-35 双井微测井原理图

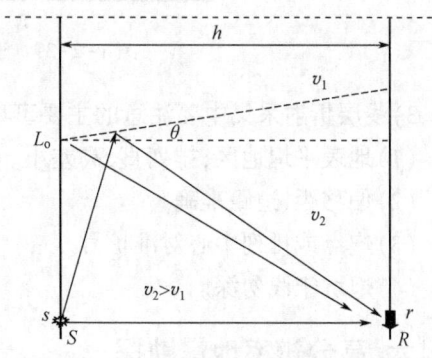

图 1-2-36 井下检波器接收原理图

2. 浅层折射法

1)基本概念

浅层折射法:利用直达波和近地表界面传播的折射波初至测定风化层(低降速带)速度和厚度及高速层速度的方法。由于调查深度浅、排列长度短,又被称为小折射。

该方法适合于地形平坦、速度从浅到深增加的层状介质地区。浅层折射法具有简单易行、成本低等优点,但解释结果可能存在多解性。

2) 浅层折射资料采集方法

(1) 单支观测法。

在排列一端放炮,道距设计为一头密一头疏,靠近炮点的道道距小,随着炮检距的增加,道距逐渐增大,如图 1-2-37 所示。此种方法适用于地表平坦并且地下界面倾角很小的地区,在有限道数情况下可以设计更大的排列长度并能合理地分配道距,保证直达波和各层折射波的控制道数,缺点是精度较低。

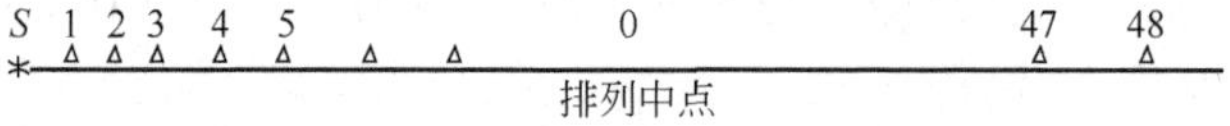

图 1-2-37 单支观测系统示意图

(2) 常规相遇观测法。

在排列两端放炮,观测系统设计是对称的,即相对于排列中点来讲两边对应道的道距相等,两头密,中间疏,相当于两个单支观测排列对接起来,如图 1-2-38 所示。此方法可以接收不同方向的折射波,适用于地表平坦和地下界面有一定的倾角的地区。

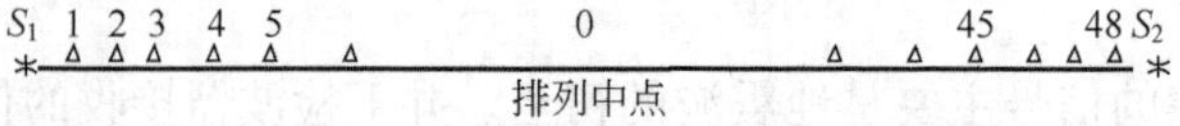

图 1-2-38 常规相遇观测系统示意图

(3) 追逐放炮观测法。

通过移动炮点或排列加大观测范围,目的是为了调查更深的地层界面,如图 1-2-39 所示。

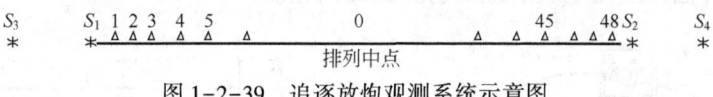

图 1-2-39 追逐放炮观测系统示意图

3) 浅层折射采集中要注意的主要事项

(1) 地表平坦地区,排列直,高差小。
(2) 偏移距、道距准确。
(3) 炮点或排列中心对准桩号。
(4) 炮坑宁浅勿深。

六、高分辨率地震勘探

J(GJ)AB018 高分辨率地震勘探技术

随着点阵勘探技术的不断提高,要求对地质特征做更进一步的研究,在原来地震勘探的基础上,再进一步地提高地震分辨率的勘探方法,称为高分辨率地震勘探。要提高分辨率就必须缩小地震波长,也就是必须提高地震频率。

高分辨率地震的野外工作技术有高采样率、使用单个检波器、高频震源、宽频记录、多次覆盖的特点。

(一)高采样率

时间上采样率采用 0.5ms、1ms,大体上可保证 250Hz 以下波的采集,空间上的采样率要采用 5~20m 的道间距以提高空间上的分辨率。

(二)使用单个检波器

目前主要采用两种检波器。一种是类似普通的动圈式检波器,另一种是加速度检波器。采用单道单个检波器,防止检波器组合时压制了高频,不采用组合检波器,对环境噪声就只能依靠深埋检波器(20~60cm)来削弱它了。

(三)高频震源

使用较多还是炸药震源,一般应在低(降)带以下含水地层中用小药量爆炸。海底浅层调查中有采用电火花的。

(四)宽频记录

地震仪具备的高截止频率必须达 250Hz 以上。低截止频率以切去地滚波和低频干扰为准,用以加宽记录的频率范围。

(五)多次覆盖

为了充分提高资料信噪比,应尽可能采用高次覆盖。同时也得仔细研究动、静校正,以免多次覆盖时产生误差压制了高频。

高分频率地震的数字处理与常规数字处理基本一致,应强调高频,要注意:(1)高采样率处理;(2)加密速度谱;(3)采用高保真处理;(4)采用两次反褶积;(5)显示时采用高频同频带。

七、多波多分量地震勘探

J(GJ)AB019 多波多分量地震勘探技术

(一)基本概念

1. 三分量检波器接收

三分量检波器接收是指利用纵波激发,采用三分量检波器记录一个纵向分量和两个横向分量。

2. 多波多分量勘探

多波多分量勘探又称矢量勘探,是指综合利用纵横波震源和多分量检波器对各种波场进行观测,以揭示更多的地下构造、岩性和油气信息的勘探技术。

(二)多波多分量地震勘探工作方法

1. 激发因素的选择

激发因素的设计与选择应遵循纵波勘探中的规定,同时还应考虑以下因素:

(1)井中激发深度一般应在潜水面以下,选择合适的岩性,减少面波和声波干扰,考虑表层的虚反射,使原始记录有较高的信噪比。

(2)药量的选择,应使激发的频带较宽、高频成分有足够的能量、目的层反射有较高的信噪比。

(3)采用可控震源激发时,扫描频带宽度宜根据井炮资料的频谱分析确定,扫描起始频率尽可能低,扫描长度、震源台次要有利于改善纵波、P—SV 转换波和横波的子波频带宽度和提高纵波、P—SV 转换波和横波信噪比。

由于转换波勘探的激发方式与纵波相同,因此涉及转换波的激发因素选择方法方面研究不多,实际生产中基本沿用纵波的激发理论和方法。但是实际上尽管激发方法一样,对于纵波和转换波的影响不尽相同,尤其是在涉及高分辨勘探中,激发方式的选择会更加复杂。

2. 接收因素

接收必须使用专用的单个三分量检波器。

3. 横波的资源处理与解释

横波的处理工作与纵波基本相同。横波的解释工作多半与纵波解释综合进行,除了可以进行常规的剖面解释以复核纵波的构造解释外,还可以进行速度解释和振幅解释。

数字检波器频带宽,动态范围大;单炮记录上,单只数字检波器在扫描频率方面与模拟检波器单串组合相比有一定的差异,但是通过室内组合可以达到和超过模拟检波器;剖面分辨能力数字检波器高于模拟检波器,而且层间信息丰富。

随着油气勘探的逐步深入,需要解决的地质问题越来越复杂,对地震数据的成像质量、分辨率和相关的地下岩性信息要求越来越高。多分量地震勘探技术在研究裂隙、各向异性和储层及流体预测等方面具有较大的优势,因此开展多分量地震是进行岩性勘探以及流体预测的必然选择。

项目三 野外地震勘探工作流程

地震资料采集工程是地震勘探项目运行中投资的资源最多、实物工作量最大、协调管理难度最大的工程。随着地震勘探市场竞争的日益激烈和顾客对资料采集精度要求的日益提高,对地震资料采集作业现场实施有效监控和采集过程的管理变得尤为重要。

地震采集项目的实施一般分为地震勘探施工准备阶段、施工作业阶段和竣工验收阶段。

施工准备阶段一般分为地震测线的布设(此项工作由顾客方和施工方工程技术人员来完成)、工区踏勘工作(顾客方和施工方都要完成此项工作)、施工设计阶段(由施工方技术人员和地震队来完成)、试验工作(由施工方地震队完成)。

施工作业阶段包括测量、表层调查、激发、接收、地震资料的分析与评价等工序的工作及一系列后勤保障等具体工作(由施工方地震队完成)。

竣工验收阶段由施工方工程管理人员和顾客完成。

一、施工准备

(一)地震测线的布设

1. 地震测线布置原则

根据物探施工方法的区别,物探测线又分二维测线和三维测线。二维测线为提供详查二维剖面勘探成果使用,三维测线为提供精查三维立体勘探成果服务。二维测线线间距比较大一般2~4km,测线之间相互垂直交叉,垂直于构造走向,布设比较密集的测线为主测线,与之垂直的测线为联络测线。二维激发点一般与检波点在一条直线上,或偏离检波线一侧3~5m。三维测线相对于二维测线比较密集,线间距离一般为100~200m,测线之间相互平行,炮线平行于检波线。

1) 二维地震测线设计的原则

二维地震测线设计应遵循以下原则：

（1）地震测线应根据地质任务要求，按区域地质单元进行整体规划。一般采取先设计骨干测网，然后逐步加密的部署原则。

（2）主测线应垂直构造走向，为了特殊目的，也可少量布置其他方向测线。

（3）测线按直线设计，无法实施直线时，宜采取折线设计。

（4）在直测线、折测线无法实施时，宜采用弯线设计。

（5）在黄土塬、山区等低信噪比地区可考虑采用宽线施工。

（6）工区地震测线应有主要探井通过。

（7）相邻工区、不同年度、不同野外采集方法的两条测线连接时，其连接点宜在各自的满覆盖段内。

2) 二维地震测线命名及编排

（1）测线命名。

测线的命名应由测线所在地区、施工年份和测线编号三部分组成。

示例："QY 2003—356.5"，"QY"为施工地区名汉语拼音的头一个字母组合，由2~4个字母组成；"2003"为施工年份，由4个阿拉伯数字组成；"356.5"为测线编号，由2~7个字符组成。

测线编号由西向东、由南向北递增，在规则测网情况下，测线编号以千米为单位，也可采用简易编号如2009SW01，表示2009年SW工区01号测线。

（2）测线桩号编排。

测线桩号以米（m）为单位，按由西向东、由南向北递增的规则编排。实际施工中可采用自然点号编排，但应给出自然点号与测线桩号的对应关系。

3) 三维地震测线设计原则

三维地震测线设计应遵循以下原则：

（1）根据地质任务要求，以区域地质单元为单位，一般采取整体部署、分步实施的原则。

（2）三维工区边界应尽可能规则，边界拐点尽可能少。

（3）三维工区的范围应满足目的层的地震偏移成像效果。

（4）三维地震主测线方向一般宜垂直构造走向，当采用高密度、宽方位三维观测系统（横纵比>0.85时）进行地震采集方法布设，且解决地质问题不需考虑目标区以往地震资料时，可依地表情况和工区形状调整测网方向。

（5）两块三维工区相接时，如果采集方法差别较大，应考虑满覆盖相接；当采集方法相同或相近时，可考虑物理点相接。

4) 三维地震接收点、线和激发点、线的编排

接收点、线和激发点、线以及CMP点线按由西向东、由南向北递增的规则编排。

2. 不同勘探阶段的测线布置目的和要求

根据不同勘探阶段的地质任务的要求，分下列几种情况：

（1）线路普查：一般在没有做过地震工作，但已做过一些其他物探工作（如重力、磁力或电法）的地区进行。其地质任务：了解区域性的地质构造情况，取得进一步所需要的地震地

质条件的资料。布置测线的要求是在垂直工区的区域地质构造走向的原则下,尽可能穿过较多的构造单元,测线应尽量为直线。一般布置若干条区域大剖面,测线间距以不漏掉局部构造为原则,通常为十几公里到几十公里,并要有一定数量的联络测线。

(2)面积普查:主要是在有油气远景的地区寻找可能的储油带,研究地层分布规律,查明大的局部构造。测线布置的要求:主测线垂直构造走向,测线间距以不漏掉局部构造为原则,线距不应大于预测构造长轴的一半。一般做测线较稀的面积测量,测线间距通常为几公里。

(3)面积详查:任务是在已知构造上查明其构造特点,测线布置应根据初步查明的构造大小和形态,要求主测线一般要垂直构造走向,线距为2~3千米,联络测线垂直于主测线并与主测线组成多边形的闭合圈以便检查对比解释工作的正确性。

(4)构造细测:任务是查明构造的细节和地下断层产状等的情况,提供出钻井井位,直接为油气田的进一步勘探和开发服务。测线间距加密到1千米,甚至几百米。

(二)工区踏勘

ZAA013 地震勘探工区踏勘工作内容和目的

根据《工程技术设计》和施工方的总体部署,项目组接到任务后,要积极配合地球物理师及相关人员对工区进行详细的踏勘工作,踏勘内容及目的如下。

(1)掌握工区内的行政区的划分,当地的政治、经济环境、HSE的要求、有关的法规及管理条例,建立初步的公共关系网。

(2)了解当地的民族构成、宗教信仰、风俗习惯及居民的文明程度。

(3)掌握当地的物资供应能力和物价水平,确定生产、生活服务网点。

(4)掌握当地的季节变化、气候条件、疫情等自然环境特点。

(5)掌握工区的通行条件,确定主要运载机具,预测交通安全控制点。

(6)掌握工区的地表条件,调查允许的施工范围,确定攻关对象,探讨赔偿价格,预测施工装备。必须了解或掌握以下内容:居民点、工业商业区、国防工程、道路、经济作物区、鱼池、电网、通信网、自然保护区、易受惊吓的动物、农田、水域、草地等地物的构成、河流、水库、树木、地形变化等。

(7)调查工区内的近地表条件及允许施工的范围,配置合理的钻机、钻具,预测钻井的生产能力,进行科学的风险评估,以提高施工效益。必须调查的内容如下:古建筑、施工作业区、暗河、光缆、电缆、各种管线、水源、水井潜水面、岩性等。

(8)通过调查,制定生产组织和生产管理方式,确定提高生产效率和效益的关键点。

(9)确定合理的资源配置及合理的各工序作业方法。

(10)制定质量控制点和针对性质量保证措施。

(11)通过踏勘,确定施工方法、资源配置等。

(12)制订合理的作业计划。

(13)制定合理的HSE管理方法。

(14)选取合适的营地,建立良好的公共关系。

(15)根据踏勘情况,分析野外各环节的施工难点和技术难点,并有针对性地提出相应的技术攻关方法。

(16)踏勘报告为技术标书、技术设计或施工设计的一部分,采集项目管理人员、技术人员踏勘后要及时编写踏勘报告。

(三)施工设计

对工区进行详细踏勘后,地震队技术人员及相关人员要根据《工程技术设计》和甲方及公司的要求,收集相关资料,积极配合地球物理师做好施工设计、试验计划的编写工作。

(四)地震勘探野外试验工作

地震勘探的野外工作,在方法技术的选择上较为复杂,因为地震记录质量受到多种因素的影响。需要进行试验来选取本区内最合适的野外方法和技术。具体的试验内容根据地质任务,工区的地质构造特点,干扰波情况,地震地质条件以及以往的勘探程度来拟定。在试验工作开始前,应对地震仪器及采集设备做年度,月度检查以及地震检波器的一致性检查和爆炸机的爆炸时间(TB 时间)检验。各种检验、检查记录验收合格后方可试验生产。

CAA013 地震勘探野外试验

J(GJ)AB001 地震勘探野外试验方法

1. 试验目的和内容

1)试验目的

(1)调查工区干扰波类型及分布规律,确定压制干扰的有效办法。

(2)调查工区激发特征,包括激发井深分布规律,激发能量和激发形式。

(3)选取工区合理的接收参数,压制影响资料品质的主要干扰波。

(4)优化全区采集参数,预测资料品质分布规律,制定针对措施。

(5)评估、削减因资料采集对资料处理的影响。

(6)正确预测、评价地震资料采集任务完成状态。

(7)预测或提供预测技术信息,进行风险评估与经济分析。

J(GJ)AB002 地震勘探野外试验内容

2)试验内容

试验的内容应根据试验的目的、地质任务、工区地震地质条件、以往资料存在的问题而拟定。试验内容包括表层结构调查、干扰波和环境噪声调查、地层响应特征、激发因素、组合检波、仪器因素、观测系统等。采用可控震源激发时应对扫描长度、台次及组合、出力和扫描频带等参数进行试验。采用气枪震源时,应对气枪沉放深度、不同枪阵、不同枪数等参数进行试验。山地、戈壁、沙漠、黄土塬地区施工时,可考虑不同炸药类型及爆炸速度的对比试验。

2. 试验点、线布设原则

(1)试验方案设计前要收集以往资料,分析工区存在的地质和地球物理问题,调查工区表层、深层地震地质条件,并进行方法技术论证。重点试验应进行现场踏勘。

(2)系统试验点应选择在测线交点处或其他有典型代表性的地段,试验点分布应比较均匀。试验考核点或段(束)应选择在不同表层、不同深层地震地质条件、能控制全区的地方进行。试验段(束)应进行现场踏勘。

(3)在技术论证的基础上制定试验方案。

3. 试验工作要求

试验工作应遵循以下要求:

(1)试验目的明确,针对性强,因素单一,关键参数应重复试验,使其有统计性。

(2)试验点(段)须实测,提交相应测量成果。

(3)试验点应进行低降速带测定。

(4)新工区应做系统试验,全面分析试验资料。

(5)规范整理试验分析资料,记录备案。

4.干扰波的调查试验

> GAB008 干扰波调查试验及干扰波分类
> J(GJ)AB003 规则干扰波概念及类型
> J(GJ)AB004 无规则干扰波概念及类型
> J(GJ)AB005 干扰波的压制方法
> J(GJ)AB006 面波的特征
> J(GJ)AB007 声波的特征
> J(GJ)AB008 浅层折射波的特征

1)干扰波调查试验方法

(1)小排列:采用的道距约3~5m,激发采用土坑爆炸。目的是连续记录、追踪各种规则干扰波,分析、研究干扰波的类型和分布规律。

(2)直角排列:主要适用于不知道干扰波传播方向的情况。

(3)方位观测:当干扰波类型和传播方向比较复杂时,为了更细致地分析干扰波的特点,可以采用方位观测。

(4)三分量检波器观测法:垂直地震剖面法(VSP)中,进行井中观测时,为了识别波的类型和传播方向以及提取更多的地震参数。采用三分量检波器接收。

2)干扰波的概念、类型、特征及压制方法

干扰波又分为规则干扰波和无规则干扰波。

规则干扰波指有一定的主频和一定视速度的干扰波。如面波、声波、浅层折射波、侧面波、工业电干扰、虚反射等。

无规则干扰波指没有一定的主频,也没有一定传播方向的干扰波。在记录上形成杂乱无章的干扰背景。如微震、低频、高频背景等。

(1)规则干扰波。

面波:又称地滚波,当震源较浅和表层具有明显的成层性时,在自由表面会产生瑞雷面波,特点是:频率低,能量沿铅垂方向衰减快,沿水平方向衰减慢,延续时间长,具有频散特点,在地震记录上呈扫帚状。

声波:在空气中传播的弹性波声波的特点是速度稳定,(330~340m/s),频率高,延续时间长,在地震记录上形成强而尖锐的波至。按频率分类,频率低于20Hz 的声波称为次声波;频率20Hz~20kHz 的声波称为可听波;频率20kHz~1GHz 的声波称为超声波;频率大于1GHz 的声波称为特超声或微波超声。声波干扰主要是由于激发井深较浅造成的,可以适当增加激发井深或减小药量。近源次生干扰主要是由于炸药震源的破碎带造成的,可以适当减小药量或采用多井组合激发来削弱。另外,做好井口回填闷井激发工作,也能减小声波的干扰。

工业电干扰:当地震测线通过高压输电线时,地震检波器电缆会感应出50Hz 的电压,形成在整个地震记录上或部分地震记录上50Hz 正弦干扰波。

虚反射:虚反射是指从震源首先向上到达地面发生反射,然后向下传播,遇到弹性分界面反射回到地面的波,它伴随在一次反射之后,又称伴随波。使一次波相位数目增多。压制方法主要靠在虚反射以下激发。

浅层折射波:当表层存在高速层或第四系下面的老地层埋藏浅,产生同相轴为直线的浅层折射波。

面波、折射波压制方法:检波器组合;选择合理的激发井深,井越深压制效果越好;激发井组合。

多次波:一般包括多次反射波和反射—折射波、折射—反射波、绕射反射波等。可以采用深井激发压制和削弱浅层多次折射,或在处理时采用F—K滤波、减去法等去除,对于深层多次折射野外采集时不做任何压制。

(2)不规则干扰波。

微震:非震源激发的地面扰动统称为微震。风吹、草动、海浪、交通车辆等。特点:频带宽不能用频率滤波或视速度滤波压制,可用垂直叠加法压制。

低频、高频背景:在疏松地层中激发易形成低频背景,特点:低频不规则振动。在坚硬的岩石中激发时,波传播到浅部不均匀体,产生散射和高频干扰背景。

激发噪声压制方法:利用其传播方向特性使用检波器、激发井组合方式进行压制,利用其随机性通过叠加处理技术压制。

5. 激发、接收因素试验流程

1)激发因素试验流程

(1)表层调查。

J(GJ)AB015 激发因素试验流程及因素的选择

通过地表踏勘、单井、双井微测井或浅层折射等表层地质结构调查建立试验区和试验点的表层结构概念模型,为试验点的选择和井深试验提供依据。

(2)激发井深试验。

通过双井微测井和钻杆扫描方法选择最佳激发井深。

地震勘探中激发井的深度主要受激发岩性和虚反射效应影响。在质地较硬、密度和速度较大富含水的胶泥层或砂岩层中,可以激发出能量较强的高频地震子波。同时地震子波受虚反射效应影响较大,地震勘探中地表和潜水面一般为较强的虚反射界面。在潜水面以下激发时,炸药震源激发子波和潜水面产生的虚反射波叠加在一起形成地震勘探中实际的地震子波,当虚反射波和炸药震源激发子波相差1/4相位时,子波相干加强,能够增强地震子波下传能量;当虚反射波和炸药震源激发子波相差1/2相位时,地震子波受到削弱,且子波频带变窄。

通过双井微测井调查工区的强虚反射界面,根据表层模型正演虚反射相应曲线,结合微测井资料波动力学解释结果设计井深试验,预设计井深一般原则是:在虚反射界面附近试验井深步长要小一些,距离虚反射界面远的区域试验井深步长相对要大一些。

井深试验分析采用定性和定量相结合方法,高分辨率地震勘探中更多地采用定量的手段精细地确定激发井深度。

(3)激发药量试验。

采用最佳井深,通过药量试验寻求不同表层及深层地震地质条件下地震反射能量变化,确定合适的激发能量,同时观察不同药量的激发子波频带宽度变化情况。

药量的选取,既要保证目的层有足够的反射能量,又要保证目的层有足够的分辨率和信噪比,同时要求激发噪音较弱。

(4)组合井试验。

当单井激发地震反射能量弱,信噪比较低,不能完成地质任务要求时,为了提高高频地震能量和信噪比而需要进行组合井试验。组合井试验采用最佳单井井深,试验项目包括组合井数,组合井药量,组合基距等。在设计组合井时一般只考虑组合内距、基距的大小和组合井数,在深层和低信噪比地区还要考虑单井药量的大小。

要取得好的组合爆炸效果,必须使最近二个爆炸点间距不小于由单个炸药包起爆所形成的塑性带半径的二倍。

2)接收因素试验流程

检波器组合技术是20世纪50年代的地震勘探两次重大技术革新之一,至今仍然是野外地震资料采集中压噪提信的主要手段。使用多只串检波器接收的信号是单个(串)检波器接收信号的叠加,可以最大限度地提高接收能量,同时压制环境噪声,这对高频弱信号的接收是非常有利的。当然,检波器个数不是越多越好,应达到采集目标和勘探成本的和谐统一,达到信噪比与分辨率的和谐统一。

在规则干扰和随机噪声调查基础上,设计不同类型检波器组合图形。检波器组合的设计原则:(1)组内距大于或等于随机干扰相关半径;(2)组合基距大于或等于要压制的主要干扰面波波长;(3)等效压制侧面等各个方向的干扰;(4)保护有效波。

高分辨率地震资料采集时,组合接收压制干扰的目的是相对提高检波器动态范围,使弱有效信号能占据仪器记录系统的高位、多位而被记录下来。

检波器组合接收对高频的损失不仅是由到达不同道上的反射时差造成的,而且与检波器的相频特性有关,与不同埋置点的检波器与大地耦合条件有关。

不同仪器的前放增益档位不同,但功能和效果相同。常用的SN388一般只有12dB和24dB两个参数;I/O仪器一般有12dB、24dB、36dB、48dB四个参数。

考虑到前放增益会限制降低记录的精度,新型的地震仪器如SN408UL只设有0和12dB两个参数,并建议工区内地震信号动态范围较大时采用0参数,地震信号动态范围较小时采用12dB参数。

二、施工作业

当野外试验工作完成后,选择最佳的野外施工因素经过审定后。方可正式开始野外资料采集工作。施工中认真做好各道工序之间的信息传递、信息反馈及衔接工作,各工序的采集工作严格按标准化程序进行施工作业,严格坚持下道工序检查上道工序,严格执行有关标准和要求,确保质量管理体系和HSE管理体系的正常运行。

(一)测量工作

测量施工应按照设计要求和SY/T 5171—2011《陆上石油物探测量规范》的规定执行。

1. 测线的偏移和变观要求

> ZAA005 测线的偏移和变观要求

(1)二维测量在遇障碍物时,可考虑提前偏移,转折边的方位角与设计测线方位角之差不大于8°(山区不大于16°),偏离设计测线的最大垂直距离小于四分之一线距(山区小于二分之一线距),其转折点应是激发点或接收点,转折段长度应大于1km,并回到原测线的位置和方位上。

(2)二维采用弯曲测线施工时,要做好踏勘、选线工作,测线转折方位角一般应小于30°,转折点为激发点或接收点,并且绘出1∶10000的平面施工布置图。严重弯曲的地段应增加激发点位,加密观测接收,确保覆盖次数,并进行地震采集方法论证。

(3)三维施工时,如遇各种地面障碍无法放样布设激发点,可偏移激发点。在安全和地形允许的情况下,三个以上连续偏移的激发点应位于障碍物的两侧(当激发点位于附加段时,可以优先考虑向满覆盖一侧偏移),就近偏移,不应与其他正常激发点重合。偏移的激发点应实测,确保施工正确及覆盖次数的均匀性。遇大型障碍时,采用特殊观测系统施工。

(4)沙漠施工,条件允许时测线宜避开高大沙丘,沿沙谷布设。

2.测线(束)实测要求

(1)施工前需对工区内的设计测线进行实地踏勘,折线或弯线施工选线后的测线需经雇主批准后方可施工。

(2)根据地震勘探任务书给出的坐标原点的坐标和方位角推算设计测线(束)的物理点坐标。

(3)测线(束)实测的一般要求:

① 所有物理点应实测坐标与高程,并按规定提供测量成果。

② 放样的接收点和激发点应设立明显、牢靠的标志。

③ 测站应有牢固的测站标识标明位置。

④ 两队同年施工同一条测线,先施工者应向后施工者提交接点的测量成果,确保相接吻合。

⑤ 每测量一条测线后应及时进行室内处理,并检查测量成果和设计相符情况,及时提交测量成果,绘制详细的地形地物平面草图。

(4)二维地震测线实测的一般要求。

① 新老测线相接时,应收集老测线的测量成果,使用统一桩号或依据设计要求确保新老测线满覆盖相接,放样实测的满覆盖端点与设计位置或相接老测线的端点的位移量不大于 CMP 点距(二分之一道距)。

② 两条测线相交时,应联测相交点附近物理点的坐标和高程;若无物理点标识,应采用室内内插相交点的坐标和高程进行检查,也可采用物理点坐标放样,进行高程对比检查,高程闭合差应小于 2m。

③ 沙漠区激发点的放样实测应在推土机推出的激发点路上进行,且应提前设置并实测偏移后的激发点位置和高程;山区施工时,除地形、地物平面草图外,还应提交地质露头剖面,标明地形线、炮井位置、地层倾向及倾角、表层岩性及地质分界线。

④ 在遇障碍时应采取就近偏移实测的原则,物理点的偏移量沿测线方向应不大于十分之一道距,垂直于测线方向应不大于 1 个道距。

⑤ 水陆交互带地震测线实测时应注意以下几点:

a. 水陆交互带中的滩涂及不受潮汐、水流影响的水网(水库、江、河、湖泊、沼泽等)区域的激发点和接收点,实测点与设计点的水平位置偏差一般小于 5m,大于 5m 的测点不超过单条线(束)总测点数 10%,且不允许连续两个点超过 5m。对于流动的水域偏差不大于 10m。

b. 测量标志的设置应明显可靠,陆地与静止水域标志设置位置与所提供的实测坐标位置偏差不大于 1m,流动水域部分标志设置根据潮汐变化和水深变化适当设置不超过水深。

c. 流动水域部分的所有激发点、接收点应当日测量、当日施工;静止水域在测量抛标后,若未及时施工,遇到大风,施工时应重新测量。

d. 海上或大面积水域施工时,沿每条接收线至少每 10 个点提供一个水深数据及测量时间,每个激发点均提供激发时的位置、水深和时间;水深变化剧烈的水域(相邻激发点、接收点水深差大于 1m)应提供每个激发点、接收点的位置、水深数据及记录时间。

> J(GJ)AB016 三维地震测线实测要求

(5)三维地震测线实测的一般要求。

① 三维地震测量应按设计的坐标位置对接收点、激发点进行放样测量,所有接收点、激发点的平面坐标实测值与设计值之差不宜大于半个面元边长。所有相邻接收点之间、激发点之间的距离以及接收线之间、激发线之间的距离,其实测值与设计值之差,点距差应不大于 2m,线距差应不大于设计值的 2%,且绝对值不应大于 5m。

② 水陆交互带测量按二维的要求规定执行。

③ 当一束线相应条段的测量工作结束,经计算、检查无误,精度达到要求后,应及时展绘出测线物理点位置图,画出详细地物图,并对偏移激发点列表,提供地震施工使用。

④ 三维测量工作完成后,应提交全部接收点、激发点的坐标和高程,以及完成的三维施工边界、资料边界和满覆盖边界的拐点坐标。

> GAB009 表层结构调查技术及质量要求

(二)表层调查工作

1. 表层结构调查要求

(1)表层调查应在测线(束)生产前完成,采用炸药震源激发时,表层调查应为设计激发井深提供依据,施工顺序位于测量之后钻井之前。

(2)浅层折射的排列宜布设在平坦地段,排列内相对高差小于 2m;排列方向尽可能沿测(束)线方向布设。特殊地表条件下,排列方向可任意选择,中心点应对准桩号,点位可以整道移动,最大移动距离为浅层折射调查设计点距的 10%;浅层折射施工因素的选择以求准低速层、降速层的速度、厚度和高速层的速度为依据。

(3)微测井应根据表层结构的复杂程度而定,微测井施工时,应求准低、降速层的速度、厚度和高速层的速度。

(4)在浅层折射、微测井施工时同一速度层不少于 4 个控制点,初至清晰。

(5)在具连续介质特征的沙漠和黄土塬等地区,除常规表层调查方法外,还应对不同地区、不同类型的地表进行连续介质特征曲线调查。

(6)低降速带巨厚区,可采用浅层折射—微测井联合调查。

(7)采用重锤激发时,垫板与大地充分耦合。

(8)野外施工时,实测偏移距。

(9)浅层折射质检要求

① 浅层折射仪器年、月、日检记录合格。

② 浅层折射班报上测线号、物理点桩号、录制因素、接收因素等记录齐全准确。

③ 浅层折射记录初至波起跳干脆,能准确拾取。

④ 浅层折射记录干扰背景小,不影响初至及一定时间内的续至波。

⑤ 爆炸信号准确。

⑥ 浅层折射相遇时距曲线互换时差小于 10ms。

⑦ 浅层折射解释时距图上每一层位应不少于 4 个控制点。

(10)微测井质检要求：

① 记录仪器年、月、日检记录合格。

② 班报上测线号、物理点桩号、岩性录井记录、录制因素、接收因素等记录齐全准确。

③ 井中激发、地表接收时，检波器距井口的距离、方位和激发点的深度应记录准确。

④ 地表激发、井中接收时，激发点距井口的距离、方位和接收点的深度应记录准确。

⑤ 爆炸信号准确。

⑥ 初至波起跳干脆，能准确拾取。

⑦ 记录干扰背景小，不影响初至及一定时间的续至波。

⑧ 微测井解释时距图上每一层位应不少于4个控制点。

⑨ 双井和多井微测井时，每个井中检波器接收记录应按接收点深度进行抽道排序，显示每个检波器的原始剖面及进行适当滤波处理的剖面。

2. 野外静校正

(1)充分利用表层结构数据库、时深曲线、微测井、浅层折射等资料建立表层模型。

(2)同一工区或邻接工区应采用统一的基准面和替换速度计算和提供静校正量。

(3)绘制工区内的地面高程、浮动基准面、低降速带厚度、高速层顶面高程、低降速带平均速度、高速层速度和静校正量平面(剖面)图。

(4)静校正量符号约定：向下剥去为负，向上填充为正。

(三)激发工作

1. 激发的基本要求

|ZAA014 野外地震资料采集激发工作的技术和质量要求|

(1)应按测量设置的激发点位置施工，确保位置正确。

(2)遇特殊地形、地物不能按规定位置施工，应及时上报施工组或有关人员。

(3)激发参数应符合设计规定和试验后确定的参数。

(4)使用的遥爆系统应达到性能稳定、正常，确保工作安全和信号准确，爆炸机应编号使用，每一个生产月的检修日应对所有爆炸机进行检测，其钟TB与验证TB的时差应采用仪器最小采样间隔记录，误差不超过一个采样间隔。

(5)每个施工期开始或施工期间更替遥爆系统后应进行固有爆炸延迟时间的测定，并保存测试记录。

(6)激发前应核对激发点桩号、点数、点位、井深、药量、雷管数，使之符合设计要求。激发后，如实填写班报。

(7)激发前，应做好激发点、接收排列周围警戒。遇强干扰源时，应采取有效措施排除或减弱干扰。

(8)当激发点连续空点较多(致使总覆盖次数低于设计覆盖次数四分之三)时，应及时进行补炮或变观。

(9)可控震源与炸药震源联合施工时，应在同一地点进行两种震源激发对比试验，以求取不同激发子波。

2. 炸药震源激发要求

(1)组合井激发时，其组合中心应在以测量标志为中心、半径为十分之一道距的范围内，按设计的组合方式、井距、井深要求钻井，平原区各井井底高差不超过0.5m，山地、黄土塬、沙漠等地形起伏区各井井底高差不超过 2m。组合井井间距应大于爆炸半径的 2 倍。

（2）选择井深和药量，应使激发频带较宽，并有足够的能量。

（3）应采用地震专用雷管引爆炸药，药包中的雷管宜放置在药包顶端，采用组合激发时，雷管应串联。

（4）激发深度以药包顶面为准。

（5）井口检波器要埋置在距井口 2~3m 处，同一工区应保持一致。

3. 可控震源激发要求

（1）每天施工前，对可控震源进行日检。

（2）可控震源组合基距应准确，组合中心对准桩号，可控震源组内相对高差大于 2m 时，应调整组合图形。

（3）每台可控震源生产时，每次振动扫描都应有相应的自动质量监控记录。可控震源的标准信号与扫描信号之间的相位差应小于 2°。

（4）可控震源振动器平板与地面耦合良好。

（5）可控震源高保真采集要求：

① 可控震源的 DGPS 坐标与测量坐标之差应小于道距的十分之一。

② 可控震源的重锤加速度、平板加速度、力信号应符合要求，即信号完整无缺失、畸变在正常范围内、没有外来因素对信号的干扰等。

③ 实时监控可控震源的最大畸变、平均畸变、最大相位、平均相位，发现异常时要查找原因并重新激发。

（四）接收工作

ZAA015 野外地震资料采集接收工作的技术和质量要求

1. 地震数据采集系统的检查

（1）开工前应对数据采集系统进行极性检查，极性统一规定为初至下跳（磁带记录为负数），可控震源和井炮共同生产时，其极性使用炸药震源激发检测。

（2）投入生产的仪器（含采集站）年检合格，年检周期不超过一个自然年。

（3）按期进行仪器（含采集站）月检，月检验周期不超过 32 个自然日。

（4）每日开工前取得仪器日检及可控震源一致性、气枪日检的合格记录，并按规定保存备查，施工结束后，经雇主验收后销毁。

（5）同一工区或至少同一条测线的记录因素不变。

（6）采用多台仪器联机工作时，应确保各台仪器之间有严格的时间同步。

（7）激发前要检查电缆和检波器的通断、绝缘、道序及警戒等情况。

（8）应监视背景及工作道，做好警戒，每日开工前，至少记录一张环境噪声记录。

2. 采集仪器辅助系统一般要求

（1）应做好地震电缆和各种检波器串的日常维护，修理后的电缆线和检波器串应进行测试，经检查合格后方可投入使用。

（2）地震电缆线、检波器型号统一（水陆交互带除外）。

（3）施工前，应测试所有的电缆和检波器串，导通良好，外线绝缘电阻不小于 10MΩ（沼泽检波器不小于 20MΩ），各项性能达到有关检验指标要求。施工中如更换电缆和检波器，应进行性能测试。

(4)检波器串应统一编号,施工期间每月都应以所有在用地震检波器串为基数按不低于20%的比例随机取样,并用检波器测试仪进行检测,抽样合格率应达到95%以上。如果抽样合格率小于95%,则要求在一个月之内对所有在用地震检波器进行检测。

(5)在水深小于1.5m的各类水域,不应使用水中压电式检波器。水深大于3m的流动性水域,应使用水下测量定位系统或初至波定位方法,测定检波器的实际位置。

3. 检波器埋置要求

(1)进行组合接收时,检波器组合中心应对准桩号,应按技术设计或试验所确定的组合图形埋置检波器。特殊地形应将组合图形等比缩小或沿地形等高线摆放,同道检波器埋置条件一致,与地表耦合良好,达到平、稳、正、直、紧的要求,不应使用外壳破损和无尾锥检波器施工。

(2)因障碍不能布设检波器的道,应核对准确桩号,并在仪器班报上注明空道及原因。当连续道达到3道以上时,应采取整道距横向偏移的方法。

(3)平原或水陆交互带地震采集施工,接收点的组合中心与测量标桩的定位差:二维沿测线方向不大于道距的十分之一,垂直测线方向不大于道距的十分之三;三维沿接收线和垂直接收线的方向均不大于道距的十分之一。

(4)大风和封冻季节,应做好对检波器埋置情况的检查工作。

(5)检波器电缆线不应悬挂在高秆作物等之上。

(6)排列上的特殊地形地物及时报告当班操作员,并在班报上备注。

(7)同一道检波器组合埋置高差应符合规范和设计要求。

(8)在大型障碍区内,应评估布设检波器道的难度,在满足设计要求范围内可灵活采用特殊观测系统。

4. 磁带(磁盘)及班报填写要求

(1)以磁带为地震数据存储介质,采用磁盘等其他存储方式时应做好备份。

(2)同一线(束)内文件号统一编制,不应重复。补炮记录采用重编文件号,所有磁带记录应符合SEG格式标准。

(3)磁带盘号统一编制,记录磁带盘应做好标识和填写带盘标签。

(4)每天开炮前和仪器搬点后应与放线班和爆炸班按照当日生产任务书的要求,核对施工测线号、第一炮炮点桩号、排列首尾桩号,检查仪器车停点桩号,做到准确无误。

(5)仪器班报要逐炮逐项填写,不应打点示意,不应事先登录或隔炮补记,做到项目齐全,数字准确可靠,备注清楚。对仪器停点、桩号、空道、井位移动情况、近道初至突变原因、特殊埋置条件等应做详细记录和说明。每日班报第一页上的所有项目应填写齐全,操作员签字,每日收工后将仪器班报、磁带(磁盘)、监视记录、日检记录交质量监控组验收,并办好交接手续。

(6)仪器班报由操作员逐炮填写或录入。激发前,操作员应核对炮点、桩号、激发因素等内容。每完成激发后,操作员应及时填写纸班报或电子班报,应依据评价标准进行记录的初评,如遇资料变坏(连续10炮),应及时报告地球物理师,待确定解决方案后,方可继续生产。

(五)地震资料的分析与评价

对当天的记录首先要进行认真的分析并提出问题,然后在仔细分析的基础上,根据记录评价标准进行严格评价,以便有针对性地指导野外生产工作。

1. 生产记录的分析

1)看炮号

拿到一张监视记录首先要看炮号是多少,是否与班报相符,如不符应在班报上注明,并查明原因。

2)看初至

从初至波的到达时间(即各道开始起跳的时间)可以分析排列上各道的位置是否正确以及地形有无变化。从近炮点道的初至时间可以分析炮点位置是否正确。

3)看能量分析识别有效波

一份良好的记录,必须具备能量强、信噪比高的特点。当有效波出现时,振幅明显增强,而且各道同一层反射波相同相位连线比较光滑,具有一定的长度,以此可以判断反射波的出现。

4)看爆炸信号和井口信号

要求爆炸信号准确、真实、无感应,每炮记录必须都有。从井口时间可以分析井深及激发条件的变化,同时为资料数字处理提供依据。防止井口信号电缆线漏电或与炮线交叉造成井口信号感应。

5)看层次

必须获得施工设计中要求的目的层,并且保证其反射品质良好(能量强、同相轴光滑),顺利完成地质任务。

6)看道

在看监视记录时,要认真分析各道的工作情况,要求各道工作正常,无外界干扰。道工作不正常(如反向、乱跳、有 50Hz 干扰)或不工作(拉直线)将直接影响记录质量。

7)注意回放因素

注意仪器回放因素的选择是否正确,若因素选择不当,会在记录上造成异常现象。

2. 生产记录的评价

监视记录质量按合格、不合格两级评价;监视记录按设计要求用宽挡回放,回放因素固定、记录清晰。

1)不合格记录

凡有下列缺陷之一的记录,评为不合格记录。

(1)未按设计要求进行施工的资料或导线测量成果精度不合格所生产的全部记录。

(2)钟 TB 与验证 TB 信号时差大于生产采样间隔。

(3)连续无验证爆炸信号超过 5 炮,则从第 6 炮开始评为不合格记录;山地、黄土塬、大沙漠区连续无验证爆炸信号超过 10 炮,则从第 11 炮开始评为不合格记录。

(4)可控震源、气枪不同步造成的二次初至或多次初至。

(5)每条接收线工作不正常道数超过该接收线总道数的 1/24,且连续 5 炮后。

(6)在现场处理时,发现磁带丢码严重或损坏,测线(束)号、激发点号、接收点号、文件号错误无法查对者,重复文件号等无法补救错误。

(7)仪器、可控震源、气枪等设备未按规定期限、项目检查或检查的指标不合格,超过规定期限所获得的全部记录及在检查指标不合格期间所获得的记录。

(8)炮点位置不准且无法校正。

(9)可控震源高保真采集时,可控震源DGPS坐标未传回仪器或其与测量坐标间的差值超限;可控震源的相位、畸变超限;记录的辅助道信号不能使数据正确、有效的分离;同一高保真文件号对应不同的接收排列。

注:不工作道、反向道、被严重干扰造成波形畸变的道、记录不全道、反序道、并道、延迟记录道(人力无法抗拒的干扰道或通过合法程序无法克服的道除外),或与相邻正常道振幅相比,其比值小于1/2或大于一倍的道,都称为工作不正常道。

2)合格记录

上述规定的不合格记录外的记录为合格记录。

三、竣工验收

完成野外采集作业后,施工单位应向公司提出申请,公司组织相关单位进行自我验收,然后向顾客提出申请。顾客接到申请后组织验收,现场验收结束后,验收组对验收情况进行全面评价,并出具采集项目验收意见书。顾客验收合格后方可结束野外施工。具体验收的内容按 SY/T 5314—2011《陆上石油地震勘探资料采集技术规范》执行。

模块三　滩浅海地震勘探基础知识

CAA016 滩浅海区域自然条件

项目一　滩浅海区域自然条件

我国的滩浅海地域,分布着大面积可供石油勘探、开发的沉积盆地,经过40多年的勘探已经证实滩浅海地区具有丰富的油气资源。作为海陆过渡带的滩浅海地区,因为地表原因,勘探难度大,与陆上相比,海上(滩浅海)勘探程度(区域和范围)虽然相对较低(小),但经过石油地震勘探工作者多年的不懈努力,已经发现几十个二级构造带,找到了多个油田和含油气区块。滩浅海地区已成为我国油气增储上产的主要接替区块。

一、滩浅海区域的划分

海洋对海岸的作用而形成海岸线。海岸线是指海面与陆地的交界线。但由于海面经常受潮汐、波浪的作用以及风的影响,而使其涨落不定,因此海岸的位置也随着变化,实际上海岸线并不是一条"线",而是具有一定宽度的"带"或"面"。低潮时称之为低潮线,高潮时称之为高潮线,又常把出现的高潮线作为海岸线。为此滩浅海的划分包括:(1)岸,滩涂部分一般情况下潮汐海水上不去,在特殊风暴潮时介入该区;(2)滩涂,潮间带在高潮线与低潮线之间的区域;(3)极浅海,最低潮水深起点0~5m区域间;(4)浅海,指5~10m水深,潮汐数据一般通过验潮仪测定。

滩浅海区域的划分上在石油地震勘探中叫法不一致,但大体上有相同点,所谓石油勘探的"滩海三带",在实际施工作业上应用是一致的。

二、滩浅海区域气象

气象是滩浅海施工作业最重要的客观因素之一。我国位于世界最大的大陆——欧亚大陆的东南,东临世界最大的海洋——太平洋。海陆的位置对我国的气候影响强烈,使我国的气候具有明显的季风气候特点。每年从9月、10月开始至次年3月、4月间,干冷的冬季季风从西伯利亚和蒙古高原南下,向南方逐渐减弱,造成了我国冬季寒冷干燥,南北温差大,盛吹西北—东北季风,风向较稳定,风力较强等特点。每年4月、9月由于受从海洋吹来的暖湿空气的影响,我国有着普遍高温多雨的特点,盛吹西南—东南季风,风向、风力不稳定。

(一)风

我国近海沿岸风的主要类型有:寒潮大风、气候大风、台风以及海陆风等。风的形成是由于气压存在差异所至,故人们通常把空气的水平流动称为风。

(1)风向,是指风的来向,通常用方位表示。

(2)风向的季节变化:由于我国是一个典型的季风气候国家,沿海风向主要表现为季节风特征,冬季盛行偏北风,风力稳定,风力较强;夏季盛行偏南风,风向不稳定,风力较弱;春季为过渡季节,季度变化十分明显。

(二)风速

风速是指在单位时间内空气所移动的距离,通常以米/秒(m/s)或海里/时(n mile/h)为单位。在气象预报中用风速的假定单位"级"来表示,风速数据通过风速仪测定。

(三)平均风速的季节变化

渤海西部沿岸,春季风速最大,最大值在4月,月平均风速一般为4.4~6.7m/s。冬季次之,夏季风速较小,8月最小,月平均风速一般在3.2~4.4m/s之间。

在海上大风产生风浪,风浪停后产生涌,风浪与涌的区别是:

(1)风浪:顺风浪,顺风流方向的浪,加大潮流流速逆风浪,风浪与潮流相反,在潮间带区域,因水浅产生的风浪纵向压力直至海底,水浅时3m左右,海水成混黄色。

(2)涌:由于大风风浪过后产生涌,有两种,一种是由上游外海大风后产生涌,波级过来的涌,一般这种涌波长比较长;另一种是本海区大风过后产生的涌,波长相对短。另外还有侧风浪,海浪方向与风向交叉。

(3)洋流:是海水常年比较稳定的沿着一定方向作大规模流动,叫洋流。

① 表层洋流的分布规律。

a. 中低纬度海区,形成以副热带海区为中心的大洋环流;北半球为顺时针方向流向,南半球为逆时针方向流向。大陆东岸(大洋西岸)为暖流,大陆西岸(大洋东岸)为寒流。

b. 北半球中高纬度海区,形成逆时针方向的环流。大陆东岸(大洋西岸)为寒流,大陆西岸(大洋东岸)为暖流。

c. 因南极大陆外围陆地很少,海面广阔,南纬40°海域终年受西风影响,形成自西向东绕南极大陆流动的西风漂流,为寒流性质。

d. 北印度洋海区因受季风影响,形成季风洋流。

夏季受西南季风影响,海水向东流,呈顺时针流向;冬季受东北季风影响,海水向西流,呈逆时针流向。如图1-3-1所示为表层洋流分布规律。

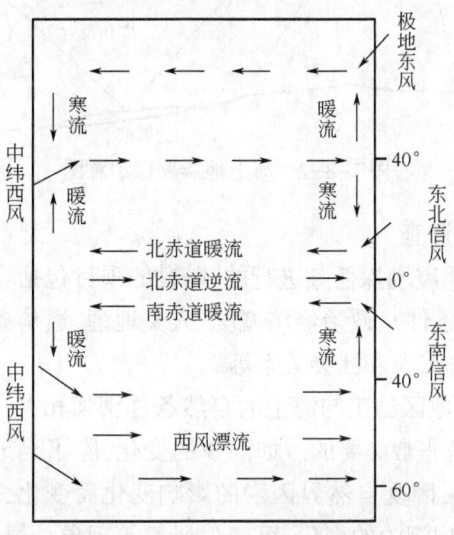

图1-3-1 表层洋流分布规律

② 洋流对地理环境的影响。

a. 对气候的影响：暖流具有增温增湿的作用，寒流具有降温减湿的作用。

b. 对渔业的影响：寒暖流交汇处或上升流明显的海区形成大渔场，如世界四大渔场。

c. 对污染物的影响：有利的是加快净化速度，不利的是扩大污染范围。

d. 对航海的影响：顺流时航速加快，节省时间和能源；逆流时则反之。

项目二　海上勘探工作的基本原理

> CAA017 海上地震勘探工作原理

一、海上地震勘探

海上地震勘探是在海水中进行人工地震的调查方法。其特点是在水中激发，水中接收，激发、接收条件均一；可进行不停船的连续观测。震源多使用非炸药震源，接收常用压电地震检波器，工作时将检波器及电缆拖拽于船后一定深度的海水中。

海上地震勘探工作具有下述几方面特点：(1)多数使用非炸药震源；(2)水中激发，水中接收，记录数字化；(3)一般为单船作业，记录仪器和震源在同一条船上，走航连续记录，目前多船作业也逐渐增多；(4)采用高次覆盖，资料由计算机处理，工作效率高；(5)采用导航定位技术实时确定船的位置和炮点的位置，如图 1-3-2 所示。

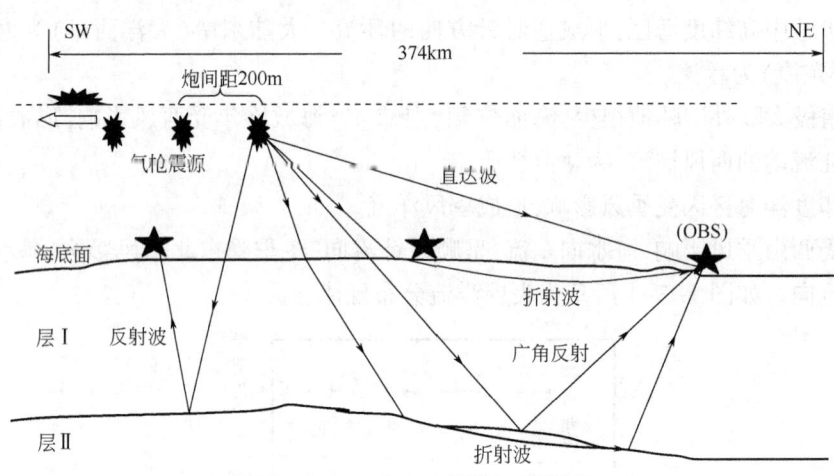

图 1-3-2　海上地震勘探示意图

(一)工区踏勘和海况调查

(1)工区踏勘是根据地震勘探任务进行的，踏勘的项目包括：工区位置、自然概况(地理位置、地形地貌、工区气候条件)、政治经济概况、人文地理、通信条件、HSE 潜在威胁及安全条件、人力资源、后勤供应、工农和社会关系等。

(2)海况调查：滩浅海地区施工与海上的自然条件密切相关，掌握好来自自然界条件的有关资料，对于施工组织是非常必要的。如潮汐的变化，除了当地潮汐观测点，每年的潮汐表发布也是有一定的规律，因受自然界因素的影响变化而变化，除了正常有规律的天体作用、潮汐变化，大风直接影响潮汐的变化，可产生风暴等现象。风、浪、涌是海上施工每天要观测的重要项目,除要了解天气的基本知识,还要收集当地气象资料,对在滩浅海施工工作非常有益。

(二)合理选择施工季节和观测方法

由于滩海极浅海区域自然条件复杂以及季节、气象等千变万化,所以海上施工必须选择最有利的季节保证施工安全、质量、时效。另外在施工过程中,海上自然条件变化中还要选择最佳施工时间,潮汐在不同海域有它的变化规律,要选择其最佳潮时。

1. 施工季节的选择

根据历年在海上作业情况,一般在海上作业最佳施工期为6,7,8,9月份。6月份,23.5天;7月份,25.2天;8月份,26.4天;9月份,23.1天。

2. 施工时间的选择

施工时间是指每个工作日施工选择因潮汐对接收系统的影响必须选择最佳施工时间。尤其在潮间带区域,选择什么潮时很重要。根据各海区潮汐的不同,针对性选择,例如渤海湾处于规则半日潮,每天潮涨潮落两次,为此选择方法:

(1)因潮汐是受天体作用影响,潮汐在不断变化,并且潮差大,俗称大涨大落,高潮时,比平均潮高出1~2m,低潮时低于平均潮1~2m,大潮期间因潮差大,所以产生的潮流就大,因此在此期间对施工的影响大,水下接收系统受冲击严重,产生噪声微震,造成低频干扰。一般大潮出现在农历初二、三、十六、十七,这2~3天的潮流最大,之后慢慢潮差见小,恢复正常潮流,为此这2~3天注意避开或停止施工。

(2)每天潮汐的选择,一般情况下潮涨或退潮(潮涨5h,退潮6h)参照潮汐表和现场观测。按正常潮汐而言,施工、放炮接收要避开涨潮时1~2h或退潮时1~2h,因为这段潮时海流最大,处于潮间带,影响最严重。

为此,选择最佳施工季节和最佳施工时间,是保证资料采集质量有效提高记录信噪比的保证。

(三)试验工作

(1)目的:通过试验,正确选择生产因素,确定最佳的野外工作方法,获取优质的原始地震记录。

(2)原则:从简单到复杂(包括方法和地区),保持试验因素单一变化,试验点段必须布置在有代表性的地段上,及时分析试验资料发现问题及时解决。

(3)要求:试验目的明确,针对性强,因素单一,关键项目应重复试验;试验点(段)应实测,提交相应的测量成果;新工区应做系统试验,全面分析试验资料;规范整理试验分析资料,记录备案。

(4)内容:干扰波调查、激发方式选择、接收方式选择、观测系统选择。具体试验内容应根据试验的目的、地质任务、工区地震地质条件和以往资料存在的问题而拟定,对于以往的资料能满足需要时只进行验证性试验。

(四)生产工序

测量、表层调查、钻井、爆炸、放线、仪器、解释各班组各负其责,分工合作,共同完成野外工作任务。

二、海上地震地质条件分析

陆地与海洋地震地质条件的差别主要表现在表层地震地质条件的不同,由此引起信噪比和分辨率的差异。

(1)表层结构的不同。由表1-3-1得出:陆地表层结构,上面三层构成陆地表层的低、降速带,每一层厚度都有较大的变化范围,一般情况下,低、降速带有15m左右。而海上表层结构,从地震波传播角度来说,与正常压实地层几乎没有什么区别。因此,海上表层结构更有利于高分辨率地震。

表1-3-1 表层结构及声波速度

地层名称	陆地表层结构及声波速度	海上表层结构及声波速度
第一层	表土、砂或土壤 波速300~400m/s	海水 声波速度为1500m/s
第二层	缺水第四系砂、泥沉积 波速500~600m/s	第四系现代沉积 波速为1600~1800m/s
第三层	含水第四系沉积 波速1050m/s	

(2)表层一致性的差异。海水的一致性非常好,虽然不同海区因盐分、温度的不同,海水的速度、密度不同,但其差异很小,且是大范围的小变化,对地震施工而言,可以看作绝对一致。陆地表层一致性则很差,一是表层低、降速带厚度变化大,从几米到十几米;二是表层岩性变化大,河沟、湖汊的淤泥、黏土、粉细砂等,激发、接收条件都是变化的。

(3)对地震波高频成分的能量吸收不同。地震波能量衰减与其传播的介质值成反比。海水对地震波几乎没有衰减,而陆地上低、降速带对地震波的衰减却是惊人的。

三、海上地震噪声分析

(一)海上地震的主要噪声源

海上表层地震地质条件优于陆地,海上地震资料信噪比较高,但噪声还是比较强的,噪声源也很复杂,实际工作中,还要具体情况具体对待。

1. 水波干扰

类似陆地面波干扰,是由震源产生的,沿表层传播的干扰波,它与面波不同之处在于其频率成分不同;面波是一种低频干扰波,沿地表传播,速度较低,一般用组合检波、辅以低截止滤波即可抑制。海上水波干扰,其速度与直达波相近或低于直达波;海上检波器组合不能完全消除水波干扰;其频率特性与地震反射波差不多,滤波方法也无法消除水波干扰。对这类干扰波,初至切除可去掉一部分,剩下的要靠消除相干干扰的方法才能去掉。

2. 海底障碍物

海底障碍物主要是指钻井平台、采油平台和沉船或暗礁,其数量的多少与海区离陆地的远近、水深及是否有航线有直接关系。例如,渤海的这些障碍物就是干扰源,它们产生能量强、频带较宽的侧反射。如若海底有一密度较高和一定体积的刚性物体,也可产生能量强、频带较宽的绕射波。

3. 机械干扰

主要是地震船船体及螺旋桨等产生的噪声,是线性的相干噪声,以低频噪声为主。一般情况下,地震船是精心设计的,地震道离船体有一定的距离,因此这种噪声较弱。

4. 海底鸣震

海底鸣震即海底多次波。地震波是在海底与水面这两个强反射界面之间来回传播,在地震道上形成连续震动,成为海上地震最强的干扰波。海底鸣震是海上地震最主要、最常见也是对地震资料质量影响最严重的干扰波,常常使深层的反射完全淹没在鸣震之中。海底鸣震主要分布在近道,当海底比较坚实时,鸣震会很强;其频率特点是宽频的,与地震反射波的频谱几乎是一致的。

5. 环境噪声

海上风、水流、涌、浪造成的噪声,这种噪声在时间和区域上没有规律,是随机噪声,在频率域则为白噪,即有无限大频宽。白噪一般较容易去掉。

6. 渔业干扰

渔业活动对地震勘探的影响,无论是时间,勘探成本,还是资料的品质都给业内人士留下了深刻的印象。在施工区域出现大量的渔船、漂网、架子网和网桩,电缆极容易被损坏是一方面;而挂在电缆上的渔网或其他杂物也将产生能量很强、频率较高的不规则强干扰,严重影响资料的品质和信噪比。

(二)海上地震勘探中干扰噪声的特点

1. 海上干扰波的特点

干扰噪声根据其特点可将其分为两大类:相干噪声(规则噪声)和随机噪声(不规则噪声)。倘若波形特征,波出现的时间有明显的规律性,相邻道之间波形有着系统的相位联系,此类干扰被称为规则干扰。而波的来源是随机的,相对震源而言其参数是随机的,能量在各道之间不相关,它们则被称为不规则干扰也叫随机噪声。而海上地震勘探这两类干扰基本同时存在,能量强度、振幅强度也视海区不同而不同。如船体、电缆尾标产生的噪声,定深器水鸟抖动产生的噪声以及测线周围障碍物产生的绕射波等都是相干噪声。风、流、涌、浪产生的环境噪声为随机噪声。干扰噪声在频域的分布,如多次波、鸣震、枪自激、多次冲击等,在频域的分布基本与有效波一致。而随机噪声则是白噪。

2. 海上地震勘探主要常见干扰噪声包括

侧面波、气枪自激、次冲激、邻队激发、鸣震、特殊波、多次波(多次反射波)、高频干扰、大船干扰、低频及随机干扰、震源能量不足产生的异常、浅层折射。如气枪自激:震源阵列中有时会出现个别枪失控,当它的气室内压力达到一定压力时,在没有给出触发信号的情况下,气枪自行触发释放能量,这种现象为枪自激。它在单炮上的表现形式为:在初至波前或后某一时刻又出现一个或几个初至波。

由于以上特点,与陆地地震相比,海上地震噪声比较容易压制。就目前的处理技术而言,相干噪声很容易去掉。对于随机噪声,则需要在采集时严格控制,就不会形成强的干扰,因此海上地质资料一般具有较高的信噪比。

项目三　海上地震勘探工作方法

一、海洋物探船

海洋物探船是海上进行地震数据采集的基本条件,所有的仪器的正常工作和采集完成都离不开物探船。由于地震仪器都安装在船上,使用海上专用的电缆和检波器,在地震船航行中连续地进行地震波的激发和接收,所以船应足够的大,并且要有足够大的动力,这样才能拖动这些设备。常规的海上地震勘探时由一条或多条地震勘探专用船拖着多个震源和一条(二维)或多条(三维)水用检波器拖缆,在工区内往返航行采集数据。除此以外还有其他相关的辅助设备:挂机橡皮船、空气船、赫格隆、泥里爬等。

二、导航定位

海洋物探船在海上从事物探工作时,导航定位是十分重要的。没适当的导航定位设备和技术保证,所获得的地震资料会因为缺乏关于测线具体位置的数据而变得毫无价值。导航定位设备必须使其测线的位置能够在作图比例尺的精度范围内,并用地理坐标表示出来,否则将会给编制采集资料造成困难。随着生产技术的不断提高和发展,对定位技术和精度的要求也就越来越高,这就要求必须使用专门的定位设备和特殊方法。在勘探中通常采用综合定位方法,采用的设备越来越多,即同时使用手持 GPS、电罗经、磁罗盘、声学定位系统、激光跟踪系统和 RGPS 尾标跟踪系统构成综合定位网络,其中手持 GPS 的使用尤为重要。

在野外施工活动中,都会用手持 GPS 来规划路线、指定方位、记录航迹,使你不会迷失路途,而且携带方便,因此掌握 GPS 的使用方法非常重要。

(一)手持式 GPS 的主要功能和在野外活动中的主要用途

(1)测定所在点的经纬度(坐标)和海拔高度,并可把数据储存在 GPS 内命名为一个航路点。

(2)记录所经路线的航迹。

(3)GPS 的旅程计算机可计算并记录总旅程距离、分段距离、现行速度、最大速度、平均速度、行走时间、停留时间、预计到达时间等各种参数。

(4)建立由多个航路点连成的航线。

(5)可将多个桩号输入并沿测线寻找到桩号进行作业。

(6)导航功能使你只需依照 GPS 指示的方向前进就能到达目的地:

① 根据所记录的航迹返回出发点;

② 根据建立的航线到达目的地;

③ 迷路时寻找最近的航路点。

(7)手持式 GPS 一般都有串行接口(RS-232)与个人电脑相连,用于软件升级,下载或上传航迹、航路点和航线,高级一点的还可以下载电子地图。

(8)其他有用功能:

① 查询任何地点、任何时间的太阳或月亮的位置,太阳月亮的升降时间;

② 查询任何地点的最佳钓鱼时间;
③ 计算任何形状的平面面积(只需沿周边走一遍)。

(二)使用手持式 GPS 的注意事项

(1)必须在露天的地方使用,建筑物内、洞内、水中和密林等类似地方无法使用。

(2)在一个地方开机待的时间越长,搜索到的卫星越多,精确度就越高。

(3)在山野上使用精度比在城市中高楼林立的地方使用精度高。

(4)使用 GPS 导航比用指南针要准确可靠,因为依照指南针的方位角走,一旦走错,就会越走越偏离目标。但 GPS 永远告诉你正确的方位角,而不论偏离目标有多远。

(5)现在市面上一般民用的手持式 GPS 精度为 15m,如能支持 WAAS,精度可提高到 3m。

(6)注意带足够的备用电池(图 1-3-3、图 1-3-4)。

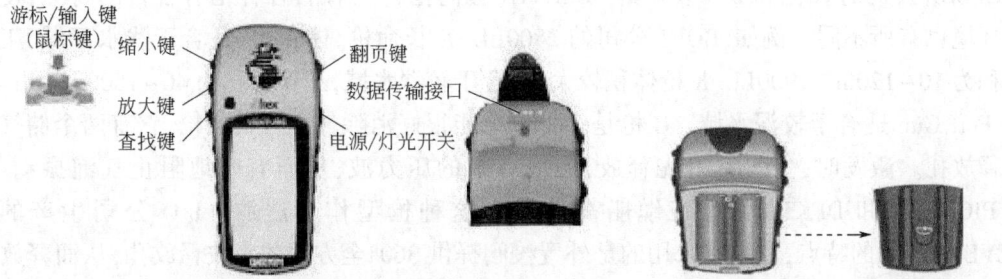

图 1-3-3　Fetrex Venture 奇遇手持 GPS 正面　　图 1-3-4　Fetrex Venture 奇遇手持 GPS 背面

(三)综合导航系统在海上地震勘探的作用

(1)为地震船行驶提供导航信息。

(2)为地震测线、炮点、检波点定位。

(3)控制点火放炮。

(4)共反射点面元计算。

(5)实时质量控制。

(6)与地震勘探仪器交换信息。

在浅海滩实际施工中,由于受到海流、潮汐、航速以及沉降速度的影响,检波器很难准确投放到位,必须要采用二次定位系统来校正检波器点的实际点位。BPS 声学二次定位系统是 GPS 定位和声学定位相结合的水下定位系统,是专门针对过渡带地区的海底电缆及海底拖拽电缆地震系统组合工作而设计的一种海上石油勘探设备。整套系统主要由差分 GPS 接收机、主控计算机、舰载水声数据采集单元(MCU)、水声换能器、应答器、编码器等组成。

三、海上地震波激发

海上地震采集技术在 50 年的发展中,针对海洋的特点,在震源、接收记录和定位导航三大系统以及施工方法上形成自己特定的技术。

最早的震源是简单地把陆地炸药震源引入到海上,但很快暴露出它的缺陷:一是施工不方便,不能自动化操作,人工操作危险;二是对环境污染严重,尤其对鱼类的伤害。

(一)气枪震源

海洋地震勘探是通过人工方法激发地震波,研究地震波在地层中的传播情况,查明地质构造。地震波传播是与地下地质构造、地层岩性有着密切关系,目的就是通过记录这些地震波的信息,经过地震资料处理,去伪存真,最终得到与地质结构、岩性变化有关的各种参数。然而,影响地震资料优劣的关键环节则是震源激发的品质和质量。

随着科技的进步,海洋勘探设备不断升级,震源设备和技术也取得了相当的进步。从最初的炸药震源逐渐发展到现在的多种非炸药性震源,例如,空气枪、蒸汽枪、烯气枪、水枪、电火花等。其中气枪震源占主导地位,现在95%以上的震源属于气枪震源。气枪,作为目前最主要的海上震源勘探设备,无论在深海拖缆作业中,还是滩浅海过渡带作业中,都发挥着重要的作用,有效地提高了施工效率,降低了施工风险。

目前,世界海洋勘探领域中主要使用以下几种枪型作为震源设备,BOLT公司的长命枪;SERSEL公司的G枪和I/O公司的SLEEVE(套筒枪)。当然,各种枪有各自的特点,使用的环境也有所不同。例如,BOLT公司的2800LL-X长命枪,体积小,适合于浅水区域,工作容积为$10\sim120in^3$,1900LL-X枪体积较大,适合于较深水域,工作容积为$40\sim1500in^3$,Annular Port Gun适合于较深水域。G枪是一种单枪能很好消除气泡振动的枪,它有两个储气室和释放孔。激发时,主气室首先释放,形成有效的压力波,从而有效地阻止气泡振动。BGP PIONEER和DFKT1大型拖缆船都是采用这种枪型作为震源。I/O公司生产的SLEEVE枪最大的特点,就是它采用的是外置梭阀提供360°全方位的声波释放孔,从而释放效果更好。从结构来讲,主枪体经优化设计,整枪零件数量极大降低,最终体现在维修保养更容易,整体可靠性更高。BGP ATLAS采用的就是这种枪型。

(二)气枪震源配置基本要求

气枪震源系统主要组成部分为:气枪、空压机、气枪控制器、收放系统。

为了保证气枪震源系统具有较高的施工效率,对施工区域、施工方法的适应性和良好的质量控制措施,一套完整的气枪震源系统必须具备和满足以下5个基本要求:

(1)满足施工区域对设备适应性的要求。
(2)满足高施工效率的要求。
(3)满足高可靠性和质量控制的要求。
(4)满足地质任务对气枪阵列激发能量和频谱的要求。
(5)满足可视化的辅助质量控制要求。

如果震源系统主要工作区域集中在浅海2.5~30m水深,为了使震源船具有较大的施工覆盖面积和良好的抗风能力,震源船的吃水深度应控制在1.5~2.0m。

气枪阵列应采用在船两舷的侧吊式方式,有利于快速施工上线和最大限度地靠近浅水区激发点,实践证明可以有效地提高施工效率。目前的缺点是在气枪激发时产生的冲击波对工作人员、船体和内部设备的振动较大,需要采取一定的减震措施。

为了满足大容积阵列和高施工效率的要求,配备的高压空压机组必须具备适当的排气量,空压机排气量与气枪阵列的工作容积和允许的激发间隔时间关系式为:

$$A = 0.26VT$$

式中 A——空压机的排气量,ft^3/min;

V——阵列的总工作容积，in^3；

T——气枪激发间隔时间，s。

在适应地震仪器允许的采集时间情况下，气枪激发施工的效率由空压机的排气量决定。例如，20海豹四号船的空压机排气量为$1100ft^3/min$，气枪阵列的总容积为$2832in^3$，得到激发间隔时间为15s，在使用有线地震仪时，就可以取得高的施工效率。

气枪控制器必须具备实时采集和显示气枪工作压力、沉放深度、近场子波和良好稳定的同步控制功能，实现对气枪阵列的高精度控制，提交甲方所要求的资料。

为了达到对气枪阵列工作状况的实时监控，要求每个震源的每个子阵列至少应配备两个深度传感器和一个压力传感器，深度传感器安置在子阵列的前部和尾部，压力传感器安置在距离最大容积枪小于4m的位置。

按照施工的不同要求，需要在每个气枪cluster处配置一个近场海底峰，用来监视气枪的实时工作状况。

四、海上勘探接收系统

海上地震勘探记录系统与陆地基本相同，只是采用了压电检波器以取代动圈式检波器，采用密封的检波器、数字包等浮电缆一体化的接收装置。同样也经历了从模拟到数字的发展过程。为了提高地震分辨率，最重要的是在记录低频有效波的同时，也能记录能量很弱的高频有效波。这就要求记录系统具有较宽的动态范围。24位模数转换仪器，在一定程度上提高了记录系统的动态范围，是海上勘探的优选设备。

五、海上地震采集质量控制

(1) 噪声控制。由于大地滤波作用，中深层地震反射的高频成分能量很弱，为了保证记录到能量较弱的高频成分，要求仪器的瞬时动态范围较大。但如果高频成分的能量小于噪声能量，即使记录下来，也难以处理，无法辨认。因此噪声控制更为重要。

(2) 气枪同步。气枪同步对激发子波质量的影响是重要的，特别是对相干组合，影响更严重。如气枪激发不同步，后激发的气枪所产生的子波，会影响激发子波的频谱和能量，对相干组合气枪阵而言，就没有相干作用了。

(3) 羽角控制。海上地震采集时，由于海流的原因，电缆不是完全分布在测线上，而是偏离测线；电缆和设计测线的夹角称为羽角。一般控制最大羽角不超过15°。

(4) 现场处理和原始记录控制。充分利用单道剖面仪和现场处理机控制地震记录质量。一般每隔一定距离显示几炮记录，看看记录噪声水平，是否有个别道特别强的噪声，地震反射能量是否足够等；同时对原始记录做频谱分析或频率扫描，看原始记录是否有足够的高频成分和低频成分。

模块四　机械基础知识

项目一　工程材料

CAB001 金属材料的性能

一、金属材料的性能

金属材料的性能包括使用性能和工艺性能。使用性能是指材料在使用过程中所表现出来的性能，包括物理性能（如密度、熔点、导热性、导电性、热膨胀性和磁性等）、化学性能（如耐腐蚀性、抗氧化性和化学稳定性）和力学性能。工艺性能是指金属材料从冶炼到成型的生产过程中，在各种加工条件下所表现出来的性能，包括铸造性能、锻压性能、焊接性能、热处理性能和切削加工性等。

CAB005 金属材料的物理性能

（一）金属材的物理性能

金属的物理性能包括金属的密度、熔点、导电性、导热性、热膨胀性、磁性等。

根据机械零件的不同用途，对金属材料的物理性能要求亦有所不同。例如，密度是金属材料的一个重要物理性能，直接关系构件的质量。在不少精密机械中，某些高速运转的零件，具有十分重要的意义。在飞机、导弹、宇航飞船、人造卫星设计和制造中，为了增加有效载重时，密度更是需要考虑的重要因素。

对于一些电动机、电器零件及电线则要求用导电性好的金属材料来制造；对于内燃机的活塞、一些精密的测量工具，如千分尺、块规等，为了保持其尺寸的准确性，就要用线膨胀系数小的材料来制造；金属材料导热性对热处理、锻造等热加工具有十分重要的意义。例如，导热性较差的合金钢在热处理或锻造加热时，就应该加热速度慢些，以免变形和产生裂纹；又如铸造钢和铝合金的熔点不同，它们的熔炼工艺就有较大差别，如果金属的熔点低，就可以大大改善铸造和焊接工艺，使铸造和焊接都容易进行；此外磁性又是电动机、电器、仪表制造中选用金属材料不可缺少的重要依据。

CAB004 金属材料的化学性能

（二）金属材化学性能

金属材料在机器制造中的作用，不但要满足机械性能、物理性能的要求，化学性能也是十分重要的，尤其是要求作用在耐腐蚀、耐高温的机器零件。金属的化学性能是指金属在室温或高温时抵抗各种化学作用的能力。一般包括耐腐蚀性、抗氧化性和化学稳定性等。

金属材料的耐腐蚀性，是一个重要的性能，尤其对在腐蚀介质（如酸、碱、有毒气体等）中的高温条件下工作的零件，比在空气中或常温下的腐蚀更为明显，在选用这类零件时，应特别注意金属材料的化学性能，并采用化学稳定性良好的金属或合金制造。例如，化工设备、医疗器械等可用不锈钢或其他耐腐蚀材料制造；锅炉过热器、蒸汽机叶片、内燃机进排气阀等可用耐高温抗氧化、热稳定性好的耐热钢制造。

(三)金属材料的机械性能

金属材料在受到外力时产生几何形状和尺寸的变化称为变形。变形一般分为弹性变形和塑性变形。金属材料在外力作用下所表现出来的性能即为力学性能,主要包括强度、塑性、硬度、冲击韧性和疲劳强度。

金属材料在加工过程中所受到的外力称为载荷,或者说把加在金属材料上的外力叫作载荷。载荷分为静载荷、动载荷和交变载荷。静载荷即构件所承受的外力不随时间而变化,而构件本身各点的状态也不随时间而改变;动载荷是指体在运动过程中受到震动、环境等因素影响下,所受的载荷,动载荷包括短时间快速作用的冲击载荷;交变载荷是受到大小、方向随时间呈周期性变化的载荷作用,这种载荷称为交变载荷。载荷作用于金属材料使其产生几何形状和尺寸的变化称为变形。

1. 强度

在外力的作用下,材料抵抗塑性变形和断裂的能力称为强度。根据力的作用方式的不同,强度分为抗拉强度、抗压强度、抗弯强度、抗剪强度和抗扭强度等。一般情况下以抗拉强度作为判别金属强度高低的指标。

弹性变形

随载荷的存在而产生,随载荷的去除而消失的变形称为弹性变形。

2. 塑性

断裂前金属材料产生永久变形的能力称为塑性。塑性指标主要是伸长率 δ 和断面收缩率 ψ。伸长率和断面收缩率数值越大,表示材料的塑性越好。

$$\delta = \frac{l_1 - l_0}{l_0} \times 100\% \tag{1-4-1}$$

式中　δ——伸长率,%;
　　　l_1——试样拉断后的标距,mm;
　　　l_0——试样的原始标距,mm。

$$\psi = \frac{S_0 - S_1}{S_0} \times 100\% \tag{1-4-2}$$

式中　ψ——断面收缩率,%;
　　　S_0——试样原始横截面积,mm^2;
　　　S_1——试样拉断后缩颈处的横截面积,mm^2。

3. 硬度

材料抵抗局部变形、压痕或划痕的能力称为硬度。根据测试方法的不同,硬度指标有布氏硬度、洛氏硬度和维氏硬度等。

4. 冲击韧性

很多零件,如齿轮、连杆等,因工作时受到很大的冲击载荷而断裂,把材料在冲击载荷作用下抵抗变形和断裂的能力称为冲击韧性。冲击韧性用冲击韧度 α_k 表示,数值越大,材料的韧性越好。一般把铸铁等 α_k 值低的称为脆性材料,不能用来制造承受冲击载荷的零件。

5. 疲劳强度

许多机械零件,如轴、齿轮、轴承、叶片、弹簧等,在工作过程中各点的应力随时间做周期性的变化,这种随时间作周期性变化的应力称为交变应力(也称循环应力)。在交变应力作用下,虽然零件所承受的应力低于材料的屈服点,但经过较长时间的工作后产生裂纹或突然发生完全断裂的现象称为金属的疲劳。

疲劳破坏是机械零件失效的主要原因之一。据统计,在机械零件失效中大约有80%以上属于疲劳破坏,而且疲劳破坏前没有明显的变形,所以疲劳破坏经常造成重大事故。

(四)金属材料的工艺性能

> CAB006 金属材料的工艺性能

材料的工艺性能是指在加工过程中对不同加工方法的适应性,材料工艺性能的好坏影响加工的难易程度,从而影响零件加工后的质量、生产效率和加工成本。

1. 铸造性能

铸造是指将熔化后的金属液浇入铸型中,待凝固、冷却后获得具有一定形状和性能铸件的成形方法。金属的铸造性能是指铸造成形过程中获得外形准确、内部健全铸件的能力,即金属获得优质铸件的能力。铸造性能通常用金属液的流动性、收缩率等表示。

2. 压力加工性能

利用压力使金属产生塑性变形,使其改变形状、尺寸和改善性能,获得型材、棒材、板材、线材或锻压件的加工方法称压力加工。压力加工方法有锻造、轧制、挤压、拉拔、冲压等。金属在压力加工时塑性成形的难易程度称为压力加工性能。

3. 焊接性能

焊接是通过加热或加压,或两者并用,并且用或不用填充材料,使工件达到结合的一种方法。焊接性能包括两方面内容:其一是工艺焊接性,即在一定的焊接工艺条件下,能否获得优质、无缺陷的焊接接头的能力;其二是使用焊接性,即焊接接头或整体结构满足技术要求所规定的各种使用性能的程度。包括力学性能及耐热、耐蚀等特殊性能。

4. 热处理性能

热处理是通过对固态下的材料进行加热、保温、冷却,从而获得所需要的组织和性能的工艺。钢的热处理性能包括淬透性、晶粒长大倾向、回火稳定性、变形与开裂倾向等。

5. 切削加工性能

零件常采用毛坯进行切削加工而制成,如车削加工、铣削加工、刨削加工、磨削加工等,材料的切削加工性能是指切削加工金属的难易程度。切削加工性能的好坏,直接影响零件的表面质量、刀具的寿命、切削加工成本等。一般认为影响切削加工性能的主要因素是材料的硬度和组织状况,有利于切削加工的硬度在170~230HBS。常用材料中,铸铁及经过恰当热处理的碳钢具有较好的切削加工性能,而高合金钢的切削加工性能较差。

金属的工艺性能不是一成不变的,可以通过改进工艺规程、选用合适的加工设备和方法等措施来改善。

(五)金属的热处理

> CAB011 热处理的目的

热处理定义就是将金属材料放在一定的介质内加热、保温、冷却,通过改变材料表面或内部的金相组织结构,来控制其性能的一种金属热加工工艺。因此热处理的目的是通过改变材料的表面或内部组织,来改变工件性能,来获取需要的机械性能的工艺。比如说淬火:(1)提高金属成材或零件的机械性能。例如:提高工具、轴承等的硬度和耐磨性,提高弹簧的弹性极限,提高轴类零件的综合机械性能等。(2)改善某些特殊钢的材料性能或化学性能。如提高不锈钢的耐蚀性,增加磁钢的永磁性等。

(六) 弯曲

弯曲是指用机械压力将金属板料沿直线或曲线弯曲成一定角度或弧度的工艺过程。

1. 最小弯曲半径

材料在弯曲中,不致发生破坏时,弯曲半径的最小极限值,称为最小弯曲半径。

影响最小弯曲半径的因素:(1)材料的机械性能;(2)材料的纤维方向;(3)材料的表面状态;(4)弯曲中心角的大小。

2. 弯曲件的回弹

当板料弯曲变形结束,工件不受外力时,由于弹性变形的恢复,使弯曲件的角度、弯曲半径与模具的形状尺寸不一致,这种现象称为回弹。

3. 影响回弹的因素

(1)材料的力学性能;(2)变形程度;(3)弯曲中心角度;(4)弯曲方式;(5)模具结构及压边力大小;(6)工件形状及材料组织状态。

二、金属材料的分类

金属材料可分为黑色金属和有色金属两大类。

黑色金属以铁、锰、铬或以它们为主而形成的具有金属特性的物质,称为黑色金属。如碳素钢、合金钢、铸铁等。有色金属除黑色金属以外的其他金属材料,称为有色金属,如铜、铝、镁及它们的合金等。

(一) 黑色金属材料

常用的黑色金属主要是钢和铸铁两种。钢是含碳量大于 0.0218%、小于 2.11% 的铁碳合金,工业上常用的铸铁一般是指含碳量在 2.5%~4.% 范围内的铁碳合金。

黑色金属在工业上通常是对铁、铬、锰及其合金的统称。事实上纯净的铁、锰是银白色的,而铬是银灰色的。由于铁、铬、锰三种金属都是冶炼钢铁的主要原料,而钢铁表面通常覆盖一层黑色的四氧化三铁,所以会被"错误分类"为黑色金属。

1. 钢

钢的主要元素除铁、碳外,还有硅、锰、硫、磷等。硅能提高钢的强度,使钢具有极高的磁导率;锰能提高钢的硬度和耐磨性;磷和硫都是有害元素,会降低钢的韧性,使钢变脆。

钢通常有三种分类方式,分别如图 1-4-1、图 1-4-2、图 1-4-3 所示。

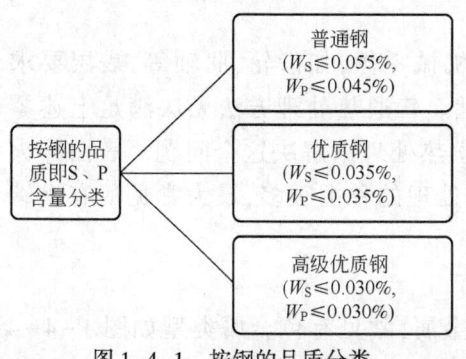

图 1-4-1 按钢的品质分类

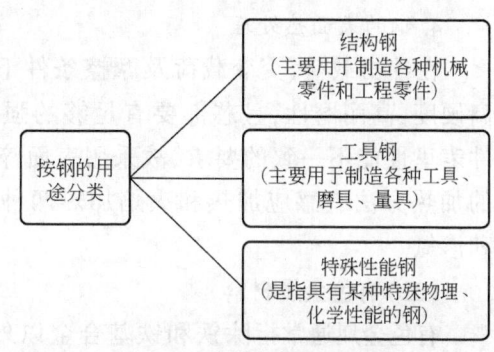

图 1-4-2 按钢的用途分类

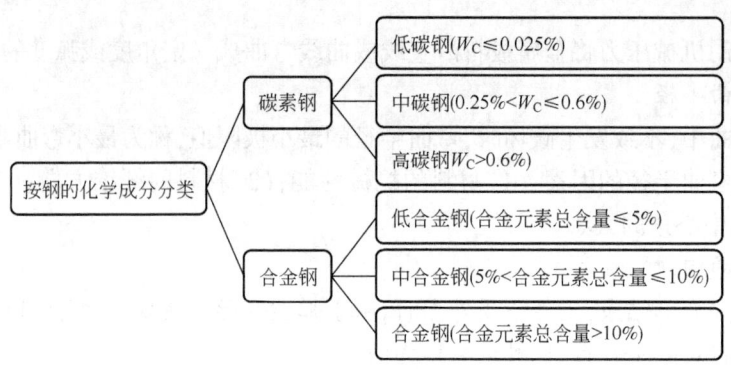

图 1-4-3　按钢的化学成分分类

2. 铸铁

含碳量大于 2.11% 的铁碳合金称为铸铁,比碳钢含有较多的硫、磷等杂质元素。根据铸铁中石墨形态的不同,可以将铸铁分为灰铸铁、球墨铸铁、可锻铸铁和蠕墨铸铁四类。

3. 钢的热处理

钢的热处理是指将钢在固态下以适当的方法进行加热、保温和冷却以获得所需组织与性能的工艺过程。钢的基本热处理工艺有退火、正火、淬火和回火等。

退火:将工件加热到适当温度,根据材料和工件尺寸采用不同的保温时间,然后进行缓慢冷却(冷却速度最慢),目的是使金属内部组织达到或接近平衡状态,获得良好的工艺性能和使用性能,或者为进一步淬火作组织准备。

正火:将工件加热到适宜的温度后在空气中冷却,正火的效果同退火相似,只是得到的组织更细,常用于改善材料的切削性能,也有时用于对一些要求不高的零件作为最终热处理。

淬火:将工件加热保温后,在水、油或其他无机盐、有机水溶液等淬冷介质中快速冷却。淬火后钢件变硬,但同时变脆。

回火:为了降低钢件的脆性,将淬火后的钢件在高于室温而低于 710℃ 的某一适当温度进行长时间的保温,再进行冷却。

退火、正火、淬火、回火是整体热处理中的"四把火",其中的淬火与回火关系密切,常常配合使用,缺一不可。

4. 钢的表面热处理

在冲击载荷、交变载荷及摩擦条件下工作的机械零件,如齿轮、曲轴等,表层要求高硬度、高耐磨性,且芯部要有足够的强度和韧性。普通热处理方法无法满足上述零件表里性能不一致的要求,故采用表面淬火和化学热处理来解决这个问题。表面淬火的加热方法有感应加热和火焰加热两种;化学热处理的种类很多,最为常见的有渗碳和渗氮。

(二)有色金属材料

有色金属通常指除铁和铁基合金以外的所有金属,常见有色金属类型如图 1-4-4 所示。

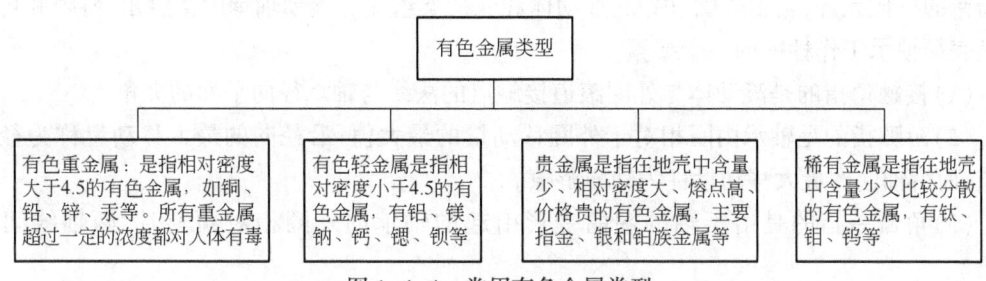

图 1-4-4 常用有色金属类型

项目二 典型机械零件及其精度

一、轴系零部件

(一)轴

轴是支承转动零件(齿轮、带轮等)并与之一起回转以传递运动、扭矩或弯矩的机械零件。轴是由轴承来支承的。轴上零件的固定如图 1-4-5 所示,有轴上零件固定和轴上零件周向固定两种类型。

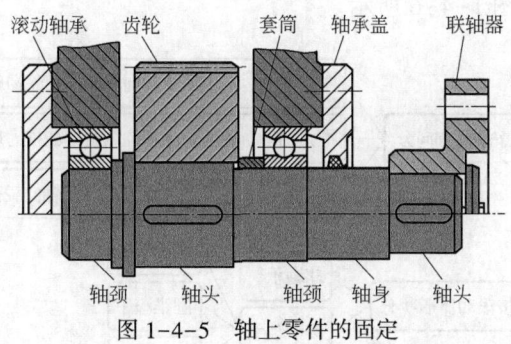

图 1-4-5 轴上零件的固定

轴上零件的轴向固定的目的,是为了保证零件在轴上有确定的轴向位置,防止零件轴向移动,并能承受轴向力。轴上零件的轴向固定常采用轴肩、套筒、螺母、轴端挡圈等形式。轴上零件的周向固定的目的,是为了保证零件可靠地传递运动和转矩,防止轴上零件与轴发生相对转动。轴上零件的周向固定大多采用键、花键、销、紧固螺栓、过盈配合等连接形式。

(二)滑动轴承

滑动轴承是在滑动摩擦下工作的轴承,主要由滑动轴承座、轴瓦或轴套组成。按承受载荷的方向,分为径向(向心)滑动轴承、推力(轴向)滑动轴承、径向推力滑动轴承。其中,径向(向心)滑动轴承按结构形式又分为整体式滑动轴承和对开式滑动轴承。

(三)滚动轴承

1. 滚动轴承的结构及特点

1) 滚动轴承的结构

滚动轴承是将运转的轴与轴座之间的滑动摩擦变为滚动摩擦,从而减少摩擦损失的一种精密的机械元件,它由外圈、内圈、滚动体和保持架组成。滚动轴承的接触角、游隙和角偏差是表征轴承工作性能的三个要素。

(1)接触角指的是滚动体与外圈滚道接触点的法线与轴承径向平面的夹角。

(2)游隙指的是轴承内圈相对于外圈移动量的最大值,沿径向的最大移动量称为径向游隙,而沿轴向的最大移动量称为轴向游隙。

(3)角偏差指的是由于轴的翘曲变形引起的轴承内外圈相对倾斜时,两轴线间的夹角。

2)滚动轴承的特点

滚动轴承虽有许多类型和品种,并拥有各自固定的特征,但是,它们与滑动轴承相比较,却具有下述共同的特点:

(1)易启动、摩擦阻力小、功率消耗小、机械效率高。

(2)国际性标准和规格统一,容易得到有互换性的产品。

(3)润滑方便,润滑剂消耗少。

(4)一般一套轴承可同时承受径向和轴向两方向负荷。

(5)可方便地在高温或低温情况下使用。

(6)可通过施加预压提高轴承刚性。

2. 滚动轴承的分类

滚动轴承的分类如图1-4-6所示。

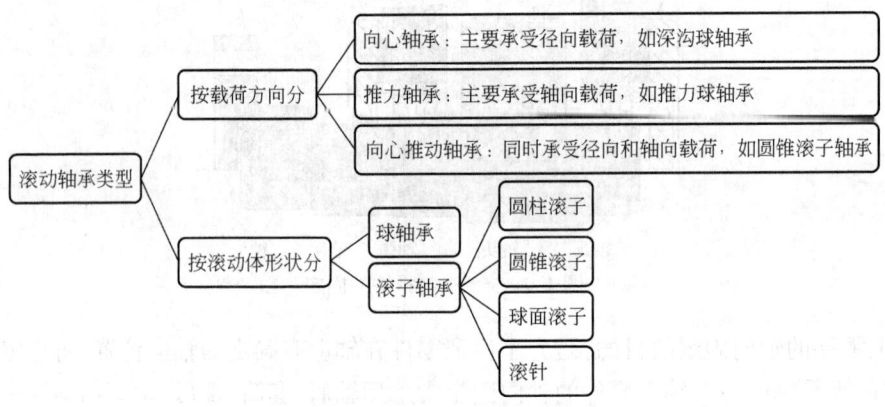

图1-4-6 滚动轴承的类型

3. 滚动轴承的型号

滚动轴承已经标准化,其基本代号由类型代号、尺寸系列代号、内径代号组成。

4. 滚动轴承的拆装

滚动轴承的安装方法有手锤套管打入法、压入法和温差法等。

(四)机械传动

传动是指机械之间的动力传递,也可以说将机械动力通过中间媒介传递给终端设备,这种传动方式包括链条传动、摩擦传动、液压传动、齿轮传动及皮带式传动等。

传动比是机构中两转动构件角速度的比值,也称速比。构件a和构件b的传动比为$i=$

$\omega_a/\omega_b = n_a/n_b$，式中 ω_a 和 ω_b 分别为构件 a 和 b 的角速度（弧度/秒）；n_a 和 n_b 分别为构件 a 和 b 的转速（转/分）。

当式中的角速度为瞬时值时，则求得的传动比为瞬时传动比。当式中的角速度为平均值时，则求得的传动比为平均传动比。理论上对于大多数渐开线齿廓正确的齿轮传动，瞬时传动比是不变的；对于链传动和摩擦轮传动，瞬时传动比是变化的。对于啮合传动，传动比可用 a 和 b 轮的齿数 Z_a 和 Z_b 表示，$i = Z_b/Z_a$；对于摩擦传动，传动比可用 a 和 b 轮的直径 D_a 和 D_b 表示，$i = D_b/D_a$。

1. 带传动

带传动是一种通过中间挠性体（传动带），将主动轴上的运动和动力传递给从动轴的机械传动形式。由主动带轮、从动带轮、传动带和机架组成。当主动轮转动时，通过带和带轮之间的工作表面摩擦力或啮合作用，驱动从动轮转动并传递动力，根据工作原理不同，分为摩擦型带传动和啮合型带传动。

1）摩擦型带传动

依靠挠性带与带轮接触面上的摩擦力来传递运动和动力。按传动带的截面形状分为平皮带传动、三角皮带传动、V 带传动、多楔带和圆形带传动等。

（1）平皮带传动。

CAB007 平皮带传动的特点

当两轴轴心相距较远时，可采用平皮带传动。平皮带一般多用牛皮带、橡胶带和纺织带等，橡胶带用得最多。应用皮带传动，结构简单、成本低，更换方便。但它所占的地方较大、使用安全装置麻烦。此外，由于在传动时打滑，得不到要求的速比，因此有些地方就用三角皮带传动代替了。

（2）三角皮带传动。

CAB008 三角皮带传动的特点

当两轴轴心线之间的距离不大时，可采用三角皮带传动。三角皮带传动平稳，不易振动。要增加传递动力，只要增加皮带根数就可以了。三角皮带与皮带轮之间的摩擦力较大，所以它对包角的要求并不需要很大，不易打滑，一般最小可以小至 70°。在三角皮带传动中，也有采用张紧轮的，不过采用的目的并不是增加摩擦力，而是当皮带轮中心实在无法调整时才采用的。三角皮带轮一般是几根装成一排的，因此在皮带轮上就要有形状相同的几条槽。三角带有特种带芯结构和绳芯结构两种，分别由包布、顶胶、抗拉体和底胶四部分组成。绳芯结构的三角带制造方便，抗拉强度一般，价格低廉，应用广泛特种带芯结构的三角带韧性好，强度高，适用于转速较高的场合。

CAB016 三角皮带的结构

（3）V 带传动。

截面形状为梯形，两侧面为工作表面。应用最广的带传动是 V 带传动，在同样的张紧力下，V 带传动较平带传动能产生更大的摩擦力。

（4）多楔带。

它是在平带基体上由多根 V 带组成的传动带。可传递很大的功率。多楔带传动兼有平带传动和 V 带传动的优点，柔韧性好、摩擦力大，主要用于传递大功率而结构要求紧凑的场合。

（5）圆形带传动。

横截面为圆形。只用于小功率传动。

2)啮合型带传动

啮合型带传动也称同步带传动,它是依靠同步带上的齿与带轮齿槽之间的啮合来传递运动和动力的。

(1)特点。

优点:有过载保护作用(过载打滑);有缓冲吸振作用,运行平稳无噪声(带有弹性);适于远距离传动(中心距大);结构简单,制造、安装精度要求不高,维护方便。

缺点:有弹性滑动使传动比 i 不恒定;张紧力较大(与啮合传动相比)轴上压力较大;结构尺寸较大、不紧凑;打滑,使带寿命较短;带与带轮间会产生摩擦放电现象,不适宜高温、易燃、易爆的场合;效率低。

(2)应用。

主要用于要求传动平稳,传动比要求不严格的中小功率的较远距离传动。传动的功率 $P \leqslant 100kW$,带速 $v=5\sim30m/s$,平均传动比 $i \leqslant 7$,传动效率为 94%~96%。同步齿形带的带速为 40~50m/s,传动比 $i \leqslant 10$,传递功率可达 200kW,效率高达 98%~99%。

3)带传动传动形式

带传动传动形式如图 1-4-7 所示。

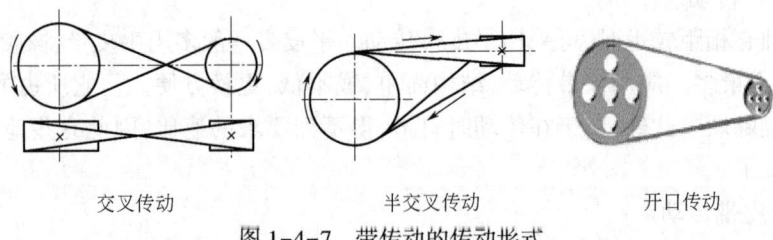

图 1-4-7 带传动的传动形式

4)V 带规格和基本尺寸

特点:梯形截面,靠侧面传递动力,当量摩擦系数高,因而可以比平带传递更大的动力。

结构组成:顶胶、抗拉体、底胶和包布。

截面代号:Y、Z、A、B、C、D、E。

基本参数:节宽 b_p、基准宽度 b_d、基准直径 d_d、基准长度 L_d(指按带轮基准直径 d_d 计算的数值)等(图 1-4-8)。

型号组成:由截面代号和基准长度组成,如 A1600 表示 A 型 V 带,基准长度

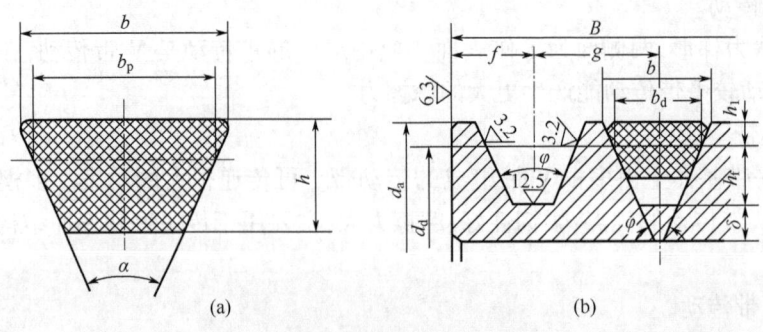

图 1-4-8 V 带的基本参数

为 1600mm。

5) V 带传动结构设计

常用材料:铸铁、铸钢、铝合金或工程塑料。其中,铸铁材料应用最广。

结构组成:属于典型盘类零件,由轮缘、轮毂和轮辐(或腹板)三部分组成。

结构形式:实体式、腹板式、孔板式和轮辐式(图1-4-9)。

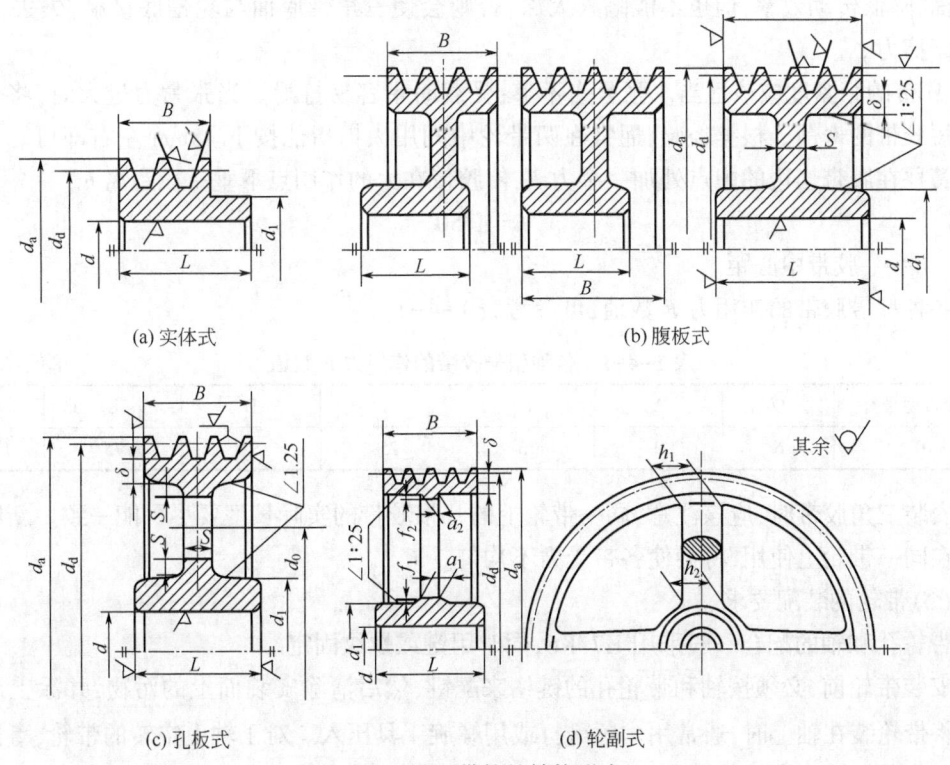

(a) 实体式　　(b) 腹板式

(c) 孔板式　　(d) 轮辐式

图 1-4-9　带轮的结构形式

带传动的张紧装置:定期张紧装置、自动张紧装置和利用张紧轮方式(图1-4-10)。

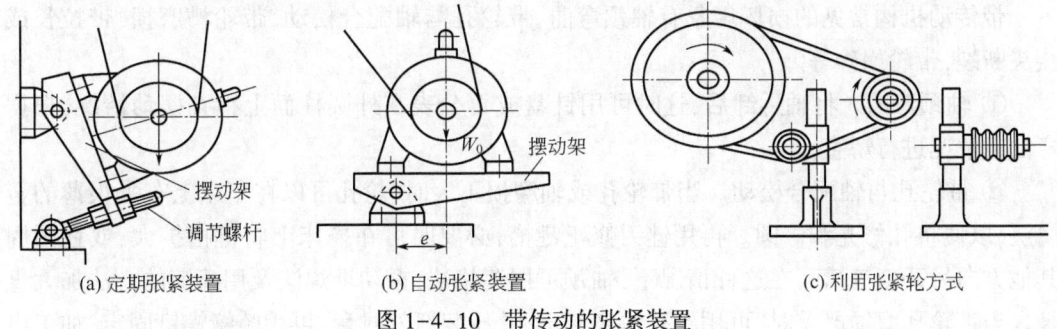

(a) 定期张紧装置　　(b) 自动张紧装置　　(c) 利用张紧轮方式

图 1-4-10　带传动的张紧装置

6) 带传动及其装修工艺

(1) 带传动机构的装配要求。

① 安装带轮时,两轮的中心线必须保持平行,同时应保证带轮在轴上没有歪斜和跳动,

J(GJ)AC013 带传动机构及其装修工艺

通常其径向跳动量为$(0.0025~0.0005)D$mm，端面跳动量为$(0.0005~0.0001)D$mm，D为带轮直径。

② 带轮的中间平面或两轮对应轮槽必须在同一平面内，其倾斜角应不超过1°。否则会使带脱落或带侧面早期磨损或扭转，并使轴承受到附加力作用。

③ V带断面在轮中应有正确的位置，即应略高出带轮的轮缘。如高出太多，则会减小接触面，降低传动效率，但也不能陷入太深，否则会使三角带底面与轮槽底接触，失去V带传动摩擦力。

④ 带的张紧度应该适当。张紧力不够，受载时带容易打滑。当张紧力过大时，将会大大缩短胶带的寿命。根据经验，通常在两带轮中间用大拇指能按下15mm左右即可。也可用弹簧秤在胶带切边的中点处加一个力F，使胶带在力的作用点下垂一段距离h。

$$h = A/50$$

式中　A——胶带中心距。

各种型号胶带的作用力F数值，可参考表1-4-1。

表1-4-1　各种型号胶带的作用力F数值　　　　　单位：N

胶带型号	O	A	B	C	D	E	F
F	6	9	15	25	52	75	125

安装三角胶带时，应该注意：同一带轮上的几根胶带的实际长度要尽可能一致。新旧胶带如在同一带轮上使用，将会使各带受力不均匀。

J(GJ)AC039 带传动机构的组装方法

(2) 带轮的装配要求。

带轮孔和轴的配合一般采用H7/K6，同时用键或螺纹固定。

安装带轮前，必须按轴和带轮孔的键槽来配键，然后清除安装面上的污物，并涂上润滑油。将带轮装在轴上时，通常用木锤敲打或用螺旋工具压入。对于轴上空转的带轮，事先将轴套或滚动轴承压在轮毂孔中，然后再装到轴上。带轮装在轴上后，可按前述装配要求进行检查，其径向和端面跳动一般可用针盘检查，要求较高时可用百分表检查。

(3) 带传动机构的修理。

带传动机构常见的损坏现象有轴颈弯曲、带轮孔与轴配合松动、带轮槽磨损、带拉长或接头断裂、带轮崩碎等。

① 轴颈弯曲。将轴拆卸后，这时可用针盘或百分表在外圆柱面上检查摆动情况，根据弯曲的情况进行矫直。

② 带轮孔与轴配合松动。当带轮孔或轴磨损不大时，轮孔可以在车床上车去很薄的金属层，以便将孔修光和修圆。再用锉刀修正键槽，必要时可在插床上将键槽扩大，或在圆周其他方向另开新键槽。在这种情况下，轴颈可用镀铬法、振动堆焊法及用喷镀的方法加大直径。当带轮孔磨损严重时，可用镗孔法来修理，并压装新的衬套，再用骑缝螺钉固定，加工出新的键槽。为了不使轮毂过于削弱，可按下列公式计算衬套外径。

$$D = 1.26d + 3 \qquad (1-4-3)$$

式中　D——衬套外径，mm；
　　　d——轴颈直径，mm。

③ 带轮槽磨损。可适当车深轮槽,然后再修整外缘。

④ 带拉长或接头断裂。带在正常范围内拉长,可通过调节装置来控制中心距,当带的拉长量超过正常的拉伸量,则必须更换。

⑤ 带轮崩碎。由于带轮孔与轴颈配合过松或紧定件失效,在受到交变载荷时有可能使带轮崩碎。在制造新带轮时,可用普通的游标卡尺来测绘旧轮。如图 1-4-11 所示,其计算式如下:

$$D = H + L^2/4H \tag{1-4-4}$$

式中　D——带轮的直径,mm;

　　　L——弓形弦长,mm;

　　　H——卡脚长度(弓形高度),mm。

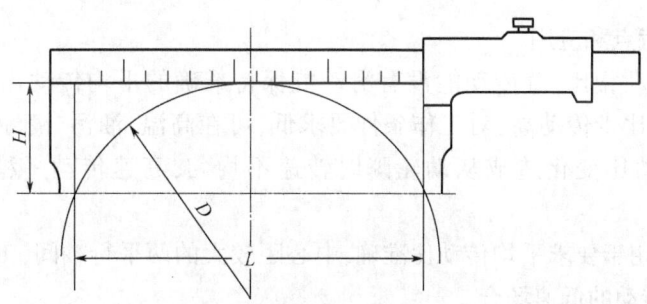

图 1-4-11　带轮弦长的测量

7) 使用与维护

(1) 安装时不能硬撬,两带轮轴线应在同一平面,避免带扭曲而使其侧面过早磨损。

(2) 带的根数较多时,其长度不能相差太大,以免受力不均。

(3) V 带在轮槽中的位置要正确,不能过高或过低。

(4) 安装防护罩。

(5) 不能新旧带混用(多根带时),以免载荷分布不匀。

(6) 带禁止与矿物油、酸、碱等介质接触,以免腐蚀带,不能曝晒。

(7) 定期张紧。

(8) 安装时两轮槽应对准,处于同一平面。

2. 链传动

链传动是通过链条将具有特殊齿形的主动链轮的运动和动力传递到具有特殊齿形的从动链轮的一种传动方式。

1) 链传动的结构和类型

(1) 结构:链传动是一种具有中间挠性件(链条)的啮合传动,主动链轮、从动链轮和中间挠性件(链条)组成,通过链条的链节与链轮上的轮齿相啮合传递运动和动力(图 1-4-12)。

(2) 类型:按工作特性分为起重链,牵引链,传动链;按传动链接形式分为滚子链和齿形链。

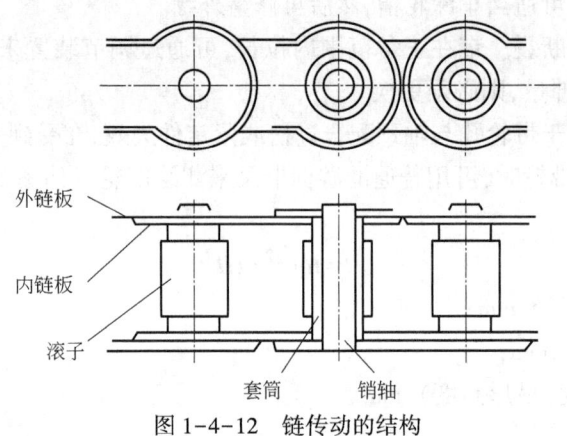

图 1-4-12 链传动的结构

2) 链传动的特点和应用

特点：与带传动相比，链传动能没有滑动能保持准确的平均传动比；张紧力小，故对轴的压力小；效率比带传动高；对工作条件要求低，可在高温、油污、潮湿等恶劣环境下工作。但其瞬时传动比变化造成从动轮瞬时转速不均匀，高速传动平稳性差，工作时有噪声。

应用：一般多用于要求平均传动比准确，中心距较大的两平行轴间，工作条件恶劣不宜用带传动和齿轮传动的低速场合。

链传动适用的一般范围为：传递功率 $P \leq 100kW$，中心距 $a \leq 5 \sim 6m$，传动比 $i \leq 6$，链速 $v \leq 15m/s$，传动效率为 $0.95 \sim 0.98$。

3) 滚子链的规格及传动比

滚子链标记：链号—排数×链节数标准号。例如：节距为 15.875mm，单排，86 节 A 系列滚子链其标记为：10A—1×86 GB1243.1—83。为了使链条的两端便于链接，链节数最好取双数。

滚子链的传动比：

$$i_{12} = \frac{n_1}{n_2} = \frac{z_1}{z_2} \tag{1-4-5}$$

式中　i——传动比；

　　　z_1——小链轮齿数；

　　　z_2——大链轮齿数；

　　　n_1——小链轮转速；

　　　n_2——大链轮转速。

4) 链传动的布置原则

(1) 两链轮轴线应平行，回转平面应在同一铅垂平面内。

(2) 两链轮中心连线最好是水平的。

(3) 一般情况下，紧边在上，松边在下。倾斜布置倾角要小于 45°。

(4) 若铅垂布置应可调中心距或加张紧装置。

5) 链传动的张紧

张紧方法：调整中心距张紧；链条磨损变长后从中去除 1—2 个链节；加张紧轮，一般紧压在松边靠近小链轮处(图1-4-13)。

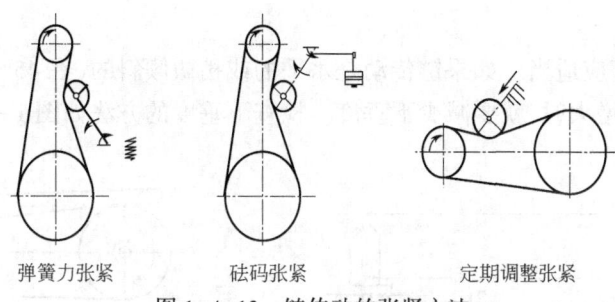

| 弹簧力张紧 | 砝码张紧 | 定期调整张紧 |

图1-4-13 链传动的张紧方法

6) 链传动的润滑

良好的润滑可缓和冲击、减轻磨损、延长链条的使用寿命。

润滑油推荐采用牌号为：L-AN32、L-AN46、L-AN68 全损耗系统用油。对于不便采用润滑油的场合，允许涂抹润滑脂，但应定期清洗与涂抹(图1-4-14)。

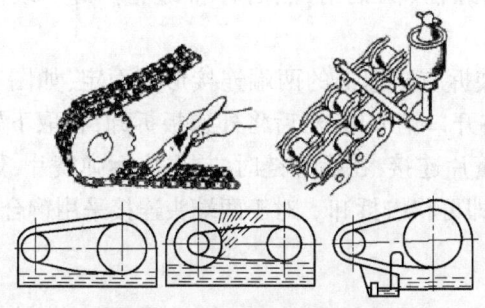

图1-4-14 链传动的润滑

7) 链传动的装配要求

(1) 链轮的两轴线必须平行。两轴线不平行将加剧链和链轮的磨损，降低传动平稳性和使噪声增加。两轴线的平行度可用量具检查，如图1-4-15所示，通过测量 A、B 两点尺寸来检查其误差。

(2) 链轮之间的轴向偏移必须在要求范围内。偏移量 a 根据中心距大小而定，一般当中心距小于 500mm 时允许偏移量为 1mm；当中心距大于 500mm 时，允许偏移量为 2mm。可用直尺法检查，在中心距较大时采用拉线法。

(3) 链轮在轴上固定之后，其跳动量必须符合要求，其允差见表1-4-2。

表1-4-2 链轮的允许跳动量　　　　　　　　　　单位：mm

链轮的直径	套筒滚子链的链轮跳动量	
	径向	端面
100 以下	0.25	0.3
100~200	0.5	0.5
200~300	0.75	0.8
300~400	1.0	1.0
400 以上	1.2	1.5

对于精确的链传动,链轮的径向跳动量要求小些。其跳动量可用划针盘或百分表进行检查。

(4)链的下垂度应适当。如果链传动是水平的或稍微倾斜的(在45°以内),可取下垂度 f 等于 $2\%L$;倾斜度增大时,就要减少下垂度。检查下垂度的方法如图1-4-16所示。

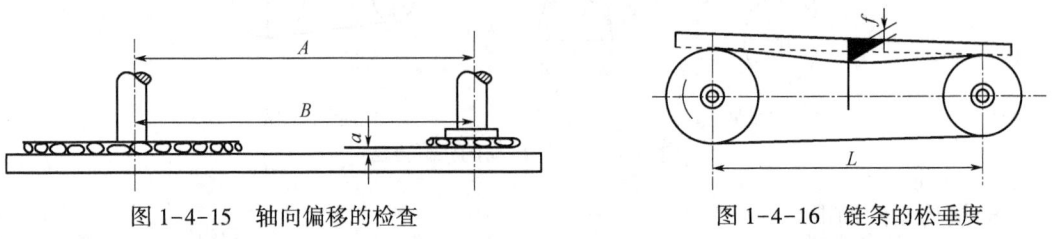

图1-4-15　轴向偏移的检查　　　　图1-4-16　链条的松垂度

8)链传动机构的装拆

J(GJ)AC040 链传动机构的组装方法

(1)链轮的装拆:链轮的装拆方法与带轮的装拆基本相同。在拆卸链轮时首先应将紧定件取下,如紧固螺栓、圆锥销,然后再将链轮拆卸。装配时按拆卸的相反步骤进行。

(2)链的装拆:链的装拆应根据链的两端连接形式而定,如图1-4-17(a)用开口销连接,在拆卸链时,可以先将开口销取出,然后将外连板拆卸,在取下轴销,即可将链拆卸。如图1-4-18(b)所示用弹簧片连接,在拆卸链时,首先应拆弹簧片,然后将外连板取下,再将两轴销组一起拆卸,这样即可将链拆卸。对于两端头连接采用铆合的方法,可用小于销轴的冲头即可。

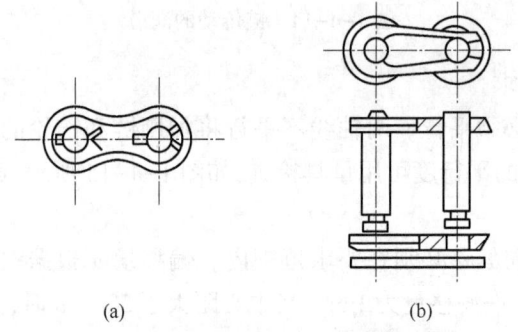

图1-4-17　套筒滚子链的接头形式

装配时可按拆卸的相反顺序进行。在装配弹簧卡片时,要注意弹簧卡片的开口端的方向与链的速度方向相反,以免运转中受到碰撞而脱落。

9)链传动机构的修理

链传动机构常见的损坏现象有:链使用后被拉长、链和链轮磨损、链环断裂等。

(1)链使用后被拉长:链条经过一段时间的使用,会被拉长而下垂,产生抖动和掉链现象,必须予以消除。如果链轮中心距可调节,应首先调节中心距,使链条拉紧;链轮中心距不可调的,可以采取装张紧轮,使链条拉紧。也可以卸掉一个(或几个)链节来达到拉紧的目的。

(2)链和链轮磨损:链传动中,链轮的牙齿逐渐磨损,节距增加,使链条磨损加快,当磨损严重时一般采用更换的方法。

(3)链环断裂:在链的传动中,发现个别链环断裂,则可采用更换个别链节的方法解决。

3. 齿轮传动

齿轮传动就是利用齿轮传递运动和动力的传动方式。齿轮传动是目前应用最广泛的一种运动形式,其主要优点是能保证准确的传动比、结构紧凑、承载能力大、寿命长、效率高、能够组成变速机构和换向机构。但齿轮传动制造和安装精度要求高、成本高,不宜用于中心距较大的场合。

> GAC020 齿轮传动的概念

1)齿轮传动的特点

齿轮传动由主动轮、从动轮和支承件组成。可以用来传递平行轴、任意两相交轴和任意两交错轴之间的运动和动力,传动比准确、平稳、机械效率高、使用寿命长,工作安全可靠。但制造成本较高,精度低时振动和噪声大,不宜用于轴间距离较大的传动。

> CAB009 齿轮传动的特点

2)齿轮传动的类型

齿轮传动主要类型如图1-4-18所示。文中主要介绍其中几种。

> CAB018 齿轮传动的常用类型

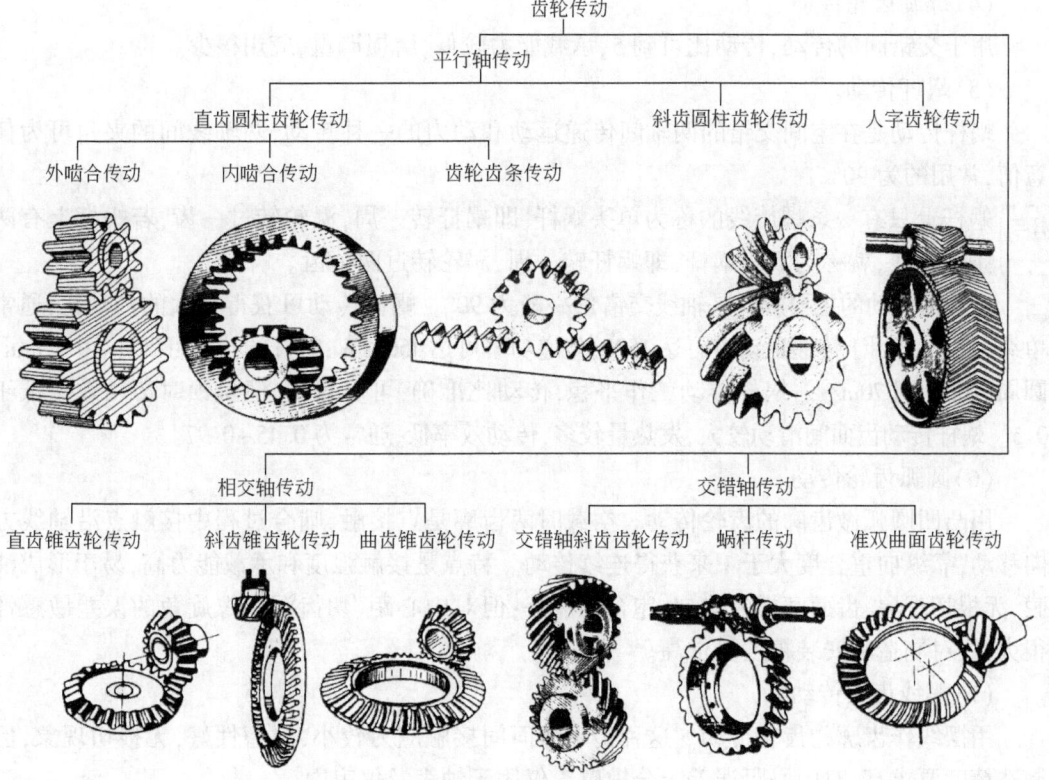

图1-4-18 齿轮传动的类型

> GAC021 蜗杆传动的概念

(1)圆柱齿轮传动。

用于平行轴间的传动,一般传动比单级可到8,最大20,两级可到45,最大60,三级可到

200,最大300。传递功率可到$10×10^4$kW,转速可到$10×10^4$r/min,圆周速度可到300m/s。单级效率为0.96~0.99。直齿轮传动适用于中速、低速传动。斜齿轮传动运转平稳,适用于中速、高速传动。人字齿轮传动适用于传递大功率和大转矩的传动。圆柱齿轮传动的啮合形式有3种:外啮合齿轮传动,由两个外齿轮相啮合,两轮的转向相反;内啮合齿轮传动,由一个内齿轮和一个小的外齿轮相啮合,两轮的转向相同;齿轮齿条传动,可将齿轮的转动变为齿条的直线移动,或者相反。

(2)锥齿轮传动。

用于相交轴间的传动。单级传动比可到6,最大到8,传动效率一般为0.94~0.98。直齿锥齿轮传动传递功率可到370kW,圆周速度5m/s。斜齿锥齿轮传动运转平稳,齿轮承载能力较强,但制造较难,应用较少。曲线齿锥齿轮传动运转平稳,传递功率可到3700kW,圆周速度可到40m/s以上。

(3)双曲面齿轮传动。

用于交错轴间的传动。单级传动比可到10,最大到100,传递功率可到750kW,传动效率一般为0.9~0.98,圆周速度可到30m/s。由于有轴线偏置距,可以避免小齿轮悬臂安装。广泛应用于汽车和拖拉机的传动中。

(4)螺旋齿轮传动。

用于交错间的传动,传动比可到5,承载能力较低,磨损严重,应用很少。

(5)蜗杆传动。

蜗杆传动是在空间交错的两轴间传递运动和动力的一种传动,两轴线间的夹角可为任意值,常用的为90°。

蜗杆上只有一条螺旋线的称为单头蜗杆,即蜗杆转一周,涡轮转过一齿,若蜗杆上有两条螺旋线,就称为双头蜗杆,即蜗杆转一周,涡轮转过两个齿。

> GACM22 蜗杆与蜗轮的关系

交错轴传动的主要形式是轴线交错角一般为90°。蜗杆传动可获得很大的传动比,通常单级为8~80,用于传递运动时可达1500;传递功率可达4500kW;蜗杆的转速可到$3×10^4$r/min;圆周速度可到70m/s。蜗杆传动工作平稳,传动比准确,可以自锁,但自锁时传动效率低于0.5。蜗杆传动齿面间滑动较大,发热量较多,传动效率低,通常为0.45~0.97。

(6)圆弧齿轮传动。

用凸凹圆弧做齿廓的齿轮传动。空载时两齿廓是点接触,啮合过程中接触点沿轴线方向移动,靠纵向重合度大于1来获得连续传动。特点是接触强度和承载能力高,易于形成油膜,无根切现象,齿面磨损较均匀,跑合性能好;但对中心距、切齿深和螺旋角的误差敏感性很大,故对制造和安装精度要求高。

(7)摆线齿轮传动。

用摆线作齿廓的齿轮传动。这种传动齿面间接触应力较小,耐磨性好,无根切现象,但制造精度要求高,对中心距误差十分敏感。仅用于钟表及仪表中。

(8)行星齿轮传动。

具有动轴线的齿轮传动。行星齿轮传动类型很多,不同类型的性能相差很大,根据工作条件合理地选择类型是非常重要的。常用的是由太阳轮、行星轮、内齿轮和行星架组成的普通行星传动,少齿差行星齿轮传动,摆线针轮传动和谐波传动等。行星齿轮传动一般是由平行轴齿轮组合而成,具有尺寸小、重量轻的特点,输入轴和输出轴可在同一直线上。其应用越来越广泛。

3) 齿轮传动的应用

(1) 传动比:

$$i_{12}=\frac{n_1}{n_2}=\frac{z_1}{z_2} \qquad (1-4-6)$$

> GAC017 齿轮传动的优点

(2) 应用特点。

优点:能保证瞬时传动比恒定,工作可靠性高,传递运动准确;传递功率和圆周速度范围较宽,传递效率可高达 5×10^4kW,圆周速度可以达到 300m/s;结构紧凑,可实现较大的传动比;传动效率高,使用寿命长,维护简便。

缺点:运转过程中有振动、冲击和噪声;齿轮安装要求较高;不能实现无级变速;不适用于中心距较大场合。

4) 齿轮传动及装修工艺

(1) 齿轮传动是目前应用最广泛的一种运动形式,其主要优点是能保证准确的传动比、结构紧凑、承载能力大、寿命长、效率高、能够组成变速机构和换向机构。但齿轮传动制造和安装精度要求高、成本高,不宜用于中心距较大的场合。

> CAB019 分度圆概念

(2) 齿轮分度圆直径的确定方法。圆柱齿轮的分度圆柱与端面的交线,成分度圆,分度圆直径是齿轮的基准直径。按 ISO 标准,统一称为分度圆直径。决定齿轮大小的两大要素是模数和齿数。齿轮的轮齿尺寸均以圆为基准而加以确定, $d=mz$。

> J(GJ)AC019 齿轮分度圆直径的确定方法

在齿轮整个圆周上,均匀分布的轮齿总数,称为齿数。在齿顶圆和齿根圆之间,规定一定直径为 d 的圆,作为计算齿轮各部分尺寸的基准,并把这个圆称为分度圆。其直径和半径分别用 d 和 r 表示,齿距除以圆周率 π 所得的商,称为模数,模数为端面模数。模数是决定齿大小的因素。齿轮模数被定义为模数制轮齿的一个基本参数与变位系数无关(图 1-4-19)。

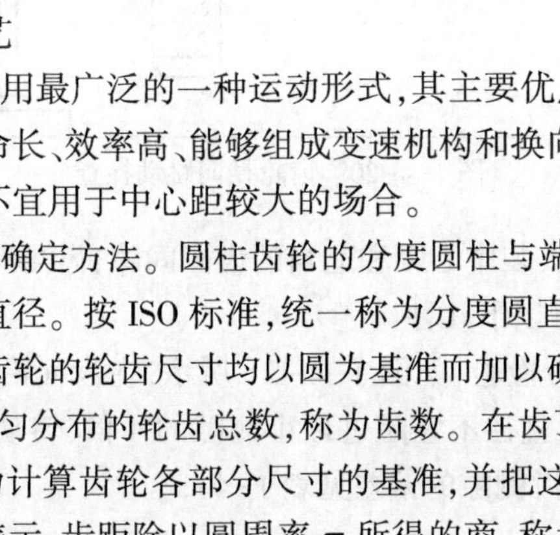

> CAB020 齿数概念

> CAB021 模数概念

图 1-4-19 齿轮示意图

> J(GJ)AC014 齿轮传动机构的组装工艺

(3) 齿轮传动机构的装配要求。

① 齿轮孔与轴配合要适当,不得有偏心或歪斜现象。因齿轮的端面摆动和径向摆动除加

工影响多半是由于轴和轮孔的配合而产生变形引起的,但也可能是由于轴端弯曲所致。齿轮摆动量的检验方法如图 1-4-20 所示。在测量齿轮径向摆动量时,应在齿间放入圆规柱,将百分表的触针抵在圆规柱上,从百分表上得出一个读数,然后转动齿轮,每隔 3~4 个轮齿又重复进行一次检查,百分表的最大读数与最小读数之差,就是齿轮分度圆上的径向跳动误差。在检查端面跳动时,将百分表的触针抵在齿轮的端面上,转动轴就可测出齿轮的跳动量。

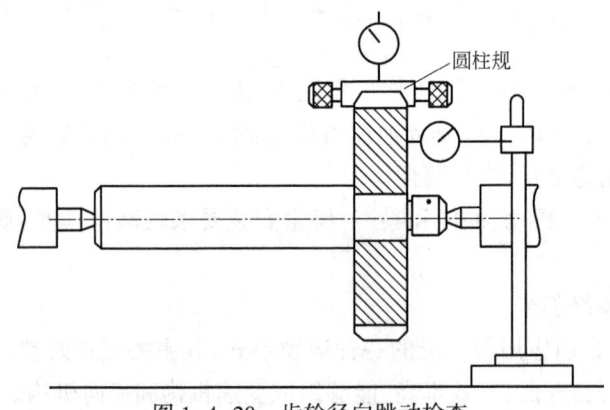

图 1-4-20　齿轮径向跳动检查

② 保证齿轮有准确的安装中心距和适当的齿测间隙,齿测间隙的偏差值见表 1-4-3。测量侧隙的方法通常有以下几种:

a. 用压铅丝(铅熔断丝)检验,如图 1-4-21 所示,在齿面沿齿宽两端平行放置两条铅丝,宽齿放置 3~4 条。铅丝直径不宜超过最小侧隙的 4 倍,转动齿轮测量铅丝挤压后最薄处的尺寸,即为侧隙。保证齿侧隙的偏差见表 1-4-3。

表 1-4-3　齿测隙偏差表

偏差名称	结合形式（代号）	中心距,mm										
		在 50 以下	超过 50~80	超过 80~120	超过 120~200	超过 200~320	超过 320~500	超过 500~800	超过 800~1250	超过 1250~2000	超过 2000~3150	超过 3150~5000
齿侧间隙 μm	D	0	0	0	0	0	0	0	0	0	0	0
	D_b	42	52	65	85	105	130	170	210	260	360	420
	D_c	85	105	130	170	210	260	340	420	530	710	850
	D_e	170	210	260	340	420	530	670	850	1060	1400	1700

b. 用百分表检验,如图 1-4-22(a)所示,将百分表测头与齿轮的齿面接触,另一齿轮固定。将百分表测头的齿轮从一侧啮合转到另一侧啮合,百分表上的读数差值,即为侧隙。如对于小模数齿轮,在测量时可以将一个齿轮固定,在另一侧齿轮上装上夹紧杆 1[图 1-4-22(b)],由于侧隙的存在,装有夹紧杆的齿轮便可摆动一定角度,从而推动百分表 2 的测头,得到表针摆动的读数 C,根据分度圆半径 R,指针长度 L,即可按下列公式求得齿侧隙 C_n 的值:

$$C_n = CR/L$$

c. 保证齿面有一定的接触面积和正确的接触部位。接触部位与接触面积是互相联系的,接触部位正确与否也反映了两啮合齿轮的相互位置的误差。下面以直齿、圆锥齿、蜗杆蜗轮的传动为例,分别用涂色法检查后出现的斑点情况加以分析。

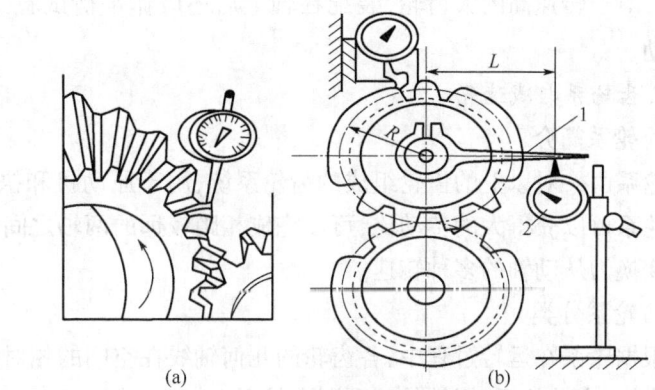

图 1-4-21　压铅丝检查侧隙　　　　图 1-4-22　检查轮齿啮合中的侧隙
1—夹紧杆;2—百分表

如图 1-4-23 所示为直齿圆柱齿轮用涂色法检查出的斑点情况。(a)正确的;(b)中心距太大;(c)中心距太小;(d)中心线歪斜。

如图 1-4-24 所示为圆锥齿轮用涂色法检查斑点的情况。(a)正常啮合;(b)侧隙不足;(c)夹角过小;(d)夹角过小。

如图 1-4-25 所示,为蜗杆蜗轮用涂色法检查斑点的情况。(a)、(b)蜗轮中性面有偏移;(c)位置正确。

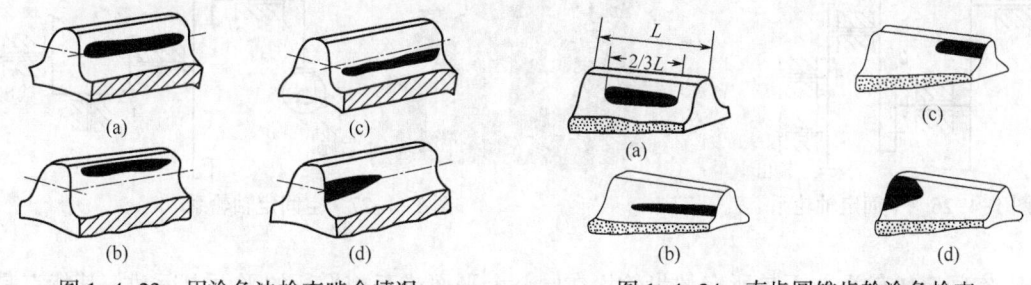

图 1-4-23　用涂色法检查啮合情况　　　　图 1-4-24　直齿圆锥齿轮涂色检查

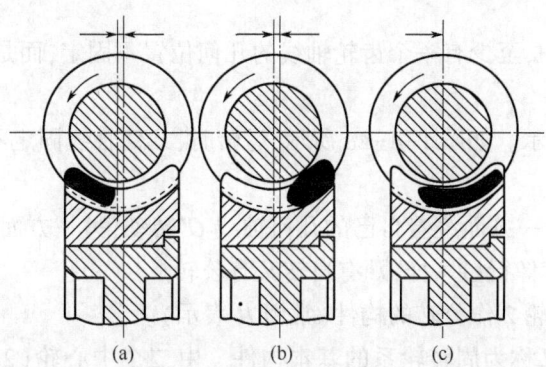

图 1-4-25　用涂色法检查蜗轮中性平面的正确性

d. 对于滑动齿轮的轴向位移应无阻滞和啃住现象。齿轮的错位量不得超过规定值。

e. 对于转速高的大齿轮,装配在轴上后还应作平衡试验,以避免转速升高时产生过大的震动。

4. 齿轮系与减速箱

1) 轮系简介

轮系由一对以上的齿轮组成的齿轮系统,用于原动机和执行机构之间的运动和动力传递。轮系可以获得大的传动比,可以完成相距较远的两轴之间的传动,可以将主动轴的一种转速变换为从动轴的多种转速。

2) 轮系分类

根据轮系在运转过程中,各齿轮的几何轴线在空间的相对位置是否变化,可以将轮系分为三大类:定轴轮系、周转轮系和混合轮系。

(1) 定轴轮系。

轮系运转过程中,所有齿轮轴线的几何位置都相对机架固定不动,又分为平面定轴轮系(图 1-4-26)和空间定轴轮系(图 1-4-27)。

平面定轴轮系的各齿轮在同一个平面或互相平行的平面内运动,其特点是由圆柱齿轮组成,各齿轮轴线平行。

图 1-4-26 平面定轴轮系　　　　图 1-4-27 空间定轴轮系

空间定轴轮系并不是所有的齿轮均在同一个平面或互相平行的平面内运动。其特点是其中至少包含一对蜗轮蜗杆或圆锥齿轮。

(2) 周转轮系。

轮系在运转过程中,至少有一个齿轮轴线的几何位置不固定,而是绕着其他定轴齿轮的轴线回转。

中心轮:常用 K 表示。如图 1-4-28 所示,运转时,几何轴线固定不动的齿轮,如齿轮 1、齿轮 3。

行星轮:如齿轮 2,一方面绕着自己的几何轴线 O' 转动,另一方面又随构件 H 一起绕固定轴线 $O—O$ 转动。就像行星一样,既有自转又有公转。

行星架:支持行星轮 2 作公转的构件(常用 H 表示)。

中心轮和行星架又称为周转轮系的基本构件。由二个中心轮($2K$)和一个行星架(H)组成的周转轮系称为 $2K—H$ 型。

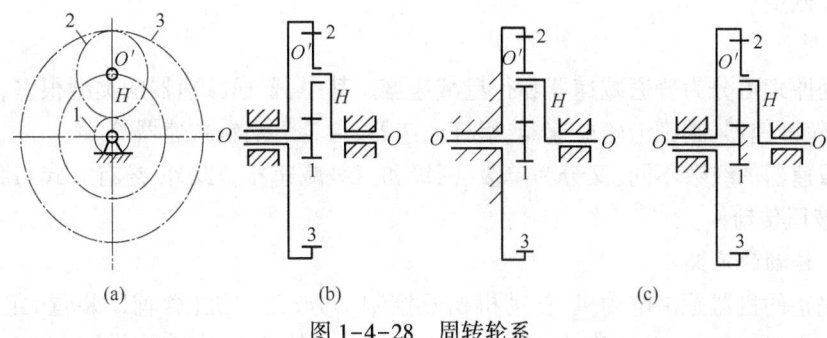

图 1-4-28 周转轮系

在周转轮系中,若中心轮之一是固定不动的,称为行星轮系,如图 1-4-31(b)、(c)所示,它只需一个原动件就可使机构运动确定。

若中心轮都在转动,则称为差动轮系,如图 1-4-31(a)表示,它需要两个原动件才能使轮系运动确定。

(3)混合轮系。

轮系中既包含定轴轮系又包含周转轮系,或由几个周转轮系组成(图 1-4-29)。

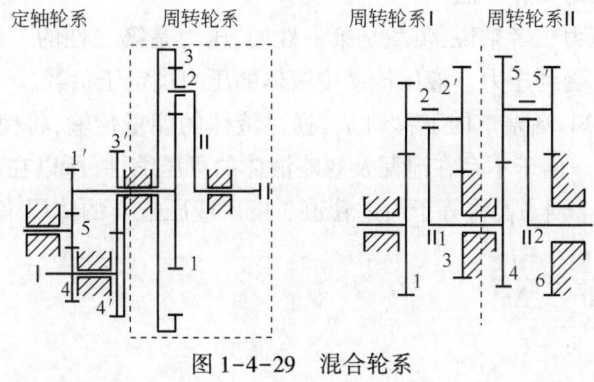

图 1-4-29 混合轮系

3)轮系的应用特点

(1)可获得很大的传动比;(2)可做较远距离的传动;(3)可以方便地实现变速和变向要求;(4)可以实现运动的合成与分解。

4)普通减速器的类型和特点

减速器又称减速机或减速箱,是一台独立的传动装置。它由密闭的箱体、相互啮合的一对或几对齿轮(或蜗轮蜗杆)、传动轴及轴承等所组成。常安装在电动机(或其他原动机)与工作机之间,起降低转速和相应增大转矩的作用。在某些情况下,也用来增速,这时则称为增速器。

(1)特点。

结构紧凑,传递功率范围大,工作可靠,寿命长,效率较高,使用和维护简单。

(2)应用。

减速器应用非常广泛。它的主要参数已经标准化,并由专门工厂进行生产。一般情况下,按工作要求,根据传动比、输入轴功率和转速、载荷工况等,可选用标准减速器;必要时也可自行设计制造。

(3)分类。

按传动原理可分为普通减速器和行星减速器。其中,普通减速器的类型很多,一般可分为:圆柱齿轮减速器、圆锥齿轮减速器、蜗杆减速器、齿轮—蜗轮减速器等。

按照减速器的级数不同,又分为单级、两级和三级减速器。此外,还有立式与卧式之分。

(五)液压传动

1. 液压传动的定义

一部完整的机器是由电动机、传动机构及控制部分、工作机(含辅助装置)组成。传动机构通常分为机械传动、电气传动和流体传动机构。流体传动是以流体为工作介质进行能量转换、传递和控制的传动。它包括液压传动、液力传动和气压传动。

液压传动和液力传动均是以液体作为工作介质来进行能量传递的传动方式。液压传动主要是利用液体的压力能来传递能量;液力传动则主要是利用液体的动能来传递能量。液压传动是以液体为工作介质,通过驱动装置将电动机的机械能转换为液压的压力能,然后通过管道、液压控制及调节装置等,借助执行装置,将液体的压力能转换为机械能,驱动负载实现直线或回转运动。

> CAB010 液压传动的特点

2. 液压传动系统的工作特点

就负载和液体压力二者来说,负载是第一性的,压力是第二性的。即有了负载,并且有作用力 F_1 后,液体才受到压力。液压传动中液体的压力决定于负载。

由图 1-4-30 可知:活塞 1 向下移动 h_1,通过液体的能量传输,将使活塞 5 上升一段距离 h_2,很显然 $h_1 \neq h_2$。由于不存在泄漏及忽略液体的可压缩性,所以在 Δt 时间里从液压缸 2 中挤出的液体体积 $V_1 = A_1 h_1$,将等于通过管道 3 挤入液压缸 4 的体积 $V_2 = A_2 h_2$。即:$A_1 h_1 = A_2 h_2$,两边同除:则 $\dfrac{A_1 h_1}{\Delta t} = \dfrac{A_2 h_2}{\Delta t}$。

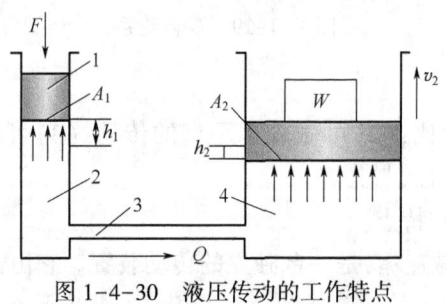

图 1-4-30 液压传动的工作特点

单位时间内从液压缸 2 中排出的液体体积或挤入液压缸 4 的体积称为流量 Q(Flow)。那么,上式 $\left(\dfrac{A_1 h_1}{\Delta t} = \dfrac{A_2 h_2}{\Delta t}\right)$ 实质上就是说排出液压缸 2 的流量等于挤入液压缸 4 的流量。

由上式可得负载的运动速度 $v = \dfrac{Q}{A_2}$。

则:活塞 5 的运动速度只取决于液压缸 4 的流量。即:在液压系统中执行机构的速度只取决于流量。

3. 液压系统的图形符号

液压元件种类很多,每一类元件又可以有不同的结构。液压系统结构原理图图形复杂,绘制困难。为了简化液压系统图的绘制,以规定的各种符号表示各种职能元件,将各元件的符号用通路连接起来构成液压系统原理图。有关液压系统符号可查阅国家标准。

4. 液压系统的组成

从工作台液压系统的工作过程可以看出,一个完整的、能够正常工作的液压系统,应该由以下五个主要部分来组成(图 1-4-31)

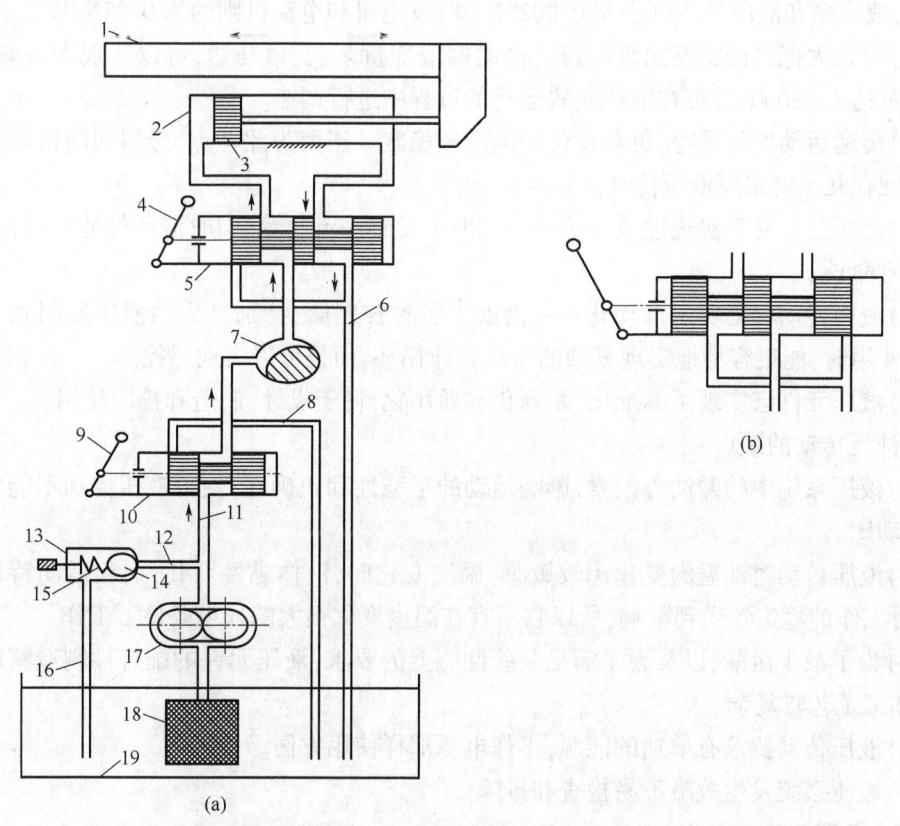

图 1-4-31 工作台液压系统工作原理图

1—工作台;2—液压缸;3—活塞;4—换向手柄;5—换向阀;6,8,16—回油管;7—节流阀;9—开停手柄;10—开停阀;11—压力管;12—压力支管;13—溢流阀;14—钢球;15—弹簧;17—液压泵;18—滤油器;19—油箱

能源装置:它是供给液压系统压力油,把机械能转换成液压能的装置。最常见的形式是液压泵。

执行装置:它是把液压能转换成机械能的装置。其形式有做直线运动的液压缸,有做回转运动的液压马达,它们又称为液压系统的执行元件。

控制调节装置:它是对系统中的压力、流量或流动方向进行控制或调节的装置,如溢流阀、节流阀、换向阀、开停阀等。

辅助装置:上述三部分之外的其他装置,例如油箱,滤油器,油管等。它们对保证系统正常工作是必不可少的。

工作介质:传递能量的流体,即液压油等。

5. 液压传动的优缺点

1) 液压传动的优点

(1) 由于液压传动是油管连接,所以借助油管的连接可以方便灵活地布置传动机构,这是比机械传动优越的地方。

(2) 液压传动装置的重量轻、结构紧凑、惯性小。例如,相同功率液压马达的体积为电动机的12%～13%。液压泵和液压马达单位功率的重量指标,目前是发电机和电动机的十分之一,液压泵和液压马达可小至0.0025N/W,发电机和电动机则约为0.03N/W。

(3) 可在大范围内实现无级调速。借助阀或变量泵、变量马达,可以实现无级调速,调速范围可达1:2000,并可在液压装置运行的过程中进行调速。

(4) 传递运动均匀平稳,负载变化时速度较稳定。正因为此特点,金属切削机床中的磨床传动现在几乎都采用液压传动。

(5) 液压装置易于实现过载保护——借助于设置溢流阀等,同时液压件能自行润滑,因此使用寿命长。

(6) 液压传动容易实现自动化——借助于各种控制阀,特别是采用液压控制和电气控制结合使用时,能很容易地实现复杂的自动工作循环,而且可以实现遥控。

(7) 液压元件已实现了标准化、系列化和通用化,便于设计、制造和推广使用。

2) 液压传动的缺点

(1) 液压系统中的漏油等因素,影响运动的平稳性和正确性,使得液压传动不能保证严格的传动比。

(2) 液压传动对油温的变化比较敏感,温度变化时,液体黏性变化,引起运动特性的变化,使得工作的稳定性受到影响,所以它不宜在温度变化很大的环境条件下工作。

(3) 为了减少泄漏,以及为了满足某些性能上的要求,液压元件的配合件制造精度要求较高,加工工艺较复杂。

(4) 液压传动要求有单独的能源,不像电源那样使用方便。

(5) 液压系统发生故障不易检查和排除。

(六) 气压传动

1. 气压传动的组成及工作原理

气压传动是以压缩空气为工作介质进行能量传递和信号传递的一门技术。气压传动的工作原理是利用空压机把电动机或其他原动机输出的机械能转换为空气的压力能,然后在控制元件的作用下,通过执行元件把压力能转换为直线运动或回转运动形式的机械能,从而完成各种动作,并对外做功。气压传动系统由四部分组成:

(1) 气源装置:获得压缩空气的装置。其主体部分是空气压缩机,它将电动机供给的机械能转变为气体的压力能。

(2) 控制元件:用来控制压缩空气的压力、流量和流动方向的,以便使执行机构完成预定的工作循环。它包括各种压力控制阀、流量控制阀和方向控制阀等。

(3) 执行元件:是将气体的压力能转换成机械能的一种能量转换装置,包括气缸、气马达、摆动马达;

(4)辅助元件:是保证压缩空气的净化、元件的润滑、元件间的连接及消声等所必需的,它包括过滤器、油雾气、管接头及消声器等。

2. 气压传动的优缺点

1)气压传动的优点

气动技术在提高生产效率、自动化程度、产品质量、工作可靠性和实现特殊工艺等方面显示出极大的优越性。这主要是因为气压传动与机械、电气、液压传动相比有以下优点:

(1)工作介质是空气,取之不尽、用之不竭。气体不易堵塞流动通道,用过后可将其随时排入大气中,不污染环境。

(2)空气的特性受温度影响小。在高温下能可靠地工作,不会发生燃烧或爆炸。且温度变化时,对空气的黏度影响极小,故不会影响传动性能。

(3)空气的黏度很小(约为液压油的万分之一),所以流动阻力小,在管道中流动的压力损失较小,所以便于集中供应和远距离输送。

(4)相对液压传动而言,气动动作迅速、反应快,一般只需0.02~0.3s就可达到工作压力和速度。液压油在管路中流动速度一般为1~5m/s,而气体的流速最小也大于10m/s,有时甚至达到音速,排气时还达到超音速。

(5)气体压力具有较强的自保持能力,即使压缩机停机,关闭气阀,但装置中仍然可以维持一个稳定的压力。液压系统要保持压力,一般需要能源泵继续工作或另加蓄能器,而气体通过自身的膨胀性来维持承载缸的压力不变。

(6)气动元件可靠性高、寿命长。电气元件可运行百万次,而气动元件可运行2000~4000万次。

(7)工作环境适应性好,特别在易燃、易爆、多尘埃、强磁、辐射、振动等恶劣环境中,比液压、电子、电气传动和控制优越。

(8)气动装置结构简单、成本低、维护方便、过载能自动保护。

2)气压传动的缺点

(1)因空气的可压缩性较大,气动装置的动作稳定性较差。

(2)气动装置工作压力低,输出力或力矩受到限制。在结构尺寸相同的情况下,气压传动装置比液压传动装置输出的力要小得多。

(3)气动装置中的信号传动速度比光、电控制速度慢,所以不宜于信号传递速度要求十分高的复杂线路中。同时实现生产过程的遥控也比较困难,但对一般的机械设备,气动信号的传递速度是能满足工作要求的。

(4)噪声较大,尤其是在超音速排气时要加消声器。

二、三视图与投影作图

(一)认识投影

物体被日光或灯光照射后,在地面或墙面上留下影子。影子的形状与物体存在着一一对应关系,人们把这种利用光—物体—影子的原理形成物体的图像称为物体的投影。

1. 中心投影法

投射线发自一个中心点 S。这种投射线来自一点的投影法,称为中心投影法。其特点是不能反映物体的真实大小(图1-4-32)。

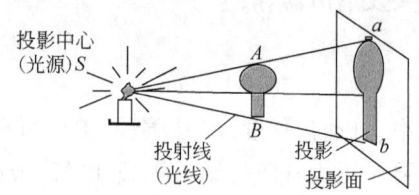

图1-4-32 中心投影法

2. 正投影法

当平行的太阳光线垂直投影面时,物体在该投影面上的投影就能反映某一面的真实形状。这种投射线与投影面垂直的投影法为正投影法,所得到的图形称为正投影,简称为投影,其特点是能反映物体的真实大小[图1-4-33(a)]。

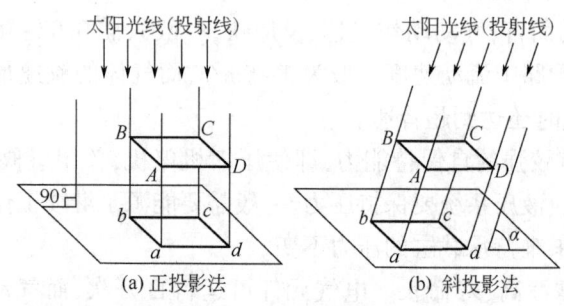

图1-4-33 正投影法

投射线与投影面相倾斜,所得到的图形称为斜投影,该投影法称为斜投影法[图1-4-33(b)]。

(二)三视图的形成

1. 三投影面体系的建立

三投影面体系由三个相互垂直的投影面所组成,三个投影面分别为:

正立投影面,简称正面,用 V 表示;

水平投影面,简称水平面,用 H 表示;

侧立投影面,简称侧面,用 W 表示。

相互垂直的投影面之间的交线,称为投影轴,它们分别是:

OX 轴(简称 X 轴),是 V 面与 H 面的交线,代表长度方向;

OY 轴(简称 Y 轴),是 H 面与 W 面的交线,代表宽度方向;

OZ 轴(简称 Z 轴),是 V 面与 W 面的交线,代表高度方向。

三根投影轴相互垂直,其交点 O 称为原点。物体在三投影面体系中的投影、三投影面的展开(图1-4-34)。

2. 三视图之间的对应关系

1) 三视图之间的投影规律

主、俯视图:长对正(等长);

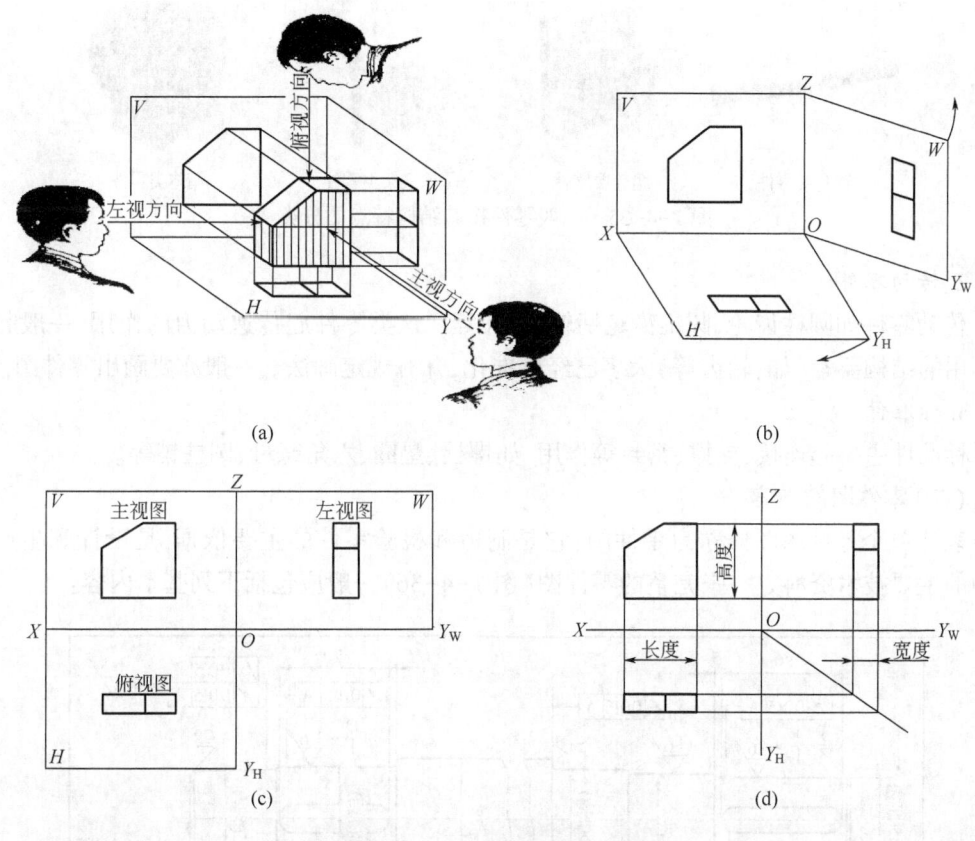

图 1-4-34 三视图的形成过程

主、左视图:高平齐(等高);
俯、左视图:宽相等(等宽)。

2)三视图与物体的方位关系

物体有左、右、前、后、上、下六个方位,即物体的长度、宽度和高度。从三视图中可以看出,每个视图只能反映物体两个方向的位置关系,即:

主视图:反映物体的左、右和上、下;
俯视图:反映物体的左、右和前、后;
左视图:反映物体的上、下和前、后。

三、绘制零件图

(一)零件的分类

根据零件在机器或部件上的作用,一般可将零件分为三种:

1. 一般零件

此类零件的结构、形状常根据它在部件中的功能、制造工艺的要求及和相邻零件的关系决定。一般零件按其结构特点可分为:轴套类零件、盘盖类零件、叉架类零件、箱体类零件等(图 1-4-35)。

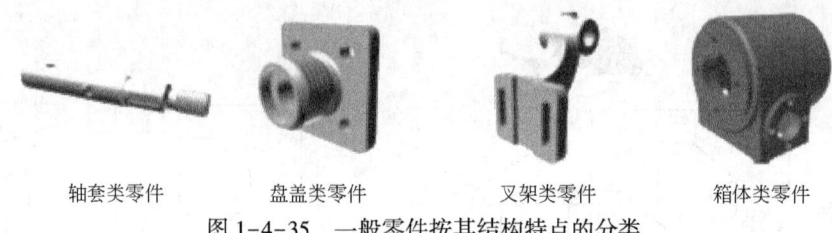

轴套类零件　　　盘盖类零件　　　叉架类零件　　　箱体类零件

图 1-4-35　一般零件按其结构特点的分类

JAC029 零件的分类

2. 传动零件

传动零件如圆柱齿轮、圆锥齿轮蜗轮、蜗杆等。这类零件起传递动力的作用,一般起传动作用的结构要素(如:轮齿等)大多已经标准化,并有规定画法。一般亦要画出零件图。

3. 标准件

标准件主要起连接、支撑、密封等作用,如螺栓、垫圈、六角螺母、圆柱销等。

J(GJ)AC030 零件图的内容

(二) 零件图的内容

表达单个零件的图样称为零件图,它是制造和检验零件的主要依据,是设计和生产过程中的主要技术资料。一张完整的零件图(图 1-4-36)一般应包括下列基本内容:

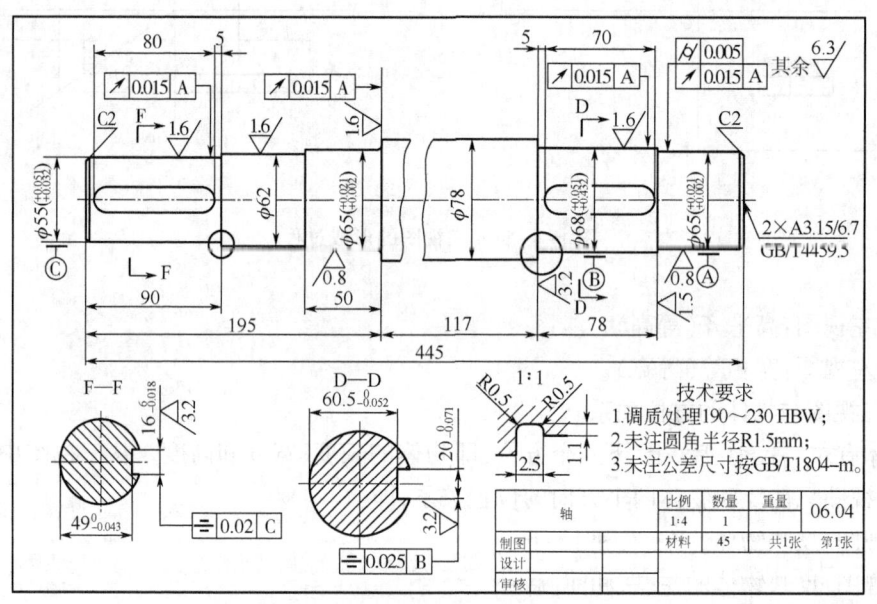

图 1-4-36　轴的零件图

1. 一组图形

用视图、剖视、断面及其他规定画法来正确、完整、清晰地表达零件的各部分形状和结构。

2. 尺寸

正确、完整、清晰、合理地标注零件的全部尺寸。

3. 技术要求

用符号或文字来说明零件在制造、检验等过程中应达到的一些技术要求,如表面粗糙度、尺寸公差、形状和位置公差、热处理要求等。技术要求的文字一般注写在标题栏上方图纸空白处。

4. 标题栏

标题栏位于图纸的右下角，应填写零件的名称、材料、数量、图的比例以及设计、描图、审核人的签字、日期等各项内容。

5. 绘制零件图的要素

主、俯视图——长对正（等长）；

主、左视图——高平齐（等高）；

俯、左视图——宽相等（等宽）。

> ZAB010 机械制图的要素

> J(GJ)AC031 零件图的视图选择

（三）零件图的视图选择

为了正确、完整、清晰地表达零件的内外形状和结构，又便于读图和绘图，就要恰当地选用视图、剖视、断面和其他各种表达方法。

1. 主视图的选择原则

主视图是表达零件的关键视图，选择得合理与否，不但直接关系到零件结构形状表达得清楚与否，而且关系到其他视图数量和位置的确定，影响到看图和画图是否方便。为此，在选择主视图时，应首先确定零件的安放位置，再确定投射方向。

一般原则是：回转体类零件，其安放位置应选加工位置；叉架、箱体类等零件，因加工工序较多，加工位置多变，故零件的安放位置应选工作位置；倾斜安装的零件，为便于画图，应选将零件放正的位置。

1）工作位置

工作位置是零件在机器（部件）上所处的位置。主视图所反映的零件位置与工作位置一致，能较容易地想象零件的工作状况，便于阅读。

2）加工位置

加工位置是零件加工时在机床上的装夹位置。对于回转类零件其加工的主要工序在车床和磨床上进行，故这类零件的主视图，一般都将其轴线放成水平位置绘制，以便于操作者在加工时图物直接对照。

3）便于画图的位置

对某些位置倾斜的零件或运动零件，为方便画图，可选使其主体放正的位置作为主视图位置。

4）确定零件的投射方向

应选择最能反映零件结构形状特征及各组成形体之间相互关系的方向作为主视图的投射方向。

> J(GJ)AC015 零件主视图的表达方式

2. 其他视图的选择原则

其他视图的选择视零件的复杂程度而定。应注意使每个视图都有其表达的重点内容，并应灵活采用各种表达方法。在满足正确、完整、清晰地表达零件的前提下，视图数量越少越好，表达方法越简单越好。在确定视图表达方案时，应着重考虑以下三个方面的问题：

1）主要形体和局部结构

一般情况下，主要形体由基本视图表达，局部结构若不能同时被基本视图表达，则可选择辅助图形。

2）内部结构和外部结构

一般来说，内部较复杂，外形较简单的形体可采用全剖视图；内、外结构开头均需表达时，可用半剖视图或局部剖视图；若要表达的结构其投影重叠时，则可在同一方向上用几个图形（视图、剖视或断面）分别表达不同层次的结构。

3）集中表达与分散表达

一个视图应尽可能多地表达形体的结构，但应避免在同一视图上过多地采用局部剖视图，致使图形支离破碎，反而影响看图。若有必要较多地使用局部剖视图时，也应将其分散各个视图中去。

（四）零件图的尺寸标注

零件图上的尺寸是零件加工、校验的依据。在零件图中标注尺寸除应达到正确、完整、清晰外，还应做到合理，使所住尺寸既要保证设计要求，又要符合加工、测量、检验等工艺要求。

> J(GJ)AC016 零件图尺寸的标注要求

1. 尺寸基准

1）设计基准

根据零件的结构特点和设计要求而选定的基准。

2）工艺基准

它是零件在加工、测量、安装时所选定的基准。标注尺寸时，尽量把设计基准和工艺基准统一起来，既能满足设计要求，又能满足工艺要求。

3）常用的基准面与基准线

常用的基准线：零件的对称中心线、回转体的轴线等。

常用的基准面：重要的支承面、端面、安装面、装配结合面、零件的对称平面。

零件图上三个坐标方向上各有一个主要基准和多个辅助基准。

> J(GJ)AC032 零件图的尺寸标注原则

2. 合理标注尺寸的原则

（1）影响零件工作性能、精度、互换性及装配关系的重要尺寸应直接标注。

（2）零件上不重要尺寸，可作为尺寸链中的开口环，不注尺寸，不能闭合。必须参考时可注尺寸，但应用括号"（ ）"括起来。

（3）标注尺寸要考虑制造工艺，按加工顺序标准尺寸，便于看图和加工；考虑加工方法，使所标注的尺寸适合加工方法的要求；考虑测量方便；一般情况下，零件应用总体尺寸（总长、总宽、总高）；对于铸件或冲压件等，加工面与不加工面之间应有一个联系尺寸，其余不加工面间应直接标注尺寸。

（五）零件图上的技术要求

现代化的机械工业，要求机械零件具有互换性，这就必须合理地保证零件的表面粗糙度、尺寸精度以及形状和位置精度。零件图上除了表达该零件形状的图形和表示其大小的尺寸外，还必须标注和说明制造零件时应达到的一些技术要求。它包括以下一些内容：零件的表面粗糙度；零件上重要尺寸的公差及零件的形状和位置公差；零件材料的热处理及表面处理；零件特殊加工要求及检验和试验的说明等。

1. 零件的表面粗糙度

1) 表面粗糙度的概念

零件的各个表面无论加工得多么光滑,置于显微镜下观察,都可以看到峰谷不平的情况。加工表面上具有较小间距的峰谷所组成的微观几何形状特征称为表面粗糙度。它的形成是由于零件在加工过程中,机床、刀具的振动、材料被切削时产生的塑性变形及刀痕等因素造成的。

2) 表面粗糙度符号及其参数值的标注方法

(1) 表面粗糙度符号。

表面粗糙度的符号及其意义见表 1-4-4。

表 1-4-4 表面粗糙度的符号及其意义

符号	意义	符号尺寸
∨	基本符号,单独使用这符号是没有意义的	
∇	基本符号上加一短划,表示是用去除材料的方法获得表面粗糙度。例如:车、铣、钻、磨、剪切、抛光腐蚀、电火花加工等	
∨○	基本符号上加一小圆,表示表面粗糙度是不用去除材料的方法获得。例如:锻、铸、冲压、变形、热轧、冷轧、粉末冶金或是用于保持原供应状态的表面	

(2) 表面粗糙度 Ra 值的标注。

表面粗糙度参数值 Ra 的标注见表 1-4-5。

表 1-4-5 表面粗糙度参数值 Ra 的标注

符号	意义
3.2∨	表示用任何方法获得的表面,Ra 的最大允许值为 3.2μm
3.2∇	表示用去除材料方法获得的表面,Ra 的最大允许值为 3.2μm
3.2∨○	表示用不去除材料的方法获得的表面,Ra 的最大允许值为 3.2μm

(3) 表面粗糙度代[符]号在图样上的标注方法:

① 表面粗糙度代[符]号应注在可见轮廓线、尺寸线、尺寸界线或其延长线上,如图 1-4-37(a) 所示,符号的尖端必须从材料外指向表面。

② 表面粗糙度符号及数字的注写方向按图 1-4-37(b) 标注。

③ 在统一图样上,每一表面一般只标注一次代[符]号,并尽可能靠近有关的尺寸线,如图 1-4-37(a) 所示。当地方狭小或不便标注时(在铅垂方向逆时针 30°范围内),代[符]号可以引出标注,如图 1-4-37(b) 所示。

④ 当零件所有表面具有相同的表面粗糙度时,其代[符]号可在图样的右上角统一标注,如图 1-4-37(c)所示。

⑤ 当零件的大部分表面具有相同的表面粗糙度要求时,对其中使用最多的一种代[符]号可以统一标注在图样的右上角,并加注"其余"两字,如图 1-4-37(d)所示。凡在图样右上角统一标注的表面粗糙度代[符]号和文字说明均应比图形上所注的代[符]号和文字大 1.4 倍。

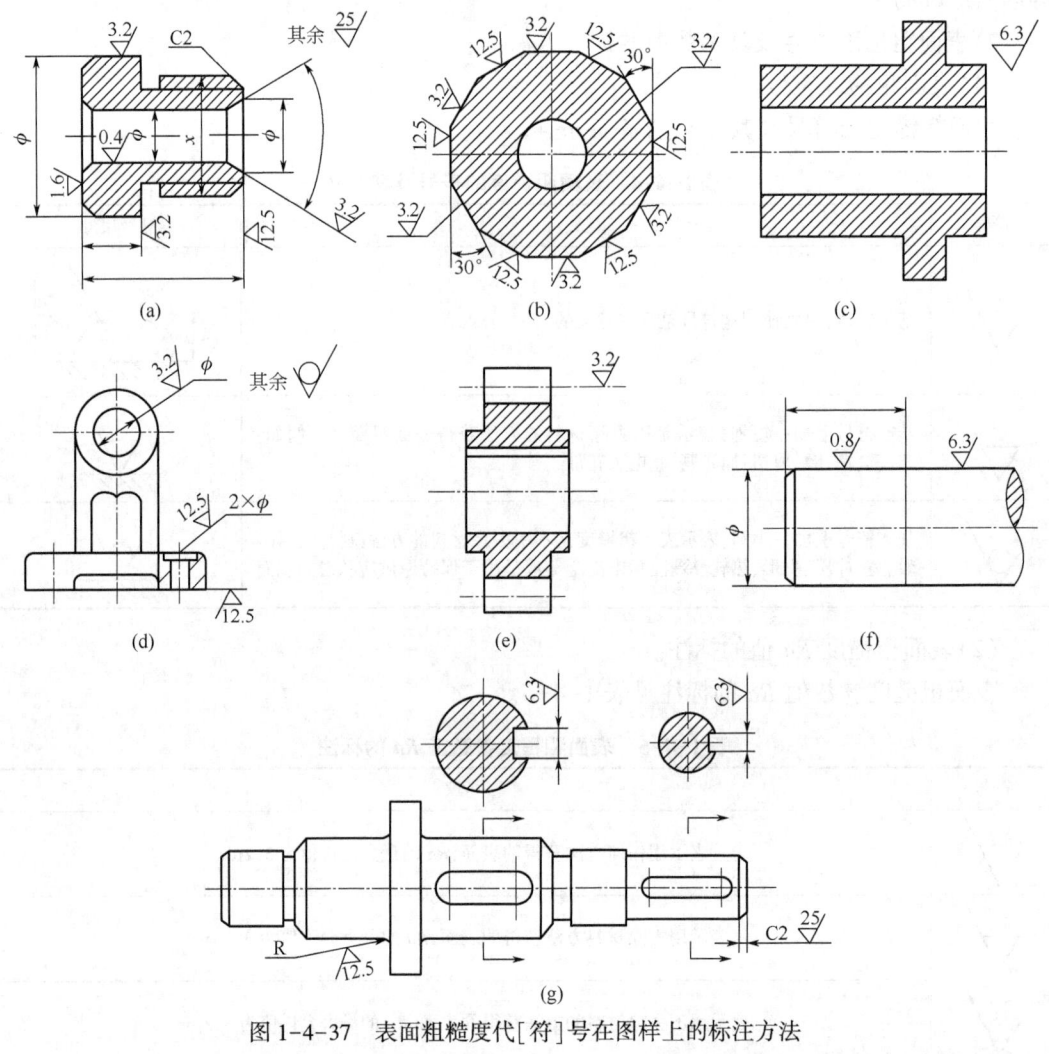

图 1-4-37　表面粗糙度代[符]号在图样上的标注方法

⑥ 零件上用细实线连接不连续的同一平面,如图 1-4-37(d)所示,其表面粗糙度[符]号只标注一次。

⑦ 齿轮的工作表面没有画出齿形时,其表面粗糙度代号可按图 1-4-37(e)的方式标注。

⑧ 同一表面上由不同的表面粗糙度要求时,须用细实线画出其分界线,并注出相应的表面粗糙度代号和尺寸,如图 1-4-37(f)所示。

⑨ 键槽工作面、倒角、圆角的表面粗糙度代号,可以简化标注,如图 1-4-37(g)所示。

（4）表面粗糙度参数值的选择。

在满足功用的前提下,尽量选用较大的表面粗糙度数值,以降低生产成本。一般情况下,零件的接触表面比非接触表面的粗糙度参数值要小;受循环载荷的表面极易引起应力集中的表面,表面粗糙度参数值要小;配合性质相同,零件尺寸小的比尺寸大的表面粗糙度参数值要小;统一公差等级,小尺寸比大尺寸、轴比孔的表面粗糙度参数值要小;运动速度高、单位压力大的摩擦表面比运动速度低、单位压力小的摩擦表面的粗糙度参数值小;要求密封性、耐腐蚀的表面其粗糙度参数值要小。

2. 极限与配合

1）零件的互换性

同一规格的任一零件在装配时不经选择或修配,就达到预期的配合性质,满足使用要求。要满足零件的互换性,就要求有配合关系的尺寸在一个允许的范围内变动,并且在制造上又是经济合理的。零件具有互换性,不但给装配和修理机器带来方便,还可用专用设备生产,提高产品数量和质量,同时降低产品的成本。

2）标准公差与基本偏差

公差是最大极限尺寸减最小极限尺寸之差,或上偏差减下偏差之差,它是允许尺寸的变动量。极限中的有关术语,见表1-4-6。

表1-4-6 极限中的有关术语

名称	解释	简图、计算示例及说明	
基本尺寸 A	根据零件强度、结构和工艺性要求,设计确定的尺寸	孔的尺寸 $\phi 50H8(^{-0.039}_{0})$ $A=50$	轴的尺寸 $\phi 50f7(^{-0.056}_{-0.064})$ $A=50$
实际尺寸	通过测量所得到的尺寸		
极限尺寸	允许尺寸变化的两个界限值		
最大极限尺寸 A_{max}	孔或轴允许的最大尺寸	$A_{max}=50.039$	$A_{max}=49.975$
最小极限尺寸 A_{min}	孔或轴允许的最小尺寸	$A_{min}=50$	$A_{min}=49.95$
尺寸偏差（简称偏差）	某一尺寸减其相应的基本尺寸所得的代数差。		
上偏差	上偏差=最大极限尺寸-基本尺寸	$ES=50.039-50=0.039$	$Es=49.975-50=-0.025$
下偏差	下偏差=最小极限尺寸-基本尺寸	$EI=50-50=0$	$Ei=49.975-49.950=0.025$
尺寸公差 δ（简称公差）	允许实际尺寸的变动量。尺寸公差=最大极限尺寸-最小极限尺寸=上偏差-下偏差	$\delta=50.039-50=0.039$ 或 $\delta=0.039-0=0.039$	$\delta=49.975-49.950=0.025$ 或 $\delta=-0.025-(-0.050)=0.025$

续表

名称	解释	简图、计算示例及说明
零线	确定偏差的一条基准线,通常以零线表示基本尺寸	
尺寸公差带（简称公差带）	表示公差大小和相对于零线位置的一个区域	
公差带图	为了便于分析,一般将尺寸公差与基本尺寸的关系,按放大比例画成简图,称为公差带图。在公差带图中,上、下偏差的距离应成比例,公差带方框的左右长度根据需要任意确定。一般用斜线表示孔的公差带;加点表示轴的公差带	

GAC008 确定尺寸公差的方法

J(GJ)AC034 极限与配合的概念

（1）标准公差与公差等级。

标准公差是指用以确定公差带大小的任一公差。公差等级是指确定尺寸精确程度的等级。国家标准将公差等级分为 20 级：IT01、IT0、IT01 至 IT18。"IT"表示标准公差,公差等级的代号用阿拉伯数字表示。IT01 至 IT18,精度等级依次降低。标准公差是基本尺寸的函数。对于一定的基本尺寸,公差等级越高,标准公差值越小,尺寸的精确程度越高。基本尺寸和公差等级相同的孔与轴,它们的标准公差值相等。国家标准把≤500mm 的基本尺寸范围分成 13 段,按不同的公差等级列出了各段基本尺寸的公差值,为标准公差。

（2）基本偏差。

基本偏差是指用以确定公差带相对于零线位置的上偏差或下偏差,一般是指靠近零线的那个偏差。根据实际需要,国家标准分别对孔和轴各规定了 28 个不同的基本偏差,如图 1-4-38 所示。

从图 1-4-38 可知：基本偏差用拉丁字母表示,大写字母代表孔,小写字母代表轴。轴的基本偏差从 $a-h$ 为上偏差,从 $j-zc$ 为下偏差,js 的上、下偏差分别为+和-。孔和轴的另一偏差可根据轴和孔的基本偏差和标准公差,按以下代数式计算。轴的上偏差（或下偏差）：$es=ei+IT$ 或 $ei=es-IT$；孔的另一偏差（或下偏差）：$ES=EI+I$ 或 $EI=ES-IT$。

（3）孔、轴的公差带代号（如图 1-4-39）。

由基本偏差与公差等级代号组成,并且要用同一号字母书写。

ZAB008 配合的概念

3）配合

在机器装配中,将基本尺寸相同的、相互结合的孔和轴公差带之间的关系,称为

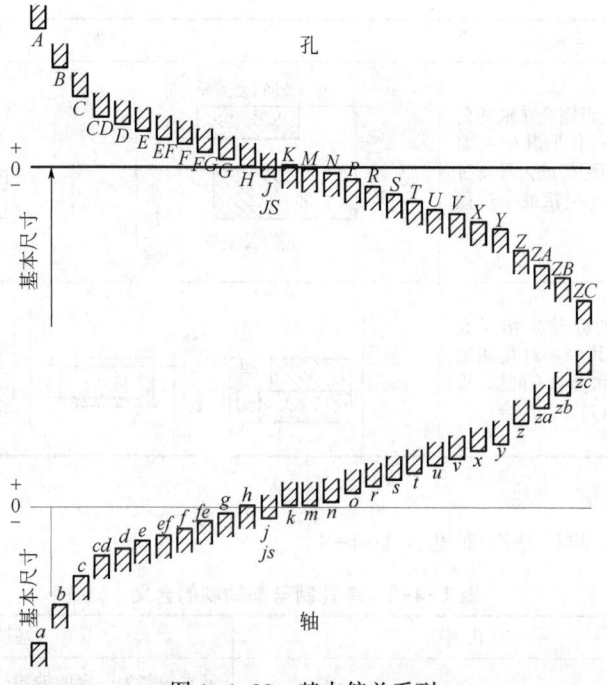

图 1-4-38 基本偏差系列

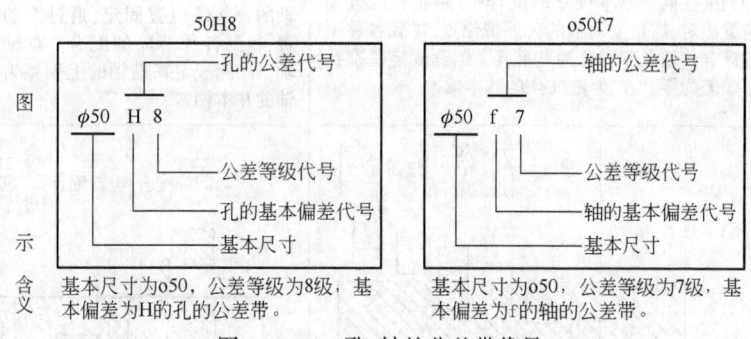

图 1-4-39 孔、轴的公差带代号

配合。

（1）配合种类。

根据机器的设计要求和生产实际的需要，国家标准将配合分为三类，见表 1-4-7。

表 1-4-7 配合类型、含义与公差带位置关系

配合类型	含义	图例
间隙配合	孔的公差带完全在轴的公差带之上，任取其中一对轴和孔相配都成为具有间隙的配合（包括最小间隙为零）	

续表

配合类型	含义	图例
过盈配合	孔的公差带完全在轴的公差带之下,任取其中一对轴和孔相配都成为具有过盈的配合(包括最小过盈为零)	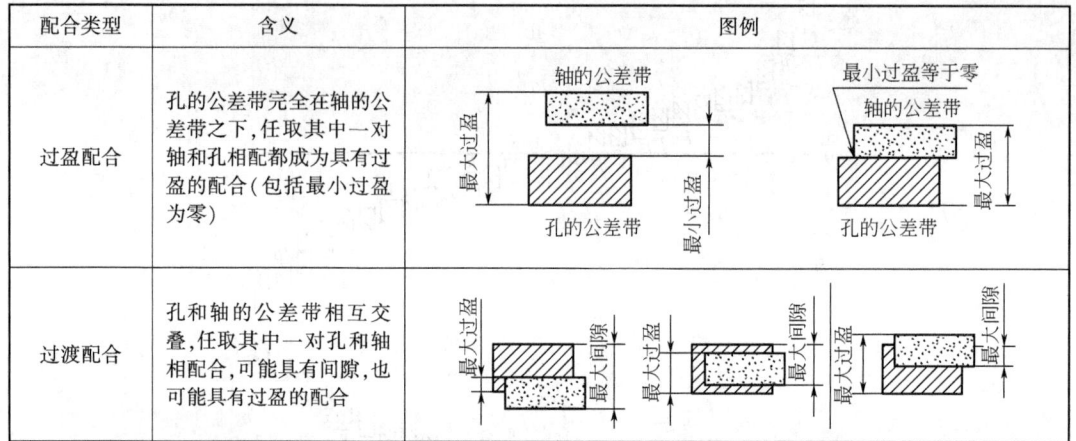
过渡配合	孔和轴的公差带相互交叠,任取其中一对孔和轴相配合,可能具有间隙,也可能具有过盈的配合	

(2)配合的基准值。

国家标准规定了两种基准制见表1-4-8。

表1-4-8 基孔制与基轴制的含义

基准制	基孔制	基轴制
含义	基本偏差为一定的孔的公差带,与不同基本偏差的轴的公差带构成各种配合的一种制度称为基孔制。这种制度在同一基本尺寸的配合中,是将孔的公差带位置固定,通过变动轴的公差带位置,得到各种不同的配合。基孔制的孔为基准孔。国际规定基准孔的下偏差为零,"H"为基准孔的基本偏差	基本偏差为一定的轴的公差带,与不同基本偏差的孔的公差带构成各种配合的一种制度称为基轴制。这种制度在同一基本尺寸的配合中,是将轴的公差带位置固定,通过变动孔的公差带位置,得到各种不同的配合。基轴制的孔为基准轴。国际规定基准轴的上偏差为零,"h"为基准轴的基本偏差
图例		

注:基孔制(基轴制)中,$a-h(A-H)$用于间隙配合;$j-zc(J-ZC)$用于过渡配合多和过盈配合。

4)公差与配合的选用

(1)选用优先公差带和优先配合。

国家标准根据机械工业产品使用的需要,考虑到定值刀具、量具的统一,规定了一般用途孔公差带105种,轴公差带119种及优先选用的孔、轴公差带。国际还规定轴、孔公差带中组合成基孔制常用配合59种,优先配合13种;基轴制常用配合47种。应尽量选用优先配合和常用配合。

(2)选用基孔制。

一般情况下优先采用基孔制。这样可以限制定值刀具、量具的规格和数量。基轴制通常仅用于有明显经济效果和机构设计要求不适合采用基孔制的场合。

(3)选用孔比轴低一级的公差等级。

在保证使用要求的前提下,为减少加工工作量,应当使选用的公差为最大值。加工孔较困难,一般在配合中选用孔比轴低一级的公差等级,如 $H8/h7$。

5)公差与配合的标注

在零件图上的标注。尺寸公差在零件图上的标注形式有三种:

(1)标注偏差数值(图 1-4-40)。

这种注法主要用于小量或单件生产,以便加工和检验时减少辅助时间。上(下)偏差注在基本尺寸的右上(下)方,偏差数字应比基本尺寸数字小 1 号;当上(下)偏差数值为零时,可简写为"0",另一偏差仍标在原来的位置上;如果上下偏差的数值相同,则在基本尺寸数字后标"±"符号,再写上偏差数值。这时数值的字体与基本尺寸字体同高。

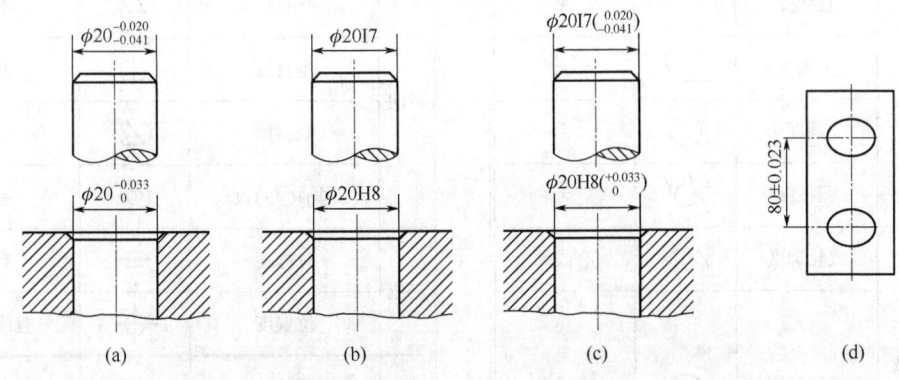

图 1-4-40　公差带代号、极限偏差值在零件图上的标注

(2)标注公差带的代号。

这种注法可和采用量具检验零件统一起来,以适应大批量生产的要求。它不需要标注偏差数值。

(3)标注同时注写公差带代号和偏差数值。

这种注法主要用于不定量的生产。偏差数值用括号括起来。

(4)在装配图上的标注。

配合的代号由两个相互结合的孔和轴的公差带的代号组成,用分数形式表示,分子为孔的公差带代号,分母与轴的公差带代号,标注的通用形式如图 1-4-41 所示。

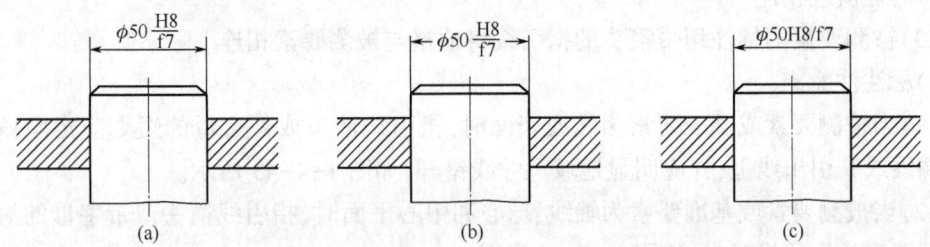

图 1-4-41　极限与配合在装配图上的标注

3. 形状和位置公差

1) 概述

机械零件在加工中的尺寸误差,根据使用要求用尺寸公差加以限制。而加工中对零件的几何形状和相对几何要素的位置误差则由形状和位置公差加以限制。

形状和位置公差简称形位公差,是零件要素(点、线、面)的实际形状和实际位置对理想形状和理想位置的允许变动量。

2) 形位公差的符号

国家标准 GB/T 1182—1996 规定形位公差共有 14 项,具体见表 1-4-9。

表 1-4-9 公差特征项目的符号

公差		特征项目	符号	有或无基准要求	公差		特征项目	符号	有或无基准要求
形状	形状	直线度	—	无	位置	定向	平行度	∥	有
		平面度	▱	无			垂直度	⊥	有
		圆度	○	无			倾斜度	∠	有
		圆柱度	⌭	无		定位	同轴(心)度	◎	有
形状或位置	轮廓	线轮廓度	⌒	有或无			对称度	=	有
		面轮廓度	⌓	有或无			位置度	⊕	有或无
						跳动	圆跳动	↗	有
							全跳动	↗↗	有

3) 公差带

公差带是由公差值确定的,它是限制实际形状或实际位置变动的区域。

4) 形位公差的标注方法

在图样上标注形位公差时,应有公差框格、被测要素和基准要素(位置公差)三组内容。

(1) 公差框格该方框由两格或多格组成,其中内容从左到右按以下次序填写,如图 1-4-42 所示。

(2) 基准要素的标注:基准要素用基准字母表示,基准符号为带小圆的大写字母用细实线与粗的短横线相连。

(3) 被测要素的标注用带箭头的指引线将框格与被测要素相连。

5) 标注注意点

(1) 当被测要素或基准要素为线或表面时,指引线箭头或带字母的短划应指向该要素的轮廓线或其引出线上,并应明显地域尺寸线错开,如图 1-4-43 所示。

(2) 当被测要素或基准要素为轴线、球心和中心平面时,指引线箭头或带字母的短划线应与该要素的尺寸线对齐,如图 1-4-43 所示。

(3)当被测要素或基准要素为整体轴线或公共中心平面时,指引线箭头或带字母的短划可直接指在轴线或中心线上,如图1-4-43所示。

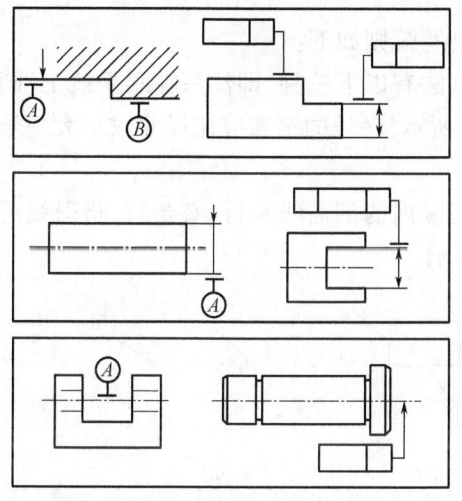

图1-4-42 形位公差的标注方法

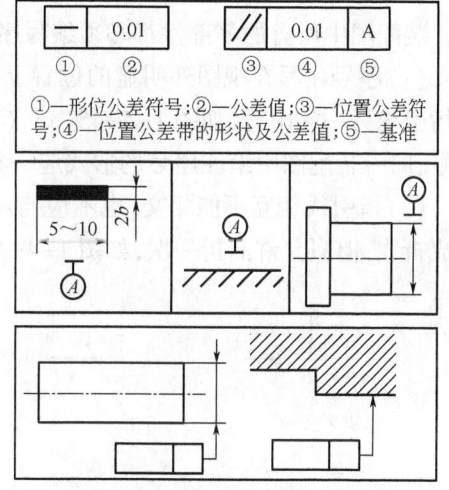

图1-4-43 标注注意点示例

6)形位公差标注示例

如图1-4-44所示是顶杆零件图上的三个标注形位公差和位置公差:

(1) SR750mm 球面对 $\phi 16f7$ 轴线的圆跳动允许公差为 0.03mm。

(2) $\phi 16F7$ 圆柱体的圆柱度允许公差为 0.005mm。

(3) M8X1-7H 螺孔的轴心线对 $\phi 16F7$ 轴心线的同轴度为 $\phi 0.1$mm。

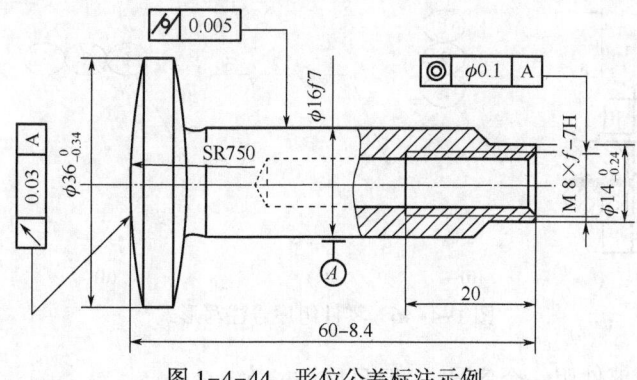

图1-4-44 形位公差标注示例

J(GJ)AC007 装配图主要内容

四、识读装配图

(一)装配图的内容

新产品设计、仿照、或原产品改造,一般先画出装配图,再由装配图拆画零件图;在产品制造过程中,装配图是指导装配、检验的重要技术依据;在产品使用和技术交流中,从装配图了解其性能、工作原理、使用和维修方法等。装配图是指导产品生产的重要技术文件。装配图表示机器或部件的结构形状、装配关系、连接方式、工作原理、传动路线和技术要求等。一张完整的装配图应具有一组图形、必要的尺寸、技术要求、零部件序号、标题栏和明细栏等内容。

1. 零部件序号

装配图中所有的零部件都必须编写序号,其注写规则如下:

(1)序号注写在视图外明显的位置上,表示方法有以下三种,即注写在水平线上、圆内或指引线另一端附近,如图1-4-45(a)、(b)、(c)所示,序号的字高应比尺寸数字大一号或两号,同一装配图中编注序号的形式应一致。

(2)指引线相互不能相交,也不应与所通过区域内的剖面线平行;必要时,指引线可以画成折线,但只允许曲折一次,如图1-4-45(d)所示。

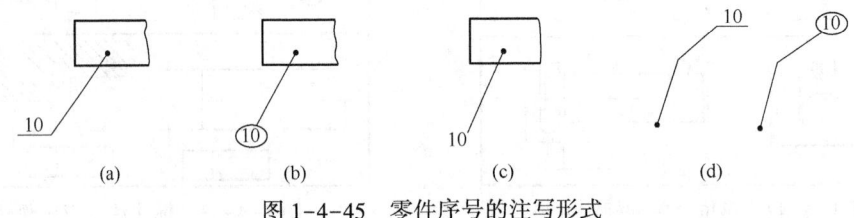

图1-4-45 零件序号的注写形式

(3)指引线、水平线、圆用细实线绘制,并在零件一端画圆点,且圆点须画在所指零件的轮廓线内;若所指零件很薄或剖面涂黑时,可在指引线的末端画出箭头,如图1-4-46(a)所示。

(4)对一组紧固件或装配关系清楚的零件组,允许采用公共指引线,如图1-4-46所示。

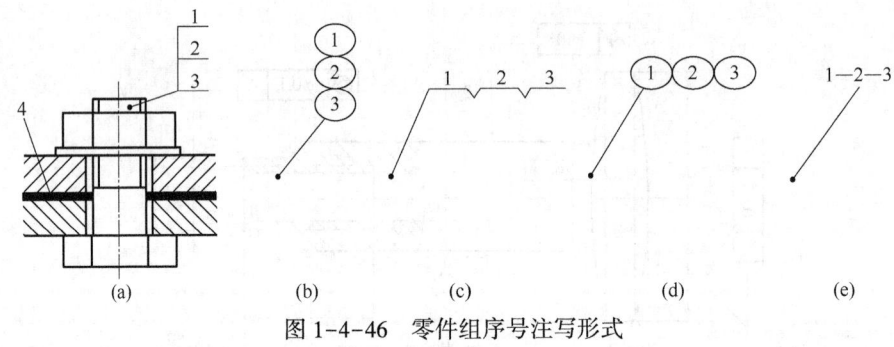

图1-4-46 零件组序号注写形式

(5)相同的零、部件用一个序号,一般只标注一次。

(6)标准化组件(如油杯、滚动轴承等)看作为一个整体,只编写一个序号。

(7)序号应按顺时针(或逆时针)方向整齐地顺次排列。如在整个图上无法连续时,可只在每个水平或垂直方向顺次排列。要尽量使各序号之间距离均匀一致。

2. 标题栏和明细栏

装配图标题栏的作用、内容和格式与零件图标题栏基本相同,所不同的是装配图标题栏标明的是机器(或部件)的名称、代号等。

明细栏是机器(或部件)中全部零(部)件的详细目录,它与图上的序号相对应,用来说明机器(或部件)组成部分的零件序号、代号、名称、数量、材料、质量(kg)、备注等,学习时可使用图1-4-51所示格式。明细栏一般配置在装配图中标题栏的上方,按由下而上的顺序填写。当上方位置不够时,可紧靠在标题栏的左方由下而上延续。

3. 装配图的技术要求

(1)装配要求,指装配时的说明,装配过程中的注意事项以及装配后应达到的要求。

(2)检验和试验要求,包括机器或部件基本性能检验、试验方法和技术指标等的说明。

(3)使用要求,对机器或部件的性能使用环境、工作状态、维护、保养、包装、运输、安装以及操作、使用注意事项的说明。

(二)装配图的表达方法

在零件图中所采用的表达方法,如各种视图、剖视图、断面图及局部放大等,在装配图中同样适用,并且是装配图中的最基本的表达方法。

1. 装配图的规定画法

1)接触面与配合面的画法

两零件的接触面和配合表面(包括间隙配合)只画一条线。而非接触面、非配合面即使间隙很小,都必须画两条线。

2)剖面线的画法

在剖视图中,相邻两金属零件的剖面线,应画成不同的倾斜方向,或间隔不等、错开等方法加以区别。

3)实心件和紧固件的画法

在装配图中,对于实心件(如轴、杆、柄、球、键、销等)和标准件(如螺栓、螺钉、螺母、垫圈等),若按纵向剖切,且剖切平面通过其对称平面或轴线时,则这些零件均按不剖绘制(即不画剖面线)。

2. 装配图的特殊表达方法

1)拆卸画法

在画装配图的某个视图时,当某些零件遮挡了需要表达的结构或装配关系时,可假想将这些零件拆卸后画出,这种画法称为拆卸画法。需要说明时,可以标注"拆去××"。

2)假想画法

(1)对于与该部件相关联,但不属于该部件的零件(或部件),为了表明装配关系和工作原理,可用双点画线画出其轮廓图形。

(2)对于部件中某些零件的运动范围或极限位置,也可用双点画线画出其轮廓,如图1-4-47主视图中的双点画线表示支承销运动的上极限位置,如图1-4-48所示为锁紧手柄和尾座顶尖的运动范围。

3)夸大画法

在装配图中,对于薄片、细杆、小间隙,以及锥度、斜度很小的零件,如按实际尺寸,很难将其表达清楚,这时允许夸大画出,即将薄部加厚,细部加粗,间隙加宽,斜度、锥度加大到较明显的程度。对于宽度≤2mm的狭小面积的剖面,可用涂黑代替剖面符号,如图1-4-48所示。

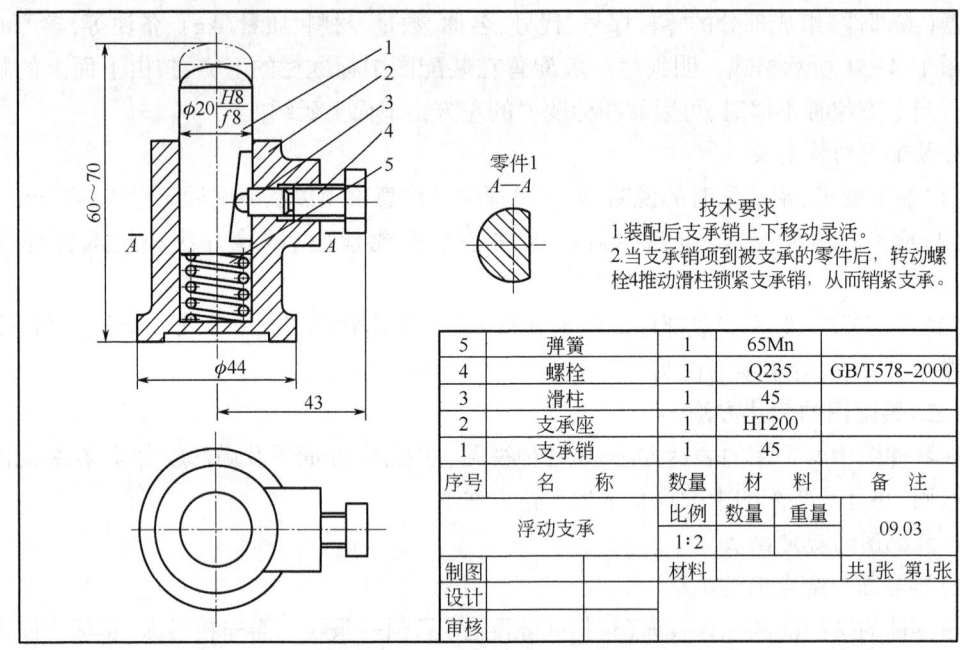

图 1-4-47 浮动支承装配图

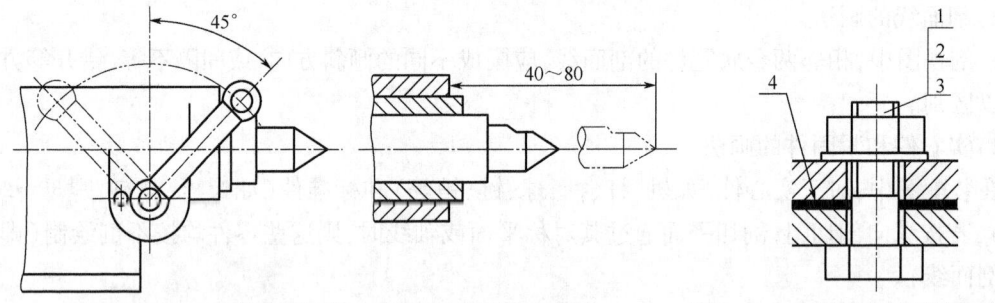

图 1-4-48 尾座锁紧手柄和尾座顶尖的运动范围　　图 1-4-49 零件组序号注写形式

4)单独表示某个零件

在装配图中,当某个零件的形状没有表达清楚时,可以单独画出该零件的某一视图。如图 1-4-47 中 $A—A$ 移出断面单独表示支承销 1 的断面形状。

3. 装配图的简化画法

(1)对装配图中若干相同的零件组,可详细地画出一组或几组,其余只需表示出其装配位置。图 1-4-50 中只画一组用螺栓连接的支架零件组,其他皆用点画线表示其中心位置。

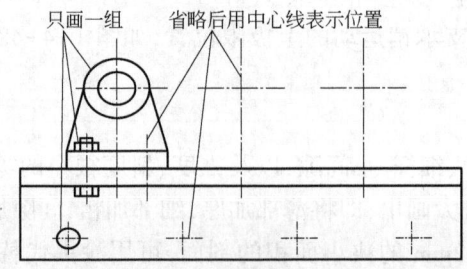

图 1-4-50 装配图的简化画法

(2)零件上的工艺结构,如倒角、倒圆、退刀槽等可省略不画。如六角头螺栓头部及螺母,因倒角而产生的曲线可省略不画。

(三)绘制零件图的方法

J(GJ)AC020 绘制零件图的步骤方法

1. 分析零件、确定表达方案

画图前,先要了解零件的名称、功用以及它在机器或部件中的位置和装配连接关系。在弄清零件的结构形状的前提下,结合其工作位置和加工位置,确定它是属于前面所述四类典型零件(轴套/盘盖/叉架/箱体类)中的哪一种,再根据这类零件的表达特点,确定合适的表达方案。在选定表达方案时,应注意视图数量和表达方法。

1)视图数量要恰当

应考虑尽量减少视图中的虚线和恰当运用少量虚线,在满足表达清楚零件各部分形状的前提下,力求表达简洁,视图数量恰到好处,尽可能避免重复表达。

2)表达方法要恰当

根据零件的内外结构形状,每个视图的表达都应有其侧重点和目的,主体结构与局部结构的表达也要分明。同时,需考虑图形的合理布局,如基本视图按规定方式配置等。

2. 画零件草图

零件草图即徒手所画的零件图,它是画零件图和部件测绘时画装配图的重要依据。画零件草图时,要求目测零件的大小,确定绘图比例,且徒手绘制。一般步骤如下:

(1)了解分析零件,确定表达根据零件的大小、复杂程度和表达方案,确定恰当的绘图比例和图幅。画草图最好用方格纸。

(2)画图框线和标题栏,定出主要视图的位置线,如主要轴线、中心线和作图基准线等。

(3)目测徒手绘图。先画主要结构的轮廓线,后画次要结构的轮廓线。每个结构的相关视图应联系起来画,以符合投影特性。相邻结构组合处,应考虑图线的增减问题(如相交处有交线,相切处无线等),最后完成全部图形。

(4)检查、修正全图,擦掉不必要的图线;确定三个方向的尺寸基准,画出所有尺寸的尺寸界线、尺寸线和尺寸箭头;画剖面线。

(5)测量并确定所有尺寸。对于标准结构(如键槽、倒角等)的尺寸,应查阅有关手册或进行计算后再填写。

(6)注写必要的技术要求,填写标题栏,完成零件草图。

3. 画零件工作图

在完成零件草图的基础上,结合生产实际情况和加工工艺经验,先对零件草图进行全面校核,再绘制零件图。校核草图时,通常注意几个问题,例如:表达方案是否合理、完整,尺寸标注是否清晰齐全、正确合理,所提出的技术要求是否既能满足工艺要求又能实现零件的性能要求等。草图校核修正后,开始画零件工作图。零件工作图的绘制步骤如下:

(1)分析零件,选定表达方案。

(2)确定绘图比例和图幅,画图框线、主要视图的定位线。

(3)画底稿图。

(4)检查修正底稿,无误后加深全部图形,画剖面线。

(5)画尺寸界线、尺寸线和尺寸箭头,注写尺寸数值和技术要求。

(6)填写标题栏,校核,完成零件工作图

(四)装配图中的尺寸与配合

1. 装配图中的尺寸

装配图不是制造零件的直接依据,因此,装配图中不需注出零件的全部尺寸,而只需标出一些必要的尺寸,这些尺寸按其作用的不同,大致可以分为:规格尺寸、装配尺寸、安装尺寸、外形尺寸和其他重要尺寸。

2. 装配图中的配合

配合代号识读举例见表1-4-10。

表1-4-10 配合代号的识读举例

项目 代号	孔的极限偏差	轴的极限偏差	公差	配合制度与类别	公差带图解
$\phi 34.5 \dfrac{H8}{f7}$	+0.039 0		0.039	基孔制间隙配合	
		−0.025 −0.050	0.025		
$\phi 34.5 \dfrac{F8}{h7}$	+0.064 +0.025		0.039	基轴制间隙配合	
		0 −0.025	0.025		
$\phi 10 \dfrac{H8}{s7}$	+0.022 0		0.022	基孔制过盈配合	
		+0.038 +0.023	0.015		
		0 −0.021	0.021		
$\phi 60 \dfrac{H8}{k7}$	+0.046 0		0.046	基孔制过渡配合	
			0.030		
$\phi 20 \dfrac{H8}{h7}$	+0.033 0		0.033	基孔制,也可视为基轴制,是最小间隙为零的一种间隙配合	
		0 −0.021	0.021		

J(GJ)AC046 识读装配图中的尺寸与配合

3. 识读装配图

看装配图的目的是搞清该机器(或部件)的性能、工作原理、装配关系、各零件的主要结构及装拆顺序。

示例:识读滑动轴承装配图如图1-4-51所示。

1)概括了解

装配图的名称叫滑动轴承,滑动轴承是一种支承旋转轴的标准部件。从图中可知,滑动轴承由 9 种共 14 个零件组成。

2) 分析视图

滑动轴承装配图由三个图形组成,主视图采用半剖视;左视图作了半剖视;俯视图右半部是沿轴承盖与轴承座的结合面剖开画出的,此时零件结合面上不画剖面线但被剖切部分(螺栓)必须画出剖面线,拆去也进行了注明。

从主视图中可知,在轴承座 1 与轴承盖 3 之间装有下轴衬 2 和上轴衬 4,并由螺栓 6、螺母 7 和垫圈 8 将轴承盖 3 与轴承座 1 连接并紧固。在上轴衬 4 与轴承盖 3 之间有一轴衬固定套 5,用于连接固定,在轴承盖 3 的上方装有油杯 9。

3) 分析尺寸

图中 $\phi 50H8$、70 为规格尺寸,表明该轴承只能用来支承轴颈基本尺寸为 $\phi 50mm$ 的轴,且轴线到安装面的高度为 70mm。

$90H9/f9$、$65H9/f9$ 为装配尺寸。$90H9/f9$ 表明轴承座 1 与轴承盖 3 之间在左、右方向上的配合要求。$65H9/f9$ 表明轴承座 1 与下轴衬 2、轴承盖 3 与上轴衬 4 之间在前、后方向上的配合要求。85 为两螺栓 6 之间的相对位置尺寸。180、$2\times\phi 17$ 为安装尺寸。240、80、160 为外形尺寸。

4) 分析工作原理

滑动轴承在支承旋转轴工作时,被支承轴的轴颈与滑动轴承的上、下轴衬之间存在滑动摩擦力,为减小摩擦力,在滑动轴承顶部装有油杯,可供油进行润滑。

滑动轴承采用了两组螺栓连接将轴承座和轴承盖紧固在一起,并紧紧包住了上、下轴衬。为使上、下轴衬在工作时不随旋转轴产生旋转,在轴承盖与上轴衬之间装有一个轴承固定套 5。

5) 分析装拆顺序

滑动轴承的组装顺序如下:把轴承座平放,将下轴衬装在轴承座内;将上轴衬装在轴承盖内,并把轴衬固定套插入轴承盖与上轴衬已对齐的小圆孔中;把上面已装好的两部分合起来,然后用两组螺栓紧固件将它们连接并旋紧;最后,在轴承盖顶部装上油杯,至此组装完毕。

6) 读技术要求

装配图中有 5 条技术要求,在组装、调试和使用中应严格遵守。

项目三 机械修理基础知识

一、常用的维修工具及作用

在机械设备修理中常用的工具有:套装呆扳手、套装梅花扳手、活动扳手、套装套筒扳手、套装内六角扳手、一字螺丝刀、十字螺丝刀、钳子、管钳还有各种专用工具等等。

ZAB021 确定扳手尺寸的方法

(一)扳手

扳手是一种常用的安装与拆卸工具。利用杠杆原理拧转螺栓、螺钉、螺母和其他螺纹紧固螺栓或螺母的开口或套孔固件的手工工具(图 1-4-51)。通常讲的扳手大小是指扳手的整体长度,具体使用时也要看开口大小,8in 开口是 25mm,10in 开口是 30mm,12in 开口是35mm。

固定扳手：一端或两端制有固定尺寸的开口，用以拧转一定尺寸的螺母或螺栓。

梅花扳手：两端具有带六角孔或十二角孔的工作端，适用于工作空间狭小，不能使用普通扳手的场合。

活动扳手：开口宽度可在一定尺寸范围内进行调节，能拧转不同规格的螺栓或螺母。

内六角扳手：成L形的六角棒状扳手，专用于拧转内六角螺钉。内六角扳手的型号是按照六方的对边尺寸来说的，螺栓的尺寸有国家标准。

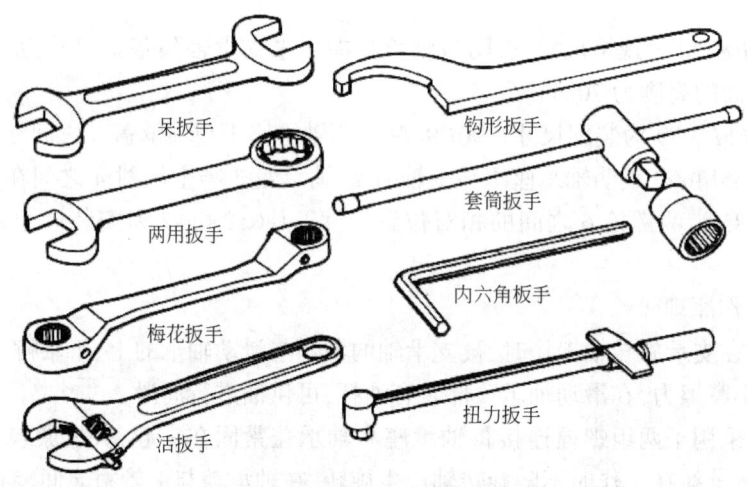

图 1-4-51　扳手

（二）套筒扳手

套筒扳手一般称为套筒，它是由多个带六角孔或十二角孔的套筒并配有手柄、接杆等多种附件组成，特别适用于拧转地位十分狭小或凹陷很深处的螺栓或螺母。套筒扳手一般都附有一套各种规格的套筒头以及摆手柄、接杆、万向接头、旋具接头、弯头手柄等用来套入六角螺帽，套筒有公制和英制之分。套筒扳手的套筒头是一个凹六角形的圆筒；扳手通常由碳素结构钢或合金结构钢制成，扳手头部具有规定的硬度，中间及手柄部分则具有弹性。在工作需要时可以加长，通过加长增强力矩，方便达到难以够到的地方，同时能更容易拆卸一些比较紧的螺丝(图 1-4-52)。

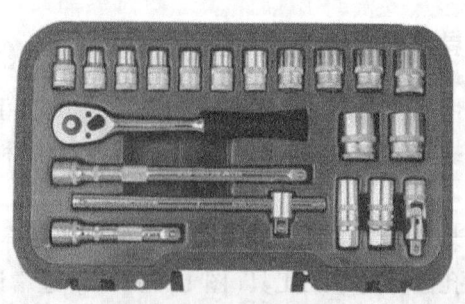

图 1-4-52　套筒扳手

(三) 台虎钳

台虎钳是用来夹持工件的通用夹具,其规格用钳口宽度来表示,常用规格有 100mm、125mm 和 150mm 等。

台虎钳有固定式和回转式两种,两者的主要结构和工作原理基本相同,其不同点是回转式台虎钳比固定式台虎钳多了一个底座,工作时钳身可在底座上回转,因此使用方便、应用范围广,可满足不同方位的加工需要(图 1-4-53)。

图 1-4-53 台虎钳

(四) 管子钳

> ZAB026 管钳的作用

管子钳简称管钳,一般是用来夹持和旋转钢管类工具,用钳口的锥度增加扭矩,通常锥度在 3°~8°,咬紧管状物,自动适应不同的管径,自动适应钳口对管施加应力而引起的塑性变形。在这种效应下保证扭矩,不打滑。可以通过钳住管子使它转动完成连接,工作原理就是将钳力转换进入扭力,用在扭动方向的力更大也就能将管道钳得更紧。

管子钳按其承载能力分为重级、普通级两个等级;按重量分为加重型、重型、轻型;按款式分为英式、美式、德式、西班牙式、偏斜式、链条、鹰嘴双柄管子钳等;按柄部材质分为铝合金管子钳、铸钢管子钳、玛钢管子钳、球铁管子钳等(图 1-4-54)。

图 1-4-54 管子钳

(五) 锉削工具

锉削工具主要是锉刀。锉刀由碳素工具钢经热处理淬硬制成。用锉刀对工件表面进行切削加工的方法称为锉削。锉削的精度可达 0.01mm。锉削应用十分广泛,可锉削平面、曲面、内外表面、沟槽和各种形状复杂的表面。锉削还可以配键、制作样板以及装配时对工件的修整等。

锉刀按其用途不同可分为普通钳工锉、异形锉和整形锉。普通钳工锉按其断面形状又可分为平锉(板锉)、方锉、三角锉、半圆锉和圆锉等。

异形锉有刀口锉、菱形锉、扁三角锉、椭圆锉、圆肚锉等。异形锉主要用于锉削工件上特殊的表面。

整形锉又称什锦锉,主要用于修整工件细小部分的表面。

(六) 锯削工具

锯削工具常用手锯。手据由锯弓和锯条组成。锯弓的作用是用来装夹并张紧锯条,且便于双手操作;锯条是用来直接锯削材料或工件的工具,一般由渗碳钢冷轧制成,经热处理淬硬后才能使用,锯条的长度以两端装夹孔的中心距来表示,手锯常用的锯条长度为 300mm。

(七) 攻螺纹用的工具

1. 丝锥

丝锥分手用丝锥和机用丝锥,见实物图 1-4-55。丝锥由柄部和工作部分组成,柄部是攻螺纹时被夹持的部分,起传递扭矩的作用,工作部分由切削部分 L1 和校准部分 L2 组成,切削部分的前角($8°\sim10°$)和后角($6°\sim8°$),起切削作用,校准部分有完整的牙型,用来修光和校准已切出的螺纹,并引导丝锥沿轴向前进,校准部分的后角为零度。

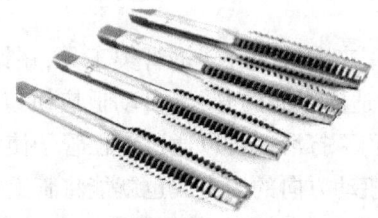

图 1-4-55 丝锥

攻螺纹时,为了减小切削力和延长丝锥寿命,一般将整个切削工作量分配给几支丝锥来承担。

2. 铰杠

铰杠是手工攻螺纹时用来夹持丝锥的工具(图 1-4-56),铰杠分普通铰杠和丁字形铰杠两类,每类铰杠又有固定式和活络式两种。

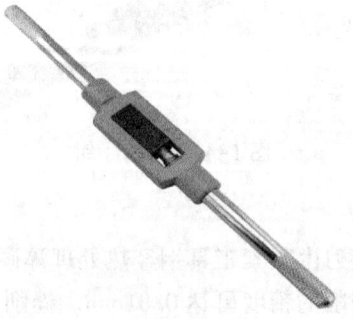

图 1-4-56 铰杠

3. 套螺纹

用板牙在外圆柱面上(或外圆锥面)切削出外螺纹的方法,称为套螺纹。套螺纹用的工具有板牙(图 1-4-57)和板牙架(图 1-4-58)。板牙有封闭式和开槽式两种结构。

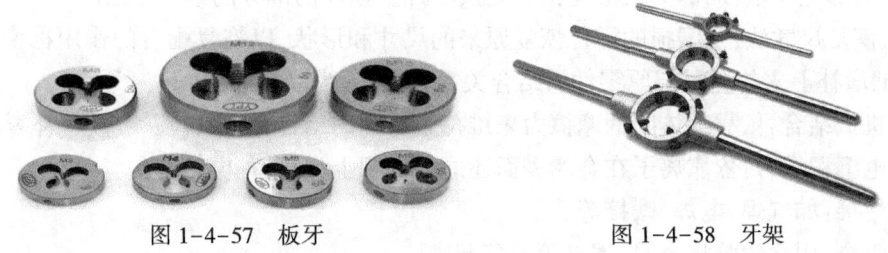

图 1-4-57　板牙　　　　　　　　　　图 1-4-58　牙架

(八) 螺丝刀

一种用来拧螺钉以迫使其就位的工具，又叫螺丝起子、改锥，头部有一个薄楔形头，可插入螺丝钉头的槽缝或凹口内，轴向转动将螺丝钉拧紧。螺丝刀的材质一般为碳素钢和合金钢。按不同的头型可以分为一字、十字、米字等，种类有普通螺丝刀、组合套螺丝刀和电动螺丝刀(图 1-4-59)。

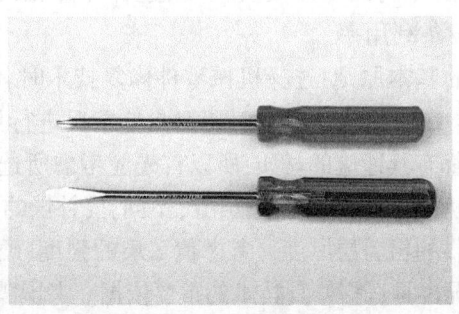

图 1-4-59　螺丝刀

二、机械维修的常用方法

常用的维修方法有调整法、换位法、修理尺寸法、附加零件法、局部更换法和更换新零件法等七种。

(1) 调整法：为了便于修理，很多机器在设计时就在机构上考虑了调整问题。例如，可调整的轴和轴承，磨损以后可以用抽去垫片的方法来减少间隙。这是一种最简便、最经济的办法，所以应该优先选用。

(2) 换位法：零件的磨损是不均匀的，当零件的工作部分磨损很大需要修理时，零件的其他部分可能并未磨损，如果将零件没有磨损的部位换到工作的地方使机器恢复正常工作，称换位法。

(3) 修理尺寸法：用修理尺寸法恢复磨损的配合件，是对配合中的一个零件进行加工，使它具有正确的几何形状，而根据加工后零件的尺寸更换另一个零件，恢复配合件的工作能力。修理后配合件的尺寸与原来不同，这个新尺寸称为修理尺寸，通常进行加工的零件是较复杂而贵重的零件。

(4) 附加零件法：当配合磨损时，将相配合的零件分别进行机械加工，使得到正确的几何形状，然后在配合中增加一个附加零件，以恢复原配合。

(5) 局部更换法：局部更换法是指只更换零件上损坏的部分的修理方法。

(6) 恢复尺寸法：使磨损的零件恢复原来的尺寸和形状，以恢复配合的作用称恢复尺寸法。根据增补上去的金属与原零件的结合关系，可以分为以下几类：

① 机械结合：依靠物体间的摩擦力来维持金属间的结合，如金属喷镀、嵌丝补裂纹等。

② 电沉积结合：依靠离子在金属表面还原而沉积上去，各种电镀都是。

③ 熔接：如气焊、电焊、锻接等。

④ 胶合：用化学胶将金属、木材等连接起来。

⑤ 挤压：用压力加工的方法，把零件上备用的一部分金属挤压到磨损的工作面上去，以增补磨损掉的金属，如气门头的扩展、活塞销直径的扩大等。

(7) 更换新零件：已经磨损不可修复或不值得修复的零件，可以用新的零件代替。可以修复的零件，有时也用新零件予以更换，而将换下来的零件集中起来成批进行修复，这样可以减少机械在厂停修的时间，均衡修理厂的负荷，提高修理质量，降低修理成本。换下来的零件也可以由专门的工厂负责修复，这种专业化的生产可以提高质量、降低成本，提高生产率和设备利用率。

(8) 修复技术应遵守的基本原则：选择机械零件修复技术时，应遵守"技术合理，经济性好，生产可行"的基本原则，在应用这一原则时要对具体情况进行具体分析，并综合考虑择。由于每一种修复技术都有其适应的材质，所以首先应考虑所选择的修复技术对机械零件材质的适应性。由于机械零件磨损等损伤情况不同，要补偿的覆盖厚度也不一样，须考虑各种修复技术所能提供的覆盖层厚度。考虑覆盖层的强度、硬度与基体的结合强度及零件修理后表面强度变化情况也是选择修复技术的重要依据。考虑零件承受的载荷、温度、运动速度、工作面间的介质等，零件工作条件不同采用的修复工艺也应相适应。考虑对同一零件不同的损伤部位所选用的修复技术种类尽可能少。考虑照顾到下次修理及相配件的修理。

三、机械的摩擦与磨损

摩擦造成磨损，零件的磨损使它原有的尺寸、形状和表面质量等发生变化，破坏原有的配合、位置关系、工作协调等特性。实践表明，零件磨损是导致工作能力下降的主要原因。零件的逐渐磨损是不可避免的，但应力求降低零件的磨损速率，延长其使用寿命，从而提高机械的可靠性和耐久性。

(一) 摩擦的概念与类型

两个相互接触的物体在外力作用下具有相对运动趋势或发生相对运动时，在接触面间产生切向运动阻力的现象叫作摩擦，这一切向运动阻力称为摩擦力。

按摩擦副的运动形式可分为滑动摩擦和滚动摩擦。滑动摩擦是接触表面相对滑动(或具有相对滑动趋势)时的摩擦；滚动摩擦是物体在力矩的作用下，沿接触面滚动时的摩擦。

按摩擦副的运动状态可分为静摩擦和动摩擦。静摩擦是物体在外力作用下对于另一物体具有相对运动趋势，并处于静止临界状态的摩擦；动摩擦是一物体受力的作用，越过静止临界状态而沿另一物体表面发生相对运动时的摩擦。

按摩擦副的润滑情况可分为干(固体)摩擦、流体摩擦(流体润滑)、边界摩擦(边界润滑)、混合摩擦(混合润滑)。

干摩擦是指纯净表面直接接触时的摩擦,但通常所讲的干摩擦是指在无润滑的条件下,两物体表面之间可能存在着自然污染膜(如氧化膜、水汽吸附膜或其他异物)时的摩擦。这种干摩擦的摩擦系数,对于金属来说,一般在 0.5~1.5,它比纯净金属表面的干摩擦系数小得多。

在摩擦表面上存在着一层与介质性质不同的 0.1μm 以下的薄膜(又叫边界膜)时的摩擦称为边界摩擦。边界摩擦是一种极为普通的摩擦形式,普通滑动轴承、气缸与活塞环、凸轮与挺杆等处都可能是边界润滑。它比干摩擦具有较低的摩擦系数,能有效地减少机器零件的磨损,延长使用寿命。

摩擦副的两摩擦表面被一层具有一定厚度(一般在 1.5~2μm 以上)的黏性流体完全分开,由流体的压力平衡外载荷的摩擦状态称为流体摩擦(或流体润滑)。由于两摩擦表面是直接接触,两表面相对运动时,只在流体分子间发生摩擦,因而流体润滑的摩擦性质完全取决于流体的黏性而与两摩擦表面的材料无关。流体润滑具有摩擦阻力小、摩擦系数低(约为 0.001~0.008)、改善摩擦副动态性能、降低磨损等特点。因此,在滑动轴承、滚动轴承、齿轮传动等摩擦副得到广泛的应用。

对混合摩擦状态的一种既简单又精练的解释是:当流体摩擦遭到破坏后,施加在摩擦副上的总负荷的一部分由流体润滑剂膜来承受,在该摩擦表面上同时存在着流体摩擦和边界摩擦,即成为半流体摩擦;而另一部分负荷由摩擦副表面微凸体触点来承担,在该摩擦表面上同时存在着干摩擦和边界摩擦,即称为半干摩擦。半干摩擦和半流体摩擦都叫混合摩擦。

> J(GJ)AC025 磨损的规律

(二)磨损及规律

摩擦副工作表面的物质,由于表面相对运动而不断损失的现象,称为零件的磨损。经过大量的试验和总结,发现机械在工作过程中的磨损具有一定的规律。以机械的配合件为例,在正常工作情况下,一般机械配合件配合表面磨损量随机械工作时间而变化,如图 1-4-60 所示。图中的横轴表示机械的工作时间,纵轴表示磨损量,曲线上每一点的斜率 tanα 表示这一时间磨损的增长率。从图中可以看出,tanα 值是变化的,根据 tanα 的不同,曲线可以分为三个阶段。

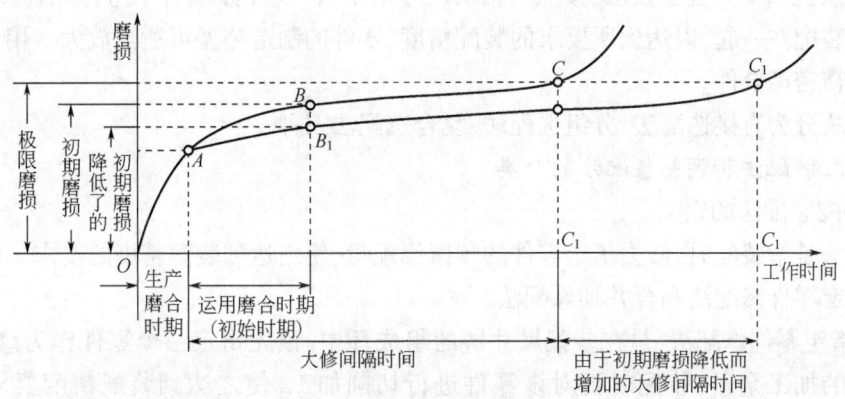

图 1-4-60 零件磨损曲线

第一阶段为磨合阶段（曲线 OB 段）。包括生产磨合和运用磨合（初驶磨合）两个阶段。由于零件加工表面必然具有一定的微观不平度，所以磨合开始时磨损非常迅速，曲线的斜率很大，当粗糙表面的凸峰逐渐被磨平时，磨损的增长率逐渐降低，达到某一程度后，趋向稳定，是为第一阶段的结束，此时的磨损量称为初期磨损。装配好的机械，选用合理的磨合规范（合理的负荷、转速、时间和润滑剂等），大修出厂的机械，在磨合期内严格遵守有关的规定，都能够减少初期磨损，延长机械的使用寿命。

> J(GJ)AC026 零件磨损阶段的分类

第二阶段是正常工作阶段（曲线 BC 段）。由于零件已经磨合，其工作表面凸出的金属尖端部分已经被磨掉，凹入部分由于塑性变形而填平，零件的工作表面已达到相当的光洁程度，润滑条件已有相当的改善，因此磨损比较缓慢。而且，增长率几乎是不变的。但到后期，增长率逐渐增大。在机械的使用期间，合理地操作机械，认真地进行维护保养，能够降低增长率，延长机械使用寿命。

第三阶段是事故性损坏阶段。配合进入这一阶段后，由于载荷分配不均匀，而且由于冲击、过热、漏油等现象，磨损剧烈增加，甚至引起破坏性事故；所以机械在达到极限磨损前，必须及时修理。

四、装配工艺规程

按照一定的精度标准和技术要求，将若干个零件组成部件或将若干个零件、部件组合成机构或机器的工艺过程，称为装配。

（一）零部件的装配方法

1. 完全互换法装配零件

> J(GJ)AC003 完全互换法装配零件

完全互换装配的配合零件公差之和小于或等于装配允许偏差。操作方便，易于掌握，生产率高，便于组织流水作业。但对零件的加工精度要求较高。适于配合零件数较少，批量较大，零件采用经济加工精度制造时采用。

机械手册标准定义：要求任何一个零件不再经过修配及补充加工就能满足技术要求装配。零件制造精度要求较高，制造费用大，但有利于组织装配流水线和专业化协作生产。用于大批量生产。

2. 用选配法装配零件

> J(GJ)AC004 用选配法装配零件

选配法也叫不完全互换法，按照严格的尺寸范围，将零件分成若干组，然后将对应的各组装配件装配在一起，以达到所要求的装配精度，零件的制造公差可适当放大。用于成批生产的某些精密配合件。

选配法分为直接选配法、分组选配法、复合选配法三种。

3. 修配装配法和调整装配法的分类

> J(GJ)AC005 用修配发装配零件

1）修配装配法的定义

修配法是指装配时，修去指定零件的预留修配量，使之达到装配精度的要求。常用修配方法有指定零件修配法和合并加修配法。

（1）指定零件修配法，是在装配尺寸链的组成环中，预先指定一个零件作为修配件，并预留一定的加工余量，装配时再对该零件进行切削加工，使之达到装配精度要求的加工方法。

(2)合并加工修配法,是将两个或两个以上的配合零件装配后再进行加工,以达到装精度要求的加工方法。这种方法广泛用于单件或小批量的模具装配工作。

2)调整装配法的定义

调整装配法是用于改变模具中可调整零件的相对位置,或变化一组固定尺寸零件(如垫片、垫圈),来达到装配精度要求的方法。常用的有可动调整法和固定调整法。

(1)可动调整法,是在装配时,用改变调整件的相对位置来达到装配要求的方法。这种方法在调整过程中,一般不需要拆卸零件,调整比较方便。

(2)固定调整法,是在装配过程中,选用有合适的形状、尺寸的零件作为调整件,达到装配要求的方法,这种方法应根据装配时的零件实际测量值,按一定的尺寸间隔进行装配。

综上所述,装配方法可归纳为两大类:即互换法类和补偿法类。

J(GJ)AC006 用调整法装配零件

J(GJ)AC042 固定连接及其装修工艺

(二)固定连接的装配

1. 螺纹连接装修工艺

螺纹连接是一种可拆卸的固定连接,它具有结构简单、连接可靠、装拆方便、成本低廉等优点,因此在机械制造中应用广泛。

1)装配要点

(1)螺栓或螺母与零件配合的表面要光洁、平整,否则容易使连接件松动或使螺栓弯曲。

(2)与螺栓或螺母接触表面应清洁,螺孔内的赃物应当清理干净。

(3)拧紧成组的螺母或螺栓,须按照一定的顺序进行,并做到分次逐步拧紧(一般分三次拧紧),否则会使零件或螺栓松紧不一致甚至变形。拧紧长方形布置的螺栓时,须从中间开始逐渐向两边对称地扩展,而拧紧圆形或正方形布置的成组螺栓,必须对称的进行。

(4)拧紧力矩应适当,通常可用标准的扳手拧紧,当要求有一定的拧紧力矩时,可用测力扳手拧紧。

(5)连接件在工作中有振动和冲击时必须采用放松装置。螺纹连接常用的防松装置有:锁紧螺母、弹簧垫圈、止动垫圈、开口销、带槽螺母、串联钢丝等.

2)螺纹连接的损坏形式和修理

(1)螺栓的紧固端与螺孔配合太松;这时必须更换一个中径尺寸较大的螺栓。

(2)螺纹断扣:当断扣不超过半扣时,可用板牙再套一次,或用细锉修光;如果内螺纹损坏两三扣,可用丝锥再攻深几牙,并装入一个比原螺栓长两三扣的螺栓。

(3)螺钉因生锈腐蚀而难以拆卸;这时可采取以下措施:

① 往紧拧1/4圈,再退出来;反复紧松,逐步拧出。

② 用手锤振击螺帽,借以振散锈层。

③ 在煤油中浸泡,或用纱布头浸上煤油包在螺帽或螺母上20~30min,然后再拧。

④ 用喷灯将螺帽加热,然后迅速拧下(对零件性能有影响时,尽量不用)。

(4)断头螺栓。螺栓头拧断可采用下列方法拆卸:

① 螺栓断在孔的外露部分,可以在螺杆的顶部锯一条槽,用螺丝刀旋出,或者把两侧螺杆锉出平面后用扳手扳出。也可以在螺杆上焊上一个螺帽,再用扳手扳出。

② 螺栓断在孔内,可在螺栓上钻一个孔楔入一个多角钢杆然后拧出。或在螺栓上钻孔

攻相反的螺纹用反螺纹的螺栓拧出来。

③ 上述方法无效或不具备条件时,可用直径比螺纹大径小 0.5~1.0mm 的钻头,把螺栓钻掉再用丝锥攻内螺纹。

④ 对于淬火的螺栓可用电蚀法去掉。

(5)固定零件螺孔的螺纹磨损。可采用更换螺栓以增大螺栓平均直径的办法来修复。

(6)固定零件螺孔的螺纹烂牙或滑牙。可将螺纹大径直径扩大一个规格,如原来是 M10 的大径改为 M12 的大径,然后再用 M12 的螺钉拧入。

2. 键连接

键连接是将轴和轴上零件通过键在圆周方向上固定,以传递转矩的一种装配方法。它具有结构简单、工作可靠和装拆方便等优点,因此在机械制造中被广泛应用。键连接根据装配时的松紧程度,可分为松键连接和紧键连接两大类。松键连接是靠键的侧面来传递转矩的,对轴上零件作圆周方向固定,不能承受轴向力。松键连接所采用的键有普通平键、导向键、半圆键和花键等。

[ZAB028 键的作用] 1)键连接的作用

键连接是通过键实现轴和轴上零件间的周向固定以传递运动和转矩。其中,有些类型还可以实现轴向固定和传递轴向力,有些类型能实现轴向动联接。

[J(GJ)AC036 键连接装配要求] 2)键连接装修工艺。

(1)键与键槽的配合应符合要求:键与轴槽和轮毂的配合性质一般决定于机构的配合性质。普通平键与轴槽和毂槽均为静连接,因此键的两侧面与键槽必须配合精确,即键与轴槽采用 N9/h9 或 P9/h9,而键与轮毂槽采用 Js9/h9 或 P9/h9 偏差。导向键固定在轴上并用螺钉固定,键与轮毂相对滑动,因此键与滑动件的键槽两侧面应达到精确的间隙配合 D10/h9,而键与轴槽应采用 H9/h9 的配合。滑键固定在轮毂槽中(过渡配合),键与轴槽两侧面须达到精确的间隙配合,这样才能保证滑动件的正常工作。

(2)键与键槽应具有较低的粗糙度。

(3)键安装于键槽必须与槽底紧贴,键头与轴间应有 0.1mm 的间隙,同时保证键的顶面与轮毂槽之间有 0.3~0.5mm 的间隙。

3)紧键连接的装配要求

(1)紧键的斜度一定要与轮毂槽的斜度一致,否则套件会发生歪斜。

(2)紧键与槽的两侧应有一定的间隙。

(3)对于钩头斜键,不能使钩头紧贴套件的端面,必须留出一定的距离以便拆卸。

[ZAB029、GAB070 花键连接的特点] 4)花键连接的装配要求

由于结构形式和制造工艺的不同,与平键联接比较,花键联接在强度、工艺和使用方面有下列特点:

(1)因为在轴上与毂孔上直接而均匀地制出较多的齿与槽,故联接受力较为均匀。

(2)因槽较浅,齿根处应力集中较小,轴与毂的强度削弱较少。

(3)齿数较多,总接触面积较大,因而可承受较大的载荷。

(4)轴上零件与轴的对中性好,这对高速及精密机器很重要。

(5)导向性好,这对动联接很重要。

(6)可用磨削的方法提高加工精度及联接质量。

(7)制造工艺较复杂,有时需要专门设备,成本较高。

固定的花键连接应保证配合后有少许的过盈量,装配是可用铜棒轻轻打入,过盈量大时可将套件加热(80~120℃)后进行装配。活动的花键连接应保证精确的间隙配合使套件在轴上滑动自如,没有阻滞现象,但也不能过松,用手摇动套件时,不应感觉到有间隙。

5)键的损坏形式和修理

(1)键磨损:通常采用更换键的方法,来恢复键的连接精度。

(2)键槽磨损:可采用增大键的尺寸,同时修整轴槽和毂槽的尺寸;如磨损情况只发生在轮孔的键槽而轴上的键座不须修整时,这时可把键锉成阶台形。

(3)发生形变或剪断:在允许的条件下,可采用增加轮毂槽的宽度或增加键的长度的方法,有时也采用两个键相隔180°安装,以增大键的强度。

(4)当传动轴花键套与花键轴头配合间隙、磨损超过规定时,可采用以下办法修复:

① 对磨损或有横向裂纹的键齿采用堆焊方法修复。堆焊后,按技术标准要求重新加工键齿,此方法在旧件修复中被广泛用来修复花键轴。

② 对花键套采用压力加工方法修复。将伸缩套加热至85~90℃,用一标准花键轴插入花键套,在轴套的外面加缩小的压模,压模的内径较轴套的外径每次缩小为0.50~1mm,按需要缩小的量决定其缩小次数。缩小后还需进行机械加工和热处理,并检查其配合侧隙。

③ 当花键轴磨损严重或键齿有横向裂纹又无堆焊修复能力时,可采用局部更换修复法修复。

3. 销连接

销连接可起定位、连接和保险作用。销连接可靠,定位方便,拆装容易,再加上销子本身制造简便,故销连接应用广泛。根据销子的形状不同可分为圆柱销装配和圆锥销装配。

1)圆柱销装配

圆柱销有定位、连接和传递转矩的作用。圆柱销连接属过盈配合,不易多次装拆。

圆柱销定位时,为保证配合精度,通常需要两孔同时钻、铰,装配时应在销子上涂以机油,用铜棒将销子打入孔中。

2)圆柱销的装配要求

(1)保证销与销孔配合正确,销的偏差可按下列五种偏差代号 s7、n6、h8、h9、h11 选择。

(2)保证销孔中心重合,通常两孔应同时钻、铰,并使孔壁表面粗糙度在 $Ra3.2\mu m$ 以下。

(3)装配时,在销子上涂以机油,用铜棒垫在销子端面上,把销子打入孔中。

3)圆锥销装配

圆锥销具有1∶50的锥度,它定位准确,可多次拆装。圆锥销装配时,被连接的两孔也应同时钻、铰出来,孔径大小以销子自由插入孔中长度约80%左右为宜,然后用锤子打入即可。

4)圆锥销的装配要求

(1)保证销与销孔的锥度正确,其贴合斑点应大于70%。

(2)保证销与销孔有足够的过盈量。通常可用试装法测定,以销子能自由插入孔中的长度约占销子长度的 80%~85% 为宜。用锤敲入后,销子的大小端稍露出被连接件的表面(通常为销端的倒角)。

5)销连接的修理和拆卸

销连接损坏或磨损时,通常更换销。销的拆卸方法可根据销的结构不同采用不同的拆卸方法。

(1)普通圆柱销和圆锥销的拆卸,可用一个直径小于销孔的金属棒用手锤击出。

(2)带螺纹圆柱销和圆锥销的拆卸,可用与螺纹相同的螺钉、螺母旋出或用专用的拉出器拉出。

4. 过盈连接

过盈连接是以包容件(孔)和被包容件(轴)配合后的过盈来达到紧固连接的一种连接法。

过盈连接有对中性好、承载能力强,并能承受一定冲击力等优点,但对配合面的精度要求较高,加工、装、拆都比较困难。

1)过盈连接的装配方法

(1)压入法,即用锤子加垫块敲击压入或用压力机压入。

(2)热胀法,利用物体热胀冷缩的原理,将孔加热使孔径增大,然后将轴装入孔中。

(3)冷缩法,利用物体热胀冷缩的原理,将轴进行冷却,待轴径缩小后再把轴装入孔中。

2)过盈连接的装配要求

(1)配合表面应保证良好的精度和较低的粗糙度。

(2)在压合前,要十分注意配合件的清洁,零件经加热或冷却后,配合面要擦拭干净。

(3)在压入时,配合表面必须用油润滑,以免装配时擦伤表面。

(4)压入过程应保持连续,速度不宜太快,压入速度通常用 2~4mm/s(不宜超过 10mm/s),并需准确控制压入行程。

(5)压合时必须保证与孔的轴线一致,不允许倾斜,要经常用直尺检查,最好采用专用的导向工具(图 1-4-61)。

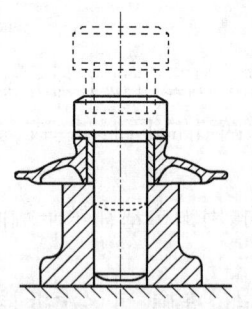

图 1-4-61 压轴套用的心轴

(6)对于细长的薄壁件,要特别注意检查其过盈量和形状偏差,装配时最好垂直压入,以防变形。

3)过盈连接的装拆方法

装配与拆卸过盈量零件所用的工具、设备和方法基本相同。但所不同的地方,只是加力的方向相反而已。

装拆过盈量的方法大致有三种：打入和打出，压入和压出，热装和冷装。

(1) 打入和打出。

打入和打出是用锤击的力量，使配合零件做轴向移动而达到装拆的目的。这种方法简便，但导向性不好，易发生歪斜，打入或打出时，锤击力不要偏斜，四周用力应均匀，否则会卡住。打入时，在连接表面处应加润滑油，并在工件的锤击部位垫上软金属板[图1-4-62(a)]。打出时，应先用润滑油或溶剂油浸润，然后用阶梯式冲子插入套件内打出[图1-4-62(b)]。

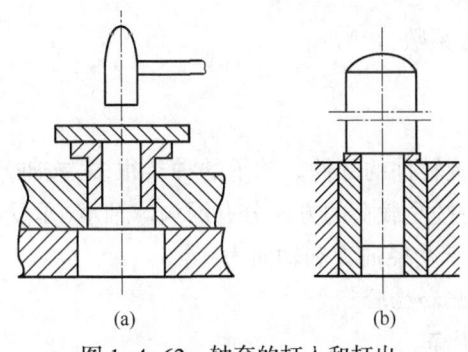

图1-4-62　轴套的打入和打出

(2) 压入和压出。

用压力机械将过盈连接的镶入件压入和压出，比用手锤打入和打出有很多优点，它能装拆尺寸较大或过盈较大的零件，加的力比较均匀，方向可以控制，但是需要有压力机械。对于有些零件，在压装时，可以将压力机和螺旋工具并用，如图1-4-63所示的两个套，下面一个可用压力机压入，上面的一个只能用螺旋工具压入。压出时只要选用合适的芯棒，安装配相反的方向压出即可。

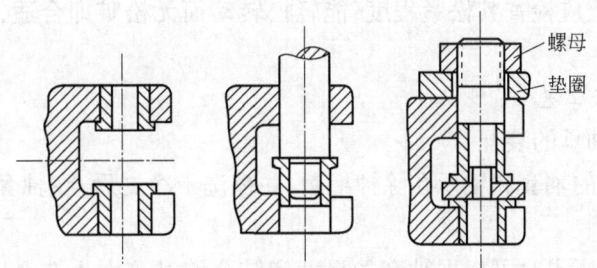

图1-4-63　轴套的压入和压出

(3) 热装和冷装。

加热和冷却的装配方法，是利用物体具有热胀冷缩的特性，如将孔件加热使孔径增大，然后将轴装入胀大的孔中，待冷缩后，轴与孔的配合面即产生过盈，这种装配方法称热装；如将轴件进行低温冷却使之缩小，通常可以在固态二氧化碳(即干冰)中进行(可冷却到78℃)，也可采用液氮冷缩(可冷至195℃)。然后将轴装入孔中，这种装配称冷装。冷装比热装有很多优点，它能保证热处理后的金相组织不易变化，但受到设备条件的限制。因此通常采用热装法，对小型零件，可以把零件放在润滑油中加热。利用润滑油加热，必须

J(GJ)AC037 零件热装配的方法

J(GJ)AC038 零件冷装配的方法

随时测试温度,严防超过闪点,防止火灾发生。而对尺寸较大或过盈较大的零件,通常采用火焰喷嘴,加热炉或感应加热器等加热。使孔膨胀所需的温度可按下式计算:

$$T = \frac{\delta + \Delta}{\alpha \times d} + T_0$$

式中　δ——连接件实际过盈量,mm;

　　　Δ——所选装配间隙,mm[装配间隙一般取 $0.001d \sim 0.002d$(d 为配合直径),当包容件重量小,配合度小,配合直径大,操作比较熟练,可选小些;反之,则应选大些];

　　　T_0——装配环境温度,℃;

　　　α——包容件的线胀系数,1/℃;

　　　d——轴径,mm。

(三)轴承装配

轴承是支撑轴或轴上旋转件的部件。轴承的种类很多,按轴承工作的摩擦性质分有滑动轴承和滚动轴承两大类;按受载荷的方向分有深沟球轴承(承受径向力)、推力轴承(承受轴向力)和角接触球轴承(承受径向力和轴向力)等。

> ZAB022 万向节十字轴更换方法

1. 传动轴万向节的装配和检验

(1)将各零部件清洗干净。

(2)在轴承壳内涂以少许润滑脂,将轴承滚针装入。

(3)将滚针轴承盖、油毡和垫圈装回十字轴颈上,再将十字轴套入万向叉(或伸缩叉),有油嘴的一面向传动轴。装进轴承壳(注意槽与螺孔对正)。

(4)放上盖板和螺钉锁片,旋紧螺栓,十字轴应能转动,不得有卡住或轴向松动现象,最后再以锁片将螺栓锁住。

(5)万向节的装配则需用手锤轻轻敲击轴承壳外部才能装上,但不可装偏或锤击过猛,以免打坏零件,待露出锁环槽时,稳妥地将锁环锁紧为止。

(6)装配完成后,应检查其松紧程度,能轻松转动而无松旷即合适,注入足够的润滑脂即可。

> GAB005 组装滑动轴承的方法

2. 滑动轴承装修工艺

1)整体式滑动轴承的装配

(1)将符合要求的轴套和轴承孔除掉毛刺,并擦洗干净之后,在轴套外径或轴承座孔内涂抹机油。

(2)压入轴套。压入时可根据轴套的尺寸和结合的过盈大小选择压入方法,当尺寸和过盈较小时,可用手锤敲入但需要垫板保护;在尺寸和过盈较大时,则宜用压力机压入或用拉紧夹具把轴套压入机体中。压入时如果轴承上有油孔,应与机体上的油孔对准。

(3)轴套定位。压入轴套之后,对负荷较大的滑动轴承轴套,还要用紧定螺钉或定位销固定。

(4)轴套孔的修整。对于整体的薄壁轴套,在压装后内孔容易发生变形,如内径缩小或成椭圆形圆锥形,可用铰削刮研等方法,对轴套孔进行修整。

> J(GJ)AC044 滑动轴承及其装修工艺

2)部分式滑动轴承的装配

部分式滑动轴承的结构如图1-4-64所示,其装配工艺要求如下:

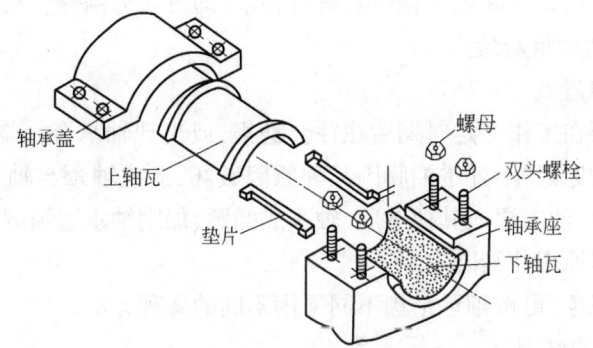

图 1-4-64　剖分式滑动轴承零件的组成

（1）轴瓦与轴承座、盖的装配。上下轴瓦与轴承座、盖装配时,应使轴瓦背与座孔接触良好,如不符合要求时,对厚度轴瓦则以座孔为基准铲刮轴瓦背部,同时应注意轴瓦的台肩靠紧座的两端面,达到 H7/f7 配合,如太紧也需要进行修刮。对于薄壁轴瓦则不需修刮,只要进行选配,如图 1-4-65 所示,为了达到配合的要求,轴瓦的对开面应比轴承体的对开面高出一些,其值 $\Delta h=\pi\delta/4$（δ——轴瓦与机体孔的配合过盈）,一般 Δh 为 0.05～0.1mm。轴瓦装入时,在对合面上应垫上木板,用手锤轻轻敲入,避免将对合面敲毛,影响装配质量。

J(GJ)AC044 滑动轴承及其装修工艺

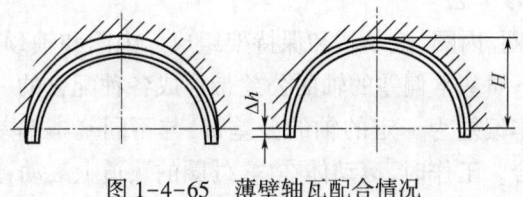

图 1-4-65　薄壁轴瓦配合情况

（2）轴瓦的定位。轴瓦安装在机体中,无论在圆周方向或轴向都不允许有位移,通常用定位销和轴瓦上的凸台来止动（图 1-4-66）。

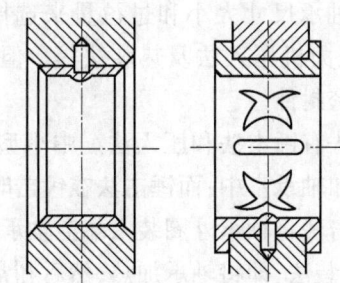

图 1-4-66　轴瓦的定位

（3）轴瓦孔的配刮。对开式轴瓦一般多用与其相配的轴研点,通常先刮研下轴瓦再刮研上轴瓦,为了提高修刮效率,在刮研轴瓦时可不装上轴瓦盖,当下轴瓦的接触点基本符合时,再将上轴瓦盖压紧,并拧上螺帽,在修刮上轴瓦的同时进一步修正下轴瓦的接触点。配刮轴的松紧,可以随着刮修的次数、调整垫片 H 的尺寸来调节。当螺帽均匀紧固后,配刮轴能够轻松地转动且无明显的间隙。接触点符合要求,即可认为刮修合格。

(4)清洗轴瓦,然后重新装入。

3)滑动轴承的修理

轴承的工作表面在工作一定时期后往往会磨损,或出现轴承合金烧熔、剥落、裂纹等情况。出现这些缺陷的原因,不外乎油膜因某种原因破坏,造成轴颈与轴承表面的直接摩擦,例如当润滑油不充分、油内混入其他杂质、轴颈成椭圆、加剧轴承磨损等。因此,遇到这些情况,应认真分析,找出原因并消除它。

上述轴承损坏现象,可按轴承结构不同采用不同的修理方法。

(1)整体式轴承的修理。

整体式滑动轴承的修理,一般采用更新的方法。但是,在某些情况下,如对大型轴承或贵金属材料的轴承,可采用金属喷镀的方法;或将轴套切去部分,合拢以缩小内孔,然后在缺口内上用铜焊补满最后通过喷镀或镶套以增大外径。

(2)剖分式滑动轴承的修理。

对开式滑动轴承经使用后,如工作表面轻微磨损,可以通过调整垫片重新进行修刮,以恢复其精度。对于巴氏合金轴瓦,如工作表面损坏严重时,可重烧巴氏合金,并经过机械加工,再进行修刮,直至符合要求为止。恢复时应注意,轴承盖与轴承座之间的间隙应不小于0.75mm,否则,将影响轴瓦的压紧。

3. 滚动轴承及其装修工艺

滚动轴承一般由外圈、内圈、滚动体和保持架组成。内圈和轴颈为基孔制(基本偏差为一定的孔的公差带,与不同基本偏差的轴的公差带形成各种配合的一种制度)配合,外圈和轴承室孔为基轴制(基本偏差为一定的轴的公差带,与不同基本偏差的孔的公差带形成各种配合的一种制度)配合。工作时,滚动体在内、外圈的滚道上滚动,形成滚动摩擦。

滚动轴承具有摩擦力小、轴向尺寸小、更换方便和维护容易等优点,所以在中小型感应电动机中,广泛地采用滚动轴承。

1)滚动轴承的装配方法 【J(GJ)AC041 滚动轴承的装配方法】

滚动轴承的装配方法应视轴承尺寸大小和过盈量来选择。一般滚动轴承的装配方法有锤击法、用螺旋或杠杆压力机压入法及热装法等。但在任何情况下,都不可以直接敲击轴承圈、保持架、滚动体或密封件。

深沟球轴承常用的装配方法有锤击法和压入法。中小型电机一般都采用压入法,用轴承压装机将轴承直接压入轴颈和轴承室中;而锤击法在锤击时要用铜棒垫上特制套,用锤子将轴承内圈装到轴颈上或用锤击法将轴承外圈装入端盖轴承室中。如果轴颈尺寸较大过盈量也较大时,为装配方便可用热装法,即将轴承加热,然后和常温状态的轴配合。

2)滚动轴承装配的技术要求

(1)滚动轴承上带有标记代号的端面应装在可见方向,以便更换时查对。

(2)轴承装在轴上或装入轴承室后,不允许有歪斜现象。

(3)同轴的两个轴承中,必须有一个轴承在轴受热膨胀时有轴向移动的余地。

(4)装配轴承时,压力(或冲击力)应直接加在待配合的套圈端面上,不允许通过滚动体传递压力。

(5)装配过程中应保持清洁,防止异物进入轴承内。

(6)装配后的轴承应运转灵活,噪声小,工作温度不超过 50℃。

3)滚动轴承游隙的调整

滚动轴承在装配后,如轴承游隙过大,将使同时承受负荷的滚动体减少,应力集中,轴承寿命降低,同时,还将降低轴承的旋转精度,引起振动和噪声,当负荷有冲击时,这种影响尤为严重;如轴承游隙过小,则发热和磨损,同样会降低轴承的寿命。因此,选择适当的游隙是保证轴承正常工作、延长使用寿命的重要措施之一。

(1)圆锥滚子轴承游隙的调整。

对于圆锥滚子轴承在装配过程中,可通过适当地调整轴承内、外圈的相对轴向位置,来调节轴承的径向间隙,其折算关系是:轴向游动量为 2~2.5 倍径向游动量。如要求轴承径向游隙为 0.01mm,则轴向游动量为 0.02~0.025mm,如图 1-4-67 所示。

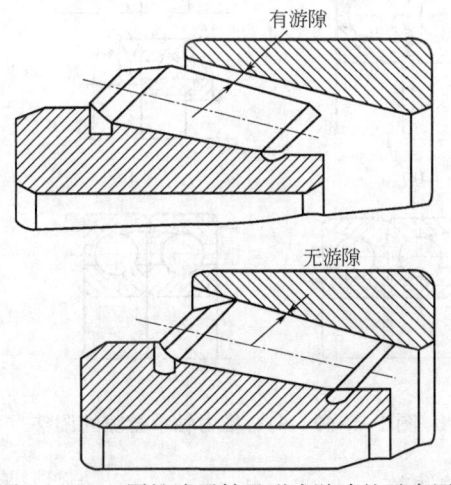

图 1-4-67 圆锥滚子轴承形成游隙的示意图

① 螺栓调整游隙[图 1-4-68(a)],先松开螺母 4 并拧紧螺栓 5,以便抵紧盖板 6,使轴承游隙消除,然后再根据螺栓的螺距大小将螺栓反向旋转。例如:当螺距为 1mm 时,为了得到 0.1mm 的轴向游隙(径向游隙为 0.04~0.05mm),就必须将螺钉旋转 1/10 周。

② 用垫片调整游隙[图 1-4-68(b)],先松开螺栓 3,抽掉原有的垫片 2,用螺钉 3 均匀

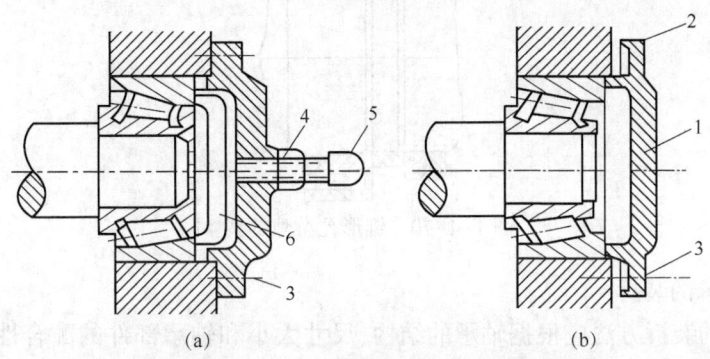

图 1-4-68 圆锥滚子轴承的间隙调整
1—轴承盖;2—垫片;3,5—螺栓;4—螺母;6—盖板

地拧紧盖1,同时用手缓缓转动轴,以使滚动体都处在正确的位置,拧紧到转动轴有发紧的感觉为止。这时,轴承间隙为零,然后用塞尺测量缝隙 K 的厚度,并加上所需的轴向游隙值(如轴向游隙为0.05mm,则径向游隙为0.02~0.025mm),构成调整需要的垫片厚度,再将螺栓3均匀拧紧,即能保证所需的径向游隙。

(2)向心推力轴承游隙的调整。

① 轴承内垫环厚度差来调整轴承的游隙,如图1-4-69(a)所示。

② 用弹簧力的大小,来调整轴承的游隙,如图1-4-69(b)所示。

③ 用磨窄成对的轴承内、外圈,来调整轴承的游隙,如图1-4-69(c)所示。

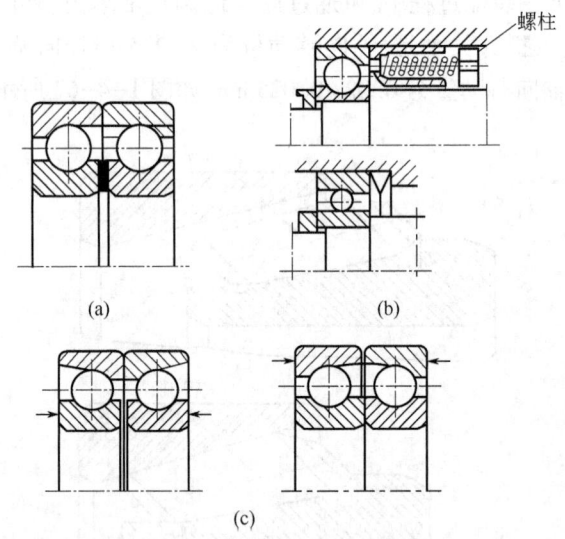

图1-4-69　向心推力轴承游隙的调整

(3)锥形孔轴承游隙的调整。

如图1-4-70所示,拧紧螺母可以使锥形孔内圈往轴颈大端移动,从而使内圈胀大,轴承的游隙减小;反之相反。

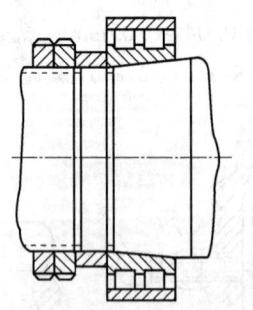

图1-4-70　锥形孔游隙的调整

4)滚动轴承的装拆

滚动轴承的装拆方法应根据轴承的结构、尺寸大小和轴承部件的配合性质而定。装拆时的压力直接加在待配合的套圈端面上,不能通过滚动体传动压力。

装配前的准备工作:滚动轴承是一种精密部件,其套圈和滚动体有较高的精度和较低的粗糙度,认真做好装配前的准备工作,是保证装配质量的重要环节。

(1)按所装的轴承准备好所需的工具和量具。

(2)清除轴、轴承座孔等表面的毛刺、凹陷、锈蚀及油污。并按图纸要求检查倒角是否符合要求。

(3)用汽油或煤油清洗与轴承的配合件,并用干净的布仔细擦净,然后涂上一层薄油。

(4)检查轴承型号与图纸要求是否一致。

(5)清洗轴承,如轴承用防锈油封存的,可用汽油或煤油清洗;如用厚油和防锈油脂防锈的轴承,可用轻质矿物油加热溶解清洗(油温不超过100℃),将轴承放入油内,待防锈油脂熔化后从油中取出,冷却后再用汽油或煤油清洗。经过清洗的轴承不能直接放在工作台上,应垫干净的纸。对于两面带防尘盖、密封圈或涂有防锈润滑两用油脂的轴承可不用清洗。

> J(GJ)AC043 滚动轴承及装修工艺

5)圆柱孔轴承的装拆

(1)当轴承与轴过盈配合,外圈与壳体为较松的配合时,可先将轴承装在轴上,压装时在轴承端面垫上铜或软钢的套筒,如图1-4-71(a)所示。然后把轴承与轴一起装入轴承座孔中。拆卸时可按图1-4-71所示,压出时,可用手锤敲击或用压力机将轴承压出即可拆卸轴承。

(2)当轴承外圈与轴承座孔为过盈配合,内圈与轴为较松配合时,可将轴承先压入轴承座孔中,这时装配套筒的外径应略小于轴承座孔的直径,如图1-4-72所示。拆卸时先将轴拆卸,然后将轴承安装配相反的方向压出。

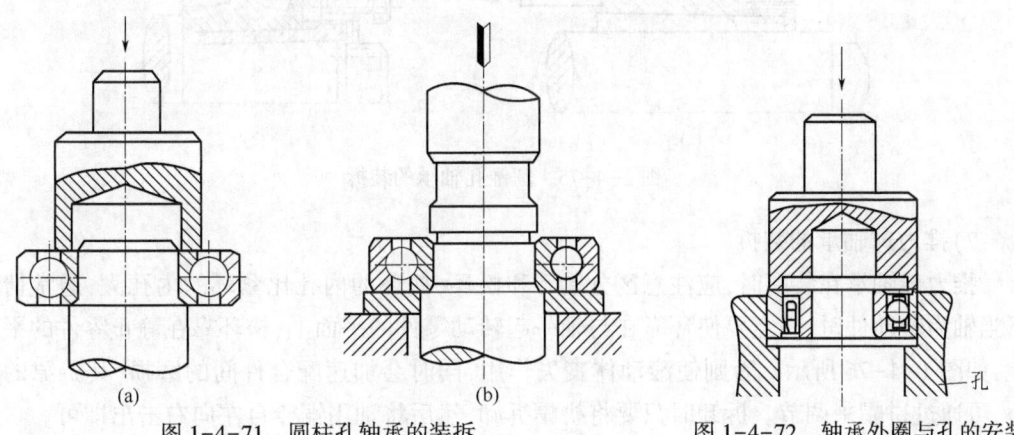

图1-4-71 圆柱孔轴承的装拆　　　　图1-4-72 轴承外圈与孔的安装

(3)当轴承内圈与轴、外圈与壳体孔都是过盈配合时,装配套筒的端面应制成能同时压紧轴承内外圈端面的圆环[图1-4-73(a)],使压力同时承受在内外圈上,把轴承压入轴上和轴套座孔中。拆卸时通常可将轴从轴承座孔中击出,然后,再用拉器将轴承从轴上拆卸,如图1-4-73(b)所示。

(4)对于圆锥滚子轴承,因其内外圈可分离,因此在装配时,可以分别把内圈装入轴上,外圈装在轴承的座孔中,然后再调整游隙,如图1-4-74所示。拆卸时可按图1-4-76所示的方法,分别把轴承内圈和外圈拆卸。

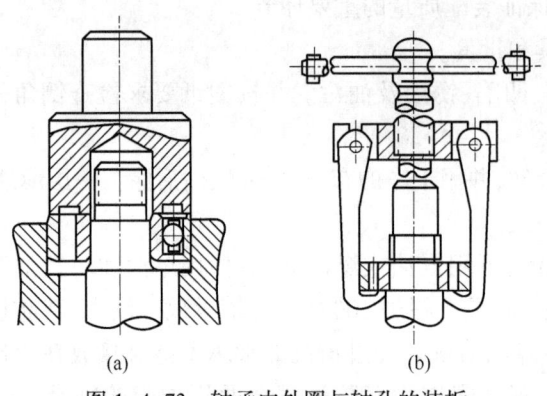
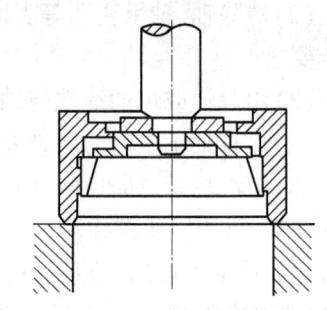

图 1-4-73 轴承内外圈与轴孔的装拆　　图 1-4-74 圆锥滚子轴承外圈的拆卸

6) 圆锥孔轴承的拆卸

圆锥孔轴承可以直接装在有锥度的轴颈上,或装在紧定套和止卸套的锥面上。然后,装上止动垫圈,再拧紧拼帽,并将止动垫圈与拼帽拧紧即可,如图 1-4-75(a)所示。在拆卸中,可安装配相反的顺序进行,即首先应将止动垫圈的外翅扳直,然后回松拼帽,再利用金属棒和手锤朝拼帽方向将轴套敲出。装在止卸套上的轴承,可先将轴上的拼帽卸掉,然后用止卸螺母将止卸套圈拆出如图 1-4-75(b)所示。

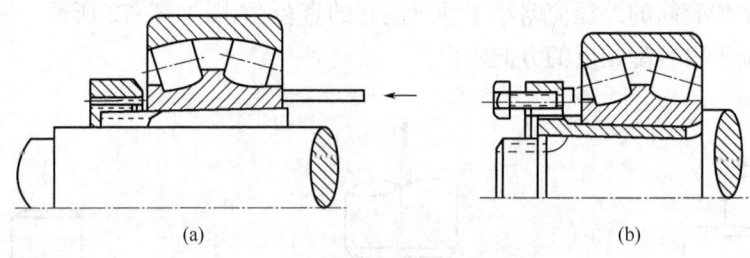

图 1-4-75 圆锥孔轴承的装拆

7) 推力球轴承的装拆

推力球轴承在装配时,应注意区分紧环和松环,松环的内孔比紧环的内孔大,通常情况下当轴为转动件时,一定要使环靠在与轴一起转动零件的平面上,松环靠在静止零件的平面上,如图 1-4-76 所示。否则使滚动体丧失作用,同时会加速配合件间的磨损,其游隙的大小,可通过拼帽来调节。拆卸时只要将拼帽拆卸,然后将轴用铜棒自左向右击出即可。

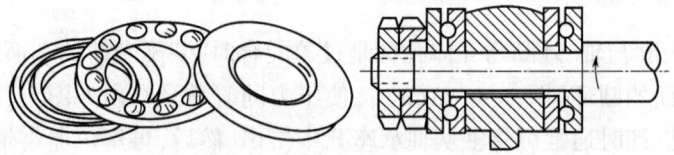

图 1-4-76 推力轴承的装配与调整

8) 滚动轴承的修理

滚动轴承经过长期使用,会磨损或损坏。磨损后的轴承使工作游隙增大或表面产生麻点、裂纹、凹坑等弊病,这些将使轴承工作时产生剧烈的震动和更严重的磨损。轴承磨损或损坏的原因和一般判断法如表 1-4-11 所述。

表 1-4-11　滚动轴承常见故障形式及原因

序号	声音	原因	解决方法
1	金属尖声(如哨音)	润滑不够	清洗轴承和轴承壳
2	不规则声音	有夹杂物进入轴承中间	调整间隙,重新润滑
3	粗嘎声	滚珠槽轻度腐蚀剥落	更换新轴承或修理轴承
4	冲击声	滚动体损坏,轴承破裂	更换新轴承或修理轴承
5	轰隆声	滚球槽严重腐蚀剥落	更换新轴承或修理轴承
6	低长的声音	滚珠槽有压坑	更换新轴承或修理轴承

当拆卸轴承时,发现轴颈或轴承座孔磨损,此时可采用镀铬或镀铁的方法使轴颈的尺寸增大或使座孔的尺寸减小,然后经过磨削或镗销,达到要求的尺寸。

J(GJ)AC008 联轴器及其装修工艺

(四)联轴器及其装修工艺

联轴器是机器之间、零件之间传递动力的中间连接装置,主要用来使两轴沿轴向接成一体,以传递扭矩;也可以使轴与其他零件,如齿轮、皮带轮等相互连接。有时还可以用作两传动件运转时的分离或接合装置,以及用作改变两轴线方向的连接。

1. 联轴节的装配要求

联轴节种类较多,但装配要求大致可归纳以下几点:

(1)应严格保证两轴的同轴度。否则两轴传动时产生蹩扭现象,严重时会使联轴节或轴变形和损坏。因此在装配时应认真用直尺或百分表找正。

(2)装配时应保证连接件(螺母、螺栓、键、圆锥销)等均应可靠联接,不允许有自动松脱现象,否则容易产生事故。

对于十字滑块式联轴节,装配时允许两轴线有少量的径向偏移和倾斜。一般情况下轴向摆动量可在 1~2.5mm;径向摆动量可在 $0.01d+0.25$(d 为轴径)之间。同时要求中间盘在两轴盘之间能自由滑动。

2. 万向联轴节的装配要求

(1)传动轴出厂前已经过平衡实验,分解时应注意标记,确保原位装复,否则会因不平衡而产生震动、噪声等故障。

(2)万向节十字轴的油嘴必须向传动轴管的一侧,油嘴应在一条直线上,以便保养时注油。

(3)安装传动轴万向节时,如果万向节叉上有箭头记号的,应将箭头对正,若无箭头记号,应使传动轴两端的叉装在一个平面上。

3. 联轴器的修理

对于刚性联结轴节与轴配合松动时,可将轴颈镀铬或喷镀,以增大轴颈的方法来排除松动。磨损严重时应更换新的。

摩擦离合器的故障通常是接合牙齿的磨损或崩裂,一般可以重新铣出或焊补后进行修整;当摩擦体或摩擦片的摩擦表面出现不均匀磨损时,仅靠调整是不能满足要求的,这时可根据情况加以修理和更换。例如,摩擦体磨损后可重行磨削或刮研;摩擦片弯曲或有严重擦伤,就必须更换。

五、研磨工艺

研磨是在精加工基础上用研具和磨料从工件表面磨去一层极薄金属的一种磨料精密加工方法。

> GAC015 研磨的概念

(一)研磨概念

研磨利用涂敷或压嵌在研具上的磨料颗粒,通过研具与工件在一定压力下的相对运动对加工表面进行的精整加工(如切削加工)。研磨可用于加工各种金属和非金属材料,加工的表面形状有平面、内、外圆柱面和圆锥面、凸、凹球面、螺纹、齿面及其他型面。

(二)研磨工艺材料

1. 研具材料

(1)铸铁:研磨淬硬和不淬硬的钢件及铸铁件。

(2)黄铜:研磨各种软金属。

2. 研磨剂

(1)磨料:氧化铝、碳化硅、氧化铁、氧化铈等。

(2)研磨液:机油、煤油、动物油及油酸、硬脂酸。

3. 研磨工艺研磨方法

研磨分为手工研磨和机械研磨。手工研磨平面时,研磨剂涂在研磨平板(研具)上,手持工件作直线往复运动或"8"字形运动。研磨一定时间后,将工件调转90°~180°,以防工件倾斜。对于工件上局部待研的小平面、方孔、窄缝等表面,也可手持研具进行研磨。批量较大的简单零件上的平面亦可在平面研磨机上研磨。

手工研磨时,研具表面各处要均匀磨削,以延长研具的使用寿命。同时要合理选择研磨的运动轨迹。研磨时的运动轨迹有直线、直线摆动、螺旋形、"8"字形和仿"8"字形等,其共同特点是被加工表面与研具面做密合的平面运动。

4. 研磨工艺研磨平面

如图1-4-77所示为平面研磨方法,研磨平面一般在精磨之后进行。平面研磨是在非常平整的研磨平板上进行的。粗研磨在有槽平板上进行,精研磨在光滑平板上进行。先在平板或工件上涂上适当的研磨剂,再将待研磨面贴合在研板上,以"8"字形或螺旋形和直线运动相结合的方式进行研磨,并不断变更工件的运动方向,直至达到精度要求。在研磨狭窄平面时,可用V形铁作依靠进行研磨,采用直线研磨运动轨迹。控制好研磨速度和压力,一般小的硬工件或粗研磨可用较大的压力,而大工件或精研磨可用较小的压力。

5. 研磨工艺研磨钢球

如图1-4-78所示,研磨钢球将有沟槽的平板放在钳工台上,把研磨剂和钢球放入平板沟槽内,上面覆一块无沟槽的平板,推动无沟槽平板,作平面往复旋转运动来进行研磨。

6. 研磨工艺V型槽研磨

如图1-4-79所示,把两块与V形槽角度相等的研具装在底板上调整所需距离和高度误差,然后拧紧螺栓,即可进行研磨,此方法适用于成批生产。

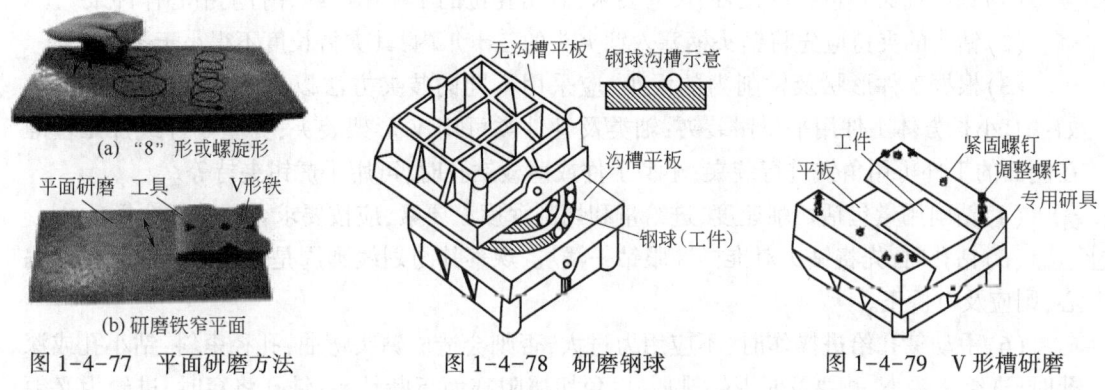

图 1-4-77　平面研磨方法　　图 1-4-78　研磨钢球　　图 1-4-79　V形槽研磨

六、孔加工的基本常识

(一)钻孔

用钻头在实体工件上加工出孔的方法称为钻孔。

在钻床上进行钻孔时,钻头的旋转是主运动,钻头沿轴向移动是进给运动。下面首先介绍几种常用钻头:

1. 麻花钻

麻花钻由柄部、颈部和工作部分组成,图 1-4-80 所示。

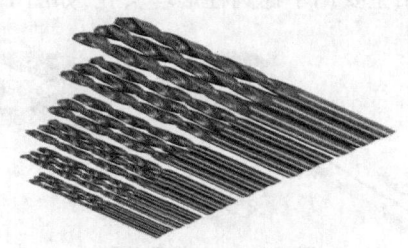

图 1-4-80　麻花钻

(1)柄部 麻花钻有锥柄和直柄两种,一般钻头直径小于 13mm 的制成直柄,大于 13mm 的制成锥柄,柄部是麻花钻的夹持部分,它的作用是定心和传递扭矩。

(2)颈部 在麻削麻花钻时作退刀槽使用,钻头的规格、材料及商标常打在颈部。

(3)工作部分 工作部分由切削部分和导向部分组成,切削部分主要起切削工件的作用,导向部分的作用不仅是保证钻头钻孔时的正确方向、修光孔壁,同时还是切削部分的后备。

2. 群钻

群钻是在麻花钻的基础上经刃磨改进出来的一种先进钻头,它在钻削过程中具有效率高、寿命长、钻孔质量好等多项优点。它主要分为标准群钻和薄板群钻两种,标准群钻是在标准麻花钻的基础上磨出月牙槽,磨短横刃和磨出单面分屑槽;薄板群钻是将标准麻花钻的两条主切削刃磨成圆弧形切削刃。

3. 钻孔的技术要求

(1) 钻孔前必须按孔的位置、尺寸要求,画出孔位的十字中心线并打上中心样冲眼。

(2) 钻头的夹持应先将钻头柄塞入钻夹头的三卡爪内,其夹持长度不得小于 15mm。

(3) 根据工件形状及钻削力的大小,应采用不同的装夹方法以保证钻孔质量和安全。如:中、小长方体工件用平口钳装夹;轴类及管件类可用 V 形架装夹;异型零件或加工基准在侧面的工件可用角铁进行装夹;小型工件或薄板钻孔时,可用手虎钳夹持等。

(4) 钻削用量包括切削速度、进给量和切削深度三要素,应按要求合理进行选择。

(5) 钻孔时,先将钻头对准样冲眼钻一浅坑,观察其与划线圆周是否同心。如果发现偏心,则应及时矫正。

(6) 手动钻孔给进操作时,不应用力过大,否则会造成钻头弯曲,孔径歪斜;钻小孔或深孔时,进给量要小,并要及时退钻排屑,以免切屑阻塞而折断钻头;钻孔将穿时,进给力必须减小,以防进给量突然增大,造成钻头突然折断,或使工件随钻头转动造成事故。

(二)扩孔

用扩孔工具将工件上原来的孔径扩大的加工方法,称为扩孔。常用的扩孔方法有用麻花钻扩孔和用扩孔钻扩孔。扩孔钻有高速扩孔钻和硬质合金扩孔钻两种。用扩孔钻扩孔,生产效率高,加工质量好常用作孔的半精加工及铰孔前的预加工。

(三)锪孔

用锪钻在孔口表面锪出一定形状的孔或表面的加工方法称为锪孔。

1. 锪孔钻的种类及用途

(1) 柱形锪钻图柱形锪钻主要用于锪圆柱形埋头孔,如图 1-4-81 所示。

图 1-4-81 柱形锪钻

(2) 锥形锪钻锥形锪钻有 60°、75°、90°、120°等几种。它主要用于锪埋头铆钉孔和埋头螺钉孔。

(3) 端面锪钻端面锪钻主要用来锪平孔口端面,也要用来锪平凸台平面。

2. 锪孔时注意事项

(1) 锪孔时的进给量应为钻孔时的 2~3 倍,切削速度为钻孔时的 1/3~1/2 为宜,应尽量减小振动以获得较小的表面粗糙度值。

(2) 若用麻花钻改磨成锪钻时,应尽量选用较短的钻头,并修磨外缘处前刀面,使前角变小,以防振动和扎刀。还应磨出较小的后角,防止锪出多角形表面。

(3) 锪钢材料的工件时,因切削热量大,应在导柱和切削表面上加注切削液。

(四)铰孔

用铰刀从工件孔壁上切除微量金属层,以获得孔的较高尺寸精度和较小表面粗糙度值的加工方法,称为铰孔。铰孔用的刀具叫铰刀。铰刀是尺寸精确的多刃工具,它具有刀齿数量较多、切削余量小、切削阻力小和导向性好等优点。

七、电焊

ZAB019　电焊的概念

电焊是焊条电弧的俗称。利用焊条通过电弧高温熔化金属部件需要连接的地方而实现的一种焊接操作。

(一)工作原理

电焊的基本工作原理是通过常用的220V电压或者380V的工业用电,通过电焊机里的减压器降低了电压,增强了电流,并使电能产生巨大的电弧热量融化焊条和钢铁,而焊条熔融使钢铁之间的融合性更高。电焊条的外层的药皮、CO_2焊接喷出CO_2气体起防止金属融化后氧化的作用。

(二)电焊种类

1. 电弧焊

电弧焊是目前应用最广泛的焊接方法。它包括有:手弧焊、埋弧焊、钨极气体保护电弧焊、等离子弧焊、熔化极气体保护焊、管状焊丝电弧焊等。绝大部分电弧焊是以电极与工件之间燃烧的电弧作热源。在形成接头时,可以采用也可以不采用填充金属。所用的电极是在焊接过程中熔化的焊丝时,叫作熔化极电弧焊,诸如手弧焊、埋弧焊、气体保护电弧焊、管状焊丝电弧焊等;所用的电极是在焊接过程中不熔化的碳棒或钨棒时,叫作不熔化极电弧焊,诸如钨极氩弧焊、等离子弧焊等。

2. 手弧焊

手弧焊是各种电弧焊方法中发展最早、目前仍然应用最广的一种焊接方法。它是以外部涂有涂料的焊条作电极和填充金属,电弧是在焊条的端部和被焊工件表面之间燃烧。涂料在电弧热作用下一方面可以产生气体以保护电弧,另一方面可以产生熔渣覆盖在熔池表面,防止熔化金属与周围气体的相互作用。熔渣的更重要作用是与熔化金属产生物理化学反应或添加合金元素,改善焊缝金属性能。手弧焊设备简单、轻便,操作灵活。可以应用于维修及装配中的短缝的焊接,特别是可以用于难以达到的部位的焊接。手弧焊配用相应的焊条可适用于大多数工业用碳钢、不锈钢、铸铁、铜、铝、镍及其合金。

3. 埋弧焊

埋弧焊是以连续送时的焊丝作为电极和填充金属。焊接时,在焊接区的上面覆盖一层颗粒状焊剂,电弧在焊剂层下燃烧,将焊丝端部和局部母材熔化,形成焊缝。在电弧热的作用下,上部分焊剂熔化熔渣并与液态金属发生冶金反应。熔渣浮在金属熔池的表面,一方面可以保护焊缝金属,防止空气的污染,并与熔化金属产生物理化学反应,改善焊缝金属的成分及性能;另一方面还可以使焊缝金属缓慢冷却。埋弧焊可以采用较大的焊接电流。与手弧焊相比,其最大的优点是焊缝质量好,焊接速度高。因此,它特别适于焊接大型工件的直缝的环缝。而且多数采用机械化焊接。埋弧焊已广泛用于碳钢、低合金结构钢和不锈钢的焊接。由于熔渣可降低接头冷却速度,故某些高强度结构钢、高碳钢等也可采用埋弧焊焊接。

4. 钨极气体保护电弧焊

这是一种不熔化极气体保护电弧焊,是利用钨极和工件之间的电弧使金属熔化而形成焊缝的。焊接过程中钨极不熔化,只起电极的作用。同时由焊炬的喷嘴送进氩气或氦气作保护。还可根据需要另外添加金属。在国际上通称为 TIG 焊。钨极气体保护电弧焊由于能很好地控制热输入,所以它是连接薄板金属和打底焊的一种极好方法。这种方法几乎可以用于所有金属的连接,尤其适用于焊接铝、镁这些能形成难熔氧化物的金属以及像钛和锆这些活泼金属。这种焊接方法的焊缝质量高,但与其他电弧焊相比,其焊接速度较慢。

5. 等离子弧焊

等离子弧焊也是一种不熔化极电弧焊。它是利用电极和工件之间地压缩电弧(叫转发转移电弧)实现焊接的。所用的电极通常是钨极。产生等离子弧的等离子气可用氩气、氮气、氦气或其中二者之混合气。同时还通过喷嘴用惰性气体保护。焊接时可以外加填充金属,也可以不加填充金属。等离子弧焊焊接时,由于其电弧挺直、能量密度大、因而电弧穿透能力强。等离子弧焊焊接时产生的小孔效应,对于一定厚度范围内的大多数金属可以进行不开坡口对接,并能保证熔透和焊缝均匀一致。因此,等离子弧焊的生产率高、焊缝质量好。但等离子弧焊设备(包括喷嘴)比较复杂,对焊接工艺参数的控制要求较高。钨极气体保护电弧焊可焊接的绝大多数金属,均可采用等离子弧焊接。与之相比,对于 1mm 以下的极薄的金属的焊接,用等离子弧焊可较易进行。

6. 熔化极气体保护电弧焊

这种焊接方法是利用连续送进的焊丝与工件之间燃烧的电弧作热源,由焊炬喷嘴喷出的气体保护电弧来进行焊接的。熔化极气体保护电弧焊通常用的保护气体有:氩气、氦气、CO_2 气或这些气体的混合气。以氩气或氦气为保护气时称为熔化极惰性气体保护电弧焊(在国际上简称为 MIG 焊);以惰性气体与氧化性气体(O_2,CO_2)混合气为保护气体时,或以 CO_2 气体或 CO_2+O_2 混合气为保护气时,或以 CO_2 气体或 CO_2+O_2 混合气为保护气时,统称为熔化极活性气体保护电弧焊(在国际上简称为 MAG 焊)。熔化极气体保护电弧焊的主要优点是可以方便地进行各种位置的焊接,同时也具有焊接速度较快、熔敷率高等优点。熔化极活性气体保护电弧焊可适用于大部分主要金属,包括碳钢、合金钢。熔化极惰性气体保护焊适用于不锈钢、铝、镁、铜、钛、锆及镍合金。利用这种焊接方法还可以进行电弧点焊。

7. 管状焊丝电弧焊

管状焊丝电弧焊也是利用连续送进的焊丝与工件之间燃烧的电弧为热源来进行焊接的,可以认为是熔化极气体保护焊的一种类型。所使用的焊丝是管状焊丝,管内装有各种组分的焊剂。焊接时,外加保护气体,主要是 CO_2 焊剂受热分解或熔化,起着造渣保护溶池、渗合金及稳弧等作用。管状焊丝电弧焊除具有上述熔化极气体保护电弧焊的优点外,由于管内焊剂的作用,使之在冶金上更具优点。管状焊丝电弧焊可以应用于大多数黑色金属各种接头的焊接。管状焊丝电弧焊在一些工业先进国家已得到广泛应用。

[ZAB020 焊条的分类]

(三)焊条分类

根据不同情况,电焊条有三种分类方法:按焊条用途分类、按药皮的主要化学成分分类、按药皮熔化后熔渣的特性分类。按照焊条的用途,有两种表达形式,一为原机械工业部编制的,可以将电焊条分为:结构钢焊条、耐热钢焊条、不锈钢焊条、堆焊焊条、低温钢焊条、铸铁焊条、镍和镍合金焊条、铜及铜合金焊条、铝及铝合金焊条以及特殊用途焊条。二为国家标准规定,为碳钢焊条、低合金焊条、不锈钢焊条、堆焊焊条、铸铁焊条、铜及铜合金焊条、铝及铝合金焊条。二者没有原则区别,前者用商业牌号表示,后者用型号表示。如果按照焊条药皮的主要化学成分来分类,可以将电焊条分为:氧化钛型焊条、氧化钛钙型焊条、钛铁矿型焊条、氧化铁型焊条、纤维素型焊条、低氢型焊条、石墨型焊条及盐基型焊条。如果按照焊条药皮熔化后,熔渣的特性来分类,可将电焊条分为酸性焊条和碱性焊条。酸性焊条药皮的主要成分为酸性氧化物,如二氧化硅、二氧化钛、三氧化二铁等。碱性焊条药皮的主要成分为碱性氧化物,如大理石、萤石等。电焊条的分类方法很多,可分别按用途、熔渣的碱度、焊条药皮的主要成分、焊条性能特征等不同角度对电条进行分类。按用途分类我国现行的焊条分类方法,主要是根据焊条国家标准和原机械工业部编制的《焊接材料产品样本》。焊条型号按国家标准分为 8 类,焊条牌号按用途分为 10 类。

八、气焊基础知识

GAB016 气焊的概念

(一) 气焊的概念

气焊是利用可燃气体与助燃气体混合燃烧生成的火焰为热源,熔化焊件和焊接材料使之达到原子间结合的一种焊接方法。应用最多的是以乙炔气作燃料的氧-乙炔火焰。由于设备简单使操作方便,但气焊加热速度及生产率较低,热影响区较大,且容易引起较大的变形。气焊可用于很多黑色金属、有色金属及合金的焊接。一般适用于维修及单件薄板焊接。

(二) 气焊的组成

如图 1-4-82 所示,助燃气体主要为氧气,可燃气体主要采用乙炔、液化石油气等。所使用的焊接材料主要包括可燃气体、助燃气体、焊丝、气焊熔剂等。特点设备简单不需用电。设备主要包括氧气瓶、乙炔瓶(如采用乙炔作为可燃气体)、减压器、焊枪、胶管等。由于所用储存气体的气瓶为压力容器、气体为易燃易爆气体,所以该方法是所有焊接方法中危险性最高的一之。

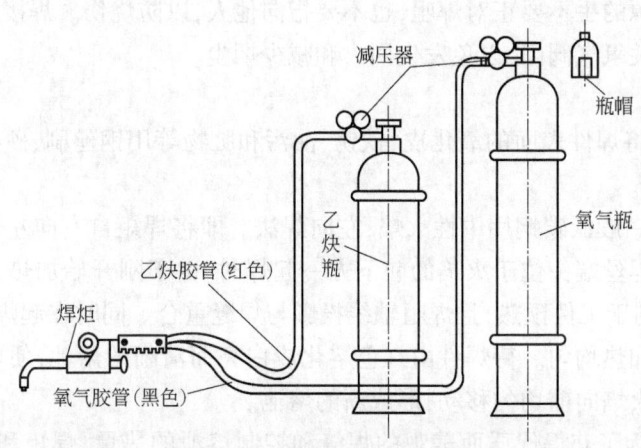

图 1-4-82 气焊设备工具连接图

(三)气焊简介

气焊又叫风焊。PMA 等离子钎焊机,完全代替传统钎焊设备,新一代无需氧气、乙炔、液化气、酒精、汽油可燃气体的钎焊设备。采用 IGBT 逆变控制原理,焊接时,火焰非常稳定,整台设备轻巧方便,适合户外焊接。焊机操作简单,略懂焊机的人即可,不需要特殊培训,本产品不需要乙炔等易燃易爆炸气体,安全性能大大提高。只需用电就可以,一些不发达地区(没有氧气或乙炔,汽油等)使用等。

离子钎焊机优势非常明显。焊接过程中,可直接使用气体助焊剂代替传统的手工添加硼砂,提高钎焊的湿润性和流动性,以便减少气孔的生成。提高焊缝抗拉强度,焊接过程中表面没有氧化现象,不发黑。不需要进行酸洗,大大提高了焊接效率。

(四)气焊优缺点

1. 优点

(1)对铸铁及某些有色金属的焊接有较好的适应性。

(2)在电力供应不足的地方需要焊接时,气焊可以发挥更大的作用。

2. 缺点

(1)生产效率较低;

(2)焊接后工件变形和热影响区较大。

(3)较难实现自动化。

(五)气焊基本操作技术

气焊操作时,一般右手持焊矩,将拇指位于乙炔开关处,食指位于氧气开关处,以便于随时调节气体流量。用其他三指握住焊矩柄,右手拿焊丝气焊的基本操作有:点火、调节火焰、施焊和熄火等几个步骤。

1. 点火、调节火焰与熄火

点火时先微开氧气阀门,然后打开乙炔阀门,用明火(可用的电子枪或低压电火花等)点燃火焰。这时的火焰为碳化焰,然后逐渐开大氧气阀,将碳化焰调整为中性焰,如继续增加氧气(或减少乙炔)就可得到氧化焰。点火归,可能连续出现"放炮"声,原因是乙炔不纯,应放出不纯惭块,重新点火;有时出现不易点火,原因是氧气量过大,这时应重新微关氧气阀门。点火时,拿火源的手不要正对焊咀,也不要指向他人,以防烧伤。焊接完毕需熄火时,应先关乙炔阀门,再关氧气阀门,以免发生回火和减少烟尘。

2. 旋焊

(1)焊件准备将焊件表面的氧化皮、铁锈、油污和脏物等用钢丝刷、砂布等进行清理,使焊件露出金属表面。

(2)焊缝起头一般低碳钢用中性火焰,左向焊法。即将焊矩自右向左焊接,使火焰指向待焊部分,填充的焊丝端头位于火焰的前下方一起焊时,由于刚开始加热,焊矩倾斜角应大些(50°~70°),有利于工件预热,且焊咀轴线投影与焊缝重合。同时在起焊处应使火焰往复运动,保证焊接区加热均匀。待焊件由红色熔化成白亮而清晰的熔池,便可熔化焊丝,而后立即将焊丝抬起,火焰向前均匀移动,形成新的熔池。

(3)正常焊接为了获得优质而美观的焊缝和控制熔池的热量、焊矩和焊丝应做出均匀协调的运动;即沿焊件接缝的纵向运动;焊矩沿焊缝做横向摆动;焊丝在垂直焊缝方向送进并作上下移动。

(4) 焊缝收尾 当焊到焊缝终点时,由于端部散热条件差,应减小焊矩与焊件的夹角(20°~30°),同时要增加焊接速度和多加一些焊丝,以防熔池扩大,形成烧穿。

> ZAB024 气割的原理

(六) 气割

气割是利用可燃气体与氧气混合燃烧的火焰热能将工件切割处预热到一定温度后,喷出高速切割氧流,使金属剧烈氧化并放出热量,利用切割氧流把熔化状态的金属氧化物吹掉,而实现切割的方法。

项目四　油料基础知识

一、润滑油

> CAB012 润滑油的作用

(一) 润滑的作用及特性

润滑油是用在各种类型汽车、机械设备上以减少摩擦,保护机械及加工件的液体或半固体润滑剂,主要起润滑、辅助冷却、防锈、清洁、密封和缓冲等作用。

> ZAB013 机油特点

1. 润滑

发动机在运转时,如果一些摩擦部位得不到适当的润滑,就会产生干摩擦。干摩擦在短时间内产生的热量足以使金属熔化,造成机件的损坏甚至卡死。因此必须对发动机中的摩擦部位给予良好的润滑。当润滑油流到摩擦部位后,就会黏附在摩擦表面上形成一层油膜,减少摩擦机件之间的阻力,而油膜的强度和韧性是发挥其润滑作用的关键。但是又不能用量过大,因为用量过大时会产生平方关系的阻力,对转速影响极大,所以在用量上要特别注意。

2. 冷却

燃料在发动机内燃烧后产生的热量,只有一小部分用于动力输出以及摩擦阻力消耗和辅助机构的驱动上,其余大部分热量除随废气排到大气中外,还会被发动机中的冷却介质带走一部分。发动机中多余的热必须排出机体,否则发动机会由于温度过高而烧坏。这一方面靠发动机冷却系来完成,另一方面靠润滑油从气缸、活塞、曲轴等表面吸收热量后带到油底壳中散发。

3. 洗涤

发动机工作中,会产生许多污物。如吸入空气中带来的砂土、灰尘,混合气燃烧后形成的积炭,润滑油氧化后生成的胶状物,机件间摩擦产生金属屑等。这些污物会附着在机件的摩擦表面上,如不清洗下来,就会加大机件的磨损。另外,大量的胶质会使活塞环黏结卡滞,导致发动机不能正常运转。因此,必须及时将这些污物清理,这个清洗过程是靠润滑油在机体内循环流动来完成的。

4. 密封

发动机的气缸与活塞、活塞环与环槽以及气门与气门座间均存在一定间隙,这样能保证各运动副之间不会卡滞。但这些间隙可造成气缸密封不好,燃烧室漏气结果是降低气缸压力及发动机输出功率。润滑油在这些间隙中形成的油膜,保证了气缸的密封性,保持气缸压力及发动机输出功率,并能阻止废气向下窜入曲轴箱。

5. 防锈

发动机在运转或存放时,大气、润滑油、燃油中的水分以及燃烧产生的酸性气体,会对机件造成腐蚀和锈蚀,从而加大摩擦面的损坏。润滑油在机件表面形成的油膜,可以避免机件与水及酸性气体直接接触,防止产生腐蚀、锈蚀。

6. 消除冲击载荷

在压缩行程结束时,混合气开始燃烧,气缸压力急剧上升。这时,轴承间隙中的润滑油将缓和活塞、活塞销、连杆、曲轴等机件所受到的冲击载荷,使发动机平稳工作,并防止金属直接接触,减少磨损。

(二)润滑油的分类

1. 黏度分类

采用 SAE 标准。稠化机油用多级油的方式表示,如 11 号、14 号稠化汽油机油相当于 SAE 的 10W/40,见表 1-4-12。

表 1-4-12 我国机油的牌号、规格

牌号		相当于 SAE 分类	相当于 API 分类
柴油机油	8 号	20	CA
	11 号	30	CA
	14 号	40	CA
	14 号寒区稠化油	20W/40	CA
	14 号严寒区稠化油	10W/40	CA
	8 号低增压油	5W/40	CC
	10 号低增压油	10W/40	CC
	14 号低增压油	15W/40	CC
	20 号低增压油	20W/40	CC
	14 号中增压油	15W/40	CD
	18	50	CA
	18 号船用稠化油	20W/50	CB
汽油机油	6	20	SB
	10	30	SB
	15	40	SB
	11 号高级轿车油	10W/30	SD
	14 号高级轿车油	10W/40	SE
	合成 6、6D	10W/20	SC

2. 质量分类

美国石油学会(API)发动机油分为两类:"S"开头系列代表汽油发动机用油,规格有:APISA、SB、SC、SD、SE、SF、SG、SH、SJ、SL、SM、SN。"C"开头系列代表柴油发动机用油,规格有:APICA、CB、CC、CD、CE、CF、CF-2、CF-4、CG-4、CH-4、CI-4。当"S"和"C"两个字母同

时存在,则表示此机油为汽柴通用型。在 S 或 C 后面的字母表示的意义是:从"SA"一直到"SN",每递增一个字母,机油的性能都会优于前一种,机油中会有更多用来保护发动机的添加剂。字母越靠后,质量等级越高。

(三)内燃机油的选用

凡是用于内燃发动机的润滑油,统称为内燃机油,内燃机油的品种较多,如汽油机油、柴油机油、船用发动机油、通用发动机油、二冲程汽油机油和铁道内燃机油等。内燃机油的选用主要是从质量等级和黏度牌号两方面进行。

1. 质量等级的选择

质量等级选择的原则是根据内燃机工作条件的苛刻程度,机油容量与压缩比,燃料性质等来确定。

2. 黏度牌号的选择

黏度是内燃机油的重要指标,当质量等级确定后,选择合适的黏度就显得更为重要。由于黏度过大或过小引起能源的浪费,磨损、擦伤甚至更严重的润滑故障也常有发生。因此,为了节约能源,保护设备必须选择合适的黏度牌号。黏度牌号的选用原则有:

(1)根据地区、季节气温选用。冬季寒冷地区,选用黏度小、倾点低的油或多级油。夏季或全年气温较高的地区,选用黏度适当高些的油,见表 1-4-13。

表 1-4-13 黏度等级与使用的大致气温范围

黏度等级	使用的大致范围,℃	黏度等级	使用的大致范围,℃
5W	−30~−5	15W/30	−15~35
5W/20	−30~20	15W/40	−10~40
5W/30	−30~35	20W	−10~40
10W	−20~10	20W/40	−10~40
10W/20	−20~10	20	−10~20
10W/30	−20~35	30	0~40
15W	−15~10	40	20~40

(2)根据载荷和转速选用。载荷高,转速低,如大型推土机、起重机和钻井机等,一般选用黏度较大的机油;载荷低、转速低、转速高,如小轿车、吉普车、微型车及小型动力设备等,一般用低黏度机油。如中载荷的大型柴油机,当活塞速度 7~8m/s 时,应用 100℃黏度 10~12mm^2/s;高载荷的大型柴油机,当活塞速度 8~10m/s 时,应用 100℃黏度 12~16mm^2/s;小型高速柴油机(汽车、拖拉机等),冬天应用 100℃黏度 6~8mm^2/s,夏天应用 10~12mm^2/s。

(3)根据内燃机的磨损情况选用。新内燃机应选用黏度较小的油,而磨损大(间隙增大)的内燃机则应选用黏度较大的油。

(4)在保证润滑的条件,应尽量选用低黏度油,特别应提倡推广多级油。新一代的油品,因为都具有较好的抗磨性(有的加入减磨剂),所以保持最低的润滑黏度不会引起故障。在国外,为了节约能源,使用低黏度(或多级油)非常广泛。

ZAB011 汽油特点

二、燃油的特性及分类

(一)汽油

1. 汽油的性能指标

汽油的性能指标用汽油蒸发性、抗爆性、氧化安定性及防腐性来衡量。其中最主要的是汽油的抗爆性和蒸发性。

1)抗爆性

抗爆性是指汽油在发动机气缸内燃烧时抵抗爆燃的能力,常用辛烷值表示。辛烷值越高,汽油的牌号亦越高,其抗爆性能越好。

爆燃,是因为气缸内温度或压力过高,导致可燃混合气自燃的一种不正常的燃烧现象。爆燃不但会引起发动机过热、油耗过高,而且还会导致发动机内部机件损坏,产生异响,时间一长易引发严重机械故障。这时就必须使用高排号汽油来保证不形成爆燃,牌号越高,形成爆燃的趋势越小。

发动机要产生动力,必须压缩发动机汽缸内的油气混合物,在做功冲程将混合物用电火花引爆,产生强大的膨胀气体,推动活塞及连杆做功输出动力。气体压缩越强,爆发力越大,发动机动力越澎湃。但压缩比越大,形成爆燃的可能性就越大。所谓爆燃,是指汽油发动机火花塞的电极中心形成电火花后,以电极为中心形成一个焰心,焰锋以一定方向和速率向整个燃烧室传播。远离焰心的油气混合物,如果在焰锋到达前开始形成爆炸性燃烧,形成强烈的振动与冲击性压力波,称为爆燃。

2)蒸发性

汽油的蒸发性是指汽油由液态变为气态的难易程度。

汽油的蒸发性越好,就越易汽化,形成的油气混合物也越均匀。汽化良好的混合气燃烧速度快,发动机易起动,加速及时,油门响应快,同时可以减少发动机的机械磨损,降低油耗及汽车尾气有害物质的排放。但汽油蒸发性过高,在炎热气候和大气压较低的地区易发生汽油蒸气,形成气阻。一旦发生气阻,车辆易出现加油不畅、加速不起、易熄火等现象。

2. 汽油主要用途

汽油主要用作汽油机的燃料,可用于橡胶、制鞋、印刷、制革、颜料等行业,也可用作机械零件的去污剂;石脑油主要用作裂解、催化重整和制氨原料,也可作为化工原料或一般溶剂,在石油炼制方面是制作清洁汽油的主要原料。

3. 汽油按牌号

汽油按牌号来生产和销售,牌号规格由国家汽油产品标准加以规定,并与不同标准有关。自 2019 年 1 月 1 日起,在全国全面供应符合国六标准的车用汽/柴油。目前我国汽油的牌号分别为 89 号、92 号、95 号、98 号。汽油的牌号是按辛烷值划分的。例如,92 号汽油指与含 92%的异辛烷、8%的正庚烷抗爆性能相当的汽油燃料。标号越大,抗爆性能越好。应根据发动机压缩比的不同来选择不同牌号的汽油,这在每辆车的使用手册上都会标明。压缩比在 8.6~9.9 之间的汽车一般应使用 92 号汽油,压缩比大于 10.0~11.5 的涡轮增压汽车应使用 95 号汽油。

高压缩比的发动机如果选用低牌号汽油,会使汽缸温度剧升,汽油燃烧不完全,机器强烈震动,从而使输出功率下降,机件受损,耗油及行驶无力。如果低压缩比的发动机用高标号油,就会出现"滞燃"现象,即压缩比最高时还不到自燃点,一样会出现燃烧不完全现象,对发动机也没什么好处。

4. 燃烧和爆炸危险性

高度易燃,蒸气与空气能形成爆炸性混合物,遇明火、高热能引起燃烧爆炸。高速冲击、流动、激荡后可因产生静电火花放电引起燃烧爆炸。蒸气比空气重,能在较低处扩散到相当远的地方,遇火源会着火回燃和爆炸。

(二)乙醇汽油

乙醇汽油就是在汽油中按照一定的比例,添加一定数量的乙醇。按照我国汽车用乙醇汽油标准,乙醇汽油含有10%的乙醇,目前乙醇汽油在我国已经广泛的使用。

(三)柴油

1. 柴油的特点

> ZAB012 柴油特点

柴油和汽油一样也是从石油中提炼制成。柴油是将石油加热到温度260~350℃时,从石油中提炼出来的碳氢化合物,柴油一般分为轻柴油、重柴油和军用柴油等,汽车均选用轻柴油。

2. 柴油的品质要求

1)蒸发性和雾化性

为了保证高速柴油机的正常运转,轻柴油要有良好的蒸发性,以便与空气形成均匀的可燃混合气,柴油的蒸发性用馏程和闪点两个指标来评定。

(1)馏程:柴油的馏程在200~365℃范围内。

(2)闪点:又叫闪火点,它是在规定条件下,加热油品所逸出的蒸汽组成的混合物与火焰接触瞬间闪火时的最低温度,以℃表示。柴油的闪点既是控制柴油蒸发性的项目,也是保证柴油安全性的项目。

2)流动性

柴油的流动性主要是用黏度、凝点和冷滤点来表示。

(1)黏度是柴油重要的使用性能指标,在标准要求的黏度范围内,才能保证柴油对发动机燃油系统的良好润滑性,保证柴油有较好的雾化性能和供给量,从而保证柴油有较好的燃烧性能。

(2)凝点是指在规定条件下,柴油遇冷开始凝固而失去流动性的最高温度,是柴油储存、运输和收发作业的界限温度。

(3)冷滤点是指柴油在条件下不能通过滤网的最高温度。同种柴油,冷滤点高于凝点4~6℃。

3)燃烧性

柴油的燃烧性也叫发火性,它表示柴油自燃的能力。评定柴油燃烧性能的指标是十六烷值。十六烷值是指和柴油燃烧性能相同的标准燃料中所含正十六烷的体积百分数。使用十六烷值高的柴油易于启动,燃烧均匀而且完全,发动机功率大,油耗低。

4)安定性

柴油的安定性是指柴油在储运和使用过程中抵抗氧化的能力。评定轻柴油安定性的指标主要用总不溶物和10%蒸余物残碳表示,其值越大,说明柴油的安定性越差,越易氧化变质,颜色加深变黑,胶质增大,越容易在发动机生成积碳,对柴油的储存和使用有很大影响。

5)腐蚀性

不论是轻柴油还是重柴油,都不能有大的腐蚀性,否则会腐蚀发动机,缩短使用寿命。柴油的腐蚀性用含硫量、酸度、铜片腐蚀三个指标控制。

3. 主要用途

柴油最重要用途是用于车辆、船舶、发电机的柴油发动机。

4. 柴油的牌号

柴油有不同的牌号,划分柴油牌号的依据是凝固点,目前国内应用的轻柴油按凝固点分为6个牌号:5#柴油、0#柴油、-10#柴油、-20#柴油、-35#柴油和-50#柴油。选用柴油的依据是使用时的温度。柴油汽车根据气温选择相应牌号柴油,最低气温在8℃以上选用5号柴油;最低气温在4℃以上选用0号柴油;最低气温在-5℃以上选用-10号柴油;最低气温在-14℃以上选用-20号柴油;最低气温在-29℃以上选用-35号柴油;最低气温在-44℃以上选用-50号柴油。选用柴油的牌号如果低于上述温度,发动机中的燃油系统就可能结蜡,堵塞油路,影响发动机的正常工作。

ZAB016 安全使用汽油要求

(三)燃料使用的安全知识

1. 安全使用汽油要求

1)防火防爆

(1)贮存燃料的油罐、油桶及油库附近要严禁烟火。油库、车库内严禁带入一切火种,如打火机、火柴等。要用防爆灯具和开关,决不可用明火、油灯照明。不可将燃料与雷管、炸药、棉花、乙炔、氧气等物存放在一起。

(2)不能用铁器敲打油桶,特别是装过汽油的空桶更危险。因桶内的汽油和空气的混合期常处在爆炸极限(1.7%~2.6%)范围内,一遇火星就会引起爆炸。所以油库内不准使用铁器工具;油桶相互间不要靠得太近;不准穿带铁钉的鞋进入油库,以免铁质碰擦时发出火花而引起火灾。

(3)罐装汽油时,附近的汽车、拖拉机排气管需加装灭火装置;严禁在油库附近检修车辆。

(4)擦过油迹的抹布、棉纱头、手套等物不要放在油库、车库内,应集中放在有盖的铁箱中,及时处理或清洗回收使用,以防自燃。

(5)焊修油桶、油罐时,要先将容器蒸洗,晾干至没有油味或加满水后方可进行。

(6)贮油区上空不应有电线通过,库区与输电线的距离不小于电杆长的1.5倍。

2)防止静电

燃料在罐装、运输过程中,燃料分子间和燃料与其他物质之间摩擦产生静电,其电压随摩擦的加剧而增加,当升高到一定程度时,就会发生电离、跳火,引起火灾。为了防止静电放电,燃料使用时应注意以下几点:

(1)对用来储存、运输燃料的油罐、管道、装卸设备等都必须加装有良好的接地装置。

(2)往油罐、油箱及储油容器加注油料时,应将输油管插入油面底部,以减少油料间的摩擦。

(3)装油容器出口不可覆盖绸、毡等织物。尽量不要用汽油擦洗毛织物或人造纤维织物。若必须擦洗时,动作要轻,不可用力过猛。

(4)油罐车必须有接地铁链。对于有快速装卸设备的汽车($0.5m^3/min$),除有接地铁链外,在装卸燃料时,还应将车上的接地线插入地下不少于100mm深度。

(5)通常装油开始和装到3/4容量时,最易发生静电放电现象。因此,在快速装油开始和接近结束时,应适当降低罐装速度。

3)防止中毒

汽油中为改善其抗暴性而加入的抗暴剂——乙基液,其对人体有剧毒。我国目前使用的车用汽油有的加有抗暴剂,所以使用时要注意中毒。乙基液中的铅可通过皮肤、呼吸道进入人体,当累积到一定程度时,会发生中毒,引起失眠、食欲减退。精神不安等症状,严重的会造成精神失常。除了铅会引起中毒以外,汽油蒸气吸入过量也会发生急性中毒现象,严重时还会死亡。因此使用时,要采取一定的预防措施,以避免中毒事故的发生。加油时,人要站在上风口,以避开油料蒸气被吸入人体。

加强油库、车库的通风。

(1)养成良好的卫生习惯,吃饭、喝水、抽烟前要用热水和肥皂吸收、洗脸,定期清洗工作服。

(2)不要用嘴洗汽油,特别是含有乙基液的汽油。

(3)汽油溅入眼内,应立即用食盐水或清水洗涤。

(4)刷洗大的储油罐内部要戴防毒面具,并有专人看护,轮换作业。

(5)不慎中毒时,应立即将人抬到空气清新的地方,进行人工呼吸让其闻氨水,并送进医院抢救。

2. 柴油使用安全要求

1)柴油危险性概述

柴油燃点为300~380℃,其闪点>45℃,爆炸极限0.6%~6.5%,遇明火、高热或与氧化剂接触有引起燃烧爆炸的危险。柴油装卸、运输、仓储、使用过程中都有可能发生泄漏、火灾、爆炸事故。油品泄漏、燃烧产生出有毒有害气体,人员吸入造成急性、慢性中毒事故。油品发生泄漏及燃烧造成环境污染。

2)运输装卸

确定柴油供应商具备有效资质证明和专业运输车辆,由供应商具有资质的专业人员进行运输。严禁与氧化剂、卤素、食用化学品等混装混运。运输途中应防曝晒、雨淋、防高温。中途停留时应远离火种、热源、高温区。装运该物品的车辆排气管必须配备阻火装置,禁止使用易产生火花的机械设备和工具装卸。同时通知相关接收人员和值班人员做接收前的准备;装卸区域内所有人员均需配备必要的安全防护装备,同时必须由机场消防部门派遣专车专人全程陪同,并备好消防水管、灭火器、灭火沙等灭火工具;现场接收人员及油罐车司机全程监视相关闸阀、过滤器等设备的运行情况,防止跑、冒、滴、漏等事件发生,随时准备处理可能发生的问题;卸车结束后清理现场,确保无任何有害物质遗留。

3)储存

柴油储罐应当符合有关安全防火规定,设置相应的通风、防爆、防火、防雷、防静电等安

ZAB017 安全使用柴油要求

ZAB018 燃料使用的安全知识

全设施并做好标识。定期检查呼吸阀和阻火器情况是否处于正常状态。

（1）对存放柴油的房间和储油柜进行严格管控，房间钥匙不得随意配制，无关人员不得随意借用钥匙；门应上锁，钥匙由值班人员管理，未经批准，非工作人员严禁入内；若需进入，须在《来访人员登记表》上登记，值班人员全程陪同；

（2）存放柴油的房间不得有无关的物品、物资存放（包括临时性存放）；禁止堆放易燃、易爆物品及腐蚀性物品；严禁随处乱堆乱放固体废弃物，保持房间四周环境的清洁卫生。

（3）严禁在储油柜处吸烟和使用明火，严禁私自改动储油柜外观、结构和用途，室内禁止敲打和碰撞以防产生火花。发现火警必须及时报告，同时尽全力与消防人员共同扑灭火灾。

三、液压油

1. 液压油的应用

液压油就是利用液体压力能的，液压系统使用的液压介质。在生产过程中，能的传递方式很多，概括起来可分为4大类，即机械运动、电力传动、气压传动和液压传动。液压油在液压设备中起着许多重要作用，根据其不同功能可归纳为：

传递能量、润滑机械、减少机器的摩擦和磨损、防止机器生锈和腐蚀、对液压设备内的一些间隙起密封作用、冷却作用、冲洗作用、分散作用等。

由于液力传动具有许多优点，所以在机床、冶金机械、汽车、船舶、农业机械、建筑工程机械、矿山机械、石油化工以及航空宇航机械等都得到广泛应用。液压油是液压传动中最主要的传递能量介质。

（1）液压油的选用 各种液压油都有其特性，都有一定的适用范围。实践证明，必须正确、合理地选用液压油，这样才能提高液压设备运转的可靠性，防止故障的发生，延长液压设备元件的使用寿命。选用液压油主要是依据液压系统的工作环境、工况条件及液压油的特性，选择合适的液压油品种和黏度。

（2）根据液压系统的环境和工况条件选择液压油，见表1-4-14。

表1-4-14　根据环境和工况条件选择液压油

工况	压力：7.0MPa以下	压力：7.0~14.0MPa	压力：7.0~14.0MPa	压力：14.0MPa以上
环境	温度：50℃以下	温度：50℃以下	温度：50~80℃	温度：80~100℃
室内固定液压设备	HL	HL或HM	HM	HM
露天寒冷和严寒区	HR	HV或HS	HV或HS	HV或HS
地下、水上	HL	HL或HM	HL或HM	HM
高温热源或明火附近	HFAE、HFAS	HFB、HFC	HFDR	HFDR

（3）根据油泵的类型选油

一般而言，齿轮泵对液压油的抗磨的要求比叶片泵、柱塞泵低，因此齿轮泵可选用HL或HM油，而叶片泵、柱塞泵一般则选用HM油。

（4）根据液压油的特性及液压元件的材质选油

① 含锌油在钢—钢摩擦体上性能很好,但由于含有硫对铜、银敏感,因此在含有铜、银材质部件的系统不能用,水易侵入的系统的系统也尽量少用。

② 无灰抗磨油具有优良的水解安定性、破乳化性或可滤性,使用范围较广,因含有硫,对铜、银质部件系统不适应。

③ 仅含磷的抗银液压油是具有中负荷水平的抗磨液压油,其水解安定性、破乳化性、可滤性也不错,由于用不含硫的抗磨剂,所以对银系统无伤害。

④ 液压系统中有铝元件,则不能选用 pH>8.5 的碱性液压油。

2. 液压油黏度的选择

(1)在液压油品种选择确定以后,还必须确定其使用黏度级。黏度级的太大,液压损失大,系统效率低,油泵吸油困难。黏度太小,油泵内渗漏量大,容积损失增加,同样会使系统效率降低。因此,必须针对系统、环境选择一个适宜的黏度,使系统在容积效率和机械效率间求最佳平衡。

(2)液压油的黏度选择主要取决于启动、系统的工作温度和所用泵的类型。一般中、低压室内固定液压系统的工作温度比环境温度高 30~40℃。在此温度下,液压油应具有 13~16mm^2/s 的黏度。低于 10mm^2/s,就会加大磨损,油品的黏度指数在 90 以上就可以满足要求,而在户外高压机具的液压系统中(大于 20.0 兆帕)工作温度要比环境温度高 50~60℃,为减少渗漏,工作黏度最好是 25mm^2/s。同时,考虑到户外温差变化大,因此要求液压油具有较好的黏温性能。黏度指数一般在 130 以上。

(3)为防止泵的磨损,必须限定最低黏度。齿轮泵最低黏度通常是在 20mm^2/s,叶片泵的最低黏度大于 10mm^2/s,柱塞泵的最低黏度大于 8mm^2/s,在系统的回油线上安装冷却器,维持一定的油温,保证泵对油品黏度的要求。

(4)液压油的最大黏度限度是由被长期停置后的系统启动温度和使用泵的类型所限定。不同类型的泵要求不同,见表 1-4-15。

表 1-4-15 不同类型泵满足运行的黏度限度

泵型	最高黏度,mm^2/s	最低黏度,mm^2/s
齿轮泵	2000	20
柱塞泵	1000	8
叶片泵	500~700	10

四、压缩机油的选用

J(GJ)AC011 空压机机油的选用原则

合理选择压缩机油对延长设备的使用寿命、提高设备运转的可靠性、防止事故的发生等方面均有直接影响,故对此必须十分慎重。

压缩机油的质量选择主要是黏度选择。黏度的选择与压缩机的类型、功率、给油方法和工作条件(主要是出口温度和压力)有关,要求油的黏度对润滑部位能形成油膜,同时起到润滑、减磨、密封、冷却、防腐蚀等作用。

选择压缩机油应按压缩机的不同结构类型来选择压缩机油以适应其性能要求与工作条件要求,见表 1-4-16。

表 1-4-16　压缩机油的选用

"无油润滑"压缩机	压缩机类型	油料类型
	往复式和回转式	DAA 压缩机油或汽轮机油或液压油
油润滑压缩机	空冷往复式压缩机油（轴输入功率<20kW）	按压缩机载荷轻重选用 DAA 或 DAB 或 DAC 压缩机油；轻、中载荷亦可选用单级 CC、CD 发动机油
	空冷往复式压缩机（轴输入功率>20kW）	按压缩机载荷轻、中载荷用 DAA、DAB 压缩机油；或汽轮机油、液压油；亦可用单级 CC、CD 发动机油重载荷用 DAC 压缩机油
	水冷往复式压缩机及滴油润滑回转式压缩机	轻载荷用 DAA 油或汽轮机油或液压油；中载用 DAB 油,可用单级 CC、CD 发动机油
	油冷回转式压缩机	轻载荷用 DAG 油或汽轮机油或液压油；中载荷用 DAH 油,重载荷用 DAJ 油

五、齿轮油的选用

1. 按使用条件选择

1）根据齿轮线速度选择齿轮油黏度。速度高的选用低黏度油,速度低的选用高黏度油,见表 1-4-17。

表 1-4-17　闭式齿轮黏度选用等级

齿轮种类	节线速度,m/s	黏度等级,40℃
直齿轮	0.5	460~1000
	1.3	320~680
斜齿轮	2.5	220~460
	5	150~320
锥齿轮	12.5	100~220
	25	68~150
	50	46~100

2）根据齿面接触应力选择齿轮油类型,注意使用温度。油温高油黏度应大,夏天用黏度高油,冬天用低黏度油。考虑齿轮润滑和轴承润滑是否同一系统,是滚动轴承还是滑动轴承。滑动轴承要求润滑油的黏度较低。

2. 按质量水平选用

J(GJ)AC012 齿轮机油的选用原则

（1）汽车传动机构中的准双曲面锥齿轮和双曲线锥齿轮应使用 GL-4 和 GL-5 级双曲线齿轮油,绝对不允许用普通的齿轮油。

（2）手动变速器传动齿轮大都是直尺或斜尺齿轮,齿面负荷一般不超过 2000MPa,转速较高,容易形成流体或弹性流体润滑膜,同时各挡齿轮是交替工作的,所以其工作条件比主减速齿轮要好。GL-1 级齿轮油便能满足其润滑要求。

（3）汽车转向机大多为蜗杆蜗轮式或循环球式,工作条件平稳,可以使用和手动变速器一样的齿轮油。

3. 按黏度级别选用

(1) 我国汽车齿轮油已采用 SAE 黏度分级。SAE75W、80W 和 85W 级的齿轮油最低使用温度分别为-40℃、-26℃和-12℃,各地区可按低温起步的要求,来选用低温黏度级号。

(2) 我国生产的普通车辆齿轮油,其抗磨性较低,在最高工作温度下其黏度不宜低于 $10 \sim 15 mm^2/s$,否则会加速齿轮的磨损。南方炎热地区,其变速箱油温一般不会超过 100℃,从润滑角度考虑,90 号齿轮油就完全能满足要求。

(3) 对于冬季不低于-10℃的地区,冬夏季均可使用 90 号齿轮油,华北寒区可全年使用 85W/90,期于地区全年可使用 85W/90。全年使用一种齿轮油可避免换季时的换油损失。

(4) 对双曲线齿轮油选择黏度时应注意其低温流动性,应按季节气温和车辆运行条件慎重选用。例如,长江以南地区,90 号油可供轻型越野车、轻型和中型载货汽车后桥全年使用,80W/90 可供全国广大地区的中型和轻型车辆全年使用。

4. 齿轮油的特点

ZAB014 齿轮油的特点

(1) 极高的热稳定性积压添加剂系统保持齿轮和轴承摩擦面的情节干净,极大地减少摩擦面上的沉积物,确保齿轮和轴承的有效润滑。很高的氧化稳定性,使得在用油液的时候不容易稠化,从而大大地减少能量损失,直观的提高齿轮组的效率。

(2) 采用非常有效的积压添加剂系统,能够在金属与金属的接触面上形成有效的润滑保护膜层,大大减少磨损,提高动力传递效率。良好的水分离特性和较强的防锈能力,防止金属表面出现生锈及服饰的情况。不仅仅是如此,添加剂系统的热稳定性非常好,能够进一步降低对轴承材料有腐蚀性的高温化合物的生成。有效的防腐添加剂油使得金属零部件得到额外保护,从而达到保护金属表面的效果。

(3) 非常有效的抗氧化和铜钝化剂的使用,极大地减缓氧化过程,从而控制使用过程中黏度增大的趋势,延长换油周期,并具有使用寿命长的特点。

六、润滑脂

(一) 润滑脂性能

1. 滴点

滴点即润滑脂受热到一定程度开始滴下第一滴时的温度,它标志润滑脂的耐热能力,各种润滑脂的最高工作温度应比其滴点低 20~30℃。

2. 锥入度

在一定温度下,用一定重量的圆锥形重锤落入润滑脂内 5s 的深度,为该润滑脂的锥入度。它表示润滑脂的黏稠程度。锥入度过小,说明润滑脂太硬,因而不容易完全填充摩擦表面;锥入度过大,说明润滑脂太软,又容易发生漏油现象。

(二) 常用的润滑脂种类

1. 钙钠基润滑脂

稠化剂为钙皂及钠皂的混合物,滴点 120~135℃,锥入度为 200~290mm,耐水性弱于钙基脂,允许在有水蒸气或较潮湿的环境下工作,工作温度为 80~100℃,太低温度不适用。

2. 复合钙基润滑脂

由钙皂、复合剂与润滑油组成,滴点 180~220℃,锥入度 210~350mm,具抗湿性、耐高温、能在 150~200℃下使用。

3. 二硫化钼复合钙基润滑脂

由复合钙基脂添加二硫化钼而成,有耐高温、耐潮湿、抗压性能,适用于高温负荷的场合。

4. 锂基润滑脂

以锂皂作稠化剂,滴点 165~190℃,锥入度 220~380mm,特点是耐寒、耐热、耐水、化学稳定性好,可用于低温和温度变化范围较大的工作环境。

5. HP-R 润滑脂

采用复合金属皂稠化精制矿物油,滴点 321℃,锥入度 241mm,加有高效极压抗磨剂,防锈抗氧剂等制成,是高温长寿命润滑脂。

模块五　焊接基础知识

项目一　锡焊常用工具

一、电烙铁

电烙铁是锡焊的基本工具,它的作用就是把电能转换成热能,用以加热工件,熔化焊料,使元器件和导线牢固地连接在一起。

(一)电烙铁的分类

电烙铁按机械结构可分为外热式电烙铁和内热式电烙铁,按功能可分为焊接用电烙铁和吸锡用电烙铁,根据用途不同又分为大功率电烙铁和小功率电烙铁。下文主要介绍外热式电烙铁和内热式电烙铁。

1. 外热式电烙铁

它一般是由烙铁头、烙铁芯、外壳、木柄、后盖、接线柱、插头等部分组成。烙铁芯是用电阻丝绕在薄云母片绝缘的筒子上,烙铁头安装在烙铁芯里面,故称为外热式电烙铁(图1-5-1)。外热式电烙铁电阻丝断路后可以重新修复或更换。

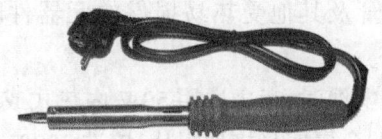

图1-5-1　外热式电烙铁

外热式电烙铁一般有100W、75W、45W和25W等几种。功率越大,烙铁的热量越大,烙铁头的温度越高。对电烙铁的功率就根据不同的焊接对象,合理选用。

通常用的电烙铁的工作温度列于表1-5-1中:

表1-5-1　电烙铁的工作温度

烙铁功率,W	20	25	45	75	100
端头温度,℃	350	400	420	440	455

2. 内热式电烙铁

内热式电烙铁由手柄、连接柄、弹簧夹、烙铁芯、烙铁头组成。由于烙铁芯安装在烙铁里面,因而发热快,热利用率高,因此,称为内热式电烙铁(图1-5-2)。

内热式电烙铁的常用规格为20W,50W等几种,由于它的热效率较高,20W内热式电烙铁就相当于25~40W的外热式电烙铁。

内热式电烙铁的烙铁芯是用比较细的镍铬电阻丝绕在瓷管上制成的其电阻约为2.5kΩ

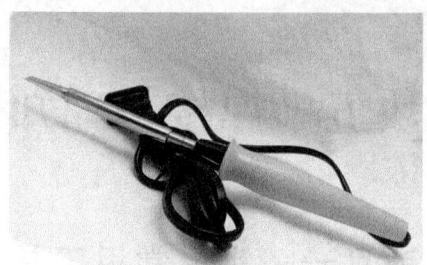

图 1-5-2 内热式电烙铁

左右(20W),烙铁的温度一般可达350℃左右。

由于内热式电烙铁的烙铁有升温快、重量轻、耗电小、体积小、热效率高的特点,因而得到了普遍的应用。

(二)电烙铁的选用及使用

1. 选用电烙铁

(1)烙铁头的形状要适应被焊件物面要求和产品装配密度。

(2)烙铁头的顶端温度要与焊料的熔点相适应,一般要比焊料熔点高30~80℃(不包括在电烙铁头接触焊接点时下降的温度)。

(3)电烙铁热容量要恰当。烙铁头的温度恢复时间要与被焊件物面的要求相适应。温度恢复时间是指在焊接周期内,烙铁头顶端温度因热量散失而降低后,再恢复到最高温度所需时间。它与电烙铁功率、热容量以及烙铁头的形状、长短有关。

2. 选择电烙铁的功率

(1)焊接集成电路、晶体管及其他受热易损件的元器件时,考虑选用20W内热式或25W外热式电烙铁。

(2)焊接较粗导线及同轴电缆时,考虑选用50W内热式或45~75W外热式电烙铁。

(3)焊接较大元器件时,如金属底盘接地焊片,应选100W以上的电烙铁。

3. 电烙铁的使用

电烙铁的握法分为三种

(1)反握法:是用五指把电烙铁的柄握在掌内。此法适用于大功率电烙铁,焊接散热量大的被焊件[图1-5-3(a)]。

(2)正握法:此法适用于较大的电烙铁,弯形烙铁头的一般也用此法[图1-5-3(b)]。

(3)握笔法:用握笔的方法握电烙铁,此法适用于小功率电烙铁,焊接散热量小的被焊件,如焊接收音机、电视机的印制电路板及其维修等[图1-5-3(c)]。

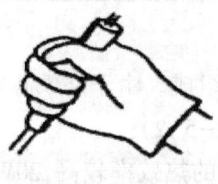      

(a) 反握法　　　　　　(b) 正握法　　　　　　(c) 握笔法

图 1-5-3 电烙铁的握法

(三) 电烙铁使用注意事项

(1) 新烙铁在使用之前必须先给烙铁头镀上一层锡。

(2) 使用前,应认真检查电源插头、电源线有无损坏。并检查烙铁头是否松动。

(3) 电烙铁使用中,不能用力敲击。要防止跌落。烙铁头上焊锡过多时,可用布擦掉。不可乱甩,以防烫伤他人。

(4) 焊接过程中,烙铁不能到处乱放。不焊时,应放在烙铁架上。注意电源线不可搭在烙铁头上,以防烫坏绝缘层而发生事故。

(5) 电烙铁较长时间不用时应切断电源,防止高温"烧死"烙铁头(被氧化)。

(6) 场地应保持良好的通风,同时在焊接时,鼻子离烙铁的距离至少30cm以上,一般为40cm。

(7) 使用结束后,应及时切断电源,拔下电源插头。冷却后,再将电烙铁收回工具箱。

二、常用工具

(一) 尖嘴钳

尖嘴钳如图1-5-4所示。钳柄上套有额定电压500V的绝缘套管。是一种常用的钳形工具。尖嘴钳主要用作网绕焊接点上的导线和元件引线以及对元件的引线成型,还可以用来剪切线径较细的单股与多股线、给单股导线接头弯圈、剥塑料绝缘层等,能在较狭小的工作空间操作,它是电工装配及修理工作常用工具之一。

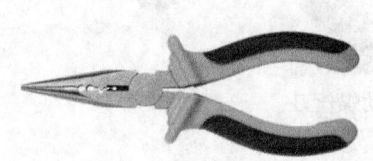
图1-5-4 尖嘴钳

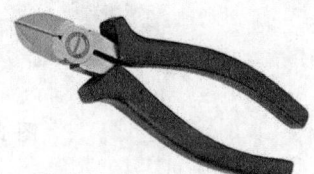
图1-5-5 偏口钳

(二) 偏口钳

偏口钳又称斜口钳、剪线钳。主要用于剪切导线,尤其是用来剪除网绕后元器件多余的引线。铡口也可以用来切断电线、钢丝等较硬的金属线。电工常用的有150mm、175mm、200mm及250mm等多种规格。可根据内线或外线工种需要选购。钳子的齿口也可用来紧固或拧松螺母。偏口钳如图1-5-5所示。在使用偏口钳时,要注意剪下的线头飞出伤人眼睛。剪线时要使钳头朝下,在不便变动方向时可用另一只手遮挡。不要使用偏口钳剪切螺钉和较粗的钢丝,以免损坏钳口。

(三) 镊子

镊子的主要用途是夹置导线和元器件在焊接时防止移动,如果塑料导线的绝缘层在焊接后遇热收缩,此时也要用镊子将绝缘层向外推动,使绝缘层恢复到原来的位置,镊子还可镊小块泡沫塑料和小团棉纱蘸上汽油或酒精清洗焊点上的污物,它也可用来镊取微小器件和在装配件上网绕较细的线材,在焊接时能帮助被焊元件散热。镊子如图1-5-6所示,要求镊子弹性强,尖端合拢时要对正吻合。

(四)螺丝刀

螺丝刀又叫改锥主要用来拧转螺丝钉以迫使其就位的工具,螺丝刀按不同的头型可以分为一字、十字、方头、六角头等,其中一字和十字是生活中最常用的(图1-5-7)。

图1-5-6 镊子　　　　　　　　　图1-5-7 螺丝刀

(五)电动螺丝刀

为了快捷、省力现在多使用电动螺丝刀,又称电动起子等,如图1-5-8所示。它用于拧紧和旋松螺钉用的电动工具。它装有调节和限制扭矩的机构,依靠电流控制马达,使拧紧螺丝时,扭力达到设定值,电动螺丝刀自动停止,可快速将螺丝拧紧到设定的扭力。

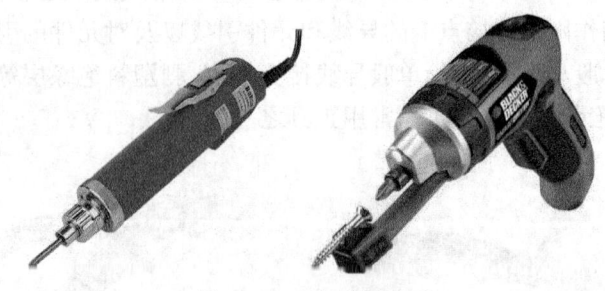

图1-5-8 电动螺丝刀

1)电动螺丝刀分类

(1)直杆式(2)手枪式(3)安装式三类。

2)电动螺丝刀使用注意事项

(1)在插上电源以前,应使开关定位在关闭状态,注意电源电压是否适合该机使用,当电动螺丝刀不使用或断电时应将插头拔开。

(2)使用时,不要把扭力调整设定过大。

(3)在更换螺丝刀头时,一定要将螺丝刀电源关闭,且将电源插头拔离电源插座。

(4)使用过程中,不要丢或摔撞击此电动螺丝刀。

项目二　焊料与助焊剂

一、焊料

(一)焊料的分类

电路在焊接时,必须要有焊料,焊料的选择对焊接质量有很大的影响。焊料按它的组成成分,可以分为锡铅焊料、银焊料和铜焊料等。在电子产品装配中,一般使用锡铅焊料,俗称焊锡。

在锡铅焊料中,熔点在450℃以下的称为软焊料,450℃以上的称为硬焊料。电子产品一般使用软焊料。也有一些在电子产品应用较少的焊料如：二元合金焊料有锡铋合金、锡镉合金等;三元合金焊料有 Sn-Pb-Sb 锡铅锑合金和 Sn-Bi-Ag 锡铋银合金;四元合金有 Sn-Pb-Sb-Ag 锡铅锑银合金和 Sn-Pb-Bi – Ag 锡铅铋银合金。

(二) 常用的焊料

1. 管状焊锡丝

手工焊接时为了使操作简化,将焊剂与焊锡制作在一起。焊锡成管状内部夹带固体焊剂。焊剂一般选用特级松香为基质材料,添加一定的活化剂。

锡铅焊料丝的直径有 0.5mm、0.8mm、0.9mm、1.0mm、1.2mm、1.5mm、2.0mm、2.3mm、2.5mm、3.0mm、4.0mm、5.0mm 等。

2. 抗氧化焊锡

自动化焊接使用的浸槽与波峰焊锡槽,都有大面积的高温表面,液体焊料暴露在大气中,高温焊锡很容易被氧化,氧化物影响焊接质量,使焊点的虚焊率上升,为减少氧化,制成了"抗氧化焊锡"。抗氧化焊锡是在锡铅合金中加入少量的活性金属,这些活性金属夺取氧化锡和氧化铅中的氧,使锡、铅还原。这些活性金属的氧化物漂浮在液态焊锡表面,且氧化膜比较致密,形成覆盖层,它保护了焊锡不能继续氧化。

3. 含银的焊锡

电子元器件与导电结构件,有许多是镀银件。例如：晶体振荡器、陶瓷热敏电阻、厚膜电路、集成电路元件的电极引线和外壳。这些镀银件使用普通锡铅焊料钎焊时会发生镀银层被焊料溶解,而使元器件的高频性能变坏。为了减少银在锡铅焊料中的溶解量,可以使用添加银的锡铅焊料。含有银的锡铅共晶焊料可以使熔点下降。

(三) 焊料的要求

为了获得良好的焊接质量,要求焊料熔点低,流动性好,对元件和导线的附着力强,机械强度足够高,还要保证焊点光亮美观。而锡铅焊料因为有一系列的优点,所以使用值最大,应用很广泛。

(1) 熔点低：由于电子元器件对温度很敏感,所以要求焊料温度不能太高,焊锡的熔点最低为182℃,这样可以很方便地用电烙铁在240℃以下进行焊接。

(2) 抗腐蚀性能好：锡和铅的化学稳定性比黑色和某些有色金属要好,抗腐蚀能力强,而锡铅合金的抗腐蚀性能更好。

(3) 具有一定的强度：因为电子元器件都比较小,引出线比较细,尤其对微型元器件,它们本身质量轻,所以对焊接点的强度要求并不特别高。锡铅合金的强度比纯锡、纯铅的强度高。

(4) 成本低：锡铅焊料比其他焊料价格低。

(5) 与铜及其合金的铅焊性能好：能与它们形成合金,接头牢固。

(6) 锡铅合金表面氧化物比较容易去除：只需使用普通松香焊剂就能顺利助焊,使用松香焊剂的焊点可以不必清洗。

(7) 具有良好的导电性。

二、助焊剂

(一) 助焊剂的作用

助焊剂通常是以松香为主要成分的混合物,是保证焊接过程顺利进行的辅助材料。焊接是电子装配中的主要工艺过程,助焊剂是焊接时使用的辅料,助焊剂的主要作用是清除焊料和被焊母材表面的氧化物,使金属表面达到必要的清洁度。它防止焊接时表面的再次氧化,降低焊料表面张力,提高焊接性能。助焊剂性能的优劣,直接影响到电子产品的质量。

(二) 助焊剂的性能

锡焊技术就是依靠熔化的焊锡和母材金属的固体结晶组织之间发生合金反应,将金属和金属连接在一起的技术之一。

在铜的锡焊中,与铜接合的合金层主要是焊锡中的锡和铜之间生成 Cu_6Sn_5、Cu_3Sn,而焊锡中的铅不直接起作用。但是,如果母材是金、金合金、铅银、银合金等,不但锡、铅合金所生成的化合物和助焊剂的残渣在焊接作业过程中保持液态,而且在焊接部位和它周围表面流动并将其覆盖,并使它们的表面在一段时间内不被空气中的氧所侵蚀,这时流动着的助焊剂残渣的母材表面,就暴出了清洁的金属原子。同样焊锡的表面也由于助焊剂化合物和残渣流动,从而在防止氧气侵入的条件下,使清洁的金属原子表面的母体材,与熔化了的焊锡互相接触而形成合金。

(三) 助焊剂应具备的条件

(1) 有清洁被焊金属和焊料表面的作用。
(2) 熔点比所有焊料的熔点低。
(3) 能在焊接的温度下形成液状,具有保护金属表面的作用。
(4) 熔化时不会产生飞溅或飞沫。
(5) 表面张力较焊料小,浸润扩散速度较熔化的焊料更快。
(6) 不产生有毒的气体或有强烈臭味的气体。
(7) 熔解前没有腐蚀性,产生的残渣不具有腐蚀性,不具有导电性及吸湿性。
(8) 助焊剂的膜要光亮,致密,干燥快,不吸潮,热稳定性好。

(四) 助焊剂的分类

助焊剂分非腐蚀和腐蚀性助焊剂。它熔解氧化膜的过程是一种广义的腐蚀作用,故助焊剂可以说是一种腐蚀剂,但助焊剂不仅可以腐蚀氧化膜,也能腐蚀金属本身,在电气方面,要求焊剂首先是非腐蚀性的。所谓非腐蚀性助焊剂系指焊料在 250℃ 左右,在化学上呈活性,能熔解氧化物等;当冷却到焊接温度以下,即电子设备常用最高工作温度时就变成化学上完全不呈活性的稳定化合物。因此,非腐蚀助焊剂就是具有这种性质的助焊剂的总称。所谓腐蚀性助焊剂则相反,例如盐酸、氧化锌之类在常温下具有助焊剂作用。使用这种助焊剂时,如不将焊接后的残渣清洗掉,则危害性极大,因而这类腐蚀性助焊剂在电子产品的焊接中不宜采用。

助焊剂一般可分为无机助焊剂,有机助焊剂和松香焊剂。

1. 无机助焊剂

一般来说,无机助焊剂化学作用强,腐蚀作用大,锡焊非常好。

无机焊剂的主要成分是氯化铵,氯化锌的混合物(氯化锌75%,氯化铵25%),它的熔点约为180℃以下。适用钎焊的助焊剂。这些助焊剂具有水溶性,有较强的活性作用,但是,也有强烈地腐蚀作用。焊接后清洗,清除助焊剂的残渣极为必要。

这种类型的焊剂是以各种形式提供的,除用水作溶剂外,还有用机油乳化后制造的焊油等。

由于它腐蚀性强,这种类型的助焊剂不能在装配工艺中使用,只能在特定的场合使用。在使用中对残渣一定要清除干净。

2. 有机助焊剂

有机助焊剂由有机酸,有机类的卤化物及各种胺盐,树脂合成组成。这类助焊剂由于含有酸值较高的成分,因而具有较好的助焊性能,可焊性高,所以被广泛应用。

它的主要缺点是:具有一定程度的腐蚀性,残渣不易清洗干净。绝大部分存在污染问题。表现为焊接过程中,分解的溴化氢及铵类物质,对操作者可产生不良影响。

这类助焊剂有的是水溶性的,因而在电子工业装配中使用受到限制。

3. 松香焊剂

松香焊剂是一种传统的助焊剂。在加热情况下,具有去除焊件表面氧化物的能力,从而达到助焊的目的。同时松香又是高分子物质,焊接后形成的膜层具有覆盖焊点,保护焊点不被氧化腐蚀的作用。由于松香焊剂的残渣为非腐蚀性,非导电性,非吸湿性,成本很低。且焊后的清洗较容易,焊接时没有什么污染,所以松香剂被普遍使用。但是随着电子工业的迅速发展,集成电路的大量应用,为适应高密度、高集成度电子产品的焊接,就要求更高的可靠性。普通松香焊剂已不能适应现代化技术的需要了。这是由于松香本身的天然不足,过低的酸值,过低的软化点(55℃左右)易氧化,易结晶稳定性非常差。当焊接遇到高温时很容易产生碳化,造成虚焊。

在浸焊中,由于松香基焊剂洁净能力较弱,效果较差,一般在印制板生产中把它作为保护涂料。

氢化松香它是从松香中提炼出来的,在常温常压下性能稳定,具有不易氧化,不变色,无结晶趋势,脆性小,黏结性强,软化点高,酸价稳定,颜色浅,无特殊气味和无毒物质溢出。因此具有较好的助焊性能。

项目三　电路焊接方法

一、准备工作

(1)按使用要求选择电烙铁功率的大小。

(2)用万用表检查烙铁的好坏。检查内容有电烙铁的阻值是否与其功率相符,有无漏电、短路现象,是否接地良好。

(3)使用前对电烙铁头进行修整、清洁和上锡。

(4)焊件表面处理。检查被焊物,并对被焊物表面进行清洁,如导线,焊片,元器件引线的金属表面若有氧化物和污垢,要用刀片或砂纸擦去氧化物和污垢。

(5)元件或导线镀锡。在刮净的引线上镀锡。可将引线蘸一下松香酒精溶液后,将带锡的热烙铁头压在引线上,并转动引线。即可使引线均匀地镀上一层很薄的锡层。导线焊接前,应将绝缘外皮剥去,再经过上面两项处理,才能正式焊接。若是多股金属丝的导线,打光后应先拧在一起,然后再镀锡。

二、焊接操作

(一)加热焊盘

用烙铁先加热焊盘给焊盘预热,使焊锡易于和焊盘融合;将烙铁接触焊接点,注意首先要保持烙铁加热焊件各部件都受热,其次注意让烙铁头的扁平部分(较大部分)接触热容量较大的焊件,烙铁头的侧面或边缘部分接触热容量较小的焊件,以保持焊件均匀受热。

(二)熔化焊料

在焊点的温度达到适当的温度时,及时将焊丝置于焊点,焊丝开始融化并润湿焊点。

(三)移开焊料

焊锡的量合适之后,迅速将焊锡拿开。

(四)移开烙铁

当焊锡完全润湿焊点后,在焊点上的焊料接近饱满、焊剂尚未完全发挥,也就是焊接点上的温度最适当,焊锡最光亮,流动性最强的时候,迅速移开烙铁。

(五)清理焊点

焊接完成后要将焊点表面的焊剂清理干净。

对于焊接热容量较小的工件,可以简化为二步法操作:准备焊接,同时放上电烙铁和焊锡丝,同时撤走焊锡丝并移开烙铁。

三、焊点的基本要求

(1)具有良好导电性:一个良好的焊点应是焊料与金属被焊物面互相扩散形成金属化合物,而不是简单地讲焊料依附在被焊金属表面上。焊点还要具有一定的强度。

(2)焊点上的焊料要适当。焊点对比图如图 1-5-9 所示。

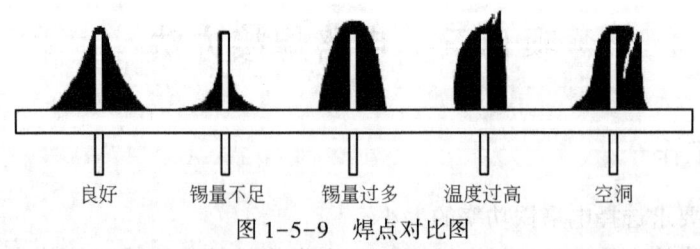

图 1-5-9 焊点对比图

(3)焊接点要饱满、表面要有良好的光泽,表面不应有凹凸不平和颜色不均匀现象,不应有毛刺和空隙。

(4)焊接点表面要清洁,焊接点表面的脏污、残留的焊剂要及时清理,以免给焊点带来隐患。

四、焊接后整理工作

手工焊完后,先检查一遍所焊元器件有无错误,有无焊接质量缺陷,确认无误后将已焊接的线路板或部件转入下道工序。

将未用完的材料或元器件分类放回原位,将桌面上残余的锡渣或杂物扫入指定的周转盒中;将工具归位放好;保持台面整洁;关掉电源,按照电烙铁使用要求放好电烙铁,并做好防氧化保护工作。

模块六　野外施工作业管理基础知识

项目一　地震勘探中的主要风险

一、爆破、爆炸、爆裂伤害

地震勘探工岗位中心的主要风险包括因民爆物品发生爆炸导致的爆破伤害；因爆炸物品的缺陷、违反爆炸作业安全操作规程而引起的民爆器材起火或爆炸，导致人员、设备及环境的损害；各种压力容器及高压油气管线发生爆炸、爆裂导致的伤害等。

(一)爆破伤害的控制

(1)上岗前必须做到"三穿一戴"(穿工作服、裤、鞋、戴安全帽)。

(2)严禁在工作中使用各种无线电通信工具。

(3)严禁在施工作业时吸烟或在工作区域动用明火。

(4)严禁用钻具强行下药和冲击药包。

(二)爆炸、爆裂伤害的控制

(1)遵守国家、行业有关爆炸物品管理条例、规程、制度，严格按操作规程搬运、保管、使用民爆器材。

(2)着劳动保护用具上岗。设置醒目的警示牌，设置警戒标志，防止无关人员靠近，并严格控制安全距离。避雷、防静电、消防器材等设施良好完整。

(3)参加安全法规、技能知识教育。

(4)雷管剪线、测试必须使用专用工具，时刻确保雷管脚线、炮线短路。

(5)时刻警惕，杜绝在规定范围内存在明火、无线电装置。

(6)不要将压力容器罐靠近火源(或高温环境中)导致压力容器罐遇高温爆炸，同时也应注意不要将压力容器罐至于露天暴晒。

(7)使用压力容器罐(或打气泵等)时应检查其压力罐是否完好、压力阀门是否通畅，压力计、调压器是否与将要使用的压力容器罐相匹配。

(8)加压前检查各种高压油、气管线，及时排除爆裂隐患。

(9)在野外施工中，若遇到雷雨、大雾、沙暴等恶劣天气，必须立即停止工作。

二、民爆器材意外起火或爆炸

装卸、运输民爆器材过程中，由于违章操作、民爆器材专用容器设置不合理或受电磁波影响等因素，易引起的民爆器材起火或爆炸。

民爆器材意外起火或爆炸的控制：

(1)设置醒目的警示牌，严禁无关人员靠近民爆器材运输车辆。

(2)严格按操作规程装卸、运输民爆器材。

(3)时刻警惕,避免民爆器材运输车进入人员聚集区,严禁在人员聚集区、输电线路和无线电装置附近停靠车辆、进行民爆器材交接。

(4)经常检查集装箱是否牢固、接地线是否搭地、排气管防火罩是否完好。

三、爆炸物品丢失、被盗

由于交接、运输、保管和使用各环节涉及人员责任心不强,违反工作程序,民爆器材储存容器破损而未及时发现并修理或无人看护,管理有漏洞等因素而造成民爆器材丢失或被盗。

爆炸物品丢失、被盗的控制:

(1)严格依照民爆器材的管理规定使用和保管民爆物品,杜绝窜岗、乱岗、脱岗,遵守操作规程和劳动纪律。

(2)确保民爆器材存放箱的坚固、完好,如有破损,应及时修理、加固或更换。

(3)时刻保持高度警惕,发现异常情况,应立即上报。

(4)待上口井药包下井之后,方可发放下口井需要的炸药、雷管,避免紧张工作中,因人为遗忘造成民爆器材丢失。

(5)下药后未封井前,必须由专人看护。

(6)民爆器材取用后及时上锁。

(7)做好民爆器材交接记录,认真核对数量、编码、型号,确保账物相符。

(8)剩余民爆器材要及时上交,不得违规留存。

(9)及时登记并向 HSE 管理员上报补井、废井情况。

四、承包商 HSE 管理风险

在"承包商管理执行统一的健康安全环境标准"中指出,企业应将承包商 HSE 管理纳入内部 HSE 管理体系。承包商应按照企业 HSE 管理体系的统一要求,在 HSE 制度标准执行、员工 HSE 培训和个人防护装备配备等方面加强内部管理,持续改进 HSE 表现,满足企业的要求。

当前,企业面临的承包商 HSE 管理风险主要有如下表现:

(1)承包商 HSE 管理费用投入不足并缺乏监管。

(2)对承包商缺少预评估。

(3)承包商员工安全意识淡薄,缺乏必要的安全技能。

(4)施工现场的监督检查流于形式,闭环管理不到位。

(5)职责划分不清。

(6)缺乏沟通与现场安全交底。

(7)缺乏协作与协调。

(8)现场监督与绩效评估不够。

针对以上风险或问题,从上到下都需要严格遵从承包商 HSE 管理流程(图 1-6-1),在承包商 HSE 管理方面,都需要严把资质关、HSE 业绩关、队伍素质关、机具设施关、监督监理和现场管理"五关"管理。

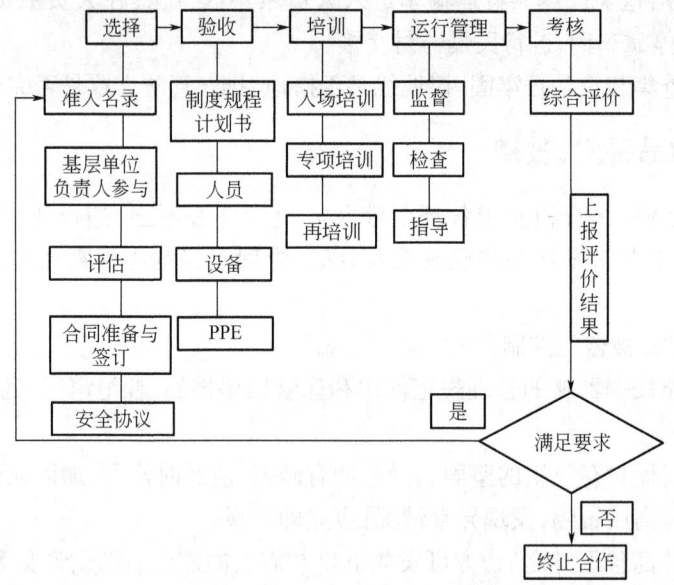

图 1-6-1　承包商 HSE 管理流程图

五、乘车、交通伤害

在乘车中人员受到的伤害,驾驶车辆发生翻、碰、撞事故所导致交通伤害。

乘车、交通伤害的控制:

(1)严禁超载、超速、超高行车,确保机动车的技术性能达到安全指标。

(2)严禁违章驾驶机动车辆。

(3)严格执行出车前和收车后的例行检查及保养制度,确保车辆在无故障的状态下行驶。

(4)修理故障车时,应将车辆停置在安全的场所(必须在路边停车时应在被修车辆的前后适当的距离内设置醒目的警示、警告标志),必须使用手制动器、四轮下加设枕木,确保被修车辆完全处于完全受制动状态下。

(5)坚持机动车修保制度。定期对所有机动车进行检查、保养和修理,及时排除任何可能导致交通事故的机械隐患。

六、食物中毒

误食变质食物(品)、药品、有毒的水源。

食物中毒的控制:

(1)培养并保持良好的饮食卫生习惯,不食用生、脏、腐烂、变质食物,把住病从口入关。

(2)食用药品谨遵医嘱。

(3)带够、备齐充足的饮用水,在沙漠等施工作业区作业时,杜绝饮用不明水源。

七、机械伤害

工作中导致的机械伤害;各种切割及转动等设备导致的机械伤害。

机械伤害的控制：

(1)上岗前穿戴劳保服、裤、鞋、帽和其他必需的防护用具(眼镜、手套、耳塞等)。

(2)维修或更换各种转动机器(件)时，必须在停机的状态下进行工作。不经授权，不许操作或启动任何设备。

(3)钻工不许操作钻机。

(4)山地搬迁时要分件搬迁，搬迁前应修路、平井场，如果搬迁路线的坡度大于30度时，应打钢钎，设置辅助绳索。

(5)应经常检查各种切割及转动等设备的安全防护装置，是否齐全、有效。

八、触电伤害

钻机与高压线路搭铁产生高电流而引起的触电伤害。照明线路和各种电器、设备、设施漏电而引起的触电伤害。

触电伤害的控制：

(1)司钻在操作钻机时，必须随时观察井架上方有无高压线路，确保井架与高压线路的安全距离足够。

(2)随时检查钻机的接地链条的完好及有效情况。

(3)应经常检查工程修理车、住宿营房车照明线路和各种用电器、设备、设施是否存在漏电或线头外露、闸刀盖脱落等安全隐患。发现问题应立即停止工作并向有关人员反映，寻求解决方式。

九、环境污染

J(GJ)AE004 环境保护的内容

乱扔、乱放废弃物、发生火灾事故和发生爆炸事故导致的环境危害;工作、生活产生的废弃物未及时清理及违章作业而导致公、民用设施及自然环境和植被的破坏;随意开辟道路，"跑、冒、滴、漏"导致环境破坏和污染。

环境污染的控制：

(1)遵守环境保护各项制度、规定。

(2)仔细核对任务书与实际桩号的相符情况，若存在问题应及时上报。

(3)若井点与附近的工业、民用设施间距未达到安全距离时，应及时登记并上报。

(4)穿越树林、苇草或人工植被时不得随意砍伐、推倒和折取野生植物烧火。

(5)清除测线上的废弃物，恢复原来自然面貌。

(6)严禁乱挖、乱采野生植物和药材，严禁破坏动物巢穴，追杀、捕猎和恐吓野生动物。不得购买、接受猎获的野生动物。

(7)工作、生活中不乱扔、乱放废弃物，应回收各种废油和废弃的零配件，及时清理工作现场。

项目二　班组管理基础知识

一、班组现场管理

(一)现场管理的概念

现场管理就是运用科学的管理思想、管理方法和管理手段,对现场的各种生产要素,进行合理配置和优化组合,通过计划、组织、控制、协调、激励等管理职能,保证现场按预定的目标,实现优质、高效、低能、均衡、安全、文明的生产。

(二)班组建设的原则和方法

在班组建设过程中,必须注重实际、实用、实效,实实在在地解决现场问题。采取一些科学实用的方法去加强班组管理,有助于推进班组的精细化管理和自主管理。

1. 班组岗位管理的三大原则

1)可操作原则

各项制度和标准,必须是经过深入调研、仔细推敲、认真琢磨的基础上制定的,规则的条款要尽量细化,符合工作实际,具有可操作性。

2)底线原则

在班组标准化岗位管理过程中,要对班组的各项流程进行细分,只有经过合理的细分,才能精准控制每一个工作岗位和每一个工作环节。

(1)横向细化:是指将一项班组活动或任务,按横向结构分解为若干组成部分,每个部分再继续分解为若干个更小的部分,直到不能再分,或不必再分的操作细节位置。

班组成本:

① 原材料成本:生产用材料成本、动力燃料成本。

② 物料成本:辅助工器具消耗费用、配件费用、低值易耗品费用等;

③ 人工成本:工资、奖金、劳动保护费等;

(2)纵向细化:是指按照班组某项工作的时间顺序,从纵的方面把工作任务分解为若干个组成部分、更细的工作单元,并且也是一直分解到不能再分,或不必再分为止。

3)交点原则

班组岗位标准化管理强调对班组管理中每一个环节、每一个部位都进行精准、严密的控制,不能留下任何管理死角、管理不到位的地方。但是班组与班组之间、班组岗位与岗位之间,会产生很多交点,这些交点很多时候就会成为班组管理中的盲点。

2. 班组岗位管理的五大方法

(1)专业的人做专业的事,专业化。

(2)班组岗位要求规范化。

(3)班组管理作业标准化。

(4)班组各项管理数据化。

(5)班组各项管理系统化。

二、班组质量管理

(一)质量的概念

(1)质量管理:为了经济地提供用户满意的产品或服务所进行的组织、规划、协调、控制、检查等工作的总称。

(2)班组质量管理:是班组为了保证野外生产工序符合技术要求(或勘探项目甲方的技术标准和要求)所进行的组织、协调、控制、检查等项工作,它是班组全体成员的事。

(二)质量管理的内容

(1)对质量的管理。
(2)对全过程的管理。
(3)全员参加的管理。
(4)全面采用科学方法的管理。

(三)全面质量管理的基本观点

(1)下道工序是用户,用户第一。
(2)产品质量是设计、制造出来的,不是检查出来的。
(3)质量管理是每个职工的本职工作。
(4)一切用数据说话。

(四)质量管理的基础工作

质量管理必须做好标准化、计量、质量情报、质量责任制及质量教育等几方面的基础工作。以产品质量为中心互相促进,共同形成质量管理的基础工作体系。

1. 标准化工作

包括产品标准化和工作标准化两个方面:

(1)产品标准化是指现代化大生产中产品品种、规格的简化,尺寸、质量和性能方面的统一化。

(2)工作标准化包括业务标准化和技术标准化。业务标准是指对各部门业务工作一些具体规定,如:技术管理规定、设备管理规定等。技术标准是指操作规程、工艺流程、技术设备性能和检验指标等。

标准分为国家标准、部(行业)标准和企业标准三级。

2. 计量工作

计量工作包括计量、测试、化验、分析工作,是保证产品质量的重要手段和方法。

3. 质量教育工作

质量教育工作包括两个方面:

(1)质量管理的宣传、普及教育。
(2)技术业务教育和培训。

4. 质量情报工作

质量情报工作指的是反映产品质量和产品生产全过程中,各个环节工序质量,工作质量的信息。

J(GJ) AE002 质量管理要求

5. 质量责任制

建立健全严格的质量责任制，做到质量工作事事有人管，人人有责任，办事有标准，工作有检查。经济责任制明确。

（五）质量管理核心

质量管理核心包括质量策划、质量保证、质量控制和质量改进。

（六）内部质量审核

审核是指为获得审核证据并对其进行客观的评价，以确定满足审核准则的程度所进行的系统的、独立的并形成文件的过程。

审核准则原称审核依ISO9001标准，手册，程序文件，法律法规的有关要求或其他依据。审核是按自己所承诺的一些文件，结合现场做的过程是否符合这些文件的要求。

审核的目的是确保企业质量体系与ISO 9000质量标准的符合性和有效性。所做的过程和活动是否符合标准中所要求的内容，或是否符合对外承诺的标准，或者是对外承诺的活动。

通过开展对质量体系的内部审核，验证公司质量管理体系文件与标准的符合性，审核各部门开展的质量活动及其结果是否符合规定要求，确保质量体系持续有效运行，并为质量体系改进提供依据。

（七）产品的概念

产品是指能够提供给市场，被人们使用和消费，并能满足人们某种需求的任何东西，包括有形的物品、无形的服务、组织、观念或它们的组合。产品一般可以分为三个层次，即核心产品、形式产品、延伸产品。核心产品是指整体产品提供给购买者的直接利益和效用；形式产品是指产品在市场上出现的物质实体外形，包括产品的品质、特征、造型、商标和包装等；延伸产品是指整体产品提供给顾客的一系列附加利益，包括运送、安装、维修、保证等在消费领域给予消费者的好处。产品是"一组将输入转化为输出的相互关联或相互作用的活动"的结果，即"过程"的结果。在经济领域中，通常也可理解为组织制造的任何制品或制品的组合。在现代汉语词典当中的解释为"生产出来的物品"。

三、班组生产管理

（一）生产管理的任务

（1）及时、全面掌握班组各个生产过程的生产进度。

（2）及时发现生产中出现的问题，及时采取有效措施，解决问题。

（3）及时消除生产中的薄弱环节，保证生产协调，顺利进行。

（4）班组管理是班组的生产作业，始终处于控制状态，按要求完成班组的生产任务，实现班组的生产目标。

（二）生产管理内容

（1）检查和掌握班组生产前的准备情况，做到生产前技术文件齐备，工装齐全，设备技术状态良好，物质供应及时，劳动力配备合理，工人精神饱满，生产安全，环境文明。

（2）严格执行生产作业计划，强化生产调度指挥，掌握生产进度，注意薄弱环节，及时发现问题，采取措施，迅速加以解决，保证生产作业连续进行。

(3)掌握班组的原材料投入、器材、工具,各种油料的供应,在设备流转和储备,做到数量准,保管好,摆放齐。废品、废料应标志明显,隔离、定点存放,设备应定期清点,如有丢失、损坏,要查明原因,及时报告有关领导,及时补充,以免影响生产。

(4)按规定要求,准确、及时、清楚地填写报表和原始记录,并按要求进行传递和保存。

(5)严肃工序纪律,严格执行工序规程和安全技术操作规程,严防人身事故,设备事故和质量事故发生。

(6)服从上级领导和专业技术人员指挥,对上级要尊重,主动汇报工作,接受上级领导,对专业技术人员要主动接受指导和监督,争取专业技术人员的帮助和支持,确保生产作业计划的实现。

(7)开好班前、班后会,班前会布置生产会及注意事项,班后会检查计划完成情况,总结本班工作,实行民主管理。

四、生产管理的要求

搞好班组生产管理,必须遵循下述要求:

(1)讲求经济效益。就是要用最少的劳动消耗和原材料消耗,生产出尽可能多的产品,具体体现在实现生产管理的目标上,使班组生产作业的经济效益和勘探项目的经济效益得到统一。

(2)实行科学管理。班组生产管理必须实行科学管理,以适应运用机器体系的大生产,使之在科学化的基础上,向管理现代化迈进,逐步树立起适应现代化大生产和科学管理要求的工作作风,不断克服小生产的生产习惯和管理习惯。

(3)组织均衡生产、实行科学管理。就必须组织均衡生产,克服突击赶工现象。为此,要求生产管理加强预见性,搞好班组生产作业计划安排,加强生产管理和质量管理,并努力争取外部条件的支持和配合,保证野外生产的各道工序有条不紊地运行。

(4)安全和文明生产。安全生产是现代文明生产的一项主要原则。安全生产要求班组在生产过程中加强劳动保护,采取安全措施,这样不仅可以保障工人劳动的安全,防止人身事故和设备事故,促使生产作业过程顺利进行,而且可以保护国家和企业财产免受破坏和损失。文明生产要求班组建立合理的生产管理制度和良好的生产秩序。班组文明生产也是企业精神文明建设的重要标志。

项目三　环境管理与野外求生知识

一、环境管理

(一)环境管理的特点

(1)综合性:由于环境管理内容涉及土壤、水、大气生物等各种环境要素,所以环境管理的领域及经济、社会、政治、自然及科学技术各个方面,具有高度的综合性。

(2)区域性:由于环境状况受到地理位置、气候条件、人口密度、资源蕴藏、经济发展以及生产布局等又受到环境容量、环境背景、环境标准等多方面的制约,所以它有明显的区域性。

(3)广泛性:世界上每一个人都生活在一定环境空间之中,人们的活动又作用于环境。而环境质量的好坏与每一个社会成员有关,所以搞好环境管理则必须要依靠群众,大家动手。所以具有广泛性。

(4)适应性:就是要充分利用自然环境,适应外界变化的能力,资源再生,自净能力和自然界生物防治病虫害等,以达到保护和改善环境的目的。

(二)环境管理基本原则

环境管理应遵守环境保护法的有关规定的共同原则,同时要根据物探行业的特点,遵守以下几项基本原则:

(1)正确处理发展生产和保护环境的关系,如果为了寻找石油资源而破坏环境,那么就是过大于功,所以既要保护环境又要促进物探事业发展,把环境效益和经济效益两者统一起来。

(2)环境管理是企业管理的一个重要组成部分,HSE(健康、安全与环保)首先应该是环保。如果环境污染就会影响人类健康,也无法保障安全生产,所以环境管理贯彻到物探企业的全过程。如果 HSE 管理不合格,国际国内就不能中标。环境管理应列为企业检查与经济考核检查重点内容之一。

(3)控制污染要以预防为主,管治结合,综合治理,以取得最佳经济效益。

(4)环境专业管理应与群众管理相结合,立足于环境保护体系,同时建立环境岗位责任制。

(5)企业环境管理要与群众管理相结合,在区域环境质量要求的前提下,合理规划施工地区环境管理措施,以及后勤基地的综合防治的污染控制。

(三)我国环境保护方针

"全面规划、合理布局、综合利用、化害为利、依靠群众、大家动手、保护环境、造福人类",可以归纳为"1 个核心,3 个出发点"。1 个核心为:"控制为主,治理为辅,防治结合"。3 个出发点为:"环境效益,经济效益,社会效益"。

(四)环境保护法的 4 个基本原则

(1)环境保护同经济建设,社会发展相协调的原则。

(2)预防为主,防治结合,综合治理的原则。

(3)开发者的养护,污染者治理的原则。

(4)依靠群众保护的基本原则。

环境保护法是调整人们在利用环境、保护环境的活动中,所发生的社会关系的法律规范的总称,规定了国家保护环境的方针、政策、原则及范围,明确了环境保护及惩罚的法规。

(五)环境保护的基本制度

(1)环境影响的评价制度。

(2)三同时制度。

(3)征收排污费制度。

(4)环境许可证制度。

二、求生与营救

(一)外施工中的生存保护措施

(1)提前做好各项预防措施：

① 保持一定的食品储备。

② 制定应急预案。进入工区前要有总体应急预案；每次出工前要有临时应急预案。

③ 确保通信设备完好，线路畅通，基地、营地与施工人员之间保持通信联络。

④ 有一定的应急运输设备并保持完好，随时待命。

⑤ 建立紧急救援队伍，并保证做到招之即来。

⑥ 开展经常性的艰苦拼搏精神教育，增强对困难的承受能力和战胜困难的信心。

(2)每次出工前定量分配食物和饮水，并节约使用。

(3)在缺水的情况下，尽量减少体内水分蒸发量，设法保存体内热量。

(4)在发生断水的情况下，绝对不能饮用汽车水箱的冷却水。

(5)不做剧烈活动，注意保存精力和体力。

(6)在对方搜寻救援你时，应注意设置一些与周围环境反差较大的目标，一旦听到汽车或飞机声音应发出求救信号。

(二)迷路或遇险后的自我救助措施

(1)迷路或抛锚后，切勿紧张，要保持镇静，任何情况下，任何人都不准离开车辆。也不可开车到处乱闯把燃油耗尽。

(2)迷路遇险后，用指南针、地图辨明位置与方向。将车调转沿车辙往回行驶，直到恢复认路，辨明方向。

(3)因风暴、雾或昏暗天气迷路(看不清前方或远方路标)时，应在路边停车等待，待视野恢复正常后再行进。

(4)先向四周发出求救信号。

① 可利用车上电台向各方呼救。

② 可利用喇叭或灯光。白天常鸣喇叭，夜间连续闪动灯光。

③ 夜间点燃可燃物，形成醒目火光或向空中发射信号弹，让搜寻人员发现自己所在的位置。

④ 白天往燃烧的火堆浇水，形成大量的烟雾，让搜寻人员发现自己。

⑤ 白天用反光镜对准阳光向四周闪光向救援者发出救援信号。

第二部分

初级工操作技能及相关知识

模块一　地震勘探钻井

项目一　相关知识

一、地震勘探对井位要求

地震勘探中的钻井是在地震测量布设的炮点上依据施工设计的井深、井数的要求,利用机械设备或人力将地层钻成孔眼。其中,钻井设备主要分为车装风钻、车装水钻以及人台钻等。

> CBA001 地震钻井的特点

(一)陆地上地震勘探对钻井的要求

(1)井位准确:钻井前要核准桩号,井位水平、垂直偏移距要符合技术要求,井位位置尽量在侧线的同一侧(3~5m)布置,以保证排列摆放。在遇特殊地形,钻机不能按规定位置钻井时,沿测线方向偏移左右不大于1/10道距。

> CBA002 地震勘探对钻井的要求

(2)井深足够:一个探区设计井深是对激发岩性的选择,常常在潜水面以下3~5m的黏土和泥岩中。井深不能随意改变。

(3)药量适当:根据勘探目的层设计选择,不应任意增减,保证药柱无泄漏,能完全爆炸。

(4)完钻记录:如实填写班报,记录井深下药情况。

> CBA015 地震勘探对井位的要求

(二)陆地上地震勘探对井位的要求

选择井位应该从安全及施工方便等各方面综合确定,严格遵循地震钻机安全操作规程中有关规定。只有这样,才能有效避免钻井事故和钻井废炮的发生。

(1)施工前尽可能与有关部门联系,了解地下电缆、油气水管道的准确位置,并明确标注在施工图上,预先采取措施,以防造成损害。

(2)确定井位后,还要观察周围及上空是否有线杆和高压电线,防止起升井架碰触电线以及放炮后线飞搭在高压线上而发生触电事故。

(3)在无特别障碍时,一般情况下,所有井位尽可能选择在一条勘探测线同侧,且垂直偏移、水平偏移距符合相关技术规程的要求,使各激发段能较好地连续起来,保证原始资料的真实性。

(4)炸药是地震勘探的主要震源,其所产生的地震波有一定破坏性。实际施工中,为减小对工农业设备和民用建筑危害,钻井炮点可在技术许可的范围内迁移,主要安全距离参见表2-1-1。

表 2-1-1　钻井井位距离规定

	安全要求	技术偏差			
天空	半径 20m 内无高压线和各种架空管线通过	炮点与桩号	水平距		小于 5m
地下	半径 15m 内无各种电缆通过，无任何地下建筑		垂直距	二维测点	小于 1/2 道距
地面建筑	距居民点、公用设施、涵闸 50m 以外；距大桥、堤坝、高直建筑、危险仓储场、特种厂、(所) 1500m 以外			三维测点	半径 5m 内

（三）井位的选择

井位的选择要依据地表实况而定，在施工前要详细研究本工区测线网概况，即测线走向、编号起点、覆盖范围、主要工作量、重要建筑和施工障碍等。

CBA009 常规井位的确定方法

1. 常规井位确定方法

（1）携带当日施工任务书（必要时还要携带施工草图），到工区寻找测线炮点桩号。测线炮点编号规则是由西—东、由南—北方向递增。

施工任务书：施工组提供的关于施工具体内容的说明。其中标定了钻井点位、数量、井深、药量及注意事项。

施工草图：测量员绘制的供施工参考的图件。它综合标识了作业区地表状况与建筑物的详细分布位置。

（2）找到炮点桩后，严格按相关技术规程要求选择井位。井位应选在炮点桩号的正点位置，如有地形地物限制，可适当调整，但二维施工井位在平行测线方向偏离桩号应小于 5m，在垂直测线方向偏离桩号最大不能超过排列道距的一半。三维施工要求井位偏移应控制在桩号 5m 范围内，无法保证时可采用"恢复炮"或"变观炮"来处理。选择井位的安全距离规定见表 2-1-1。

（3）井位距离确定应对实际因素全面考虑。为了保证井深和有效激发能量及钻井作业顺利进行，要遵循避难就易的原则，山地施工还应做到避高就低、避干就湿。同时，要兼顾到施工方便，以作业车辆能沿测线方向连续前进为原则，尽可能预防完钻后倒车、绕行、压排列线等不利现象产生。

（4）当井位和行车方向大致确定后，开始挖钻井液池和钻井液槽。钻井液池是存放钻井液用的，挖成直径 80cm、深 40cm 的圆坑；钻井液槽是钻井液循环的沟道，从圆坑伸出，挖成长 100cm、宽 20cm、深 15cm 的浅槽，其始端即井位的标志。这样，一个井位就最后确定了。

CBA010 特殊井位的确定方法

2. 特殊井位选择方法

当地震勘探测线穿过工农业设备和民用建筑区域等障碍物时，如果炮点距太近，应作"特殊井位"处理，特殊井位选择的原则应当是既合乎勘探技术要求，又确保安全无事故隐患产生。其措施有两种：

（1）迁移井位：采取恢复炮或变观炮。

（2）加大井深或减少药量：按照表 2-1-1 中规定进行，还应适当加深井深到 15m 以下或炸药量减小到安全允许范围。

（3）组合井位：单井激发效果不好时，应确定二井以上组合井形式炮点，要使组合整体中心对准测线桩号。

（四）寻找井位桩号

1. 一般标志

（1）测线网及井点都按统一规律编号。每个统一桩号都插有小旗、木桩和土堆标志，土堆下埋有桩号卡。寻找炮点的方法如图 2-1-1 所示。

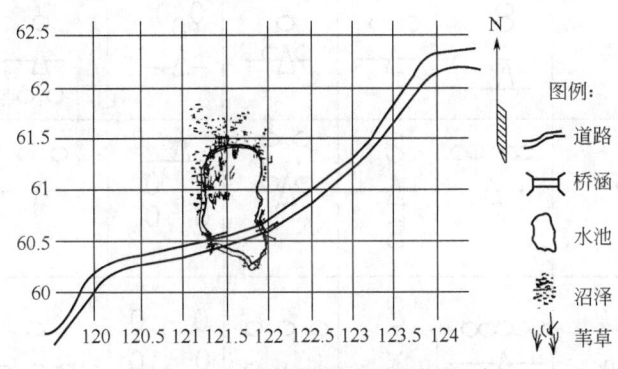

图 2-1-1　地震勘探测线网编号示例

（2）测线、炮点编号规律：由西—东、南—北方向递增。如南北测线 120 的点桩号从南—北依次为 60、60.5、61……；东西测线 60 的点桩号从西—东依次为 120、120.5、121……

（3）找炮点时，常由已见桩号推测需找的桩号位置。如：已见 120.5 测线 60.5 桩号，需找 123.5 测线 62 桩号，可知在东第六条测线北方。知道线距和桩号距还可以精确推算实距，其余类推。又如：在桥上见 121.5 测线 60.5 桩号，桥下不能钻井，绕行水池见到沼泽中有 61.5 桩号，可知 61 桩号正在水中，可做水中炮或连同桥下共空两炮处理。

（4）当炮点桩号丢失，要依次向前或向后寻找一两个桩号来证实。当疑问较大时，还应寻找两个以上的桩号查对并及时与施工主管人员联系处理。注意：由于某种原因全测线桩号反向误置或被他人迁埋；又相邻二测线太近，桩号对而测线错位一条现象也可能发生。所以，寻找炮点桩号前建立工区测线整体概念十分重要，在实际施工中应能有效避免因井点错而影响全部地震采集作业。

2. 特殊标志

（1）油漆、石灰水、涂料：穿越居民区、矿等，可将桩号涂写在建筑物墙面或树身近地处。

（2）竹、木杆彩旗：林丛、海滩和水域工区多用，桩号写在小旗上。

（3）钢钎红塑旗：沙漠旷野工区多用，桩号写在小旗上。

（五）组合井一般布置形式

要严格按照组合井间距及基距设计布置，与施工组共商炮井组合形式，保证组合井整体中心对准桩号。二一五井组合较合理的形式如图 2-1-2 所示。

（六）陆上激发方式

激发方式有井中、坑中、水中等。其中以井中激发为最好。但当钻井十分困难时，如我国西北的戈壁滩地区，地下水面很深，地表又为砾子砾石覆盖，水源稀少，钻井工作很难进行，只好采用大面积多坑爆炸，或使用可控震源，在江河湖泊地区工作时，可采用水中激发。

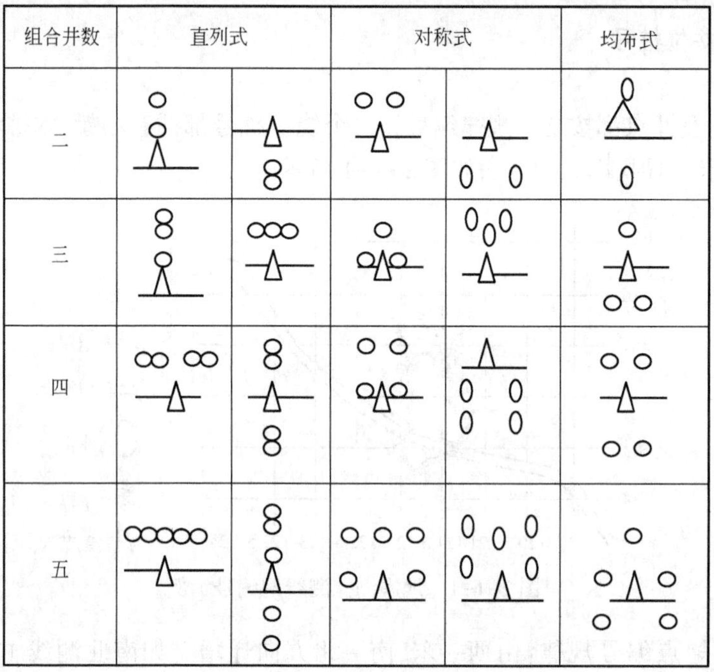

图 2-1-2 组合炮点布置示例

——测线；△—炮点桩号；○—钻井点位

CBA008 岩性对记录质量的影响

CBA007 井深对记录质量的影响

在井中激发时，有一个选择井深及其岩性的问题。大量的实践证明，选择在潜水面以下 3~5m 处的黏土层或泥岩中爆炸，激发的地震波频谱适中，能量较强，这是由于潜水面是一个强的反射界面，激发的地震波能量由于潜水面的强烈反射作用使大部分能量向下传播。如果在潜水面以上的低速带中爆炸。则大部分能量经潜水面反射至地面而成为面波等干扰波的能量。所以激发条件的选择也有一个压制干扰波提高信噪比的问题。为了选择激发条件，对工区的表面岩性及潜水面的变化情况应做一些调查研究工作，如收集水文资料，调查民用水井，做一些微测井等。

二、钻井液

CBA012 钻井液的组成

（一）钻井液的基本组成和作用

钻井液是由黏土、水（或油）和少量处理剂混合形成，具有可调控的黏性、比重和降失水等性能，其基本作用：(1)悬浮和携带钻屑，保持孔底清洁；(2)稳定井壁，防止井塌；(3)防止漏失；(4)冷却、润滑钻具。并且其来源广泛，配制使用方便，所以成为应用最广泛的钻井液。

CBA013 钻井液的分类

1. 钻井液的分类

按适用条件，可以把钻井液分为：(1)用于砂层、卵砾石层、破碎带等机械分散性地层的钻井液，简称松散层钻井液；(2)用于土层、泥岩、页岩等水敏性地层的抑制性钻井液，简称水敏抑制性钻井液;(3)用于岩盐、钾盐、天然碱等水溶性地层的钻井液,简称水溶抑制性钻井液;(4)用于较为稳定、漏失较小的硬岩钻进的钻井液,简称硬岩钻进钻井液;(5)用于异常低压或异常高压地层的低比重钻井液或加重钻井液;(6)用于超深井、地热井等高温条件下的抗高温钻井液。

2. 钻井液的性能

1）相对密度、固相含量和含沙量

相对密度:钻井液的相对密度是指钻井液的质量与同体积水的质量之比。钻井液相对密度的大小主要取决于钻井液中的固相的质量,而钻井液中固相的质量则是造浆黏土质量和钻屑质量之和。在有加重剂等其他固相物质加入的时候,加质剂的质量也须计入。

固相含量:钻井液的固相含量指钻井液中固体颗粒占的质量或体积百分数。钻井液中的固相包括有用固相和无用固相,前者为黏土、重晶石等,后者为钻屑。钻井液中的固相,按固相相对密度来划分,可分为重固相(重晶石相对密度为4.5,赤铁矿为6.0,方铅矿为6.9等)和轻固相(黏土相对密度一般为2.3~2.6,岩屑相对密度一般在2.2~2.8之间)。

含砂量:钻井液的含砂量指钻井液中砂粒占的质量或体积百分数。

采用造浆率高的膨润土配制钻井液,黏土含量(质量/体积)在4%~6%以下便可以达到要求的黏度,此时钻井液相对密度在1.03~1.05。相反,若用造浆率低的黏土配浆,要达到同样的黏度,黏土用量要达20%~30%以上,此时钻井液相对密度高达1.15以上。目前对优质钻井液,在黏度符合要求时,钻井液中的固相含量应控制在4%左右(体积含量)。

2）钻井液的流变特性

钻井液的流变性是指钻井液的流动和变形性质,它以钻井液的黏稠性为主要研究对象。

钻井液把钻屑从井底携至地表或在井中悬浮钻屑,主要是靠钻井液的黏稠性;对于破碎的不稳定井壁,利用较黏稠的钻井液还可以起到较好的黏结护壁作用。仅从这两点考虑,钻井液的黏度和动切力应该取高值。这是选择钻井液的基本出发点。但是钻井液黏稠性大又有不利的方面,主要表现在:使井底碎岩效率降低;增加钻井液循环的流动阻力;增大对井壁的液压力激动破坏。因此,不能盲目增大钻井液的黏稠性,而应根据具体地层和钻井工艺要求,综合兼顾多方面情况,确定合适的钻井液黏度和动切力。

3）钻井液的失水造壁性

在井中液体压力差的作用下,钻井液中的自由水通过井壁孔隙或裂隙向地层中渗透,称为钻井液的失水。失水的同时,钻井液中的固相颗粒附着在井壁上形成泥皮,称为造壁。

井中的压力差是造成钻井液失水的动力,它是由于井中钻井液的液压力不等而形成的。井壁地层的孔隙、裂隙是钻井液失水的通道条件,它的大小和密集情况是由地层岩土性质客观决定的。除了较大的裂隙和空隙外,一般地层的孔、裂隙较小,只允许自由水通过,而黏土颗粒周围的吸附水随着黏土颗粒及其他固相附着在井壁上构成泥皮,不再渗入地层。

井壁上形成泥皮后,渗透性减小,减慢钻井液的继续失水。若钻井液中的细粒黏土多而且水化效果好,则形成的泥皮致密而且薄,钻井液失水便小。反之,钻井液中的粗颗粒多且水化效果差,则形成的泥皮疏松而且厚,钻井液的失水量大。很明显,泥皮厚度(更严格地说应是滤余物质)是随失水量增大而增加的。

(二)钻井液常用添加剂的性能与用途

> CBA039 黏土矿物组成分类

1. 黏土

黏土主要由黏土矿物组成,黏土矿物分为高岭石族、蒙脱石族、水云母族、海泡石族4个族类,它们均属于含水铝硅酸盐,并有一定量的金属氢化物。

(1)高岭石矿物:晶体结构比较稳定,不易膨胀水化,造浆率低,接受处理能力差,不易改性或用化学处理剂调节钻井液性能,因此不是好的造浆黏土。

(2)蒙脱石黏土:易水化膨胀,分散性好,造浆率高,接受能力强,易改性或用化学处理剂调节钻井液性能是优质的造浆黏土矿物。

(3)伊利石矿物(即水云母族):造浆能力低,且难以改性和用化学处理剂调节钻井液性能。

(4)海泡石矿物:海泡石黏土具有良好的抗盐化,它在淡水和饱和盐水中的水化膨胀性几乎一样,因此是配制盐水钻井液或对付盐类地层钻井液的好材料。

> CBA027 钻井液常用添加剂的性能

2. 钻井液处理剂

为保持钻井液在钻井中的稳定性,提高钻井液的各种工艺性能,以适应各种情况下的钻井要求,必须对钻井液进行化学处理,钻井液处理剂有无机处理剂和有机处理剂两类。

1)无机处理剂

(1)纯碱(Na_2CO_3):又称苏打,其作用是调节pH值达11.5,钠化钙膨土、石膏侵、水泥侵和硬水配浆时软化除钙。

(2)烧碱(NaOH):又名火碱、苛性钠。其作用为调节钻井液的pH值,使难溶于水的有机酸(如单宁酸、腐殖酸)转变为易溶于水的钠盐(如单宁酸钠、腐殖酸钠),控制正离子(Ca^{2+}、Mg^{2+})的浓度,促进植物胶溶解。

(3)钙盐:钙盐包括石灰、石膏和氯化钙。

钙盐的作用:①提供钙离子。利用钙盐可配制抑制型钻井液,以钻进水敏性地层,抑制泥页岩的水化膨胀。②胶凝堵漏。钻井液中加入大量钙离子,可提高其结构黏度和切力,堵塞岩石的细小裂缝,减少漏失。③配制化学处理剂。聚丙烯酸钠、聚丙烯氰钠中加入$Ca(OH)_2$或$CaCl_2$后,可制成聚丙烯酸钠钙(CPA)、聚丙烯氰钠(CPAN),以提高其抗盐、抗钙能力。

(4)氯化钠:氯化钠(NaCl)为白色晶体,其作用为配制盐水钻井液,抑制孔壁泥岩水化。

(5)氯化钾:氯化钾(KCl)为无色立方晶体,其作用为提供K^+,配制钾基钻井液,抑制泥页岩的水化膨胀,稳定孔壁。

(6)硅酸钠:硅酸钠(Na_2SiO_3)水溶液是呈透明无色、淡黄色、棕黄色或青绿色浓稠的液体,具碱性反应。

硅酸钠的作用:①抑制泥页岩水化膨胀;②胶凝堵漏;③沉淀钻井液中的部分Ca^{2+}、Mg^{2+}。

(7)六偏磷酸钠:其作用为作分散剂或降黏剂,控制钻井液的流变性能,清除孔壁泥皮。

(8)硫酸钡:分子式$BaSO_4$,又名重晶石,密度较大,是常用的钻井液加重剂(以悬浮状态增加钻井液相对密度)。为了使它能很好地悬浮在钻井液中,一般要求99.9%能通过200#筛选。

(9)石灰石。石灰石磨成细粉可作钻井液加重剂。其优点是不会堵死油气层(在油井酸化时可被溶去),缺点是相对密度较小。

(10)其他无机处理剂。石墨粉可用来改善钻井液的润滑性,石棉粉可用于提高清水钻进的带砂能力,亚硫酸钠可用作低pH值钻井液的除氧剂,减少或消除钻井液中溶解的氧对金属管材的腐蚀,胶态氧化镁或氢氧化镁可用来代替黏土配制无黏土钻井液,因其相对密度低,热稳定性好,用它配制的无黏土钻井液可以提高钻速,也适用于超深井。

2)有机处理剂

(1)丹宁和烤胶类。常用的有丹宁碱液、烤胶碱液、磺甲基化烤胶、丹宁木质素磺酸钠等。这类处理剂的主要成分是丹宁,在钻井液处理中主要起稀释作用或胶溶作用。

(2)木质素磺盐类。常用的产品有木质素磺酸钠、铬木质素磺酸盐、铁铬木质素磺酸盐和无铬木质素磺酸盐缩合物等。这些处理剂中的主要成分是木质素磺酸盐,在钻井液中起稀释作用,也有一定的降失水效能。

(3)纤维素类。纤维素类有较好的抗盐能力,也有一定的抗钙能力,适用于配制淡水、海水、饱和盐水钻井液和钙处理钻井液。

(4)腐殖酸类。腐殖酸类产品主要用作稀释剂和降失水剂,高温稳定性好,其衍生产品很多,常用的有:煤碱剂、腐殖酸钾、硝基腐殖酸、铬褐煤、磺化褐煤等。

由于腐殖酸分子含有较多可与黏土吸附的官能团,特别是邻位双酚羟基,又含有水化作用较强的羧钠等基团,使腐殖酸钠既有降滤失作用,还兼有稀释作用。

腐殖酸钾是褐煤与氢氧化钾反应而得,对黏土有降低水化和抑制分散的作用,能阻止页岩的膨胀。其他产品如硝基腐殖酸、铬褐煤、磺化褐煤等均有良好的降失水作用和稀释作用。

(5)聚丙烯酰胺。聚丙烯酰胺的特性和在钻井液工艺中起的作用决定于分子量、水解度和在钻井液中的加量。高分子量未水解或水解度低于10%的聚丙烯酰胺是完全絮凝剂;高分子量[$(250\sim500)\times10^4$]水解度为30%的部分水解聚丙烯酰胺是选择性絮凝剂,同时也可作孔壁稳定剂;低分子量(100×10^4以下)高水解度(60%以上)的聚丙烯酰胺则是降失水剂和增黏剂。这是由于分子量的大小决定了聚丙烯酰胺分子链的长度和在固体颗粒间架桥的能力。水解度是分子中酰胺基水解成羧钠基的百分数,即表示吸附基(-COONa)的相对数量。在钻井液中的浓度不同,聚丙烯酰胺在钻井液中或起絮凝作用,或起稳定作用,加量较低[$(50\sim80)\times10^{-6}$]时起絮凝作用,而加量较高时[$(300\sim500)\times10^{-6}$]则一般起稳定作用。

(6)野生植物胶。具有增黏效用的野生植物胶与雷公蒿叶粉、香叶粉、榆树皮粉、柳筋叶粉、楠树皮粉、皂仁粉、槐豆粉、上石粉、石青粉、白胶粉、上玉粉、胍尔胶、田菁豆等。它们都是聚糖类,化学组成和分子结构相近。

(三)钻井液的选用

1. 清水

清水是资格最老的钻井液,其历史比其他钻井液早两千多年。现在在不少情况下仍能用清水钻井,有时用清水比配制钻井液要方便、省时、成本低,因为清水的来源广泛、直接。例如,在稳定性很好且不漏失的岩石中钻进,不用钻井液而用清水作为钻井液;在一些漏失严重地层中,当地表水源非常丰富时,用清水顶漏钻进,这时用其他钻井液来说是不可能的;在一些富含黏土的地层中钻井,清水水化钻屑黏土而形成自然钻井液,若井深不大,钻井期间不会明显垮孔,用清水自然造浆是最为经济有效的措施。

从材料性能优点上看,清水黏度小(仅为 $1\text{mPa} \cdot \text{s}$),流动性好,因此冲洗井底岩屑的能力强,冷却钻具的效果好。

2. 砂、砾层中使用的钻井液

在砂层、砾石以及破碎带地层中钻进,成孔的难度很大。这类地层称为机械分散地层。由于颗粒之间缺乏胶结,钻进时井壁很容易坍塌。对于这类地层用钻井液护壁,解决问题的关键是增加井壁颗粒之间的胶结力。黏性较大的钻井液适当渗入井壁地层中,可以明显增强砂、砾之间的胶结力,以此使井壁的稳定性增强。提高钻井液黏度,主要通过使用高分散度钻井液(细分散钻井液)、增加钻井液中的黏土含量、加入有机或无机增黏剂等措施来实现。该类钻井液的相对密度在 1.06~1.10 之间。

3. 土层、泥页岩中使用的钻井液

在黏土、泥页岩中钻进,突出问题之一是钻井井壁的遇水膨胀、缩径,甚至流散、垮孔。其原因是黏土、泥页岩中存在着大量的黏土矿物,尤其是蒙脱石黏土矿物的存在,使井壁黏土接触到钻井液中的水时,即发生黏土的吸水、膨胀、分散。这样的地层又称之为水敏性地层。显然,对于水敏性地层,应尽量减少钻井液对地层的渗水,也就是降低钻井液的失水量以及增强井壁岩土的抗水敏性,抑制分散是最为关键的问题。

针对水敏性地层配置钻井液时有几个要点:

(1)选优质土:由于水化效果好,黏土颗粒吸附了较厚的水化膜,钻井液体系中的自由水量大大减少,所以优质土钻井液的失水量远低于劣质土的。

(2)采取"粗分散"方法:使黏土颗粒适度絮凝,而非常高度分散,从而使井壁岩土的分散性减弱,保持一定的稳定性。

(3)添加降失水剂:Na-CMC、PAM 等降失水剂通过增加水化膜厚度、增大渗透阻力、起井壁网架隔膜作用等,可使失水量明显减少。

(4)提高基液黏度:钻井液中的"自由水"实际上是滤向地层的基液,其黏度越高,向地层中的渗滤的速率就越低。

(5)调整钻井液相对密度,平衡地层压力:井眼中液体压力与地层中流体的压力差是钻井液失水的动力,尽可能减少压力差,维持平衡钻进是降失水的有效措施。

(6)利用特殊离子对地层的"钝化"作用:一些特殊离子的嵌合作用可以加强黏土颗粒之间的结合力,从而使井壁稳定性提高。

(7)利用大分子链网在井壁上的隔膜作用:钻井液中的大分子物质相互桥接,滤余后附着在井壁上形成阻碍自由水继续向地层渗漏的隔膜。

(8)利用微颗粒的堵塞作用:在钻井液中添加与地层空隙尺寸相配伍的微小颗粒,可以堵塞渗漏通道,降低钻井液的失水量。

(9)活度平衡:调整钻井液中电解质的类型与含量,使之与地层物质相"平衡",从而减

少或消除井内钻井液中的水向地层移动的趋势。

4. 溶蚀性地层钻井液

溶蚀性地层以氯化钠盐层最为典型,其他还有钾盐、石膏、芒硝、天然碱等。这类地层又称水溶性地层,它遇到钻井液中的水,就会发生溶解,使钻井井壁溶蚀掉,其结果是经常导致井眼超径、垮塌。

对付水溶性地层,主要从两方面入手解决:一是降失水,其原理和方法前面已经介绍过;二是降低钻井液对地层的溶蚀性。在钻井液中加入与地层被溶物相同的物质,使溶解度趋于饱和,就是常用的治理溶蚀的方法。例如在岩盐中钻进,采用盐水钻井液作为钻井液,防塌效果良好。

盐水钻井液是黏土悬浮液中氯化钠含量大于1%,或用咸水(海水)配置的钻井液,它是靠氯化钠的含量较大促使黏土颗粒适度聚结并用有机保护胶维持此适度聚结的稳定粗分散钻井液体系。依含盐量的高低,分为盐水钻井液(一般含盐量3%~7%),海水钻井液(总矿化度一般为3.3%~3.7%)和饱和盐水钻井液,氯化钠约为33%~36%。

盐水钻井液的黏度低,切力小,流动性好,抗盐侵,抑制岩盐地层的溶解,抗黏土侵的能力强,抑制泥页岩水化膨胀、坍塌和剥落的效果好。

5. 硬岩钻进用钻井液

坚硬的岩石是钻进经常遇到的地层,像花岗岩、石英岩、榴辉岩、片麻岩、闪长岩等属于非常坚硬的岩石,像大理岩、白云岩、千枚岩、板岩、密实的泥页岩等中等硬度的岩石也比黏土和砂、砾要硬得多。

对于钻进而言,坚硬岩石具有以下特点:

(1)由于岩石坚硬,钻进时破碎岩石所需要的消耗大,进尺慢,钻头磨损厉害,容易烧钻。

(2)由于钻孔孔径较小,钻井液的循环阻力大。

(3)钻进坚硬岩石形成的井壁相对稳定,一般不易发生严重坍塌垮孔。

针对以上特点,对硬岩钻进钻井液的设计应侧重于增强钻井液的润滑性和冷却性,减少钻井液的流动阻力,减少固相含量以利于提高钻速;相对钻井液的悬排能力和护壁性要求不高。

在钻井液中,聚丙烯酰胺(PAM)不分散低固相钻井液是一种用于硬岩石钻进的钻井液类型,其主要组成包括:预水化膨润土、聚丙烯酰胺絮凝剂和水。所谓低固相是指钻井液体系中的固相(包括造浆黏土和岩屑)含量按体积不大于4%;所谓不分散是指对进入钻井液体系的钻渣起絮凝作用,不使其分散,以利于地表沉淀除渣。

(四)钻井液的调配

1. 在钻井液池中直接调配

在水源充足的工地,若地表不易漏失水分,对钻井液也没有特殊要求,可在地表直接挖钻井液池,调配钻井液。为稳定钻井液性能,挖钻井液池时有时需要加长钻井液槽和增加一两个钻井液沉淀池。

2. 使用容器

用铁、木制的盆桶先调配好备存,视需要倒入钻井液池中。以下是容器配制钻井液的两种方法。

(1) 人力搅拌法:用直径 60cm,高 100cm,体积 $0.2 \sim 0.3 m^3$ 的木桶或废汽油桶三个,第一只桶内放入黏土和清水搅拌 1~2h,如加添加剂则再搅拌 20min,做成钻井液后静置 5min,沉淀沙砾,将钻井液倒入第二只桶再沉淀 10min,然后倒入第三只桶备用。

(2) 机械搅拌法:所使用的黏土和清水及添加剂同人力搅拌法。只是在搅拌 30~40min 后要取样测定黏度,然后每拌 25~30min 测定一次黏度,若最后两次结果相同,则说明钻井液已配制好。

(五) 可压缩钻井循环介质

[CBA031 可压缩钻井循环介质]

1. 可压缩钻井循环介质基本特征

空气是密度最低的钻井介质。以雾作为钻井介质,则称为雾钻井。空气的密度非常小,仅为水密度的 1‰~2‰;空气的可压缩性又非常大,而水几乎为不可压缩。若用空气作为钻井循环介质,必然表现出明显区别于常规钻井液的低密度和高压缩的特性。同理,雾也具有较低的密度和较高的压缩性。空气的来源极其广泛。在一些特定条件下,用空气钻井比常规钻井液的效果好,其中有些情况下只能用空气钻井。

可压缩钻井循环介质主要是应下述方面的钻井需要而产生的:

(1) 在无水、缺水、干旱、沙漠、冰冻地区钻井,用来源广大的自然气体取代配制钻井液所需的大量用水,以解决供水困难。

(2) 在低压地层中钻井,常规钻井液的密度相对过大,井液压力使井眼失稳破坏并造成钻井液严重漏失。对此,使用低密度钻井液可以有效减轻对地层的压力。

(3) 向井底输送气体,实现井底气动冲击碎岩,在一些硬脆地层中具有比常规钻进方法快得多的钻井速度。

2. 可压缩钻井循环介质的类型

可压缩钻井循环介质分为干气体、雾状体系、钻井泡沫、充气钻井液。

(1) 干气体。用干空气或天然气体作为钻井循环介质。其特点是工艺相对简单,但是由于气体悬携岩屑能力差,因此需要很大的环空流速,即需要较大的送气量。

(2) 雾状体系。气体是连续介质,液体是分散相的分散体系。在井内水量较多的情况下,原用的空气循环钻井转变为这种循环体系。

(3) 钻井泡沫。分散相是大量气体、连续相是少量液体构成的分散体系。它在悬携岩屑能力等诸多方面比空气钻井优越。

(4) 充气钻井液。在钻井液中加入发泡剂、稳泡剂,经剧烈混合后形成大量微小泡沫高度分散在钻井液中的低相对密度钻井液体系,它在一定范围内的相对密度和黏度调整上比纯泡沫优越。

(六) 可压缩钻井循环介质的主要添加剂及其用途

[CBA032 可压缩钻井循环介质添加剂及其用途]

1. 发泡剂

国内外发泡剂的品种较多,从大的类别上可按表面活性剂的电离性分为 4 类,即阴离子型、非离子型、阳离子型和两性型。国内外较常用于钻井发泡的表面活性剂见表 2-1-2。

表 2-1-2　国内外钻井用发泡剂

类别	代号	名称	物理性质
阴离子型	ABS	烷基苯磺酸钠	白色或浅黄色粉状固体,溶于水成半透明体,对碱、稀酸和硬水都较稳定,溶液表面张力低,泡沫丰富,去污力强
	K_{12}(TAS)	十二烷基磺酸钠十二醇硫酸钠	白色或浅黄色固体,溶于水成半透明体,对碱、稀酸和硬水都很稳定,发泡能力强,去污力强,有乳化能力
	ES	脂肪醇醚硫酸钠	具有良好的生物解性、去污力、起泡力及乳化等性能,并抗硬水
	F842	椰子油单乙醇酰胺磺化琥珀酸脂二钠盐	能溶于水,泡沫丰富稳定,耐硬水,有一定的洗净能力,抗原油、抗盐的能力强
	F873	F842 和脂肪醇醚磺化琥珀二钠盐的混合物	性能同 F842,且其耐温达 150℃,优于美国同类产品(Adofoam)
非离子型	OP—7 OP—10	聚氧乙烯辛基(10)	溶于水的化合物,润湿性、去污能力都好,乳化性及起泡性较好
	OB—2	十二烷基二甲基氧化铵	溶于水,有稳定泡沫,具有抗静电效果,增稠、增溶效果好
阳离子型	TA—40	脂肪醚三乙醇胺盐	极易溶于水,泡沫丰富,去污力强,乳化、润湿、分散力好
	—	烷基苯磺酸三乙醇胺盐	溶于水,泡沫丰富,去污力、分散、乳化性能好
两性型	BS—12	十二烷基二甲基甜菜碱	易溶于水,泡沫丰富,去污力强,有乳化、分散、润湿性能

发泡用的表面活性剂可以是一种,也可以是几种复配的复合剂。试验表明,用复合型活性剂配制的泡沫,力学性能较好,泡沫稳定性高。目前,复配的配方主要通过实验来确定。实验中可用 HL 平衡值的加权方法的对用量进行计算。

阴离子型的发泡能力强,但抗干扰能力差。非离子型的发泡能力低,但抗干扰能力强。为取二者的优点,往往将阴离子型与非离子型表面活性剂复合使用。在钙离子、镁离子含量高的干扰性地层中,复合型发泡剂的使用效果较好。

2. 稳泡剂

稳泡剂是以延长泡沫持久性为目的而加入的添加剂。一些有机化合物和表面活性剂可用作稳泡剂。例如 CMC、EHC 和 PAM 就是很好的有机化合物稳泡剂,而月桂酰二乙醇胺等则是很好的表面活性剂稳泡剂。

对于稳泡剂能够使泡沫长期稳定存在,分析其机理之一是稳泡剂的加入显著地增强了液膜的强度。例如 CMC 长链分子在液膜上的搭结效应,对稳定泡沫起到良好的保护作用。

三、钻具的使用与保养

(一)钻具概述

钻具是钻机钻井使用的工具。它在旋转系统带动下做旋转运动,在升降系统带动下做

CBA045 钻具的概念

上下运动。钻具主要由钻杆、钻杆接头、钻头和方钻杆等组成,如图2-1-3和图2-1-4所示。

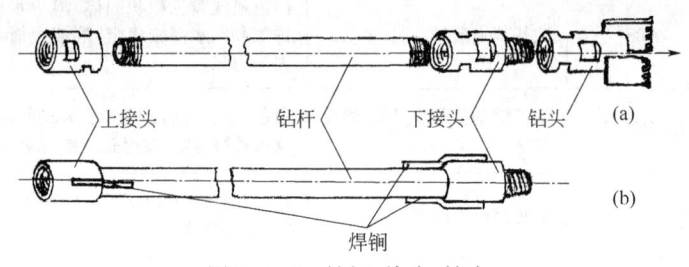

图 2-1-3　钻杆、接头、钻头

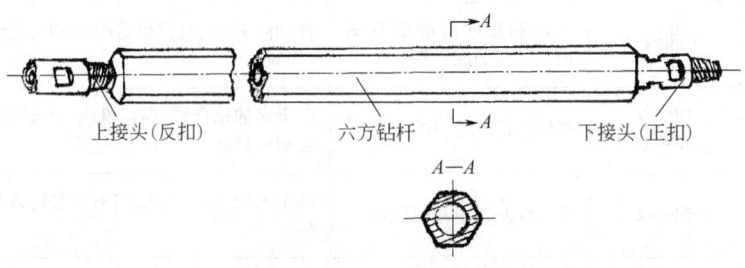

图 2-1-4　六方钻杆

1. 钻杆

由优质无缝钢管加工成型。规格品种繁多,每根钻杆两端有螺纹,可组装公母接头一对。

(1) 圆钻杆:管壁薄、应力大、韧性好、硬度高、质量轻。钻井时上连提升系统,卜接钻杆钻头组成钻具总成,中孔供通过钻井循环流体。钻进时不断续接钻杆加深井的进尺,如图2-1-3所示。

(2) 方钻杆:管壁厚达12~16mm,其规格有多种。管外壁刨制成横截面正六方形(或四边形),是以转盘做回转系统的钻机钻井时最上一根钻杆。它上连水龙头总成,下端插入转盘套孔内,当转盘旋转时产生回转运动,中孔可通过钻井循环液体,如图2-1-4所示。

(3) 套管:严格地说它只是钻井的辅助机具,为叙述分类方便归于管材类。材料的韧性和硬度要比钻杆要求低。组成形式类同圆钻杆。其规格与钻头配套,管内径略大于钻头,需要时下在井中保护井壁,使钻井能继续进行。加深时亦用螺纹连接。完钻后可以留存井中待用,以承受静压力为主。

> CBA047 钻杆接头的形式

2. 接头

材料亦是优质无缝钢管,壁厚、强度高、抗冲击性好。与钻杆规格配套,每个接头两端都有螺纹,细牙母扣上在钻杆两端后,一根钻杆就有粗牙公母扣各一头了。接头也有不用细牙母扣,直接套在钻杆两端后焊接成型。接头主要作用是连接钻具。

> CBA040 钻头的分类

3. 钻头

用钻杆母接头、钢管和其他坚硬材料制成。头部常焊钨合金钢块,排列成牙型、蜂窝型和三棱型,顶端及侧面有一定形状的孔洞,供钻井液体流出。尾端中空内有螺纹与钻杆下端可连接。地震钻井常用钻头主要有三大类,取芯钻头主要用于工程钻井取样。常用钻头见表 2-1-3。

表 2-1-3　地震钻机常用钻头　　　　　　　　　　单位:mm

类别	型式	直径
螺旋钻头	双叶麻花形	120、150
切削钻头（刮刀钻头）	二翼鱼尾形	150、200
	三棱锥形	114、150、200
研磨钻头	涡流齿轮	150
冲击钻头	潜孔式	80、75
取芯钻头	牙轮式	85~200
	刮刀式	

钻井时,钻头对地下岩层进行切削、破碎和研磨,产生井孔,头端井孔中喷出流体清洗岩屑,形成井身。不同的地层选用不同的钻头,以求加大钻进能力。

CBA046 钻具的组成

(二) 钻头的使用与保养

1. 钻头的分类

钻头是在钻井过程中破碎岩石的工具,用钢或其他坚硬物质材料制成。钻头可分为三类,即冲击钻头、研磨钻头和切削钻头。地震钻机常用钻头钨合金钢块一般排列成牙型。

CBA016 钻头的概念

CBA048 钻头钨合金钢块排列形式

石油钻井按钻头结构可分为刮刀钻头、牙轮钻头、金刚石钻头、PDC 钻头等,下文介绍刮刀钻头和牙轮钻。

(1)刮刀钻头:包括鱼尾钻头和三翼钻头,制造简单容易,一般用于软底层。此钻头是以切削方式破碎岩石的,因此,扭力甚大,钻进过程中不宜加过大压力。

CBA017 刮刀钻头的概念

CBA018 牙轮钻头概念

(2)牙轮钻头:在钻压和钻柱旋转的作用下,牙齿压碎并吃入岩石,同时产生一定的滑动而剪切岩石。当牙轮在井底滚动时,牙轮上的牙齿依次冲击、压入地层,这个作用可以将井底岩石压碎一部分,同时靠牙轮滑动带来的剪切作用削掉牙齿间残留的另一部分岩石,使井底岩石全面破碎,井眼得以延伸。

2. 切削钻头的使用与保养

CBA042 钻头的使用方法

(1)将钻头装到方钻杆或钻杆上时,应用手握牢钻头以防掉入井内,司钻操作时应把油门放到最小,使方钻杆或钻杆缓慢转动以防伤人,或用管钳等工具先将钻杆与钻头连接好,再接到钻机动力头下接头上。

CBA041 钻头的保养方法

(2)钻井作业中需更换钻头时,应将钻机开离井口或采取相应措施,以防钻头掉入井内。

(3)钻机在钻进过程中严禁使用反转,以防钻头掉落井中。

(4)钻头在使用过程中应及时检查钻头硬质合金块是否脱焊、碰碎、脱落,如出现上述情况应及时换下送修。

(5)已磨到基体的钻头应及时报废。

(6)每日收工后应及时检查、清洗钻头。

(7)钻头不使用时应清洗干净,晾干涂以机油、黄油以防锈蚀。

3. 冲击钻头的使用与保养

CBA030 冲击器的使用与保养

冲击器如图 2-1-5 所示,在正常情况下,每使用一段时间(约 20~30h),应拆开清洗检修一次,或者在凿岩速度明显下降时进行清洗检修。

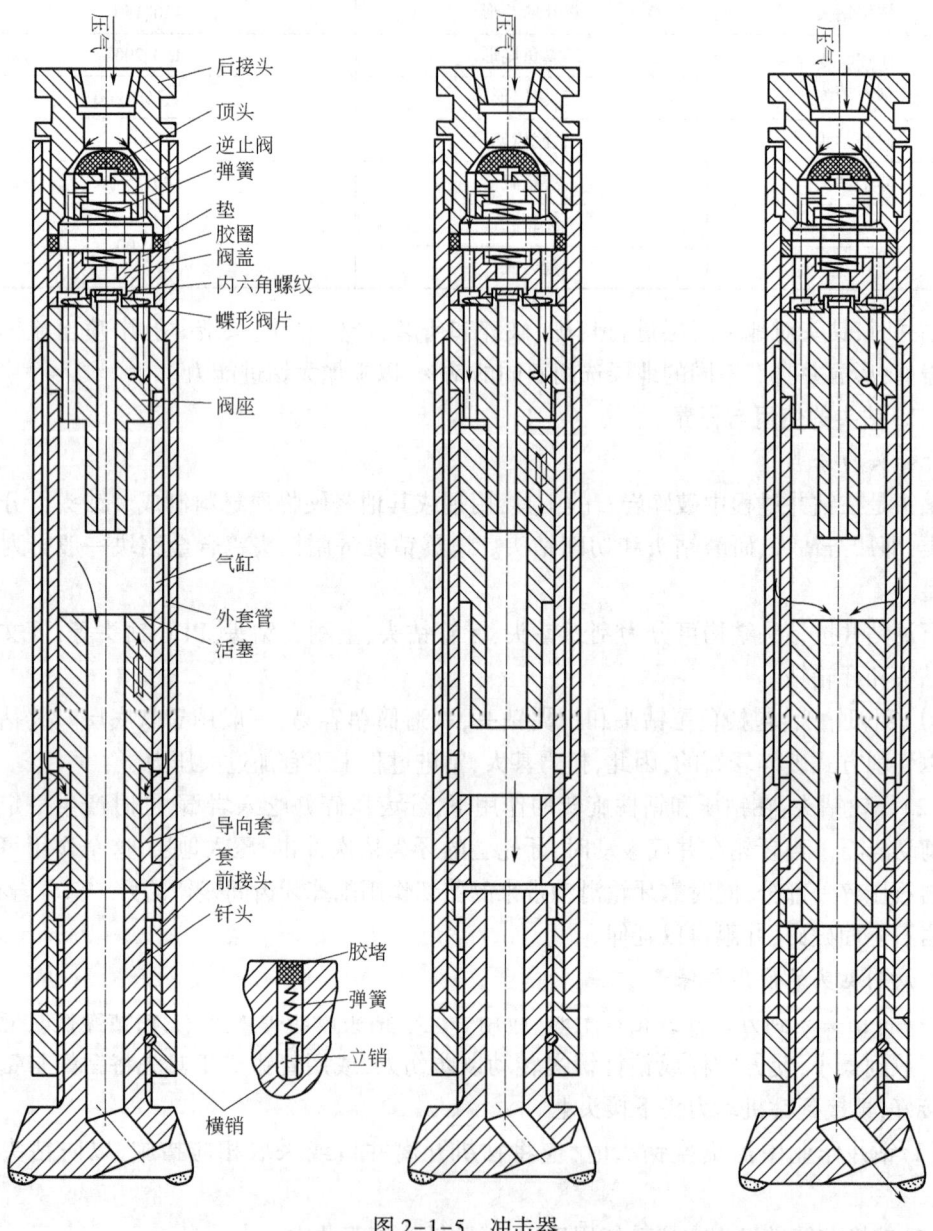

图 2-1-5 冲击器

1)冲击器的拆卸

(1)拆卸钎头。

以螺丝刀从横销孔大孔将立销挑起,然后用细铁棒伸入小口,顶出横销。以能够抽出钎头为度。不可顶出过多使立销落下,以致横销不易装复。

注意：进行此项操作时，切不可将手伸入钎头与前接头端面之间，以防挤伤。

(2) 拆卸后接头。

用台管钳或链钳夹紧套管。夹持部位应在阀盖支承面对应的壁厚最厚处，以减小外套管的变形，然后用扳手拧下后接头，拆出逆止阀及弹簧。

(3) 拆卸调整垫片及橡胶圈。

拆卸配气阀、活塞及导向套：拆除橡胶圈后，内部零件便可倒出。然后双手握住气缸上下摇动。利用活塞的冲击将配气阀冲下，再将活塞重新装入气缸（反装），用同样方法将导向套冲下（在一般情况下，也可以不拆下导向套）。

注意：严禁用螺丝刀撬动，以免损伤结合面。

(4) 拆卸前接头。

前接头在一般情况下不需拆卸。只有在更换立销、弹簧或前接头本身时，才从外套管上拆下。需要拆卸前接头时，应在拆卸后接头之前将它旋松。拆卸时，应将外套管对应于支承面夹在台管钳或链钳上。然后以焊了手柄的旧钎尾做扳手，将花键插入前接头花键孔内，旋下前接头。如需拆出立销及弹簧，则应挑出胶塞。

2) 冲击器的恢复

(1) 装横销、立销、弹簧及胶塞。

将横销装入前接头横销孔内，挡住立销孔，然后依次装入立销、弹簧和胶塞。弹簧的预压缩量约 4~6mm。若大于 6mm 时，应削短胶塞来调整；小于 4mm 时，则应更换较长的弹簧。

(2) 装前接头。

外套管两端的螺纹及光孔直径相同，但光孔的长度不同。前接头应旋入光孔较长的一端。旋入前螺纹表面应涂以胶体二流化钼（亦可暂以 3 号钙基润滑脂代替）。旋紧后，与外套端面不应留间隙。

(3) 组装内部零件。

首先将导向套装入气缸前端（有孔的一端），使端面贴紧，再装入活塞，然后装阀座、阀片或阀盖，所有配合端面均应贴紧。装复前，各配合表面均应涂以机械油。装入时，允许使用紫铜棒或木锤敲击非配合表面。装好后，应前后摇动活塞，检查活塞及阀片运动有无受阻现象，待正常后才可以装入外套管内。将内部零件装入外套管。将装上前接头的外套管放平，接头一端稍微垫高，然后将已经组装好的内部零件装进外套管，最后将外套管立起并摇动，确认内部零件已装到位。

(4) 装橡胶圈及调整垫片。

将橡胶圈塞进阀盖与外套管之间的槽内，使橡胶圈上面与阀盖上端面塞平，然后放上调整垫片，并测量从外套管端面至调整垫片之间的距离，使其较后接头旋入外套管的长度短 1.5~2mm。

(5) 装逆止阀、弹簧及后接头。

将弹簧装进逆止阀孔中，再将逆止阀与弹簧装进阀盖浅孔内，然后将后接头旋入外套管，应注意务必将弹簧的前端装入阀盖前端的浅孔中。用手旋紧后接头，应再一次检查后接头与外套管端面的间隙，用增减调整垫片的方法使之符合 1.5~2mm 的要求时。最后，还应从后接头孔中推动逆止阀数次,以检查其活动是否受阻,复位是否正确。后接头在旋入外套管之前,也应像前接头一样,在螺纹表面涂以胶体二流化钼。

(6)装钎头。

挑起立销,将横销顶出到钎头能够装入前接头为度,尽量不要顶脱,免得立销落下后不易横销。然后将钎头花键有缺口的齿对准接头上横销所穿过的花键槽,将钎头推入前接头,然后插入横销,待立销落下,挡住横销即可。

4. 冲击器的使用注意事项

1)保证足够的工作气压

冲击器在低于规定的工作气压的条件下勉强工作时,其冲击功和频率都将降低,因而不能有效地破碎岩石和有力地将凿下的岩渣及时排出体外。使凿岩速度急剧下降,钎头磨损加剧,钻孔成本大幅度提高,所以决不应在低于规定的工作气压的条件下勉强进行工作;而是应当尽量使工作气压接近规定气压的上限,以期收到最好的效果。

2)选择合理的转速

潜孔钻机是使冲击为主回转为辅来达到凿岩钻孔的目的的,即活塞每冲击一次,钎头上的硬质合金柱齿就在岩石上凿下一个印痕,然后借助于回转运动使柱齿变换一个位置,以使两次冲击的凿痕之间的岩石崩落。两个相邻凿痕间的距离过大,则它们之间的岩石不能崩落;距离过小则不能充分、有效地利用冲击功。因此,理想的情况是:每两次冲击之间钻具旋转的角度,应该使两个凿痕之间的距离对于该种岩石来讲是可以崩落的最大极限。

鉴于上述情况,在选择钻具的转速时,应该根据不同的岩种来决定:对于可凿性较好的岩石,希望两个相邻的凿痕间的距离大一些;即转速选高些,反之,岩石可凿性较差的情况下,转速应选低一些。具体情况要靠转速的变化对凿岩速度的影响而确定。总之,切不可不分情况地用提高转速的手段来企图达到提高对凿岩速度的目的,因为这样只能降低凿岩速度和加剧钻具的磨损。

3)保持一定的轴压

施于冲击器上的轴压,以冲击器工作时不产生反跳现象为宜。轴压过大时,在可凿性较差的岩石上作业时会增大回转机构的负荷,发生损坏回转机构和钻杆的事故,同时,也会加快钻具的磨损;在可凿性较好的岩石上作业时,则会因钻进太快而造成夹钻事故。

4)保证可靠的润滑

冲击器的润滑油夏季用 20 号机械油;冬季用 5~10 号机械油,亦可视具体情况而定。

5)保证气路清洁、通畅

向冲击器供气的管路,必须保持清洁、通畅,才能保证冲击器正常工作。为此,冲击器在装上钻机之前,后接头孔应暂时堵塞,防止异物进入。钻杆在冲击器联接时,应先将孔内吹净。

6)钻具严禁逆转

钻杆与冲击器均为螺纹连接,逆转会造成落孔事故。因此,在工作时严禁使钻具逆转;拆卸钻杆时,孔内部分不允许逆转。

7)停钻时不可先停止供气

钻凿下向孔时,停止钻进时,不可立即停止向冲击器供气,以免由于突然停气而使尚未排出孔外的岩渣落到孔底将钻具埋住造成"夹钻"事故。而是应当先将冲击器稍稍提高孔底,使冲击器停止冲击,强力吹扫排渣,待孔口不再有岩渣及岩粉排出时再停气,然后下放钻具,停止回转。

8) 更换钎头要注意直径变化

钎头磨损后,孔尚未钻成时,不可用新钎头,更换旧钎头以免由于新钎头直径大于已钻好的孔径而造成"夹钻"。

注意:留几个未完全磨损的钎头备用,未完井钎头报废时使用。

> CBA026 钻杆的保养方法

(三)钻杆的保养

(1) 钻杆须按新旧程度分别使用,较差的应用于孔壁稳定的浅孔或钻孔上部。磨损程度不同的钻杆如果混用,将使旧钻杆早先折断,或易出现其他钻井事故,过度磨损的钻杆应及时更换。

(2) 钻井时,应注意保证上下接头丝扣清洁,防止因杂质混入造成丝扣部分异常磨损。

(3) 平常要防止钻杆摔弯、敲扁,过弯的钻杆要及时校直。

(4) 钻杆保管堆放时,管壁及丝扣部分必须涂以浓机油或润滑脂。

(5) 钻井时,要严格遵守操作规程,合理选择钻井参数,尤其要正确控制钻压,加压要均匀,在复杂地层钻进时,如破碎裂隙发育地层,应降低压力和转速。

(6) 不要使用过度磨损、过度弯曲,有裂纹或有缺陷的钻杆。

> CBA028 钻井专用工具的保养

(四)钻井专用工具的保养

钻井专用工具主要是指钻井泵缸套拉力器、钻井液阀拉力器、绞车拉力器、垫叉、卡瓦、密封填料压帽扳手等,是保养和维修钻机的专用工具。对于这些工具使用时要严格按照使用要领操作,使用后的保养应做到:

(1) 用后应认真清洗干净并晾干。

(2) 长时间不使用时,应收存起来放入工具箱或合适的地方。

(3) 凡螺纹部分均应清洁,用后涂上防锈剂或黄油;凡滑动部分应确保无异物并涂上润滑脂或润滑油。

> CBA043 接钻杆的程序

(五)接卸钻杆(WT-50钻机)

1. 接钻杆程序及注意事项

(1) 一钻工将卡瓦放在卡瓦座内。

(2) 下放钻具,使卡瓦卡住钻具接肩。

注意:钻具接头应距卡瓦上表面60~80mm。

(3) 使动力头反转,松开动力头下接头与钻杆上接头的连接。

(4) 一钻工扶住动力头下接头,二、三钻工抬钻杆使钻杆上接头丝扣与下接头丝扣对好。

(5) 缓慢正转动力头,使下接头与钻杆连接好。

(6) 上提钻具使钻杆下接头升至卡瓦上部。

(7) 一钻工扶住钻杆下部,下放钻具,使上部钻具公扣落入下部钻具母扣中。

注意:扶钻杆时切不可扶钻杆丝扣部分。

(8) 旋转动力头,使上下钻具连接好。

(9)上提钻具,取出卡瓦,即可进行钻井作业。

CBA044 接钻杆的注意事项

2. 卸钻杆程序及注意事项

(1)一钻工将卡瓦放在卡瓦座内。

(2)下放钻具,使卡瓦卡住钻具接肩。

(3)使动力头反转,卸松动力头下接头与钻杆上接头的连接。

注意:卸松间隙不大于 3/4 扣。

(4)一钻工放下滑套。

(5)取出卡瓦,上提钻具,使下一钻杆上接头升至卡瓦座以上。

(6)一钻工将卡瓦放入卡瓦座。

(7)下放钻具,使钻杆接肩放入卡瓦槽内。

注意:钻具接头应距卡瓦上表面 60~80mm。

(8)倒转动力头卸开钻杆连接。

(9)一钻工拉出卸开的钻杆,交给二、三钻工。

(10)下放钻杆至合适位置。

(11)一钻工上提并挂好滑套,二、三钻工扶牢钻杆。

(12)倒转动力头,卸开钻杆与下接头的连接,钻工将钻杆装于钻杆箱内。

(13)一钻工扶住滑套,下放动力头,使下接头对准卡瓦处钻杆,旋转动力头使之连接。

注意:连接时应保留 1/2~3/4 扣间隙。

(14)放下滑套,上提钻具即可进行下一步作业。

四、钻机及分类

随着石油工业的不断发展,钻井工作同样有着相应的发展,钻机的使用条件越来越多样化,所以相应地出现了各种类型的钻机。

(一)按钻机作业的方式不同分类

(1)转盘钻机:油田用的大型钻机,地震勘探用 701 型钻机以及部分人抬化钻机。

(2)柔杆钻机:用柔杆进行连续起钻、下钻作业和井底发动机(如涡轮钻具、电动钻具)钻进。

CBA023 地震钻机的特点

(二)按钻探深度不同分类

(1)大型钻机:起重量在 20t 以上,使用约 90~170mm 的钻杆,井径达 400mm,用于钻深井。

(2)轻便钻机:起重量一般在 30t 以下,使用 40~90mm 的钻杆,井径达 150mm,用于勘探、地质、水文等方面。如地震勘探用的车装钻机。

(三)按动力来源不同分类

(1)柴油机驱动钻机:柴油机驱动液力传动钻机,柴油机直流电驱动钻机。

(2)交流电驱动钻机:用于有电力网的油田上。

(3)燃气轮机驱动钻机。

CBA022 地震钻机的分类

(四)按使用地区不同分类

(1)沙漠用地震勘探钻机:巴格钻机、沙陀钻机。

(2)平原用地震勘探钻机:国产 701 钻机、东风 WT-50 钻机。

(3)山地用地震勘探钻机:国产 WTZ-30 型、QPY-30 型、进口 CT-255、进口 TD150S 人抬化钻机。

(4)海洋、湖泊用地震勘探钻机。

(五)WT-50 型钻机主要技术规范和性能参数

WT-50 型钻机,是针对我国平原地区,进行石油地球物理勘探而设计的一种全液压车装钻机。该机整体装载在东风 EQ141J2 型双桥驱动、高通过性汽车底盘上,使其具有良好的运移性,搬迁方便,符合野外施工的要求。该机以液压驱动并控制钻具的旋转、提升、钻进和钻井泵工作以及井架的起落。用动力头装、卸钻杆和传递扭矩,以钻井液为洗井介质。其工作平稳可靠,操作简单,安全省力。

钻机主要技术规格和性能参数如下:

(1)钻井深度:用 114.3mm 钻头、60.3mm 钻杆可钻井深 50m。

(2)钻杆规格:直径 60.3mm,长度 3.1m,重量 18kg/根。

(3)最大提升力:14700N。

(4)最大加压力:14.7MPa。

(5)动力头输出扭矩:509.95N·m。

(6)钻具升降速度:0~0.82m/s。

(7)钻进速度:0~0.41m/s。

(8)钻井泵型号:WT300/25,理论排量:300L/min,最大压力:2.45MPa,缸套直径:90mm,活塞行程:150mm,冲次:84 次/min。

(9)液压系统:系统压力:12.25MPa 系统工作油温:低于 80℃。

(10)汽车底盘:型号:EQ141J2;

驱动形式:4×4 双桥驱动,载重量 5000kg;

最高车速:90km/h;

发动机型号:Q6100-Ⅰ型;

最大功率:99.3kW,3000r/min;

最大扭矩:353N·m,1200~1400r/min;

钻机外形尺寸引驶状态:长×宽×高 = 7719mm×2380mm×3006mm;工作状态:长×宽×高 = 6544mm×2380mm×5675mm;

钻机总重:6300kg。

五、地震钻机的组成及保养

(一)钻机组成

(1)地面旋转钻进系统:为了转动钻具,破碎岩石和确定方向井的方位,钻机配备有钻盘、水龙头或动力头等。

(2)循环系统:为了随时清洗井底已破碎的岩屑和正常连续钻进。

(3)提升系统:为了起下钻具、更换钻头、下套管等装配的一套起升设施。在常用的 WT-50 型钻机中涡轮减速器、链条、链轮及井架组成。

(4)动力驱动系统:为了工作机获得足够的动力进行运转,必须配备动力设备及辅助设施,如汽车发动机等。

(5)传动系统:主要是连接发动机与前三个工作系统,把发动机的能量传递与分配给各工作系统。可分为机械传动、液力传动、液压传动等。

(6)控制系统:指挥各机组协调工作,在钻机中还装备各种控制设施,如机械控制设施、气动或液动设施,电控及观察仪表。

(7)钻机平台:车装钻机的平台底座较为简单,整体组装在汽车底盘上,搬运很方便。

(8)以上是适应钻井工艺要求而形成的钻机系统和部件,它们有机地结合成一套钻机设备,协调完成钻井任务。

(二)钻机的保养

(1)钻机井架总成不仅要保持日常的润滑,还要保证链条调整做到左右对称,松紧程度适当。钻机加压链条松紧度,以人手推或拉链条中间部位,链条偏离垂直中心线 50~90mm 为宜。

(2)动力头的润滑,动力头首次加油工作 100h 后应换新油。会检视动力头润滑油液面,如缺少要加注到规定液面。

(3)钻井泵的润滑,钻井泵长时间不使用应将泵头部分清洗干净、将水放净、缸套拉杆等涂防锈油,防止零件锈蚀。检查钻井泵润滑油是否缺少,如缺少加到规定液面。了解钻井泵离合器轴承的润滑情况并加润滑脂。

(4)钻机传动系的润滑,包括变速箱、分动箱、涡轮减速箱等。要会观察各部件的润滑油液面,并会加注到要求的高度。分动箱冬季采用 20 号机油润滑,涡轮减速箱采用 200 号涡轮润滑油进行润滑。

六、钻井工的岗位职责与操作规程

(一)岗位职责

钻井工上对班组长负责,严格遵守本岗位操作规程;积极参加 HSE 各项活动,遵守劳动纪律;负责钻前的各项准备工作以及钻井过程中钻井液打捞和钻杆接卸工作;有权拒绝一切违章指挥;发现各类隐患要及时排除解决,无法解决的要立即上报。

(二)安全操作规程

1. HSE 提示和预防措施

(1)按规定穿戴劳动防护用品。

(2)检查钻机各部位及安全防护装置。

(3)观察井位点地形、障碍物、高压线,采取安全保障措施。

(4)钻机车在行驶时,除驾驶室外,其他任何部位严禁乘人。

(5)钻机运转中,严禁进行检查维修。

(6)钻具螺纹卸不开时不得人机配合强行拆卸。

(7)不得对钻机实施外力加压。

(8)钻杆入套时,不得用手扶下部接头螺纹及滑套。

(9)井架起放过程中,在钻杆下滑方向不准站人。

(10)不准操作钻机。
(11)预防机械伤害。
2. 实施前准备工作
(1)准备卸扣工具、管钳等。
(2)正确摆放钻井液槽。
(3)检查放水管是否畅通。
(4)检查钻头出水口是否畅通。
3. 实施
(1)听从司钻指挥,钻工之间协调配合。
(2)按程序检查钻机各部位是否符合安全要求。
(3)接卸钻杆时,按规定摘挂重力头滑套,正确操作卡瓦。
(4)钻井液循环钻井时,应随时观察钻井液的压力变化及钻井液上返情况。
(5)卸下的钻杆,应摆放整齐,接头内外螺纹端应避免碰撞。
(6)正确实施钻井过程中的钻井液打捞和钻杆接卸工作。
(7)钻工之间相互监督作业行为,纠正不符合。
4. 实施后
(1)清理场地。
(2)整理工具。
(3)冬季施工后放净上下水管及泵内积水。
(4)挂好进水管及钻井液槽。
(三)岗位主要风险
(1)机械伤害。
(2)触电。
(3)车辆伤害。
(4)火灾。
(5)环境污染。
(四)控制措施
(1)严格按照《岗位安全操作规程》进行施工作业。
(2)对钻工进行技术培训、考核。
(3)熟知本岗位的工艺流程,安全规定。
(4)参加岗位 HSE 培训。
(5)熟知本岗位的危险点源及采取的风险控制措施。
(6)认真履行自己的职责,增强责任感,提高安全意识。
(7)按照环境保护的要求,清理作业现场。
(五)应急措施
(1)发现火灾时及时扑救并报告。
(2)发现他人受到伤害或发生事故时,应先救人,并且及时报告现场负责人,保护现场,听从指挥和调遣,参加救援活动。

(3)救助伤员或自身受到伤害时,要保持头脑冷静,应采取现场急救措施(止血、防窒息、防冻伤)。

七、地震钻井有关名称解释

(一)钻机分动箱

钻机分动箱是用以分配动力的箱体机构。

(二)钻机水龙头

钻机水龙头是旋转系统和循环系统连接的纽带。一方面用来联结提升系统和钻具,确保提升系统上的钻具能自由旋转;另一方面将钻井液经水龙带和钻杆送往井底(有的钻机可通过其上固定滑轮装置靠钢丝绳对钻具加压)。

(三)钻机加压装置

钻机工作时,液压马达通过联轴套驱动蜗杆,通过蜗轮、蜗杆副的传动,经输出轴和联接套传给加压轴和链轮,然后通过链条作用于动力头上,从而实现钻具的加压和提升。在钻井过程中,若遇到硬的岩石或其他地层,钻具和钻杆本身的重量压给钻头的重量不够时,钻进速度得不到保证。可使用加压装置对钻头加压,以增加钻头对井底岩石的压力,从而增加钻进速度。加压装置实质上就是为增大钻头对井底岩石的压力而设的附属机构。

(四)钻机绞车

钻机绞车是钻井中主要工作机之一,其主要任务是提升或下放钻杆、钻具、下套管,在钻井过程中可以用来控制钻井压力,在钻具的上卸扣时作辅助工作,也可用于起吊其他重物。所以,绞车实际上是为了钻井中需要升降而设的一种工作机构。

(五)车装液压钻机动力头

车装液压钻机动力头作用是旋转钻具,传递扭矩,承受钻具的悬重和液体循环压力,将转盘和水龙头设计制造为一体,同时起着转盘和水龙头的作用,是为钻机旋转钻具和循环洗井液而设的机构。

(六)刮刀钻头

刮刀钻头包括鱼尾钻头和三翼钻头两种;制造简单容易,一般用于钻软地层。此类钻头是以切削方式破碎岩石的,因此,扭力很大,钻进过程中不宜加过大压力。

(七)钻杆

钻机转动的钢管,两端有丝扣,可通过接头连接,钻井用的流体也通过钻杆进行循环。

(八)钻井泵专用工具

钻井泵专用工具是用于对钻井泵的维护保养、修理及润滑所特制的工具。如:缸套拉力器,阀座拉力器、密封填料压帽扳手等统称为钻井泵专用工具。

(九)卸钻杆专用工具

卸钻杆专用工具是在钻井过程中,用于装卸钻杆的工具。如:垫叉、管钳等均属钻杆专用工具。

(十)钻具

钻具是钻机钻井过程中所需要的工具。如:钻头、钻杆、接头、方钻杆等均属钻具。

(十一) 钻井

利用机械设备或人力,将地层钻成孔眼,这种工作叫作钻井。在一口井中,井的最上部叫井口,井的最下部叫井底,井眼周围的侧壁叫井壁,井孔的直径叫井径,井口到井底的距离叫井深,整个井孔叫井身,全部井身的某一井段叫井段。

(十二) 钻头压力

钻头压力就是压迫钻头使它吃入地层的力量。

(十三) 岩心

钻井工作人员根据地质设计要求,在某一井段使用取心钻具及取心钻头进行环形钻进,取出的地层柱状岩块称为岩心。岩心可供地质工作者分析化验或向特殊地层钻进。

(十四) 钻井液

钻井液是用水和黏土、油、加重剂及一些化学药物等的混合液。钻井液是钻井工作中的专用名词,也叫"洗井液"。

(十五) 井塌

井塌是钻井中的一种事故,在胶结得不好的疏松岩层中钻进时,或者在受地质破坏剧烈的地层中钻进时,靠近井壁的岩石由于受力不平衡,和钻井液失水的浸泡,使岩石胶结减弱,发生崩落,甚至大块地向井内坍塌,引起钻具遇阻,卡钻、循环失灵等。

(十六) 钻井液的密度

钻井液的密度是钻井液的主要性能之一,是指单位体积钻井液的质量。

(十七) 钻井液回流速度

钻井液回流速度是指在钻井过程中,钻井液从环形空间上返流动的速度,单位为 m/s。钻井液排量的单位是 m^3/s。一般要求,钻井液回流速度应该大于岩屑在钻井液中的下沉速度。通过钻井液循环,岩屑才能被带到地面。

(十八) 环形间

环形空间有两种意义,一种是指钻杆外壁与井壁之间(或与套管内壁之间)的空隙。另一种环形空间是上套管后,套管外壁与井壁之间(或与外层套管之间)的空隙。

(十九) 循环钻井液

在钻井过程中,为了清除井底的岩屑,需要用泵将液体通过循环系统泵入井中,使岩屑随着液体一起返回地面,并在地面钻井液槽系统中将岩屑除去,清净的液体又由泵注入井中,这样周而复始地用泵来强制液体循环,清洗井底岩屑的过程叫作循环钻井液。

(二十) 钻头

钻头是在钻井工作中破碎岩石的工具,用钢或其他坚硬物质材料制成。钻头可分为三大类,即:冲击钻头、研磨钻头和切削钻头。

(二十一) 套管

下在井中防止井壁塌陷的管子。一般为 3m 长,用丝扣连接。

(二十二) 取心钻头

取心钻头是钻取岩心用的钻头。可分为两大类:牙齿取心钻头和刮刀取心钻头,刮刀取心钻头用于钻软地层和松软地层。

(二十三)钻井参数

钻井参数也叫钻井参变数,又常称钻井技术措施。钻进时,选定的钻头在井底工作情景决定于:钻头的压力、转盘旋转速度、钻井泵的排量和性能,即钻压、转速、排量和钻井液性能。当钻压、转速和排量配合适当,钻头在井底工作时间最长,钻进速度最快。

(二十四)钻井液量与钻进的关系

钻井液排量与钻进速度、钻头磨损速度的关系很密切。钻进时的岩屑必须马上被钻井液带走,保证钻头在井底能与新的地层接触,这样钻进的速度就比较快,否则在井底仍旧保留有岩屑时,会影响钻头吃入深度,使部分岩屑在井底重新被研磨,钻进速度慢。同时,由于井底聚集的岩屑较多,也就会扩大钻头在井底的接触面积,使钻头易受磨损。此外,钻井泵排量的大小与钻井液性能也有很大的关系。钻井泵排量的大小,是以钻井液在井内的回流速度作标准。一般要求钻井液的回流速度不能低于岩屑在钻井液中的下沉速度,这样岩屑才能被带出来。回流速度越大,携带岩屑的能力越强,井底岩屑能及时带走,钻进速度就越快。同时,泵量大时,钻井液从钻头水眼喷射出来的速度也很快,喷刺到井底的力量也大,钻进速度也相应增快。

> CBA059 卡套的使用方法

(二十五)卡套

卡套是地震钻机动力头连接管上卸钻杆用的零件。

> CBA063 钻井液泵的作用
> CB062 活塞的作用
> CB061 阀的作用

(二十六)钻井泵的用途

钻井泵是钻机循环系统的主要组成部分,其作用就是在钻机钻井过程中,提供循环介质具有一定压力的钻井液;利用钻井液的循环将井底破碎的岩屑输送到地面上来,保证钻进的连续进行。钻井泵的原理是利用活塞的往复运动,来输送液体。在活塞往复运动的过程中,当活塞向外运动时,出口逆止门在自重和压差作用下关闭,进口逆止门在压差的作用下打开,将液体吸入泵腔。当活塞向内开压时,泵腔内压力升高,使进口逆止门关闭,出口逆止门开启将液体压入出口管道。泵中的阀调节和控制流体的流量、压力和流动方向。

> CBA058 链轮箱的作用

(二十七)链轮箱的作用

链轮箱是钻机的变速和运动分配机构,带动钻井泵和油泵工作。

> CBA029 螺纹脂的作用

(二十八)螺纹脂的定义

螺纹脂是在上扣前涂抹到管子连接螺纹上的一种物质,它在上扣时起润滑作用,并且在服役时可以对抗高内外压力而起到辅助密封作用。

八、钻机车的使用

熟悉钻机车各系统的工作原理,正确掌握钻机车的操作方法,结合适用的钻井工艺,提高钻机车的工作效率,杜绝安全事故的发生。

(一)注意事项

1. 工作人员注意事项

(1)操作人员必须经过专业培训。

(2)钻井工作人员应穿戴劳保服装、安全帽及防护眼镜。

(3)未经专业培训的司钻不得操纵钻机。

2. 使用钻机车注意事项

(1) 钻机车离开公路至野外施工现场前将侧防护及后防护拆掉。

(2) 钻井前应确认汽车底盘状态良好,发动机滤清器畅通。

(3) 按规定检查各种油液面的高度处在正常范围内。

(4) 不得混用不同牌号的润滑油、液压油。

(5) 液压系统各安全阀压力调定后,不得随意调整。

(6) 液压油箱内必须加入规定牌号的液压油,并应经常注意观察液压油箱液面高度,加油时要经 100μm 过滤精度的滤网过滤,空气滤清器应定期清洗,吹干后再放入油箱。

(7) 液压系统用油:为了保证钻机车的正常工作,液压系统使用时,油箱内应按规定加入规定牌号的液压油,不得混入其他牌号的油品,并应经常检查液面高度。严寒地区用 L-HS32 合成烃型液压油,冬季用 L-HM32 抗磨液压油,夏季用 L-HM46 抗磨液压油,酷热地区用 L-HM6 抗磨液压油。

(8) 系统内有压力时,不得松动任何接头和零件。

(9) 汽车发动机应在低速下启动,确认系统无异常后方可转入工作状态。

(10) 冬季施工时,应低速启动液压油泵,对系统进行预热,待油温超过 15℃ 后,方可进入工作负荷运转。

(11) 钻机车取力离合器接合前,应仔细检查管线接头、螺栓是否联接牢固,管线联接是否正确,发现异常应及时调整。

(12) 不得有零、部件靠近热源或运动部件。

(13) 钻机车运转时,不得润滑或维修。

(14) 应按规定的方法润滑和维修钻机车,使用规定牌号的润滑油、润滑脂。

(15) 经常检查钻机车各结构部件的牢固情况和转动件运转是否正常,确保各零、部件间没有刮磨现象。

(16) 接换钻杆时尽量避免公螺纹先着地,以保证螺纹完好,并不得碰弯钻杆。

(17) 移动井位时应放倒井架,井架不得接近高压电线及各种架空电线、电缆。

(18) 严格按汽车底盘的操作规程对底盘进行维护保养。

(19) 钻机车使用一段时间后,应紧固所有紧固件。

3. 施工结束后

施工结束后钻机车须在下列条件同时具备时方可上路行驶:

(1) 井架放倒。

(2) 油门松开。

(3) 取力器脱开。

(4) 装上侧防护及后防护。

（二）钻机车控制手柄使用说明

钻机车操纵台上,并排有四个液压阀手柄和一个油门控制手柄,在仪表盘上有一个二通开头。现对每一手柄的作用做一简要说明,以便尽快地掌握钻机车的操纵。钻机车操纵示意图如 2-1-6 图所示。

> CBA051 地震钻机的操作规程

> CBA054 操作地震钻机快速提升下降手柄的方法

CBA052 操作钻机旋转手柄的方法	手柄1 加速手柄:不能单独使用,需要时与手柄5同时使用,可提高钻具的升降速度。 手柄2 动力头旋转手柄:控制钻具的正、反转。
CBA055 操作地震钻机起落井架手柄的方法	手柄3 井架起落手柄:用来控制井架的起落。 手柄4 钻井泵控制手柄:用来控制钻井泵的工作。 手柄5 加压手柄:用来控制钻具的升降。
CBA053 操作地震钻机两通气开关手柄的方法	手柄6 油门控制手柄:用来控制发动机的转速。 手柄7 钻机取力离合器操纵手柄:在汽车驾驶室司机座左下方装有一个取力离合器操纵旋钮,用来控制其离合器的工作。当钻机不工作时应及时摘掉。

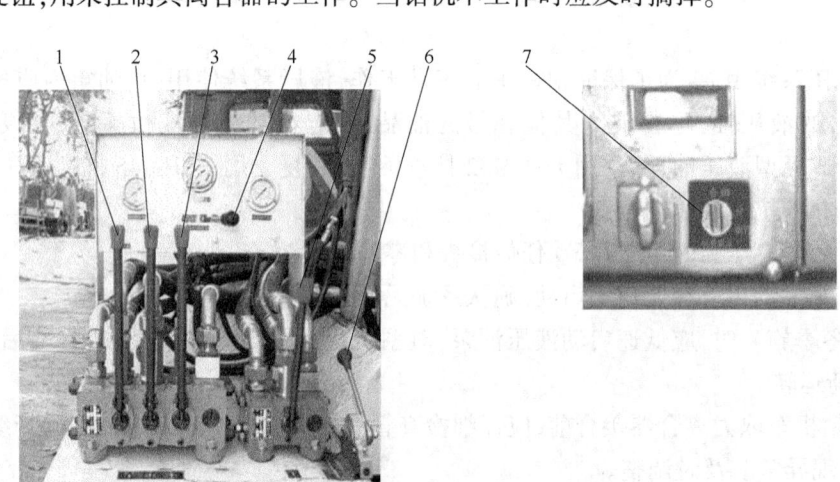

图 2-1-6　钻机车操纵示意图

1—加速手柄;2—动力头旋转手柄;3—井架起落手柄;4—钻井泵控制手柄;5—加压手柄;
6—油门控制手柄;7—钻机取力离合器操纵手柄

CBA049 钻机钻井时的一钻工的作用	**(三)接卸钻杆(WT-50钻机)** 1.接钻杆程序及注意事项 (1)一钻工将卡瓦放在卡瓦座内。
CBA050 地震钻机钻井时的二钻工的作用	(2)下放钻具,使卡瓦卡住钻具接肩。 注意:钻具接头应距卡瓦上表面60~80mm。

(3)使动力头反转,松开动力头下接头与钻杆上接头的连接。

(4)一钻工扶住动力头下接头,二、三钻工抬钻杆使钻杆上接头螺纹与下接头螺纹对好。

(5)缓慢正转动力头,使下接头与钻杆连接好。

(6)上提钻具使钻杆下接头升至卡瓦上部。

(7)一钻工扶住钻杆下部,下放钻具,使上部钻具公扣落入下部钻具内螺纹中。

注意:扶钻杆时切不可扶钻杆螺纹部分。

(8)旋转动力头,使上下钻具连接好。

(9)上提钻具,取出卡瓦,即可进行钻井作业。

2. 卸钻杆程序及注意事项

(1)一钻工将卡瓦放在卡瓦座内。
(2)下放钻具,使卡瓦卡住钻具接肩。
(3)使动力头反转,卸松动力头下接头与钻杆上接头的连接。
注意:卸松间隙不大于3/4扣。
(4)一钻工放下滑套。
(5)取出卡瓦,上提钻具,使下一钻杆上接头升至卡瓦座以上。
(6)一钻工将卡瓦放入卡瓦座。
(7)下放钻具,使钻杆接肩放入卡瓦槽内。
注意:钻具接头应距卡瓦上表面60~80mm。
(8)倒转动力头卸开钻杆连接。
(9)一钻工拉出卸开的钻杆,交给二、三钻工。
(10)下放钻杆至合适位置。
(11)一钻工上提并挂好滑套,二、三钻工扶牢钻杆。
(12)倒转动力头,卸开钻杆与下接头的连接,钻工将钻杆装于钻杆箱内。
(13)一钻工扶住滑套,下放动力头,使下接头对准卡瓦处钻杆,旋转动力头使之连接。
注意:连接时应保留1/2~3/4扣间隙。
(14)放下滑套,上提钻具即可进行下一步作业。

项目二　检查钻机发动机

一、准备工作

(一)设备
常规地震钻机1台。

(二)材料、工具
汽车用机油、水或防冻液、蒸馏水、普通车用工具1套,加水桶1只。

(三)人员
1人独立完成,穿戴劳动保护用品。

二、操作规程

(1)拔出机油尺,检查发动机机油液面高度,如果缺少要加注到规定液面高度。
(2)拧开散热器上盖,检查冷却液液面,并加注到规定液面。
(3)检查蓄电池,先检查电瓶两极柱是否氧化,如氧化要及时处理,极柱连接是否牢固,并紧固。检查电解液,并添加到规定高度。
(4)检查操纵机件,手制动器、变速杆、取力离合器及其他操纵机构,操作是否顺滑。

三、技术要求

(1)正确检查钻机发动机机油液面。

(2)检查冷却液液面。
(3)检查蓄极柱是否氧化、连接是否紧固。
(4)检查操纵机构是否顺滑。

四、注意事项

(1)必须熄火检查发动机避免伤害。
(2)不能卸发动机任何螺塞观察油面。
(3)操作中注意安全。

项目三　检查钻具

一、准备工作

(一)设备

钻机(WT-50)1台。

(二)材料、工具

钻杆、爆炸杆、钻头、连接头若干,大锤1把,大管钳1把,普通工具1套。

(三)人员

1人独立完成,穿戴劳动保护用品。

二、操作规程

(1)检查钻杆接头磨损情况、弯曲情况、焊缝有无脱焊、砂眼、钻杆是否堵塞。
(2)检查爆炸杆连接头是否有脱落、磨损、扩口、弯曲、断裂迹象。
(3)检查连接头磨损情况、是否断裂、连接头和钻杆的连接情况。
(4)检查钻头眼孔是否堵塞以及磨损情况。

三、技术要求

(1)钻杆、钻杆连接头及钻头的磨损超标禁止使用。
(2)时合理使用工具,确定是否适合工作需要。

四、注意事项

(1)正确使用工具防止刮伤。
(2)更换钻具时防掉落伤害。
(3)操作中注意安全。

项目四　检查钻机的润滑系统

一、准备工作

(一)设备

钻机(WT-50)1台。

(二)材料、工具

润滑脂足量、棉纱少许、扳手1套、丰钳1把、黄油枪1把。

(三)人员

1人独立完成,穿戴劳动保护用品。

二、操作规程

(1)检查井架小链轮的润滑、加压装置总成润滑、井架人字架轴的润滑、井架油缸销轴的润滑,添加润滑脂。

(2)检查动力头的润滑;滚轮的润滑、水封的润滑、添加润滑脂。

(3)检查钻井泵离合器轴承的润滑,添加润滑脂。

(4)检查钻机传动轴的润滑,添加润滑脂。

三、技术要求

(1)能准确找到钻机井架总成润滑点加注润滑油。

(2)加注润滑油用量要达到适量标准。

(3)正确使用润滑油加注工具。

四、注意事项

(1)必须在停机情况下可进行检查。

(2)在钻机平台上检查时注意跌落。

项目五　出工前检查钻机

一、准备工作

(一)设备

钻机(WT-50)两台,1台备用

(二)材料、工具

钻杆4根、钻头1个、普通车用工具(1套)、大管钳、水桶、铁锹、卡瓦。

(三)人员

1人独立完成,穿戴劳动保护用品。

二、操作规程

(1)检查起落架、高压管连接部位、低压管、莲蓬头是否紧固。
(2)检查液压油面是否达到规定液面高度。
(3)检查动力头、链条、钻井泵、平衡轴是否牢靠。
(4)检查钻头、钻杆是否达到要求。
(5)检查大管钳、水桶、铁锹、卡瓦、随车工具齐全。

三、注意事项

(1)停机检查。
(2)检查时注意检查顺序避免遗漏。
(3)操作中注意安全。

项目六 收工后检查钻机

一、准备工作

(一)设备
钻机(WT-50)两台,一台备用。

(二)材料、工具
钻杆4根、爆炸杆5根、普通车用工具1套、大管钳2个、水桶1只、铁锹1把、卡瓦1个。

(三)人员
1人独立完成,穿戴劳动保护用品。

二、操作规程

(1)检查紧固起落架、高压管连接部位、低压管、莲蓬头。
(2)检查设备零件升降架动力头、液压油箱、链条、钻井泵、平衡轴。
(3)检查钻具:钻头、钻杆、爆炸杆。
(4)检查工具:大管钳、水桶、铁锹、卡瓦、工具。

三、技术要求

(1)确定收工后钻机各部位紧固牢靠。
(2)液压油液面是否达到规定高度。
(3)钻具、各设备零件及施工工具齐全。
(4)发现问题及时解决,以保证第二天生产的顺利进行。

四、注意事项

(1)停机检查。

(2)检查时注意检查顺序避免遗漏。
(3)操作中注意安全。

项目七　更换钻井泵润滑油

一、准备工作

(一)设备
钻井泵1台。

(二)材料、工具
纱网或纱布少许、废油盆1个、润滑油适量、棉纱少许、扳手1把、油桶1只。

(三)人员
1人独立完成,穿戴劳动保护用品。

二、操作规程

(1)检查泵体下部及侧面油面螺栓密封无缺损、密封处无漏油,如有及时更换。
(2)用工具卸开加油孔及油面螺栓、打开放油塞将废油接出、检查齿轮油磨损情况、加少量润滑油冲洗、加密封垫拧紧放油塞、加纱网过滤、加油至油标尺位、垫好密封垫,拧紧侧面油面及上盖加油孔螺塞、擦拭油渍。

三、技术要求

(1)按顺序根据季节正确更换钻井泵润滑油,了解润滑油的作用、分类。
(2)检查螺栓有无缺损、密封处有无漏油,更换润滑油过程合理。

四、注意事项

(1)正确操作防泄漏造成污染。
(2)根据季节认清型号加油。
(3)操作中注意安全。

项目八　更换涡轮箱润滑油

一、准备工作

(一)设备
WYT-50钻机1台。

(二)材料、工具
纱网或纱布少许、废油盆1个、润滑油适量、棉纱少许、扳手1把把、油桶1只。

(三)人员

1人独立完成,穿戴劳动保护用品。

二、操作规程

(1)检查加油口、放油口、油面螺栓密封处无缺损、密封处无漏油。

(2)用工具卸开加油孔及油面螺栓、打开放油塞将废油接出、检查润滑油磨损情况、加少量润滑油冲洗、加密封垫拧紧放油塞、加油至油标尺位、垫好密封垫,拧紧上盖加油孔螺栓、擦拭油渍。

三、技术要求

(1)根据油品牌号更换涡轮箱润滑油,了解润滑油的作用、分类。

(2)检查螺栓有无缺损、密封处有无漏油,更换润滑油过程合理。

四、注意事项

(1)正确操作防泄漏造成污染。

(2)根据蜗轮箱的作用认清型号加油。

(3)操作中注意安全。

项目九 更换动力头润滑油

一、准备工作

(一)设备

WYT-50 1台。

(二)材料、工具

纱网或纱布少许、废油盆1个、润滑油适量、棉纱少许、扳手1把、油桶1只。

(三)人员

1人独立完成,穿戴劳动保护用品。

二、操作规程

(1)检查加油孔、油面螺栓密封处无缺损、密封处无漏油。

(2)用工具卸开加油孔及油面螺栓、打开放油塞将废油接出、检查润滑油污染情况、加少量润滑油冲洗、加密封垫拧紧放油塞、加纱网过滤、加油至油面位置、加密封垫拧紧放油塞、垫好密封垫,拧紧上盖加油孔螺栓、擦拭油渍。

三、技术要求

(1)按顺序根据季节正确更换动力头润滑油,了解润滑油的作用、分类。

(2)检查螺栓有无缺损、密封处有无漏油,更换润滑油过程合理。

四、注意事项

(1) 正确操作防泄漏造成污染。
(2) 根据季节认清型号加油。
(3) 操作中注意安全。

项目十　更换钻机钻井泵活塞

一、准备工作

(一) 设备

钻井泵 300/25 1 台。

(二) 材料、工具

活塞、开口销、润滑脂、棉纱少许，克丝钳 1 把，铁锤 1 把，螺丝刀 1 个，套筒（30mm、24mm）1 套。

(三) 人员

1 人独立完成，穿戴劳动保护用品。

二、操作规程

(1) 用套筒 24mm 卸下缸盖螺栓，取下缸盖，拔下开口销，转动曲轴使活塞到达缸套顶端，用 30mm 套筒卸下冕形螺母，用一字螺丝刀将活塞脱离拉杆，取下。
(2) 润滑新活塞斜大约 45°角放入缸套内，将其推平转动曲轴，套入拉杆上放入活塞夹，用 30mm 套筒拧紧冕形螺母，锁紧开口销。
(3) 转动皮带轮观察活塞松紧适当、检查边盖 O 形圈并加润滑脂、将固定边盖双头螺栓润滑、装边盖对角拧紧边盖螺栓。
(4) 用棉纱清洁操作部位、清点回收工具。

三、技术要求

(1) 正确使用工具按顺序更换钻机钻井泵活塞。
(2) 了解钻井泵活塞的工作原理。
(3) 安装钻井泵边盖方法正确。

四、注意事项

(1) 安装活塞方法要正确。
(2) 紧固钻井泵边盖方法正确。
(3) 操作中注意安全。

项目十一　更换钻机钻井泵阀垫

一、准备工作

(一)设备

WT-50 钻机 1 台。

(二)材料、工具

阀垫 1 个,阀弹簧 1 个,润滑脂 1 管,棉纱适量,手锤、克丝钳子、一字螺丝刀、套筒(19mm)、活动扳手各 1 把。

(三)人员

1 人独立完成,穿戴劳动保护用品。

二、操作规程

(1)按顺序打开压板取下阀盖、阀弹簧、阀组件。
(2)检查弹簧拉长或被压扁、阀组件有无破损、凡而胶皮是损坏、阀座表面进行清洁。
(3)用 19mm 固定扳手卸掉阀组件固定螺栓取下旧阀垫、安装新阀垫、凡而胶皮入槽,安装阀组件固定螺栓,阀胶皮涂润滑脂、阀弹簧涂润滑脂,装入钻井泵阀腔内。
(4)紧固压板螺栓压紧压盖,压盖密封严密不能偏斜压板松紧适度。

三、技术要求

(1)拆卸阀组件顺序正确,阀垫安装到位,阀组件不能装反。
(2)阀弹簧、新阀垫涂抹润滑脂,调整上盖压条螺栓松紧适度。

四、注意事项

(1)阀垫安装不到位,造成阀组件工作不到位。
(2)阀组件装反,造成不工作。
(3)不装阀弹簧,阀组件不工作。
(4)操作过程注意安全。

项目十二　启动钻机发动机

一、准备工作

(一)设备

WT-50 钻机 1 台

(二)材料、工具

蒸馏水、汽油机油、棉纱、水或防冻液适量,水桶 1 只,随车工具 1 套。

(三)人员

1人独立完成,穿戴劳动保护用品。

二、操作规程

(1)启动前检查机油、冷却液、化油器油面、点火系、蓄电池。
(2)手泵油的操作泵油。
(3)检查操纵机件,启动发动机。
(4)启动后检查仪表,查听发动机声音。

三、技术要求

(1)检查完毕才能启动发动机。
(2)正确操作手油泵,启动钻机发动机。
(3)观察仪表,判断发动机的工作情况。

四、注意事项

(1)启动前检查发动机,避免造成发动机工作不正常。
(2)启动后,仪表显示不正常关机处理。
(3)操作过程注意安全。

项目十三 操作WT50钻机液压系统

一、准备工作

(一)设备

钻机(WT-50)1台。

(二)工具

随车工具1套。

(三)人员

1人独立完成,穿戴劳动保护用品。

二、操作规程

(1)检查操作手柄,操作井架起落手柄使井架竖起、放落,观察仪表情况。
(2)检查操作手柄,拉旋转操作手柄、推旋转操作手柄,观察钻具旋转情况。
(3)检查操纵手柄,操作提升降落手柄使动力头上升、使动力头下降,观察钻具移动情况。
(4)操作提升降落加速手柄使动力头快速上升,使动力头快速下降。

三、技术要求

(1)操作井架起落手柄遵循慢—快—慢的原则。

(2)操作快速提升下降手柄时手柄配合方向一致。

四、注意事项

(1)正确使用旋转、提升下降、井架起落及快速提升下降操作手柄。
(2)操作过程注意安全。

项目十四　操作 WT50 钻机钻井液循环系统

一、准备工作

(一)设备
钻机(WT-50)1 台、水罐车 1 台。
(二)工具
随车工具 1 套。
(三)人员
1 人独立完成,穿戴劳动保护用品。

二、操作规程

(1)操作井架起落手柄、使井架竖起、将井架锁牢。
(2)操纵钻具提升下降手柄,使钻头下降至地面。
(3)摆好钻井液槽,将钻井液槽充满水,将吸入管莲蓬头放入钻井液槽内,使钻井液槽内的水没过莲蓬头。
(4)启动钻井泵,钻头排出均匀的钻井液,检查排水管线。
(5)停泵:使泵停止。
(6)清理场地、设备恢复到初始状态。

三、注意事项

(1)检查排水管线安装牢靠,防止钻井液泄漏。
(2)吸入管莲蓬头完全侵入钻井液中方可开泵。
(3)操作过程注意安全。

项目十五　配制钻井液

一、准备工作

(一)材料、工具
水、黏土、添加剂适量,水桶 1 只,木棍 1 把。

(二)人员

1人独立完成,穿戴劳动保护用品。

二、操作规程

(一)人力搅拌法

(1)在第一桶内放入黏土和清水,用棒进行搅拌,若要加碱,则加后再搅拌。
(2)做成钻井液后要静止一段时间,让钻井液里所含砂粒充分沉淀。
(3)将沉淀后的钻井液倒入第二桶,再静止一段时间,让未沉淀的砂粒进一步沉淀。
(4)最后倒入第三桶内储存备用。

(二)机械搅拌法

(1)采用黏土和清水,在搅拌钻井液30~40min后要取样测定钻井液的黏度。
(2)每搅拌25~30min测一次黏度,若测定最后两次黏度相同,则说明钻井液已经制成。

三、技术要求

(1)人力用棒搅拌一般在第一桶内搅1~1.5h为宜,若加碱,加碱后应再搅20min。
(2)一般先5min进行沉淀,去除沉淀物。
(3)再静止一般为10min,去除沉淀物。

四、注意事项

(1)人工搅拌时间控制不适宜,钻井液不达标。
(2)沉淀时间控制不适宜,钻井液不达标。
(3)操作过程注意安全。

项目十六 接钻杆

一、准备工作

(一)设备

钻机(WT-50)1台。

(二)材料、工具

钻杆4根、大管钳2个、随车工具1套。

(三)人员

1人独立完成,穿戴劳动保护用品。

二、操作规程

(1)当动力头下接头通过卡瓦座后,停止旋转,上提钻具,卡瓦卡住钻杆接肩对好键槽,停止钻井泵工作。
(2)操作动力头反向旋转,使动力头的保护接头与钻杆脱扣。

(3)将下一根钻杆接到保护接头上。

(4)将动力头提到井架上部,钻杆下接头(外螺纹)插入井下钻杆上接头(内螺纹),旋转动力头使钻杆连接紧固。

(5)上提钻具,打开卡瓦。

(6)启动钻井泵,待钻井液返上地面后开始钻进。

(7)拉动旋转手柄,使钻具旋转,如此反复不断进行作业,直到达到需要井深。

三、技术要求

(1)卡瓦必须平正放入卡瓦座内,不能歪斜。

(2)续接钻杆螺纹无损,钻杆无弯曲变形,若有,应及时更换。

四、注意事项

(1)防止卡瓦跳出卡瓦座。

(2)防止钻杆与动力头下接头松脱。

(3)装接过程中,应避免钻杆的碰撞。

(4)操作过程注意安全。

项目十七　卸钻杆

一、准备工作

(一)设备

钻机(WT-50)1台。

(二)材料、工具

钻杆4根、大管钳2个、随车工具1套。

(三)人员

1人独立完成,穿戴劳动保护用品。

二、操作规程

(1)起钻前使钻井泵停止工作,动力头位于井架底部,将连接动力头的钻杆内螺纹接头坐在卡瓦内对准键槽,钻杆被固定于卡瓦内,动力头反向旋转可使动力头与钻杆内螺纹松开。

(2)摘下动力头下部连接导管上的链条使其下滑,使钻杆接头上端的键与连接导管内键槽吻合,防止动力头与钻杆脱扣。

(3)上提动力头及钻杆,取下卡瓦,当下根钻杆提升到卡瓦上时,合上卡瓦卡住钻杆,将钻杆键在卡瓦上对准键槽,反向驱动动力头旋转,使螺扣完全脱开,停止动力头旋转。

(4)二钻工抓住动力头上的钻杆,随钻杆下降离开井架底部,动力头降到井架底部,由一钻工将滑动套推至脱离,将小链挂回原位。

(5)两钻工轻握钻杆,反向驱动支力头旋转卸扣,钻杆脱离动力头,由三钻工将钻杆放入钻杆盒内。一钻工将动力头的保护接头与在卡瓦中的钻杆对扣,正旋扣于适当。

(6)使动力头滑动套管下滑至钻杆上端,与滑套内键槽吻合,重复以上过程,直至将钻杆依次从井中起出。

(7)最后一根单根,动力头下接头与钻杆扣要求上紧,不必再用滑动套,钻杆提出井口,当动力头在井架的适当位置时方可放倒井架。

三、技术要求

(1)动力头保护接头与钻杆母扣松开不能大于3/4扣,更不能使螺扣完全脱开。
(2)动力头保护接头与卡瓦中钻杆对扣,正旋上扣两接头间间隙不大于3/4扣。

四、注意事项

(1)正确使用卡瓦,防止钻具落井。
(2)动力头接头不能使螺扣完全脱开,避免掉落伤害。
(3)操作过程注意安全。

项目十八　冲击器拆装与保养

一、准备工作

(一)设备
冲击器2个。
(二)材料、工具
润滑油适量、起子2把、管钳2把、垫插1个。
(三)人员
1人独立完成,穿戴劳动保护用品。

二、操作规程

(1)用螺丝刀从横销孔大孔将立销挑起,然后用细铁棒伸入小口,顶出横销。以能够抽出钎头为度。不可顶出过多使立销落下,以致横销不易装复。

(2)用台管钳或链钳夹紧套管。夹持部位应在阀盖支承面对应的壁厚最厚处,以减小外套管的变形,然后用扳手拧下后接头,拆出逆止阀及弹簧。

(3)拆卸配气阀、活塞及导向套,拆除橡胶圈后,内部零件便可倒出。然后双手握住气缸上下摇动。利用活塞的冲击将配气阀冲下,再将活塞重新装入气缸(反装),用同样方法将导向套冲下(在一般情况下,也可以不拆下导向套)。

(4)拆卸前接头时,应在拆卸后接头之前将它旋松。拆卸时,应将外套管对应于支承面夹在台管钳或链钳上。然后以焊了手柄的旧钎尾做扳手,将花键插入前接头花键孔内,旋下前接头。如需拆出立销及弹簧,则应挑出胶塞。

(5)将拆卸下的零件清洗并涂抹润滑脂。

(6)将横销装入前接头横销孔内,挡住立销孔,然后依次装入立销、弹簧和胶塞。弹簧的预压缩量4~6mm。若大于6mm时,应削短胶塞来调整;小于4mm时,则应更换较长的弹簧。

(7)外套管两端的螺纹及光孔直径相同,但光孔的长度不同。前接头应旋入光孔较长的一端,旋紧后,与外套端面不应留间隙。

(8)将导向套装入气缸前端(有孔的一端),使端面贴紧,再装入活塞,然后装阀座、阀片或阀盖,所有配合端面均应贴紧。装复前,各配合表面均应涂以机械油。装入时,允许使用紫铜棒或木锤敲击非配合表面。装好后,应前后摇动活塞,检查活塞及阀片运动有无受阻现象,待正常后才可以装入外套管内。

(9)将装上前接头的外套管放平,接头一端稍微垫高,然后将已经组装好的内部零件装进外套管,最后将外套管立起并摇动,确认内部零件已装到位。

(10)将橡胶圈塞进阀盖与外套管之间的槽内,使橡胶圈上面与阀盖上端面塞平,然后放上调整垫片,并测量从外套管端面至调整垫片之间的距离,使其较后接头旋入外套管的长度短1.5~2mm。

(11)将弹簧装进逆止阀孔中,再将逆止阀与弹簧装进阀盖浅孔内,然后将后接头旋入外套管,应注意务必将弹簧的前端装入阀盖前端的浅孔中。用手旋紧后接头,应再一次检查后接头与外套管端面的间隙,用增减调整垫片的方法使之符合1.5~2mm的要求时。最后,还应从后接头孔中推动逆止阀数次,以检查其活动是否受阻,复位是否正确。后接头在旋入外套管之前,也应像前接头一样,在螺纹表面涂以胶体二硫化钼。

(12)挑起立销,将横销顶出到钎头能够装入前接头为度,尽量不要顶脱,免得立销落下后不易横销。然后将钎头花键有缺口的齿对准接头上横销所穿过的花键槽,将钎头推入前接头,然后插入横销,待立销落下,挡住横销即可。

三、技术要求

(1)正确使用拆卸工具。

(2)操作拆卸方法正确。

(3)装配方法合理。

四、注意事项

(1)拆卸钎头时切不可将手伸入钎头与前接头端面之间,以防挤伤。

(2)拆卸调整垫片及橡胶圈严禁用螺丝刀撬动,以免损伤结合面。

(3)操作过程注意安全。

模块二　地震勘探爆炸

项目一　相关知识

一、炸药的分类及性能

炸药是指在一定的外界能量作用下,能发生快速化学反应,生成大量的热和气体产物,对周围介质做功的化学物质。

(一)炸药的分类

1. 按用途和特性分类

按用途和特性,广泛意义上的炸药可分为起爆药、猛炸药、火药及烟火药4种。

(1)起爆药:指在较弱的初始冲击能作用下即能发生爆炸,且爆炸速度在极短的时间内(几个微秒)能增至最大,易于由燃烧转爆轰的炸药。起爆药是一种对外界作用特别敏感的炸药,常用来引爆其他炸药,故称起爆药。特点是受较小的外界作用就可以被激发而引起爆轰,而且反应速度极快,常在雷管中添加此种药剂。常用的有叠氮化铅 $Pb(N)_3$、雷汞 $Hg(ONC)_2$、二硝基重氮酚 $C_6H_2(NO_2)_2N_2O$ 等。

(2)猛炸药:指在起爆器材起爆作用下,利用爆轰所释放的能量对介质做功的炸药。与起爆药相比,猛炸药比较稳定,通常要在一定的起爆源作用下才能爆轰。它是用于爆破作业的主要材料之一。猛炸药对周围介质产生强烈的破坏作用,所以又称为高级炸药。常用的猛炸药有梯恩梯、黑索金(RDX)、奥克托金、泰安(PET/V)、铵梯炸药、铵油炸药、乳化炸药、水胶炸药等工业炸药。目前石油物探工作使用的铵梯震源药柱就是工业混合型炸药的一种。

(3)火药:指在一定的外界能量作用下,自身能进行迅速而有规律的燃烧,同时生成大量高温气体的物质。常见的有单基药(硝化棉)、双基药(硝化棉+硝化甘油)、黑火药。

(4)烟火药:指在一定的能量作用下,能发生燃烧或爆炸,产生声、光、电、热、烟、延期等烟火效应的炸药。常见有点火药、延期药等。

2. 按炸药的组成分类

按炸药的物质组成分类,炸药可分为单体炸药和混合炸药两大类。

1)单体炸药

单体炸药是由单一的化合物组成的,常见的单体炸药有TNT、黑索金、泰安等。

(1)TNT。

TNT,即三硝基甲苯。其分子式为 $C_6H_2(NO_2)_3CH_3$。TNT炸药是一种有苦味和毒性的淡黄色晶体,有粉末状和鳞片状两种。它的吸湿性很小,几乎不溶于水,可溶于酒精等有机溶液。热稳定性能好,在常温下不会自行分解。遇火能燃烧,在密闭条件下或量大时,可由燃烧转为爆轰,爆炸威力较高,可用作雷管的加强药、硝铵类炸药的敏化剂和低感度炸药的起爆药等。

(2)黑索金。

黑索金(RDX),即环三次甲基三硝铵,其分子式为$(CH_2)_3N_3(NO_2)_3$。黑索金主要用作雷管的加强药、低感度混合炸药的敏化剂,导爆索、导爆管的芯药等。

(3)泰安。

泰安(PETN),主要用于雷管的加强药和导爆索的芯药。

2)混合炸药

混合炸药是本身含有两种以上成分的混合物,故称为混合炸药。这类炸药有气态、液态、固态3种,其中以固态最多,常用的有硝铵类炸药,它是以硝酸铵为主要成分,同时还加入了一些敏化剂、可燃剂和疏松剂等组成的一种混合炸药,已成为现代工业炸药的主体。

硝铵类炸药具有以下优点:

(1)硝酸铵的化学成分(NH_4NO_3)决定了它在爆炸反应中能全部转化为有效做功的气体产物(H_2O,N_2),这是其他炸药所不及的。

(2)可以在空气中提取原料,通过化学合成制得,因而成本较低。

(3)制造工艺可以采用大规模的现代化生产方式,因而成本降低。

(4)除了吸湿性较大外,大部分技术性能都比较理想。它的感度低,但可用8号瞬发电雷管可靠引爆,爆炸性能良好。

目前常用的有铵梯炸药、铵油炸药、铵松腊炸药等。野外地震勘探现在大部分使用铵梯震源药柱,它是由硝酸铵、梯恩梯和木粉3种成分组成的,硝酸铵为氧化剂、TNT为敏化剂兼还原剂,木粉为还原剂,起松散炸药防止结块的作用。震源药柱的出现,大大方便了地震勘探施工,特别是对硝铵类炸药易吸湿结块这一问题得到了妥善处理。震源药柱的爆炸性能好、化学安定性高、威力大,传爆感度高,密封性、抗水性好,在$34g/m^2$压力下,浸水72h不透水,适用温度一般为$-40\sim50℃$。另外震源药柱在运输和使用时也非常方便。其缺点是成本比散装炸药高。

震源药柱的装药密度一般为$0.85\sim1.1g/m^2$,威力为$240\sim350mL$,猛度为$8\sim13mm$,爆速在$2400\sim5100m/s$之间。

铵梯炸药的成分按比例为:硝酸铵:82%±1.5%;TNT:14%±1.0%;木粉:4%±0.5%。

3. 常规工业炸药

1)胶状乳化炸药

(1)规格品种:分为包装药(一般药卷为$\phi35mm$、$\phi32mm$)和散装炸药,品种有煤矿许用型和岩石型。

(2)组分:硝酸铵、硝酸钠、水、乳化剂和油相等。

(3)起爆方式:分为敏感型和非雷管敏感型,前者可被1发雷管或规格为$12g/m$的爆索起爆,后者用起爆具起爆。

(4)包装:一般有纸箱或木箱2种。

(5)有效期:小直径、煤矿许用型为4个月,岩石型为6个月;大包装露天型产品为4个月,或由双方约定。

(6)用途:各种爆破作业。

(7)主要危险特性:在裸露状态下,对火焰、静电火花、摩擦和撞击等能量刺激钝感,不能产生稳定燃烧,空气中殉爆感度低,但对冲击波、密闭状态下强热、强摩擦等激发敏感,易引起爆炸。爆炸产物有毒气体约为20~60L/kg。

(8)主要性能指标:胶状乳化炸药外观为油包水型膏状物,爆速为3000~5400m/s,猛度为12~17mm,殉爆距离5~9cm。

(9)储运措施:储存于阴凉、通风、干燥的库房,远离火种、热源,防止阳光直射,不得与雷管同库存放或同车运输。

2)粉状乳化炸药

(1)规格品种:分为包装药(一般药卷为ϕ35mm、ϕ32mm)和散装炸药,品种有煤矿许用型和岩石型。

(2)组分:硝酸铵、硝酸钠、水、乳化剂和油相等。

(3)起爆方式:分为雷管敏感型和非雷管敏感型,前者可被1发雷管或规格为12g/m的爆索起爆,后者用起爆具起爆。

(4)包装:一般有纸箱或木箱2种。

(5)有效期:小直径、煤矿许用型为4个月,岩石型为6个月。

(6)用途:各种爆破作业。

(7)主要危险特性:粉状乳化炸药冲击波、火焰、摩擦和撞击等能量刺激敏感,能产生稳定燃烧或爆轰,在空气中有较高的殉爆感度。爆炸产物有毒气体约为20~60L/kg。

(8)主要性能指标:粉状乳化炸药外观为油性粉末颗粒,爆速为4000~5500m/s,猛度为15~20mm,殉爆距离8~15cm。

(9)储运措施:储存于阴凉、通风、干燥的库房,远离火种、热源,防止阳光直射,不得与雷管同库存放或同车运输。

3)水胶炸药

(1)规格品种:分为雷管敏感型和非雷管敏感型,品种有煤矿许用型和岩石型。

(2)组分:硝酸铵、水、硝酸甲胺、胶凝剂、铝粉、交联剂等。

(3)起爆方式:分为雷管敏感型和非雷管敏感型,前者可被1发雷管或规格为12g/m的爆索起爆,后者用起爆具起爆。

(4)包装:木箱或纸箱。

(5)有效期:煤矿许用型为4个月,岩石型为6个月。

(6)用途:主要用于各种爆破作业。

(7)主要危险特性:在裸露状态下,静电火花、摩擦和撞击等能量钝感,不能产生稳定燃烧,空气中殉爆感度较低,但对冲击波、密闭状态下强热、强摩擦等激发敏感,易引起爆炸。大量堆积状态下,被火焰长时间灼烧,热辐射可引起燃烧、爆炸。爆炸产物有毒气体约为20~40L/kg。

(8)主要性能指标:外观为胶凝体,爆速≥3300m/s,猛度≥10mm,殉爆距离≥2cm。

(9)储运措施:储存于阴凉、通风、干燥的库房,远离火种、热源,防止阳光直射,不得与雷管同库存放或同车运输。

4) 铵油类炸药

铵油类炸药主要包括：粉状铵油炸药、膨化硝铵炸药、多孔粒状铵油炸药、铵松蜡炸药、铵磺炸药等产品。

(1) 规格品种：分为包装药（药卷 $\phi 35mm$、$\phi 32mm$）和散装炸药，品种有煤矿许用型、岩石型、露天型等。

(2) 组分：硝酸铵、木粉、油相等。

(3) 起爆方式：分为雷管敏感型和非雷管敏感型，前者可被 1 发雷管或规格为 $12g/m$ 的爆索起爆，后者用起爆具起爆。

(4) 包装：编织袋或纸箱。

(5) 有效期：不同类型差别较大，一般为半个月至 6 个月。

(6) 用途：主要用于各种爆破作业。

(7) 主要危险特性：多孔粒状铵油炸药对火焰、灼热、辐射、静电火花、摩擦和撞击等能量的相对钝感，对粉状铵油类炸药则较为敏感；在大量堆积和密闭状态下，易引起热积累而引起燃烧转爆炸。爆炸产物有毒气，粉状铵油炸药爆炸产物有毒气体约为 $20\sim40L/kg$。

(8) 主要性能指标：多孔粒铵油炸药外观为粒状物，爆速为 $3000\sim3200m/s$ 猛度不小于 $15mm$，殉爆距离 $4cm$。粉状铵油炸药爆速为 $2800\sim3300m/s$，猛度为 $13\sim17mm$，殉爆距离 $3\sim5cm$ 等。

(9) 储运措施：储存于阴凉、通风、干燥的库房，远离火种、热源，防止阳光直射，不得与雷管同库存放或同车运输。

5) 硝化甘油炸药

(1) 规格品种：分为包装炸药（药卷一般为 $\phi 35mm$、$\phi 32mm$）和散装炸药，品种有胶质炸药和粉状炸药。

(2) 组分：硝酸铵、硝化甘油、胶棉、木粉、淀粉等。

(3) 起爆方式：各种雷管、导爆索等。

(4) 包装：木箱或纸箱。

(5) 有效期：1 年。

(6) 用途：主要用于各种爆破作业。

(7) 主要危险：硝化甘油炸药对火焰、热能、静电火花、震动、摩擦和冲击波等能量的刺激极其敏感，容易引起燃烧爆炸，胶质炸药冻结后机械感明显增加；该炸药的综合危险性大大高于常规工业炸药。爆炸时产生冲击波、灼热、火焰和放出大量有害气体。

(8) 主要性能指标：外观为胶质或粉状物，以胶质为例，爆速 $\geqslant 6000m/s$，猛度为 $15mm$，殉爆距离 $\geqslant 8cm$。

(9) 储运措施：储存于阴凉、通风、干燥的库房，远离火种、热源，防止阳光直射，运输、存储不应低于 $10℃$，不得与雷管同库存放或同车运输。

CBB012 震源药柱的性能指标

4. 震源药柱的基本结构及主要性能指标

1) 规格品种及结构

震源药柱按规格结构可分为高爆速、中爆速、低爆速（或称高密度、中密度、低密度）三种。图 2-2-1 和图 2-2-2 为震源药柱的结构图。

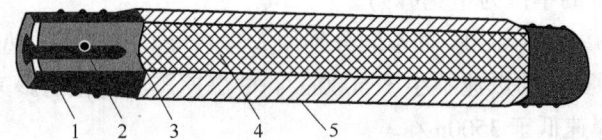

图 2-2-1　高密度、中密度震源药柱结构图
1—雷管座；2—雷管孔；3—传爆药；4—内装药；5—壳体

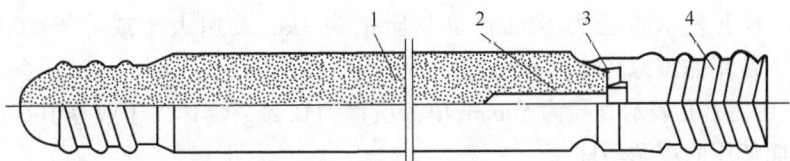

图 2-2-2　低密度震源药柱结构图
1—内装药；2—雷管座；3—密封胶；4—壳体

(1)装药:各种猛炸药、工业炸药等,一般内含起爆件;外壳为塑料外壳。
(2)起爆方式:各种雷管、导爆索。
(3)包装:木箱或纸箱。
(4)有效期:主要取决于主装药的性质。
(5)用途:主要用于地震物探。
(6)主要危险特性:取决于主装药的危险特性。
(7)储存措施:储存于阴凉、通风、干燥的库房,远离火种、热源,防止阳光直射,不得与雷管同库存放或同车运输。

2)主要性能指标

外观为柱状塑料壳体。爆速>3500m/s,起爆感度为 1 发 8 号雷管,密度≥1.10g/cm^3。爆炸时产生冲击波、灼热、火焰,燃烧时放出大量有害气体。

3)震源药柱产品的类别与型号

产品代号一般由使用方式代号、名称代号、规格代号及类型代号部分组成。如图 2-2-3 所示格式:

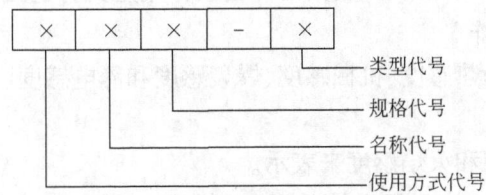

图 2-2-3　震源药柱产品型号格式

使用方式代号:用于地面使用的震源药柱在名称代号前用汉字"面"的汉语拼音的第一个大写字母"M"表示,用于井下使用的震源药柱可省略。

名称代号:由"震源"两字汉语拼音第一个大写字母"ZY"表示。

规格代号:由产品直径和单节质量的数值组成,两数值之间用"-"隔开。直径的单位为毫米(mm),单节质量的单位为千克(kg)。

类型代号:依据爆速的高、中、低不同分别用大写字母 G、Z、D 后加型号表示。

其中高爆速震源药柱的爆速不小于 5000m/s,中爆速震源药柱的爆速为 3500~5000m/s,低爆速震源药柱的爆速低于 3500m/s。

高爆速震源药柱按照 1000m/s 的级差又分为Ⅰ、Ⅱ、Ⅲ……型,爆速越高,型号数越大。

低爆速震源药柱按照 500m/s 的级差又分为Ⅰ、Ⅱ、Ⅲ……型,爆速越低,型号数越大。

例如:

ZY60-1-GⅠ表示直径为 60mm,单节质量为 1kg,爆速大于或等于 5000m/s,小于 6000m/s,井下使用的震源药柱。

MZY50-0.2-GⅡ表示直径为 50mm,单节质量为 0.2kg,爆速大于或等于 6000m/s,小于 7000m/s,地面使用的震源药柱。

石油地震勘探中新疆地区使用药柱震源的型号有:ZY60-0.25-Z、ZY60-0.5-Z、ZY60-1-Z、ZY60-2-T、ZY45-1-GⅠ、ZY75-1-GⅠ、ZY75-2-GⅠ等。内蒙古东部、黑龙江、吉林、海南、云南、四川、贵州等地区常用药柱震源的代号常有:ZY60-1-Z、ZY60-2-Z、ZY60-1-GⅠ、ZY75-2-Z等。青海地区用到的型号有 ZY60-1-Z、ZY60-2-Z、ZY25-0.1-Z、ZY25-0.2-Z、ZY37-0.25-Z 等。

(二)炸药的特性

1. 炸药的感度

感度,是指炸药在外界能量的作用下发生爆炸的能力。一般用引起炸药发生爆炸变化所需的最小起始冲量来表示。所需最小起始冲量越大,则表示炸药越钝感,即炸药不容易爆炸;反之,则感度越高,即炸药越容易发生爆炸。

外界作用的类型很多,如热能、机械能、电能、冲击波等,但炸药对各种外界作用的感度是有选择的,即一种炸药可能对某一种外界能作用较敏感中,而对其他一些外界能作用较钝感。如叠氮化铅对机械能作用比热能作用更敏感,它的热感度比梯恩梯低,而机械感度比 TNT 高得多。再如,碘化氮只要用羽毛轻轻扫一下就会爆炸,而乳化炸药用步枪射击时也不会爆炸。

对于一般猛炸药,在生产、储存、运输、使用过程中,必须具备较高的安全性,特别是要对热能作用和机械能作用有较低的感度;而对冲击波作用则要有适当的感度,以便在使用中需要它爆炸时,能够准确爆炸。

炸药的感度主要分为热感度、机械感度、爆轰感度和静电感度。

1)热感度

热感度通常以爆发点和火焰感度来表示。

爆发点,是指将炸药加热到规定的时间(一般为 5s 或 5min)而引起爆炸的最低温度。常用的测量方法是用高温合金浴锅进行测定。爆发点低,则表明进药对热能作用敏感,热感度高;而爆发点高,则表明炸药的热感度低。

TNT 炸药的爆发点为 285~295℃,黑索金的爆发点为 230℃,二硝基重氮酚的爆发点为 170~173℃,氮化铝的爆发点为 330~340℃。

火焰感度,是指炸药用火焰点燃时的难易程度。测定的简单方法是用密闭火焰感度仪测定。在一定条件下,黑火药燃烧时喷出的火焰或火星作用在炸药的表面,观察是否发火,以火焰感度的上限和下限来表示。上限,是指炸药100%发火的最大距离;下限,是指火药100%不发火时最小距。

显然,被测炸药的限距离越大,即火焰感距越大;反之则小。上限距离用对比起爆药的发火难易程度,下限距离作为判定炸药对火焰安全性的依据。

2) 机械感度

机械感度,是指炸药在外界机械作用下发生爆炸变化的能力(难易程度)。一般要求猛炸药、火药有较低的机械感度,而对某些针刺雷管用的起爆药则要求具有一定的机械感度。通常机感度用摩擦感度和撞击感度来表示。

(1) 撞击感度。

炸药在撞击能量的作用下发生爆炸的难易程度称为撞击感度。撞击感度反应了炸药耐受撞击的程度。

锰炸药的撞击感度通常用立式落锤试验仪测定。锤重10kg,落高25cm。试验药量为0.05g,规定试验次数25次,爆炸次数与试验总次数的百分比即为锰炸药的撞击感度。

几种常用锰炸药的撞击感度为:硝酸铵16%~32%;TNT炸药为4%~8%;黑火药为50%。

起爆药的撞击感度通常用框式双柱导轨落锤仪或弧形落锤仪测定,其感度大小与锰炸药的表示方法有所不同,是以上限距离来表示。上限是指一定重量的落锤进行试验时达到100%爆炸的最小落高;下限是指不发生爆炸的最大落高。上限表明使用时准确发火爆炸的可靠性,下限表明使用时的安全程度。

(2) 摩擦感度。

炸药在摩擦作用下发生爆炸的难易程度称为摩擦感度。

炸药的摩擦感度用摆式摩擦仪测定。摆锤重1500g,摆角90°。表压5.0MPa,低感度混合炸药测定药量为0.02g,试验25次,爆炸次数与试验总次数的百分比即为被测炸药的摩擦感度。

常用炸药的摩擦感度为:TNT为0;黑索金为90%;铵锑炸药为16%~20%。

3) 爆轰感度

爆轰感度,是指一种炸药在另一种炸药的爆轰作用下发生爆炸的难易程度,也称为冲击波感度,用引起炸药完全爆炸的最小起爆药量来表示。

单体锰炸药的爆轰感度通常用极限药量来表示。极限药量是指保证锰炸药发生爆炸所需的最小起爆药量。极限药量越小,则表明炸药的爆轰感度越高;极限药量越大,则表明炸药的爆轰感度越低。

混合炸药的爆轰感度一般用殉爆距离来表示。炸药爆炸时引起与它不相接触的邻近炸药发生爆炸的现象称为殉爆。主发药包爆炸时引起沿轴线布置的另一药包爆炸的最大距离为殉爆距离。殉爆距离小,则表明炸药的爆轰感度低,殉爆距离大,则表明炸药的爆轰感度高。

工业生产使用的炸药,对热能、冲击和摩擦作用的感度低,通常要靠爆炸能引爆。

4) 静电感度

炸药的静电感度包括两个方面:一是炸药在摩擦时产生静电的难易程度;二是在静电放

电火药作用下,炸药发生爆炸或燃烧的难易程度。

常用炸药都是静电的不良导体,电阻率在 $10^{11} \sim 10^{16} \Omega \cdot cm$ 范围内很容易摩擦起电,并积聚电荷达到高压。当所静电能量足够时,在一定条件下就会发生静电火花而引起炸药的燃烧、爆炸事故。

5) 影响炸药感度的因素

影响炸药感度的因素主要有炸药的化学结构和物理状态。

(1) 化学结构。

炸药的化学结构越稳定,发生爆炸反应就越难。所需要的引爆炸药的外能就越大,因此炸药的感度就越低。由此看出,化学结构稳定的炸药,感度低,化学结构不稳定的炸药,其感度高。

(2) 物理状态。

相状态影响。同一种炸药,熔融状态时比其固态感度高。

温度的影响。随着温度的升高,炸药的各种感度指标都有不同程度的提高。

粒度影响。一般粒度越小,各种组分混合越均匀,炸药的爆轰感度越高。

密度影响。炸药的密度越大,其火焰感度和爆轰感度越低。

添加物的影响。当加入适量的硬度高、棱角多的物质时,炸药的感度会提高(高硬度掺合物其熔点必须高于瀑温)。

敏化气泡的影响。炸药中引入敏化气泡、在外界作用下形成灼热点,炸药的感度会提高。

(三) 炸药的燃烧与爆轰

在外界能量作用下,炸药的变化形式主要有两种:燃烧和爆轰。爆轰是指某种炸药在一定条件下,以其不变的最大速度产生爆炸的过程。燃烧和爆轰既相互联系,又有区别,在一定条件下可由燃烧转化为爆轰。

1. 炸药燃烧与爆轰的区别

从传播方式上看,炸药燃烧的传播是化学反应区的能量通过传导、辐射及燃烧气体产物的扩散来传给未反应炸药的;而炸药爆轰的传播则是借助于冲击波对未反应炸药的强烈冲击压缩作用来实现的。

从传播速度看,炸药的燃烧速度通常约每秒数毫米到数米,最大也只有每秒数百米(黑火药);而炸药的爆轰传播速度一般可达每秒数千米到一万米之间。

从环境影响看,炸药的燃烧传播速度受外界条件特别是环境压力的影响,变化显著,当压力增高时,燃烧速度急剧加快;而炸药的爆轰传播速度极快,几乎不受外界条件的影响。

从反应区内产物质点运动方向看,炸药在燃烧过程中,反应区内产物质点运行方向与燃烧波传播方向相反;而炸药的爆轰反应区内产物质点的运动方向与爆轰波的传播方向相同。

2. 炸药燃烧转化为爆轰的条件

(1) 燃烧气体平衡的破坏是燃烧转化为爆轰的主要原因。

炸药燃烧过程中,产生的气体如不能及时排出,燃烧反应区内压力就会增高。燃烧速度就会加快,当燃烧速度超过某一临界值时,燃烧气体的平衡就会受到破坏,此时燃烧已不能稳定进行,从而转化为爆轰。

(2)炸药燃烧面的扩大,可以破坏燃烧的稳定性,促使燃烧转化为爆轰燃烧面扩大,单位时间内燃烧的药量增加,使燃烧加快,燃烧温度增高,燃烧速度或燃烧温度达到某一程度时,炸药的燃烧就转化为爆轰。

(3)炸药的性质是燃烧转化为爆轰的重要因素。发生反应时化学反应速度越高,就越容易转化为爆轰。

3. 炸药爆燃的原因及预防措施

炸药在外界能量作用下,其变化形式除燃烧和爆轰外,在特殊条件下,还可以产生爆燃。炸药的爆燃是指由于爆轰波的衰减而引起的一种炸药燃烧的现象。炸药的爆燃是爆破作用中的一种非正常现象。发生爆燃的炸药大部分是低感度炸药,炸药爆燃易导致爆炸事故的发生。

1)炸药爆燃的原因

炸药的爆燃主要是由炸药质量、炸药的爆轰感度和抗压缩性等因素决定的。炸药的质量好爆轰感度高、抗压缩性强,一般不会发生爆燃。其次,炸药发生爆燃还与使用等因素有关,主要是起爆能量不足、炸药质量不合格炸药中混入异物、药包破裂等因素使炸药被引爆时不容易形成爆轰而产生爆燃。

2)炸药爆燃的预防措施

首先加强爆破器材的检验和管理,使用合格的炸药和雷管;其次合理布置药包,保证装药质量;第三设法提高炸药的爆轰稳定性,用高威力、高感度的固态炸药做敏感剂;第四设法提高炸药的抗压缩性,在炸药中加入抗压缩成分;第五在炸药中加入抗燃剂。

(四)炸药的爆炸性能及破坏作用

1. 炸药的爆炸性能

> CBB002 炸药的性能

了解炸药的主要性能对炸药储存、安全使用和安全管理等方面有着重要的作用。表示炸药主要性能的参数有爆速、爆热、爆温、爆容、爆压、威力、猛度、殉爆、炸药当量、安全性等。

(1)爆速,是指炸药在爆炸时,爆轰波在炸药内部的直线传播的速度,单位用m/s表示。常用猛炸药的爆速为3000~9000m/s,混合炸药通常为3000~5000m/s。爆速主要取决于炸药自身的性质,同时和起爆能的大小、装药直径、装填密度、外壳材料的强度及附加物等因素有关。

炸药的爆速与装药直径有关,但是当装药直径小于其值时爆轰不能稳定传播,当装药直径大于某值时,爆速不再随装药直径的变化而变化。因此,装药直径存在一个临界直径和极限直径,临界直径指能使爆轰得以稳定传播下去的最小装药直径;极限直径是指当装药直径达到某值时。爆速不再随直径的增大而增大,这一直径称为极限直径。与临界直径和极限直径相对应的有临界爆速和极限爆速。在临界直径时炸药的爆速称为临界爆速;在极限直径时炸药的爆速称为极限爆速,一般地讲,单质炸药的临界爆速为2000~3000m/s,极限爆速为6000~8000m/s。硝铵炸药的临界爆速为1000~2000m/s,极限爆速为4000~5000m/s。

炸药爆速的规定方法有3种:对比测量法(导爆索法)、记时测量法(电测法)和高速摄影法。

影响爆速的因素有4个:

① 炸药的性质单质炸药爆速随爆热、比容、化学反应速度的增大而增大。

② 装药直径,在一定范围内,爆速随装药直径的增大而增大。

③ 装药密度，单质炸药的爆速随装药密度增加而增大。

④ 添加物，当加入惰性物质后，爆速会降低。

(2) 爆热，是指单位质量的炸药在爆炸反应过程中放出的热量。用 Q 表示，单位位用 J/kg 表示。常用猛炸药的爆热为 3000~9000kJ/kg，混合炸药爆热为 3000~4000kJ/kg。一般的炸药提高装药密度就能提高爆热，或在炸药中加入能生成高热量的氧化物的细金属粉末，如铝粉、镁粉等。

(3) 爆温，是指炸药爆炸时放出的热量将爆炸物加热所达到的最高温度。单位可用摄氏温度(℃)或热力学温度(K)表示。常用猛炸药的爆温为 2300~4000K，混合炸药爆温为 2300~3000K。煤矿井下爆破，要求爆温不得超过一定的数位，常将在炸药中加入食盐、硫酸盐等以降低炸药的爆温。

爆温的实际测定较为困难，目前所采用方法是测定爆炸瞬时产物的色温，对其加以研究而得到的爆温数据。

(4) 爆容，又称比容，是指单位质量的炸药爆炸时所生成的气体产物在标准状态(1.0133×10^5Pa，273K)下所占据的体积。通常用1kg炸药的单位进行表示，其单位为 L/kg。爆容这个参数是爆炸对外做功能力的一个标志。

(5) 爆压，是指爆轰产物在爆炸反应完成瞬间所具有的压强，其单位为 Pa。因为爆炸过程中，爆炸产物中的压力是不断变化的，爆压通常是指爆炸化学反应区末端面处所具有的压强。它是炸药爆炸瞬间猛烈破坏程度的标志。

(6) 威力，是指炸药对外做功的能力，主要取决于爆炸时放出的热量和形成的气体产物的多少。炸药的威力越大，其对周围介质的破坏能力越强。威力是衡量炸药做功效果的重要标志之一。

实际应用中，炸药威力通常用铅铸试验来评定，即将一定量的炸药放在规定为标准的铅铸孔中进行爆炸，以爆炸后铅铸孔扩张的体积大小来表示炸药的威力，或以梯恩梯的铅铸扩孔体积为基准，用相对值来表示各种炸药的威力。

(7) 猛度，是指炸药进行局部破坏作用的能力。它主要取决于爆炸传播的速度和爆炸瞬间气体产物压力的大小。对单质炸药，威力大的，猛度也大；混合炸药却不一定。

实际应用中，炸药猛度通常采用弹道来测定，即将一定量的炸药黏结在规定标准的猛度摆上进行爆炸，以炸药爆轰产物传给摆体的冲量来表示炸药的猛度，或以 TNT 的试验猛度值为基准，用相对值来表示各种炸药的猛度。

(8) 殉爆。装药 A 的爆炸能引起与其相距一定距离 R 且的被惰性介质隔离的装药 B 的爆炸的现象称为殉爆，如图 2-2-4 所示。

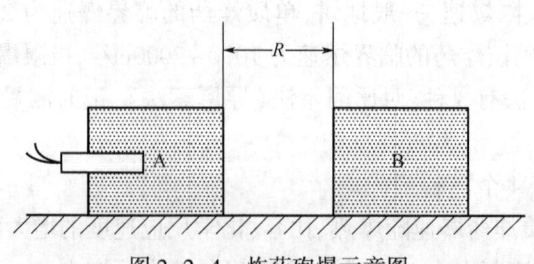

图 2-2-4　炸药殉爆示意图

惰性介质可以是空气、水、土壤、金属或非金属材料。冲击波通过惰性介质传递的能力称为殉爆能力,用能引起殉爆时两装药间的最大距离 R 表示,叫作殉爆距离。

殉爆距离测定方法:先将沙土地面捣平,然后用与药包直径相同的木棒在上面压出一半圆槽,将两药包放入槽内,中心对正,量出两药包的距离,起爆主发装药,如果被发装药完全爆炸。再加大距离重复测试,直到测出能殉爆最大距离,即为殉爆距离。殉爆距离与以下因素有关:

主发炸药的药量和性质:药量越大、爆热、爆速越大,则殉爆能力越强。

主发炸药的外壳:当装药有外壳时,有利于爆轰产物定向飞散,使殉爆距离增大。

主发炸药与被发炸药之间的连接方式:若用管子连接时,可更好集中爆轰产物和冲击波向某一方向飞散,增强殉爆能力。

被发装药的性质:取决于其爆轰感度(越大,则殉爆能力越大)及炸药装药外形及药态等。

惰性介质的性质:一般不易压缩的介质中,冲击波容易衰减,殉爆能力减小。

影响殉爆的因素有:①装药密度。随着主发装药密度增高,殉爆距离也增大;主发装药条件给定后,被发装药的密度越小,殉爆距离越大。②药量的药径。固定主、被发装药的药量,变动其直径,殉爆距离随着药包直径的增大而增大;固定主、被发装药直径,改变其药量,殉爆距离随着药量的增加而增大。

装药外壳和连接,如果主发装药有外壳,甚至将两装药用管子连接起来,殉爆距离会增大。

装药的温度和水分,摆放位置和周围介质,对殉爆距离也都有影响。

地震勘探中涉爆施工中安全操作程序规范设计、盲炮哑炮处理及爆炸物品储存库的设计等,必须考虑殉爆距离,确保满足处理哑炮及安全储存爆炸物品的要求。

(9)炸药当量又称 TNT 压力当量。为了比较各种工业炸药爆炸后的能量大小,除测定各种工业炸药威力、猛度、爆速、爆热等参数比较外,还可用 TNT 压力当量来表示。

TNT 压力当量是指任一炸药在相同距离内得到同样爆炸后空气冲击波超压时的 TNT 重量,即同样爆炸超压的 TNT 质量被任一炸药量重相除(TNT 质量与任一炸药质量之比)。

(10)安全性。炸药的安全性,是指炸药在一定的时期内承受一定的外界影响后,而不会改变原有的物理性质的能力,这种能力越强,其安全性就越好。

炸药的安全性直接关系到储存、运输和使用安全,并且储存条件又会直接影响炸药的安定性。

炸药的安定性主要是指指其物理安定性、化学安定性、热安定性。

物理安定性,是指炸药保持其物理性质不变的能力。外界因素影响,炸药可能有的物理性质变化有吸湿、挥发、冻结、结晶及机械强度能力的变化等。这些物理性质的变化直接改变炸药的爆炸性能。如普通水胶炸药,当温度降到-4℃时,炸药中的水分就会结冰,由此可导致炸药感度大大降低,甚至雷管无法起爆。

化学安定性,是指炸药保持其化学性质不变的能力。外界环境因素影响主要有受酸、碱、光照、温度的影响等。如硝铵炸药在常温下也缓慢分解放出氨和硝酸,能与铅、锌、铁等金属发生作用,更有害的是放出的氨气遇到水能形成氢氧化铵,它与 TNT 长期接触生成极为敏感的物质。

热安定性,是指炸药在热作用下保持其物理、化学性质不变的能力。炸药的热安定性取决于炸药的热分解状况。

温度对炸药的影响,常温常压下,炸药的热分解速度极慢,但当温度升高时其分解速度所增加的倍数则要比一般化学反应大,当温度升高到一定值时,可能引起自燃或自爆。

炸药的自燃与自爆,当炸药处于绝热条件下并有足够的药量时,即使环境温度较低,也可能会发生爆炸;当炸药处于良好的散热条件下,炸药的热分解反应就不能自动加速进行。因此,储存炸药的仓库必须具有良好的通风条件,并且码放量也有一定的要求,码堆不能过大。

> CBB010 冲击波对人的损伤危害

2. 空气冲击波对人和建筑物的破坏作用

炸药在空气中爆炸,对周围介质的破坏主要有两种形式:一种是爆轰产物的直接破坏作用,另一种是爆轰产物膨胀后,在空气中形成的冲击波的破坏作用。

> CBB011 冲击波对建筑物的破坏作用

空气冲击波最显著的特点是波阵面前边的空气受到扰动以后,压力突然增高,产生超压 ΔP(未扰动的空气压力与波阵面上空气的压力之差),单位为 kg/cm^2。一般认为,超压值 $\Delta P > 0.5 kg/cm^2$ 时,就可使人致死。空气冲击波对建筑物的破坏作用按超压值的不同,分为七个等级:

一级破坏(基本无破坏,超压值为 $0.06 kg/cm^2$):玻璃稍有破坏,木门窗、砖外墙、木屋盖、钢混凝土屋盖、瓦屋面、顶棚、内墙、钢混凝土柱等全无破坏。

二级破坏(次轻度破坏,超压值为 $0.08 \sim 0.1 kg/cm^2$):玻璃少部分到大部分呈大块条状或小块破坏。屋面瓦少量移动,顶棚抹灰少量掉落,内墙板条。墙抹灰少量脱落,其无损坏。

三级破坏(轻度破坏,超压值为 $0.15 \sim 0.20 kg/cm^2$):玻璃大部分呈小块破坏到粉碎,木窗扇大量破坏,窗框、门扇破坏,砖外墙出现最大宽度不大于 5mm 的裂缝并稍有倾斜,木屋面板变形并少有折裂,屋面瓦大量移动,顶棚、内墙抹灰大量掉落,其他无损坏。

四级破坏(中等破坏,超压值为 $0.25 \sim 0.35 kg/cm^2$):玻璃粉碎,木窗扇掉落或内倒,窗框、门扇大量破坏,砖外墙出现最大宽度为 $5 \sim 10mm$ 的较大裂缝并明显倾斜,木屋面板、木檩条折裂,木屋支架支座松动,钢混凝土屋出现大量宽度不小于 1mm 的微小裂缝,屋面瓦大量移动到全部掀掉,顶棚木龙骨部分破坏或下垂,砖内墙出现小裂缝,钢混凝土柱无损坏。

五级破坏(次严重破坏,超压值为 $0.40 \sim 0.50 kg/cm^2$):门窗扇摧毁,窗框掉落,砖外墙出现最大宽度大于 50mm 的严重裂缝并严重倾斜,屋盖木檩条折断,木屋盖出现最大宽度为 $1 \sim 2mm$ 的明显裂缝(修理后能继续使用),顶塌落,砖内墙出现较大裂缝,钢混凝土柱无损坏。

六级破坏(严重破坏,超压值为 $0.60 \sim 0.70 kg/cm^2$):砖外墙部分倒塌,木屋盖部分倒塌,钢混凝土屋盖出现最大宽度大 2mm 的宽裂缝,砖内墙出现严重裂缝到部分倒塌,钢混凝土柱有倾斜。

七级破坏(完全破坏,超压值为 $1.5 kg/cm^2$):砖外墙大部分到整个倒塌,木屋盖整个倒塌,钢破屋盖砖墙的承重大部分倒塌,钢混凝土柱有较大的倾斜。

3. 炸药在土石介质中爆炸后的破坏作用

炸药在土石层中爆炸的破坏情况如图 2-2-5 所示。

如图所示炸药在深层土石介质中爆炸,由爆炸中心向外顺次出现的变化土石层是:

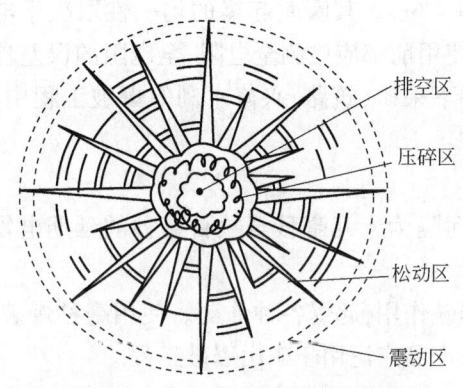

图 2-2-5　土石层中爆炸破坏情况

排空区,炸药爆炸产物直接作用于与之接触的土石而形成的空穴。

压碎区,此处土石层受高压作用,结构完全破坏,被压碎或压缩。

松动区,因压力下降,由拉伸应力作用,形成的径和环形裂缝交错的破坏区。

震动区,土石结构不受破坏,仅产生质点震动的区域。

从爆炸中心到松动区,总称为爆破区,其半径称为破坏作用半径,其大小取决于炸药量和威力,与药包在土石层的深浅无关。

二、雷管的分类及性能

雷管是起爆系统的主要元件之一,起到引爆炸药的作用,是最常用的起爆器材。雷管的管壳材料可分为金属壳雷管(如铜、铁、铝壳等)和非金属壳(如塑料、纸管壳等)两种。雷管按点火方式可分为火雷管、电雷管、非电雷管三种,其中火雷管是一切雷管的基础。

(1)火雷管,是由导火索的火焰冲能激发而引起爆炸的工业雷管。它的组成部分有管壳、加强帽、装药(装药又分为主发装药和次发装药两种)部分。但由于安全性能差、污染严重已经淘汰。早在 2008 年 1 月 1 日,已经停止生产导火索、火雷管、铵梯炸药,2008 年 6 月 30 日后,全国范围内已经停止使用导火索、火雷管、铵梯炸药。

(2)电雷管,是以电能转化成热能而激发引爆的雷管。它是由火雷管和电引火元件组成。激发后瞬时爆炸的称瞬发电雷管,隔一定时间爆炸的称延期电雷管;按延期间隔时间不同,分为秒延期电雷管、毫秒延期电雷管;具有抗静电性能的称抗静电电雷管。

(3)非电雷管,即导爆管雷管,是塑料导爆管雷管的简称,它是由塑料导爆管的冲击波冲能激发的工业雷管。非电雷管由导爆管和火雷管装配组成,是由导爆管中的冲击波能量来起爆雷管,是一种新型的起爆器材,它具有抗静电、抗杂散电流、使用安全可靠等特点,适用于无沼气、煤尘等爆炸危险的爆破工程,广泛应用于一般采矿、开凿隧道、筑路修桥、兴修水利等各种爆破工程。导爆管雷管也分为瞬发、毫秒、半秒、秒延期导爆管雷管。下文主要介绍电雷管。

(一)电雷管分类

1.瞬发电雷管

在电能作用下,立即起爆的电雷管,称为瞬发电雷管,又称瞬时电雷管。从通电到起爆时间不大于 10ms,一般为 4~7ms。其瞬时起爆的均一性取决于电雷管的全电阻和桥丝电阻。因此在产品出厂前和使用前都应检测全电阻,全电阻的误差越小,起爆的均一性越好。

用途:适用于露天及井下采矿、筑路、兴修水利等爆破工程中,起爆炸药、导爆索、导爆管等。

2. 毫秒延期电雷管

毫秒延期电雷管是段间隔为十几毫秒至数百毫秒的延期电雷管,是一种短延期雷管。段别分 1~20 段。

用途:用于微差分段爆破作用,起爆各种炸药。使用毫秒爆破可以减轻地震波,减少二次爆破,提高爆破效率。该产品广泛用于矿山爆破工程。

3. 秒延期电雷管

秒延期电雷管是段间隔为 1~2s 的秒延期电雷管。此类延期电雷管由于延期时间间隔较长,一般不采用延期药作延时剂,为了便于生产加工,简化结构和工艺,均以缓燃导火索作为延期装置,缓燃导火索的质量直接影响延期秒量精度。

用途:一般用于秒差分段爆破工程和起爆炸药、导爆索等。

4. 半秒延期电雷管

半秒延期电雷管是段间隔为半秒的延期电雷管。目前生产的 8 个段别,最高秒量为 3.5s。其电引火装置、电发火参数与毫秒延期电雷管相同。因其秒量间隔为 0.55s。延期药燃速较慢,采用秒级延期药,延期装置结构与毫秒延期电雷管没有很大差别,其延期装置有装配式和直填式两种。

用途:一般用于地面半秒微差分段爆破工程,起爆炸药、导爆索等。

5. 煤矿许用电雷管

煤矿许用电雷管是允许在有瓦斯和煤尘爆炸危险的矿井中使用的电雷管。煤矿井下普遍存在瓦斯和煤尘爆炸的危险,因此在井下使用的爆破器材必须经过瓦斯安全检验合格,持有主管部门批准的《煤矿许用爆破器材安全性标志》方准入井使用。瓦斯检验是否合格是煤矿许用电雷管的特征性能指标,除瓦斯安全性指标外,其他电发火性能及起爆性能均应符合相应普通电雷管标准。当前我国允许使用的有:煤矿许用瞬发电雷管、煤矿许用毫秒延期电雷管(1-5 段)。

用途:有瓦斯和煤尘爆炸危险的矿井爆破工程。

6. 数码电子雷管

数码电子雷管是目前世界上技术最高端的产品,又称数码雷管或数码智能雷管。简单说就是普通瞬发电雷管外挂电子控制电路。其本质在于一个微型电子芯片控制,取代了普通电雷管中的延期药与电点火元件,不仅大大地提高了延时精度,而且控制了通往引火头的电源,从而最大限度地减少了因引火头能量需求所引起的误差。其起爆能力与传统延期药雷管相同,延期和控制是其两个基本功能。由于内设智能电子芯片,就像人的大脑,可以对关键的爆破数据进行记忆,还能读出来,而且有错可更改。与普通延期电雷管相比具有三大优势:第一精度高,爆破时设立延期时间,能在 10000ms 以内以 1ms 等间隔任意设置,设置 10000 个段,而传统的雷管只能在 2000ms 以内设置 20 个段;第二可靠性高,能抗 70m 水深、72h(3d),而传统雷管只能抗 1m 水深、24h(1d);第三安全性高,抗射频、抗雷电、杂电、静电能力强。

磁电雷管是利用变压器耦合原理,由电磁感应产生的电冲能激发的雷管。具有防静电、防杂散电、防雷电感应、防射频电等特点,不能被工业、生活用电(220V、380V50Hz)起爆,只能使用专用起爆器在特定的工作频率电流下才能起爆,又被称为"安全雷管"。安全电雷管,能够识别外来引爆信号的雷管。它是在电点火桥丝间加入一微型安全电路,当脚线收到外界信号后,在微型电路中识别,若与设计信号不符则通不过桥丝,反之即加热桥丝引爆。主要适用于有杂散电、射频电、磁场干扰、雷电感应等危害的金属矿山。为磁电雷管。

7. 地震勘探使用的雷管

石油地震勘探所用的雷管,根据工作需要,一般采用 8 号瞬发电雷管,瞬发电雷管又称即发电雷管,是指通电后立即引发起爆的雷管。下面重点介绍瞬发电雷管。

> CBB015 雷管的结构

1)瞬发电雷管的结构

瞬发电雷管是在原火雷管的基础上加上一个电引火元件。电引火元件由两根绝缘脚线、塑料或塑胶封口塞、桥丝、引火药或点火药组成,电雷管的起爆是由脚线通以恒定的直流或交流电能,使桥丝灼热引燃引火药头,引火药头燃烧后在其火焰热能刺激下,使雷管起爆。图 2-2-6 为瞬发电雷管的结构图。

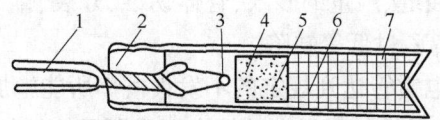

图 2-2-6 瞬发电雷管结构图
1—脚线;2—塑料封口塞;3—桥丝和引火药;4—加强帽;5—起爆药;6—副装药;7—管壳

(1)脚线。

脚线用来给桥丝输送电流,有铜和铁两种导线,外皮用塑料绝缘,要求具有一定的绝缘性和抗拉伸、抗曲扰和抗折断能力。脚线长度可根据用户需要而定制,一般多生产 2m 长的脚线为主。每一发雷管都是由两根颜色不同的脚线组成,颜色的区分主要为方便使用和炮孔连线。

(2)塑料封口塞。

塑料封口塞的作用是为了固定脚线和封住管口,封口后还能对雷管起到防潮作用,因此,电雷管的抗水性能和防潮性能比火雷管优越。

(3)桥丝和引火药。

用桥丝替代火雷管中的导火索,通电后,桥丝发热点燃引火药。常用的桥丝有康铜丝和镍铬合金丝。引火药一般都是由可燃剂和氧化剂组成的混合物,它涂抹在桥丝的周围呈球状。

(4)加强帽。

加强帽为中心带有一小孔的金属罩,多为铜或铁冲压而成。其作用有三个方面:第一,减少起爆药的暴露面积,提高抗震能力,并减少受外界作用的可能性,增加雷管的安全性;第二,防止起爆药受潮,增加雷管的防潮能力;第三,在雷管中形成一个密闭小室,促使起爆药爆炸时压力的增长,提高雷管起爆的可能性和起爆能力。

(5)起爆药。

起爆药又叫正爆药,感度非常高,由引火直接点燃爆轰,目前国产雷管大多采用二硝基重氮酚作为起爆药。

(6)副装药。

它由起爆药爆轰后引爆,用于加强起爆的威力,感度比起爆药低,爆炸威力大,通常由钝化黑索金、特屈尔或黑索金-TNT压制而成。

(7)管壳。

它有一定的强度,可减小起爆药、副爆药爆炸时的侧向扩散,保证足够的起爆能力;另外,管壳可以避免起爆药受外界的直接作用,保证安全,又可以提高雷管的防潮能力。雷管外壳底部有一个凹槽,起聚能作用。

CBB009 电雷管的技术指标

2)地震勘探电雷管的技术指标(参考《工业电雷管》GB8031-2015)

(1)管壳材质:覆铜壳、铜壳、发蓝壳。

(2)管壳长度:45~50mm。

(3)脚线材料:PVC—铁、铜(用户无要求时按铁芯线制造)。

(4)脚线长度:长度公差应为名义值的正负5%。

(5)雷管表面:不许有裂缝、严重的砂眼、管体锈蚀、开裂、排气孔露孔、浮药、底部残缺、卡箍开裂、封口塞松动或过高、过低等缺陷。

(6)最大不发火电流:电雷管达到规定的不发火概率所能施加的最大电流≥0.2A。

(7)最小发火电流:电雷管达到规定的发火概率所需施加的最小电流≤0.45A。

(8)串联起爆电流:对串联连接的20发电雷管施以3.5A恒定直流电,应全部爆炸。

(9)全电阻:工业电雷管全电阻≤3Ω时,相对误差应不大于名义值的正负25%。全电阻≥3Ω时,相对误差应不大于名义值的正负15%。

(10)发火冲能:$0.8 \sim 5.0 A^2 \cdot ms$。

(11)铅板试验:8号雷管应炸穿5mm厚铅板,6号雷管应炸穿4mm厚铅板,铅板穿孔直径不小于雷管外径。

(12)震动试验是鉴定火工品在模拟的恶劣运输条件下受冲击加速度反复时的安全性试验。试验通常在单活动臂式震动试验机(符合WJ231要求)上进行。试样装入辅助工具固定的震动机上,凸轮转速(60±1)r/min,落高(150±2)mm,持续震动10min,试样不得发火,各项性能指标不变。

(13)封口牢固性试验:荷重2.0kg,持续1min,封口塞和脚线不发生肉眼可见的移动和损伤。

(14)抗水性能:地震勘探用电雷管侵入压力为0.3MPa的水中保持72h,取出后做发火实验应爆炸完全。

(15)电雷管应贮存在通风良好、干燥、防火、防盗的库房内,保质其为24个月。

(16)静电性能:电容500pF,充电电压25kV,串联电阻5kΩ,对产品脚壳放电,不爆炸。

CBB016 电雷管使用的注意事项

(二)电雷管使用注意事项

(1)同一起爆网络,须使用同厂生产的同规格同类别电雷管,以免出现丢炮,影响爆破效果。

(2)电雷管使用前应进行外观、全电阻检查,对管体表面和脚线严重锈蚀、全电阻值超出范围的电雷管禁止使用。

(3)取1发检验合格的电雷管,先从绕线把中抽出脚线尾部,松开捆腰的几圈脚线,然后一手握住脚线的拧花部位,一手握住脚线将其拉直捋顺待用,但在网络连接前应保持脚线短路状态。

(4)检测不合格的电雷管应做好记录,返还上交。

(5)电雷管的包装。每100发装一纸盒,纸盒包纸蜡封防潮,并附有标志。雷管在盒内不得有松动,脚线长度增加时,允许变动盒内数量。

每10盒装入一个木箱,包装盒在木箱内不得有松动现象,包装箱用厚度不小于14mm的木板或带大框的纤维制成,木板不得有腐朽、潮湿的现象。箱内外不准突出铁钉,包装箱应牢固,箱外有规定标志。

(三)电雷管储存及有效期

(1)在原包装条件下,储存在干燥、自然通风良好、防火、防盗的库房内。

(2)有效期为二年。

(四)雷管号码等级

工业雷管按其药量的多少分为十个等级。号数越大,起爆药量越多,起爆能力也越强。常用的有8号和6号电雷管。

1. 编码的含义

雷管管壳外表编码由13位编码组成,如图2-2-7所示。

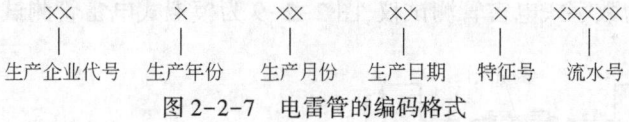

图2-2-7 电雷管的编码格式

2. 编码的表示方法

(1)生产企业代号:用"01—99"2位阿拉伯数字表示。

(2)生产年份:用"0—9"1位阿拉伯数字表示公元世纪末位年份。

(3)生产月份:用"01—12"2位阿拉伯数字表示1—12月份。

(4)生产日期:用"01—31"2位阿拉伯数字表示1—31日。

(5)特征号:用1位英文字母A、B、C、…、Z、a、b、…(小写字母c、o、s、u、v、w、x、z除外)表示,也可以用1位阿拉伯数字表示。具体可以是编码机机台代号、雷管种类代号、雷管编码的分段号或并入盒流水号使用,但必须在企业《工业雷管编码信息使用说明》中明示。

(6)流水号:用5位阿拉伯数字表示,应连续布置,不得分割,且便于阅读和用户发放登记管理。其中前3位用"000—999"表示盒流水号,当3位数字不能满足生产需要时,可将特征号位作为盒流水号使用;后2位用"00—99"表示盒内雷管流水号。

3. 补码规则

在生产过程中,因进行抽检、出现废品等原因需要进行补码的,应补原雷管编码。特殊情况下,也可用专用补号编码代替。专用补号编码规则为13位编码前8位含义不变,后5位流水号第1位用英文字母B表示,后4位为补码流水号。

专用补号编码应保证唯一性,并与原雷管编码一一对应做好专门登记,长期保存备查。编码在雷管管壳上的排列可沿管壳轴线方向布置,也可沿管壳圆周方向布置。

三、电雷管的测试

CBB006 电雷管测试的安全规定

(一) 电雷管测试的安全规定

(1) 要用专用的电雷管测试表(毫安表)检查电雷管的通断情况,经检查不合格的要登记后销毁。

(2) 电雷管检测应在室外安全的地方进行。要特别注意的是雷管脚线不得提前剪断,脚线剥皮要用防爆钳,禁止牙咬手拽。

(3) 严禁用万用表测量测试电雷管。

(4) 用专用的雷管测试仪测试雷管,应确保安全电流不能超过 30mA,通电时间每次不得超过 2s。被测雷管周围不得有人围观。

(5) 检测时,最好挖一个坑,使雷管头部向前方,将雷管放在坑里,用导线引到 10m 以外的测试站进行测量。

(二) 电雷管测试仪介绍

检测起爆网络和电雷管电阻,使用的是电雷管测试仪,根据电路结构和显示方式不同,分为模拟式和数字式两种类型。模拟式电雷管测试仪采用的是表盘指针指示方式,而数字式电雷管测试仪采用液晶显示数码方式。一般数字式和模拟式相比,测量准确度高、精度高、重量轻、体积小、误差小,流过电雷管中的电流更小,相对更加安全可靠。

如图 2-2-8 为数字式电雷管测试仪,图 2-2-9 为模拟式电雷管测试仪。

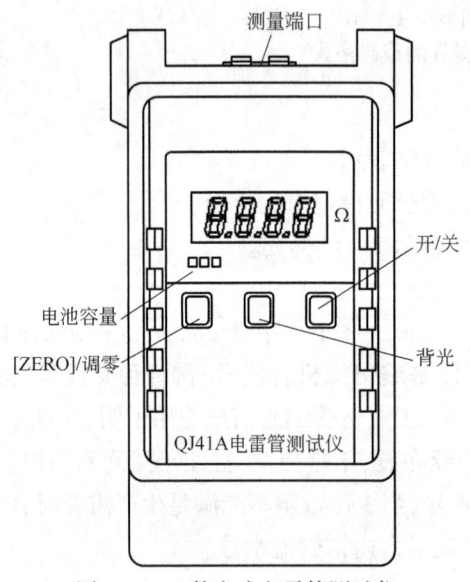

图 2-2-8 数字式电雷管测试仪

图 2-2-9 模拟式电雷管测试仪

1. 数字式电雷管测试仪

QJ41A 型电雷管测试仪是专用于测量低电阻,运用 MCD128×64 点阵式中文大显示器,具有直观清晰等特点,携带袖珍式数字测量仪。适用于矿区、部队、工程检测电气爆破网络和电气雷管的直流电阻。仪器采用先进的 CPU 和相关电路,用软件调校,因为具有精度高、性能稳定、测量范围宽、操作方便、抗干扰能力强等特点。又由于仪器具有量程自动转换带有背光显示,适合野外、夜间及现场使用操作。

主要技术指标如下:

(1)使用条件。

环境温度:-10~+60℃;相对湿度:20%~80%;供电:DC9V;周围不应有强磁场干扰及腐蚀气体;不应受到剧烈震动和机械冲击。

(2)量程、测量范围、分辨率准确度、工作电流(通过电雷管电流)见表2-2-1。

表 2-2-1 数字式电雷管测试仪相关指标

量程 Ω	测量范围 Ω	分辨率 Ω	准确率	工作电流 μA
3	0-2.999	0.001	0.5%U×±2 字	700
30	0-29.99	0.01		70
300	0-299.9	0.1		7
3000	0-2999	1		7

备注:量程自动转换。

(3)外形尺寸:150mm×80mm×32mm。

(4)质量:0.220kg。

2. 模拟式电雷管测试仪

QJ41 型电雷管测试仪是一种携带式袖珍模拟仪器。适用于矿区、部队、石油地震勘探、工厂检测电气爆炸网络和电气雷管的直流电阻。适用于周围空气温度为-40~+50℃、相对湿度不超过98%野外条件下使用。

1)主要技术数据

(1)测量范围和准确度见表2-2-2。

表 2-2-2 测量范围及准确度表

	测量范围	基本误差,%	中心刻度,Ω	误差计算方法
电雷管	Ⅰ 0~3Ω	±1.5	1.25	满意值
	Ⅱ 3~9Ω		5.5	
导电线	Ⅲ 0~3kΩ	±2.5	100	刻度长度

(2)电源:1.5V(1 节 1 号干电池)。

(3)测试仪通过被测电雷管的最大电流不超过 27mA(注)。

(4)外形尺寸:150mm×96mm×66mm($L×W×H$)。

(5)重量:错误操作的情况下,1kg(注)最大电流不超过 27mA。正确的操作情况下,通过电雷管的电流不超过以下数值:

测量Ⅰ:6mA;

测量Ⅱ:7.1mA;

测量Ⅲ：13.6mA。

2）结构特点

(1) 指示表是内磁式的磁电系统结构，具有良好防外磁场性能。

(2) 测试仪具有读数照明装置，适用于夜间爆破作业。

(3) 整个仪器安装在耐震塑料外壳内，可以携带并有密封衬垫，能耐雨淋和防潮。

(4) 电池盒设在仪器的背后，并与内部隔离，换取电池极方便。

3. 雷管测试仪的使用方法

模拟式雷管测试仪和数字式电雷测试仪的使用方法步骤通基本相似，下面以模拟式 QJ41 型电雷管测试仪为例说明使用方法：

(1) 零位调整：使用之先应检查指针是否指示零位（左边线上），如果不在零位，即应旋转调零器"A"，使指针指示在零位。如图 2-2-10 所示。

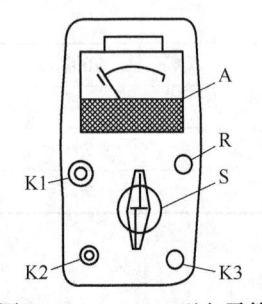

图 2-2-10 QJ41 型电雷管测试仪操作面板

(2) 电雷管电阻的测试。将转换开关"S"旋至"3Ω"或"9Ω"档上，指针即向右偏转，调节电位器"R"，使指针指向"0Ω"（即对准红△中间），被测电阻一端固定在接线柱"K2"，另一端用手按向接线柱"K3"，此时指针的指示值即是未知电阻读数。

注：K3 是复合结构的接线柱，作为接线柱和按钮二用。如指针调不到"0Ω"时，说明电池电压不足，应更换新电池。

(3) 导电线测量：将转换开关"S"旋至"导电线"档上，指针即向右偏转，调节电位器"R"使指针指"0Ω"，被测电阻一端固定于接线柱"K2"，另一端用手按住接线柱"K3"，此时指针的指示值即是未知电阻值读数。

(4) 夜间测量：如夜间进行爆破作业时，可将照明开关"K1"扳向"开"位置。然后重复使用(2)(3)步的方法操作。

4. 使用雷管测试仪注意事项

(1) 在测量电爆炸网络和电雷管的电阻时，应严格遵守有关安全操作规程。

(2) 当仪器长期搁置不用时，应将电池取出，防止因电池腐蚀而影响仪器其他零件。

(3) 夜间照明指示灯和线路共用一个电源，白天以及不使用时，要将照明开关扳向"关"位置，夜间使用时，照明时间不宜过长，并且应该先开照明灯，然后再调零。

(4) 在开始测量之前，为了保证转换开关"S"接触良好，应将转换开关旋转几次。

(5) 表头罩壳材料是有机玻璃，不可以用机溶剂（如酒精、汽油）擦拭。

5. 雷管测试仪运输、储存及保养

(1) 仪器在运输时应将仪器放入包装箱内，不应使仪器受到剧烈震动和撞击。

(2) 仪器应存放在干燥无腐蚀性气体的室内，并保持清洁干净。

(3) 仪器长时间不用，应将电池取出，放入包装盒内存放。

(4) 非专业人员禁止将仪器拆开，发现故障应送专业厂进行维修。

6. WTZ-300 钻机主要规格及性能指标

钻井方式：气水两用。

钻井深度：空气井 80m；泥浆井 300m。

成井直径：ϕ114mm、ϕ120mm。

钻杆直径：主动钻杆，直径×长度＝85.7mm×7140mm；

副钻杆，直径×长度＝60.3mm×6100mm。

钻盘：最大输出扭矩 5500N·m；转速范围 27~250r/min；通过直径(卸去八方套)ϕ190mm。

四、炸药、雷管的运输、储存、使用规定

> CBB022 民爆器材运输规定

(一)民爆器材运输规定

运输民爆物品时，必须遵守中华人民共和国《民用爆炸物品管理条例》和《中国石油天然气集团公司民用爆炸物品安全管理办法》的有关规定，在所在地的县、市公安机关领取《爆炸物品运输证》后，方可运输。由地震队临时库房领取民爆物品运往工地时或在工地运输时，可以免办《爆炸物品运输证》，但需事先通知当地公安机关。

1. 民爆物品运输规定

(1)运输民爆物品的车辆和船只必须符合国家有关运输规则的要求。

(2)运输时，车辆或船只必须设置醒目的警告标志，并有专人负责押运，不得搭乘无关人员。

(3)货物包装要牢固、严密，性质相抵触的民爆物品不准在同一车厢(船舱)内运输。

(4)公路运输时，车辆要限速行驶，并远离城市中心和人烟稠密的地区。必须经过上述地区时，要事先与当地公安机关取得联系，按指定的时间、路线通过。

(5)为了避免引起殉爆，前后车辆应保持适当的安全距离。车间距一般应大于50m。

(6)中途停歇时，要远离建筑设施重要桥梁和堤坝、边境要地和公共场所，并有专人看管民爆物品。

(7)严禁在民爆物品附近动火和吸烟。

(8)严禁使用翻斗车、自卸汽车、拖车、人力车、机动三轮车、自行车、摩托车等工具运输民爆器材。

2. 民爆物品人工搬动规定

> CBB021 民爆物品人工搬运规定

(1)搬动混合炸药和起爆器材不得超过 10kg。

(2)背运原包装炸药不得超过一箱(袋)。

(3)搬动拆箱炸药不得超过 20kg。

(4)挑运原包装炸药不得超过 2 箱(袋)。

3. 民爆物品装卸规定

(1)参加装卸和运输的人员必须经过安全教育，懂得有关安全常识。

(2)装卸时要轻拿轻放，防止摩擦和摔碰。

(3)作业区要设置醒目的警告标志，并有专人在现场负责监督指导。

(4)作业场所不得有产生火花的装置、工具和易燃易爆品。

(5)设置警卫、禁止无关人员进入施工现场。

(6)雷管和硝化甘油类炸药的搬运量，不准超过运输工作额定载重量的三分之一，其他民爆物品的装运量不准超过运输工具的额定载重量。

(7)民爆物品的装载高度不得超过车厢(袋),雷管和硝化甘油类炸药的装载高度不得超过两层箱厚。

(8)分层装载民爆物品时,不准站在下层箱(袋)上装卸。

(9)用吊车装卸民爆物品时,一次吊装量不得超过设备能力的50%。

(10)遇雷雨或暴风雨时,禁止装卸民爆物品;民爆物品的装卸工作,应当尽量在白天进行。

(二)民爆物品的存储

民爆物品的储存是爆破工作的重要环节。如果由于保管不善而发生事故,后果将是十分严重的。

民爆物品除特殊情况(如遇险情暂时转移、在中转的车站、码头等处临时存放)外,一般应放在民爆物品库内。地震勘探野外小队,一般使用临时性民爆物品库,为生产服务,直接向爆炸班长(或爆炸员)发放民爆物品。条例中规定:临时性民爆物品库的最大贮存量为炸药10t;雷管20000发;导火索10000m。

1. 临时性库房规定

(1)库房宜为平房。

(2)库房地面必须平整无缝。

(3)墙、地板、屋顶和门为木结构时,应涂防火漆。窗户必须有一层外包铁皮的板窗门。

(4)设简单围墙,其高度不低于2m。

(5)库房内必须有足够的消防器材。

(6)库房内必须设置独立的发放间,面积不小于$9m^2$。

(7)应设单独的雷管房。

(8)库房内不准安装电器设备和使用电灯照明。

(9)库房内严禁吸烟、动用明火、住宿和进行其他无关活动。

地震队设立临时民爆物品库之前,必须凭上级主管部门批准的文件和专职保管员登记表,向所在县、市公安局机关。提出申请,经审查符合《民用爆炸物品管理条例》的规定后由公安机关发给《爆炸物品储存许可证》后,方准储存民爆物品,其储存量不得超过设计容量。

2. 库房内民爆物品堆放规定

(1)炸药箱(包括导爆索)堆高不得超过1.8m,宽度以4箱为限;袋堆高度不超过1.2m。

(2)雷管放在木架上时,木架每格只准放一层,最上层层面距地面高度不超过1.5m;若在地面上堆放时,高度不超过1m。地面应铺设软垫或木板,木架及地板上的钉子头应深埋5mm,并用灰浆抹平。

(3)货架(堆)与墙壁的距离保持不少于0.5m的间距,架(堆)之间人行通道的宽度不少于1.3m。

(4)为了便于通风。箱(堆)下面应垫方木或木板。

地震队民爆物品库禁止设在城市市区和其他居民聚居的地方及风景名胜区。民爆物品库与周围水利设施、交通要道、重要桥梁、隧道、高压输电线路、通信线路和输油管道等重要设施的安全距离必须符合国家有关安全规定。

3B018 制作药包的有关规定

五、制作成型炸药包

(一) 制作方法

早期的地震勘探中,使用的是散装炸药制作炸药包,现在这种方法已经淘汰,取代它的是使用成型炸药(震源药柱)制作炸药包(图2-2-11)。

1. 准备工作

1) 出工前准备工作

出工前穿好防静电服、防静电鞋袜等防静电护品,戴好安全帽,携带专用雷管箱、钢制偏口钳、铜制偏口钳、"钻井班报""钻井信息卡"等工具和物品;参加班前会,接受任务领取"钻井任务书"、了解任务工作量、了解工区作业现场的地貌、环境等因素和注意事项,做到心中有数。

2) 工地准备工作

到达工地后,从工地民爆物品运输车按要求领取当日所需的民爆物品,在"钻井班报"上记录当天线号、日期、机组号及领取民爆物品的数量、编码等基本信息,并与民爆物品发放人员在"交接班报"和"钻井班报"上相互签字确认;核实炮点桩号并确认桩号周围电力线、建筑物、地下油气管道、电缆等设施符合安全距离规定后,选择合适包药点设置警戒区。

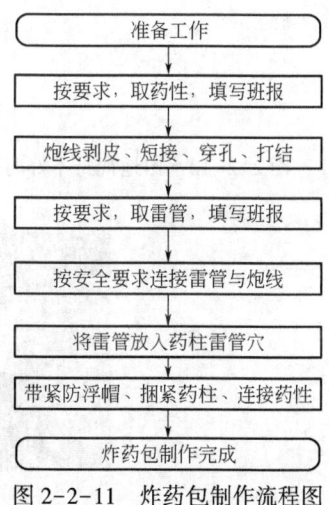

图2-2-11 炸药包制作流程图

3) 布置包药现场和警戒区

包药现场和警戒区布置的主要依据是,雷管与炸药的最大殉爆距离以及包药现场周围人员设备设施的安全;警戒区宜选择地势平坦、无障碍物、通视良好的区域;包药点应与道路、高压线等场所和设施保持足够安全距离,警戒区范围半径不小于15m,警戒区15m范围内不得有其他人员,50m内无明火,100m内不得有与物探作业无关人员;同时包药点距炸药车的距离不小于10m,与井口的距离不得大于30m,雷管存放点应设置警戒旗,可参考图2-2-12示意进行设置,确定保钻井和药包制作现场安全,严禁在车上包药。

2. 操作步骤

(1) 根据任务书要求,参照图2-2-12或图2-2-13所示,从炸药存放点的药箱(或防静电炸药袋)中取出一定数量的药柱,并将药柱的编码登记于《钻井班报》,然后将药柱放到包药点,如果药柱的数量多于2节,则需要先将其组合成1根并拧紧连接处螺纹后平放在包药点,再将备好的炮线(事先备好,其长度一般是井深减去药柱长度加2m)一端短路,另一端从组合好的药柱的雷管穴一端的侧孔穿入、打结、拉出1m左右,用钢质偏口钳剥开炮线备用,如图2-2-14所示。

(2) 步行到雷管箱存放点,先双手抚摸雷管箱金属壳释放静电,再打开雷管箱,疏松地取出任务书要求数量的雷管(一般是1发),并将雷管箱盖上锁好。注意:双雷管包药时要用一发取一发,不能两发同时取出,取雷管时应疏管拿取,不能牵管抽线!雷管脚线不能提前剪短!

(3) 察看刚取出的雷管的编码,并将其填写在《钻井班报》上,然后手拿雷管步行到包药点。

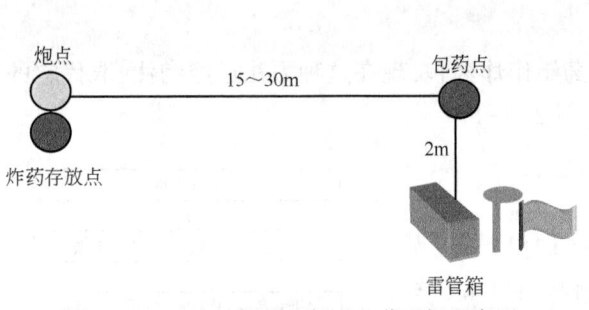

图 2-2-12　山地视野不好时包药现场示意图

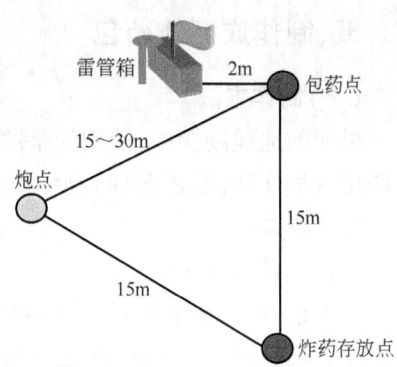

图 2-2-13　视野开阔时包药现场示意图

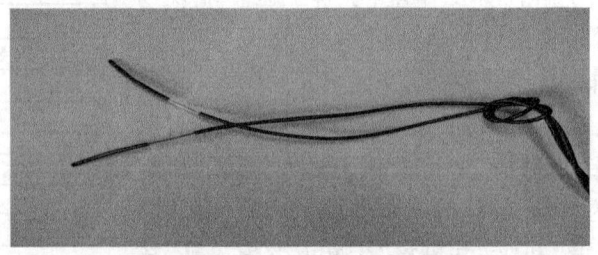

图 2-2-14　剥开炮线备用

（4）按照"全过程短路包药法"的要求，开始连接雷管与炮线。首先在雷管脚线短路状态下，距雷管不少于 20cm 处，用铜质偏口钳剥皮，将两根雷管线绕在炮线上，再剪断雷管线。注意留头 2cm，如图 2-2-15 所示。

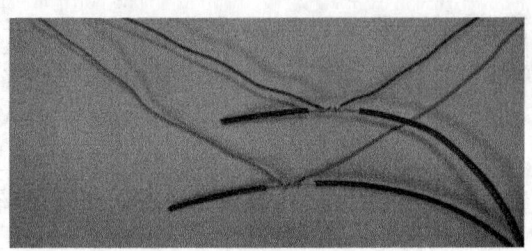

图 2-2-15　连接雷管与炮线

（5）包好雷管炮线连接处，雷管放入药柱雷管穴。先用绝缘胶布包好连接处，再用防水胶布包严。两层胶布都要在头部回折再绕紧，并在胶布包裹处涂满黄油，防止水分浸入。一般将雷管（聚能凹槽向下）插入药柱顶端雷管穴中如图 2-2-16 所示，如果所需药量为二节药柱以上，须将雷管安放在顶端药柱或第二节药柱的预留穴中然后其他药柱通过自身螺纹联结好；如果所需要药柱为多节，一般将雷管放置在距整个炸药包上端三分之一处药柱的雷管穴中且聚能凹槽向下。

（6）先将防上浮帽安装拧紧在药柱顶端，然后再将炮线在药柱端绑紧系牢，如图 2-2-17 所示。炸药包制作完成。

（7）炸药包制作完成，清理现场，整理工具，准备下药工作。

图 2-2-16　药柱顶端雷管穴

图 2-2-17　安装防上浮帽系牢炮线

(二)操作要求

(1)井监负责包药,每次只能取用每口井所用的炸药、雷管,随取随用,随包随下。

(2)长途搬运炸药(大于30m),必须使用静电袋或炸药箱运输。

(3)严禁提前包药,同一个炮点不准同时包和存放两个及以上的药包,多井组合亦应制作一包,下井一包。

(4)轻拿轻放,不准随意扔、甩、提前摆放或乱堆乱放炸药。

(5)雷管应放置在专用的防震、防静电、防射频的专用雷管箱内,不用时应上锁。

(6)雷管脚线应保持短路状态,不得提前剪断脚线,取用时不准牵管强抽,剥皮时应使用防爆铜制剥线钳,因雷管的引脚线是铜线,铜制偏口钳能更好地防止静电产生。

(7)药包制作前,应先检查炮线,确认良好后将一端短路,另一端接药包的雷管。

(8)雷管箱、炸药箱内不得存放其他杂物。

(9)作业时禁止携带和使用手机及烟火。

(10)操作过程中雷管全程短路。

(11)禁止在车上制作药包,严禁无关人员围观。

(12)为防止意外爆炸事故发生,制作药包应避开高压电源和磁场干扰。严禁在雷达站、广播及电视发射塔、微波站、高压输变电站等强电磁场附近制作药包。

(13)在工地制作炸药包时,应十分注意雷管箱和炸药的安全,避免民爆物品被偷窃。

(三)炸药包常见故障的分析与排除

1.炮线与雷管连接处断路

原因分析:这种情况主要是在剥雷管线的绝缘外皮时,剥线钳用力太大,刻伤了雷管线的铜芯,导致连接雷管与炮线后的胶布包扎、将雷管放入雷管穴等一系列过程中雷管线刻伤处发生了断路。

故障排除:重新连接制作。为避免此故障发生,剥雷管线外皮时要小心用力,避免刻伤线芯,将雷管线缠绕在炮线、包胶布等一系列操作时要小心,防止连接处发生断路。

2. 炮线与药包捆扎不牢

原因分析:捆扎系扣方式不正确。

故障排除:重新捆扎改变系扣方式。

六、填装炸药

装填炸药在地震勘探行业俗称下药,是指将成型炸药包或包好的炸药包,使用专用的爆炸杆直接把炸药放置井底的过程,一般由制作药包工与 2~3 名下药工互相完成下药工作。

(一)操作步骤

(1)包药工将包好的药包拿到井口,在其他下药工的协助下,托起炸药包,提紧炮线,将其对准井口。

(2)将炸药包置入井口后,用爆炸杆抵住药包防浮帽,缓缓向井中推进炸药包,约推进 2m 时停止推进,连接第二根爆炸杆,继续向下推进直至下入井底。

(3)药包下入井底后,需要用力向下推压爆炸杆,以使药包下部与井底紧密结合。

(4)下药完成约 30~60s 后,包药工要轻提炮线检查炸药包是否上浮,确认正常合格后,由下药工将爆炸杆逐根从井中取出。

(5)包药工再次轻提炮线确认炸药未上浮,接加长线在离井口安全距离外,安全距离按爆炸作业站的安全距离(地质地形为沙土、黏土为 40m,岩石、冻土为 65m,山地、坑炮或井深小于 5m 时为 100m)进行选择,用专用雷管表测试井下药包的通断情况,确认都正常后,辅助下药工负责用软土、细沙封井。

(6)井口封好后,由包药工填写好"钻井班报"和"钻井信息卡"三联单,"钻井信息卡"三联单,第一联上交解释组,第二联司钻保管,第三联绑在井口炮线上,放置在井口并用土墩埋好,以便爆炸班寻找炮点。

(二)常见故障的分析与排除

下药过程中经常会遇到一些异常情况出现,为了避免这些情况出现,下药前首先用爆炸杆捅井,测定钻井深度,然后用爆炸杆匀速将药包推入井中,边下药边观察炮线是否随着移动,如果移动,证明下药正常;如果不移动,可能是爆炸杆与药包脱离或炮线折断,应重新下药。在下药过程中受阻时,不要强行下药,待提出药包捅井或重新钻井后再下药。常见的故障与处理方法如下:

(1)为防止爆炸杆空行,下药时必须注意观察放炮线是否移动。若推进爆炸杆时,放炮线未向井口移动,表明炸药包已脱落,需取出药包,重新下药。

(2)在井壁较滑时,药包易上浮,必须采取有效地防止上浮措施,在药包上安装防上浮卡或捆绑防上浮树枝等方法防止药包上浮,避免地面爆炸。

(3)在遇有流沙井时,完钻后应立即下药,防止井壁坍塌,确保下药深度。

(4)药包下井遇卡(注意不是受阻此时药包上下不能移动)时,禁止用力猛压,禁止上提药包,不准用钻杆或钻机动力强制下药,不准强提炮线,应采取引爆等措施妥善处理。

(三)装填炸药安全规定

(1)任何情况下,不得使用钻具强行下药。
(2)下药进炮线要有专人看管,下药人未离开井口时,不得将炮线引向爆炸作业站。
(3)药包下井遇卡时,应采取引爆等措施妥善处理。
(4)当遇到注沙井时,完钻后应立即下药,防止井壁坍塌,确保下药深度。
(5)专人负责下药,移动药包不准提拽或在地面拖拽。
(6)不准在钻机未离开时下药。
(7)药包下井前应采取防上浮措施。
(8)爆炸杆两端接头应采用非导电材料。
(9)下药用力要适度、均匀,不准强压。

(四)下药时机的选择

钻井工序完成后,包药工将药包由包药点拿到该口井的炸药放置点,与该井的其余药柱旋转连接,如果该口井的药量较多,也可等钻机离开井口最少5m开始进行。如果是多井组合,钻机移到下一井口时,将包好的药包运输到井口,由辅助下药工将该井其余炸药柱从炸药放置点运输到井口后,再由包药工完成其余药柱连接并在辅助下药工的协助下,完成下药工作。

七、其他钻井方式下的炸药包制作与装填简介

(一)麻花钻钻井药包的制作与下药操作

麻花钻是一种新型的车载风钻机,特点是不用水源,使用螺丝钻杆原理保证钻进。打井和下药过程连续操作,花钻钻井下药方式为药包从钻杆内壁中孔处直接下药,为了保证下药质量,杜绝下井过程中,药包同钻杆内壁摩擦造成炮线外皮磨损短路、断路出现哑炮或其他事故。在使用"复合炮线包药法"包药时,应采取以下步骤包药,确保药包重心平衡,减少下井过程炮线与钻杆内壁的摩擦。

1. 制作药包

(1)将两根炮线的其中一根从第一节炸药接头处一个小孔穿出,包好雷管后,放入第二节炸药雷管孔内,制作第二节药包。
(2)把另一根炮线从第一节炸药另一个孔穿入,按正常包药方法制作第一节药包。
(3)两节药包包好后,用手将第二节药包炮线从第一节药包孔内缓缓拉紧。将两节药包对接成一体,药包制作完毕。
(4)为了减小炮线与钻杆内壁的摩擦,可以在药包头处缠绕一圈胶带,能起到一定的保护作用。

2. 装填炸药

(1)当钻至预定井深后,停止加压,使钻具旋转片刻,将钻杆上提30~50cm,按操作规程卸开动力头并上提至井架顶部。
(2)三钻工将药包炮线沿井口向钻机后方向垂直顺直,注意炮线不能出现打结系扣。
(3)钻井监督将药包扛至已打好的井口处。
(4)司钻、一钻工协助钻井监督把药包下端放入钻杆内孔中。

(5)司钻在井口上方插入定滑轮装置,将炮线放在滑轮上。

(6)药包末端即将进入钻杆内壁时,一钻工松开药包,用手托住炮线到钻杆中心位置,防止炮线摩擦钻杆内壁。

(7)三钻工在钻井监督指挥下拉紧炮线向钻机方向慢慢移动,使药包依靠重力缓缓进入钻杆内孔。

(8)确认药包放入井底后,钻井监督指挥三钻工向后退行,将药包上拉2~3m。

(9)指挥三钻工松开炮线,药包依靠重力砸掉钻头,下入井底。

(10)确认药包已砸掉钻头,到达设计井深后,一钻工将钻杆外露炮线和胶皮拉环顺序塞入钻杆内壁。

3. 注意事项

(1)选择胶皮拉环应适合能放入钻杆内壁,与钻杆接触不易过紧、过松,过紧可能在钻杆提起时拉起炸药,过松可能直接掉入井底。

(2)工配合司钻按操作规程上提、并拆卸钻杆。

(3)最后一根钻杆提出地面后,一钻工立即使用铁锹等工具将炮线拉出,防止炮线掉入炮井。

(4)钻井监督按要求量井,指挥钻工埋井,下药结束。

(二)砾石钻和风钻钻井的药包制作与下药操作

砾石钻作业和风钻作业一般都是使用水气两用钻机(如 WTZ-100 型),来完成钻井作业。

1. 药包制作

药包制作与常规钻机钻井药包制作相同。

2. 下药操作

(1)将钻机移离开井口30m外,下药工将药柱下到井中。使用吹沙筒下药,应在完钻后进行,下药完毕后方可提钻杆,下药时严禁往井中直接投放,应轻提炮线缓慢送入井底,注意防止炮线、雷管线断路。

(2)填埋井口(闷井),清理现场留下的生产垃圾、生活垃圾和剩余生产物资后,恢复井场原貌。

(三)水域钻井的药包制作与下药操作

钻井平台作业的岗位设置有:钻井组长,协调、组织钻井工作;司钻,指挥本机组完成钻井任务,操作钻机;钻井工,听从司钻指挥,完成接钻杆等工作;井监,监督机组钻井全过程的安全与钻井质量;下药工,听从井监与司钻指挥,完成下药工作;船只操作手,安全驾驶船只,维护好运输设备。

1. 爆炸器材运输

出工前,炸药、雷管运送船(一般为挂机橡皮艇)分别从炸药、雷管运输车领取炸药(总质量不超过载质量的三分之二)和雷管(不超过100发,存在防爆罐中),长距离运送时,与其他船保持200m以上距离。

2. 爆炸器材交接

钻井快要完成时,包药船向炸药运输船和雷管运输船分别领取炸药、雷管,并做好记录并签字。

3. 注意事项

包药船一次领取的炸药量不低于所负责的钻机的一炮用药量的总和,但不能超过船只所规定的载药量;包药船领取炸药后放入防静电炸药背包中,雷管放入流动雷管箱中;领取民爆器材时,发、收双方应核对清楚;交接双方确认后在《工地炸药雷管交接班报上》签字,并如实记录民爆器材编码。

4. 炸药包制作

领取民爆器材后,开始药包制作,包药船在距钻井船 15~30m 的警戒区内包药,如图 2-2-18 警戒示意图所示,船只处于熄火状态,炮线上带有浮漂(便于爆炸作业时找点连线),做好短路工作。

5. 炸药包交接

(1)包药船的包药工制作好炸药包后,用防静电背包(应带有浮漂,便于落水打捞)送给钻井船的井监,井监按要求下药。

(2)为最大限度保证药柱的安全,在炸药包制作完成后到下药前这段时间,如有可能,雷管尽可能不放在药柱的雷管穴中。

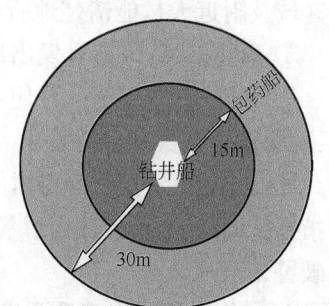

图 2-2-18 包药船警戒区示意图

(3)炸药包交接注意事项:井监一次只能领取已完成钻井炮点桩号的炸药包,不能一次提前领取多个炮点的炸药包;领取炸药包后应尽快下药;领取炸药包时,发、收双方为包药工与井监,双方要核对清楚;交接双方确认后,井监在包药工的《钻井班报》上签字,并如实记录。

6. 装填炸药

(1)下药工作由下药工与井监完成,其他人员非特殊情况不得介入。

(2)井监将药包小心放入护筒中,拎好炮线。

(3)下药工用爆炸杆顶好药包开始下药,应注意不要移动护筒,以免无法找到井口。

(4)药包到井底,将爆炸杆在井口停留 1min 左右,不上浮后方可取出爆炸杆。

(5)下药后填写钻井信息卡,在炮线末端系好浮标,捆好钻井信息卡,将炮线栓在炮点的木桩上。

7. 平台搬点

(1)下药完成后,船只才可进行搬点工作。

(2)船只应在发动后,进行起锚、拨去固定钢钎等工作。

(3)慢速向后移动船只,并有专人观察是搬点时是否碰到桩号标志或炮线。

(4)平台在搬点过程中,应远离民爆物品运送船和其他施工船只。

八、警戒的一般知识

(一)爆破警戒和信号

2014 年新版,国标《爆破安全规程》(GB 6722—2014)中有关爆破警戒和信号的相关规

定如下:

(1)装药警戒范围由爆破技术负责人确定,装药时应在警戒区边界设置明显标志并派出岗哨。

(2)爆破警戒范围由设计确定。在危险区边界,应设有明显标志,并派出岗哨。

(3)经公安机关审批的爆破作业项目,安全警戒工作由公安机关负责实施;其他爆破作业项目的安全警戒工作由施工单位负责实施。

(4)执行警戒任务的人员,应按指令到达指定地点并坚守工作岗位。

(5)靠近水域的爆破安全警戒工作,除按上述要求封锁陆岸爆区警戒范围外,还应对水域进行警戒。水域警戒应配有指挥船和巡逻船,其警戒范围由设计确定。

(6)警戒中用到信号分为预警信号、起爆信号、解除信号三种,各类信号均应使爆破警戒区域及附近人员能清楚地听到或看到。

① 预警信号:该信号发出后爆破警戒范围内开始清场工作。

② 起爆信号:起爆信号应在确认人员、设备等全部撤离爆破警戒区,所有警戒人员到位,具备安全起爆条件时发出。起爆信号发出并经指挥长确认下令后方准起爆。

③ 解除信号:安全等待时间过后,检查人员进入爆破警戒范围内检查、确认安全后,报请指挥长同意,方可发出解除警戒信号。在此之前,岗哨不得撤离,不允许非检查人员进入爆破警戒范围。

(二)炮点警戒内容及要求

爆炸点警戒是野外生产中一项非常重要的工作,直接关系到人的生命财产的安全。各个探区因地表情况不同如山区、滩海、城镇、湖泊、沼泽、沙漠、草地等差异较大,另外还有施工季节特别是冬季和夏季差异,因此,要求各施工单位在相应的探区,按季节制定相应的安全措施及方案。如山区防碎石砸伤;城镇防高频信号、防炸药上浮、防人员围观;沼泽、沙漠防坍塌等。在移动通信高度发达的今天,要引起高度重视,手机、电台、对讲机不得靠近爆炸点,严格执行操作规程,保持安全距离。

1. 警戒爆炸作业站

爆炸作业站应设在视野宽阔、通视良好的炮井的上风位置的爆炸危险区以外。根据井位和关安全规定,爆炸作业站距炮点的安全距离一般为沙土、黏土层不小于40m;岩石、冻土层不小于65m;井深小于等于5m时不小于100m;地面炮不小于100m;特殊情况另据爆炸方式、药量计算确定。

警戒爆炸作业站,其周围20m范围内,无关人员不应进入,站内不准堆放与爆破作业无关的物品,周围无闲杂人员等无不安全因素。

2. 警戒炮点

水域放炮作业,爆破作业船应有专人负责警戒,确保爆破点周围200m内无任何船只和人员;爆破作业船与爆破点之间的距离不得小于100m。警戒船应在在炮点半径200m外进行警戒,防止其他人员和船只进驶入危险区。

山地放炮的炮点半径100m内区域,为危险区。警戒人员应选择在危险区外高处、平坦地带,避开断崖、陡坡、浮石等危险地带进行警戒,附上无关人员进入危险区。

其他地形放炮的炮点半径100m内,为危险区域。警戒人员应选择在危险区外进行警戒,防止人、畜和车辆进入。特殊情况另据爆炸方式,如水中爆破方式、空中爆破方式、坑中爆破方式和药量计算确定炮点危险区域的半径。

警戒人员,一般由辅助爆炸工兼职,其除完成放炮警戒任务外,还要完成放炮后炮点清理炮线和恢复现场环境的任务。

3. 炮点警戒方法

(1) 警戒人员接到警戒指令后,立即按安全爆破规定吹响警戒哨、摇动警戒旗,开始正式警戒,并撤退到炮井最小安全距离(警戒区)边界外侧。

(2) 爆炸工观察炮井警戒区内是否有人员、动物及车辆等。若有,立即用语言、口哨等将其撤离到安全区。无论地形如何,爆炸工应能直接观察到炮点和负责警戒的警戒人员,并通过警戒人员的旗语和警戒哨进行联络。

(3) 警戒人员吹响警戒哨、红旗上举表示炮点处于安全状态,示意爆炸工可以放炮。若爆炸工不能直接观察到负责警戒的人员,在他们都能看到的地方再设立1名联络人员传递信息。方式仍为警戒哨和旗语,吹警戒哨引起各方人员注意,红旗上举表示人、畜等已撤离到安全地带,可以放炮,不准用口语代替旗语。

(4) 放炮期间,爆炸工及警戒人员,不得靠近沟边或悬崖峭壁,以防止爆炸震动引起山地塌陷滑坡,造成人员伤亡。

(5) 爆炸工确认炮点周围无隐患后,通知仪器并等待放炮信号,并吹响警戒哨示意马上放炮。若出现突发异常情况,爆炸工应立即从爆炸机上拔掉主炮线并将其短路,通知仪器操作员停止放炮。

九、地震勘探爆破安全规程

《爆破安全规程》(GB 6722—2014) 国家标准中有关特种爆破的震勘探爆破部分的内容如下:

(1) 实施地震勘探爆破的有关爆破人员应严格执行定岗、定责的规定,坚持规范上岗;爆破人员岗位或工作单位变动,要报上一级安全管理部门登记备案。

(2) 制作炸药包时,应设置半径大于15m的警戒区,并远离炸药车15m以上,远离无线电设备30m以上,不应提前制作炸示药包,炸药包不得在野外过夜。

(3) 往炮井中安放炸药包时,应由专人负责,炸药包下到井底后,要检查炸药包是否上浮,确认没有上浮后方可用细土、细沙埋井,不应用石块、砖块、冻土块、铁片等硬物埋井;严禁使用钻杆等机械往井下压炸药包。制作药包和下药警戒区域如图 2-2-19 所示。

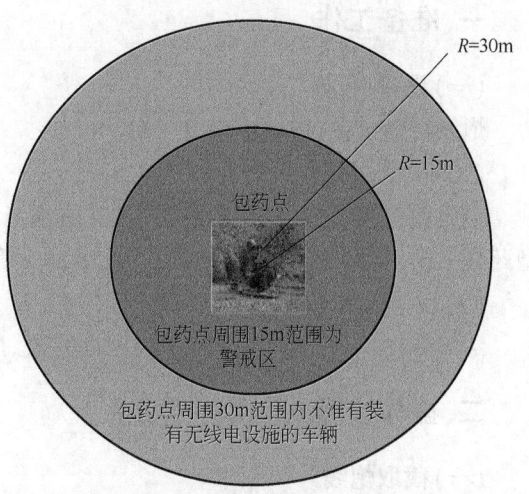

1. 不应距井口30m以外制炸药包。
2. 单深井下药:钻机移到离开井口5m以外时方可下药。
3. 组合井下药:钻机移到下一个井口时方可下药。

图 2-2-19 制作药包警戒区

(4)起爆站(爆炸作业站)应设在视野开阔与炮井通视条件良好的炮井上风方向的安全区内,如不能通视则应派人站在双方均能看到的安全位置,监视爆破点警戒区域内的安全情况并用旗语及口哨通知起爆站,起爆站距炮井的距离应遵守以下规定:①沙土、黏土层,40m;②岩石、冻土层,65m;③井深小于5m(或坑炮),100m。

在起爆站周围20m范围内,无关人员不应进入,站内不准堆放与爆破作业无关的物品。不应将两个(包含两个)以上炮井的炮线同时引到起爆站。

(5)在水域进行地震勘探爆破施工时,应遵守相应"水下爆破"的有关规定。爆破作业船应有专人负责警戒,确保爆破点周围200m内无任何船只和人员;爆破作业船与爆破点之间的距离不得小于100m,如图2-2-20所示。

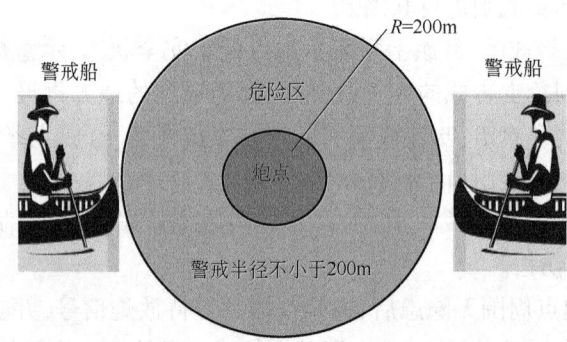

爆炸作业船应有专人负责警戒,警戒半径不小于200m

图2-2-20　水域作业炮点警戒要求

项目二　制作成型炸药包

一、准备工作

(一)设备、仪表

炮线转盘1台、雷管测试仪1台。

(二)工具、材料

钢质偏口钳1把、雷管剥线钳1把、防水绝缘胶带1卷、钻井班报1份、签字笔1支、成型药柱1箱、雷管2支、轻型炮线1卷、黄油1管。

(三)人员

穿戴劳动保护防静电工服,1人独立完成。

二、操作步骤

(一)截取炮线

(1)将炮线放置于炮线转盘上,并将炮线的一端进行短路。

(2)用雷管测试仪测量整捆炮线通断情况。

(3)按安全距离要求量取炮线,使用钢质斜口钳截取一段炮线,两端剥开绝缘外皮,并将一端短路。

(二)选取药柱

(1)根据任务书要求的药量,从炸药存放点的药箱(或防静电炸药袋)中取出一定数量的药柱,将药柱编号填写在钻井班报栏目中。

(2)将药柱放到包药点,如果药柱的数量多于2节,则需要先将其组合成1根并拧紧连接处螺纹后平放在包药点。

(三)选取雷管

(1)步行到雷管箱存放点,先双手抚摸雷管箱金属壳释放静电,再打开雷管箱。

(2)按施工要求的数量取出雷管,并将雷管箱盖上锁好。

(3)将雷管编号填写在钻井班报栏目中。

(四)包药

(1)将炮线从炸药柱上的穿线孔穿入,药柱内侧一端炮线打结。

(2)用专用剥线钳将雷管引线绝缘皮剥开,露出金属线芯,分别缠绕在两个炮线露出的金属线芯上,用绝缘胶布包好连接处。

(3)剪开雷管引线短路点,将雷管聚能凹槽向下放入药柱的雷管预留穴中,如果所需药量为两节以上,须将雷管安放在第二节药柱预留孔眼中,其他药柱在通过自身螺纹连接好。

(4)安置完雷管后,先将防上浮帽安装拧紧在药柱顶端,然后再将炮线在药柱端绑紧系牢,炸药包制作完成。

三、技术要求

(1)截取炮线长度一般是井深减去药柱长度加2m。

(2)连接雷管与炮线要在雷管脚线短路状态下,按照"全过程短路包药法"的要求,距雷管不少于20cm处用铜质偏口钳剥皮,将两根雷管线绕在炮线上,再剪断雷管线短路点,注意留头2cm。

(3)炮线与雷管连接处,先用绝缘胶布包好,再用防水胶布包严。两层胶布都要在头部回折再绕紧,并在胶布包裹处涂满黄油,防止水分浸入。

(4)如果所需要药柱为多节,一般将雷管放置在距整个炸药包上端三分之一处药柱的雷管穴中且聚能凹槽向下。

(5)多节药柱之间连接要相互拧紧,防止单体脱落,炮线与药柱捆绑牢固,整齐,无散落。

四、注意事项

(1)每次只能取用每口井所用的炸药、雷管。

(2)轻拿轻放,不准随意扔、甩、提前摆放或乱堆乱放炸药。

(3)雷管应放置在专用的防震、防静电、防射频的专用雷管箱内,不用时应上锁。

(4)雷管脚线应保持短路状态,不得提前剪断脚线,取用时不准牵管强抽,剥皮时应使用防爆铜制剥线钳。

(5)药包制作前,应先检查炮线,确认良好后将一端短路,另一端接药包的雷管。

(6)作业时禁止携带和使用手机及烟火。

(7)操作过程中雷管全程短路。

(8)为防止意外爆炸事故发生,制作药包应避开高压电源和磁场干扰。

项目三　装填炸药

一、准备工作

(一)工具、材料

制作完成的成品炸药包、爆炸杆数根(根据井深而定)、铁锹 1 把、钻井班报 1 份、签字笔 1 支、雷管测试仪 1 快。

(二)人员

2~3 人配合操作,防静电劳动用品穿戴齐全。

二、操作步骤

(1)操作者将爆炸杆、药包拿到井口。

(2)托起炸药包,将其对准井口,提紧炮线,防止药包脱落。

(3)将炸药包置入井口后,用爆炸杆抵住药包防浮帽,缓缓向井中推进炸药包。

(4)约推进 2m 时停止推进,连接第二根爆炸杆,继续向下推进直至下入井底。

(5)药包下入井底后,需要用力向下推压爆炸杆,以使药包下部与井底紧密结合。

(6)下药完成约 30~60s 后,操作者要轻提炮线检查炸药包是否上浮。

(7)确认下药正常合格后,将爆炸杆逐根从井中取出。

(8)再次轻提炮线确认炸药未上浮,确认都正常后,用软土、细沙封井。

(9)井口封好后,填写好"钻井班报"和"钻井信息卡"三联单。

三、技术要求

(1)确定钻井深度,用爆炸杆匀速将药包推入井中,边下药边观察炮线是否随着移动。

(2)在井壁较滑时,药包上应该安装防上浮帽防止药包上浮。

(3)在遇有流沙井时,完钻后应立即下药,防止井壁坍塌,确保下药深度。

四、装填炸药安全规定

(1)不得使用钻具强行下药。

(2)下药人未离开井口时,不得将炮线引向爆炸作业站。

(3)药包下井遇卡时,应采取引爆等措施妥善处理。

(4)专人负责下药,移动药包不准提拽或在地面拖拽。

(5)不准在钻机未离开时下药。

(6)操作爆炸杆要注意安全防止砸伤自己或他人。

(7)下药用力要适度、均匀,不准强压。

项目四 连接炮线安置井口检波器

一、准备工作

(一)设备、仪表
雷管测试仪1台、井口检波器(带50m线缆)。

(二)工具、材料
炮线50m、钢质偏口钳1把、雷管剥线钳1把、防水绝缘胶带1卷。

(三)人员
1人操作、穿戴防静电劳动用品。

二、操作步骤

(一)根据安全距离要求制作主炮线
(1)按照施工任务书,寻找炮点位置。
(2)用"全过程短路法"将炮点井口炸药包引线与主炮线进行连接。
(3)使用绝缘胶布,将炮线连接处缠绕,做好绝缘处理。
(4)将主炮线放开,延伸到爆炸工作站,并保持主炮线另端处于短路状态。

(二)安置井口检波器
(1)按照施工任务书,寻找与连接炮线的同一炮点。
(2)在距离炮井1.5m处地面上,将井口检波器安插牢固。
(3)将检波器线缆一端,使用刚质偏口钳剥去线皮,露出2mm金属丝。
(4)将检波器线缆放开引到爆炸工作站点。

(三)收线回复现场
(1)放炮完成后剪断炮线,收起主炮线。
(2)收起井口检波器线缆。

三、技术要求

(1)选择并截取主炮线要长度满足最小安全距离规定。
(2)主炮线要求线径较粗、电阻率较小、拉力强的中型被复线做主炮线。
(3)主炮线要求不能影响起爆或验证TB信号的接收。
(4)安置井口检波器距离炮井误差不能超出±0.5m 做到平稳、正、直、紧。
(5)井口检波器线缆,剥皮部分不宜过长或过短。

四、注意事项

(1)根据野外地表地形情况,依据国标《爆破安全规程》(GB 6722—2014)中爆炸工作站与炮井最小安全距离即要求,选择制作主炮线。
(2)主炮线与炮线连接处要接触良好,不能虚接或短路。

(3)当地面潮湿应将炮线连接处架起并做好绝缘处理。
(4)井口检波器应用手拔出,禁止拖拽。

项目五　操作雷管测试仪

一、准备工作

(一)设备、仪表

雷管测试仪1台。

(二)工具、材料

钢质偏口钳1把、雷管剥线钳1把、雷管1只、轻型炮线1卷、防水绝缘胶带1卷、一字螺丝刀1把、十字螺丝刀1把。

(三)人员

穿戴防静电工服,1人独立完成。

二、操作步骤

(一)检查雷管测试仪

(1)将电池安装到雷管测试仪电池盒中,开机检查工作是否正常。
(2)用金属螺丝刀短接两个极柱,然后按下测试键。观察屏幕显示是否归零;
(3)用金属螺丝刀分别短接两个极柱与测试仪的外壳,然后按下测试键。观察屏幕显示是否漏电。

(二)测量炮线

(1)参照制作包安全规程和方法,选择合适位置挖一个雷管测试坑,同时发警戒信息。
(2)用斜口钳截取10m以上的炮线,将其二个端点的绝缘皮分别剥去2~4cm,并将其中的一端牢固短接。
(3)将炮线连接到测试仪两个极柱上,按下测试键,测量炮线阻值。

(三)测量雷管阻值

(1)到雷管箱位置打开锁,双手抚摸雷管箱金属部位,取一枚雷管(疏管拿取),锁好雷管箱,手拿雷管步行到雷管测试坑。
(2)在雷管引脚线短接一端,用铜钳剥去雷管脚线端部绝缘皮1~2cm并保持雷管引脚线短路状态不变。
(3)将雷管引脚线分别绕接在炮线开路的两根导线上,用绝缘胶布包好。
(4)剪断雷管短路部分,将雷管放入坑底并使雷管的聚能凹坑向下。
(5)将炮线放开,引到距测试坑10m外的测试站。
(6)用雷管测试仪测试雷管通断情况及电阻数值。
(7)所测阻值为炮线电阻、雷管引脚线电阻、雷管桥丝电阻的总和。
(8)清理现场、恢复设备和工具。

三、注意事项

(1)雷管测试仪使用前必须检查工作电流、漏电情况看,确定使用安全且工作状况良好。
(2)测试人员进入场地前,必须关闭所有携带的无线通信工具。
(3)应使用专用的雷管测试仪测试,一次通电时间小于2s。
(4)检测电雷管时,要轻拿轻放。
(5)连接雷管的过程中,应保持雷管处于短路状态。
(6)测试指标不合格,应做好相关记录。
(7)拿取电雷管前,首先要触摸金属物体,释放身体带有的静电。
(8)测试电雷管电阻应在警戒区以外,远离人和炸药10m以外的地方进行。
(9)检测电雷管时,安全电流不得超过30mA。
(10)严格遵守雷管测试安全规定和雷管使用相关规定。

项目六 警戒炮点规程

一、准备工作

(一)工具、材料

红色警戒旗4面、黄色警戒旗1面、警戒哨子2个。

(二)人员

穿戴防静电劳保用品,由2人配合工作。

二、操作规程

(1)放炮前在炮点四周(根据相关规定的安全距离)设立警戒标志,警戒区之内禁止人员、畜类及车辆进入。
(2)由仪器操作员通过无线电台,对炮点爆炸机操作人员发出充电放炮指令。
(3)炮点负责警戒人员吹响警戒哨、摇动警戒旗,开始警戒。
(4)炮点负责警戒人员,观察炮点警戒区之内,无人员、畜类及车辆进入时,举起警戒旗,并吹响哨子并撤退到炮井警戒区边界外侧。
(5)放炮结束后,观察空中和爆炸点周围没有爆炸飞散物时,摇动警戒旗,解除放炮警戒。

三、注意事项

(1)吹响警戒哨、摇动警戒旗,表示开始警戒。
(2)吹响警戒哨、红旗上举表示炮点处于安全状态可以放炮。
(3)炮点警戒人员与之间的联络不能用口语代替旗语。
(4)采集结束时应及时解除警戒。
(5)若出现突发异常情况,应立即从爆炸机上拔掉主炮线并将其短路,通知仪器操作员停止放炮。

模块三　地震勘探放线

项目一　相关知识

一、地震检波器

（一）地震检波器的概念

地震检波器即传感器，就是用于地质勘探和工程测量的专用传感器，其实质就是将地面振动转变为电信号的装置，或者说是将机械能转化为电能的能量转换装置。以输出电压的形式来模拟地面质点振动或水压力的变化。陆地勘探一般都采用动圈式地震检波器，有时也采用涡流式检波器。压电晶体式检波器主要用于水中勘探。

地震检波器把地震信号转换成模拟电信号，并把模拟信号传输给 A/D 转换器。

（二）地震检波器的性能及分类

目前，由于地震检波器的种类繁多，特别是用于不同勘探目的的地震检波器，其外形、规格、型号等更是不胜枚举，因此检波器的分类方法很多。我国陆地地震勘探所用最多的检波器类型是陆用动圈式速度模拟检波器。

按工作原理：动圈式检波器、涡流式检波器和压电晶体检波器；

按使用环境：陆用检波器、沼泽检波器和海上检波器；

按输出信号的类型：模拟检波器和数字检波器；

按输出信号所跟踪的物理量：速度检波器和加速度检波器。

陆地用量最大的是动圈式检波器，深水域主要以压敏检波器为代表，沼泽检波器通常只是对陆上检波器做了特殊的防水处理，检波器的工作状态的好坏由检波器的性能决定的。检波器的性能包括检波器的阻值、灵敏度、频率、阻尼和失真度。使用和搬运过程中要轻拿轻放，严防撞击。不要轻易拆卸外壳，不要放置在潮湿的地方保存。

1. 动圈式检波器

1）动圈式地震检波器的基本结构

动圈式地震检波器主要由磁钢、线圈、弹簧片、外壳等部件构成。动圈式地震检波器是陆地勘探的主要检波器。

（1）磁钢：是圆柱形的，具有很强的磁性，它与上下磁靴和软铁外壳组成具有两个磁隙的闭合回路。

（2）线圈：由漆包铜线绕在铝制框架上构成，有两个输出端，线圈通过弹簧片与外壳相连，组成可动部分，在磁隙中运动。

（3）弹簧片：由青铜片做成，具有一定形状和线性弹性系数，它使线圈与外壳连在一起，使线圈对磁钢形成一相对运动的惯性体。

(4)外壳：由软铁制成，多为圆筒形，使磁钢与外壳构成闭合磁回路。

2)动圈式地震检波器的工作原理

动圈式检波器由磁钢、线圈、弹簧片和软铁外壳等组成。线圈通过弹簧片与软铁外壳相连，构成了与磁钢、软铁外壳做相对运动的惯性体，线圈又处于磁钢与软铁外壳的缝隙磁场中。软铁外壳受到地震波的作用而运动时，线圈则对磁钢做相对运动。根据电磁感应原理，线圈和磁钢做相对运动切割磁力线，线圈中将产生感应电势，且感应电势大小与相对运动速度成正比。此感应电势即为地震检波器的输出信号。

3)检波器的外部结构及特点

检波器的外部结构主要由塑料外壳、顶盖、防水胶套、尾椎等组成。

(1)外壳：一般用 ABS 塑料组成。其特点是强度高，并适应野外温差变化。

(2)顶盖：与外壳材料相同，用螺栓与外壳相连，以便压紧防水胶套，起到防水和拆装检波器方便的作用。

(3)防水胶套：用橡胶制成，它使检波器在顶盖和外壳中配合紧密，防水防尘，同时还使串线不易折断。

(4)尾椎：一般由铁或铝合金制成，工作时将其插在地面上，可使检波器与地面耦合紧密。

4)检波器线圈绕组的原因

动圈式检波器采用双线圈绕组的结构。为了提高检波器的机电转换效率，使磁钢的两个磁极都起作用，既在两个磁场中都有线圈在工作，并使两个线圈产生的感应线圈时，一个线圈正绕另一个线圈反绕，并把上线圈的起端与下线圈的起端连在一起(反向连接)，把上下线圈的另外两头作为输出端。当线圈相对磁钢运动时由于两线圈的磁场方向相反，所以感应电动势是同向相加的。对于外界磁场干扰，反向连接的两线圈的感应电势是抵消的，这样就提高了抗干扰能力。

5)检波器芯体检测

(1)用万用表的电阻挡可以快速检测芯体的电阻值是否正常。

(2)用模拟万用表的最小电流挡可以快速检测芯体的极性。

(3)用检波器测试仪检测芯体的各项参数最为精确。

2. 涡流式检波器

涡流式检波器一般由磁钢、线圈、弹簧片、紫铜环和软铁外壳等组成。它的磁钢固定在检波器中心，线圈固定在软铁外壳上，紫铜环用弹簧片支撑作为惯性体位于磁钢和线圈之间。当惯性体(铜环)与磁钢做相对运动时，根据电磁感应原理，在铜环内形成闭合涡的线圈感应出电势。线圈因涡流作用产生的电势，就是检波器的输出信号。

3. 压电晶体式检波器

压电晶体式检波器主要用于水中勘探它由压电元件制成的。压电晶体式检波器就是利用压电元件具有压电效应这一特征而制成的。所谓压电效应就是压电元件机电转换性能：当沿着一定方向对压电元件施加力使它变形时，它的内部就产生极化现象，同时在它的两个表面上便产生极性相反的电荷(作用力改变方向时，电荷的极性也随之改变),当去掉外力后又恢复不带电状态,这种现象称为压电效应。水中勘探时,将压电检波器置入水中,人为激发地震波,引起水压变化,压电元件所产生的电压与水压变化成正比。

二、陆地地震勘探电缆线

(一)地震电缆线种类及作用

1. 地震电缆线的定义

连接小线、采集站、电源站、交叉站等到中央地震记录仪,并传递地震信息的一组导线称为地震电缆。无线遥测地震仪器和常规地震仪器所用地震电缆线就是大线,而对于有线遥测仪器地震电缆线包括大线、交叉线、加长线等。

2. 地震电缆线的分类

地震电缆线分陆用电缆线和海上拖缆。陆用地震电缆线分为覆盖地震电缆、数传地震电缆和加长电缆。

1) 多次覆盖地震电缆线俗称大线

传输检波器送来的模拟信号,由若干具有相同结构的电缆段组成。按一定顺序传输排列上每个地震道的模拟信号送给地震仪。覆盖地震电缆是并行传输电缆,因传输道数少(单根覆盖地震电缆最高传输96道),在现代地震勘探生产中很少使用,覆盖地震电缆主要应用于局部地质勘探、煤田勘探、地质表层调查。

这种电缆线主要用在模拟磁带地震仪集中式数字地震仪无线遥测地震仪。如 WTYP-110、WTYP-200、WTYP-250 型电缆等。由于目前模拟地震仪和集中式数字地震仪均已淘汰,而大部分陆地用无线遥测地震仪也已停用,所以多次覆盖电缆基本不再使用。

2) 数传电缆

连接采集站并传输数字地震信号。输本道数据,传输过路数据,传输仪器指令,传输采集状态信息。目前在地震勘探生产中已广泛使用。

这种电缆主要用在有线遥测地震仪。如 408、428、SCOPION 等,这些仪器在施工过程中须使用的电缆包括大线、交叉线、上车线等。

3) 加长电缆

加长电缆又称加长线。在野外施工时,仪器车因地形、村庄等障碍,到不了停车点,这时可以用加长电缆把排列上的电缆与仪器连接起来。

加长电缆与覆盖电缆是有区别的。加长电缆在外观上与覆盖电缆相似,只是电缆中间没有抽头,而且电缆线一端插头上插针,要连接到电缆线另一端插座上的插孔,既其针孔号一一对应的。

4) 海上拖缆

这种电缆主要用在海洋石油勘探领域。其结构原理与陆地地震电缆基本相同,只是在防水和防漏电方面加强了保护措施。

3. 地震电缆线的使用

1) 多次覆盖模拟电缆线

这种电缆在施工在要求对准桩号,按顺序摆放(从大桩号到小桩号或从小桩号到大桩号)。

2) 数传电缆线

这种电缆线包括大线、交叉线和上车线等。交叉线主要用于三维地震勘探中,连接相邻采集线的交叉站。大线连接各地震道,并将一条采集线上相邻的两个采集站连接起来。上车线是将交叉站连接到中央地震记录仪。

> CBC007 数传电缆与普通电缆的区别

4. 数传电缆与普通电缆的区别

(1)数传电缆是用于采集站之间,采集站与地震仪之间的连接电缆。它的特点只有几对导线和光缆即可将数百上千道的地震信号接力传送给地震仪。

(2)普通电缆主要用于电力传送。

> CBC014 卡车线的作用

5. 卡车线

卡车线又叫上车线,是中央记录单元与交叉站之间的连线,一般为光缆。

> CBC015 交叉线的作用

6. 交叉线

交叉站与交叉站之间的连线叫交叉线,一般为光缆。

> CBC003 陆用地震电缆线分类

(二)电缆线的抽头种类

(1)宽窄接触片式抽头:它是将一宽一窄两个接触片注塑在电缆线上构成。如图 2-3-1 所示,与它配接的是插拔式宽窄夹子。这种连接方式是靠夹子片的弹性来实现的,只要夹子的弹性好接触就可靠。其优点是接插头方便、灵活。缺点是易氧化变黑影响接触的可靠性。

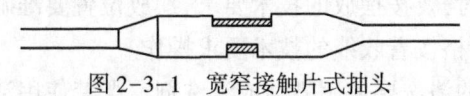

图 2-3-1 宽窄接触片式抽头

(2)跨接式抽头:在电缆的一侧注塑出一对香蕉插头与插孔。构成正负极,与其配接的是一对压注在橡胶棒上的香蕉插头与插孔、有抽头防护帽。它的优点是具有全防水性、接触较可靠、连接也较简单。其缺点是收线时易碰手,影响速度,如图 2-3-2 所示。

图 2-3-2 跨接式抽

> CBC009 地震电缆线抽头的性能

(3)绕线式抽头:它是将蒙太尔合金线缠绕在电缆线上,然后注塑成一宽一窄两个导线柱,与它配接的是一宽一窄两个弹簧夹子。这种连接方式是靠夹子的弹性决定接触好坏。它的优点是接触可靠并具有防水性。其缺点是操作较复杂。

> CBC001 摆放地震电缆线的技术要求

(三)收放地震电缆线

1. 摆放地震电缆线的技术要求

(1)仔细插针排列检波点的测量标志,将地震电缆线安放在靠近测量标志且环境条件较好的地方。

(2)将地震电缆线的捆扎线解开,边走边放,直到所要连接的最后一串检波器。

2. 电缆线的收取方法

先拿起电缆的一端,一只手在前,一只手在后,向怀里收。每收一圈或几圈,往胳膊上搭住,边走边向前收。每次收线的长度要尽量相等,人的行走方向与电缆的放置方向保持平行。电缆收完后,用一根绳将其捆好。

CBC002 收地震电缆线的技术要求

3. 收取电缆线技术要求

CBC010 收地震电缆线的注意事项

(1)先取下检波器夹子后,才能开始收线。

(2)拔开插头、插座时,应先将插头、插座盖好保护盖,然后才能收线。

(3)电缆线要收的整齐、均匀、不打结,遇有树枝和上坎勾住电缆时,应绕着收,不能硬拉,以免损伤电缆。

(4)电缆过小河时,可以从河边向中间收,不要使插头及抽头浸水。

(5)对电缆线要轻拿轻放,严禁拉和挤,施工中严防汽车或其他车辆压伤电缆。过公路应该用护电缆套。若没有护电缆套应该将电缆线用土埋起来或架高。

(6)收电缆线时要保护好插头、插座,及时加盖保护盖。

(7)收好的电缆线不许用电缆线本身捆扎,要另用其他绳子捆扎。

CBC008 使用地震电缆线注意事项

(四)地震电缆线使用中注意事项

(1)对电缆线要轻拿轻放,严禁拉和挤,施工中严防汽车或其他车辆压伤电缆。过公路应该用护电缆套。若没有护电缆套应该将电缆线用土埋起来或架高。

(2)电缆过小河或沼泽地时,要将电缆线架高,不要使插头及抽头浸水。

(3)摆放地震电缆线时,要按摆放的技术要求,摆放位置要准确。

(4)收线时,一定要严格按着收线的技术要求操作。

(5)电缆插头和抽头的清洗要使用酒精或清洗剂。严禁使用清水清洗。

(6)接触不良的插针或弹簧片要及时更换。

CBC050 排列的概念

(五)地震信号接收排列

1. 排列的概念

若干种地面电子设备,按要求连接在一起接受地震信号的接收线称为排列。

CBC051 排列的类型

2. 排列的类型

排列按设计要求分为二维勘探排列和三维勘探排列。二维勘探排列由一个交叉站,连接一条接收线与仪器主机相连。三维勘探排列由两个以上的交叉站,连接两条以上的接收线与仪器主机相连。

CBC056 排列警戒的要求

(六)排列的警戒

(1)放炮前,应详细了解周围环境情况,查看有无对地震信号形成干扰的机械(如人畜走动、车辆运行等)及电磁(如无线电台、电动设备等)干扰源,以便放炮前采取有效措施排除。自己不要在排列上走动,警戒他人不要在排列上走动。

(2)将附近的动力设备(如车辆、机床等能产生震动的机器)停机。警戒之时也是仪器放炮之时,不允许在此时接或断大线,防止由于接或断大线掉排列造成废炮。

(3)放线工在道路、公路警戒机动车辆要注意自身安全。警戒时放线工必须站立、吹哨、摇旗;做到哨声一片,红旗一线。

(4)在交通路口或村庄等有车辆来往的地方,要采取有效保护措施,防止车辆压坏地震电缆、小线。过公路应用护缆套,若无应将电缆用土埋起来或架高。

(5)接到操作员所发出的准备放炮口令时,要把人组织到距检波点较远的地方蹲下,放炮时所有人员、设备等能够对地震信号形成干扰的必须停下。

（6）放完炮后要等 10s 钟再解除警戒，并及时疏散人员和车辆，尤其在交通路口。

（7）无法消除的干扰如：水流、树林、火车、高速公路等放炮时突然出现的偶然运动（如：机器突然开动、人畜突然跑动等），应及时报告操作员，记录在班报上。

（8）警戒人员应站在离检波器串 5m 以外，距离检波器串 10m 以内的人畜停止运动。

（9）对车辆、粉碎机等机械设备，应使其距离测线 300m 以外，如无法移动，则在放炮时使其处于停机状态。

三、万用表的使用方法

> CBC045 万用表的特点

万用表在地震勘探中的排列故障处理，以及大小线的测量，使用的非常广泛。万用表又叫多用表、三用表、复用表，是一种多功能、多量程的测量仪表。一般万用表可测量直流电流、直流电压、交流电压、电阻和音频电平等，有的还可以测交流电流、电容量、电感量及半导体的一些参数（如 β）。万用表分模拟万用表（指针万用表）图 2-3-3 所示。

> CBC044 万用表的分类

图 2-3-3　500 型模拟万用表

（一）模拟万用表的使用及结构

> CBC046 万用表的组成

1. 万用表的结构

万用表的结构（500 型）由：表头、测量电路及转换开关等三个主要部分组成。

（1）表头：它是一只高灵敏度的磁电式直流电流表，万用表的主要性能指标基本上取决于表头的性能。表头的灵敏度是指表头指针满刻度偏转时流过表头的直流电流值，这个值越小，表头的灵敏度越高。测电压时的内阻越大，其性能就越好。表头上有四条刻度线，它们的功能如下：第一条（从上到下）标有 R 或 Ω，指示的是电阻值，转换开关在欧姆挡时，即读此条刻度线。第二条标有 ∽ 和 VA，指示的是交流电压、直流电压和直流电流值，当转换开关在交、直流电压或直流电流挡，量程在除交流 10V 以外的其他位置时，即读此条刻度线。第三条标有 10V，指示的是 10V 的交流电压值，当转换开关在交、直流电压挡，量程在交流 10V 时即读此条刻度线。第四条标有 dB，指示的是音频电平。

（2）测量线路：测量线路是用来把各种被测量转换到适合表头测量的微小直流电流的

电路,它由电阻、半导体元件及电池组成。它能将各种不同的被测量(如电流、电压、电阻等)、不同的量程,经过一系列的处理(如整流、分流、分压等)统一变成一定量限的微小直流电流送入表头进行测量。

(3)转换开关:其作用是用来选择各种不同的测量线路,以满足不同种类和不同量程的测量要求。转换开关一般有两个,分别标有不同的档位和量程。

2. 机械万用表符号的含义

(1)∽表示交直流。

(2)V-2.5KV 4000Ω/V 表示对于交流电压及 2.5KV 的直流电压挡,其灵敏度为 4000Ω/V。

(3)A-V-Ω 表示可测量电流、电压及电阻。

(4)45-65-1000Hz 表示使用频率范围为 1000Hz 以下,标准工频范围为 45~65Hz。

(5)2000Ω/V DC 表示直流挡的灵敏度为 2000Ω/V。

3. 万用表的使用

> CBC043 万用表测量电阻的方法

(1)熟悉表盘上各符号的意义及各个旋钮和选择开关的主要作用。

(2)使用前观察表头的指针是否在零刻度上,如不在零刻度上要进行机械调零。

(3)根据被测量的种类及大小,选择转换开关的挡位及量程,找出对应的刻度线,选择好表笔插孔的位置。

(4)测量电压:测量电压(或电流)时要选择好量程,如果用小量程去测量大电压,则会有烧表的危险;如果用大量程去测量小电压,那么指针偏转太小,无法读数。量程的选择应尽量使指针偏转到满刻度的 2/3 左右。如果事先不清楚被测电压的大小时,应先选择最高量程挡,然后逐渐减小到合适的量程。

(5)交流电压的测量:将万用表的一个转换开关置于交、直流电压挡,另一个转换开关置于交流电压的合适量程上,万用表两表笔和被测电路或负载并联即可。

(6)直流电压的测量:将万用表的一个转换开关置于交、直流电压挡,另一个转换开关置于直流电压的合适量程上,且"+"表笔(红表笔)接到高电位处,"-"表笔(黑表笔)接到低电位处,即让电流从"+"表笔流入,从"-"表笔流出。若表笔接反,表头指针会反方向偏转,容易撞弯指针。

(7)测电流:测量直流电流时,将万用表的一个转换开关置于直流电流挡,另一个转换开关置于 50uA 到 500mA 的合适量程上,电流的量程选择和读数方法与电压一样。测量时必须先断开电路,然后按照电流从"+"到"-"的方向,将万用表串联到被测电路中,即电流从红表笔流入,从黑表笔流出。如果误将万用表与负载并联,则因表头的内阻很小,会造成短路烧毁仪表。其读数方法是实际值=指示值×量程/满偏。

(8)测电阻:用万用表测量电阻时,应按下列方法操作:选择合适的倍率挡。万用表欧姆挡的刻度线是不均匀的,所以倍率挡的选择应使指针停留在刻度线较稀的部分为宜,且指针越接近刻度尺的中间,读数越准确。一般情况下,应使指针指在刻度尺的 1/3~2/3 间。

4. 机械万用表欧姆调零

测量电阻之前,应将 2 个表笔短接,同时调节"欧姆(电气)调零旋钮",使指针刚好指在欧姆刻度线右边的零位。如果指针不能调到零位,说明电池电压不足或仪表内部有问题。

并且每换一次倍率档,都要再次进行欧姆调零,以保证测量准确。读数:表头的读数乘以倍率,就是所测电阻的电阻值。

5. 使用机械万用表注意事项

(1)在测电流、电压时,不能带电换量程,选择量程时,要先选大的,后选小的,尽量使被测值接近于量程。

(2)测电阻时,不能带电测量。因为测量电阻时,万用表由内部电池供电,如果带电测量则相当于接入一个额外的电源,可能损坏表头。

(3)用完后,应使转换开关至交流电压最大挡位或空挡上。

(二)数字万用表

数字式万用表与机械式万用表相比,数字式仪表灵敏度高,准确度高,显示清晰,过载能力强,便于携带,使用更简单。缺点是低温性能不如机械表,受冻后显示不清晰,在冬季野外处理排列故障中一般使用机械万用表。下面以 VC980/A 型数字万用表为例,简单介绍其使用方法和注意事项,如图 2-3-4 所示。

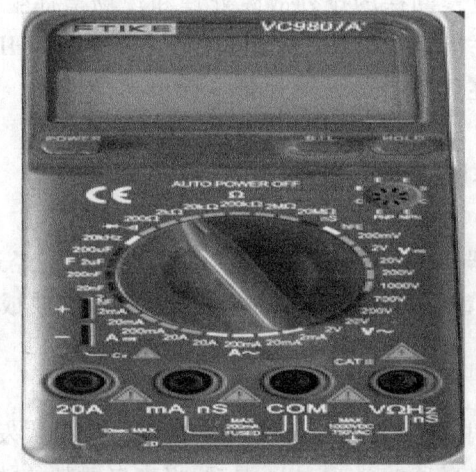

图 2-3-4　数字万用表

1. 使用方法

(1)使用前,应认真阅读有关的使用说明书,熟悉电源开关、量程开关、插孔、特殊插口的作用,将电源开关置于 ON 位置。

(2)交直流电压的测量:根据需要将量程开关拨至 DCV(直流)或 ACV(交流)的合适量程,红表笔插入 V/Ω 孔,黑表笔插入 COM 孔,并将表笔与被测线路并联,读数即显示。

(3)交直流电流的测量:将量程开关拨至 DCV(直流)或 ACV(交流)的合适量程,红表笔插入 mA 孔(<200mA 时)或 10A 孔(>200mA 时),黑表笔插入 COM 孔,并将万用表串联在被测电路中即可。测量直流量时,数字万用表能自动显示极性。

(4)电阻的测量:将量程开关拨至 Ω 的合适量程,红表笔插入 V/Ω 孔,黑表笔插入 COM 孔。如果被测电阻值超出所选择量程的最大值,万用表将显示"1",这时应选择更高的量程。测量电阻时,红表笔为正极,黑表笔为负极,这与指针式万用表正好相反。因此,测量晶体管、电解电容器等有极性的元器件时,必须注意表笔的极性。

2. 使用注意事项

> CBC048 使用数字万用表的注意事项

如果无法预先估计被测电压或电流的大小,则应先拨至最高量程档测量一次,再视情况逐渐把量程减小到合适位置。测量完毕,应将量程开关拨到最高电压挡,并关闭电源。满量程时,仪表仅在最高位显示数字"1",其他位均消失,这时应选择更高的量程。测量电压时,应将数字万用表与被测电路并联。测电流时应与被测电路串联,测直流量时不必考虑正、负极性。当误用交流电压挡去测量直流电压,或者误用直流电压挡去测量交流电压时,显示屏将显示"000",或低位上的数字出现跳动。禁止在测量高电压(220V 以上)或大电流(0.5A 以上)时换量程,以防止产生电弧,烧毁开关触点。当显示" "、"BATT"或"LOW BAT"时,表示数字表内的电池电压低需更换。

四、手持电台的使用

> CBC054 手持电台的技术要求

(一) 技术指标

手持电台是一种体积小、重量轻功率小的一种无线对讲机,是由主机、螺旋天线、电池和充电器组成。它在地震勘探的排列故障处理和现场指挥生产中起到了不可替代的作用。地震勘探使用的手持电台采用 FM 调频制式,工作在 VHF138MH 频段上,发射功率一般在 5W,通信距离在无障挡的开阔地带一般可达到 5km。可与工区的车载电台相互通话。

(二) 手持电台的工作原理

> CBC053 手持电台的功能

1. 发射部分

锁相环和压控振荡器(VCO)产生发射的射频载波信号,经过缓冲放大、激励放大、功放,产生额定的射频功率,经过天线低通滤波器,抑制谐波成分,然后通过天线发射出去。

2. 接收部分

接收部分为二次变频超外差方式,从天线输入的信号经过收发转换电路和带通滤波器后进行射频放大,在经过带通滤波器,进入一混频,将来自射频的放大信号与来自锁相环频率合成器电路的第一本振信号在第一混频器处混频并生成第一中频信号。第一中频信号通过晶体滤波器进一步消除邻道的杂波信号。滤波后的第一中频信号进入中频处理芯片,与第二本振信号再次混频生成第二中频信号,第二中频信号通过一个陶瓷滤波器滤除无用杂散信号后,被放大和鉴频,产生音频信号。音频信号通过放大、带通滤波器、去加重等电路,进入音量控制电路和功率放大器放大,驱动扬声器,得到所需的信息。

3. 调制信号及调制电路

人的话音通过麦克风转换成音频的电信号,音频信号通过放大电路、预加重电路及带通滤波器进入压控振荡器直接进行调制。

4. 信令处理

CPU 产生 CTCSS/DTCSS 信号经过放大调整,进入压控振荡器进行调制。接收鉴频后得到的低频信号,一部分经过放大和亚音频的带通滤波器进行滤波整形,进入 CPU,与预设值进行比较,将其结果控制音频功放和扬声器的输出。即如果与预置值相同,则打开扬声器,若不同,则关闭扬声器。

(三)手持电台的组成

1. 外壳

专业机一般采用性能非常好的塑胶材料 PC+ABS,外观光泽性好,不易老化、耐磨损,产品坚固耐用;商业机常选用工程塑胶 ABS,在外观、强度、耐磨损、老化等方面均能很好地满足要求;按键采用硅胶,耐磨损,不易老化,手感好;铝壳采用轻质材料铝合金 ADC12,易成型及后续处理等。

2. 主机

一般包括面壳、PTT 按键、耳机和电源插孔塞、PCB 组件、LCD 部分、音量/开关钮、编码旋钮、指示灯、MIC 等。PTT 按键起发射开关的作用,一般在侧面。指示灯指示工作状态,一般在顶部。对讲机的顶部还有音量/开关钮和编码旋钮(选择频道)。LCD 部分直观显示对讲机的工作状态。PCB 组件是对讲机的核心部分,重要的器件都在 PCB 上,非专业人士不许拆卸。大多数对讲机因技术性能和抗摔特性要求,还有专门的屏蔽罩、铝壳(固定 PCB)等。专业机还有防水要求,结构更复杂。

3. 电池

电池分 Ni-Cd、Ni-MH 电池和 Li-ion 电池,容量有 600mAh、800mAh、1100mAh、1500mAh 不等。Ni-Cd 和 Ni-MH 电池使用较普遍,目前大多数采用 Li-ion 锂电池供电。

4. 皮带夹

皮带夹的作用是把对讲机固定在皮带上,为了客户的使用方便,皮带夹可拆卸。

5. 天线

分为天线外套和天线芯两部分。天线外套用高性能的 TPU 材料,抗弯折和耐老化性能佳;天线芯一般采用螺纹结构与主机相连,拆卸方便。

6. 座充

座充是与电压变换器共用对电池或整机进行充电。结构一般有 DC 插座、充电弹片、指示灯、按键等。DC 插座与变换器相连,弹片与电池极片相连,指示灯指示充电状态,按键是起放电作用。座充一般可对电池和整机充电。

(四)使用手持电台注意事项

(1)当对讲机正在发射时,对讲机处于垂直位置,保持话筒与嘴部 2.5~5cm 的距离。发射时,对讲机距离头部或身体至少 2.5cm。如果将手持对讲机携带在身体上,发射时,天线距离人体至少 2.5cm。

(2)使用过程中不要进行多次开机关机的动作,同时把音量调整到适合听觉的音量。

(3)使用过程不可以拧动、弯折天线,这样会影响到对讲机通话质量,如果未安装天线通话,会将机器的功率放大器烧毁。

(4)在阴雨天气应尽量保持机器的干燥,在水域使用时应佩戴防水套膜。

(5)如果对讲机外壳混有泥土或者油脂。不可以放到水里清洗。应采用中性洗涤剂绒布擦拭。某些带有防水效果的对讲机,可以冲洗但水压不宜过高。

(6)对于已经进水的机器,初进水应该立刻扣下电池。然后用布擦干,尽快送完维修站处理。

项目二　布设地震电缆检波器

一、准备工作

(一)设备、材料

地震专用电缆线 1 根、20DX-10(3X3)地震检波器串 3 串。

(二)人员

1 人独立操作,穿戴劳动保护用品。

二、操作步骤

(一)放置电缆线

(1)找到索要敷设的检波点号,放置电缆线。

(2)解开电缆捆扎绳,打开电缆插头保护盖,把电缆扛在肩膀上或跨在胳膊上。

(3)将电缆一端的插头搁在地上,按照任务书上的规定,沿着测线,将地震电缆上本道抽头对准桩号放下,按照地震电缆上本道顺序边走边放(从大桩号到小桩号或从小桩号到大桩号)。

(二)放置检波器

要按设计要求摆放检波器。摆放做到水平、稳固、端正、检波器要垂直地面与地面耦合紧固。

(三)连线检查

检波器接入电缆线并检查接头,保证接头紧固、耦合良好。

(四)收线

拔开插头加保护盖,收线要整齐无打结扣,收线时不拖拉、扯拽,收完线后,用捆线绳把电缆线捆扎好。

三、技术要求

(1)仔细查证排列检波点的测量标志,将地震电缆线安放在靠近测量标志且环境条件较好的地方。

(2)电缆线连接或电缆线与采集站连接时,插头处要拧紧,保证牢靠、不松框。

(3)不要把电缆线插头放在低洼处。

(4)检波器串布置要做到"平、稳、正、直、紧"。

四、注意事项

(1)电缆线和检波器串在使用和搬运过程中要轻拿轻放,严禁拉、挤、摔、踩。

(2)不要轻易拆卸检波器外壳。

(3)不要在潮湿的地方放置电缆线和检波器串。

(4)野外施工生产中,检波器串与电缆连接时,应正负极相对应,极性不能接反。

(5)不要用力拉检波器串组合连线去拔检波器,防止拉断组合线或把检波器内部连线拉断。

(6)在野外施工时,检波器串与电缆连接的夹子、接头不要碰到潮湿的地面。

(7)严禁使用无尾椎的检波器施工。

(8)严格按国家或企业颁发的有关安全法规进行操作,如操作违章或未按操作程序操作,将停止考核。

项目三　使用万用表测量电阻

一、准备工作

(一)设备、仪表
机械万用表1块。

(二)材料、工具
不同阻值的电阻3只、一字螺丝刀1把、单面刀片1个、记录表、笔1套。

(三)人员
1人独立操作,穿戴劳动保护用品。

二、操作步骤

(一)安装调试万用表
(1)按照红正黑负安装表笔。
(2)将万用表水平放置,对其进行机械调零。
(3)将测量档位选择欧姆位置;量程档位选择1k位置。
(4)短接表笔,进行欧姆调零。

(二)测量电阻
(1)将正负表笔接入被测电阻两端。
(2)根据指针偏转情况重新选择量程。
① 指针满度应缩小量程。
② 指针偏转较小则加大量程。
(3)读取测量数值,填写在记录表中表。
(4)分别测量3只不同阻值电阻,并填写测量结果。

(三)恢复现场
(1)回收工具。
(2)关闭万用表。

三、技术要求
(1)万用表机械、欧姆调零操作准确。
(2)万用表表笔连接操作正确。

(3)万用表量程选择要准确,每选择一个量程都要重新对万用表进行欧姆调零。
(4)表头读数方式要正确。
(5)测量时手指不能接触被测电阻两端。
(6)如有电阻引脚氧化,应清理氧化层后再进行测量。

四、注意事项

(1)电阻引脚不要连根弯折,以免折断。
(2)选择万用表量程时,不能用力过猛扭动万用表旋转开关,以免损坏万用表。
(3)万用表调零时,动作要慢,防止损坏万用表。

项目四　操作手持通信电台

一、准备工作

(一)设备、仪表
手持对讲机2台。

(二)材料、工具
清洁毛巾1块。

(三)人员
1人独立操作,穿戴劳动保护用品。

二、操作步骤

(一)选择电台附件
(1)选择对讲机配套的附件(天线、电池)放到工作台上。
(2)检查对讲机及附件的完好情况。
(3)检查对讲机开关处于关闭位置。

(二)安装并调整对讲机
(1)将天线对应对讲机天线座将插入并顺时针方向拧紧。
(2)转动音量开关,使对讲机开关处于关闭位置。
(3)将电池组装入对讲机电池卡槽中并锁定。
(4)打开电源开关、调整音量于2/3左右位置。
(5)调整对讲机信道与目标机相同。

(三)收发信号
(1)按下对讲机发射(PTT)按键不放,离3~4cm讲话。
(2)释放对讲机发射(PTT)按键,接收信号。

(四)维护对讲机
(1)关闭电源开关。
(2)卸下电池组。

(3)拧下天线。
(4)擦拭对讲机表面灰尘。

三、技术要求

(1)呼叫对方时:按下发射键(PTT)2s 后在讲话否则会漏传语音。
(2)等待被叫时:讲完话后在松开发射键(PTT),等待接收话。
(3)当对讲机在发射过程中出现"嘟嘟"声说明电量将耗尽,应对其进行充电。

四、注意事项

(1)安装、拆卸电池时应注意卡槽方向,不要用力过大。
(2)未安装天下禁止按下发射键(PTT)。
(3)禁止长时间按发射键(PTT)不放,防止烧坏对讲机功放。
(4)严格按国家或企业颁发的有关安全法规进行操作。

项目五　操作收放电缆机

一、准备工作

(一)设备
船装载式收放缆机 1 台。

(二)材料、工具
15W/40 汽机油 3 升、随车工具 1 套、水桶 1 只。

(三)人员
小组配合操作,穿戴劳动保护用品。

二、操作步骤

(一)启动前的检查工作
(1)检查管路接头是否漏油。
(2)检查液压胶管是否有裂纹老化现象。
(3)检查铁管部分是否有腐蚀情况。

(二)启动并检查各部件运转状态
(1)启动收放缆机。
(2)检查收放缆机各部位有无异常。
(3)检查花篮螺纹并扭紧。
(4)检查轨道保险销。
(5)检查分配器操作手柄、发动机转速、负荷扭矩。

(三)运行操作
操作手柄方向时,禁止正、反转动频繁变化,检查操作手柄时,向船尾方向拨动操作手柄，禁止逆向拨动造成滚筒逆向旋转。

（1）放缆。船舵手根据导航提供的测线在距第一个检波点 1000m 处上线,同时导航员每 100m 报点并依次递减至 25m。与此同时绞车手检查并启动放缆绞车,使绞车运转正常进入预放状态,放缆工进入指定位置前首先确定水流方向或潮汐方向,放缆班长对周围海况、放缆机械进行巡视,确保放缆正常安全进行。放缆过程中及时根据水深水流变化调整放缆的延时时间,放缆人员根据水域情况适当增加海缆的配重,听从导航人员指挥确保水听器点位准确。放缆船后面的操作手负责连接电瓶及浮漂,操作手在靠近浮漂时要顶流减速慢速靠近,挂机船上人员用钩子钩起浮漂,2 人从水中捞起电源站,连接好钢丝绳,绑好浮漂。更换电瓶时一定要轻拿轻放。绞车手根据导航员的提示,依次逐点将检波器投放在指定设计点上,并在缆与缆之间数字包处验点与绞车手校对,以保证检波器投放正确,直到放缆结束,完成本航次放缆流程。

（2）收缆。放缆船在接到仪器收缆通知后,放缆班长做好不正常道记录工作,绞车手启动绞车,使绞车正常运转,进入预收状态,放缆人员进入指定位置,前甲板人员穿好救生衣,将缆头浮球捞起,把电缆绞入滑道,进入收缆状态,收缆同时负责指挥收缆人员把不正常道甩出,并将电缆摆放整齐,把数字包依次整齐摆放在指定位置,直到收缆结束。

（四）维护保养

断开各连接部分并检查外观,收工后进行适当的维护和保养工作。

三、技术要求

（1）穿越河道前需要了解河道的地形及水深、水流等情况。

（2）岸边海缆连接处在布放后要固定拴牢。

（3）了解当天的潮汐变化、水流方向、布放时尽可能顶流放缆。

（4）根据水深,提前确定不同吃水深度的放缆船进行作业。

（5）放缆技术精度按道数的要求一般保持在 5m 范围之内。

（6）放缆船上的电缆应在下水前连成一个整体。每条放缆船上的已连接好的电缆前端和尾部必须各安装一个堵头。整条接收线接通后,只需排列头和排列尾各用一个堵头。

四、注意事项

（1）放缆过程中,电源站的位置是固定的,两条或两条以上的放缆船一起铺设同一条测线时,接头处未接之前,必须有漂浮物标识。

（2）电源站的摆放位置必须符合统一规定。在收放缆过程中,断开处必须是电源站位置,电源站与电源站之间任何一点都不允许断开。排列端点无须挂电瓶,但必须有漂浮物标识,并用锚固定。

（3）更换排列上的电瓶时,必须先抛锚将橡皮艇固定好,再提起水中的漂浮物,以防将点位拉偏。

（4）遇到海沟或落差较大的水域时,由放缆工负责,在电缆下水前设置好加长段,并记下准确的桩号位置,报告仪器操作员。

(5)放缆过程中,遇意外情况需中断放缆时,已下水的电缆必须收起重放,或确定已下水的电缆点位准确,方可继续放缆。

(6)收电缆要注意:每根电缆收到船上8字形摆好,数字包单独、有秩序排放;大缆要摆放的整齐、均匀、不打结。

第三部分

中级工操作技能及相关知识

模块一　地震钻井

项目一　相关知识

> ZBA005　钻井工艺对钻进机械设备的基本要求

一、钻井工艺对钻机的要求

钻机是一套综合机组,是动力与传动设备,工作机包括:绞车、天车、大钩、水龙头、转盘、钻井泵、空压机、减速器、井架。目前的钻井方法主要还是旋转钻进,它利用钻头旋转破碎岩石,形成井身;利用钻杆将钻头送到井底;利用大钩、天车、绞车起下钻杆;利用转盘及水龙头或井底钻具带动钻头,钻杆旋转;利用钻井泵带出井底岩屑。

钻井工艺对钻井机械设备的基本要求有以下3方面:

(1)旋转钻进的能力:要求机械设备应能提供给钻具一定的转矩和转速,并维持一定的钻压。

(2)起下钻具的能力:要求具有一定的起重量及起升速度。

(3)洗井的能力:能提供一定的泵压,使一定的液量通过钻杆清洗井底,并将岩屑带出井外,利用空气钻井,其原理是一样的。

此外,钻机要适应不同地区的钻井需要。考虑钻机的流动性大的特点,要求设备容易安装拆卸和搬运。钻机的使用维修工作必须简便易行,钻机的易损件应便于更换。

钻机的工作能力是根据钻井工艺对钻机的三项基本要求而定的,在钻机使用说明书中技术规格和性能参数包括:转盘与功率,起重量与起升功率,钻井泵的泵压及功率。在这三组参数中,旋转转矩、起重量、钻井泵的许用泵压是受到机件强度限制的。在强度满足使用要求的条件下,还应该要求转盘有一定的转速,钻井泵有一定的排量,否则便不能工作。对转矩与转速,起重量与升速,泵压与排量的联合要求,便是工作机对功率的要求。为了保证一定的转速、升速、排量,工作机应该供给一定的功率。

由于钻井工艺特点与使用场地的不同,钻机表现出与一般机械不同的特点,可概括为以下4个方面:

(1)为了完成钻进与起下钻等钻井作业,钻机必须是一整套大功率的重型联合工作机组。由于发动机具有单一的特性,而工作机与井底钻具则要求具有不同的特性,所以从发动机到工作机与井底钻具间就有着不同的能量转换、运动变化和能量传递路线。因为各工作机组的利用又不是同时的,其载荷随着井深等因素发生变化,这就必然造成钻机传动与控制结构的复杂化和很大的能量消耗。

(2)用地面旋转钻机带动钻具钻井,与一般机器不同的特点是:操作是不连续的。而且在深井钻井中,起下钻具这一非生产性质的辅助操作跃居主要地位。所以,起升机组变成了主要的工作机。起钻时必须付出很大的能量，而下钻时产生的能量又不能回收，造成很大的能量损耗。

（3）钻机的工作场所与一般机器不同，它是在矿场、山区、沙漠、沼泽、海洋上进行流动作业的。这就要求钻机具有高度的运移性，即拆装简易，部件尺寸和重量适宜大块搬运或整体运移。为了适应各地区的载运条件，钻机就要具有不同的结构形式。

（4）钻机与其他机器相比技术水平较低，这主要反映在两方面：一方面是钻机的强度和寿命（包括耐磨性和耐疲劳性能）不能适应不稳定的和带冲击的工作载荷，致使钻井设备故障频繁，检修工作比重较大。另外，由于钻机的加工对象——岩石的特性变化不定，以及钻进和起下钻的不规律性，所以实现钻机高度机械化、自动化较难。

二、地震钻井有关名词解释

[ZBA002 钻井参数]

（一）钻井参数

钻井参数也叫钻井参变数，又常称钻井技术措施。钻进时，选定的钻头在井底工作情景决定于：钻头的压力、转盘旋转速度、钻井泵的排量和性能。即钻压、转速、排量和钻井液性能。当钻压、转速和排量配合适当，钻头在井底工作时间最长，钻进速度最快。

[ZBA004 岩石的可钻性]

（二）岩石的可钻性

岩石的可钻性是钻进时岩石抵抗机械破碎能力的量化指标。岩石可钻性是工程钻探中选择钻进方法、钻头结构类型、钻进工艺参数，衡量钻进速度和实行定额管理的主要依据。

三、钻机液压传动工作原理及组成

[ZBA010 液压传动的工作原理]

（一）液压传动的工作原理

任何一台机器都是由动力机构、传动机构和工作机构等三部分组成的。而传动机构根据其传动形式的不同，可分为机械传动、电力传动、气体传动和液体传动等4种主要形式。

液体传动又包括液力传动和液压传动。所谓液压传动就是指在密封容积内，以液体为工作介质，借助于运动着的压力油的容积变化来传递动力的一种传动形式，这种传动称为容积式液体传动，简称液力传动，是利用运动着的液体的动能来进行能量传递，如液力偶合器和液力变矩器等。

[ZBA011 液压系统的组成]

（二）液压系统的组成

液压传动系统由以下几部分组成：

（1）动力部分：液压泵。它供给液压系统具有一定压力和流量的油液，将动力机输出的机械能转换为油液的压力能，用这种压力油推动整个液压系统工作。

（2）执行部分：液动机。包括油缸和液压马达，油腔是将油液压力能转变为直线往复运动的机械能，液压马达是将油液压力能转变为旋转形式的机械能。

（3）控制部分：各种控制阀。它包括压力阀、流量阀、方向阀等各种不同阀类。通过这些阀来控制和调节油流的压力、流量及方向，以满足对传动的要求。

（4）辅助部分：包括油箱、油管、管接头、蓄能器、冷却器、压力表、密封装置以及各种控制仪表。

(三)液压泵和液压马达

液压泵和液压马达都是液压系统中的能量转换装置。液压泵将原动力设备的机械能转换成工作液体的压力能。在液压系统中,液压泵作为动力源,提供液压传动所需的流量和压力,属于动力元件。液压马达将液体的压力转换成旋转形式的机械能,输出扭矩和转速,拖动外负载做功,液压马达是液压系统的液动机,属于执行元件。液压传动中所用的液压泵和液压马达都是靠密封容积变化进行工作的,所以又称为容积式液压泵和液压马达。

液压泵和液压马达,可分为齿轮式、叶片式、柱塞式和螺杆式等几种类型。由于都是按密封工作空间的容积变化进行工作的,从原理上来说,任何一种容积式液压泵(阀式配流者除外)都可以作为液压马达使用,具有可逆性。但有些液压泵为了提高泵的性能,在结构采取了一些措施,限制了其可逆性。因此必须对具体问题做具体分析。不同类型的液压泵和液压马达具有不同的特点:齿轮式液压泵或液压马达的结构简单、体积小、重量轻、制造方便、价格低、工作可靠、自吸性较好,对油液污染不敏感,维护方便等。叶片式液压泵或液压马达的运转平稳,柱塞式液压泵的压力高,柱塞马达扭矩大。

下面举例介绍液压泵的工作原理:当推动一只充满液体的针筒的玻璃芯棒时,针筒内的容积就开始变化,处在容积减小了的那部分液体获得了能量,就从针筒里喷射了出去,当把玻璃芯棒拉回来时,针筒内的容积就扩大了,就把液体吸入了针筒。这就是在外壳无法伸缩的情况下,利用组成密闭容腔零件间的相对滑动来改变容器容积,这是一切机械容积泵改变密闭容腔容积的基本方法。液压马达的工作过程与液压泵的工作过程基本相反。

由于液压马达要求反转,所以其进出口的尺寸做成相等,以能够换向,并在端盖上开有一个专门的泄油口,以便将泄漏到轴承部分的油单独引到壳体外面。

(四)液压控制阀

一个完整的液压系统,除了液压泵、液压马达和油缸外,为了保证工作机构完成一定动作以及保护系统安全可靠的工作,必须设置一些能控制和调节液流压力、流量和流动方向的装置,这些操纵控制装置统称为控制阀。

阀的种类很多,按其在系统中所起的作用可分为方向控制阀、压力控制阀、流量控制阀三大类。

1. 方向控制阀

方向控制阀是用于控制液压系统中油流的方向,以改变执行元件的运动方向和动作顺序,根据用途可分为单向阀和换向阀两大类。换向阀按其阀芯的运动方式又可分为换向滑阀和换向转阀两种。

1)单向阀

单向阀的作用是使油流向一个方向流动,不能反向。单向阀有不可控单向阀和可控单向阀两种。不可控单向阀是油流在任何时候都不能反转;可控单向阀是需要时在控制液流的作用下,可以实现反转,故又称液控单向阀。

单向阀反向的密封作用,主要靠油的压力弹簧,可以用较软的弹簧,以减小正向的阻力损失,通常取开启压力为 $0.35 \sim 0.45 kgf/cm^2$。

如果把单向阀中的弹簧换成较硬的弹簧，即可作背压阀使用，背压阀装在液压系统的回油路上，使回油保持一定的压力，我国系列生产的背压阀开启压力为 3.5kgf/cm²。

2) 换向阀

换向阀的作用是组成换向回路，以改变系统的油流方向，使执行机构的运动转向。从阀芯与阀体相对运动的方式来看，可分为转阀式和滑阀式两种。

2. 压力控制阀

压力控制阀是用来控制油液的压力，属于这一类的有安全阀、溢流阀、减压阀和顺序阀等。

在液压传动系统中，油流的压力是最基本的参数之一，为了使液压系统适应工作的需要，应当对油压进行控制，这样就产生了各种压力控制阀，简称压力阀。例如，为了保持系统压力的恒定，有溢流阀；为使用一油泵能将不同的压力供给几个机构，有减压阀；为使不同工作机构能顺序动作，有顺序阀等。各种压力阀的名称都是以其用途命名的。

3. 流量控制阀

流量控制阀是用来控制油液流量，属于这一类的有节流阀、调速阀、分流阀等。

阀的用途很广，结构形式繁多，目前，我国生产阀的系列中有中低压系列 6.174MPa，中高压系列 20.58MPa，高压系列 31.36MPa。

（五）多路阀

为了紧凑体积、简化机构，实际工作中就常常把几只阀组合在一起而成为组合阀。多路阀是一种以换向阀为主体的组合阀，由数个换向阀与溢流阀、过载阀、单向阀、补油阀等组成。换向阀的个数，根据多路阀所集中控制的执行机构的多少而定。溢流阀、过载阀、单向阀、补油阀等可根据需要进行装设，也可不装。这种组合阀由于结构紧凑，布置方便，并能减轻重量，因此在液压传动中得到较为广泛的应用。

常见的多路阀有如下几种类型。

(1) 按阀的结构方法不同，多路阀分为整体式多路阀和分片式多路阀。

整体式多路阀是将几个换向阀的阀体做成一个整体，结构紧凑、重量轻、压力损失也较小。缺点是：通用性差；加工时只要有一个阀孔不合要求，即整个阀体报废；阀体的铸造工艺也比较复杂。当多路阀中换向阀个数较少和大批量生产，适宜采用整体式结构。分片式多路阀是由若干片阀体组成，一个换向阀为一片，又称一联，然后用螺栓将各片联结起来。这种分片式结构可以用很少几种单元阀组合成多种不同功用的组合阀，这就大大地扩大了它的使用范围。加工中报废一片也不影响其他阀片，用坏了的单元也容易更换和修理。这类阀的缺点是：加大了体积和重量；各片之间要有密封；旋紧联接螺栓时容易使阀体孔道变形，影响其几何精度，甚至使阀芯卡住，为此不得不增大阀芯与阀体的配合间隙，从而增加了泄漏量；有的是将整个多路阀组装好后，再进行阀杆与阀体孔的配研，以解决上紧联接螺栓时阀体的变形问题。但配研后的阀体，如使用中需要修理或更换时，经过一次拆装必须再次配研，否则阀杆仍有被卡住的危险。

(2) 按换向阀间油路联接方式不同，各换向阀结合在一起，可以构成并联、串联、串并联和复合四种型式的油路。

并联油路特点是多路阀内各换向阀的进油路、回油路都是并联，因此从进油口的压力油可直接通到所有换向阀的进油腔、各滑阀的回油口。采用并联油路的多路阀,各换向阀可以同时进行工作。但同时工作时,负荷小的执行元件先动作,负荷大的执行元件后动作,因为压力油总是向阻力小的地方流,因而当各液压执行机构的载荷相差很大时,则会出现动作有先后的现象。此外,按并联油路设计的多路阀的压力损失,一般都小一些。

串联油路特点是多路阀内前一个滑阀的回油不直接回油,而是流入下一个换向滑阀的进口,如果后一个阀处于中立位置时,则通过中立位置回油道流到总回油口,因此工作时,可使串联油路中的数个执行元件同时动作。但由于串联油路的油泵工作压力,等于数个执行元件工作压力的总和,因此,当每个执行元件的载荷都很大,同时动作就有困难。此外,按串联油路设计的多路阀压力损失,一般总是要大些。

串并联油路特点是各换向阀之间,进油路串联,回油路并联,每一个换向阀的进油腔均与前一个换向阀的中立位置回油道相通,而各个滑阀的回油腔同时与总回油口相通,即各阀的进油是串联的,回油是并联的,故称串并联油路。因此,当有一个换向阀工作时,其余换向阀均无压力油进入,所控制的执行元件不能同时工作,它具有互锁功能,可以防止操作错误。

复合油路:如果一个多路阀内,同时具有上述三种油路中任意两种或三种,就被称为复合油路。

(3)按换向阀阀体内的油道形成的不同,有铸造和机械加工的两种阀体。

铸造出油道的阀体,设计时各油道容易布置,油道拐弯处过渡圆滑,通流面积变化均,因而阻力小。但铸造阀体结构复杂,铸造时容易出废品,铸造阀体清砂困难,如清砂不彻底,对液压系统的工作危害很大,虽然铸造油道的阀体在制造中存在一些问题,但由于它有显著的优点,目前还是多采用这种结构形式。

(4)按各换向阀处于中立位置时,油泵卸荷方式的不同,可分为专用直通油道卸荷和卸荷阀卸荷两种形式。

多路阀入口压力油经一条专用的直通油道进行回油。该回油道由每联换向阀的两个腔组成,当各联阀的中立位置时,并联换向阀的这两个腔都是连通的,从而使整个中间位置回油道畅通,油泵来的压力油经此油道直接回油箱而卸荷。当多路阀有一个换向阀换向时,就会把此油道切断,油泵来的油就从这联阀的已接通的工作油口进入所控制的执行元件。因此在换向阀阀杆移动过程中,中立位置回油道是逐渐减小最后被切断,所以从此阀口回油箱的油流量是逐渐减小,并一直减小到零,进入执行元件的流量则从零逐渐增加并一直增大到泵的供油量。因而执行元件启动平稳无冲击,而且有一定调速性能,这种回油方式的缺点是中立位置的压力损失较大,而且换向阀的联数越多,压力损失也就越大。目前,大部分多路阀采用中立位置回油道使油泵卸荷的方案,因为采用这种方式可以通过控制阀杆的移动距离实现调速,而阀的结构又不太复杂。

(5)按换向阀的操纵方式不同,可分为手动式和先导式两类。

勘探所用的物探地震勘探液压钻机多路阀的操纵方式,均为手动式。采用手动式,必须把多路阀布置在操纵方便的地方,这会给整机的布置带来困难,使管路复杂,从而也增加了液压系统总的压力损失。

四、钻机的维护保养

（一）设备维护保养的概念和意义

1. 设备保养的概念

机械设备使用的前提和基础是设备的日常维护和保养,设备维护保养包含的范围较广,包括:为防止设备劣化,维持设备性能而进行的清扫、检查、润滑、紧固以及调整等日常维护保养工作;为测定设备劣化程度或性能降低程度而进行的必要检查;为修复劣化,恢复设备性能而进行的修理活动。

2. 设备保养的意义

设备在长期、不同环境中的使用过程中,机械的部件磨损,间隙增大,配合改变,直接影响到设备原有的平衡,设备的稳定性、可靠性、使用效益均会有相当程度的降低,甚至会导致机械设备丧失其固有的基本性能,无法正常运行。因此,设备就要进行大修或更换新设备,这样无疑增加了企业成本,影响了企业资源的合理配置。为此必须建立科学的、有效的设备管理机制,加大设备日常管理力度,理论与实际相结合,科学合理地制定设备的维护、保养计划。为保证机械设备经常处于良好的技术状态,随时可以投入运行,减少故障停机日,提高机械完好率、利用率,减少机械磨损,延长机械使用寿命,降低机械运行和维修成本,确保安全生产,机械保养必须贯彻"养修并重,预防为主"的原则,做到定期保养、强制进行,正确处理使用、保养和修理的关系,不允许"只用不养,只修不养"。

（二）设备日常保养

1. 设备日常保养的内容

设备日常保养的内容是保持设备清洁、整齐、润滑良好、安全运行,包括及时紧固松动的紧固件,调整活动部分的间隙等,即清洁、润滑、紧固、调整、防腐。

操作人员在独立使用设备前,需对设备的结构、性能、技术、规范、维护知识和安全操作等技术理论教育及实际操作技能进行培训,经考试合格,方可独立操作。操作工人使用设备时,应做到"三好"（管好、用好、维护好）"四会"（会操作、会保养、会检查、会简单维修）"五定"（定人、定点、定时、定质、定量）,保证设备性能完好可靠。设备的使用要实行定人定机,凭证操作,严格实行岗位责任制,因生产需要,操作其他同类设备时,需经领导批准认可;操作其他设备时,需办理其他机型操作证。设备维护实行专责制。对单人操作,一班作业的设备实行专人专机制,下班时填写操作记录;二班、三班生产或几人共同操作的设备;建立机长负责制,并做好交接班记录;公用设备应指定专人负责设备维护。操作工人应遵守设备操作规程,合理使用设备,严禁精机粗用,严禁超负荷、超规范、拼设备,如遇现场生产管理人员或上级强令操作工人超负荷、超规范使用设备时,设备管理部门有权制止,操作工人有权拒绝,并向有关部门反映,并对违章指挥者追究责任。生产设备要严格执行日常保养、周末保养、定期保养。对特殊设备要严格执行预防性试验。日常保养要点,操作人员班前对设备应进行检查、润滑、运行,发现问题及时处理,下班前对设备进行清扫、擦拭;大型、重型设备要求做到整齐、清洁、润滑、安全。

2. 设备日常保养的意义

机械设备的日常保养是在设备没有出现故障的情况下,对设备的检查,清洗构件,更换易损件,添加更换润滑油,以保证维持设备正常工作的日常活动。从表面看企业要支付资金来维持机械设备的日常保养工作,但从大局及长期利益看有以下几点:(1)日常维护保养技术要求简单,费用低,同时保证设备的正常作业,减少零部件的磨损,延长设备的使用寿命,使得企业更为科学,合理的配置有限的资源,同时达到"节流开源"的目的。(2)设备使用年限越短,可靠性越高,使用年限越长,可靠性越低。可靠性越低即机械设备容易发生故障,设备的有形磨损越严重,修复其所需费用也就越大。现代化机械设备是资金密集的装备,设备投资和使用费用十分昂贵,迫切需要设备管理的经济效益。因此,必须通过对设备日常的维护和保养,来减少设备的有形磨损,减少设备寿命周期内的维修费用和其他非正常开支。实践证明,设备的寿命在很大程度上取决于维护保养的好坏。

ZBA023 钻机的定期保养

(三)设备例行保养

例行保养是定期对维护、保养情况进行检测,并认真做好机械的运行、保养记录,有时也参照说明书进行。例行保养主要内容是:进行清洁、润滑、紧固易松动的零件,检查零件、部件的完整,设备润滑必须严格实行"五定"(定人、定点、定时、定质、定量)。这类保养的项目和部位较少,大多数在设备的外部,日常例行保养一般由操作工人承担。

五、车载钻机的操作与保养

(一)WTJ5081TZJ 型钻机的组成

WTJ5081TZJ 型钻机(图 3-1-1)是针对平原地区进行石油地震勘探而设计的一种车装钻机。钻机安装在东风 EQ1093FJ 型双桥驱动汽车底盘上,具有良好的通过性,能充分满足野外施工中经常搬迁的特殊要求。

WTZ5081TZJ 钻机主要采用机械和液压相结合的传动系统,以液压方式驱动和控制井架的起落,钻具的旋转、钻进、提升,以机械方式驱动钻井泵工作,操作简单方便,安全可靠。

1. 钻机的主要参数

ZBA022 钻机的主要参数

钻井深度: 50m;
钻头直径: ϕ114mm;
钻杆规格: ϕ60mm×3000mm;
最大输出扭矩: 1000N·m;
转速范围: 0~220r/min;
加压提升力: 15kN;
最大提升速度: 1.14m/s;
钻井泵型号: 300;
系统公称流量: 300L/min;
流量: (160+80)L/min;
底盘型号: EQ1093FJ;
最大功率: 99.3kW/3000(r/min);
钻机车整备质量: 7160kg;
外形尺寸(长×宽×高):7719mm×2380mm×3300mm(井架放倒);6544mm×2380mm×8750mm(井架竖立)。

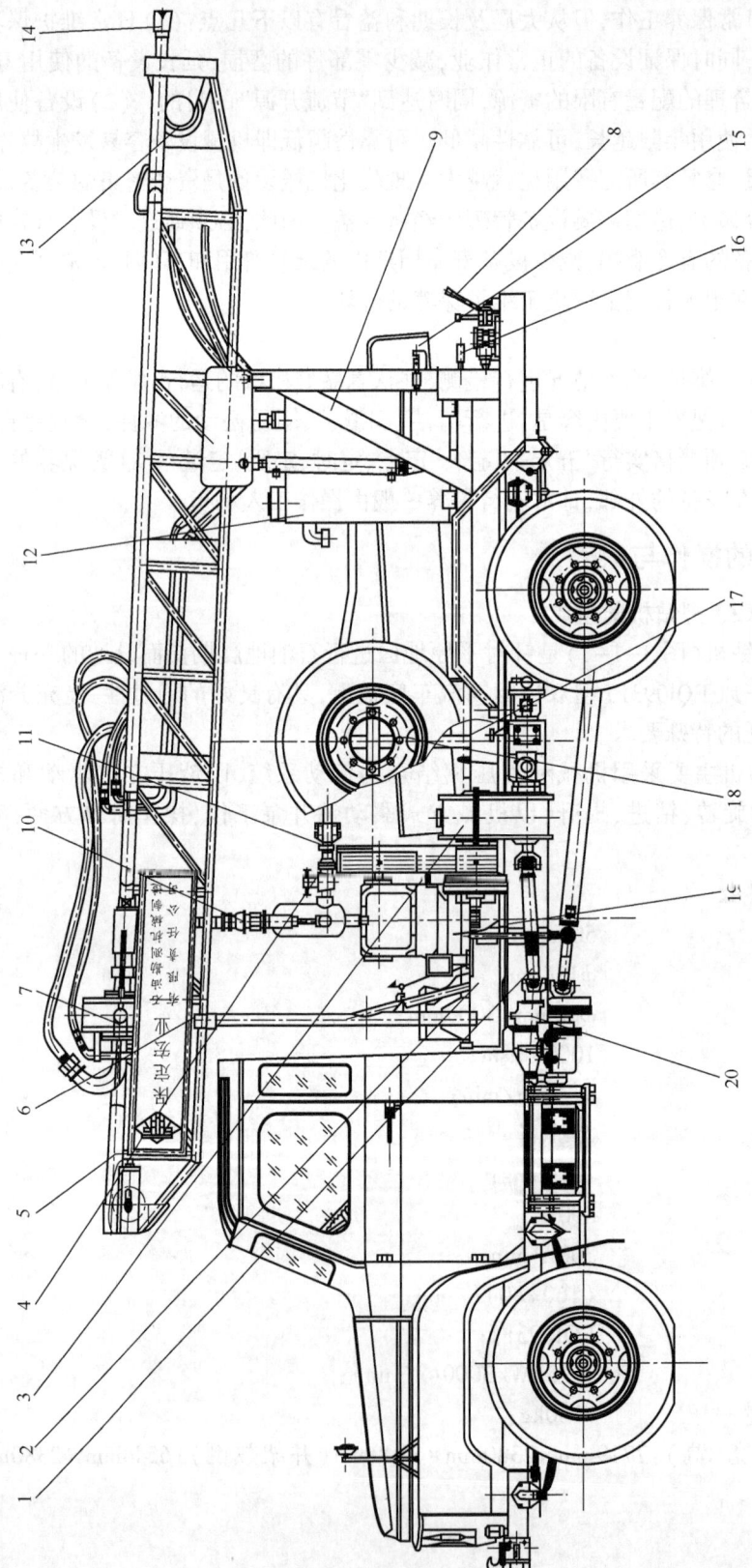

图 3-1-1 WTJ5081TZJ型钻机结构图

1—主传动轴；2—钻机平台；3—链轮箱；4—钻井液管线总成；5—井架总成；6—井架支架总成；7—动力头；8—操作手柄；9—人字架总成；10—钻井架总成；11—带传动；12—液压提升装置；13—加压提升装置；14—钻具；15—钻杆盒；16—气控系统；17—备胎支架总成；18—备胎；19—钻井泵底座；20—分动箱

2. 钻机的传动系统

WTZ5081TZJ 钻机的传动系统(图 3-1-2)主要包括主传动轴、链轮箱、离合器等。

钻机的动力由汽车发动机提供,链轮箱由取力器取出后,经主传动轴传给链轮箱输入轴,链轮箱输入轴另一端直接驱动油泵工作,为钻机液压系统提供压力油。链轮箱输入轴的动力另一路通过链传动传给链轮箱输出轴,输出轴通过气动摩擦离合器、带传动将动力传递给钻井泵,驱动钻井泵工作,为钻机提供循环介质。

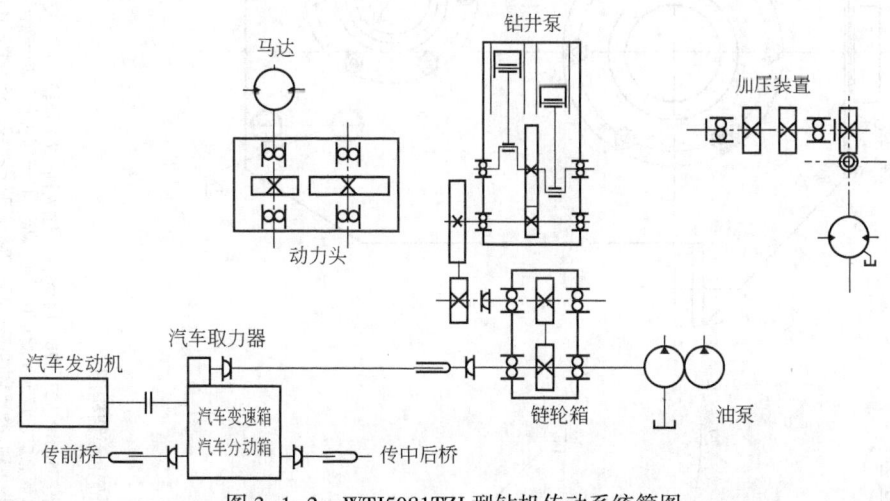

图 3-1-2　WTJ5081TZJ 型钻机传动系统简图

3. 钻机主要部件的结构

WTJ5081TZJ 型车装钻机主要由链轮箱、动力头、加压提升装置、液压系统、钻井泵、气控系统、井架、钻杆和钻头等组成。

1) 链轮箱

(1) 链轮箱的作用。

链轮箱是钻机的变速和运动分配机构,带动钻井泵和油泵工作。

(2) 链轮箱的结构。

链轮箱采用套筒滚子链条传动,其结构如图 3-1-3 所示,主要由箱体 1、输入轴 6、链轮 2、链条、输出轴 29 和气动离合器总成等组成。

(3) 离合器工作原理。

皮带轮 10 通过轴承支承在输出轴 29 上,皮带轮 10 的附加内齿圈与气动离合器从动件摩擦片 21 外齿啮合;驱动板 20 是离合器的主动件,其通过键与输出轴 29 联接,输出轴 29 转动时,驱动板 20 也随之转动。输出轴 29 轴的另一端安装有导气龙头,压缩空气由此通过输出轴内的孔及与之相连的气管总成 14 进、出离合器的气囊;当压缩空气进入给气囊时,充满气的气囊推动压力板 19 移动,使摩擦片 21 与驱动板 20 压在一起,通过摩擦力摩擦片 21 随驱动板 20 一起转动,摩擦片 21 转动带动皮带轮 10 转动,这样就将动力便会经带传动传给钻井泵,钻井泵工作;相反,气囊里的压缩空气通过控制阀排出后,气囊内没有了压力,压力板 19 在弹簧 13 作用下向相反方向移动,摩擦片 21 与驱动板 20 间产生间隙,主动件、从动件分开,动力无法传递,皮带轮停止旋转,钻井泵无动力输入而停止工作。

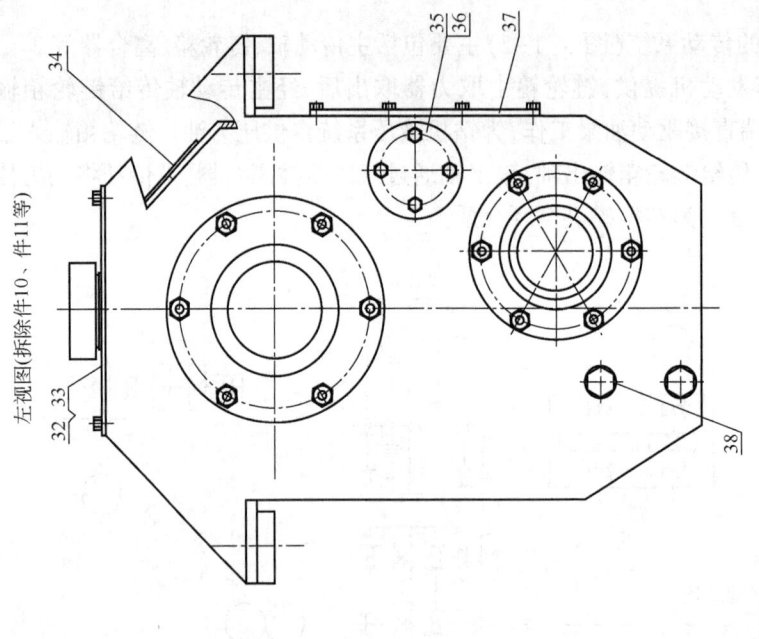

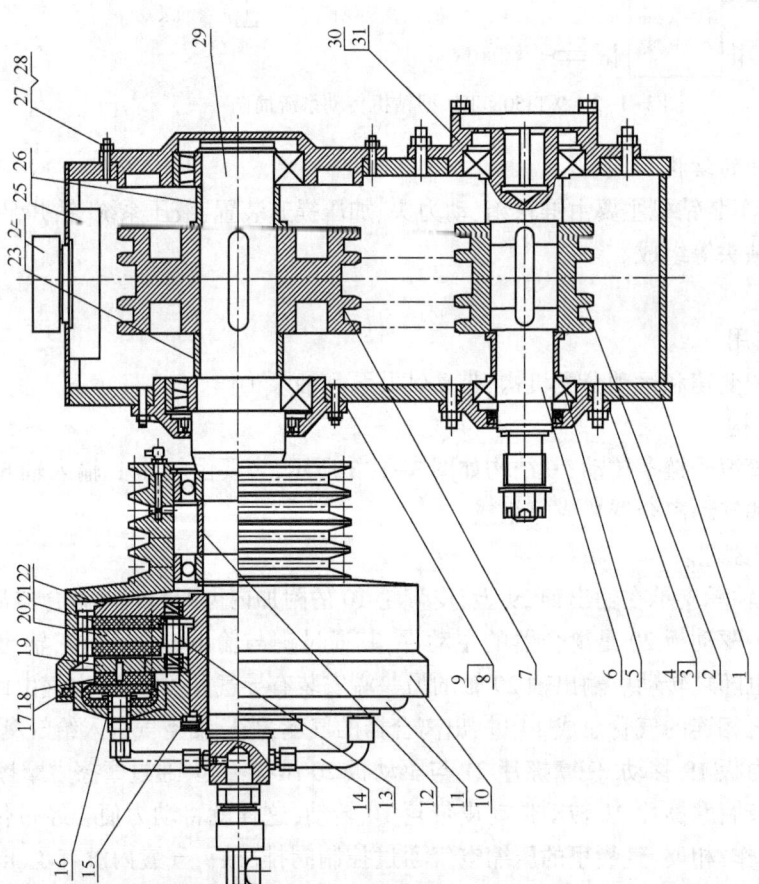

图 3-1-3 链轮箱结构构图

1—箱体；2—链轮；3、8、27—轴承座；4、9、28、31、33—垫；5、12、23、26—挡套；6—输入轴；7—链轮；10—皮带轮；11—挡板；13—弹簧；14—气管螺母；15—气囊总成；16—气管总成；17—密圈；18—绝热板；19—压力板；20—驱动板；21—摩擦片；22—固定盘；24—通气罩；25—挡油板；29—输出轴；30—油泵座；32—盖板；34—盖板；35—工艺孔盖；36—纸垫；37—侧板；38—空心螺塞

2)动力头

(1)动力头的作用。

钻机动力头的作用主要用来传递扭矩、旋转钻具并输送钻井液,达到破岩钻井的目的。

(2)动力头的结构和工作原理。

动力头如图3-1-4所示,主要由弯管接头1、锁紧密封头3、齿轮箱9、小齿轮12、大齿轮13、主轴管27、连接管21、下接头19、滑套20等组成。下接头19通过螺纹与连接管21连接,连接管21通过键B12与主轴管27联接,钻井时下接头19下部连接钻具。主轴管27通过键B19与大齿轮13联接。马达通过花键与小齿轮12联接,马达转动带动小齿轮13转动,小齿轮12带动大齿轮13转动,大齿轮转动就会带动连接管21、下接头19及下部钻具转动。

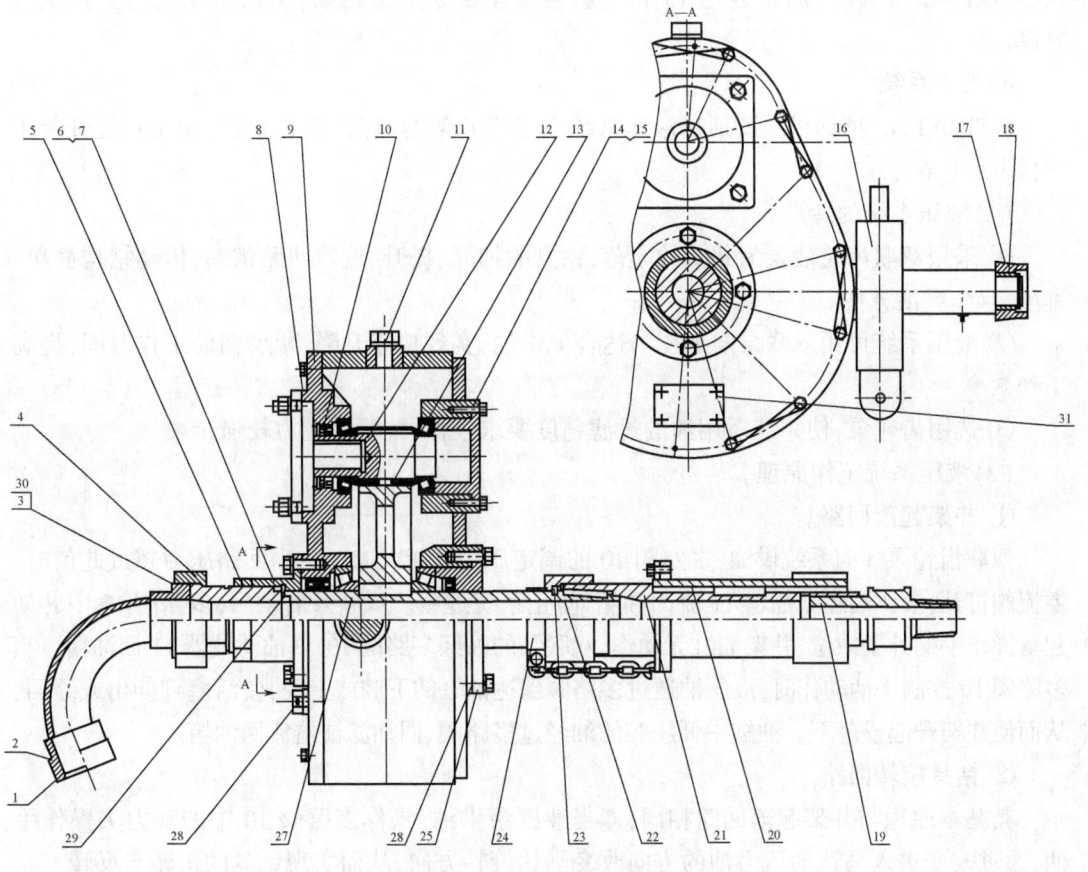

图3-1-4 动力头结构图

1—弯管接头;2—夹紧环;3—锁紧密封头;4—八角套;5—放松环;6—管路底座;7、8、14、26—纸垫;9—齿轮箱;10—挡板;11、28—螺塞;12—小齿轮;13—大齿轮;15—端盖;16—提升环;17—滚轮;18—衬套;19—下接头;20—滑套;21—连接管;22—锁母;23—卡环;24—活动卡环;25—端盖;27—主轴管;29—密封圈;30—专用扳手;31—动力头铭牌

同时,循环介质钻井液经弯管接头1、锁紧密封头3、主轴管27、连接管21、下接头19进入钻杆内孔,通过钻头水眼流出,再经钻杆与井壁间的环形空间返回地面。钻井过程中,锁

紧密封头 3 静止不动,主轴管 27 转动,为防止锁紧密封头 3 与主轴管 27 处泄漏钻井液,在它们的结合处安装了密封圈 29。

ZBA032 加压装置的组成

3) 加压提升装置

(1) 加压提升装置的作用。

升降钻具,视需要给钻具加压.。

(2) 加压提升装置的结构和工作原理。

加压提升装置(图3-1-5)主要由蜗轮减速箱、加压轴 14、加压链轮 15、加压链条、轴承组成。蜗轮减速箱主要由蜗杆 4、蜗轮 5、蜗轮轴 20、箱体 8 等组成,蜗轮减速箱蜗杆 4 通过联轴套 1 与马达连接,蜗轮轴 20 通过花键套 21 与加压轴 14 连接,加压轴上通过键固定着加压链轮 15。当马达转动时,就会带动蜗杆 5 转动,蜗杆 4 带动蜗轮 5、蜗轮轴 20、加压轴 14、加压链轮 15 转动,加压链轮 15 转动就会带动链条上下运动,从而带动动力头及钻具升降。

4) 液压系统

WTJ5081TZJ 型钻机主要通过液压系统来完成井架的起落、钻具旋转、加压和提升等工作(图 3-1-6)。

(1) 液压系统的特点。

① 采用双联齿轮油泵为井架的起落,钻具的加压、提升、旋转回路供油,传动结构简单、紧凑、操作灵活方便。

② 液压系统可用双联泵向加压马达合流供油,实现快速升降,减少辅助工作时间,提高工作效率。

③ 选用齿轮泵,使系统对用油的过滤精度要求较低,抗污染能力较强。

(2) 液压系统工作原理。

① 井架起落回路。

双联齿轮泵 3 向系统供油,多路阀 10 的调定压力为 12.5MPa。当回路压力超过此值时,溢流阀打开,液压油经滤油器 11 流回油箱,防止系统过载。双联泵启动后,多路阀 10 中井架起落操作手柄处于中位,井架油缸无动作,双联泵的油经多路阀 10、回油滤油器 11 回油箱。当多路阀 10 控制手柄动作时,液压油通过多路阀到达油缸的下腔或上腔,使活塞杆伸出或缩回,从而使井架升起或落下。油缸中低压腔的油经过多路阀、回油滤油器流回油箱。

② 钻具旋转回路。

其基本原理与井架起落回路相同,即当液压泵供油,操作多路阀 10 中的动力头操作手柄,通过改变进入马达的压力油的方向改变马达旋转方向,从而实现钻具的正转与反转。

③ 钻具的钻进、提升回路。

双联泵中的副泵向多路阀 5 供油,当多路阀处中位时,高压油经多路阀 5 和回油滤油器 11 流回油箱;当多路阀 5 加压提升操作手柄处于两工作位置时,可向加压提升马达正、反向供油,实现钻具的钻进和提升动作,此时钻具的钻进和提升速度相同。多路阀 5 中溢流阀的调定压力为 12.5MPa,当回路压力超过此值时,溢流阀打开,液压油经滤油器 11 流回油箱,防止系统过载。起钻时,为了实现快速提升,可控制多路阀 10 中的快速提升操作手柄,将齿轮油泵的主泵流量和副泵流量同时向提升回路供油,实现钻具的快速提升。

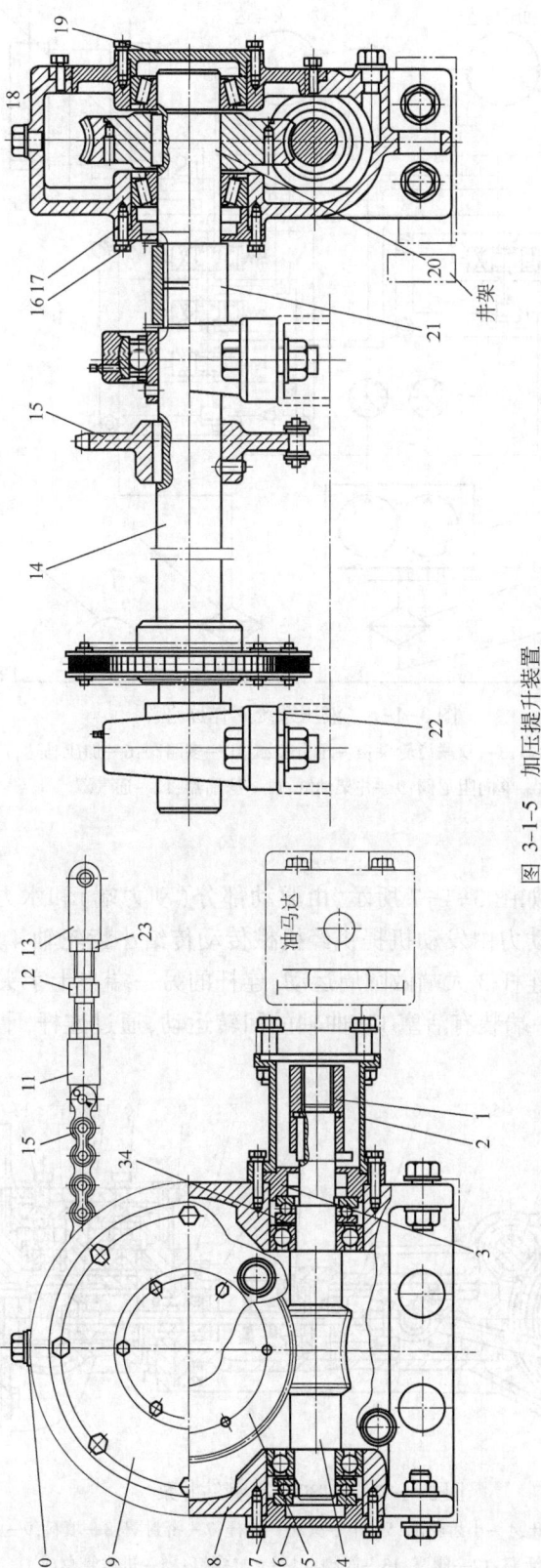

图 3-1-5　加压提升装置

1—联轴套；2—连接盘；3、16—透盖；4—蜗杆叉；5—蜗轮；6、19—闷盖；7、18—密封垫；8—箱盖；9—箱体；10、17—垫圈；11—连接母；12—连接柱；13—连接叉；14—加压轴；15—加压链轮；20—蜗轮链轮；21—花键套；22—球轴承调整垫；23—左旋螺母；24—定距环；25—轴承垫

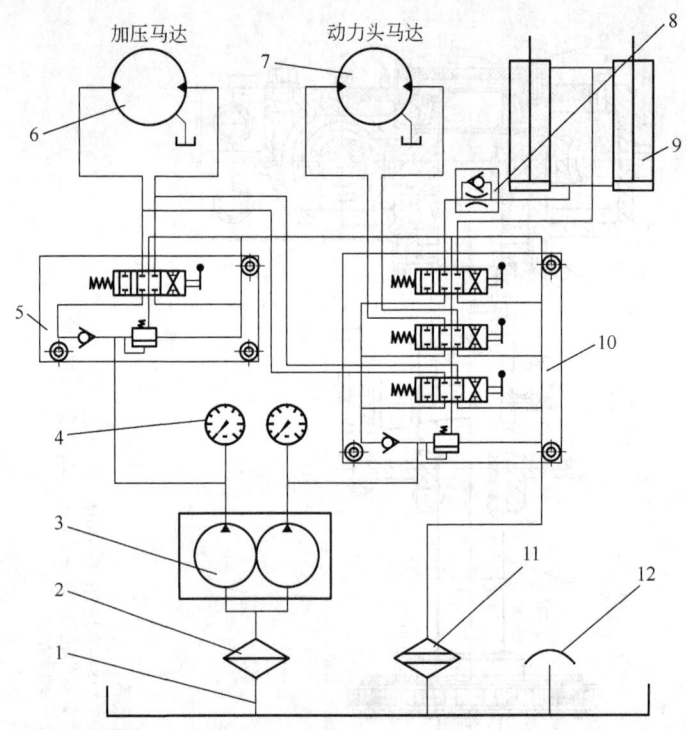

图 3-1-6 液压系统工作原理

1—低压管;2—网式滤油器;3—双联齿轮泵;4—压力表;5,10—多路阀;6—加压马达;7—动力头马达;8—单向阻尼阀;9—井架油缸;11—滤油器;12—通气罩

5) 钻井泵

ZDA027 钻井液泵的组成

WT300/25 型钻井泵如图 3-1-7 所示,由驱动部分(动力端)和水力部分(液力端)组成。在钻机中,钻井泵的动力由发动机提供经机械传动传给小齿轮轴 4。再通过一对齿轮的啮合传动,带动曲柄和连杆 3 大端做圆周运动,连杆的另一端与十字头 5 相联,十字头上连接着拉杆 6,拉杆的另一端装有活塞 11,曲轴的回转运动,通过连杆、十字头、拉杆最终变成活塞的直线往复运动。

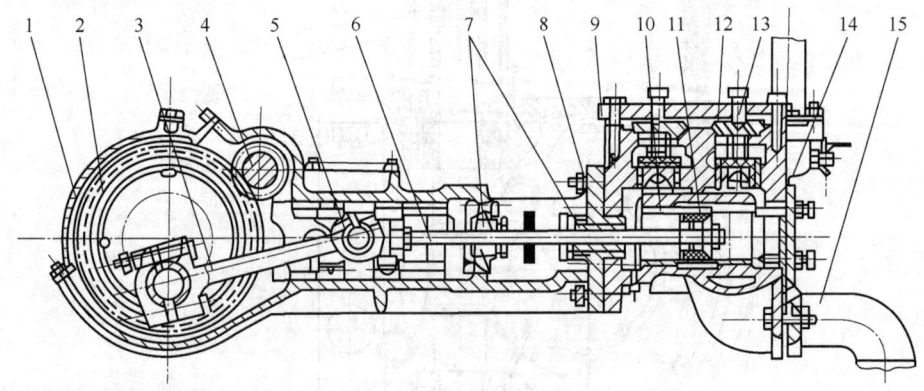

图 3-1-7 WT300/25 型钻井泵

1—泵体;2—齿圈;3—连杆;4—小齿轮轴;5—十字头;6—拉杆;7—密封圈;8—填料;9—泵头;10—缸套;11—活塞;12—阀座;13—阀脚;14—支缸螺钉;15—进水管总成

泵头9通过螺栓与泵体1连接,泵头的上部装有空气包,用来调节缸内的液体,平衡管路中的排量和压力。空气包上部装有安全阀,当钻井泵的压力超过其额定最大压力时,安全阀打开,钻井液从安全阀溢出,以防止钻井泵超负荷工作,避免机件的损坏,空气包的一侧装有压力表,用来随时指示钻井液的压力。

为了防止缸套10的轴向移动,在两个端盖上各装有3个顶丝来顶住缸套。缸套的台阶与泵头的接触处装有密封垫,缸盖与泵头密封处各装有一个O形圈进行密封。在泵头、泵体和拉杆的连接处装有高压密封装置来防止钻井液漏失,同时可通过旋拧密封填料压盖来调节密封,为了防止拉杆工作时把钻井液带入动力部分,在泵体中部有低压密封装置以保证动力部分润滑油的清洁。

6)气控系统

气控系统(图3-1-8)的作用主要给气动离合器的气囊进行充、放气来实现离合器的接合或分离,从而来控制钻井泵工作。系统的气源取汽车的储气筒。

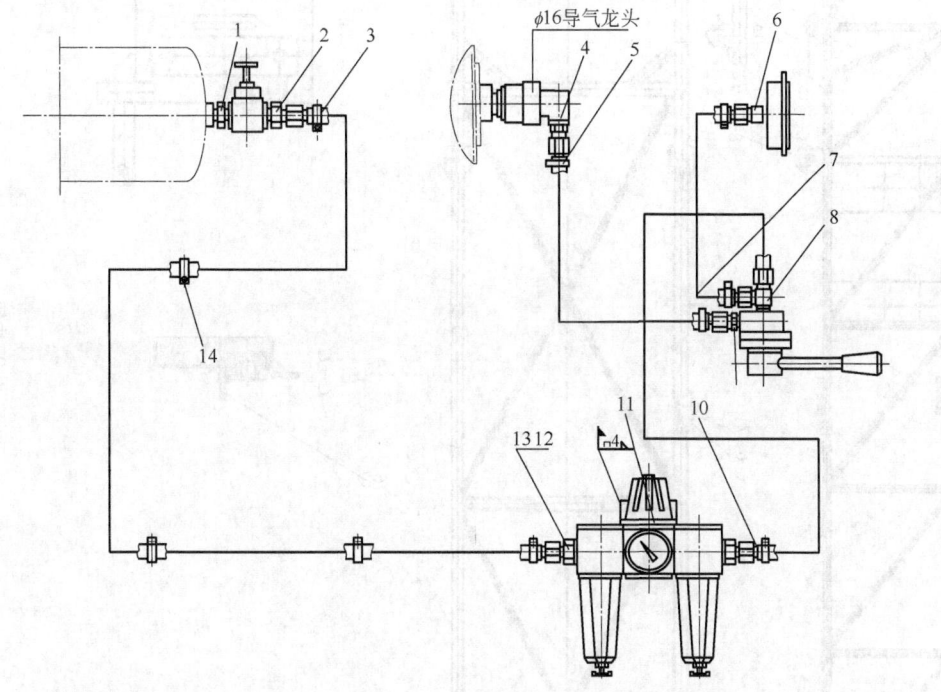

图3-1-8 气控系统

1—储气罐接头;2—截止阀接头;3—管路(1);4—气龙头接头;5—管路(2);6—气压表接头;7—管路(3);8—三通接头;9—接头;10—管路(4);11—三大件固定板;12—垫;13—异形接头;14—固定卡

气动三大件由以下几部分组成:

气水分离器:过滤压缩空气中的水分、污物。

调压阀:调整气路系统的压力。

油雾器:将润滑油喷成雾状,润滑气控系统的工作机构。

7)井架

井架(图3-1-9)是安放动力头、悬挂钻具及在钻进过程中承受钻压的装置,在井

ZBA031 钻机气控系统的组成

ZBA048 钻机井架组成

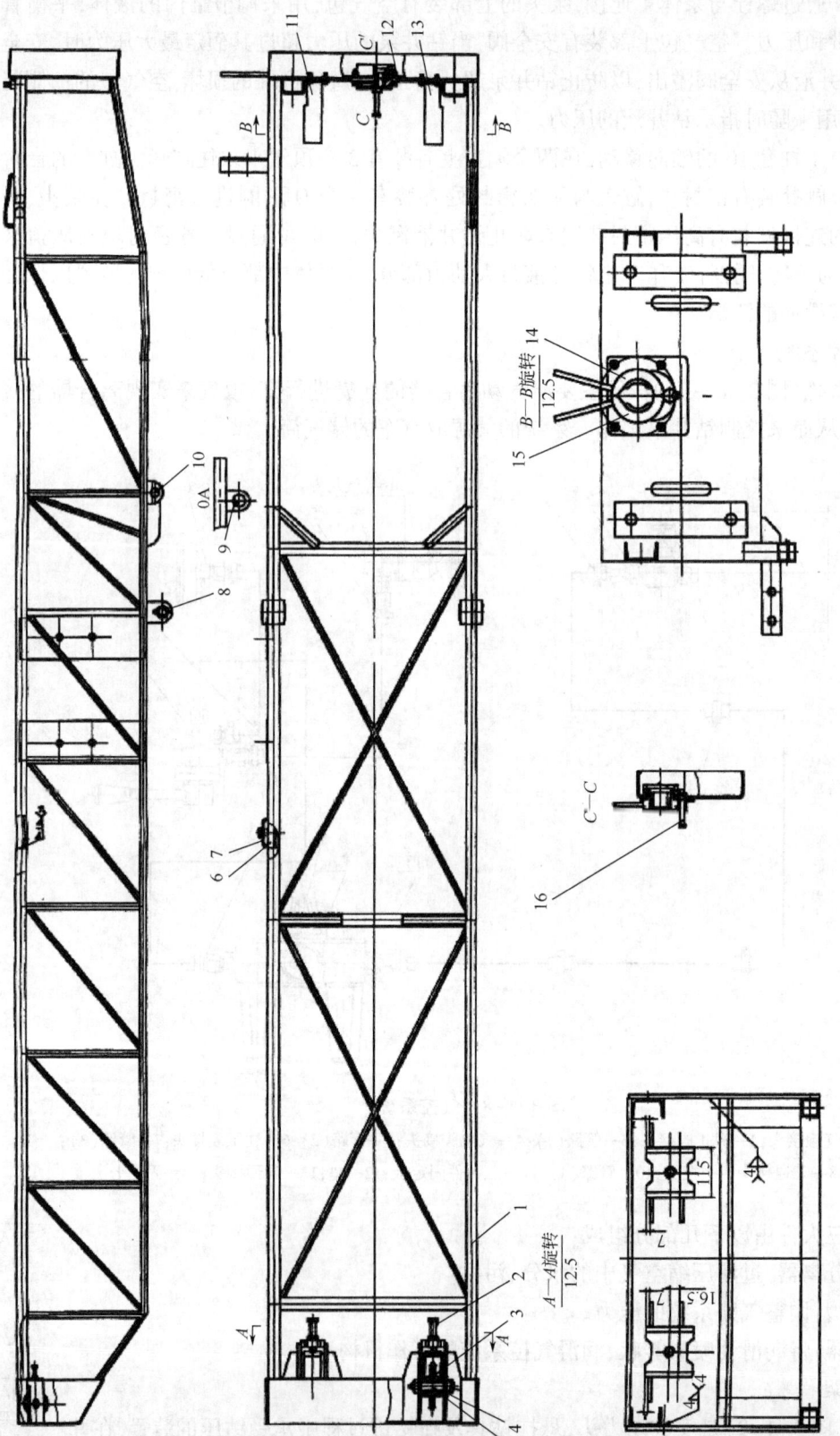

图 3-1-9 井架

1—井架焊架；2—调整螺钉；3—小链轮；4—链条张紧器；5—链轮轴；6—固定座；7—板；8—提升缸座销轴；10—衬套；11—右链盒；12—卡套座；13—左链盒；14—左管卡；15—右管卡；16—卡套座销钉

架下方平台上装有加压提升系统。井架上部装有小链轮3及链条张紧装置4。井架下部安装有卡套座12用来安放左右管卡(14、15)。井架中部设有提升缸座销轴8用来与井架油缸连接。衬套10将井架铰接在人字架上。

井架采用"Ⅱ"式桁架结构,使用无缝钢管焊接而成。

8) 钻杆和钻头

钻杆的作用:传递扭矩,输送钻井液。

钻杆在不使用时应清洗干净,涂上黄油并用护套保护好。

钻头的作用:用来破碎岩石。

钻头在使用与更换过程中必须注意防止憋断刮刀片。钻井时应在接触井底前启动动力头,再放到井底加压钻进。在坚硬地层钻进时应均匀输送,严禁突然猛放,以免损坏刮刀片。

(二) WTJ5081TZJ钻机使用注意事项

1. 钻机司钻岗位职责

(1) 上对班组长负责,下对钻工负责;严格遵守本岗位操作规程,按照炮点桩号进行钻井,保证钻井深度达到设计要求;定期对钻机进行维护保养;有权拒绝一切违章指挥;发现各类隐患要及时排除,无法解决的要立即上报。

(2) 司钻必须经过专门的HSE知识、业务知识及技能培训,熟悉钻机的用途、性能、原理、结构、会操作、保养钻机,能处理钻机、钻井故障,经指定部门考核合格取得上岗资格证书后方可操作钻机。

(3) 司钻在进行钻机的操作时,必须戴好安全帽,并按规定穿戴其他劳保用品。在进行钻井作业时,严禁擅自离开工作岗位。

(4) 钻井过程中,司钻要把安全工作放在首位,严格执行操作规程,发现隐患,及时排除。

(5) 钻井过程中,司钻要密切关注岩屑上返情况,根据地层及实际钻井情况调整钻压、转速、钻井液性能。

(6) 钻井过程中,司钻要密切关注各工作机构的运转情况,若出现异常噪声,温度过高漏气、漏水、漏油等情况应立即处理。

(7) 钻井过程中,司钻要密切关注液压系统工作情况,高温地区施工更应注意液压油温度变化及其冷却系统工作情况,应使液压油在其规定温度范围内工作,否则极易造成液压油变质、液压系统工作异常。

(8) 钻井过程中,司钻要合理运用油门大小。挂合工作机构前油门应处在急速位置,挂合工作机构后方可加油;脱开工作机构前,应先将油门置于急速位置,才可将工作机构脱开。工作中应根据负荷大小选择油门大小,切不可在工作中始终不变油门的大小。

(9) 认真填写钻井班报、钻井信息卡等文字记录资料。

2. 钻机使用注意事项

(1) 按规定对钻机进行保养,保养期间发现的钻机故障应及时排除,禁止钻机带"病"工作。钻机钻井作业或维修、保养期间,禁止无关人员靠近钻机及附近区域。

(2) 不得随意调整钻机液压系统压力,不得随意调整空压机调压阀,不得随意更换钻井泵安全阀剪销。

（3）钻机各系统的显示仪表是用来判定钻机工作状态的，应始终确保其工作可靠，如果发现损坏需立即更换。

（4）应始终确保钻机防护装置处于良好的工作状态。

（5）钻机燃料的使用、存放、运输应严格按照易燃易爆危险品的使用、存放、运输标准执行。

（6）钻机移动、使用期间严禁靠近动力输电线，及其他电线、电缆。

（7）钻井场地地面不平倾角不能大于15°，在上述不平的井场进行钻井作业时，车头方向应向下，除拉紧手制动器外车轮前应加垫三角垫木。

（8）严格按操作规范规定发动机转速、按操作规范规定的方法、步骤、要求使用钻机。

（9）钻机工作期间，应确保钻机发动机、底盘处于良好的工作状态，储气筒压力不能低于0.6MPa。

（10）钻机工作期间，严禁松动任何管线、接头。

（11）钻机工作期间，钻机发现异常情况首先应停机，严禁钻机运转时进行维修作业。

（12）钻机工作期间，对孔内可能出现事故应做好应急准备，发现苗头迅速采取正确措施进行处理，避免因操作、处理不当造成严重的孔内事故。处理事故时，严禁使用超大油门猛拉猛转，避免造成钻机损坏及人员伤害。

（13）钻机工作期间，严禁接触传动轴、带传动、链传动等运转部位。

（14）钻机工作期间，严禁接触发动机消音器、空压机缸体及其管线等高温部位。

ZBA026 钻机安全操作规程

（三）钻机安全操作规程

1. HSE 提示和预防措施

（1）按规定穿戴劳动防护用品。

（2）观察井位点地形、障碍物、高压线，采取安全保障措施，并向钻工讲明安全注意事项。

（3）钻机车在行驶时，除驾驶室外，其他任何部位严禁乘人。

（4）检查安全警示牌和安全防护设施。

（5）钻具螺纹卸不开时不得人机配合强行拆卸。

（6）不得对钻机实施外力加压。

（7）钻井液压系统循环预热时，司钻不准脱岗。

（8）钻杆入套时，不得用手扶下部接头螺纹。

（9）井架起放过程中，在钻杆下滑方向不准站人。

（10）钻机搬点时，司钻和钻工不准坐在钻机平台上或站在车辆的脚踏板上。

（11）在指定的地点修理钻机，废钻料、废汽料集中回收存放。

（12）加液压油及润滑油时使用专用工具，用后要及时清理工具及场地。

（13）在修理的部位下面放上接油盘，对废油、废液及时回收，并倒入废液回收桶中，集中处理。

（14）及时报告所发现的各种隐患及影响环境的做法和行为。

（15）动用明火烤车，必须有专人看守。

(16)预防机械伤害。

2. 实施前准备工作

(1)准备钻具、卸扣工具、管钳等。
(2)检查井架上的人字架锁钩,确保安全。
(3)检查高压管、传动链条、液压油表、各液压管无挤压、扭转、死弯或磨损。
(4)检查钻井泵、减压阀。
(5)检查钻机各部位及安全防护装置,确认无误后方可开钻。

3. 实施

(1)正确指挥车辆停点,钻机位置平坦,摆放平稳。
(2)钻机车作业前要查清地下、地表情况,各种管线、通信电缆、桥梁、堤坝、建筑物等附近打井时,必须符合相关的距离规定。
(3)起升钻机井架前,观察周围环境,确认无高压线、地下设施后再起升井架,并锁牢人字架。
(4)起升、落放井架要平稳,取力手柄到位,符合"慢—快—慢"程序要求。
(5)严禁在高压线两侧30m内钻井,特殊地形按有关规定执行。
(6)起升井架要平稳,钻机前后5m内及平台上不准有人。
(7)随时察看压力表、泵、液循环情况,听各部件运转中是否有异响。
(8)钻机运转中,严禁井架上站人或对运转部位进行检修。
(9)发生钻杆黏扣时,要用专用卸扣工具卸扣或钻机车熄火后再用管钳卸扣。
(10)钻机移开井口后方准下药(风钻除外)。
(11)使用空气钻打井前,应打开空气管线接口,拉开空气阀手柄,将气完全放空。
(12)空气钻作业应配防尘挡板。
(13)落放井架要摘掉锁钩、平稳、无刮碰、无撞击。井架前后5m内及钻机平台上严禁有人。
(14)严禁不放倒井架就指挥驾驶员行驶、移点。
(15)司钻在工作时不准离岗,不准交给他人操作。
(16)遵章守规,不在设备运转时进行检修。
(17)钻机出现下列情况之一时,应停止运行,并及时检修:
① 制动或传动系统出现故障;
② 钻井泵或空气压缩机安全阀失灵;
③ 空气循环、气动控制、液压系统压力异常;
④ 钻机仪表损坏或显示异常;
⑤ 机械或液压传动装置的温升超过规定值;
⑥ 管路出现漏气、漏水、漏油;
⑦ 某一部位有异响。
(18)不得在下列情况下操作钻机:
① 夜间、暴风雪、雷雨、大风沙、大雾天等恶劣气候环境;
② 系统故障未完全排除时。

(19)使用山地钻机启动后检查减压阀仪表和放气开关及胶管。

(20)钻机作业时井场周围不得有障碍物堆放,闲杂人员应远离钻机。

4. 实施后

(1)检查工具齐全。

(2)冬季施工后排空上下水管及泵内积水。

(3)检查钻井液槽、吸水管的牢固情况。

(4)清理场地。

(四)岗位主要风险

(1)机械伤害。

(2)触电。

(3)车辆伤害。

(4)火灾。

(5)环境污染。

(五)控制措施

(1)严格按照《岗位安全操作规程》进行施工作业。

(2)对司钻人员进行技术培训、考核。

(3)熟知本岗位的工艺流程,安全规定。

(4)参加岗位 HSE 培训。

(5)熟知本岗位的危险点源及采取的风险控制措施。

(6)明确每日的任务书上所标明地下设施及高压线下的桩号、点号。

(7)加强设备保养,保证安全性能可靠。

(8)认真履行岗位职责,增强责任感,提高安全意识。

(9)按照环境保护的要求,清理作业现场。

(六)应急措施

(1)发现火灾时及时扑救并报告。

(2)发现他人受到伤害或发生事故时,应先救人,并且及时报告现场负责人,保护现场,听从指挥和调遣,参加救援活动。

(3)救助伤员或自身受到伤害时,要保持头脑冷静,应采取现场急救措施(止血、防窒息、防冻)。

(七)钻机转移井位注意事项

(1)必须将井架放倒,严禁竖着井架转移井位。

(2)必须把取力手柄放到钻机不工作的位置。

(3)必须将钻机操作台的油门松到底,以免影响汽车驾驶。

(八)钻机长途行驶时注意事项

(1)装好侧防护及后防护装置。

(2)井架必须牢固的固定在井架支架上。

(3)钻杆必须固定牢固、以防丢失。

六、钻井一般故障的处理

> ZBA001 卡钻的处理方法

（一）卡钻

1. 卡钻事故的处理

钻具卡夹事故发生后，应及时进行处理，否则会使事故情节加重，并有发生埋钻等事故的可能。事故处理方法，通常先上提钻具，或串动与回转相结合进行处理，在返水的情况下不应停送钻井液。如果无效，则采取吊锤振打的方法，再无效时，就根据孔内具体情况采取不同方法处理。

对于不同原因造成的卡钻事故，处理方法如下：

1）掉块卡钻

掉块卡钻时，如果钻具能回转，也能在一定的范围内上下活动，则应用窜动的办法处理，每次提升的距离应大于串回的距离，这样反复，可逐渐将钻具提出；如串动无效，可采取边提边扫的办法；倘若边提边扫还是不能解卡，则可采用吊锤上下振打。

2）岩层缩径卡钻的处理

如钻具仍能转动则采用扫的办法扩孔，同时调配合适钻井液，如无效，用加压装置提拔或用千斤顶上顶，提起钻具。

3）岩粉"悬桥"卡钻

首先应增大冲洗液量并使钻具不停地转动。一般可以通过冲洗、串动和回转钻具消除。如卡阻较严重既憋车又憋泵，则可反掉悬桥上部的钻杆，下同径钻具扫孔，消除岩粉障碍物后，在下丝锥捞取下部钻具。

4）泥皮黏附卡钻

坚持慢钻轻提，猛放的原则反复进行；改用清水钻井，大泵量循环，不停上下活动钻具。

2. 卡钻事故的预防措施

（1）在易坍塌地层钻井时，调配密度大、黏度好的钻井液，以增强钻井液的护壁功能，钻进时，不选择弯曲的钻杆，适当降低钻具转速，减少井壁坍塌的可能。

（2）软地层钻进时，选择适宜的高转速、高钻压，并随时注意钻具转速变化、钻井液循环等情况。

（3）钻井泵出现故障时，应及时修理，不能凑合钻进。

（4）配置适合地层情况的钻井液。

（5）钻井过程中，钻机出现故障须维修时：钻井液循环正常，先循环钻井液将岩屑带出井外，再将钻具提到安全位置；钻井液循环不正常，首先将钻具提到安全位置，必要时卸掉部分（或全部）钻杆。

卡钻往往是钻具粗径部分顶部在孔内卡住提不上来，回转时有阻力，甚至卡死，但一般能通水。

3. 事故发生的原因

1）孔壁不稳定

主要的因素有：

（1）钻进时，由于钻具稳定性差，回转时对孔壁产生"敲邦"现象，加上钻井液的冲刷增加了掉块,产生卡钻。

(2)钻进中钻井液不合适,尤其是失水量大,会造成泥皮脱落和不稳定岩层坍塌掉块而卡住钻具。

(3)在破碎地层钻进时,盲目采用大压力、快转数,都会增加掉块夹卡钻具的机会。

(4)操作不正确,使孔壁遭到破坏,加剧了坍塌掉块的程度。

2)岩层遇水膨胀孔径收缩

当钻孔穿过塑性大的或胶结性差的岩层,为黏土层、泥岩、风化页岩等,由于冲洗液浸入或岩层的吸收水分造成膨胀而增大体积,绕围孔身四周向钻孔中心收缩。当钻孔缩径较重时,便把钻具挤夹和卡阻在缩径孔段。

3)孔身不规则,孔径大小变化悬殊,形成岩粉"悬桥"

当钻井液携带岩粉上升时,一旦到达孔径变大的部分,由于钻孔断面面积突然变大,流速立即下降,一部分钻井液还会形成涡流,于是岩粉纷纷下沉,形成悬桥,造成钻具卡阻。在地震钻井时往往会因为地层松散钻井中泵量过大,孔壁被冲刷而成大肚子孔段,造成岩粉下沉形成悬桥卡住钻具。

4. 事故发生前的征兆

在卡钻事故发生前,都有一定的预兆和特征,及时发现这些征兆,及时采取预防措施是避免发生这类事故的重要方面。

(1)钻具提动和转动有阻力,如涩滞、憋劲等现象,下钻时常发生遇阻"搁浅"。

(2)提钻时,钻具表面刮有岩泥、岩皮。

(3)如果是掉块卡钻,则钻进时有憋车现象,提动钻具感到有劲,升降钻具不是突然卡住,开始往往可以活动一段距离,一般情况下井内钻井液循环正常。

(4)如岩层遇水膨胀漏径卡钻,除提升钻具遇阻回转阻力增加,还有憋泵现象。

(二)钻机憋泵

1. 钻机憋泵的故障现象

(1)钻井液循环中断。

(2)泵压猛升。

(3)严重时,钻井泵安全阀打开,剪销被切断。

2. 故障原因

(1)钻井过程中,钻井液不清洁,造成钻头水眼被沙石堵塞,导致憋泵。

(2)钻井过程中,下钻速度过快,地层中的泥沙堵住了钻头水眼,造成憋泵。

(3)钻井液中的沙石或其他钻屑沉积在钻井泵高压管线中,越积越多,造成堵塞导致憋泵。

(4)卡钻事故憋泵。

3. 钻机憋泵的处理

(1)钻井泵安全阀打开,首先应更换规定的安全阀销子,使安全阀能正常工作。

(2)钻头水眼被堵憋泵,应用转动钻具,并用大锤震击钻具,并断续开泵,以求将堵塞物冲开。

(3)钻井泵高压管线钻屑沉积,应卸开高压管线,开泵将泥沙洗净。

4. 钻机憋泵的预防

(1)钻井过程中,司钻应指挥钻工及时做好钻井液清洁工作。

(2)及时清理钻井液中泥沙。

(3)应及时清除钻井泵及其高、低压管线中的泥沙。

(4)提前预防、及时处理卡钻事故

(三)钻杆脱落

1. 钻杆脱落事故的原因

钻杆或钻头使用时间较长或维护、使用不当,导致钻杆或钻头螺纹磨损严重,在钻井过程中,由于误操作,使钻机反转,而造成钻杆或钻头脱落。

2. 钻杆脱落事故的处理

(1)使用接头螺纹磨损较轻钻杆下到井中,对扣连接,接好后提出井外。

(2)使用专门的打捞工具打捞。

3. 钻杆脱落事故的预防

(1)使用钻杆前要进行认真的检查螺纹磨损情况,磨损轻的用到井的下部,较重的用到上部,严重磨损的予以淘汰。

(2)认真做好钻杆维护工作,防止钻杆过早严重磨损。

(3)认真按照操作规程,做到正确的操作钻机。

(四)钻杆折断

1. 钻杆折断的原因

(1)钻杆受变化频繁的拉、压、扭等力及力矩的作用,钻井过程中或处理钻井事故时,使钻具薄弱处受力超过其承受极限,就会造成钻杆被拉断、扭断、顿断。

(2)钻杆质量不符合要求。

2. 钻杆折断的故障现象

(1)钻井泵泵压减小。

(2)钻具转速突然加快。

(3)可听到井内有磨铁的声音。

3. 钻具的打捞步骤

(1)先将上部钻具提上来,查看断裂的部位和形状,确定折断发生处的准确位置(深度)。分析井壁安全情况。

(2)研究打捞方案,并主要根据折断的性质,选择合适的打捞工具。如果所钻的井筒粗细不均,钻杆折断处可能靠于井壁,这时用一般丝锥难以扭接,必须下放导向器才能有效。

(3)放入捞取工具。在下放打捞工具之前,应在丝锥螺纹上涂以黄油。当丝锥将到折断处之前(距折断处约1~1.5m时),停止放下,开泵把折断处的岩粉冲洗干净,以便于连接。冲洗后慢慢放下捞取工具到折断钻具之上端,然后慢慢地扭转钻杆,使丝锥螺纹扭进3~4扣即可进行上提。

(4)上提时应先循环钻井液,离井底2~3m时须下放,轻刹车二至三次,看看接扣是否牢固,以防中途脱落造成严重的事故。

4. 钻杆折断的预防措施

ZBA009 预防钻杆折断

(1)不要把质量不同的钻杆混合在一起使用,一根有毛病的钻杆,可能是全套钻杆最薄弱的环节。

(2)要定期检查钻杆,不符合技术要求的钻杆不能使用,应送修或淘汰。

(3)为减少非常严重地危害钻杆螺纹联接部位的腐蚀作用,必须使螺纹保持清洁和干净,将螺纹部分涂上润滑油并带好护扣套。

(4)接、卸钻杆时不要用力过猛。接钻杆时,外螺纹和内螺纹应使钻杆上下垂直,并须轻放,以防止损伤螺纹。

(5)凡弯曲钻杆必须矫正后再用,有螺纹损伤者,必须剔除更换。

(6)钻井时应合理选择钻压、转速,不能盲目加大钻压、提高转速。

(7)遇有复杂地层应采取措施避免钻井事故的发生。

(8)升降钻具或处理钻井事故时不要猛拉猛放。

七、WTJ5081TZJ型钻机的维护

ZBA038 使用和维护链轮箱

(一)链轮箱的使用和维护

1. 链轮箱的使用及故障排除

(1)链轮箱工作时,应按润滑表的规定及时加入润滑油,以防止润滑不良造成链轮、链条和轴承损坏。

(2)使用中如发现有异常噪声,应及时检查排除。

(3)定期检查链轮箱工作情况,如发现链条损坏或过度拉长,应及时更换链条。

(4)经常检查通气罩的通气情况。

(5)当离合器摩擦片磨损量超过2mm或烧坏时,应换新片。

(6)气囊老化、开裂、失效时应更换气囊。

(7)链轮箱轴承发卡或损坏,应及时更换轴承。

(8)为了改善链条工作环境特设置磁性螺塞,螺塞上装有强力磁铁可吸附磨损下的铁屑微粒,从而使油液清洁减少磨损。因此注意在维修或更换时,清除掉磁性螺塞上的铁屑。

2. 离合器摩擦片的更换及离合器间隙调整(参照图3-1-3链轮箱)

(1)拧下导气龙头⑨,拆下气管总成14。

(2)拧松锁紧螺母15上的紧定螺钉⑫,拧下锁紧螺母15。

(3)退下挡板11,依次取下气囊总成16、绝热板18、销子⑬、压力板19、摩擦片21、驱动板20、弹簧13。

(4)按照上述拆卸的相反步骤装上新摩擦片。

(5)离合器间隙的调整:将锁紧螺母15拧到底,再往回松2~3mm,用紧定螺钉⑫紧固在轴上即可。

注意:

(1)零件拆下要清洗干净,表面不准黏有油污。

(2)零件拆下后要认真进行检查,发现存在问题的零件应及时修理或更换。

(3)摩擦片应清洁无毛刺,安装摩擦片时,两副摩擦片的切口应错开60°。

3. 更换离合器气囊

更换离合器气囊可参照更换摩擦片的步骤进行。

4. 离合器常见故障及排除方法

离合器常见故障及排除方法见表3-1-1。

表3-1-1 离合器常见故障及排除方法

故障现象	故障原因	排除方法
离合器打滑	摩擦片沾油	清洗或更换摩擦片
	摩擦片磨损	更换
	摩擦片表面变质、裂缝、烧伤或变形	更换
	摩擦片间隙调整不正确	调整间隙
	气压不足	调整气压
	气囊老化或漏气	更换
离合器有响声	离合器内弹簧损坏	更换
	花键磨损	更换不合格零件
离合器分离不彻底	弹簧损坏	更换

(二) 动力头的使用和维护

1. 动力头的使用

(1) 动力头工作时应使动力头大齿轮轴(即主轴管)平行于井架轨道,其加压链条应左右对称,松紧适当。

(2) 动力头工作时,运转应平稳可靠,无冲击、异常震动和噪音,各密封处、接合处不得有渗漏油现象。

(3) 动力头工作时,随时注意动力头箱体的温升,箱体的温升一般温升不得高于45℃,最高温度不得大于80℃。

(4) 动力头润滑:动力头箱体内是一级齿轮传动,箱体内应加一定量的润滑油,当动力头处于工作位置时,加油至油面螺塞的下沿。首次加油,工作200h后应更换新油,以后可根据工作情况大约每工作6个月左右换油一次,如发现油液污染,应及时更换。换油时必须清洗干净箱体。一般情况下,每天检查一次油面,发现油量少时应及时补足。

(5) 经常检查两端滚轮的灵活程度,定期加注润滑脂,如有卡阻现象应及时更换或修复。

(6) 工作时,如发现动力头上方管线底座视孔里有泄漏时,证明密封圈已坏或松紧调整不合适,应及时更换新密封圈或重新调整其松紧程度,严禁将其堵死,防止水漏入动力头壳体内部,损坏内部零件。

2. 密封圈松紧程度的调整

(1) 卸下高压水管。

(2) 松开八角套,取下弯管接头。

(3) 松开防松环,通过拧松或拧紧锁紧密封头来调整密封圈的松紧程度。

(4) 调整合适后,拧紧防松环。

(5)安装弯管接头,装上高压水管。

注意事项:

(1)拧紧防松环时,应用工具卡住锁紧密封头,防止其与防松环一起转动造成密封圈过紧。

(2)调整合适后,动力头应转动灵活。

3. 密封圈的更换

(1)卸下高压水管。

(2)卸下管路底座。

(3)取出损坏的密封圈,换上新密封圈。

(4)按照拆卸相反的顺序安装管路底座、高压水管。

注意事项:

(1)更换密封圈时,应首先检查主轴管轴承的间隙,如间隙过大,应先调整轴承间隙,再更换密封圈。

(2)更换换密封圈时,应将密封圈接触部位清洗干净,密封圈上下表面均匀地涂上润滑脂。

(3)换好换密封圈后,应检查密封圈松紧程度,过紧或过松应进行调整。

4. 动力头O形密封圈的更换

(1)卸下高压水管。

(2)卸下管路底座。

(3)取下O形密封圈,换上新的O形密封圈。

(4)按拆卸的反顺序安装即可。

注意事项:新O形密封圈换上时应均匀地涂上润滑脂。

5. 动力头常见故障及排除方法

动力头常见故障及排除方法见表3-1-2。

表3-1-2 动力头常见故障及其排除方法

故障	原因	排除方法
润滑油渗漏	密封圈损坏	更换
发热	轴承润滑不良	注油润滑
	轴承轴向间隙过小	重新调整

(三)加压提升装置的使用和维护

ZBA036 加压提升装置的使用和维护

(1)加压提升装置工作时,各部分动作要平稳,无冲击或异常噪声。

(2)经常检查链轮的固定螺栓和轴承安装螺栓,不允许有松脱现象。

ZBA037 保养减速箱要点

(3)经常检查加压提升装置轴承的润滑情况,按要求定期进行润滑。

(4)加压提升链条要松紧适度,其松紧程度以人手推或拉链条中间部位偏离垂直中心线50~90mm为宜。

(5)加压链条采用人工定期润滑:使用机油枪或毛刷在加压链条的内外侧板间隙处加注20#机械油,每班一次。长期不工作时,应用煤油清洗干净,并涂上防锈油。

(6)经常检查蜗轮减速器的密封情况,不得有渗漏现象。

(7) 蜗轮减速器工作时,随时注意温度变化,其箱体温升不超过 45℃,最高温度不超过 80℃。

(8) 蜗轮减速器的润滑:蜗轮箱内采用 L-CKE220 蜗轮蜗杆润滑油进行润滑,其液面高度应达到螺塞孔边缘处。首次加油,工作 100h 左右应更换新油,以后可根据情况大约工作 6 个月左右更换一次。若发现油液污染,应及时更换,换油时箱体内必须清洗干净。要经常检查液面高度,发现不足应及时补足。

(9) 井架支起后,必须用锁钩锁紧,否则不准拆卸修理油缸,落井架时必须保证油缸下腔充满液压油。

(四)液压系统的使用与维护

1. 液压系统的使用

(1) 液压系统多路换向阀中的安全阀压力调定后,不得随意调整。

(2) 液压油箱内必须加入规定牌号的液压油并经常检查液面高度,发现不足应及时添加。加油时要经过 10μm 过滤精度的滤网过滤,不得混入其他牌号液压油。

(3) 钻机第一次使用 300h 须更换新油,以后可根据使用条件,大约 6 个月更换一次。

(4) 液压系统的油温不得超过 80℃。

(5) 冬季启动油泵,系统应空载断续启动,使油温上升,待温度超过 15℃时,方可进入全负荷运转。

(6) 应定期清洗油箱上的空气滤清器。

(7) 系统内有压力时不得松动任何接头等件。

(8) 井架竖起后,应及时用锁钩锁紧,否则不准进行拆卸、修理油缸等操作。放井架时应保证油缸下腔应充满,速度应平缓,不得有过大的冲击。

(9) 维修或更换管路、接头等液压件时,不得有任何污物进入系统。

(10) 系统工作时如有爬行或异常响声,应立即停机检查。

2. 液压系统常见故障及排除方法

液压系统常见故障及排除方法见表 3-1-3

表 3-1-3 液压系统常见故障及排除方法

故障	原因	排除方法
系统不能启动	油箱缺油	加油
	吸油滤油器堵塞	清洗或更换
	管线安装不合适	合理安装
	油温太低	将液压油适当加热
系统动作缓慢	发动机转速过低	提高发动机转速
	变速箱档位不对	变换变速箱档位
	油黏度过高	使用规定液压油
	油箱液面低	加油
	元件内部漏油严重	检查并更换元件
	油温太低	加热到 15℃以上
	油泵吸油管路漏气	检查油泵吸油管路

续表

故障	原因	排除方法
油过热	油黏度过高	使用规定牌号液压油
	油面低	加油
	油污染	清洗,换油
	散热器外面堵塞	清洗散热器
	环境温度太高	停止工作,等待环境温度降低
油发泡	油位太低	加油
	液压油中有水	换油
	油品变质	换油
系统压力不足	油泵吸油管路漏气	检查油泵吸油管路
	泵、马达内泄严重	检查,必要时更换
	溢流阀溢流压力过低	调高
油泵声音异常	油位过低	加油
	油液黏度过高	更换液压油
	吸油滤油器堵塞	清洗或更换
	泵故障	修理或更换
油缸及换向阀声音异常	元件损坏	修理或更换
	系统中有空气	排除系统中空气

ZBA039 钻井泵的使用与维护

(五)钻井泵的使用与维护

1 使用前的检查

(1)检查阀盖、缸盖、拉杆、密封填料压帽等各部分螺栓的紧固是否可靠,特别是拉杆和十字头连接处的螺帽紧固情况,不允许有松脱现象。

(2)检查安全阀是否可靠,进、排水的工作状况是否良好。

2. 工作过程中的检查

(1)必须随时观察压力表的读数,压力应≤2.0MPa,表的指针应有一定幅度的快速摆动,如发现停止不动,说明压力表堵塞或损坏,应及时排除或更换。

(2)经常检查泵体内油面,如发现润滑油减少,应及时添加。

(3)每工作200h更换润滑油一次;

(4)经常检查泵头、泵体密封填料及其他密封处有无渗漏现象。

(5)经常检查缸盖上顶丝压紧缸套的情况,缸套不允许有轴向窜动,否则因缸套与泵头结合面间的磨损而导致泵头报废。

(6)经常检查泵体、十字头、缸套等各处有无异常声音;轴承温升不得超过45℃。

(7)经常检查连杆与泵头、泵体密封填料相对运动部位及时涂抹润滑油。

(8)安全阀开启压力已由剪销设定,使用中不得随便更换成其他的销子,以免发生事故。

(9)工作中如安全阀打开,应停机检查造成泵压超高的原因,排除故障并更换新剪销后,方可继续进行钻井作业。钻井泵空气包上装有压力表,可随时观察钻井泵的工作压力。

(10)钻井泵长时间不用时,需将泵头内部清洗干净,将水放尽,涂上防锈油。

ZBA024 钻机注水泵的保养方法

3. 钻机注水泵的保养

(1)冬季使用时,若停泵工作时间较长,必须打开放水螺塞,将泵头内的钻井液放净,以免冻裂泵头,如有条件,可将汽车排气管排出的废气通到泵头底部加热。

(2)注水泵长时间不使用时,应将泵头部分清洗干净,并将水放尽,拉杆缸套涂上防锈油,防止锈蚀。

(3)泵体箱内加入规定的润滑油,夏季使用30号机油,冬季使用20号机油。油量加至螺塞下缘,每次加油,工作100h应更换新油,以后可根据情况,大约工作6个月左右换油一次,换油时必须清洗干净。一般情况,每月检查一次,发现油面不足时应即时补足。

4. 活塞的更换

(1)卸下泵头盖、打开侧盖,将缸套内清洗干净。

(2)盘动钻井泵,使活塞位于最外端。

(3)取下拉杆上的销子。

(4)用工具固定住拉杆,将活塞固定螺栓拧下。

(5)取出活塞。

(6)换上新活塞,按照拆卸相反的顺序将螺栓、销子、泵头盖、侧盖复位。

5. 钻井泵缸套更换

(1)卸下泵头盖。

(2)取下活塞及拉杆。

(3)将缸套与泵头清洗干净。

(4)向外拉缸套时,将拆卸缸套的专用工具中的拉盘5斜向用手推入缸套底端,并卡住端面如图3-1-10所示。

(5)将螺杆3的一端拧入拉盘,把支撑板2套在螺杆上,使之紧贴泵头端面,拧上螺帽,然后用扳手拧调节螺母,将缸套拉出。

(6)安装缸套时,应首先检查缸套外部有无毛刺,如有毛刺用砂纸将毛刺打磨掉。

(7)将泵头内部清洗干净,与缸套外径接触位置应均匀涂上润滑油(或润滑脂)。

(8)将缸套压入泵头。

注意:在装缸套时要对正并慢慢推进去,严禁用缸盖顶丝硬压。

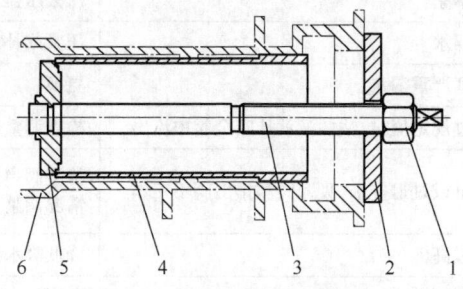

图3-1-10 更换钻井泵缸套
1—螺母;2—支撑板;3—螺杆;4—缸套;5—拉盘;6—泵头

6. 钻井泵阀座更换

（1）卸松压紧螺母,将压条搬开。

（2）取下压盖,取出阀弹簧、阀组件。

（3）将阀室内清洗干净。

（4）将拆卸缸套的专用工具中的压紧座 5 斜向用手推入阀座 4 底端,并卡住端面如图 3-1-11 所示。

（5）将螺杆 3 的一端拧入压紧座 5,把支撑座 2 套在螺杆上,使之紧贴泵头端面,拧上调节螺母,然后用扳手拧调节螺母,这样阀座即可拉出。

（6）压入新阀座。压入时应注意阀座不能倾斜,不能破坏密封表面。

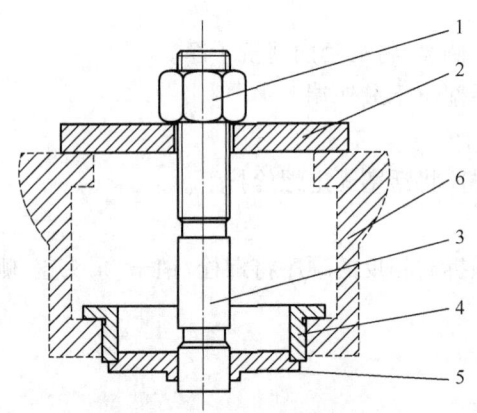

图 3-1-11 更换钻井泵阀座

1—调节螺母；2—支撑座；3—螺杆；4—阀座；5—压紧座；6—泵头

7. 钻井泵故障及其排除方法

钻井泵故障及其排除方法见表 3-1-4

表 3-1-4 钻井泵故障及其排除方法

故障现象	故障原因	排除方法
钻井泵在正常转速下压力表的压力下降,排量减小或完全不排钻井液	吸入管或莲蓬堵塞	停泵清除杂物
	上水管不严密,空气进到泵内	检查并密封
	泵头压盖不紧	压紧压盖
	密封填料漏水	压紧或补加密封填料
	缸套和活塞严重漏水	更换
	泵压未超过规定值时,钻井液就从安全阀中流出	检查调整或更换损坏零件
	排出阀过早或过迟排水,吸入阀和排出阀不工作	检查阀弹簧压力、阀和阀座配合情况,视情况调整、更换
	吸水高度过高	降低吸水高度
拉杆密封填料刺钻井液	密封填料压帽松	上紧
	密封填料损坏	更换或补加密封填料
	拉杆磨细	更换

续表

故障现象	故障原因	排除方法
可听到泵中部有急剧的敲击声	拉杆并帽松动	上紧拉杆并帽
钻井泵轴承发热	轴承润滑油不够或过脏	补充或更换润滑油
	连杆轴承间隙小或润滑孔被堵塞	调整或更换轴瓦,检查并清洗润滑孔
	滚动轴承损坏或磨损	进行调整或更换
钻井泵转动部分有不正常响声	齿轮啮合不好	修理或更换
	十字头销子磨损严重	更换

(六)钻具的使用与保养

ZBA047 钻具的使用与保养

1. 钻杆使用注意事项

(1)钻杆运输时必须戴好护丝,其内螺纹、外螺纹不得混在一起。

(2)钻杆不使用时,其水眼、接头必须用清水洗净,涂上防锈油,接头应戴好护丝。

2. 钻头使用注意事项

(1)换钻头应注意防止蹩断刮刀片。

(2)每次接好单根下放钻具,应在接触井底前启动动力头,再放到井底加压钻进,以防蹩断刮刀片。

(3)钻进时应均匀送钻,严禁猛放猛压。

(七)气控系统的使用与保养

ZBA040 气控系统的使用与保养

(1)各管线、接头及其他元件拆卸时应保持清洁。

(2)存水杯和过滤芯清洗后,用压缩空气吹净。

(3)拆卸时,气控三大件零件要小心轻放,防止磕伤碰毛。

(4)通过油雾器油窗观察滴油情况,若油雾器在工作中不滴油,应检查油针是否被灰尘堵塞,如被堵塞应及时清洗。向油杯内加油时不得超过最高油位,当油位临近最低油位时要及时补充规定油品。

(5)存水杯放水时向左旋转叶柄打开放水阀,待将水放完,应立即右旋叶柄关闭放水阀。

(6)调压阀在平衡状态下溢流口漏气,此时检查进气阀和溢流阀是否有灰尘,有灰尘则需取下清洗;检查膜片是否破裂,如膜片破损应及时更换。调压时,压力升不上去应检查弹簧是否断裂,如断裂应取下更换。

(7)调压阀在通气前,逆时针转动手轮,使阀卸荷,打开气源后再顺时针转动手轮,使压力逐渐增加,直至压力表指示压力在 0.4~0.6MPa 范围内。

(八)钻机液压系统压力的调定

一般情况下,钻机出厂时,各系统压力均已调好,无须用户再动,如果需要,可按如下方法调定,但系统工作压力最高不得超过如下范围:旋转系统 12.5MPa,加压提升系统 12.5MPa。

动力头旋转系统的压力调节:由原理图可以看出,其马达和井架油缸均使同一组换向阀控制;因此,扳动井架起落手柄,使井架落下时继续搬动手柄,同时调节换向阀中溢流阀的调节螺栓,使其达到所需要的压力(12.5MPa)即可。

加压提升系统:当动力头下至井架最底部继续扳动控制手柄,同时调节换向阀中溢流阀的调节螺栓,使其达到所要求的压力(12.5MPa)即可。根据目前钻机的使用情况,此时加压提升力为15000kg,较为适宜。

> ZBA006 影响钻井的因素

(九)地震钻井参数及选择

在前面的名词解释中已经对钻井参数做了解释,也就是:钻压、转速、排量和钻井液的性能。

钻压是直接加在钻头上的,钻压越大,钻头吃入地层越深,在旋转中受到的阻力越大,所消耗的功率也越大,钻杆受到的挤压力就越大,也很容易造成钻杆的弯曲,所以在钻进中的钻压不宜太大,一般按钻头直径150~300kg/25.4mm(地震车装钻机)即可,应根据实际情况进行适当选择。转速的快慢直接影响到钻进的快慢,转速越快,在钻压的作用下,钻头吃入地层的速度也越快,被钻削下来的岩屑也就越多,所遇到的阻力也就逐渐增大,应力变化相应增大,消耗的功率越来越多。所以在高速下钻进,钻杆容易被折断,经验告诉我们,转速一般控制在400r/min左右进行钻井作业较为适宜。排量的大小也直接影响钻进的快慢,排量越大,冲洗井底的能力越强,对钻头的冷却越快,带出井底钻削下来的岩屑就越迅速,是提高钻井速度的重要因素。所以在钻机功率、密封条件、管路承压能力和钻井泵结构允许的条件下,排量通常是越大越好。钻进是受钻压、转速和排量所限制的,在钻进过程中,三者缺一不可。在保证钻头及钻杆的使用效率的前提下,在钻进过程中,功率一定的条件下,钻压、转速、排量与钻进之间的关系是:钻压与转速成反比关系,排量与钻进成正比例关系。适当根据不同地区对其选择是提高钻井效率的有效途径。

(十)每天收工后的工作

(1)采用钻井液钻井,每天收工前,应把钻井液循环系统冲洗干净,尤其在冬季施工(环境温度低于0℃),必须把泵头、管线内的钻井液排放干净,以免冻裂泵头,堵塞管线。

(2)冬季施工(环境温度低于0℃),必须每天进行排清气控系统气水分离器中的污水。其他时间应定期排除。

(3)检查并装好所带物资、工具、材料等,避免因丢失而造成浪费。

(4)认真填写设备运行记录等文字管理资料。

> ZBA034 山地钻机的组成

八、HY-20G型山地钻机操作及保养

(一)钻机的特点及组成

1.钻机的特点

(1)钻机采用KOHLER 14hp的单缸汽油发动机,用联轴器直接驱动液压油泵。发动机配置适应野外多粉尘环境的重型空滤器。

(2)钻机采用齿轮泵、负载敏感多路阀和轴配流摆线马达组成液压系统,耐污染能力强,使用可靠。在满足钻机使用可靠的同时,减轻钻机重量。

(3)钻机采用无底座设计,井架与支架、动力头壳体均采用优质铝合金材料,更好地满足人抬搬迁的要求。

(4)钻机配置温控系统的液压散热器,保证系统最佳工作状态。

(5)钻机液压油箱配置温度显示装置,便于监控液压系统油温。

(6)钻机发动机手动启动后,其发电机直接驱动散热器风扇,取消电瓶,减轻野外搬迁工作强度。

2. 钻机的组成

钻机总共分四个模块,分别是:

(1)井架加压马达模块。

(2)动力头旋转马达模块。

(3)油箱散热器操作阀模块。

(4)发动机油泵模块。

井架加压马达模块分别和动力头旋转马达模块、油箱散热器框架总成模块通过动力头插销和井架锁销实现快速连接。井架加压马达模块和发动机油泵模块通过井架压板和螺母实现快速连接。油箱散热器框架模块和发动机油泵模块通过活节螺栓和螺母实现快速拆装。各个搬迁模块上的液压管线可以通过快速接头实现快速对接,以防污物进入液压系统,损坏液压元件。钻机的各组成模块如图 3-1-12 所示。

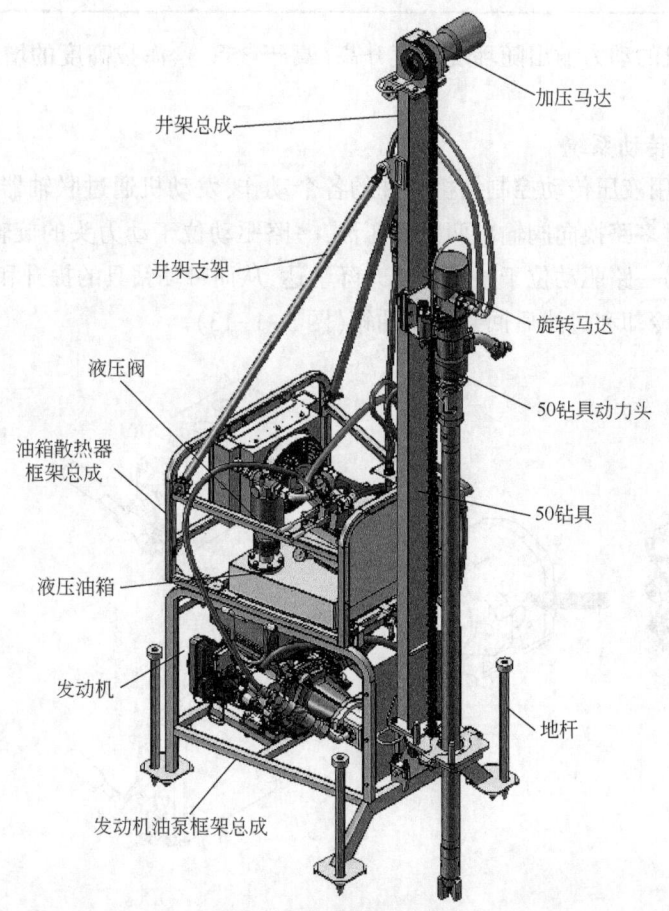

图 3-1-12 钻机外形图

(二)钻机主要性能参数

表 3-1-5 为钻机主要性能参数。

表 3-1-5 钻机主要性能参数

钻井深度,m		20
钻井方法		空气震击钻井、空气钻井、螺旋钻井(选装)、钻井液钻井(选装)
钻孔直径,mm		75(空气钻井)
钻杆(直径×长度),mm×mm		$\phi50\times1500$
动力头	额定扭矩,N·m	420
	动力头转速,r/min	0~128
加压提升系统	提升质量,kg	900
	最大升降速度,m/s	0.61
液压系统	工作压力,MPa	17/7
发动机输出功率		1kW/3600r/min

注意:发动机的动力输出随环境温度升高(高于35℃)、海拔高度的增加(超过1500m)后将有所降低。

(三)钻机的传动系统

钻机整体采用液压传动控制钻机钻井的各个动作,发动机通过联轴器直接驱动齿轮泵工作后,油泵通过多路换向阀输出两路液压油,一路驱动位于动力头的旋转马达工作,从而带动钻具旋转,另一路驱动位于井架上的升降马达,从而带动钻具的提升和加压。两个回路的回油经过强制冷却和过滤后回到液压油箱(图 3-1-13)。

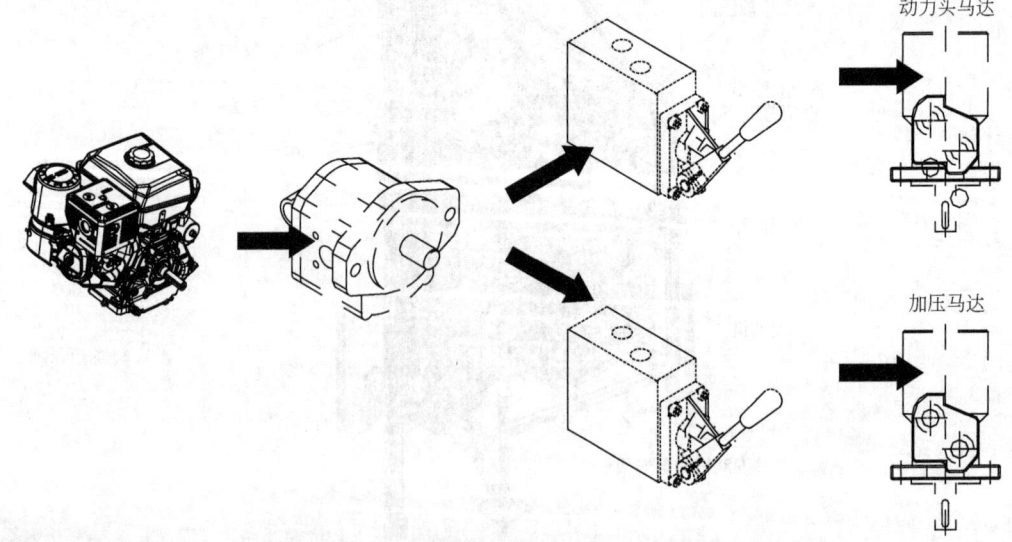

图 3-1-13 钻机的传动原理

(四)钻机的使用注意事项

1. 钻前注意事项

(1)操作人员应经过专业培训,未经过培训的司钻不得操作钻机。

(2)钻井工作人员,在进行钻井作业时,应戴好安全帽、防护面具及护目镜。

(3)确认发动机已添加适合施工环境的机油,且清洁、油面处在正常范围内。

(4)确认发动机空气滤清器干净、畅通。

(5)确认液压系统已按本手册规定添加适合施工环境的液压油。

(6)检查并调整液压油箱油液面高度符合要求。加油时须经过过滤精度不低于 $10\mu m$ 的滤网过滤。

(7)不得混用不同牌号的机油、液压油。

(8)液压系统各安全阀压力调定后,不得随意调整。

(9)安装前,仔细检查各种管线是否有破损,有则立即更换。

(10)开机前,检查管线联接是否正确,管线接头是否联接牢固,快速接头安装是否到位,防护套索的安装是否符合要求。

(11)应按规定的方法、使用规定的机油、润滑脂润滑和维修钻机。

(12)检查并调整井架链条松紧度;检查、调整提升座导向间隙。

> ZBA041 轻便钻机使用保养注意事项

2. 钻井中注意事项

(1)液压油泵须在发动机怠速下启动,待油温超过 15℃时,方可进入工作负荷运转。

(2)不得有零、部件靠近热源或运动部件。

(3)系统内有压力时,不得松动任何接头和零。

(4)钻机运转时,不要润滑或维修。

(5)当采用空气震击钻井方法时,不允许使用油脂润滑。

(6)经常检查钻机各结构部件的牢固情况和转动件运转是否正常。

(7)钻杆顺序轻放时应注意避免外螺纹先着地,以保证螺纹完好,并不得碰弯钻杆。

3. 钻井完成后注意事项

(1)严格按发动机操作规程之规定更换机油。

(2)严格按发动机操作规程清洁或更换机油滤芯、空气滤芯及燃油滤芯。

(3)每钻完一口井清洗钻机,保持其清洁,具体内容包括:

① 将发动机空滤器盖打开,轻轻取出滤芯,远离发动机,磕掉其上的污物;用湿毛巾将滤清器外壳内部的尘土擦净;将外层海绵上的沙尘颗粒抖干净,并用清水洗净后拧干水分,装回原处。

② 按《CIR75 潜孔冲击器随机文件》进行冲击器保养,拆开冲击器拆开清洗,加入一定量的机油或液压油保养后方可继续使用。

③ 每周对油脂润滑处,如动力头、井架等部位都要加注足够量的润滑脂。

(4)钻机解体搬迁前,用压缩空气吹净液压快速接头表面,液压散热器翅片,发动机机油散热器;再将同一框架相同规格的快速接头相互插上,以防污物进入液压系统,损坏液压元件。

(5)井架在运输时应注意保护铝合金立柱不得磕碰。

(6)调整、润滑加压提升链条。提升前应检查提升装置内尼龙板的磨损量,严重磨损时应予以更换。

注意:钻机应与汽油等易燃、易爆品分开运输,否则可能造成设备、人身伤害。

(五)钻机的操作

ZBA044 操作轻便钻机钻井

1. 使用前准备工作

以风向对发动机吸气有利平整井场面积不小于 1×1m,在施工过程中井场应不得塌陷。

(1)根据风向调整发动机油泵框架总成的位置,将油箱散热器框架总成找正后摆放在上面并用螺母联接好。

(2)井架总成安装于发动机油泵框架总成上,放好井架压板,抬起井架上端、直立,将井架支架与油箱散热器框总成用定位销锁定,调节井架支架上的左旋、右旋螺纹,保证井架中心垂直于水平面,锁紧井架支架上的两个背母,然后用螺母锁紧井架压板;将地钎打入地下,以增加钻机的稳定性。

(3)现场安装完成后,动力头中心与井架卸钻杆装置内孔中心同轴度小于 ϕ3mm。

所有紧固件应牢固、可靠,运动件动作灵活、准确、可靠。

清洁各部快速接头,按管路联接图联接好液压管路。

(4)将动力头用定位销固定在井架提升装置上。

(5)将空气管路与动力头进气部分连接好。装配时将防护套索的环套分别套在两个对接快速接头的两端,使防护套索起到安全防护的作用。

(6)确认各液压操作手柄处于中位。

(7)通过液压油箱油尺确认液压油的液面处于正常范围。

(8)确认发动机的机油在正常油位范围。

(9)打开发动机空滤器,检查空滤器滤芯的洁净程度,应确保滤芯洁净、畅通。

(10)检查各传动部分处的护网是否牢固。

(11)待发动机启动后,油液温度达到 55℃时,散热器风扇开始工作,并确认风扇为吸风状态。液压油温到 50℃时,散热器风扇停止工作。

2. 主机部分启动

启动发动机,将油门置于怠速位置。发动机怠速运转(冬季不少于 5min),使之预热后钻机即可按工作工况运转。

3. 钻机运转

(1)经常检查仪表是否正常,否则应停机修理。

(2)各管路联接处应无漏油、漏气现象。

4. 钻机钻井作业

(1)开钻:将潜孔冲击器与动力头下接头联接好,然后打开空气管路球阀,扳动液压阀手柄,钻具开始加压、旋转,进行钻井作业。

注意:为保证井壁与井架垂直,必须使用扶正套。

(2)接换钻杆:将垫叉卡在钻杆(或冲击器)对扁处,卡在井架井口装置上,反转动力头,使动力头与钻杆(或冲击器)脱离,然后装下一根钻杆,装前须吹尽钻杆内的脏物,避免潜孔冲击器堵塞,不震击。

(3)钻进:接换钻杆后,打开球阀,即可进行正常钻进。

注意:根据地层情况和钻井方法的不同,调整旋转手柄的开口,当采用空气钻井或遇到较松软地层时,可将钻具的旋转速度提到最大,当采用空气震击钻井或遇到胶泥地层时应将钻具的旋转速度适当降低!

钻进时要及时滑井,以免卡钻。当钻井中遇到卡钻时,先将"加压提升手柄"扳到最大提升位,然后扳动"动力头旋转手柄"(不能到位,形成节流)使钻具正转,同时实现钻具提升的动作,即可解决一般的卡钻事故!

(4)卸钻杆:当钻至设计井深后,气路系统应继续工作1min左右,保证井底岩屑尽数上返后才开始卸钻杆。关闭气路系统上的球阀,将钻杆与动力头连接处卸松,用卸扣套和垫叉依次卸完所有钻杆。

(5)停机:将操作手柄置于中位,关闭管路总成中的球阀;主机发动机油门置于怠速状态运转2min后停机。

注意:停机前应确认系统压力为零。

由于发动机空气粗滤器滤芯为纸质,并且压缩空气内含油,切勿用压缩空气吹空滤器滤芯!

(6)钻机拆卸:按钻机安装时的逆序拆卸各部件,液压管线拆开后,应以搬迁框架为单元将快速接头一一对应地联接好,防止搬迁过程中对钻机系统污染;并注意相应联接件的保管。

注意:钻机部件停机时间短可能造成烫伤。

(7)钻机的搬迁:钻机部件搬迁时应防止各种液体的泄漏,注意搬迁部件的管线、电线及可能的外露部分,不得磕碰零、部件;在地形复杂地区注意设备与人员安全。

ZBA042 保养轻便钻机整机

(六)钻机的保养和贮存

钻机只有按规定进行保养及润滑,才能确保其使用寿命,并充分发挥钻机的作用。

1. 钻机润滑表

钻机润滑表见表3-1-6。

表3-1-6 钻机润滑表

润滑部位名称	点数	润滑材料	润滑要求
动力头轴承	2	2#锂基润滑脂	一周

注意:链条、井架销座等也应适当润滑以防生锈。

2. 钻机保养表

钻机日常保养表见表3-1-7。

表3-1-7 钻机日常保养表

序号	保养部位	保养周期	
		每次使用	每周检查
1	发动机机油	检查、添加清洁	更换
2	发动机空气滤清器	检查、清洁、更换	
3	液压系统是否渗漏	检查	修理、调整

续表

序号	保养部位	保养周期	
		每次使用	每周检查
4	液压系统压力	检查	修理、调整
5	散热器风扇叶片	检查、清洁	
6	液压油液面及清洁度	检查、添加	更换
7	液压阀	检查	修理、调整更换
8	油泵座各联接螺栓是否松动	检查	修理、调整
9	动力头是否有润滑脂渗漏	检查、修理调整	
10	动力头各联接螺栓是否松动	检查、修理调整	
11	动力头下接头磨损	检查、修理、调整、更换	
12	动力头密封圈漏气	检查、修理、调整、更换	
13	动力头是否有异常发热	检查	修理、调整
14	井架焊缝开裂	检查、修理调整	
15	井架各联接处检查	检查、修理调整	
16	链条张紧程度	检查	修理、调整
17	加压链条润滑		润滑
18	冲击器及钎头	检查、修理、调整、更换	

3. 钻机的贮存

(1)将钻机清洗干净,排净冷凝水后,各油杯应注满润滑油脂。

(2)外露加工表面和装箱零件、工具、附件等采用有效防锈措施。

(3)钻机应不受雨淋、曝晒。

项目二　保养钻机钻井泵总成

一、准备工作

(一)设备
WT-50型钻机2台(1台备用)。

(二)材料、工具
润滑脂、密封胶各1管,机油5W/40、汽油适量,车用工具1套,加油桶1个,棉纱适量。

(三)人员
1人独立完成,穿戴劳动保护用品。

二、操作规程

(1)打开泵体后盖,放掉脏油,用汽油清洗泵体润滑油腔。

(2)调整连杆瓦间隙,检查滚动轴承,检查向心球轴承,检查齿轮啮合情况。

(3)加新油到泵体规定液面,泵体后盖用密封胶密封,上紧后盖。

(4)打开泵头边盖,将缸套涂抹润滑脂,检查活塞并涂抹润滑油、检查开口销是否脱落、螺母是否上紧,检查阀组件并涂抹润滑油,边盖固定螺栓涂抹润滑脂,支撑杆涂抹润滑脂。

(5)紧固支撑杆、归位压板及边盖。

(6)拉杆涂抹润滑油。

三、技术要求

(1)润滑油选择正确、连杆瓦间隙适中、滚动轴承无异响。

(2)钻井泵泵头内部零件及拉杆涂抹润滑脂。

四、注意事项

(1)根据季节选择加注润滑油。

(2)压板过紧易造成支撑杆断裂。

项目三　保养井架总成

一、准备工作

(一)设备

WT-50型钻机2台(1台备用)。

(二)材料、工具

润滑脂适量、普通车用工具1套、黄油枪1只、棉纱适量。

(三)人员

1人独立完成,穿戴劳动保护用品。

二、操作规程

(1)润滑加压装置座瓦轴承,紧固座瓦轴承固定螺栓,检查涡轮箱固定螺栓。

(2)润滑小链轮轴,检查开口销、链条涨紧器、小链轮衬套。

(3)油缸销轴润滑,人字架销轴润滑。

(4)加压链条涂抹润滑油。

三、技术要求

井架润滑点润滑油充足,连接部位螺栓紧固,链条左右对称并松紧适度。

四、注意事项

(1)停机进行操作。

(2)在钻机平台操作时注意安全。

项目四　更换分动箱润滑油

一、准备工作

(一) 设备

分动箱1台。

(二) 材料、工具

润滑油足量,棉纱适量,扳手1把,油桶、加油装置、废油盆各1个。

(三) 人员

1人独立完成,穿戴劳动保护用品。

二、操作规程

(1) 选用润滑油,上加油孔用密封垫,下部放油塞密封垫。
(2) 检查密封处固定螺栓有无缺损,密封处无漏油。
(3) 卸开加油孔及油面螺栓,打开放油塞将废油接出,检查润滑油磨损情况加少量润滑油冲洗,加密封垫拧紧放油螺塞,加油至油面即可,垫好密封垫,拧紧上盖加油孔螺栓,擦拭油渍。

三、技术要求

(1) 正确选择油品、油液面高度标准。
(2) 各部密封良好无渗漏。

四、注意事项

(1) 润滑油牌号选择。
(2) 各螺塞口无泄漏。

项目五　保养起升加压装置总成

一、准备工作

(一) 设备

WT-50型钻机2台(1台备用)

(二) 材料、工具

润滑脂适量,机油适量,普通车用工具1套,黄油枪1只,棉纱适量,加油桶、废油盆各1个。

(三) 人员

1人独立完成,穿戴劳动保护用品。

二、操作规程

（1）加压装置座瓦轴承润滑，检查涡轮箱与加压轴连接情况，紧固座瓦轴承固定螺栓，检查涡轮箱固定情况，检查大链轮是否窜位。
（2）检查润滑油并放掉旧油，更换润滑油，紧固加放油螺栓。

三、技术要求

（1）正确选择油品、油液面高度标准。
（2）大链轮位置适中。
（3）连接部位牢靠。

四、注意事项

（1）涡轮箱与加压轴连接停机检查。
（2）操作过程中注意安全。

项目六　常规保养气动系统

一、准备工作

(一)设备
WT-50型钻机2台(1台备用)。

(二)材料、工具
润滑脂适量、合成锭子油适量、普通车用工具1套、黄油枪1只、棉纱适量、加油壶1个。

(三)人员
1人独立完成，穿戴劳动保护用品。

二、操作规程

(1)检查通气开关操作手柄是否灵活，检查通气开关固定情况。
(2)检查管路有无破损打死弯的情况，检查管线接头紧固情况，检查导气管有无破损。
(3)油雾器重新添加润滑油，检查油水分离器紧固情况。
(4)导气龙头添加润滑脂。

三、技术要求

(1)接头紧固、导气管无破损。
(2)油雾器重新添加润滑油，导气龙头添加润滑脂。

四、注意事项

(1)导气龙头恢复是要紧固。

(2)操作过程中注意安全。

项目七　更换链轮箱润滑油

一、准备工作

(一)设备

链轮箱 1 台。

(二)材料、工具

润滑油足量,扳手 1 把,加油桶、废油盆各 1 个,纱布、棉纱适量。

(三)人员

1 人独立完成,穿戴劳动保护用品。

二、操作规程

(1)选用润滑油、上油面螺栓用密封垫、下部放油塞密封垫。

(2)检查密封处固定处螺栓有无缺损,密封处无漏油。

(3)卸开加油孔及油面螺栓,打开放油塞将废油接出,检查润滑油磨损情况,加少量润滑油冲洗,加密封垫拧紧放油螺塞,加油至油面即可,垫好密封垫,拧紧上盖加油孔螺栓,擦拭油渍。

三、技术要求

(1)正确选择油品、油液面高度标准。

(2)各部密封良好无渗漏。

四、注意事项

(1)润滑油牌号选择。

(2)各螺塞口无泄漏。

(3)操作过程中注意安全。

项目八　更换钻井泵阀组件

一、准备工作

(一)设备

钻井泵(300/25)1 台。

(二)材料、工具

WT-50 阀弹簧 1 个,WT-50 阀组件 1 套,2 号锂基脂 1 管、棉纱适量、活动扳手(450mm)1 把、手锤 1 把、一字螺丝刀 1 把、克丝钳 1 把、套筒(19mm)1 套。

(三)人员

1人独立完成,穿戴劳动保护用品。

二、操作规程

(1)用活动扳手拆卸上盖,取出弹簧,取出阀组件。

(2)检查弹簧、阀组件、阀胶皮、阀座表面进行清洁。

(3)检查新阀组件固定螺栓是否松动并及时拧紧,检查阀胶皮是否入槽,阀胶皮涂润滑脂,阀弹簧涂润滑脂,阀组件放在阀座上,放入阀弹簧,装配时不能多加或缺少零件。

(4)压盖密封严密不能偏斜,压条螺栓松紧适度。

三、技术要求

(1)新阀紧固,阀垫涂抹润滑脂。

(2)阀座方向安装正确。

(3)安装顺序正确,先安装阀组件,后放入阀弹簧,调整压板螺栓。

四、注意事项

(1)装配时不能多加或缺少零件。

(2)阀座不能装反。

(3)操作过程中注意安全。

项目九 更换钻机加压系统装置小链轮总成

一、准备工作

(一)设备

WT-50型钻机1台。

(二)材料、工具

润滑油少许、小链轮1个、小链轮衬套1个、小链轮轴及冒1套、开口扳手(32~36mm)、克丝钳1把、大一字螺丝刀1把、手锤1把、垫木2个、清洁布1块。

(三)人员

1人独立完成,穿戴劳动保护用品。

二、操作规程

(1)将小链轮衬套垂直放在小链轮孔上轻轻敲击使其入孔,垫上垫木敲击将其嵌入小链轮衬套孔使其上端和小链轮孔上端在一个平面上,检查小链轮轴和衬套孔的配合间隙,如过紧并及时调整。起井架后使动力头降至井架最低点用提升环压上,放平井架于支架上关掉动力装置,将链轮张紧器上调整螺栓卸松,将链条从提升环上取下,将链轮轴索母卸下,取下需更换的小链轮。

(2)将组合好的新链轮衬套孔内涂抹润滑油,将其装入链条张紧器。张紧器的轴孔于链轮衬套孔对准,将链轮轴由里向外插入,使链轮固定在链条张紧器上。拧上链轮轴索母,将链条连在提升环上,将链条活节挡片用索销索好,顶紧链条张紧器上调整螺栓使链条松紧适当,上紧链轮轴索母穿入开口销。

(3)打开发动机立起井架,推动提升下降操纵杆,检查两根链条松紧平衡度,动力头下接头对准井架底座中心点上。

(4)倒落井架,关掉动力装置。

三、技术要求

(1)使用正确方法装衬套。
(2)固定链轮松紧适当,穿入开口销。

四、注意事项

(1)停机调整链条松紧平衡度。
(2)操作过程中注意安全。

项目十　更换钻机动力头水封

一、准备工作

(一)设备
WT-50型钻机1台。

(二)材料、工具
润滑脂少许、水封2个、随车工具1套、清洁布1块。

(三)人员
1人独立完成,穿戴劳动保护用品。

二、操作规程

(1)卸掉排水管接头,卸开八角帽拿掉铁弯脖,卸开密封头锁紧环。

(2)卸掉锁紧密封头,将旧水封取出,新水封涂抹少许润滑油,新水封装入动力头主轴管水封槽内。

(3)将锁紧密封头拧入适当位置夹紧水封,使锁紧密封头和主轴管有一定间隙,旋动主轴管检查水封紧度,调整水封过紧或过松,锁紧防松环,装上铁弯脖拧紧八角帽,装上排水管并紧固。

(4)整理现场及工具使其恢复原状。

三、技术要求

(1)锁紧密封头和主轴管间隙适当。

(2)新水封要涂抹润滑脂,新水封装入动力头主轴管水封槽内。

四、注意事项

(1)锁紧密封头和主轴管间隙过大或过小会使水封失去作用。
(2)操作过程中注意安全。

项目十一　更换钻机动力头下油封

一、准备工作

(一)设备

TB1-01-00动力头1台。

(二)材料、工具

润滑脂适量、导向用具1套、动力头油封(65×95×12骨架油封)1个,克丝钳子1把、一字螺丝刀1把、手锤1把、开口扳手(18~19mm)1把、铜棒1把,棉纱少许。

(三)人员

1人独立完成,穿戴劳动保护用品。

二、操作规程

(1)检查油封尺寸并选择合适的油封,检查油封弹簧弹性,检查油封唇部有无损伤并清洁。
(2)拆卸底座(不能撬或重锤敲击),取下需要更换的油封并检查,检查轴的粗糙程度,清洁轴表面油污。
(3)涂少许润滑油,放入新油封,使油封与壳体孔对准,不宜偏斜,油封裙部对着轴承,使油封装到位置,采取导向装配方法装配,装配时使拉紧弹簧有合适的拉紧力不能受伤。
(4)上盖,紧固螺栓。
(5)整理现场及工具使其恢复原状。

三、技术要求

(1)装配时油封拉紧弹簧完好
(2)油封裙部对着轴承,不能装反
(3)拆卸底座不能撬或重锤敲击

四、注意事项

(1)拆卸底座不能撬或重锤敲击,易造成底座损坏。
(2)操作过程中注意安全。

项目十二　更换万向节十字轴

一、准备工作

(一)设备

万向传动装置(3.1m)1套

(二)工具、材料

普通车用工具1套、棉纱少许、2#锂基脂少许。

(三)人员

1人独立完成,穿戴劳动保护用品。

二、操作规程

(1)清洗零件,检查零件。
(2)润滑材料选择,润滑十字轴。
(3)装配顺序,装配方法,装配后检查。
(4)整理现场及工具使其恢复原状。

三、技术要求

(1)安装方法正确。
(2)装配顺序正确。

四、注意事项

(1)装配顺序正确。
(2)操作过程中注意安全。

项目十三　维护气动离合器

一、准备工作

(一)设备

WTJ5081TZJ钻机1台。

(二)材料、工具

棉纱适量、随车工具1套。

(三)人员

1人独立完成,穿戴劳动保护用品。

二、操作规程

(1)检查连接,拧紧连接头。

(2)调整方法,调整结果。
(3)整理现场及工具使其恢复原状。

三、技术要求

(1)间隙调整合适。
(2)接头连接牢靠。

四、注意事项

(1)调整压盘间隙适当。
(2)操作过程中注意安全。

项目十四　操作钻机钻井

一、准备工作

(一)设备

WT-50型钻机车1台、5t水罐车1台。

(二)材料、工具

钻杆5根、钻机随车工具1套、大管钳2把、铁锹3把、水桶1个。

(三)人员

1人独立完成,穿戴劳动保护用品。

二、操作规程

ZBA018　钻机的操作方法

1.钻井前的检查与准备工作

(1)操作钻机前应对钻机进行全面检查,确信已无问题时,方可使用钻机进行钻井作业。
(2)准备好钻井及其他辅助工具。
(3)生产施工钻井作业前应认真核对井位桩号及井深要求。
(4)钻井前首先平整钻井场地,将钻机停放到位。
(5)钻机到达预定井位后,首先拉紧手刹车,将汽车变速杆置于空挡位置。

2.钻机的取力

(1)踩下离合器。
(2)将汽车的前后桥摘掉,即把前后桥的动力手柄均放到空挡位置。
(3)挂合取力器。
(4)搬动变速杆,使之处于四挡位置。
(5)松开离合器,动力即可传给钻机部分。

注意:冬季启动油泵,应空载断续起动,使油温上升,待油温超过15℃,方可进行全负荷

3. 起井架

(1)略加油门,操作井架起落手柄将井架升起,井架竖起后,应及时挂好锁销。

开钻前(到工地第一口井)井架竖起后,应作如下检查:

① 上下活动动力头,查看各液压管线是否存在刮磨或打死弯,如有问题进行调整;

② 检查链条松紧程度,检查卡瓦是否对中,如有问题进行调整;

③ 检查各运动部件、操作受柄的动作是否灵活、准确、可靠;

④ 检查各液压操纵手柄是否处于中位,并试验各手柄操作是否灵活,定位位置是否准确,加压提升、井架起落,快速提升三个手柄是否能自动回位。

(2)起落井架注意事项:

① 起放井架操作时应防止液压管线挂在钻机突出部位;

② 起放井架时一般要求速度为"慢—快—慢"。

4. 挖钻井液坑,调配钻井液

挖钻井液坑,根据地层情况,调配适宜的钻井液。

5. 灌泵

如果是钻当日第一口井,应先进行灌泵。

灌泵可按照下列程序进行:

(1)抬起低压管,使其最高位置高于钻井泵缸套高度。

(2)打开一组低压阀。

(3)取出阀弹簧、阀组件。

(4)将低压管及液缸内加满水。

(5)装回阀组件、阀弹簧、压盖并用压板压好。

将低压管放入钻井液中,操作钻井泵控制手柄,加油至适当转速,待观察钻井液循环正常后进行正常钻井工作。

6. 钻进

(1)钻具旋转速度的控制。WTZ5081TZJ 型钻机钻具的旋转是通过液压马达驱动动力头来实现的,根据钻机的设计和钻井实践,钻具转速根据地层情况可在 220r/min 范围内选择。

(2)钻进速度的控制。钻速的高低直接决定着钻机的生产效率。钻速受钻井液性能、排量,钻具转速以及钻压等因素的影响。当钻机钻进时,应根据地层情况,合理选择钻井液性能及排量、钻压、钻具转速,最大程度的提高钻速。一旦发现钻井泵上返量减小、憋泵或钻具转速降低,则应适当减慢钻进速度。

(3)钻具的加压。钻井过程中,应根据地层情况操作加压手柄进行加压。否则,加压压力过小会影响钻井速度,加压压力过大会造成钻具过度磨损、弯曲。

(4)钻井液性能及循环的控制。钻井产生的岩屑是靠钻井液循环带出井外的,所以在钻井过程中要适度滑井将岩屑尽数带到井外。

钻井过程中,司钻应随时注意钻井液循环情况,二、三钻工应及时将岩屑捞出,保障钻井液的清洁,并应根据钻井需要加水及其他添加剂调配性能适宜的钻井液。

7. 接单根

WTZ5081TZJ 型钻机使用中 $\phi60\times3000mm$ 钻杆,为达到规定的井深,需要进行接换钻杆工作,接单根操作步骤如下:

(1)待钻井液将岩屑尽数带到井外后,关闭钻井泵。

(2)一钻工将卡瓦放在卡瓦座内。

(3)下放钻具,同时旋转钻具(正转)使钻具接肩对准卡瓦键槽。

(4)下放钻具,使钻具接肩进入卡瓦键槽,即用卡瓦卡住钻具。注意:钻具接头应距卡瓦上表面 60~80mm。

(5)反转动力头,松开动力头下接头与钻杆接头的连接。

(6)一钻工扶住动力头下接头,二、三钻工抬钻杆,使钻杆母接头与下螺纹接头对好;

(7)缓慢正转动力头,使下接头与钻杆连接好;

(8)上提钻具使钻杆公接头升至卡瓦上部。注意:为节约时间应使用快速提升手柄。

(9)一钻工扶住钻杆下部,下放钻具,使上部钻具外螺纹落入下部钻具内螺纹中。注意:扶钻杆时切不可扶钻杆螺纹部分。

(10)旋转动力头,使上下钻具连接好。

(11)上提钻具,取出卡瓦,开泵,待钻井液循环正常后即可继续进行钻井作业。

上述步骤依次反复,直至达到规定井深。

8. 起钻

钻到规定井深后,应适度洗井,一则将岩屑尽数带到井外,二则加固井壁,防止井壁坍塌。上述工作完成后,即可进行起钻工作,具体操作步骤如下:

(1)关闭钻井泵。

(2)一钻工将卡瓦放在卡瓦座内。

(3)下放钻具,使卡瓦卡住钻具接肩。

(4)反转动力头,卸松动力头下接头与钻杆内螺纹接头的连接。注意:卸松间隙不大于 3/4 扣。

(5)一钻工放下滑套。

(6)取出卡瓦,上提钻具,使下一钻杆上接头升至卡瓦座以上。

(7)一钻工将卡瓦放入卡瓦座。

(8)下放钻具,使钻杆接肩放入卡瓦槽内。注意:钻具接头应距卡瓦上表面 60~80mm。

(9)反转动力头卸开钻杆连接。

(10)一钻工拉出卸开的钻杆,交给二、三钻工,同时司钻操作加压提升控制手柄下放动力头及钻具。

(11)下放钻杆至合适位置。

(12)一钻工上提并挂好滑套,二、三钻工用手扶牢钻杆。注意:不能扶钻具螺纹及其他突出部位。

(13)倒转动力头,卸开钻杆与下接头的连接,钻工将钻杆装于钻杆盒内。

(14)一钻工扶住滑套,下放动力头,使下接头对准卡瓦处钻杆,旋转动力头使之连接。注意:连接时应保留 1/2~3/4 扣间隙。

（15）放下滑套，上提钻具即可进行下一次卸钻杆作业。

（16）如此反复，将钻杆全部卸掉，带钻头的钻具应与动力头下接头连接牢固，同时将滑套挂起。

9. 完钻

将动力头提至井架上部，摘掉锁销，放倒井架，松开油门，摘掉钻机离合器，挂合前和/后桥，即可开动钻机车转移至下一井位。

三、技术要求

（1）起立井架时保持平稳，掌握慢—快—慢的方法。

（2）正确使用快速提升及下降手柄。

（3）正确使用正反转手柄。

四、注意事项

（1）使用正反转手柄时钻具旋转方向要明确。

（2）操作过程中注意安全。

模块二　地震勘探爆炸

项目一　相关知识

一、同步震源遥控爆炸系统概述

同步震源遥控爆炸系统,简称爆炸机。以前大多数地震队采用普通方法施工,地震道少、排列短、地震仪器的位置与炮点重合,源激发采用的设备是启爆雷管和启动仪器一体的爆炸盒,所以就没有遥控起爆的必要。随着地震勘探的数字化,施工方法的改进,覆盖次数的迅速增加,使地震道数大量增加、排列长达几千米,甚至几十千米。地震仪器车停在排列的任何一点都可以放炮,遥控爆炸机就随之产生并发展起来。它之所以称为系统,是因为它在技术、性能、使用价值等方面是随着科学技术的发展、地震仪不断地更新、发展而发展,而自成系统。并在其他工作方面,也可以用来起爆炸药震源。实现远距离、高精度同步遥控起爆,可以方便地和各种地震仪连接。适用范围广、同步精度高、使用方便。它可广泛地应用于海洋、陆地的石油勘探及煤炭、建筑、冶金等方面,完成炸药震源起爆和记录仪器记录的高精度同步,使地震勘探精度有了很大的提高,更好地利用地震波达到找油、找气的目的。随着科学技术的发展遥控爆炸系统功能也越来越强,可以使用GPS定位和蓝牙技术,实现实时定位和蓝牙的数据传输。和计算机连接实现数据的下载和参数的修改。

ZBB013　井口检波器的作用

（一）爆炸机的组成及作用

目前我国地震勘探施工中使用较多的遥控爆炸系统有4种:SHOTPR、SHOTPROII、BOOMBOX、SGD-S。爆炸机虽然不断更新换代,尽管制造厂商不同、操作方法不同,但是它的基本工作原理、外部组成都是相同的。有的型号同一台仪器可以起到编译码器互换,方便系统的相互测试和维修。

ZBB005　爆炸机的组成

(1) 主机:设置成译码器的BOOMBOX或SHOTPROII的单元,也是爆炸机的核心部分,用来产生和释放高压,引爆炸药。接收来自井口检波器发回的井口信号和起爆产生的爆炸信号。

(2) 背包架:爆炸机的背包架一般采用铝合金结构,优点是重量轻、强度比较高,缺点是遇到强烈的机械碰撞容易变形,所以爆炸机在野外使用中,要请拿轻放。运输途中要做到避免撞击。

(3) 线缆:爆炸机线缆,它是译码器主机与电台之间相连接;放炮时的预备信号、点火信号、爆炸信号、井口信号和放炮参数等信号传输。

(4) 爆炸机电台:爆炸机电台与译码器主机连接后,接收来自编码器的起爆指令,并向编码器传回放炮后的各项数据和参数。

(5) 爆炸机电台天线:爆炸机电台发射和接收系统天线,是由一根来完成的,安装在爆炸机框架的天线底座上,它的作用就是接收和发射无线电信号,完成编码器和译码器之间的数据接收和发射,天线的好与坏直接关系到电台之间的通信距离。

(6)话筒:Microphone 话筒又称麦克风,是声电转换的换能器。爆炸机话筒的作用是,译码器操作员与编码器操作员,进行语音通话联络,它的一端插在电台的话筒输入端,通完话后将其挂在爆炸机框架的话筒挂件上。

(7)井口检波器:井口检波器是将机械震动转换成电信号的器件,内部由磁芯和线圈等组成,能够拾取井下炸药被激发,传到地面瞬间的信号时间。

(8)蓄电池:爆炸机的供电方式为直流 12V,常用的供电电源有 Ni-Cd 电池组(镍镉)、铅酸免维护电瓶,现在石油勘探爆炸机常用的蓄电池有 12V12AH、12V7AH 铅酸免维护电瓶。

(二)遥控爆炸系统的组成

> ZBB001 遥控爆炸系统的组成

遥控爆炸系统由三部分组成:编码器、译码器、电台。编码器,通常装在仪器车里,通过电缆与地震仪连接。实现地震仪器对编码器的控制信号信号的相互传输,编码器收到的信号传输到地震仪器并记录到磁带上。译码器,也叫爆炸机,通常在炮点使用,受编码器控制,用来起爆炸药,并采集起爆过程中的信号。电台,它分别与编码器、译码器组装在一起,通过无线传输起到遥控的作用、信号和语音传输作用。

> ZBB003 爆炸机的功能

工作时由仪器控制编码器发出控制指令,通过无线电台或有线电缆给爆炸机下达起爆命令。进而由爆炸机控制爆炸点起爆炸药激发地震波,并回传爆炸机采集的炮点信息,实现炸药起爆与地震勘探仪器同步接收地震波记录的目的。

(三)遥控爆炸系统的工作示意图

遥控爆炸系统的工作示意图如图 3-2-1 所示,遥控爆炸系统有两种工作方式,一种是有线工作方式,一种是无线工作方式。有线工作方式工作在近距离生产,无线电干扰严重地区不适合使用电台传输的情况或者电台损坏时的紧急情况下使用。各种原因的影响,有线放炮一般很少使用。常用的工作方式,多采用无线工作方式,远距离遥控起爆炸药。

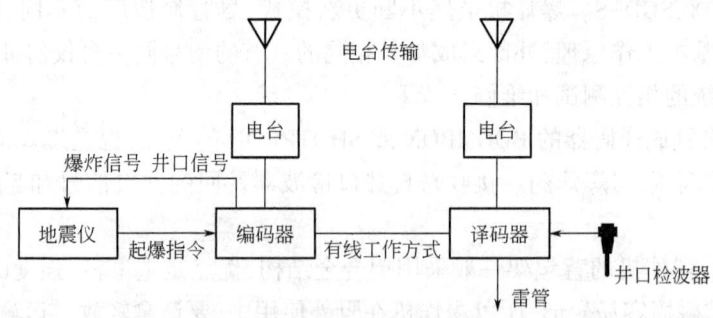

图 3-2-1　遥控爆炸系统工作示意图

工作过程:炮点准备好后,爆炸机操作员连接好炮线后,按下充电按键和起爆请求按键,电台将起爆请求命令发送到编码器。操作员启动仪器发出起爆指令,编码器接到指令后通过电台发送到爆炸机电台。爆炸机接到指令释放高压到雷管,起爆炸药产生地震波,并采集起爆过程中的状态信息,通过电台回传采集到的验证爆炸时间(CTB)、井口时间(UH)。编码器接收后传输到仪器记录系统,验证爆炸时间和仪器记录是否同步,为以后地震资料处理时使用。

二、SHOTPROII 爆炸机简介

SHOT PROII 是美国 I/O 公司的 PELTEN 子公司采用数字技术、利用单片机结构所研制的一种新型的遥爆系统。具有计时精度高,菜单式操作,TB 延迟通过软件调整,集编、译码器为一身等特点,其高压输出特点。

(一)爆炸机主要功能和技术指标

(1)无线遥控起爆和有线连接起爆两种起爆控制方式。

(2)编码器和爆炸机存储达到 500 个质量控制纪录,收工后可以下载到计算机中。

(3)井口检波器和雷管线电阻测试。

(4)编码器主从工作模式放炮。

(5)高压输出总是电子线路短路连接在一起,除非按下 ARM 按钮。

(6)每个 SHOTPROII 爆炸机可以有自己的地址。当发送一个点火命令时,不匹配的爆炸机不能点火。当发送点火命令后,系统自动匹配要点火的爆炸机。

(7)在爆炸机上具有本地点火能力。

(8)高压输出最大 400V,最大 4ms。

(9)正常输出 8J。

(10)点火脉冲在 4ms 后自动终止。

(11)点火电流可达到 40A。

(12)双安全设计防止无意识的或不期望的爆破,除非至少两个硬件设备同时损坏。

(13)工作温度范围:-40~+60℃。

(14)输入电压范围:10~36V。

(15)电流:1.2A 充电,待机情况下 0.26A。

(16)尺寸:4.00in(102mm)×11.00in(279mm)×6.00in(152mm)。

(17)重量:5.2Pounds(2.4kg)。

(二)SHOTPROII 面板功能简介

1. 充电按键(CHANGE)双功能键

(1)当正常生产放炮时,按下充电按键爆炸机开始充电。并在面板显示屏上显示充电图形。

(2)在进行井口测试,进入测试菜单,按下 CHANGE 键进行井口测试,测试井口检波器电阻值测试结果显示在显示屏上。

2. 爆炸机高压接线柱

爆炸机高压输出端,连接炮线,高压输出通过炮线启爆雷管炸药。

3. 开机、启爆请求按键(ARM)多功能键

(1)开机时按下 ARM 键 3s,爆炸机开机。

(2)放炮时,按下充电键 CHANGE 时,同时按下起爆请求键 ARM 键,爆炸机发出起爆请求,通知仪器操作员爆炸机准备好,可以启爆放炮。

(3)进行雷管测试,进入测试菜单,按下"ARM"键进行雷管测试,测试炮线雷管的总电

阻值，测试结果显示在显示屏上。

4. 数据输入键盘

数据输入键盘用来输入爆炸机所需要的各种参数(图 3-2-2)。

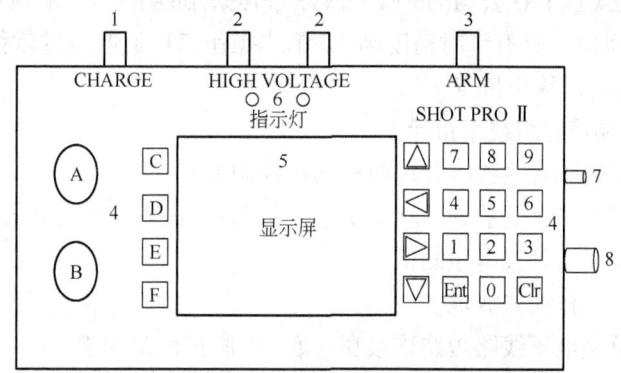

图 3-2-2　SHOTPROII 型爆炸机面板开关
1—充电按键；2—高压接线柱；3—开机、启爆请求按键；4—数据输入键盘；
5—显示屏；6—工作状态指示灯；7—GPS 插座；8——系统连线插座

(1) A：按此键进入充电页面，只有进入充电页面才能给爆炸机充电。

(2) B：返回主菜单，爆炸机在不同工作状态下，按下 B 键返回主页面。

(3) C：译码器参数设置菜单，按 C 键进入设置菜单，查看或修改爆炸机参数。

(4) D：查看历史炮点，按 D 键可查看放炮记录页面，如果想显示哪一炮，只要输入该炮文件号，按下 D 键，此炮将显示在屏幕上。还可重新发送以前的放炮数据，分别输入要发送的起始义件号和终止文件号，按 F 键发送。

(5) E：GPS 菜单，进入 GPS 菜单选择设置 GPS 工作参数。

(6) F：测试键，进入测试页面，根据需要测试雷管电阻值和井口检波器电阻值。

(7) 0—9 为数字键：用来输入需要输入的数字。

(8) 输入键"ENT"：用于爆炸机参数修改存储键。

(9) 清除键"CLR"：双功能键：修改参数时，输入出现错误，按此键删除错误。在主菜单页面下，连续 3 次按下此键关机。

(10) 上、下、左、右箭头，左、右键：把光标移动到要修改的位置，在主页面下，上、下箭头调整显示屏清晰度。

5. 显示屏

(1) 显示爆炸机的工作状态及有关参数。

(2) 显示电瓶电压变化值、系统工作方式。

(3) 显示井口时间和验证 TB 时间。

6. 工作状态指示灯

(1) 开机电源指示灯，工作状态显示。

(2) 根据两个指示灯显示颜色组合，可以判断爆炸机的工作状态。

7. GPS 插座

连接外置的 GPS 天线，用于接收 GPS 信号。

8. 系统连线插座

连接爆炸机系统连线,用于连接电台、电源、井口检波器、计算机串口、GPS 数据传输。

(三) SHOT PROII 爆炸机操作方法

1. 主菜单界面

按下 ARM 按钮 3s,打开 SHOT PROII 主机,主菜单显示工作模式、电池电压和关机提示等信息如图 3-2-3 所示。

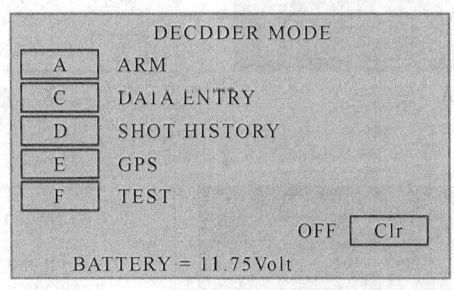

图 3-2-3 SHOT PROII 主菜单界面信息

2. 主菜单信息

1) 按键作用

A:进入预备菜单。

B:返回键,在任何子菜单下按下此键将回到上一菜单。

C:参数设置菜单。

D:放炮历史记录查看菜单。

E:GPS 菜单。

F:测试菜单。

ENT:回车键。

Clr:关机键,在主菜单下,连续按下三次关机。

数字键:用于数字的输入。

左右箭头键:用于参数的选择。

上下箭头键:用于子菜单的选择及在主菜单下屏幕的对比度调节。

2) 信息提示

DECORDER MODE:当前 SHOT PROII 工作模式为译码器方式,如果需要它还可工作在编码器方式。

BATTERY=11.75Volt:表示当前 SHOT PROII 电源电压为 11.75V。

3. 放炮菜单(ARM)

按 A 键进入放炮菜单,将显示已测试雷管炮线电阻和井口电阻、已测桩号、和外界噪声值,如图 3-2-4 所示。按下充电按钮,如图 3-2-5 所示,屏幕上显示充电电压的情况,充到高压后,按下预备按钮,向编码器发送预备信号,请求编码器点火信号。

4. 参数设置菜单(DATA ENTRY)

按 B 返回主菜单,按 C 进入如图 3-2-6 所示参数设置菜单。

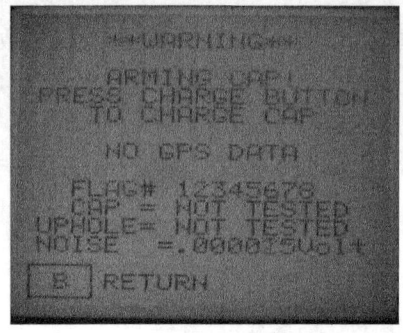

图 3-2-4　放炮菜单

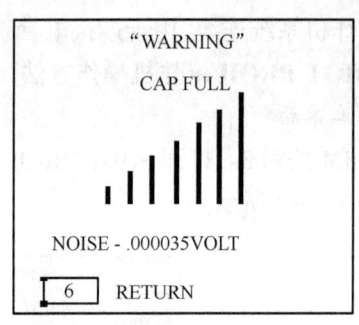

图 3-2-5　充电显示界面

DATA ENTERY MENU参数设置菜单
1.JOB PROFILE(工作方式)
2.RADIO CONTROL(电台控制)
3.REPORT(报告)
4.TEST LIMITS(测试范围)
5.UH CHANNEL SETUP(井口设置)
6.HARDWADE SETUP(硬件设施)

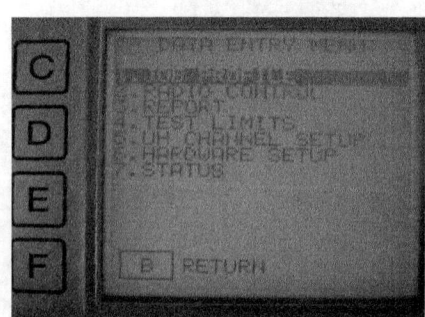

图 3-2-6　参数设置菜单（DATA ENTRY）

5. 工作方式菜单

移动光标，使其停留在"JOB PROFILE"一行上，按"ENT"回车键，进入工作方式菜单，如图 3-2-7 所示。

JOB PROFILE(工作方式选择菜单)
1.FLAG#　　=1234565
2.BOX#　　=10(1–15)
3.CREW#　　=15(1–99)
4.BOX MODE(工作方式)=DEC(译码器)
5.COMM MODE(通讯方式)=SHOTPRO
6.PASSWDRO　=OFF

C DATA ENTRY(参数设置)
B RETRUN

图 3-2-7　工作方式菜单（JOB PROFILE）

在工作方式菜单中，通过按压操作面板对应的光标键、数字键和回车键，检查修改下列参数项的数值即可。例如按下列相应项参修改参数：

炮点桩号 = 123456；

箱体号 = 10（1 ~ 15）；

队号 = 88（1 ~ 99）；

工作模式 = DEC（DEC：工作在译码器状态，ENC：工作在编码器状态，通过左右键来改变工作模式)。

6. 电台控制菜单(RADIO CONTROL)

按 C 回到参数设置菜单,选 RADIO CONTROL MENU,进入如图 3-2-8 所示电台控制菜单。

```
RADIO CONTROL(电台控制菜单)
1.START CODE(启动码)=2(0-2)
2.DECOER DLY(译码器延迟)=OUS
3.BAUD RATE(波特率)=HIGH
4.READY TONE(准备音)=MSG
5.PFS DTA(PFS数据)=ON
6.MICPOLARITY(MIC极性)=NORM
7.SPKRPOLARITY(喇叭极性)=REV
C   DATA ENTRY
B   RETRUN
```

图 3-2-8　电台控制菜单

将光标移动到 1. START CODE 行,可按数字键后,再按回车键,对启动码进行修改,启动码的可取值为 0、1、2,且必须与编码器启动码一致

7. 炮点历史记录查看菜单(SHOT HISTORY MENU)

按 B 返回主菜单,按 D 进入如图 3-2-9 所示炮点历史记录查看菜单。

```
SHOT HISTORY MENU(炮点历史记录查看
菜单)
       LAST SHOT#(最后一炮数据)=46
    1.DISPLAY SHOT#(显示炮号)=46
PRESS D TO DISPLAY(按D显示)
RE-TRANSMIT ENTRY(重新发射)
    2.START#(起始炮号)=46
    3.END#(结束炮号)=46
       PRESS F TO TRANSMIT(按F发射)
          B    RETURN
```

图 3-2-9　炮点历史记录查看菜单(SHOT HISTORY MENU)

参数说明:

(1)DISPLAY SHOTS=1—500,显示以前的炮点记录。

将光标移动到菜单的第一行,修改"1. DISPLAY SHOT#=12345678"(该柱号存在已经放炮)按 ENT 确认,按 D 显示所选炮点的记录,如图 3-2-10 所示。

按 B 返回炮点历史查看菜单。

RE-TRABSMIT ENTRY:允许重新发射以前炮点记录。

(2)START#=1—500,输入要重新发射的起始炮点号。

(3)END#=1—500,输入要重新发射的终了炮点号。

设置好起始炮号和终了炮号,按 F 发射。发射完毕后返回到炮点历史记录查看菜单,按 B 终止发射。

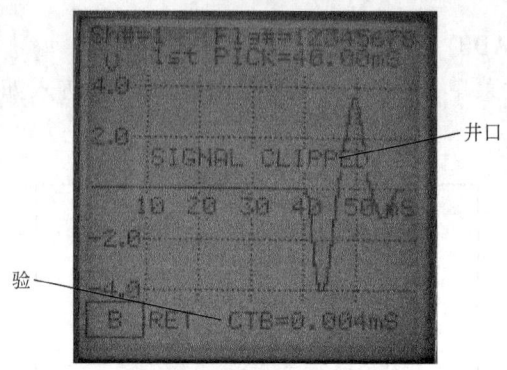

图 3-2-10　显示炮点记录

8. 测试菜单（TEST）

按 B 返回主菜单，按 F 进入如图 3-2-11 所示测试菜单。

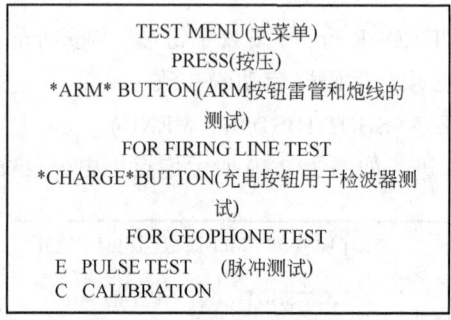

图 3-2-11　测试菜单

（1）雷管和炮线测试。按安全操作规程要求将待测的炮线或雷管，接入译码器高压接线柱，按下 ARM 按钮，可对炮线或雷管进行测试，显示屏上会显示炮线或雷管的电阻欧姆值。

（2）按安全操作规程要求将待测的井口检波器接线接入译码器的井口检波器接线端，按下 CHARGE 按钮，显示屏上会显示井口检波器阻值的欧姆数。按 C 进行校准。

三、BOOMBOX 爆炸机简介

（一）爆炸机主要功能和技术指标

BOOMBOX 遥控爆炸机，是由美国 Seismic Source 公司生产的遥爆系统，由编码器、译码器、掌上电脑、电台、系统连线等组成，同 SHOTPRO、SHOT PROII 遥爆系统一样，具有计时精度高，工作时将一个 BOOMBOX 单元设置为编码器其余的可设置为译码器。不同于 SHOT-PRO、SHOT PROII 遥爆系统的是它的参数设置由专用掌上电脑红外线接口或微机串口通信来设置，如图 3-2-12 所示。

1. BOOMBOX 遥爆系统主要特点

（1）小巧、轻便。

（2）低功耗 CMOS 设计，显示屏幕 30s 后自动关闭。

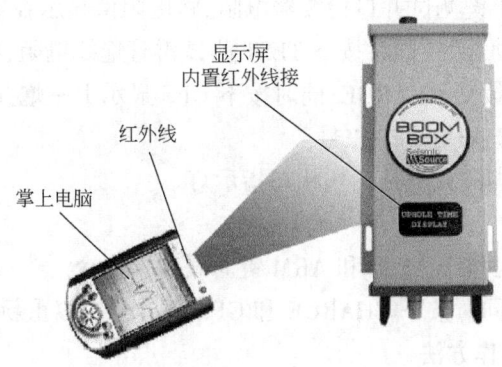

图 3-2-12

(3) 点火精度 ±20μs；

(4) 提供井口检波器和雷管线电阻测试。

(5) 高压输出最高 400V，点火电流大于 200A。

(6) 高压充电时间短，小于 1s。

(7) ARM 键未被按下高压输出端一直处于短路状态，只有 ARM 键被按下高压才作用到高压输出端。

(8) 参数由掌上电脑或微机置入，参数不会被随意更改。

2. BOOMBOX 工作时序

记录仪器发送启动码给编码器，编码器开始工作并向译码器发送起爆指令，译码器接收这个起爆指令，如果译码器处于充电和预备状态，则点火雷管，引爆炸药。译码器在点火雷管的同时，编码器向记录仪器发送 TB 信号，启动仪器开始记录。译码器在点火雷管后，记录井口数据并与其他的 QC 数据回传给编码器，在编码器屏幕上可看到译码器 ID、CTB、UP-HOLE 时间。

（二）BOOMBOX 前面板介绍

BOOMBOX 前面板如图 3-2-13 所示。

ZBB010 BOOMBOX爆炸机面板介绍

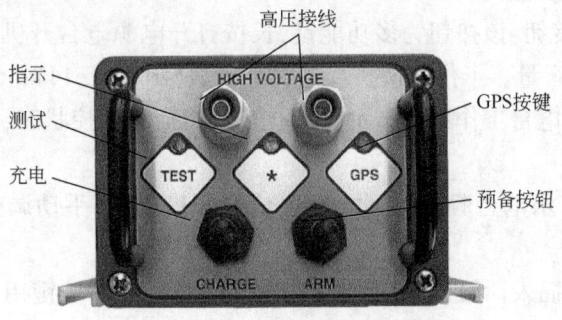

图 3-2-13 BOOMBOX 前面板

1. 译码器方式

(1) CHARGE：充电按钮。

(2) ARM：预备按钮（向中间搬动 ARM 键打开电源）。

(3)TEST:按下 TEST 键测试井口检波器电阻,将电阻值显示在屏幕上。

(4)TEST+ARM:扳动 ARM 同时按下 TEST 测试雷管炮线电阻,将阻值显示在屏幕。

(5)CHARGE+GPS:扳动 CHARGE、同时按下 GPS 显示上一炮井口时间。

(6)GPS:按 GPS 按键采集 GPS 桩号。

(7)指示灯:红色,电源、充电及工作状态指示灯。

2. 编码器方式

(1)TEST+ARM:同时按下 TEST 和 ARM 键时发点火命令。

(2)CHARGE+GPS:同时按下 CHARGE 和 GPS 键屏幕内容重新显示。

(三)BOOMBOX 操作方法

(1)开机:搬动 ARM 开关打开电源。

(2)设置参数:使用掌上电脑,设置参数。

(3)井口检波器电阻测试:按下测试按键,测试井口检波器阻值。

(4)CAP 阻值测试:同时按下测试按键和 ARM 开关,测试雷管阻值。

(5)GPS:按 GPS 按钮 10s,采集新 GPS 桩号。

(6)起爆:同时按下 ARM 和 CHARGE 开关开始充电(充电时间大约 1s),当高压充好时自动向编码器发送准备好信息,对编码器发来的启动码进行验证后,释放高压,引爆雷管。起爆雷管后,译码器自动将井口数据和其他信息一起发送回编码器。

注意:BOOMBOX 爆炸机没有设计关键开关,直接断开电源即可。

四、爆炸机电台简介

`ZBB007 爆炸机电台的作用`

在地震勘探放炮中,多数采用的是遥控爆炸方式,其无线接收与发射所使用的是无线电台,电台除了仪器车与爆炸机之间进行语音通话外,最主要是传送编码器发出的起爆信号、回传井口时间信号和爆炸信号等数据信号。爆炸机无线电台一般发射功率在 5~25W 左右,在空旷地带传输距离 5~15km。电台在遥控爆炸系统中起着重要的作用外,也为野外生产指挥和通信联络起着重要的作用。

`ZBB006 爆炸机电台面板介绍`

(一)电台的面板功能

(1)开、关、音量旋钮:该按钮为多功能键,长按打开电源电台开机,再次按下电台关机,旋动按钮调整电台的音量。工作时调整音量大小合适(图 3-2-14);

(2)LED 指示灯:电台工作状态指示,指示信道、扫描和监控状态,指示接收一个选择性的呼叫(图 3-2-14);

(3)LCD 显示:显示电台频道、接收、发射信号强度指示,手动调整电台显示工作状态(图 3-2-15)。

(4)麦克风插口:插入话筒,话筒上有 PTT 按键,按下 PTT 按键用于语音通话。也可以选择带编程功能的话筒,更方便地使用电台的各项功能(图 3-2-16)。

(5)可编程按键:4 个键,P1、P2、P3、P4 键,有些键为双功能键。使用时有时需要长时间按下,有时需要短促按下。这 4 个编程按键功能是可以互换的,根据需要改变按键的功能(图 3-2-14)。

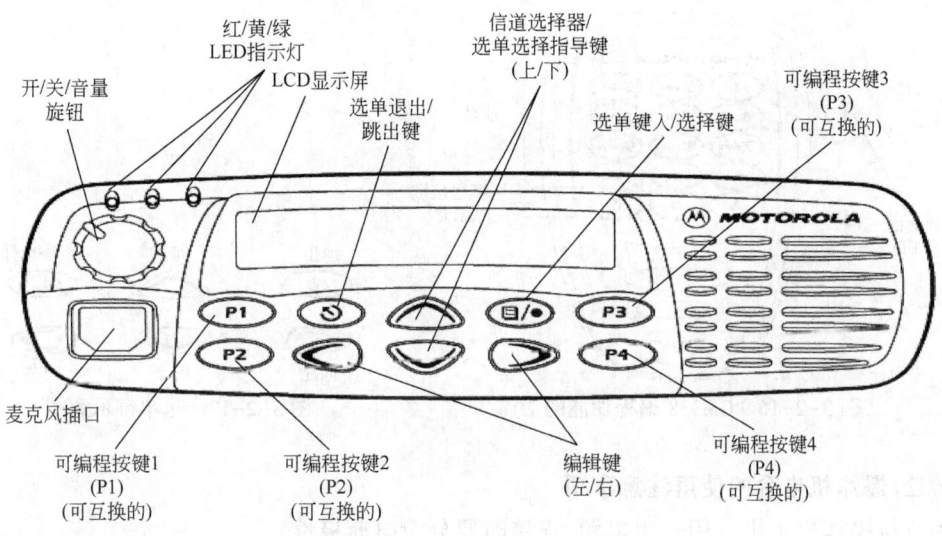

图 3-2-14　GM338 电台面板示意图

LCD显示屏

屏幕顶行显示对讲机状态信息：

符号	显示含义
压缩扩展	压缩扩展性能被激活。当处在一个窄带时，此功能改善声频质量
L H 功率水平	低功率 L 或高功率 H 被激活
载波静噪(CSQ)	对讲机是在一个载波静噪(CSQ)信道，监视器打开的，或者麦克风被摘起

符号	显示含义
电话	电话模式被选择
紧急	发出一个紧急警报
呼叫接收	接收到一个选择呼叫或呼叫警示
扫描	扫描功能被激活。当扫描被中止时闪烁
脱网	对讲机不是通过一个转发器发射
编程模式	对讲机处在编程目录编辑模式
信号强度	指示信号强度。线条越多，信号越强

图 3-2-15　GM338 液晶屏显信号的含义

(6) 选单键：

退出键。用于向前一级选单移(短促按键单模式(长时间按键)。

向上、向下键。用于频道的改变和查找，当处在选单模式时，用于选单选择导航。

向左、向右键。向左移动光标或用于编辑、区域浏览时，插入一个空格。向右移动光标或编辑、区域浏览时，作为一个退格键使用。

选单/选择键。用于进入选单模式。当处在选单模式时，此键也用于进行选单选择(图 3-2-17)。

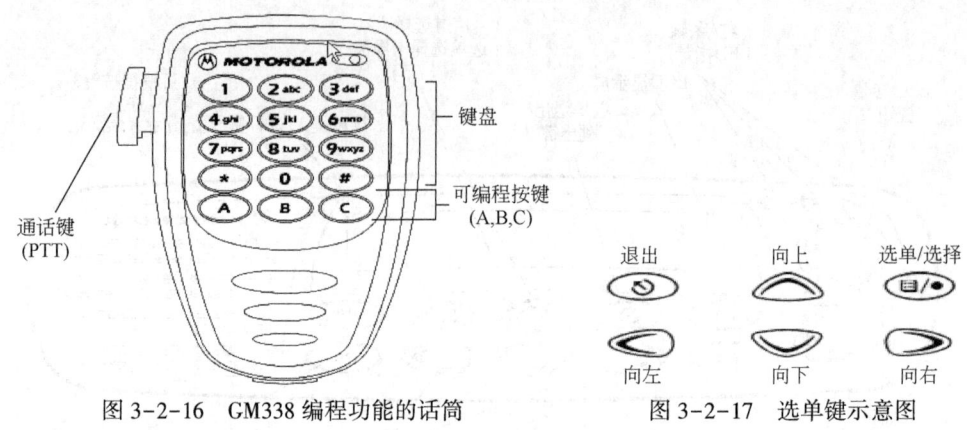

图 3-2-16　GM338 编程功能的话筒　　　　图 3-2-17　选单键示意图

（二）爆炸机电台的使用注意事项

Zbb023 爆炸机电台使用注意事项

（1）与爆炸机主机共用一组电源，连接时要分清电瓶极性。

（2）爆炸机电台除了语音通话外还要传输放炮信号和数据，在放炮过程中禁止按压话筒。

（3）选择与电台频率相匹配的天线。

（4）音量调整要适当，音量过小会听不到仪器传来的命令。

（5）电台安装在爆炸机背包架上要牢固。

（6）禁止随意调整电台按键，要保证爆炸机电台与仪器车电台在同一频道。

（7）爆炸机电台处于发射状态时，每次连续发射时间不得大于 60s，以防损坏电台。

（8）不要手触天线，在发射时，如果天线接触皮肤，可能引起灼伤。

（9）运输前关闭通信电台，断开电源，取下天线和话筒。

（10）运输时应注意防腐、防锈、防水、防潮。应有独立的包装与减震措施。

（11）存储环境应避免有腐蚀性气体。

（12）长时间存储时，按规定定时给电台通电检测。

（13）当周围有易燃易爆物品时，禁止使用电台。

五、爆炸机放炮流程

ZBB009 放炮前的准备工作

（一）开机前的准备工作

（1）检查供电电瓶大于 12V，电压不足应更换电瓶。

（2）查看爆炸机是否放置在炮点的安全距离内。

（3）检查爆炸机附件是否有无明显松动，如有松动要进行紧固。

（4）检查主机有无磕碰损坏变形现象。

（5）连接爆炸机主机系统线、电台麦克风、天线杆，连接电瓶时，红线应接电瓶正极，黑线应接电瓶负极。严禁将爆炸机、电台电源接反。

（二）设置爆炸站

由爆炸工根据国家安全规定选择合适的安全距离，必须设在与炮点的最小安全距离之外设置每个炮点的爆炸作业站。

（三）爆炸机测试

建立好爆炸站后，对爆炸机进行系统测试。测试爆炸机时不允许连接炮线到爆炸机高压接线柱上，此时炮线应处在短路状态，进行爆炸机与仪器联机测试。

(1)爆炸工用爆炸机电台与仪器操作员取得联系，请求测试爆炸机。爆炸工等待测试命令，仪器操作员在准备完成后通知爆炸工进行测试。

(2)爆炸工接到仪器操作员的测试命令，操作爆炸机充电并发出起爆请求，仪器收到请求后发出起爆指令。测试完成后松开按键，等待仪器操作员通知测试结果，合格后联机测试完成。

(3)联机测试不合格，爆炸工关闭爆炸机电源，重新检查爆炸机各部分连接。发现接触不良重新连接，重复进行测试操作。若无连接和操作错误，检查不能发现故障，测试不成功，报请仪器操作员处理。

（四）报告炮点准备情况

在炮点准备工作完成后，爆炸工应与仪器操作员取得联系，向其报告炮点准备的情况，以便操作员开始准备放炮和记录地震信号。

(1)报告炮点的安全状况，放炮前爆炸工必须再次检查爆炸站及放炮危险区的安全状况，符合安全要求后方可报告仪器操作员并做起爆准备。包括检查连接井口炮线和检波器、设置爆炸站过程中所提到的各项安全防范要点的隐患消除情况。如炮井距房屋等地上地下建筑物的距离、爆炸站附近和放炮区内人畜的撤离、井下药包上浮的排除、炮线连接错误的改正、防井喷后炮线搭连电力线等措施的可靠程度。

(2)检查符合安全生产要求，报告为"炮点正常"，准备放炮。将爆炸点桩号、炮井偏移距离、井数、井距、井深、药量等炮点激发参数报给仪器操作员并记录在爆炸班报上。

(3)由爆炸工通过爆炸机电台向仪器操作员报告。报告经过检查核实的炮点桩号。仪器操作员在仪器班报上进行记录以后，与爆炸工再次核实。爆炸工听到仪器操作员的回报正确无误，爆炸工做好起爆前的准备，等待放炮命令。

（五）警戒放炮

放炮大致可分为准备放炮、警戒、起爆三个过程。

(1)准备放炮。在爆炸工和仪器操作员确认炮点准备完成后，仪器操作员即可发出准备放炮的指令。

(2)警戒。爆炸工接到准备放炮指令后，警戒人员面向炮点，立即吹响警戒哨、摇动警戒旗，宣布警戒，警戒人员在警戒区边界外侧，观察炮点警戒范围内，无事故隐患后，吹响警戒哨、红旗上举表示炮点处于安全状态，示意爆炸工可以放炮。

(3)起爆。仪器操作员发出起爆命令，爆炸工确认炮点正常后，连接炮线到爆炸机高压接线柱，操作爆炸机准备起爆。仪器操作员收到起爆请求信号后，启动仪器发出起爆指令，爆炸机收到起爆指令起爆炸药，爆炸机操作手在炸药起爆后等数据回传后才能松开按键，防止炮点数据不能回传。起爆后拔掉主炮线并将炮线短路。仔细观察炮点，确认安全后解除炮点警戒。

ZBB026 爆炸工作中的技术要求

（六）清理现场

(1)正常起爆后，等到仪器操作员通知地震记录合格，才能准备下一炮工作。如记录不合格,则需要补炮。

(2)结束后,由爆炸工从爆炸站开始收起主炮线和井口检波器,回收炮线、雷管线。恢复炮点附近环境,捡起装炸药的纸箱残片、药柱外壳、炮线头、垃圾和碎屑等废弃物。填埋爆炸后的井口和残留的钻井液坑。回复现场的原始环境。

(3)检查炮井现场,目测检查、清点实际爆炸的井数及哑炮井数,报告爆炸工。爆炸工在爆炸班报上如实登记爆炸井数和哑炮井数,并向仪器操作员报告。

(4)标识哑炮。爆炸工将哑炮位置做好明显的标记,方便清线人员排除哑炮。

(5)以上工作完成,收好爆炸机及其附件,拆下天线,防止剧烈晃动损坏天线。关闭爆炸机和电台,断开爆炸机和电台电源。按施工要求搬到下一个炮点继续生产。

(6)爆炸工对爆炸班报和实际生产进行检查和核对,对当天的实际放炮数、补炮数、消耗与剩余的炸药和雷管数及炮线数进行核对,并在上面签字。

(七)收工后的工作

当一天生产任务完成后,检查爆炸机和附件设备,检查工具,清理工作现场,准备收工。收工乘车时严禁人员和设备混装在一起,以免车辆震动造成设备砸伤人员。

(1)每天收工后对爆炸机维护保养,检查爆炸机的各部连接并固定牢固。

(2)清洁爆炸机面板,先用毛刷除尘,再用工业酒精擦洗晾干。将爆炸机主机和各外部附件固紧,防止松动损坏设备。

(3)对爆炸机各部螺丝进行检查。丢失的及时补上,松动的及时拧紧。在潮湿的地区施工,收工后还应对爆炸机进行干燥处理,防止各部元件受潮造成工作不正常。

(4)按照 HSE 的规定,建立合格的充电房,及时对爆炸机电池组充电。每次充电应保证足够的时间,保证电池组的电量充足。严格按充电机的使用说明充电,防止充电器损坏。

(5)发现故障应仔细检查爆炸机的系统线、电台的连接、天线、麦克风。现场维修困难的应及时送修。送修时注明故障现象和原因,方便专业维修人员准确判断故障。缩短维修时间。

(6)检查电台的数据连线插头,连接要牢固。检查天线插头、天线馈线有无损坏、破皮、接头接触不良等现象。发现问题应及时排除,以免接触不良损坏电台。

(7)对使用中发现电台出现故障,应及时送修。

(8)清除井口检波器和连线上的泥土、污垢,保持外部清洁。经常清洁井口检波器插头,防止接触不良影响井口信号的传输。

(9)检查井口检波器的尾锥、外壳,更换破裂的外壳。及时维修损坏的井口检波器连线。定期使用检波器测试仪测试井口检波器,保证完好。

(八)安全注意事项

[ZBB025 爆炸作业的安全规定]

(1)涉爆操作人员应遵守国家、当地政府和企业有关民用爆破器材安全管理法律、法规、标准和规章制度。

(2)涉爆操作人员应接受民用爆破器材安全管理知识、专业技能的培训,经考核合格取得公安机关核发的相关证件,持有效证件上岗。用人单位应对涉爆人员备案。

(3)用人单位应制定涉爆岗位职责,涉爆人员执行岗位职责的规定。

(4)建立岗位工序监督检查制度,对违章作业和重大隐患问题执行报告、处理制度。

(5) 遇雷雨、大雾、沙尘暴等恶劣天气情况时,应立即停止涉爆作业。

(6) 涉爆作业时必须穿戴防静电服,戴安全帽。保证遥控爆炸系统放置在炮点的安全距离内。

(7) 严格遵循爆炸机设置原则来建立爆炸站,爆炸机距离炮点必须大于最小安全距离。

(8) 放炮前必须检查炮井周围有无房屋、桥梁、水堤、电线、通信线路、输油气管道等建(构)筑物,若有并能构成威胁时,不能放炮。

(9) 严格遵守爆破安全规程和爆炸机使用指南,严禁"双炮线"施工,人员、车辆、牲畜未撤离安全地带时,不得将炮线连接到爆炸机高压接线柱上。

(10) 严禁在高压线附近放炮,以免起爆后炮线搭接在高压线上,引起触电事故。

(11) 严禁在大功率发射设备附近放炮,以免发射时,感应电流引爆雷管。

(12) 按下充电按钮键和起爆请求按键后严禁触摸高压接线柱。

(九) 爆炸机的使用注意事项

(1) 操作爆炸机之前,必须了解爆炸机的工作原理及面板开关功能。具备熟练的操作技术,方能上岗操作。

(2) 爆炸机通电之前,首先要做好外观检查,各部件固定牢固无松动。检查电池组电压是否充足,按规定连接电池的正负极。电台的天线、麦克风、电台与爆炸机之间的信号传输线、炮线加长线、井口检波器连接牢固并检查无错误。确认无误后再接通电源。

(3) 电台未安装天线之前,不要操作电台处于发射状态,这样容易造成电台的损坏。

(4) 电台开机后天线不应接触其他物体,电台每次连续发射时间不得大于60s。

(5) 正式放炮前,必须进行爆炸机系统测试。以检查爆炸机工作是否正常,如有问题及时排除。

(6) 正常工作中不能随便更改爆炸机参数。不要随意按触面板按键和电台开关、频道。不要随意改变电台功率大小及音量开关,要按正确的操作规定进行规范操作。

(7) 工作中爆炸机出现故障,应立即关掉电源,检查故障点并排除故障。不能发现故障点或不能排除故障,应及时送到维修点维修,进行故障排除,切勿乱拆乱卸使问题扩大化。

(8) 收到仪器操作员充电指令,才能连接雷管充电,否则不得提前连接雷管或充电。

(9) 井口未警戒好,不准将炮线接到爆炸机高压接线柱上。出现不安全因素,应立即终止防炮。

(10) 严禁将爆炸机交给没有操作证人员操作。

(11) 不要将爆炸机暴晒在阳光下,使用时应轻拿轻放,运输时应有减震措施,搬迁过程必须关闭电源。

六、爆炸机电瓶检测与充电

(一) 爆炸机蓄电池简介

当前国内地震勘探,使用的遥控爆炸系统都采用12V直流供电,早期的遥控爆炸机,使用镍镉电池组,是由10节单个1.2V串联组成。它的优点是重量轻,内阻小,可供大电流的放电,因为采用完全密封式电池不宜破损,不会有电解液漏出的现象,便于野外人抬化施工作业。但由于地震勘探早出晚归的工作性质,每天使用的时间长短和充电的时间不定,在充放电过程中如果处理不当,会出现严重的"记忆效应",使得服务寿命大大缩短。所谓"记忆效应"就是电池在充电前,电池的电量没有被完全放尽,久而久之将会引起电池容量的降低,爆炸机不能正常工作。目前野外地震勘探遥控爆炸机都采用了小型化,低功耗设计,供电都配备了 12V 免维护小容量的铅酸电池瓶(图 3-2-18)。

铅酸电瓶具有放电时电动势较稳定,没用"记忆效应"等优点。当遥控放炮距离渐近;突然放不响炮或不能开机,首先要检测电瓶电压。检测电瓶一般使用的仪器有万用表、放电针、电瓶内阻测试仪,万用表用来测量电压,放电针用来测试电瓶的放电性能,电瓶内阻测试仪能够测量电瓶端电压和内阻,最有效的是放电针和电瓶内阻测量仪。但由于野外条件、工作性质的原因,一般都使用万用表测量电瓶电压。当电瓶使用不当、磕碰、容易使外壳易破裂,所以,使用前除了检测电池电量外,还要对电瓶外表进行检查。这里只介绍和学习使用万用表量电瓶电压的方法,虽然万用表不能检测电瓶的放电能力,但也能粗略测量电瓶的虚压,从而判断出电瓶是否能继续使用,当电瓶虚压低于 11.5V 时,必须为爆炸机更换电量充足的电瓶。

目前常用的爆炸机电瓶充电机,都是小型智能化设计,已经没有了电压选择和电流调整开关,内部电路使用单片机进行控制。根据电瓶的电量控制输出电流,从而避免了电瓶过充而导致电瓶损坏。充电机面板有发光指示灯,根据指示灯状态可知道电瓶的充电情况(图 3-2-19)。

图 3-2-18　爆炸机 12V14A 电瓶

图 3-2-19　电瓶充电机

(二)使用指针万用表测量电瓶电压

1. 调校万用表

(1)将万用表水平放置,安装表笔(红正黑负)。

(2)用一字螺丝刀左右轻调表头调零螺栓,使表针与左边零位对齐。

(3)将万用表挡位开关旋转到直流电压挡位。

(4)将量程开关选在 50V 位置。

> ZBB019 爆炸机电瓶的充电方法

2. 测量电瓶电压

(1)红表笔接电瓶正极、黑表笔接电瓶负极。

(2)观察表针摆动情况,如果表针左偏,表示极性接反,可将表笔对调。

(3)表针停留在表盘某个位置不动时,根据表盘刻度读出相应的测定值。

(4)当电瓶电压充足时应为12~13.8V,如果低于12V时,必须为电瓶进行充电。

(三)电瓶充电

(1)充电前要首先检查电瓶外观是否有开裂、漏液现象,如果有应禁止充电。

(2)电瓶平放,将充电机输出端正极接到待充电瓶的正极桩头上,负极接电瓶的负极桩头上。

(3)将充电机电源输入端插入220V交流电源中,这时电源指示灯和充电状态指示灯会亮起。

(4)观察充电指示灯状态,当充电指示灯闪烁时,表示开始充电。

(5)充电完成后,充电指示灯会长亮(不同的充电机显示有所不同)。拔出充电机220V电源线,断开充电机与电瓶连接线。

(6)充足电的电瓶电压应该在14~14.5V。

(四)注意事项

(1)当电池没电时要及时充电,否则会严重影响电瓶使用寿命。

(2)充电时要分清极性,不能接反,否则会损坏设备或无法充电。

(3)充电前要确认输入电源必须是220V的交流电源。

(4)充电机的外壳多数是塑料制品,要避免摔打碰撞。

(5)充电时的最佳环境温度最好在25℃。

(6)禁止在雨天或冬季户外对电瓶充电。

(7)要使电瓶充电量达到饱和,要保证有足够的充电时间。

(8)防止触电,注意用电安全。

七、激发条件对记录的影响

(一)对激发的基本要求

地震勘探要求激发的有效波的能量相当强,以保证获得所需要的深层反射,使记录资料能清晰地反应地下地质构造;使有效波的频谱尽量与干扰波频谱有较大的差别,适合地震仪器接收、能够最大限度地压制干扰波,在重复激发时,地震记录资料上有良好的重复性。

(二)激发条件的选择

1. 炸药的选择

要求爆炸后有足够的能量,爆炸反应时间短、反应速度快炸药的感度较高,用标准的电雷管能可靠引爆;要求炸药的防水性能好;在使用、运输、储存过程中比较安全方便。因此,适合地震勘探用的炸药有硝铵炸药、NTN炸药等。硝铵炸药是一种比较安全的炸药,对加热、冲击、摩擦和火焰的感度比较低。使用8#瞬发电雷管能可靠引爆。目前,地震勘探常使用由硝铵炸药制成的成型炸药,即将炸药装入一定容积的塑料桶内密封起来,在使用、储存和运输过程中都比较方便,药量也比较准确,爆炸性能和防潮性能较好,其成本与散装药比较高。使用比较广泛的成型炸药有1kg、2kg、3kg等多种。而NTN炸药作为一种散装炸药,爆炸威力和硬度较高,其成本较低,有些地震队仍在使用。

2. 药量的选择

地震勘探时,爆破炸药量对于仪器记录资料的质量影响很大。通常选择炸药量的依据是保证所需目的层的反射有足够的能量,使有效波的振幅与干扰波的振幅比值足够大。

常规地震勘探时,炸药量取决于爆炸点周围岩石的性质、勘探深度、爆炸点与接收点之间的距离和仪器的灵敏度。在上述条件不变时,适当增加药量在一定范围内可以增加有效波的振幅,但有效波的振幅随药量的增加是有限度的。当炸药量较小时,有效波的振幅随药量的增加而增大;而当炸药量大到极限炸药量时,再继续增加药量,有效波的振幅增加缓慢,并且会增加干扰背景。因此施工中不可不加分析地盲目增加药量。高分辨率地震勘探,需要尽可能提高激发频率,较小的炸药量激发的地震波频率较高。在保证有效波有足够的能量情况下,适当减少炸药量有利于高分辨率地震勘探。在极限炸药量以内或达到极限炸药量时,并且最大可能地提高地震仪器的灵敏度,仍不能获得足够的目的层反射时,多采用组合爆炸的方式。组合爆炸可以提高激发能量,而且选择适当的组合并距,还可以有效地压制下扰波,突出有效波。

3. 爆破方式

1) 井中爆破

这是应用最广泛的爆破方式。在选择适当的激发岩性后,此方式能有效地压制各种干扰波,获得理想的地震记录资料。另外,井中爆破方式比较安全。

2) 水中爆破

地震勘探中,遇到江、河、湖泊及海洋石油勘探,采用水中爆破。只要在水深超过1.5m以下,也能获得比较好的资料。

3) 空中或坑中爆破

空中或坑中爆破不常用。使用这两种方法施工时,各种干扰比较严重,记录效果差,同时也给施工安全带来困难。

磁波干扰源附近,一般不得爆破。必须进行爆破时,应按规定保持足够的防护距离。

在野外地震勘探施工中,大多数采用井中爆破的方式。除非在井中爆破由于客观条件的限制不能实施时,才使用其他爆破方式。

4) 激发岩性

激发岩性就是药包放置周围土石介质的性质。在不同的岩性中爆炸所激发的反射波频率、强度及干扰波的强度是不同的在淤泥和干沙中爆炸率较低,爆炸能量大部分被吸收,转化的弹性波能量低;在坚硬的岩层中爆炸,产生的反射波频率较高,爆炸时产生的能量大部分消耗在破碎岩石上,化为弹性波的能量小,导致反射波能量弱。实践证明,最佳激发岩性是潜水面以下3~5m的黏土层。在这种岩性中爆炸,激发的反射波频率适中,激发能量较强,可以使爆炸能量大部分向下传播从而增强有效波,减少干扰波。

(三) 影响爆炸效能的因素

炸药量是影响爆炸效能的主要因素,除此之外还有如下因素。

1. 炸药的物理化学性质

不同品种的炸药其物理化学性质不同,爆炸效能也就不同、炸药的化学性质是由其本身所决定的,外部条件无法改变。对炸药的物理性质,每种炸药都有一个合适的密度,炸药保持这一密度时,爆炸效能量好,过高或过低都会使爆炸效能下降。

2. 药包的形状

药包的形状在一定程度上影响着爆炸效能。形状不同,爆炸时能量的分配也不同。地震勘探希望能量尽可能向地下传播,相同药量,底面积大的圆柱形药包爆炸效能好,此外,爆炸效能还与雷管在药包中的位置有关。在石油地震勘探中,制作药包时一般将雷管放置在距药包上(顶)端三分之一处且聚能凹槽向下。

3. 药包周围的岩性

药包放置处,周围岩性对爆炸效能的影响很大。实践证明,在激发效果最好。在淤泥、干砂、砾石层、干燥的黄土层中或山区的中激发、爆炸效能最差。

4. 药包与井径的关系

药包直径一般略小于井径,两者的差值越小,爆炸效能就越好,但不宜太小,否则下药困难,这一差值一般为 2~3cm。下药后要往井中灌水或钻井液来充填间隙,以提高爆炸效能。

5. 附加物和填充物

当炸药中掺入杂质后爆炸效能会降低。药包下井后向井中填入松土、钻井液等填充物,增加药包上部的压力。可以增大爆炸后向地下传播的能量,获得较好的弹性能量。炮井填充物通常在以下情况使用:

(1)炮井中无钻井液或水覆盖药包。

(2)炮井深度小于 9m 的爆炸。

(3)流沙井中爆炸。

(4)坑炮组合爆炸。

(5)沙漠中浅井组合爆炸。

在井口声波、面波较严重的情况下,应正确使用炮井填充

(6)炸药能量与岩石的耦合关系:炸药与岩石有两种耦合关系,既几何耦合和阻抗耦合,对于圆柱形炸药包的直径与炮井井径相等时,几何耦合为百分之百。药包的直径与炮井井陉两者的差值越小,爆炸的效能就越好。

> ZBB030 炸药与岩石的耦合关系

八、连接炮线

> ZBB015 炮线的性能

(一)常用炮线

炮线是用来连接单井炸药包或组合井炸药包的导线,主炮线是连接单井炮点或组合井炮点到爆炸工作(起爆)站的导线。在野外,通常选用被复线作为地震勘探用的炮线,虽然可选用的爆破线的型号有许多,但地震勘探的野外地形复杂、环境气候条件恶劣,所以一般选用被复线。被复线原是军队野战条件下用来架设电话线使用的一种导线。其特点是内部为铜包钢结构,强度高导电性好,线外绝缘皮抗严寒和高温,常年在恶劣的气候条件下也不会老化。所以其作为地震勘探炮线使用性能优于其他爆破线。

被复线的主要品种有:

(1)超轻型被复线,一般规格为:三铜四钢即镀锡铜线 3 根、镀锌钢线 4 根、单根线径 0.20mm、制造长度 500±5m/卷,对公里重量≤7.4kg。这种被复线线皮超耐磨,抗拉力不如

轻型被复线,对公里重量轻,价格经济实惠,常用军队练、地质勘探炮线等。

(2)轻型被复线,通常规格为:三铜四钢,镀锡铜线3根、镀锌钢线4根、单根线径0.25mm、温度-15~55℃、绝缘或护套外径≤2.15mm、电缆外径≤4.3mm、制造长度500±5m/盘、对公里重量≤14kg、抗拉力≤490N、直流环阻≤230Ω/km、绝缘电阻≥50MΩ·km、衰减常数≤1.9dB/km、特性抗阻840、实验电压DC1000V。这种被复线超耐磨,抗拉力极强,常用于武装警察训练用线,地质勘探炮线,山区广播,铁路应急通信等。

(3)中型被复线,又称橡皮被复线,通常规格为:三铜四钢,镀锡铜线3根、镀锌钢线4根、单根线径0.30mm、温度-40~55℃、绝缘线芯标称厚度≤0.70mm、电缆外径≤3.50mm、制造长度1000±5m/盘、对公里重量≤13.39kg、抗拉力≤490N、直流环阻≤150Ω/km、绝缘电阻≥50MΩ·km、衰减常数≤1.9dB/km、验电压DC1000V。拉力强,抗老化,可高架或敷设,常用于矿山开采、油田勘探,亦可作有线广播等。

被复线因途不同,其品种还有如芳纶被复线、铜包钢被复线等,但在地震勘探施工作业中被用于炮线的主要有中型被复线、轻型被复线和超轻型被复线。

(二)单深井与组合井

(1)单深井,就是炮点只一口井组成,井深都10m或10m以上的炮井,称谓单深井。

(2)组合井,就炮点由两口及以上的井组成的炮井。组合形式按组合图形分:有直线组合、规则几何图形组合、点组合和不规则几何图形组合等。组合形式按井深来划分又可分为:深井组合和浅井组合两种。不管哪种组合形式的组合井,其连接方式都是采用串联方式。

(三)炮线的连接方式

1. 传统连接方式

一般,野外地震勘探施工中,常见的炮线的连接方式有:搭接、水手接、扭接和T形接等,这些连接方式基本过程相同"使用斜口钢钳剪截炮线→剥绝缘皮→连接→包绝缘胶布"完成炮线连接,特点连接成本低,操作简单,连接速度慢。

(1)搭接,如图3-2-20所示。

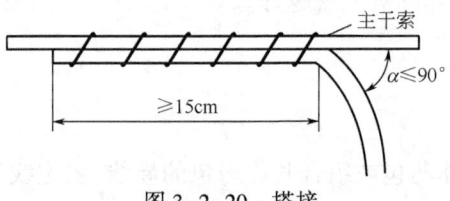

图3-2-20 搭接

要求长度≥15cm,主干线与支干线的夹角小于和等于90°。

(2)水手接,如图3-2-21所示。

图3-2-21 水手接

要求连接时要拉紧,使线与线之间接触紧密。

(3)扭接,如图 3-2-22 所示。

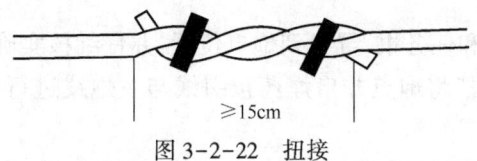

图 3-2-22 扭接

要求扭接长度≥15cm,结后用胶布或细绳捆紧。

(4)T 形接,如图 3-2-23 所示。

要求 T 形接纵、横方向拉紧。

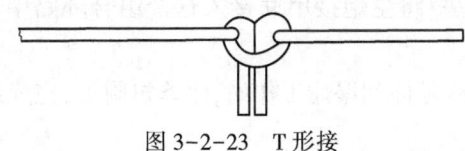

图 3-2-23 T 形接

2. 专用工具连接方式

被复线炮线可以使用被复线接续钳专用工具进行连接,该机具由接续钳和接续套管组成,是一种集剪线、剥皮、套管封装功能于一体的接续工具,如图 3-2-24 所示。这种连接速度快、连接电阻小、抗拉效果好等优点,缺点,成本高。

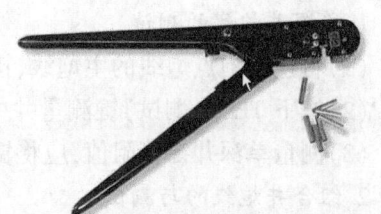

图 3-2-24 被复线接续钳和接续套管

被复线接续时,将线头插入接续套管内,用接续钳压封一次成型,具有接触电阻小、绝缘性能好、抗拉力性能强、耐高低温等特点,大大提高了被复线的接续速度,降低了线头接点继发故障率。被复线接续是一中新型的被复线接续方式。

(四)起爆网络

起爆网络有两种方式:串联起爆网络和点式起爆网络。

(1)串联起爆网络:这种方式一般用于组合井。它采用的是:炮线将单个炮井串联起来,即组成串联起爆网络。这种网络只要有某一口单井拒爆,则其后面的炮井全部拒爆。

(2)点式起爆网络:这种方式一般用于单深井,就是将炮井中的所有药包都绑在一起,然后将炮点与总炮线连在一起(雷管放在中间药包里面),即构成点式起爆网络。这种连接方法接头少、方便,但是炮井可能会出现爆炸不全。

ZBB008 爆炸网络的组成

ZBB014 起爆网络炮线连接方法

(五)起爆网络炮线连接方法

1. 选择制作主炮线

选择制作主炮线应根据野外地表地形情况,依据国标《爆破安全规程》中爆炸工作站(起爆站)与炮井最小安全距离即:沙土、黏土,40m;岩石、冻土层,65m;井深小于 5m 或坑炮,100m 之规定,选择并截取长度满足最小安全距离规定、线径较粗、电阻率较小、拉力强的中型被复线做主炮线。主炮线通常应考虑阻值不能太大,以防影响起爆或验证 TB 信号接收。

2. 连接单深井主炮线

(1)按照井口信息卡和任务书,寻找到炮点位置,并仔细核实确认。

(2)用"全过程短路法"将炮点井口炸药包引线与主炮线进行连接,并保持主炮线另端处于短路状态。

(3)放开主炮线,将引线延伸到爆炸工作站,爆炸机附近,完成单深井主炮线连接。

3. 连接组合井主炮线

(1)按照井口信息卡和任务书,寻找到炮点位置,并仔细核实确认。

(2)先用"全过程短路法"将组合井各单井炮线进行串联,构成一个组合环路。

(3)再用"全过程短路法"将主炮接串联接入这个组合环路中,并保持主炮线另一端处于短路。

(4)放开主炮线,将引线延伸到爆炸工作站,爆炸机附近,完成组合井主炮线连接。

(六)起爆网络的测试

> ZBB018 起爆网络的测试方法

在使用炸药激发的地震勘探中,炮点的形式一般分为单深井和组合井两种,在测试炮点连接雷管的炮线阻值过程中,会遇到电阻大、电阻小、不通、短路等几种故障现象。测试炮点阻值可使用雷管测试仪或爆炸机的雷管测试功能。

1. 单深井炮线的测试

(1)将连接炮点炮线的主炮线,接入雷管测试仪接线柱两端。

(2)按下 TEST(测试)键测量井中雷管的通断,观察显示屏显示的雷管阻值。

(3)测量单深井雷管阻值,应将雷管测试仪并接在炮线两端然后在断开炮线短路点。

2. 组合井炮线的与测试

(1)用雷管表分别测量各单井中的雷管的通断。

(2)用串联的方式将各单井炮线连接到一起。

(3)将连接组合炮点炮线的主炮线,接入雷管测试仪接线柱两端。

(4)按下 TEST(测试)键测量井中雷管的通断,观察显示屏显示的组合井的串联雷管阻值。

(七)起爆网络常见故障及排除

> ZBB017 建立爆炸站点的安全规定

(1)电阻大:炮线间的连接处接触不良或炮井中的雷管本身电阻大。排除方法是重新检查连接线间连接点,如雷管自身故障,则采取引爆措施,重新打井。

(2)电阻小:组合井炮线间的连接处某处短路或井中雷管短路。排除方法是重新检查线间连接点,有无短路,如果雷管短路,则采取引爆措施,重新打井。

(3)不通:主炮线和炮线间连接处有断路或组合井间的炮线不通。排除方法是逐一检查炮线间各接点的连接情况。如果是组合井还应该测量单井的雷管阻值,如果是组合井其中一口有故障,应采取引爆或重新打井。

(4)短路:一般是主炮与炮点炮线间的连接处相碰出现短路,排除方法是重新检查主炮与炮点炮线间的连接点。

九、地震勘探爆炸作业程序

ZBB004 地震勘探爆炸作业程序

地震勘探施工过程中,一般可将爆炸作业程序为接受任务、作业准备、进入作业现场、确认炮点、建立爆炸工作站、放炮警戒激发(起爆放炮)、填写爆炸班报、结束任务等9部分(图3-2-25)。

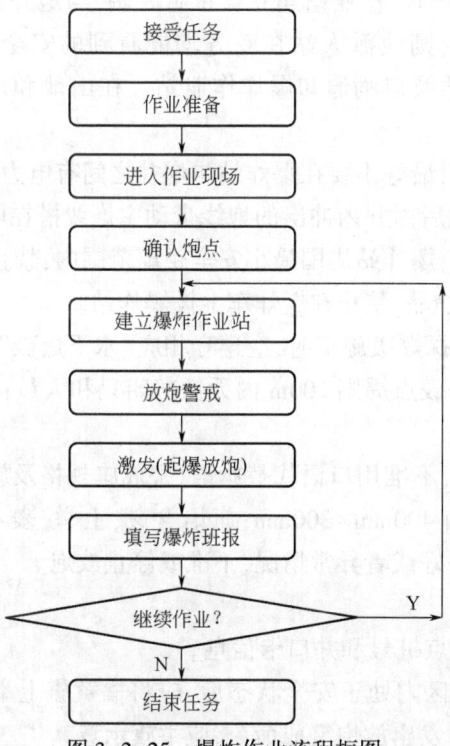

图3-2-25 爆炸作业流程框图

(1)接受任务:领取任务书,明确工作量。

(2)作业准备:参加班组晨会,检查爆炸机和辅助设备(主要包括:电池、天线、连接线、话筒、通信设备、加长线、夜间安全照明设备、背包等),检查带上班报,检查相关的工具、用具和材料,按照安全规程穿戴好劳动保护用品。

(3)进入作业现场:遵守车、船等交通安全管理规定,保管好作业用的设备、工具、用具和材料,乘坐交通车船进入作业现场。

(4)确认炮点:进入作业现场,首先寻找符合要求的炮点桩号,并观察周围环境,检查炮点上方是否有高压线,地下是否有油气、电光缆等管线,周围是否有建筑物、机井等,如果异常情况通知仪器操作员、解释组人员进行处理。特殊情况未能采取闷井措施时,应轻提炮线,检查炸药包是否上浮,情况异常时报告爆炸班长和仪器操作员,同时采取处置措施。

(5)建立爆炸作业站:爆炸作业站简称爆炸站,也称作起爆站,是地震勘探采集数据施工过程中遥控爆炸机工作的站点。选择建立爆炸作业站,应遵守《爆破安全规程》(GB 6722—2011)相关规定。爆炸作业站距炮井的距离不应小于:沙土、黏土层,40m;岩石、冻土层,65m;井深小于5m(或坑炮),100m;特殊情况另据药量计算确定。

在爆炸作业站周围20m范围内,无关人员不应进入,站内不准堆放与爆破作业无关的物品。不应将两个(包含两个)以上炮井的炮线同时引到起爆站。

① 爆炸站设置炮井位于斜坡时,爆炸站必须设在斜坡的上方点,防止放炮造成的岩石散落物砸伤;严禁在山沟或悬崖峭壁上进行爆炸作业,以免山体滑坡或坍塌造成人员伤亡事故,放炮后为防止井口塌陷和喷发有毒气体对人体造成伤害不准到井口附近围观。

② 爆炸作业站一般将爆炸作业站建立在视野开阔,与炮井通视条件良好的上风方向的安全区内。如不能通视,则应派人站在双方均能看到的安全位置,监视爆破点警戒区域内的安全情况,并用旗语及口哨通知爆炸作业站。在山地和地形复杂地方施工用旗语传递信号。

③ 避免有电力线穿过,最好不要在爆炸站与炮井之间有电力线穿过,实在避不开时,必须采取有力措施,防止放炮后由井内冲出的炮线带动主炮线搭在电力线上造成触电事故。

④ 爆炸站的安全防护,爆炸站周围最小安全距离范围内,禁止无关人员停留,禁止堆放爆炸物品和与放炮无关的物品,禁止在爆炸车上设爆炸站。

⑤ 在水域进行地震勘探爆破施工时,应遵守相应"水下爆破"的有关规定。爆破作业船应有专人负责警戒,确保爆破点周围200m内无任何船只和人员;爆破作业船与爆破点之间的距离不得小于100m。

(6) 放炮警戒:警戒时,不准用口语代替旗语,警戒旗规格及旗语可参考进行如下规定:警戒旗颜色为红色,大小为400mm×300mm;旗语含义,上举,表示为已准备好,允许放炮。左右挥动,表示为没有准备好或者异常情况,不准或停止放炮。

(7) 激发(起爆放炮)。

① 向仪器操作员报炮点桩号和井口卡信息。

② 监视人员确认警戒区内处于安全状态后,应将橘黄旗上举。爆炸员接通炮线、通知仪器操作员可以放炮,同时发出放炮警戒命令,应举旗示意。

③ 接受指令,按下译码器"充电按钮",充满电时接着"按下预备按钮"实施放炮。

译码器充电过程中,始终监视炮点周围情况,发现异常应立即采取果断措施,停止爆破作业,拔掉、短路炮线并通知仪器操作员停止放炮。

④ 发生哑炮应立即拔掉炮线并短路,确认安全后消除警戒,检查炮线是否有断路、短路、漏电等问题。组合炮时,应将主炮线和组合炮线分开检查。故障排除后或检查无问题后,再投入使用。确认哑炮后,应将拒爆井位(组合炮将拒爆单井编号)记录在《爆炸班报》上,并为清线工提供准确的哑炮位置。

⑤ 严禁用双套及双套以上炮线放炮,不准在车上放炮。放炮后为防止井口塌陷和喷发有毒气体对人体造成伤害,不准到井口检查。

(8) 填写爆炸班报。

① 检查炮井及周围情况,无异常后解除警戒,按《爆炸班报》的格式逐炮填写班报。填写《爆炸班报》应做到项目内容齐全、字迹清晰、签字齐全、不漏项、无涂改。改错应以单横线划掉错处,本人在改错处签名,在其下方重新填写数据,不准转抄。

② 关闭译码器电源,拔下电源电瓶连线,准备移动到一炮点。

③ 清理恢复井口理现场,清收炮线。

(9)结束任务。
① 结束任务,整理清点保管好器材。
② 每天《爆炸班报》都要和其他相关班报进行核对,必须对口。

项目二　连接爆炸网络

一、准备工作

(一)设备、仪表
雷管测试仪 1 台。

(二)工具、材料
钢质偏口钳 1 把、雷管剥线钳 1 把、轻型炮线 1 卷、防水绝缘胶带 1 卷。

(三)人员
穿戴防静电工服,1 人独立完成。

二、操作步骤

(一)选择主炮线
(1)根据安全距离要求,截取炮线。
(2)制作连接炮井炸药包的主炮线。

(二)连接单井主炮线
(1)按照施工任务书,寻找炮点位置。
(2)分开井下短路的炸药包炮线,用"全过程短路法"与主炮线进行连接。
(3)使用绝缘胶布,将炮线连接处缠绕,做好绝缘处理。
(4)将主炮线放开,延伸到爆炸工作站,并保持主炮线另端处于短路状态。
(5)用雷管表测量井中雷管的通断,测试正常后将炮线短路。

(三)连接组合井主炮线
(1)按照施工任务书,寻找炮点位置。
(2)用雷管表分别测量各单井中的雷管的通断。
(3)逐一分开井下短路的炸药包炮线,先用"全过程短路法"将组合井中的单井进行串联连接,构成一个组合环路。
(4)再用"全过程短路法"将主炮线串联接入连接好的这个组合环路中。
(5)使用绝缘胶布,将炮线连接处缠绕,做好绝缘处理。
(6)放开主炮线,将引线延伸到爆炸工作站,并保持主炮线另一端短路。
(7)再用雷管表测量串联网络的通断,测试正常后将炮线短路。

三、技术要求

(1)选择并截取主炮线要长度满足最小安全距离规定。
(2)主炮线两端剥皮留头 2cm,一端保持短路状态。

(3)主炮线要求线径较粗、电阻率较小、拉力强的中型被复线做主炮线。

(4)主炮线要求不能影响起爆或验证 TB 信号的接收。

四、注意事项

(1)根据野外地表地形情况,依据国标《爆破安全规程》中爆炸工作站与炮井最小安全距离即要求,选择制作主炮线。

(2)炮线间的连接处要接触良好,不能虚接或短路。

(3)当地面潮湿应将炮线连接处架起并做好绝缘处理。

(4)连接爆炸机一端的主炮线,放炮前应始终保持短路状态。

项目三 排除爆炸网络故障

一、准备工作

(一)设备、仪表

雷管测试仪 1 台

(二)工具、材料

钢质偏口钳 1 把、雷管剥线钳 1 把、绝缘胶带 1 卷。

(三)人员

1 人独立操作,防静电服、劳动用品穿戴齐全。

二、操作步骤

(一)单深井故障排除

(1)使用雷管测试仪测量主炮线阻值。

(2)查找故障点。

(3)根据现象排除故障。

(4)复测测量主炮线阻值。

(二)组合井故障排除

(1)使用雷管测试仪测量主炮线阻值。

(2)根据故障现象,分别测量单井炮线阻值。

(3)查找单井炮线故障点。

(4)根据故障现象排除故障。

(5)连接爆炸网络,测量主炮线网络阻值。

三、技术要求

(1)单独测量主炮线时应将炮点炮线及时短路。

(2)测量组合单井时,要将其他各井炮线短路。

(3)炮线各连接处,应使用绝缘胶带包好。

四、注意事项

(1) 排除故障时应做好警戒工作。
(2) 警戒区内禁止其他人员、车辆进入。
(3) 禁止使用一切通信设备。
(4) 严格遵守雷管测试安全规定和雷管使用相关规定。

项目四 爆炸机电瓶检测与充电

一、准备工作

(一) 设备、仪表

充电机 1 台、500 型指针万用表 1 块、爆炸机电瓶 1 块。

(二) 工具、材料

一字螺丝刀 1 把、毛巾 1 块。

(三) 人员

1 人独立操作,劳动用品穿戴齐全。

二、操作步骤

(一) 安装调试万用表

(1) 将万用表放平,检查指针是否在刻度盘左端的零位上,若不是则应调零。
(2) 调整机械调零螺丝,使指针指在零位。
(3) 将万用表红表笔插入"+"插口、黑表笔插入"-"插口。
(4) 右侧旋钮打在电压 V 直流挡位,左侧量程旋钮置 50V 直流电压挡。

(二) 检测电瓶

(1) 将电瓶拿到工作台,直观检查外观和电极桩头。
(2) 将红表笔接到电瓶正极,黑表白接入电瓶负极。
(3) 根据万用表刻度盘上的相应刻度就可读出电压值。

(三) 电瓶充电

(1) 检查电瓶外观是否有开裂、漏液现象,如果有应禁止充电。
(2) 将充电机输出端正极接到电瓶的正极桩头上,负极接电瓶的负极桩头上。
(3) 将充电机电源输入端插入 220V 交流电源中。
(4) 观察充电指示灯状态,当充电指示灯闪烁时,表示开始充电。
(5) 充电完成后,拔出充电机 220V 电源线,断开充电机与电瓶连接线。

三、技术要求

(1) 测量电瓶前,使用毛巾清洁电瓶表面和电极桩头。
(2) 读取测量电压值时,要等表针稳定后在确定。

(3)万用表电压量程选择要准确。
(4)表笔接入电瓶电极要接触良好极性正确。

四、注意事项

(1)当电瓶有漏液时千万不能用手接触,防止硫酸灼伤皮肤。
(2)万用表功能选择开关一定不要置错误档位上,否则会烧坏万用表。
(3)操作中一定小心,不能将电瓶电极短路,一旦短路引起大电流放电,缩短电瓶使用寿命,同时还会造成人身伤害。
(4)充电时要分清极性,不能接反,否则会损坏设备或无法充电。
(5)充电前要确认输入电源必须是220V的交流电源.

项目五　安装检测爆炸机

一、准备工作

(一)设备、工具

爆炸机1套、电瓶1块、天线1根、话筒1个、十字螺丝刀1把、一字螺丝刀1把。

(二)人员

1人独立操作,劳动用品穿戴齐全。

二、操作步骤

(一)安装爆炸机

(1)在操作台面上将爆炸机直立放稳。
(2)将鞭状天线有螺纹一端,对准天线接口拧紧。
(3)将话筒水晶头一端,按方向对准电台话筒插口插入。
(4)将电瓶安装到背包架下面的位置,并用带子扎紧。

(二)开机检测

(1)接通爆炸机电源。
(2)按下电台开关,调整电台音量和频道。
(3)按下开机键,检查爆炸机显示状态。
(4)将井口检波器线缆接入爆炸机输入端。
(5)分开短路的主炮线,接到高压输出端。
(6)分别测量井口阻值和雷管阻值。

(三)恢复设备

(1)撤下井口检波器连线及主炮线并收起。
(2)关闭电台电源,断开爆炸机电源。
(3)卸下电台天线,收起话筒。
(4)回收工具、仪表,清理现场。

三、技术要求

(1)安装天线时,要按照顺时针方向拧入,拧紧即可。
(2)安装话筒时要按照卡口对应插入,听到"咔"声表示安装到位。
(3)连接井口检波器时要注意极性。
(4)连接主炮线时,要牢固拧在高压端子上,金属丝部分不能搭接在爆炸机的外壳上。
(5)接通电源插头时,应按照端子正负极标识对应插入。

四、注意事项

(1)天线的连接部位容易松动,在安装时应先检查。
(2)安装电瓶前,应检查壳体有无破损,防止电解液烧伤皮肤衣服。
(3)安装电瓶时注意不要将电瓶极柱与背包架相碰,防止电源短路。
(4)设备加电时一定要注意电源极性不能接反。
(5)电台未接天线,禁止开机,防止烧坏电台。

项目六　操作爆炸机通信电台

一、准备工作

(一)设备、仪表
爆炸机 2 台、天线 2 根、话筒 2 个、爆炸机电瓶 2 块、万用表 1 块。

(二)工具
一字螺丝刀 1 把。

(三)人员
1 人独立操作,劳动用品穿戴齐全。

二、操作步骤

(一)安装电台附件
(1)将全部的设备和工具拿到工作台面上。
(2)检查并安装天线。
(3)检查电瓶连接线及电源插头。
(4)安装、调试万用表,测量电瓶电压。
(5)将电瓶装入爆炸机电瓶卡槽内并接通电源插头。

(二)操作电台
(1)按下电台音量开关,开机。
(2)调整音量到合适的位置。
(3)观察 LCD 显示屏幕,显示状态。
(4)按下信道按钮,选择规定的通信信道。

（三）发射和接收语音

(1) 手持话筒按下"通话键",距离自己的嘴 2.5~5cm,发射语音信号。

(2) 松开"通话键",等待接收语音信号。

（四）恢复设备

(1) 按下音量开关,关闭电台。

(2) 断开爆炸机电源连线插头。

(3) 卸下电台天线、收起话筒。

(4) 回收工具、仪表,清理现场。

三、技术要求

(1) 安装天线前,要检查天线中心头是否牢固、无氧化,如果松动应更换天线。

(2) 安装话筒前要检查连线是否完好、发射按键是否灵活。

(3) 电台处于发射状态时,发射指示灯会发亮。

(4) 检查电瓶连线、插头是否完好、如果氧化接触良应进行处理或更换。

(5) 当测得电瓶电压低于 11.5V 时,应更换电瓶。

四、注意事项

(1) 安装电池或连接电源插头进时,注意电池电压和电源正负极性。

(2) 电台没有安装天线前,不能发射,以免烧坏电台发射管。

(3) 电台发射时不要使电台天线接触人体或其他物体。

(4) 操作电台开关、按键、旋钮时,切勿用力过大以免损坏电台。

模块三　地震勘探放线

项目一　相关知识

一、地震测线和观测系统

(一)地震测线

地震测线是指沿着地面或海平面进行地震勘探,野外工作的路线。其布置方式对了解地下地质构造至关重要。

(二)地震测线布置原则

地震测线布设时必须考虑地质任务、干扰波与有效波的特点及地表施工条件等因素。具体讲需要遵守以下2个原则。

ZBC001　地震勘探测线的布设原则

ZBC002　地震勘探测线的形式

(1)测线应为直线,这时垂直切面为一平面,所反映的构造形态比较真实。

(2)主测线应垂直构造走向,目的是更好地反映构造形态。

(三)地震接收排列

在野外地震勘探施工过程中,每条测线都分成若干观测段,逐段进行观测,每次激发时所安置的多道检波器的观测地段称为地震排列。

(四)观测系统

观测系统是指地震波的激发点和接收点的相互位置关系,或激发点与接收排列的相对空间位置关系。

施工前由相关技术人员,依据施工区域的地质情况,设计出激发点与接收点的相对位置关系,并按照相关标准绘图。野外施工时将依据这种关系图设定激发点和接收排列。

观测系统分单边和双边放炮两大类:单边放炮观测系统指炮点位于排列的一侧,炮点位于左侧(西或南)叫小号放炮,位于右侧(东或北)叫大号放炮;双边放炮观测系统指炮点位于排列的两侧,观测系统类型如图3-3-1所示。

(五)测线的命名及编排原则

测线的命名应由测线所在地区、施工年份和测线编号三部分组成。

示例:"QY 2003—356.5","QY"为施工地区名汉语拼音的头一个字母组合,由2~4个字母组成;"2003"为施工年份,由4个阿拉伯数字组成;"356.5"为测线编号,由2~7个字符组成。

测线编号由西向东、由南向北递增,在规则测网情况下,测线编号以千米为单位,也可采用简编号如2009SW01,表示2009年SW工区01号测线。

(六)测线桩号编排

测线桩号以米为单位,按由西向东、由南向北递增的规则编排。实际施工中可采用自然点号编排，但应给出自然点号与测线桩号的对应关系。

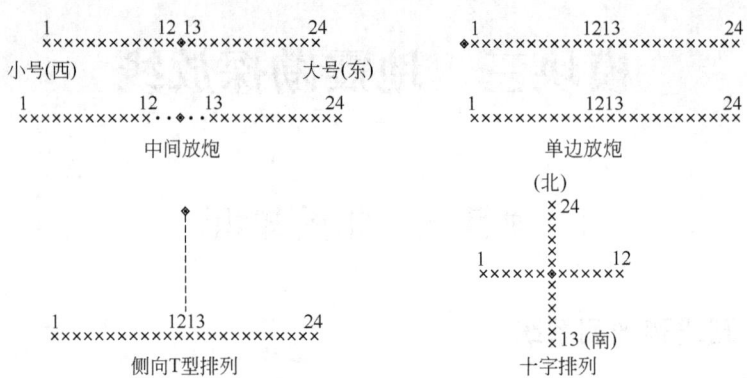

图 3-3-1 观测系统类型示意图

（七）施工任务书的内容

施工任务书的内容有：当日施工的测线号、障碍物位置、排列接收的起始点号、排列长度、钻井的起始点号、井深、单井药量等内容。

二、检波器串

（一）检波器串的组成

检波器串俗称小线。由多个检波器通过串并联的方式连接在一起组成。

检波器串的结构比较复杂，因施工需要而不同，有 5 串 2 并、3 串 3 并、10 串等。最常用的是 3 串 3 并。

（二）检波器串夹子

(1) 检波器串夹子一般由一宽一窄的一组紫铜弹簧片构成，外部由硬塑料固定保护。

(2) 夹子的宽面为正极，窄面为负极。焊接时，检波器连线中的红线要焊在宽面上。

(3) 检波器串夹子在施工中最常出现的故障有：弹簧片折断、焊点脱焊或虚焊、弹簧片表面氧化、夹子没卡紧、连线没打结等现象。

（三）检波器串极性判断

检波器的极性是否正确，在野外资料采集过程中起到很重要的作用。如果排列中有检波器串的极性反了，那么它就会抵消有效波的信号，减小资料品质。因此判断检波器串极性非常重要。

判断检波器串极性有 2 种方法：

(1) 用机械万用表的表笔连接检波器串的夹子，摇晃检波器来判断检波器串的极性。

(2) 使用检波器测试仪来检测检波器串的极性。

（四）检波器串的技术指标要求

各种不同型号的检波器串在使用过程中，必须要符合国家及行业对该型号检波器串的阻尼系数、衰减系数、自然频率、灵敏度、绝缘电阻及拉力强度等的要求。

（五）使用检波器串的注意事项

(1) 使用和搬运过程中要轻拿轻放，严防撞击。

(2)不要轻易拆卸外壳。
(3)不要放置在潮湿的地方保存。
(4)野外施工生产中,检波器串与电缆连接时,应正负极相对应,极性不能接反。
(5)不要用力拉检波器串组合连线去拔检波器,防止拉断组合线或把检波器内部连线拉断。
(6)在野外施工时,检波器串与电缆连接的夹子、接头不要碰到潮湿的地面。
(7)严禁使用无尾椎的检波器施工。

(六)检波器串运输注意事项

ZBC015 地震检波器串运输注意事项

(1)检波器受到比较强烈的多次撞击会使磁钢退磁,磁场强度减弱,从而使检波器的灵敏度降低。
(2)弹簧片作为线圈的支撑部件,在受到强烈冲击时,容易变形或损坏,使检波器不能正常工作。

ZBC016 检波器串的测试要求

(七)检波器串在施工中要定期检查

检波器无论是在施工中还是在搬运过程中,所处的环境都是相当恶劣的。在这种条件下检波器的性能变坏或完全损坏是很可能的,尤其是目前使用大量串并联组合的检波器串,其中有一两只检波器损坏,不易从监视记录上察觉。

如果不对所有的检波器性能进行测试,一些不正常的或损坏的检波器混在里面,会使野外资料质量下降。因此定期地测试检波器性能是非常需要的。通常规定每月必须用测试仪进行一次全部检波器串的检查。

另外,除定期检查外,施工期间还应该进行不定期检查。

三、地震电缆线

ZBC031 地震电缆线的结构

(一)地震电缆线的结构

ZBC035 地震电缆护套的作用

(1)地震电缆线内部由导体、绝缘层、保护层和护套构成。
(2)电缆的导体材料主要是铜,绝缘层材料主要是聚丙烯,保护层材料主要是聚氨酯弹性体。
(3)覆盖地震电缆线内部导体部分是由多根相同的芯线构成,每一芯为两根导线。最常用的96芯覆盖地震电缆线,内部有96对192根常用导线和4对8根备用导线,共200根导线。
(4)数传地震电缆线根据采集系统的型号不同,内部导体部分的结构有所区别。但都是由数据对、命令对、电源对、本道对构成。例如,SN388数传电缆线是由3对数据对、1对命令对、1对电源对、3对本道对构成。
(5)护套是所有芯线的保护层。地震电缆线大部分采用聚氨酯弹性体作保护层。这种材料有很高的耐磨性和强度,较宽的工作温度范围。

ZBC030 地震电缆线传输信号的原理

(二)地震电缆线传输信号的原理

(1)覆盖电缆排列上的每个地震道信号是按并行的方式传输给地震仪,传送地震信号并起道数转换作用。
(2)数传电缆排列上的每个地震道信号是按串行的方式传输给地震仪。
(3)加长地震电缆传送地震信号并起延长作用。

（三）地震电缆线的插头

1. 常用覆盖地震电缆线插头插座的种类及特点

常用覆盖电缆插头插座,按其结构可分为簧片式和针孔式两种。

（1）簧片式:它的接触点是靠簧片的弹性呈线性接触、陆用电缆的插头。特点是结构简单、插拔力小,操作方便,易于清洁、单个弹簧片在野外易于更换、价格较便宜。其缺点是接触电阻大、可靠性不高,使用寿命短、防水性能差等。

（2）针孔式:它的接触是靠圆柱状簧片的弹性呈面积接触。海上电缆的插头。特点是接触点电阻小、可靠性高、防水性能好。其缺点是结构复杂、插孔进了脏东西不易清洁、野外更换插针插孔较困难。

2. 数传电缆的插头

现阶段,各种型号采集系统数传电缆的插头都采用的是针孔式结构。

（四）地震电缆线的布设方法

（1）仔细插针排列检波点的测量标志,将地震电缆线安放在靠近测量标志且环境条件较好的地方。

（2）将地震电缆线的捆扎线解开,边走边放,直到所要连接的最后一串检波器。

（3）在过庄稼地时,如遇到高秆作物,电缆线不要挂在高秆作物上,以防止因刮风大线拉动检波器串造成干扰。

（4）在过村庄时,电缆线若不能按规定放置,应该尽量拉开电缆线的距离,避免把电缆线堆放在一起。

（5）过公路应该用护电缆套。若没有护电缆套应该将电缆线用土埋起来或架高。

四、组合检波法

组合检波,就是在每一个地震道都采用两个以上的检波器,按一定形式安置在排列上,同时接收地震波,并把该接收道所有检波器输出的地震信号叠加起来作为一个地震道的输入信号。

组合检波法是利用有效波与干扰波的传播方向不同来压制干扰波的一种方法,主要用于压制面波之类低视速度的规则干扰及无规则的随机干扰。

（一）组合检波的目的

组合检波的目的是增强有效波,削弱干扰波,提高信噪比。

（二）组合检波的形式

组合检波可以分为两种类型:线性组合和面积组合。

（1）线性组合检波:即一个组合道中的各检波器是沿测线方向直线排列布置,如图 3-3-2 所示,可压制沿测线方向传播的干扰波,对于来自垂直测线方向的干扰波其压制能力很小。这种方式主要用于瑞雷波比较强的地区。

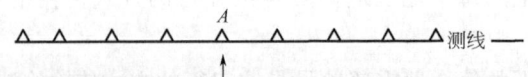

图 3-3-2　检波器串线性组合示意图

(2)面积型组合检波:即沿测线方向将检波器布设成面积图形。由于简单的线性组合只能压制沿测线方向传播的规则干扰波,而不能压制垂直或斜交于测线方向到达的规则干扰波。所以野外更多的是使用面积组合,特别是工区存在多方向的干扰波时,采用面积组合更为合适。

面积组合形式很多,如圆形、方形及放射状等。野外生产时,组合形式一般需要通过野外试验,进行干扰波调查,在了解干扰波特点的基础上确定组合参数。面积组合的示意图分别如图 3-3-3、图 3-3-4 和图 3-3-5 所示。

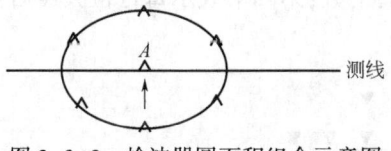

图 3-3-3　检波器圆面积组合示意图

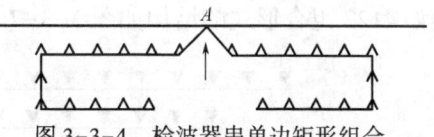

图 3-3-4　检波器串单边矩形组合

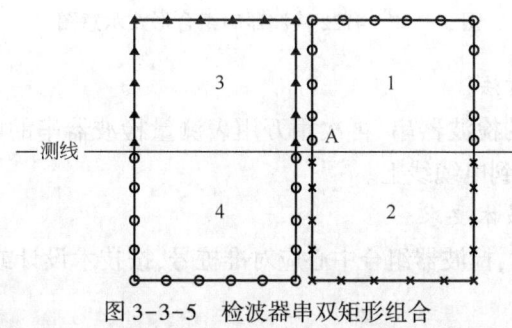

图 3-3-5　检波器串双矩形组合

ZBC007　组合检波的埋置要求

(三)检波器的埋置、连接方法

检波器串摆放时通常采用直线型组合和面积型组合。但是当某一地震道处于特殊地形时,允许将本接收道的检波器摆放一起,构成点式组合的形式。如图 3-3-6 所示。

图 3-3-6　检波器串点式组合结构示意图

1. 按组合图形和组内距要求埋置检波器串

1)检波器串为线性组合时

当检波器串为线性组合时,就是每一个地震道中的所有检波器,都沿测线方向进行埋置的方式,即检波器串和测线应在同一条线上,埋置时应将检波器串的正中间对准桩号。若为 9 只检波器,则应将第 5 只检波器对准桩号如图 3-3-2 所示。

2)检波器串为圆面积组合时

当检波器为圆面积组合时,检波器应均匀分布在圆形周边及中心,中心检波器应对准桩号,圆形应对称于测线两边如图 3-3-3 所示。

3)矩形面积组合时

当检波器为矩形面积组合时,检波器串组合单边矩形如图 3-3-4 所示,中心点对准桩号,图形应对称,各道检波器所组成的图形应放置在测线的同一边。

4)双边矩形面积组合时

当检波器为双边矩形面积组合时,检波器串所组成的图形如图 3-3-5 所示,各串检波器组成双矩形,矩形对称于测线两边和桩号。

面积组合时比较常用的组合形式有 2122、3082 和 4122。这些数字的含义分别为:第一个表示检波器的行数;第二和第三表示每行检波器的个数;第四个表示每行检波器后移的个数。例如 4122 组合形式的结构如图 3-3-7 所示。

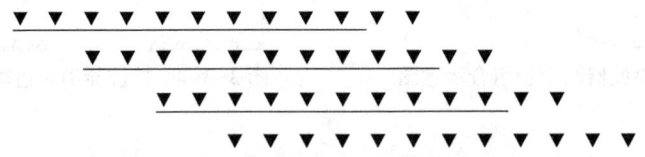

图 3-3-7　4122 检波器串组合形式示意图

2.检波器串的连接方法

对于按照要求埋置的检波器串,再次用万用表测量检波器串的电阻值,确认阻值正确后,将检波器串夹子连接到电缆线上。

3.埋置检波器串的技术要求

(1)进行组合接收时,检波器组合中心应对准桩号,按技术设计或试验所确定的组合图形埋置检波器。

(2)检波器串组合基距准确,组内高差要小于 1m;地形起伏较大的地区,沿等高线形式进行拉开摆放,高差较大时可适当缩小组内距,但严禁堆放。

(3)检波器埋置深度应按设计要求,并且要做到平、稳、正、直、紧,以确保证检波器的耦合效果;严禁将检波器插在树根、灌木根和草根上。严禁小线搭在灌木枝和草枝上,小线应均匀放开,不能太紧,也不能太松。

① 平:特殊地形应将组合图形等比缩小或沿地形等高线摆放,同道检波器埋置条件一致,要求同一道的所有检波器(同一道中无论几串检波器)尽量安置在同一水平面上,即检波器之间不能高差太大,一般情况下,检波器之间的高差要小于 1m,应目测高差。如果遇到特殊地形地物检波器组内高差大于 1m 时,应及时通知仪器操作员;

② 稳:检波器的尾锥要拧紧,不应使用外壳破损和无尾锥检波器。然后,把检波器插入较实的土中,要求检波器稳定不晃动,使检波器与地面具有良好的耦合。

③ 正:是指检波器安放位置要准,要求组合检波器的每组中心应对准桩号。

④ 直:要求检波器要垂直地面安置,不能倾斜。

⑤ 紧:要求检波器与地面成为一个整体,即与地面插紧,并尽可能用土压实。当挖坑埋置检波器时,坑深一般不小于 20cm。

(4)因障碍不能布设检波器的道,应核对准确桩号,并在仪器班报上注明空道及原因。当连续空道达到 3 道以上时,应采取整道距横向偏移的方法。

(5)平原或水陆交互带地震采集施工,接收点的组合中心与测量标桩的定位差;二维沿测线方向不大于道距的十分之一,垂直测线方向不大于道距的十分之三;三维沿接收线和垂直接收线的方向均不大于道距的十分之一。

(6)大风和封冻季节,应做好对检波器埋置情况的检查工作。

4. 埋置检波器的不利条件

(1)不利土质:疏松岩土、山顶或山梁处风化的砂岩、沟底堆积物。

(2)不利地形地貌:山顶上、干沟、交叉河口、石灰岩出露区、喀斯特地形发育地区。

> ZBC017 埋置检波器串的不利条件

五、复杂地表摆放与埋置地震电缆与检波器串

(一)电缆的摆放

(1)摆放电缆时应该做到轻拿轻放,严禁拉、挤、摔、踩,电缆线要收线整齐、均匀、不打结。施工中严防汽车或其他车辆压伤电缆。遇到树枝或土包勾住电缆时,应绕着收,不要硬拉,以免损伤电缆。

(2)地震电缆摆放时,要严格按照施工任务书的规定,沿着测线,对准桩号。当电缆穿过公路时,应使用护缆套。

(3)当电缆线过小河时,要将电缆线架高。

(4)在过庄稼地时,如遇到高秆作物,电缆线不要挂在高秆作物上,以防止因刮风大线拉动检波器串造成干扰。

(5)在过村庄时,电缆线若不能按规定放置,应该尽量拉开电缆线的距离,避免把电缆线堆放在一起。

(6)在遇到松土、耕地、便道时,要挖到硬土层埋置电缆线。

(7)在遇到沙丘便道时,要挖到较硬的湿沙层埋置电缆线。

(8)在沼泽地带施工时,要选择防水的电缆插头,并且要将电缆插头座、电缆抽头与检波器的连接处架起来。

(9)在高压感应地区施工时,在允许的范围内,让电缆和检波器串离开高压线一定的距离,将电缆与检波器连接处架空。

> ZBC036 复杂地表条件下地震电缆的摆放形式

(二)检波器串的摆放与埋置

1. 山地检波器安置条件的选择

1)地表岩土性质的选择

有利土质:泥岩、页岩、黏土、硬砂岩、纯泥质堆积物。

不利土质:疏松岩土、山顶或山梁处风化的砂岩、沟底堆积物。

2)地形地貌条件的选择

有利地形地貌:山脚崖坎脚下、依山邻水的公路旁、基底岩层露头处。

不利地形地貌:山顶上、干沟、交叉河口、石灰岩出露区、喀斯特地形发育地区。

2. 沼泽地区检波器的埋置

(1)应选择防水检波器,使用前进行检波器指标的测试,经测试合格后方能使用。

(2)检波器串按图形要求摆放,组合中心对准桩号。

(3)同一道的检波器高差在1m以内。

> ZBC018 沼泽地带检波器的埋置要求

(4)将电缆插头与插座、电缆抽头与检波器等连接处严格按照操作方法连接。

(5)所有接头处架起避免接触到水造成漏电。

(6)经常检查电缆和检波器的漏电情况,及时排除或更换漏电检波器和电缆。

(7)插检波器时,应插到水底或沼泽深处较硬的地方,以保证检波器与地面接触良好。

(8)检波器布放要避开农作物或树木,更不能将小线挂搭在树上。

(9)特别提醒要有渡水工具或有符合 HSE 规定的安全防护措施下才能下水作业。

3. 特殊环境中,检波器的安置方法

(1)在初春化冻季节里,至少要分上午、下午两次检查检波器的安置情况,以防化冻后检波器松动和歪倒。

(2)在过庄稼地时,如遇高秆作物,检波器串线不要挂在高秆作物上,以防止因刮风拉动检波器造成干扰。

(3)在过村庄时,检波器串若不能按规定图形安放,应尽可能拉开检波器间的距离,避免把检波器堆放在一起。

(4)在遇到松土和机耕地时,要挖到硬土层上放置检波器。

(5)在遇到沙丘时,要挖到较硬的湿沙层埋置检波器。

(6)当测线穿过河堤时,对于同一道的组合检波器,不许有的在堤上,有的在堤下,最好都安插在堤下,对记录面貌改善十分有利。

> ZBC020 复杂条件下检波器串的埋置要求

4. 避免高压感应

(1)避免使用漏电的检波器、组合线和电缆,确保电缆和检波器干燥、清洁。

(2)过高压线时,应使排列垂直穿过高压线,在允许范围内,电缆、检波器串应尽量远离高压线。

(3)尽可能采用双线圈检波器,串联、并联组合检波。

(4)使电缆与检波器的接头处架空,必要时局部电缆也要架空。

(5)将仪器的地线插在地下,并浇点水,减少接触电阻。

(6)根据地形情况,挖小"防空洞"筑"掩体"埋检波器。

(7)利用各种金属用品如面盆、饭盒等盖检波器。

(8)将电缆线,检波器组合线尽量放短。

(9)必要时可采用 50Hz 陷波器。

> ZBC021 检波器对记录的影响

5. 检波器对记录的影响

检波器和检波器串是地震数据采集过程中的重要地面电子设备,也是地震数据采集的第一个环节。因此检波器和检波器串自身指标的好坏及埋置质量的好坏,都会严重影响地震资料的品质,甚至还能造成废炮的严重后果。

> ZBC022 检波器串故障的判断方法

六、查找排列故障

(一)地震电缆常见故障

检测排列电缆故障主要是通过仪器协助来判断故障,排除排列电缆故障一般有如下方法:

(1)使用万用表查找排列上电缆断线。

(2)利用短路法查找排列上电缆线断线。

(3)利用开路法检查电缆线短路。

(4)利用开路法查找排列上的漏电。

(二)查找电地震缆线故障要求

(1)要熟悉地震电缆的结构、连接方法及检波器串组合图形。

(2)每次检查,断开的插头处检查后要及时插好。

(3)有的故障点不止一个时,应该分别排除。

(三)排列故障产生原因及排除

1. 电缆与检波器断路的原因

> ZBC025 排列断路的原因

(1)检波器串的夹子未连接到电缆线的抽头上。

(2)检波器串不通。

(3)电缆断线。

(4)检波器串夹子失去弹性。

(5)电缆内部个别地方的导线藕断丝连,表现为时断时通。

(6)电缆插头插座的弹簧片变形,相互接不上。

(7)插头插座太脏(有氧化物或污垢),接触不良,无法导电。

2. 电缆与检波器断路的排除方法

(1)检查各插头、插座、夹子是否接好,检查弹簧片是否有变形和粘有泥土等污物,并设法排除。

(2)使用万用表测量组合线和检波器是否有断路,有损坏时换好的检波器串。

(3)上述两条检查后仍不能排除,则故障可能出在电缆上,用短路法予以证实。若不能排除,更换好的电缆线。

3. 电缆与检波器短路的原因

> ZBC027 排列中检波器短路的原因

(1)检波器串夹子相碰。

(2)并联组合检波器任何一个检波器接线相碰(并联电阻或线圈短路)。

> ZBC037 排列中地震电缆线短路的原因

(3)电缆插头座短路。

(4)电缆线短路。

4. 电缆与检波器串短路故障的排除方法

> ZBC038 排列短路的排除方法

(1)检查检波器串夹子是否相碰并排除。

(2)拔掉电缆上所有的检波器串再测量,若短路,则说明是电缆有问题,按"开路法"检查电缆短路加以排除。若不短路,则说明检波器串有问题,可对检波器串进行检查或更换。

5. 电缆与检波器串电阻大的原因

> ZBC039 排列阻值大的原因

(1)电缆插头座的弹簧片间或检波器串夹子与短路抽头接触不良。

(2)串联组合中多接了一串检波器或检波器串中个别检波器阻值大或断路。

(3)并联组合中可能少接了一串检波器,串线断路或检波器开路等。

> ZBC040 排除排列阻值大的方法

6. 电缆与检波器串电阻大的排除方法

(1)使用万用表测量组合线的输出端检查检波器的阻值,若阻值大,应寻找原因或更换检波器串。

(2) 短路电缆线上检波器抽头,测量电缆电阻是否正常,若电阻过大,应检查或更换电缆线。

(3) 检查插头座、检波器串夹子接触是否良好,清除氧化物或污物。

ZBC026 排列检波器中电阻值小的原因

7. 电缆与检波器串电阻小的原因

(1) 有漏电现象,如线缆插头、检波器串夹子掉入泥土里。

ZBC041 排列中电缆线电阻小的原因

(2) 串联组合时少接了检波器。

(3) 个别检波器串夹子短路。

ZBC042 排除排列中电缆线电阻小的方法

8. 电缆与检波器串电阻小的排除方法

(1) 检查插头座、检波器串夹子是否掉入水里或接地。

(2) 使用万用表测量组合检波器的阻值。

(3) 检查备用道是否提前接入和未及时拔掉。

ZBC023 排列中地震电缆漏电的原因

9. 电缆与检波器串漏电的原因

(1) 电缆有外伤并受潮湿产生漏电。

(2) 插头座进水或污物产生漏电。

(3) 有漏电的检波器存在。

(4) 检波器串组合线破损并受潮湿产生漏电。

(5) 检波器串夹子与电缆线插头的接点触地产生漏电。

ZBC024 排列中地震电缆线漏电的排除方法

10. 电缆与检波器串漏电的排除方法

(1) 找出是电缆漏电还是检波器串漏电。

(2) 如果是检波器串,找出是检波器漏电还是夹子漏电。如果是夹子接地,就应该把夹子架起来。如果是检波器进水,应该把检波器串换掉。

(3) 如果是电缆线漏电,及时换掉并修理。

(4) 使用万用表测量电缆插头座上线之间的绝缘电阻,若小于 5MΩ,则判断有漏电存在。

(5) 若是插头座漏电,可以用棉花沾着酒精清除污物,烘干潮气,再晾干。

(6) 若是电缆漏电,可以沿着电缆表面观察有没有伤痕。找的破损处,可以用吹风机吹干(注意吹风机的温度和距离)。漏电处理好之后,要用修补胶修补。

ZBC058 工作道故障的排除方法

11. 微震故障

检波器附近有干扰如车辆、牛羊、发电机、树木(风)、高压线、漏埋或有检波器埋置不正。

排除方法:将牛羊赶走远离排列 500m 以外,车辆、发电机熄火;检波器偏离高压线埋置;将小线贴于地面上。

12. 反相故障

现象:施工中所说的反相,指某道信号的相位正好与正常道信号相差 180° 以监视记录看,这种反相道正好与正常信号"对顶",如图 3-3-8 所示。

原因:小线本身焊反;人为接反;地形高差太大。

排除方法:更换小线,按照正确方法连接小线接上,如果是地形原因报告仪器操作员。

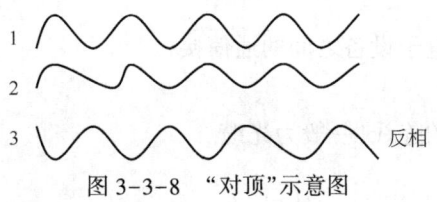

图 3-3-8 "对顶"示意图

13. 脉冲干扰

现象:仪器做检波器脉冲测试不合格。

原因:外界环境影响大、检波器布设不好(未做到平稳正直紧)。

排除方法:重新埋设检波器,消除外界干扰。

14. 漏电

原因:小线本身漏电;小线夹子落入水中或小线夹子贴于潮湿地面;检波器进水。

排除方法:换小线;将小线夹子擦干脱离水中,找干燥物垫起小线接头。

15. 不正常工作道

原因:检波器埋置不好;检波器卡壳;地形原因。

排除方法:深埋检波器;换小线,按放线要求摆放,地形原因上报仪器备注。

16. 排列电瓶电压的检测

将黑表笔插入 COM 插孔,红表笔插入 V/Ω 插孔(数字万用表);将功能开关置于 DCV 量程范围(用 20V);将测试表笔插入电源线插孔或直接测量电瓶极柱。正常时电压 12 ~ 13.8V,当低于 11.5V 时应该及时更换电瓶。

七、地震数据采集系统

地震数据采集系统是由地面电子设备和中央控制记录单元组成。地面电子设备包括交叉站、采集站、电源站、数传电缆、上车线、交叉线、检波器串、连接短线组成。408、428、SCORPIN 等先进采集系统中采集站与数传电缆连在一起称为采集链。

(一)地震数据采集系统的组成

地震数据采集系统采集并处理地震数据,把处理好的数据记录在磁带上或光盘、硬盘上。

1. 检波器

检波器是拾取地面震动信号,把震动信号转换成电信号。

2. 采集站

采集站是将检波器传输来的信号进行放大、滤波、A/D(模数转换),把处理好的数字信号存储起来。

3. 数传电缆

数传电缆是连接采集站,把主机的命令传送给采集站,把采集站处理好的数字信号传送给主机。同时电源站通过数传电缆为采集站供电。

4. 电源站

电源站是通过数传电缆为地面电子设备供电。

5. 交叉站

交叉站是主机与地面电子设备之间的通信接口。

6. 交叉线

交叉线是连接交叉站的连线,一般为光缆。

7. 上车线

上车线是主机与交叉站之间的连线,一般为光缆。

8. 连接短线

连接短线是交叉站与采集站、电源站与采集站之间的连线。

(二) 采集站的作用

采集站是野外地震信号采集的关键设备之一,它将检波器串传来的地震信号进行放大、滤波、模数转换,最后输出数字地震信号。采集站是进行野外地震数据采集的关键设备和环节。其内部是由精密度要求和制作工艺水平要求很高的电路板组成。电路板由中规模、大规模集成电路和其他精密元器件组成的。

1. 陆地常用采集站的种类及特点

(1) I/O SCOPION:采集链式站线一体,单站3道,有线传输。

(2) 408:采集链式站线一体,单站单道,有线传输。

(3) 428:采集链式站线一体,单站单道,有线传输。

2. 采集站的工作方式

采集站是由电源站通过数传电缆提供的电压来工作的,工作电压为48V。

3. 使用采集站的注意事项

(1) 要轻拿轻放,不要磕碰,更不能摔。

(2) 放置采集站,特别是无线电传输的采集站要尽可能远离高压线。

(3) 采集站要安放平稳,要放正,有太阳能电池板的一面要向上。

(4) 插合插头座时,应注意先将插头上的5个定位销对准插座上的5个定位孔再插合,插进去后再旋转插头上的锁紧环锁紧。

(5) 移动采集站时,应先拔开插头座并将防尘盖盖好才能移动。

(6) 施工中不能随意打开采集站,只有收工后由专业技术人员才能打开检查。

(7) 堆放采集站时,不能损坏插头插座。

(8) 运输和搬运采集站时不能接通电源。

(9) 运输采集站的车辆在行驶时,应该防止采集站之间互相撞击,最好是装箱或用瓦楞纸、橡皮垫隔开。

4. 采集站离炮点较近时的注意事项

(1) 首先要保证采集站离开炮点3m以外,防止放炮是震坏采集站,或由于采集站震动过大造成废炮。

(2) 应该用纸袋或塑料袋将采集站和电缆检波器插头座盖好,以免炮井喷出的钻井液污染插头座。同时人应该远离炮井50m以外,并在炮井的上风方向。

5. 采集站在施工中出现工作不正常时的处理方法

(1) 首先检查电池电压是否正常。

(2)使用无线传输的采集站检查天线是否接触良好。

(3)检查检波器串是否良好。

(4)用备用采集站替换不正常采集站。

(5)更换本道与前一道采集站之间的电缆线。

6. 收工后采集站管理的注意事项

(1)首先检查电池电压是否正常。

(2)检查采集站的插头座、接线夹子、太阳能电池板等,如果有损坏的要分开放置以便维修。

(3)用仪器对采集站进行全面检查,对工作不正常和指标超出的由专业技术人员修理。

(4)对所有采集站的插头座加盖保护盖,防止发生霉变。

(5)对采集站要进行定期的间隔充电,并由专人负责。

(6)将采集站放置在干燥通风的地方。

(三)电源站

1. 电源站的作用

ZBC054 电源站的工作原理

电源站将12V的电瓶电压转变成48V(+24V、-24V)大线工作电压,通过数传电缆提供给排列上的各采集站。

2. 电源站的种类

ZBC055 电源站的使用方法

电源站有二种,一种为独立电源站给相邻的采集站提供电源(6~8个),另一种为电源采集站,又能当电源站使用。同样和采集站一样,它能够采集地震数据、通过电缆进行数据传递,还能够给自己和相邻的采集站提供电源(6~8个),电源站使用时须外12V电瓶、专用电源线与之配套使用。

3. 电源站的布设要求

ZBC057 使用电源站注意事项

电源站是单边朝外(仪器叫站的方向)供电的。而且理论上,电源站单边带道能力为超过60道(20根大线)。但实际应用中,只能带48道(16根大线)。如果接的太多,电源站就会自动关掉电源输出,一个采集站也叫不通,电源站接入排列时,没有大小号之分,电源站本身也不带本道。不单独占一个桩号,放线班放线时,应按照布站表,每隔48道将大线插头断开,由专人负责接电源站。这样,既方便仪器查线,又可以避免误接电瓶极性,三维施工时,应尽量将每条排列电源站的位置放齐。有特殊情况不能放齐的话,可以适当加密,并在前面及时恢复整齐。

(四)交叉站

1. 交叉站的作用

ZBC045 交叉站作用

接收仪器发出的指令,向纵向或横向排列上的采集站发布命令。将采集站的数据信息汇总、通过交叉线输送给仪器。

2. 交叉站的布设

交叉站应尽量放在排列滚动方向的最前端,地势较高的地点,以利于仪器与排列、炮班之间的通信。交叉站双边供电,大、小号最多同时带48道。交叉站本身不带本道,不单独占一个桩号。它小号第一道就是它的停点桩号,接交叉线时,一定要接对左右口,或者左进右出,或者右进左出。三维施工时,可以视每条排列的实际地形情况,灵活摆放交叉站。

八、摆放采集站和连接地震电缆线

排列是指在地震勘探时按事先设计,并在地面上沿一定方向,测量标定出多个等同距离的点所组成的一条线或多条线叫测线,测线是有大小顺序方向的,一般,对南北方向的测线,规定为北面为大号方向,即向北面方向的坐标值越来越大,反之,南面方向为小号坐标值越来越小;对东西方向的测线,则将东面方向规定为大号方向,西面为小号方向,将采集设备按照要求将采集设备均匀的铺设在测线上,并把采集设备连接好进行地面信号接收、传输、的这条测线称为排列。排列有大小号接收之分,在排列的东面或北面方向激发接收的叫大号放炮。反之,在排列的西面和南面方向激发接收的叫小号放炮。

> ZBC047 摆放采集站的技术要求

(一)摆放地震电缆线和采集站

1. 摆放采集站的技术要求

(1)仔细插针排列检波点的测量标志,将采集站安放在靠近测量标志且环境条件较好的地方。

(2)将采集站尽量放置在环境干扰小、障碍物较少的地方。对无线传输的采集站,要将采集站垂直放置并固定好,然后正确连接好采集站天线,并保持天线与采集站良好接触。

2. 地震电缆线的布设方法

(1)仔细插针排列检波点的测量标志,将地震电缆线安放在靠近测量标志且环境条件较好的地方。

(2)将地震电缆线的捆扎线解开,边走边放,直到所要连接的最后一串检波器。

(3)在过庄稼地时,如遇到高秆作物,电缆线不要挂在高秆作物上,以防因刮风大线拉动检波器串造成干扰。

(4)在过村庄时,电缆线若不能按规定放置,应该尽量拉开电缆线的距离,避免把电缆线堆放在一起。

(5)过公路应该用护电缆套。若没有护电缆套应该将电缆线用土埋起来或架高。

> ZBC048 采集站的连接方式

(二)连接地震电缆线和采集

1. 有线型采集站的连接方式

有线型采集站的连接方式如图3-3-9所示。

2. 无线型采集站的连接方式

无线型采集站的连接方式如图3-3-10所示。

在摆放后地震电缆与地震电缆、地震电缆与采集站连接时,首先取下地震电缆插头和采集站上的防护帽查看插头上是否有脏物,如有脏物去除后,拿起地震电缆插头将地震电缆插头上的定位销对准采集站插座上定位销位置,然后轻轻旋动电缆插头当听到咔一声响后,停止旋动插头此时电缆插头与采集站插座连接工作完成。

布放电源站,电源站是将电瓶电压从12V升压后为采集站供电并传输编排数据,布放电源站时排列上要均匀每48道布放一个电源站,避免出现因采集站过多电源站供不上电或放完炮后采集站、地震电缆无法收起移动排列现象。

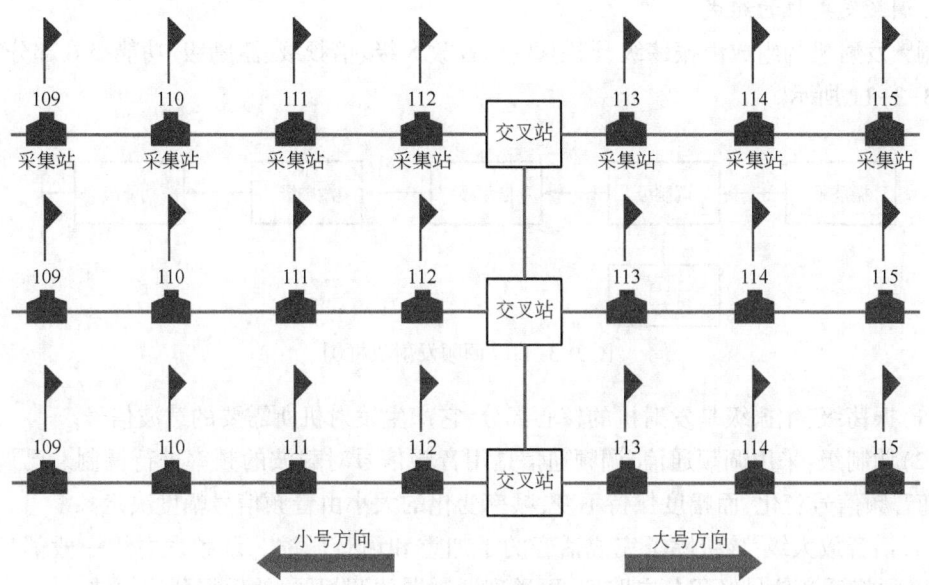

图 3-3-9 有线型采集站的连接方式

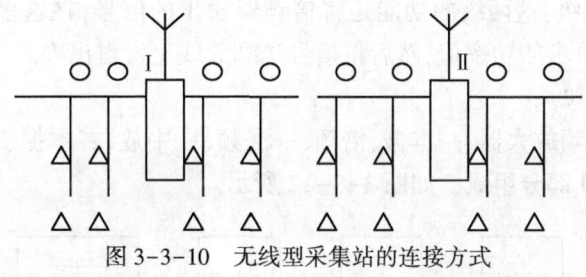

图 3-3-10 无线型采集站的连接方式

九、使用车载电台

无线电台具有使用方便、通信距离远等特点,在地震勘探中,无线电台除了用来完成地震信号采集传送外,还用来指挥野外生产、协调各部门密切配合、排列故障的排除,都起到了非常大的作用。

ZBC056 电源站的摆放连接

(一) 车载电台的组成

电台系统主要由主机、天线和电源等组成。它是无线发射机和无线接收机两大部分构成。根据用途不同,电台的频率也各有不同,地震勘探一般所使用的电台,其频率多数是VHF138MHz 频段。采用 FM 调频制式工作,天线采用吸盘式鞭装天线,馈线是 50Ω 的同轴电缆。车载电台的标准供电电压是直流 13.8V,可以直接由汽车电瓶供电,如果是 24V 汽车就需要安装 24V 变换 12V 的转换器。车载电台发射功率一般都在 20W,开阔地带通话距离能达到 10km 以上。

(二) 电台工作原理

以调频电台为例,叙述其的工作原理。

调频电台由调频发射机、调频接收机组成。

1. 调频发射机的组成

调频发射机的组成由振荡级、调制级、话音放大级、倍频级、激励级、功能级 6 部分组成，如图 3-3-11 所示。

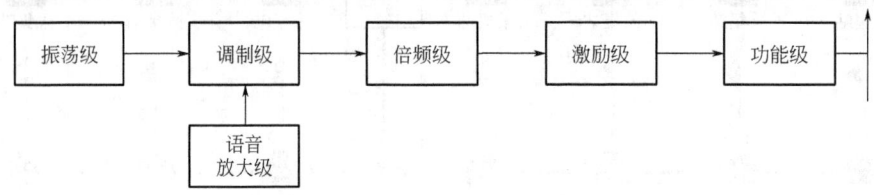

图 3-3-11 调频发射机框图

(1) 振荡级：主振级是发射机的核心部分，它产生发射机所需要的载波信号。

(2) 调制级：采用调频通信，调频通信是用音频信号对载波的频率进行调制。已调波的频率随音频信号变化，而幅度保持不变，频率变化的大小由音频信号幅度决定。

(3) 话音放大级：该级除了完成话音的予加重和话音压缩。调频发射级一般都是间接调频，必须将话音信号经积分电路后，再送到调制器的调相器，然后得到调频波。

(4) 倍频级：将载波的频率倍频，而且将调制器的调频波的调制度也进行加深。

(5) 激励级、功能级：这两级的功能是将倍频器输出的信号，在这里进行电压放大和功率放大，一便达到所要求的功率值，然后将信号送到天线上发射出去。

2. 调频接收机的组成

调频接收机由高频放大器、一本振、倍频、一混频、一中放、二本振、二混频、二中放限幅监频、静噪、低放等 10 部分组成。如图 3-3-12 所示。

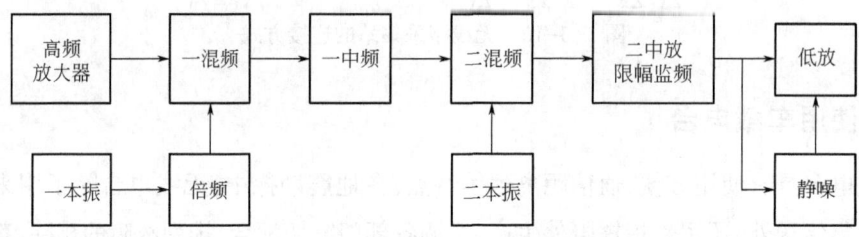

图 3-3-12 调频接收机变频电路框图

(1) 高频放大器：又可称为射频放大器，它的作用是将从天线来的射频信号，直接进行放大，提高接收机的综合灵敏度。

(2) 一本振、倍频器和二本振：接收机的振荡电路本质上与发射机振荡器相同。它所产生的频率分别供给一混频和二混频，一本振的倍频器输出频率和电台工作频率相差 10.7MHz。二本振的频率为 10.235MHz 或 11.165MHz。

(3) 混频器：它的作用是将两个不同的频率，变化为另一个新频率(中频)。

(4) 中放级：为了使接收级得到较高的增益，抑制干扰，接收机将接收到的信号，变成固定的中频进行放大。在一次变频的接收机中，中频为 10.7MHz。在二次变频的接收机中，一中频的频率为 10.7MHz，二中频的频率为 1.5MHz 或 465kHz，引进电台中，有的二中放为 455kHz。

(5)二中放限幅监频器:调频接收机有较好的抗干扰性能,主要原因是调频波的幅度与信号无关,而干扰主要体现在载频幅度变化上,因此在中放和监频器之间,接有限幅器,切去调幅干扰,以等幅波加到监频器上,用它来消除干扰所产生的寄生调幅的影响,所以限幅器监频器的作用是把调频波还原成原来的调制信号。

(6)静噪、低放:在监频器与低放之间接入静噪电路,目的是抑制噪声。若信噪比太低(即噪声太大)或没有信号时,静噪电路通过使低频放大器截止的方法,使扬声器自动变成"哑巴"。当截获信号时,静噪电路自动激活低频放大器,低频放大器将监频得到的音频信号进行电压放大和功率放大,使扬声器发出声音。

(三)操作方法

(1)安装电台电池:将经检测符合要求的电池连接到电台电源线上。

(2)安装电台天线:将匹配的天线插入电台的天线连接器内,顺时针旋转外圈,锁紧为止。

(3)开机:打开电台电源开关。

(4)音量调整:当电台处于接收状态时,可调节其音量控制,反时针方向旋转把静噪开关打到头,调整音量直到从扬声器里获得理想的音量。

(5)静噪控制调整:反时针方向,把静噪开关打到头。没有接收信号时,顺时针转动静噪开关,直到噪声完全消除。在接收信号时,应将静噪控制调节调到刚刚听不到噪声为最佳效果。

(6)频率选择:将电台的频率选择调到与仪器车指挥电台相同的频道上。

(7)发射:按下"通话键",手持MIC距离自己的嘴2.5~5cm,以正常清晰的声音讲话,发射指示灯会发亮。

(8)接收:松开"通话键",电台自动处于接收状态,此种情况下,不能再频繁按下电台"通话键",以防止接受仪器车指挥电台的信号不完全。

(9)关机:关闭电台电源开关。

(四)电台使用注意事项

(1)使用前,首先应熟悉电台外观结构、天线、信号连接线、电池连线以及操作面板上所有按键、开关及旋钮的作用。

(2)安装连接电源插头进时,注意电池电压和电源正负极性。

(3)电台没有安装天线前,不能发射,以免烧坏电台发射管。

(4)安装天线时,应确保选用天线输入阻抗匹配,并注意天线方向和电台的位置要合适,以便电台发射和接收,发射时不要使电台天线接触其他物体。

(5)当按下"通话键"时,电台处于发射状态,麦克风附近的声音被发送出去,接收时,必须松开"通话键"。

(6)禁止在电雷管周围或其他民爆物品周围较的近距离使用电台及对讲机,以防爆炸。

(7)不要在高频辐射和强电磁波感应的环境周围地区使用电台。

(8)操作电台开关、按键、旋钮时,请勿用力过大、过猛、过重,以免损坏电台。

(9)雨天或海上使用电台要注意防水。

项目二　复杂地形布设埋置检波器

一、准备工作

（一）设备、仪表

500 型万用表一块。

（二）材料、工具

警戒标志 1 个、地震电缆线或采集链 1 根、3 串 3 并地震检波器串 3 串。

（三）人员

一人独立操作,穿戴劳动保护用品。

二、操作步骤

（一）找桩号

按照施工要求,找到所放桩号用于摆放采集站。

（二）放置电缆线

(1) 解开电缆捆扎绳,把电缆扛在肩膀上或跨在胳膊上。

(2) 电缆一端的插头搁在地上,按照任务书上的规定,沿着测线,将地震电缆上本道抽头对准桩号放下,按照地震电缆上本道顺序边走边放（从大桩号到小桩号或从小桩号到大桩号）。

（三）埋置检波器串

(1) 按设计图形摆放检波器。

(2) 点号在公路或水泥地面时,在符合规定的情况下把点号偏移到路边,缩小基距呈线性敷设检波器串,必要时要用小线加长线连接。

(3) 遇到障碍物必须移动时,垂直测线方向偏移不能大于 1/3 道距。

（四）检查连接

(1) 连接万用表表笔,选择适当的档位。

(2) 检查检波器的工作状态,是否存在短路、开路、阻值大或阻值小的情况,发现问题及时处理。

（五）连接线路

正确连接电缆线、采集站、检波器插头。

（六）维护工具

关闭万用表,收起表笔线。

（七）清理现场

清理施工现场,保持整洁,工具摆放整齐有序。

三、技术要求

(1) 放电缆线或采集链的桩号不要找错。

(2)检波器图形摆放要横平竖直,组内距符合要求,平行或垂直电缆方向组内距之和不得超差100cm。

(3)电缆线或采集链抽头和检波器夹子不得有氧化物,连接牢固不松动。

(4)检波器埋置要做到"平、稳、正、直、紧"。

(5)埋置检波器时要求同组或同一排列的检波器尽量安置在同一水平面上。遇到特殊地物,沿测线方向偏移不能大于1/10道距。

四、注意事项

(1)地震电缆线要轻拿轻放,严禁"拉、挤、摔、踩"。要保持电缆线插头和抽头的干燥、清洁。

(2)检波器串要轻拿轻放,要保持检波器串接头夹子的干燥、清洁。

(3)按国家或企业颁发的有关安全法规和操作规程进行操作。

项目三　排除排列故障

一、准备工作

(一)设备、仪表

万用表1块。

(二)材料、工具

地震电缆线或采集链1根、3串3并地震检波器串4串、绝缘胶布1卷、抹布1块、一字螺丝刀1把、尖嘴钳1把。

(三)人员

1人独立操作,穿戴劳动保护用品。

二、操作步骤

(一)准备万用表

(1)水平放置万用表,对万用表进行机械调零。

(2)插接万用表表笔,红正黑负。

(3)万用表置欧姆挡,选择合适的量程。

(4)万用表表笔短接,对万用表进行欧姆调零。

(5)按要求将电缆线或采集链和检波器串布设在空地上。

(二)检查各道

(1)用万用表检查各道工作情况。

(2)检查大线和小线故障并报告故障现象。

(三)分析故障

分析发生故障的原因并报告分析结果。

(四)排除故障

(1)对发现的故障进行排除。
(2)检测并报告故障排除后的检查结果。

(五)仪表复位

收起万用表表笔,万用表调至空挡,回收工具。

(六)清理现场

清理现场保持整洁,工具摆放整齐有序。

三、技术要求

(1)万用表档位不要选错,表笔不要插错,选择适当的量程。
(2)每换一次量程都要对万用表进行欧姆调零。
(3)报告万用表读数要准确。
(4)报告故障要准确。
(5)排除故障方法要正确。

四、注意事项

(1)不能生拉硬拽地震电缆线、采集链和检波器串。
(2)操作万用表不能用力过猛,避免损坏。
(3)按国家或企业颁发的有关安全法规和操作规程进行操作,严重违规停止操作。

项目四 排除 3 串 3 并检波器故障

一、准备工作

(一)设备、仪表

500 型万用表 1 块。

(二)材料、工具

有故障的 3 串 3 并检波器串 4 串、松香 1 块、焊锡 2 卷、洗涤液 1 桶、一字和十字螺丝刀各 1 把、电烙铁 1 把、偏口钳子 1 把、尖嘴钳 1 把、毛巾头 1 块、热缩管 5m、检波器串连线 50m、检波器串夹子 20 个。

(三)人员

1 人独立操作,穿戴劳动保护用品。

二、操作步骤

(一)选取工具、调试万用表

(1)选择工具,并对电烙铁进行预热。
(2)自选 1 串故障检波器串。
(3)水平放置万用表并进行机械调零。

(4)正确插入表笔,选择挡位和量程,并进行欧姆调零。

(二)查找故障

(1)正确将万用表表笔与检波器串夹子连接。

(2)正确读出并报告万用表表头读数。

(3)根据读数报告故障现象。

(三)故障分析

(1)如果表头读数接近零,说明这串检波器串短路。

(2)如果表头读数接近无穷大,说明这串检波器串开路。

(3)如果表头读数大于检波器串正常值,说明这串检波器串阻值大。

(4)如果表头读数小于检波器串正常值,说明这串检波器串阻值小。

(四)故障判断

(1)检波器串短路,一般是检波器串夹子短路或夹子到第一只检波器的连线短路。

(2)检波器串开路,一般是检波器串夹子短路或夹子到第一只检波器的连线开路。

(3)检波器串阻值大,说明检波器串中有一只或几只检波器开路或缺失。

(4)检波器串阻值小,说明检波器串中有一只或几只检波器短路。

(五)故障排除

根据故障判断结果,排除检波器串的故障。

(六)检测故障排除的结果

(1)正确将表笔连接检波器串夹子。

(2)测量检波器串阻值并报告。

(3)报告故障排除结果。

(七)清理现场

(1)收起万用表表笔,万用表调至空档。

(2)拔下电烙铁电源并关闭电源。

(3)回收工具摆放整齐。

三、技术要求

(1)万用表档位不要选错,表笔不要插错,选择适当的量程。

(2)检波器配件顶盖、外壳、应无裂纹、无缺损、无变形、无毛刺,护壳上的螺丝孔位置准确,顶盖和护套中间无明显缝隙。

(3)密封套(或密封圈)有弹性无破裂。

(4)穿线环无毛刺,无破裂。

(5)尾锥正直有刚性,无裂纹。

(6)检波器芯体应用仪器检测,直流电阻、自然频率、灵敏度、阻尼、谐波失真等各项技术指标应符合标准。

四、注意事项

(1)注意劳保用品的穿戴和安全生产工作。尤其注意手持电动工具、电烙铁的安全用电。

(2)动用电烙铁进行焊接操作要带好护目镜。
(3)修理检波器串时必须使用经过年检测试的仪表。
(4)检波器芯体应使用经仪器测试合格的产品。
(5)检修完的小线要进行极性和漏电测试。
(6)按国家或企业颁发的有关安全法规和操作规程进行操作。

项目五　组装检波器芯体与外壳

一、准备工作

(一)设备、仪表

500 型万用表 1 块。

(二)材料、工具

焊锡丝 1 卷、滑石粉 1kg、中性助焊剂 1 盒、检波器芯体 20 只、检波器外壳 20 只、检波器上盖 20 只、检波器护套 20 个、检波器尾钉 20 只、检波器平垫各 20 个、外壳螺栓 100 个、ϕ4.6mm 检波器电缆 50m、50W 电烙铁 1 把、电动螺丝刀 1 套、斜口钳 1 把、尖嘴钳各 1 把、一字螺丝刀 1 把、扳手各 1 把。

(三)人员

一人独立操作,穿戴劳动保护用品。

二、操作步骤

(一)选取工具、调试万用表

(1)选择工具,连接电动螺丝刀打开电源。
(2)预热电烙铁。
(3)对万用表进行机械校零。
(4)正确插接万用表表笔,选择好电阻量程档位,并对万用表进行欧姆调零。

(二)选择芯体

(1)选择外观没有外伤的芯体。
(2)万用表检查芯体阻值,选择阻值正常的芯体。

(三)穿线剥皮焊接

(1)选择一个好的护套。
(2)用斜口钳剪一段 5m 长的检波器电缆连线。
(3)将检波器电缆连线穿入护套。
(4)按要求对检波器电缆连线打结、剥皮、镀锡(1cm±0.5cm)。
(5)将检波器电缆连线与芯体按要求焊接在一起。

(四)装壳扣盖上尾钉

(1)选择好的外壳、上盖和尾钉。
(2)装防水护套要严密。

(3)用螺栓将外壳和上盖固定。
(4)上尾钉。

(五)结果检测
(1)正确连接万用表表笔。
(2)读出万用表表头读数。
(3)报告检测结果。

(六)维护工具
(1)万用表复位,收表笔。
(2)电烙铁拔下电源安全放置。
(3)电动螺丝刀拔下电源拆除连接。

(七)清理现场
工具摆放整齐有序,清理现场。

三、技术要求

(1)万用表笔插接正确,量程选择适当,档位选择正确。
(2)穿检波器电缆连线时,要使用滑石粉。
(3)检波器电缆线头打结要牢固。
(4)剥外皮时,不得伤及芯线,引线长度不得超差。
(5)线头镀锡要薄并均匀。
(6)焊点无虚焊或毛刺。
(7)上盖螺栓无缺失、无松扣。

四、注意事项

(1)焊接时,必须戴好护目镜。
(2)检波器芯体要轻拿轻放。
(3)电动螺丝刀、电烙铁的安全用电。
(4)要防止电烙铁烫伤。
(5)按国家或企业颁发的有关安全法规和操作规程进行操作。

项目六　更换检波器上盖

一、准备工作

(一)材料、工具
3串3并检波器串3串、上盖20个、螺栓100只。
锯条1根、电动螺丝刀1套、一字和十字螺丝刀各1把。

(二)人员
一人独立操作,穿戴劳动保护用品。

二、操作步骤

(一)考前准备
选择工具,连接电动螺丝刀。

(二)拆盖检查
(1)用锯条处理螺栓槽锈。
(2)用电动螺丝刀卸四角螺栓拆盖、检查壳体上口。

(三)选盖调整
(1)挑选新盖无变形。
(2)调整防水帽位置。

(四)上盖紧螺丝
重新扣上盖,紧固螺栓。

(五)维护工具
(1)断开电动螺丝刀。
(2)回收工具。

(六)清理现场
清理现场保持整洁,工具摆放整齐有序。

三、技术要求

(1)防止卸螺栓时脱扣或卸螺栓不到位。
(2)严禁拆卜盖时,损伤外壳。
(3)保证上盖扣合紧致,上盖螺栓缺失、松动。

四、注意事项

(1)电动螺丝刀的安全用电。
(2)检波器要轻拿轻放。
(3)按国家或企业颁发的有关安全法规和操作规程进行操作。

项目七　更换检波器防水帽

一、准备工作

(一)设备

(二)材料、工具
3串3并检波器3串、防水帽20只、滑石粉1盒、焊锡丝1卷、助焊剂1盒、电动螺丝刀1把、50W电烙铁1把、尖嘴钳1把、偏口钳1把。

(三)人员
1人独立操作,穿戴劳动保护用品。

二、操作规程

(一) 选取工具

(1) 选择工具。
(2) 连接电动螺丝刀打开电源开关。
(3) 电烙铁预热。

(二) 取出旧防水帽

(1) 卸掉检波器上盖螺栓。
(2) 剪断防水帽两端电缆,取出旧防水帽并清理。
(3) 焊开引线,抽出两端引线。

(三) 更换新防水帽

(1) 选择一个好的新防水帽
(2) 新防水帽穿线,内端线头打结。
(3) 剥皮(1cm±0.5cm)并镀锡。
(4) 将连线与芯体按要求焊接在一起。

(四) 上外壳

(1) 焊接线后将防水帽重新装入外壳内。
(2) 扣紧上盖,使用电动螺丝刀紧固上盖螺栓。

(五) 维护工具

(1) 电烙铁使用完毕断开电源安全存放。
(2) 电动螺丝刀使用完毕关闭电源并断开连接。

(六) 清理现场

将使用过的工具摆放整齐,清理现场。

三、技术要求

(1) 穿线时要正确使用滑石粉。
(2) 内线头打结要牢固。
(3) 剥外皮时,不得伤及芯线,引线长度不得超差。
(4) 线头镀锡要薄并且均匀。
(5) 焊接引线要与原颜色焊接,焊点无虚焊或毛刺。
(6) 上盖螺栓无缺失、无松扣。

四、注意事项

(1) 电动螺丝刀、电烙铁的安全用电。
(2) 焊接时,必须戴好护目镜。
(3) 检波器要轻拿轻放。
(4) 按国家或企业颁发的有关安全法规和操作规程进行操作。

理论知识练习题

初级工理论知识练习题及答案

一、单项选择题(每题4个选项,只有1个是正确的,将正确的选项号填入括号内)

1. AA001　通过物探地震仪器和采集装备获得的成果是(　　)。
   A. 岩芯　　　　B. 石油　　　　C. 地下信息　　　D. 天然气
2. AA001　寻找石油方法中最有效的勘探方法是(　　)勘探法。
   A. 重力　　　　B. 地震　　　　C. 磁法　　　　D. 电法
3. AA001　1959年9月26日在我国发现的大油田是(　　)油田。
   A. 扶余　　　　B. 青海　　　　C. 玉门　　　　D. 大庆
4. AA002　地震勘探法是(　　)。
   A. 通过观察研究出露在地面的地层岩石的结构特征来找油
   B. 通过人工激发地震波了解地下的地质情况
   C. 通过把地下的实物取上来,直接观察油层的含油情况
   D. 利用化学分析的方法了解地下油气的分布
5. AA002　最常见的地震勘探是(　　)。
   A. 反射波法地震勘探　　　　B. 折射波法地震勘探
   C. 透射波法地震勘探　　　　D. 横波法地震勘探
6. AA002　代表当前发展方向的地震勘探方法是(　　)。
   A. 垂直地震剖面法　　　　　B. 折射波法地震勘探
   C. 多波地震勘探　　　　　　D. 面波法(瑞雷波法)地震勘探
7. AA003　地震勘探具有(　　)的优点。
   A. 分辨率高　　B. 占地面积小　C. 投资小　　　D. 施工方便
8. AA003　最早地震勘探采用(　　)。
   A. 反射波法　　B. 折射波法　　C. 面波法　　　D. 透射波法
9. AA003　透射波法是(　　)的方法。
   A. 利用地震反射波进行地质勘探
   B. 记录和研究沿速度分界面上滑行波引起的地面质点振动的一种
   C. 研究穿透不同弹性分界面的地震波
   D. 在不同的激发点和不同的接收点来接收地下同一点的反射
10. AA004　在地震勘探中,在震源瞬间激发产生的冲击力作用下,岩石质点产生弹性振动,这种弹性振动在地下岩层中由近及远传播开,就形成(　　)。
    A. 地震波　　　B. 反射波　　　C. 折射波　　　D. 有效波
11. AA004　有关炸药激发描述正确的是(　　)。
    A. 炸药爆炸对周围的岩石不会产生破坏

B. 过了塑性带后,爆炸能量已经衰减得很小,对岩石的压力也变得很小

C. 随着离开震源距离的增加,爆炸能量迅速增大

D. 有相当一部分爆炸能量在塑性带内被消耗掉

12. AA004 根据地震勘探原理,下列有关地震勘探描述错误的是( )。

A. 地震勘探能研究地下构造形态

B. 地震勘探能对岩性变化进行研究

C. 地震勘探能对流体性质进行研究

D. 地震勘探能勘查地质构造及地层的电磁性

13. AA005 地震勘探由( )三个环节组成,它们相对独立又互相衔接,上一个环节的工作对下一个环节的成果起着关健作用。

A. 地质调查、处理和解释　　　　　　B. 采集、处理和钻井

C. 采集、处理和解释　　　　　　　　D. 地球化学、处理和解释

14. AA005 地震勘探三个环节中,其中( )投入大、成本高、施工是一次性完成的,如果发生问题,是很难再有补救机会的。

A. 处理　　　　B. 钻井　　　　C. 采集　　　　D. 解释

15. AA005 地震资料采集工作由( )来完成。

A. 处理或计算中心　　　　　　　　　B. 地震队

C. 解释中心　　　　　　　　　　　　D. 地震队、计算中心、解释中心联合

16. AA006 激发点和接收点在同一条直线上的测线称为( )。

A. 主测线　　　　B. 纵测线　　　　C. 非纵测线　　　　D. 联络线

17. AA006 激发点和接收点不在同一条直线上的测线称为( )。

A. 纵测线　　　　B. 主测线　　　　C. 联络线　　　　D. 非纵测线

18. AA006 相邻两个激发点之间的距离称为( )。

A. 道间距　　　　B. 炮间距　　　　C. 偏移距　　　　D. 基距

19. AA007 地震勘探震源主要分为炸药震源和( )。

A. 可控震源　　　　B. 非炸药震源　　　　C. 气枪震源　　　　D. 电火花震源

20. AA007 陆上地震勘探常用的炸药震源采用的炸药类型为( )。

A. 硝酸甘油　　　　B. TNT　　　　C. 硝铵　　　　D. 聚能弹

21. AA007 地震勘探陆上平原区一般采用( )激发。

A. 可控震源　　　　B. 炸药震源　　　　C. 电火花　　　　D. 空气枪

22. AA008 海上地震勘探主要是以( )为主。

A. 炸药震源　　　　B. 可控震源　　　　C. 空气枪震源　　　　D. 电火花震源

23. AA008 在钻井困难地区如城市、工业区等经常使用的震源是( )。

A. 炸药震源　　　　B. 可控震源　　　　C. 空气枪　　　　D. 电火花

24. AA008 从激发子波的角度考虑,( )不利于高分辨率地震勘探。

A. 炸药震源　　　　B. 可控震源　　　　C. 空气枪　　　　D. 电火花

25. AA009 激发条件的选择时,风化层下的含水可塑性岩层及( )是有利的激发条件。

A. 低速层　　　　B. 降速层　　　　C. 高速层　　　　D. 砾石层

26. AA009 激发深度以反射波来说,最好是潜水面以下(　　)的黏土层或泥岩中爆炸。
   A. 0~2m　　　　　B. 3~5m　　　　　C. 5~10m　　　　D. 10~20m
27. AA009 若在低速带中激发,能量将被大量消耗,频率很低,低速带底面又是个强反射界面,可以形成多次反射,因此,一般要在(　　)中激发。
   A. 低速层　　　　B. 降速层　　　　C. 高速层　　　　D. 岩石层
28. AA010 连接小线、采集站、电源站、交叉站等到中央地震记录仪,并传递地震信息的一组导线是(　　)。
   A. 地震电缆　　　B. 加长线　　　　C. 交叉线　　　　D. 电瓶线
29. AA010 检波器组合接收的原理是利用有效波和干扰波的(　　)不同来压制干扰波的。
   A. 能量　　　　　B. 传播方向　　　C. 频率　　　　　D. 速度
30. AA010 有效波与干扰波的主要区别描述错误的是(　　)。
   A. 有效波和干扰波在频谱上有差别　　B. 有效波和干扰波质点振动可能有所差别
   C. 随机干扰会有规律的出现　　　　　D. 有效波和干扰波在传播方向上可能不同
31. AA011 采用检波器串线性组合方式(　　)。
   A. 能够压制不同方向的规则干扰波
   B. 能够压制同方向的不规则干扰波
   C. 适合外界干扰特别厉害的工区
   D. 主要是抑制沿着测线直线或垂直方向传播的干扰波
32. AA011 组内距是(　　)之间的距离。
   A. 道与道　　　　B. 井与井　　　　C. 检波器　　　　D. 两个相邻检波器
33. AA011 组合基距的选择应以有效波的(　　)来决定。
   A. 随机干扰半径　B. 最小视速度　　C. 道距　　　　　D. 炮距
34. AA012 地震勘探野外施工作业阶段施工顺序为(　　)。
   A. 测量、表层调查、激发、接收　　　B. 表层调查、测量、激发、接收
   C. 测量、激发、表层调查、接收　　　D. 测量、激发、接收、表层调查
35. AA012 施工作业阶段是由(　　)完成。
   A. 计算中心　　　B. 地震队　　　　C. 解释中心　　　D. 顾客
36. AA012 施工准备阶段中测线布设工作是由(　　)完成。
   A. 地震队　　　　　　　　　　　　　B. 计算中心
   C. 解释中心　　　　　　　　　　　　D. 顾客方和施工方工程技术人员
37. AA013 试验工作的目的是(　　)。
   A. 选取本区内最合适的野外方法和参数　　B. 完成工作量
   C. 调查工区内干扰波　　　　　　　　　　D. 测定低降速带
38. AA013 激发因素试验不包括(　　)。
   A. 井深试验　　　B. 组合井试验　　C. 调查工区内干扰波　D. 药量试验
39. AA013 属于接收因素试验的是(　　)。
   A. 井深试验　　　　　　　　　　　　B. 药量试验
   C. 检波器组合图形试验　　　　　　　D. 组合井试验

40. AA014 要使组合激发获得较好的激发效果,最近两个爆炸点距离要不小于由单个炮点起爆时形成的塑性带半径的( )。
 A. 5倍 B. 4倍 C. 3倍 D. 2倍

41. AA014 激发噪声的能量主要来源于滑行波,而井组合中各井激发的滑行波之间的时差可以通过调整( )来控制,使激发噪声在叠加后能量减弱,从而达到压制噪声的目的。
 A. 激发药量 B. 激发井深 C. 组合基距 D. 激发岩性

42. AA014 采用组合激发时,对( )因素不起作用。
 A. 分辨率 B. 多次波 C. 面波 D. 激发噪声

43. AA015 海上勘探激发一般采用的震源是( )。
 A. 炸药震源 B. 气枪震源 C. 可控震源 D. 电火花震源

44. AA015 如果震源系统主要工作区域集中在浅海2.5~30m水深,为了使震源船具有较大的施工覆盖面积和良好的抗风能力,震源船的吃水深度应控制在( )。
 A. 0.5~1m B. 1~1.5m C. 1.5~2.0m D. 2~3m

45. AA015 海上勘探接收一般采用的仪器是( )。
 A. 压电检波器 B. 常规检波器 C. 动圈式检波器 D. 高频检波器

46. AA016 石油地震勘探的"滩海三带"是指( )。
 A. 岸、滩涂和极浅海 B. 滩涂、极浅海和浅海
 C. 低潮线、滩涂和极浅海 D. 潮间带、极浅海和浅海

47. AA016 极浅海最低潮水深起点在( )区域间。
 A. 0~2m B. 0~3m C. 0~4m D. 0~5m

48. AA016 浅海是指( )水深处。
 A. 0~5m B. 5~10m C. 10~15m D. 15~20m

49. AA017 海上地震勘探工作特点说法错误的是( )。
 A. 多数使用非炸药震源
 B. 水中激发,水中接收,记录数字化
 C. 一般为单船作业,记录仪器和震源不在同一条船上
 D. 采用高次覆盖,资料由计算机处理

50. AA017 滩浅海施工作业中,不属于海况调查内容的是( )。
 A. 潮汐观测 B. 气象资料 C. 海水化学要素 D. 城区状况

51. AA017 海上地震勘探接收常用( )地震检波器。
 A. 涡流式 B. 电动式 C. 压电式 D. 三分量

52. AB001 ( )对金属材料的使用性能和工艺性能有着非常重要的影响。
 A. 形状 B. 颜色 C. 尺寸 D. 力学性能

53. AB001 不属于金属材料性能的是( )。
 A. 化学性能 B. 机械性能 C. 物理性能 D. 绝缘性

54. AB001 金属材料的物理性能包括( )、密度、熔点、导热性、导电性、磁性。
 A. 热膨胀性 B. 耐腐蚀性 C. 抗氧化性 D. 铸造性

55. AB002 属于黑金属类的有（　　）。
    A. 铁　　　　　　B. 铝　　　　　　C. 铜　　　　　　D. 铜合金
56. AB002 不属于金属材料的是（　　）。
    A. 不锈钢　　　　B. 玻璃　　　　　C. 铅合金　　　　D. 铜线
57. AB002 属于黑色金属类的有（　　）。
    A. 铬　　　　　　B. 钾　　　　　　C. 钢　　　　　　D. 铝
58. AB003 金属材料在加工过程中所受到得外力称（　　）。
    A. 动载荷　　　　B. 载荷　　　　　C. 静载荷　　　　D. 交变载荷
59. AB003 金属材料在外力作用下,越不容易产生弹性变形,说明这种材料的刚性越（　　）。
    A. 差　　　　　　B. 好　　　　　　C. 硬　　　　　　D. 软
60. AB003 硬度是金属材料重要的（　　）指标之一。
    A. 化学性能　　　B. 机械性能　　　C. 物理性能　　　D. 工艺性能
61. AB004 金属的化学性能一般包括耐腐蚀性、（　　）和化学稳定性。
    A. 抗氧化性　　　B. 力学性　　　　C. 物理性　　　　D. 化学性
62. AB004 金属在高温下对氧化的抵抗能力,称为（　　）。
    A. 耐腐蚀性　　　B. 抗氧化性　　　C. 化学稳定性　　D. 低温氧化性
63. AB004 制造高温工作下的材料,就要求有（　　）的抗氧化性。
    A. 较强　　　　　B. 良好　　　　　C. 较弱　　　　　D. 差
64. AB005 根据机械零件的不同用途,对金属材料的物理性能要求有所（　　）。
    A. 相同　　　　　B. 不同　　　　　C. 降低　　　　　D. 升高
65. AB005 金属材料的（　　）,对热处理锻造与热加工具有十分重要的意义。
    A. 导热性　　　　B. 导电性　　　　C. 磁性　　　　　D. 熔点
66. AA005 金属熔点低可以改善铸造和焊接工艺,使铸造和焊接都（　　）进行。
    A. 很难　　　　　B. 间接　　　　　C. 容易　　　　　D. 无法
67. AB006 不属于金属力学性能指标的是（　　）
    A. 屈服强度　　　B. 抗拉强度　　　C. 冲击韧性　　　D. 导热性
68. AB006 材料的冲击韧性越大,其韧性就（　　）。
    A. 越好　　　　　B. 越差　　　　　C. 平稳　　　　　D. 难以确定
69. AB006 金属疲劳的判断依据是（　　）。
    A. 强度　　　　　B. 塑性　　　　　C. 抗拉强度　　　D. 疲劳强度
70. AB007 平行形式传动适用于两轴轴线（　　）场合。
    A. 平行且旋转方向相同　　　　　　B. 平行且旋转方向相反
    C. 互相平行　　　　　　　　　　　D. 之间的距离不大的
71. AB007 平皮带的特点之一,外廓尺寸较大,效率较（　　）。
    A. 高　　　　　　B. 低　　　　　　C. 高低平衡　　　D. 链传动高
72. AB007 不属于平皮带的特性是（　　）。
    A. 抗拉强度大　　B. 安装伸长率低　C. 可挠性好　　　D. 不易跑偏

73. AB008　三角皮带结构简单多用于两中心距比平行带传动（　　）的传动场合。
　　A. 小　　　　　　B. 相同　　　　　　C. 大　　　　　　D. 较远

74. AB008　三角皮带截面形状为（　　）。
　　A. 正三角形　　　B. 倒三角形　　　　C. 正方形　　　　D. 梯形

75. AB008　三角皮带（　　）保证精确的传动比。
　　A. 可以　　　　　B. 不能　　　　　　C. 平稳传动　　　D. 连续传动

76. AB009（　　）是齿轮传动的优点之一。
　　A. 齿轮制造简单　　　　　　　　　　B. 制造工艺较低
　　C. 传递平稳　　　　　　　　　　　　D. 能保证精确的传动比

77. AB009　当要求两轴轴心较近传动精确时,可采用（　　）。
　　A. 平皮带传动　　B. 齿轮传动　　　　C. 三角皮带　　　D. 液压传动

78. AB009　齿轮传动中速比与（　　）有关。
　　A. 齿数　　　　　B. 模数　　　　　　C. 分度圆直径　　D. 节圆直径

79. AB010　液压传动的特点之一是（　　）。
　　A. 易实现远距离操纵和自动控制　　　B. 不易实现远距离操纵和自动控制
　　C. 不能实现自动控制　　　　　　　　D. 只能实现近距离操纵

80. AB010　从工作性能上看,液压传动具有（　　）。
　　A. 速度不能做无级调节　　　　　　　B. 扭矩不能做无级调节
　　C. 功率不能做无级调节　　　　　　　D. 速度、扭矩、功率均可做无级调节

81. AB010　液压传动在工作中（　　）。
　　A. 能迅速换向和变速、调速范围宽、动体快速性好
　　B. 不能迅速换向和变速
　　C. 能迅速换向和变速调速范围窄
　　D. 能迅速换向和变速动体快速新差

82. AB011　金属材料热处理的目的之一是（　　）。
　　A. 降低硬度
　　B. 便于切削或其他机械加工
　　C. 降低耐磨性,便于切削或其他机械加工
　　D. 降低强度,便于切削或其他机械加工

83. AB011　热处理的目的之一是（　　）。
　　A. 消除加工过程中产生的内应力　　　B. 消除加工过程中产生的张力
　　C. 增强加工过程中产生的张力　　　　D. 增强加工过程中产生的内应力

84. AB011　热处理目的之一是（　　）。
　　A. 消除钢中的组织缺陷
　　B. 提高钢的塑性和韧性,以便冷冲压或拔加工
　　C. 改善金属的内部组织和性质,使其满足不同要求
　　D. 材料接受热处理的能力

85. AB012 轴承充注润滑油脂时,不要充注过满,一般只装(　　)处。
    A. 1/2～2/3　　　　B. 1/3～2/3　　　　C. 1/4～3/4　　　　D. 1/2～3/4
86. AB012 轴承更换润滑油脂时,(　　)。
    A. 应将轴承或其他零部件洗净擦干　　B. 直接更换零件不用洗净擦干
    C. 不用将原用的润滑油放尽　　　　　D. 箱体内不用清洗
87. AB013 金属材料的静载荷是指(　　)。
    A. 构件所承受的外力不随时间而变化　B. 构件所承受的外力随时间而变化
    C. 大小或方向成周期性变化　　　　　D. 构件本身各点的状态随时间而改变
88. AB013 金属材料的交变载荷是指(　　)。
    A. 构件的状态不随时间而改变　　　　B. 大小不变
    C. 大小、方向随时间呈周期性变化　　D. 快速作用的冲击载荷
89. AB013 金属材料的动载荷是指(　　)的载荷。
    A. 大小不变或变动很大　　　　　　　B. 大小不变
    C. 大小或方向成周期性变化　　　　　D. 突然加上去
90. AB014 金属材料塑性说法错误的是(　　)。
    A. 一般塑性随含碳量的增加而降低
    B. 硬度值越高,金属表面抵抗塑性变形的能力就越大
    C. 动载荷与交变载荷的破坏作用都比静载荷大
    D. 金属材料抵抗或阻止弹性变形的能力称作塑性或刚度
91. AB014 金属材料在外力作用下,越不容易产生弹性变形,说明这种材料的(　　)越好。
    A. 刚性　　　　　　B. 硬度　　　　　　C. 载荷　　　　　　D. 塑性
92. AB014 金属材料的塑性是指(　　)。
    A. 当外力去掉后仍然回复原来形状的性质
    B. 当外力去掉后产生永久变形不发生破坏的性质
    C. 当外力去掉后产生永久变形发生破坏的性质
    D. 载荷作用于金属材料使其产生尺寸和形状的改变
93. AB015 金属材料随着外力的增加通常会产生(　　)。
    A. 弹性变形　　　　　　　　　　　　B. 弹性变形到塑性变形
    C. 断裂　　　　　　　　　　　　　　D. 弹性变形、塑性变形和断裂三个阶段
94. AB015 金属材料的弹性是指(　　)。
    A. 当外力去点后仍然回复原来形状的性质
    B. 当外力去掉后产生永久变形
    C. 金属材料坚硬程度
    D. 载荷作用于金属材料使其产生尺寸和形状的改变
95. AB015 弹性形变叫(　　)。
    A. 当外力去掉后仍然回复原来形状的性质
    B. 随着外力消失的变形
    C. 外力消失而保留下来变形
    D. 载荷作用于金属材料使其产生尺寸和形状的改变

96. AB016　液压机的三角带有(　　)结构和绳芯结构两种。
    A. 帘布芯　　　　　B. 钢芯　　　　　C. 铜芯　　　　　D. 金属
97. AB016　普通带芯液压机的三角带的带芯大部分采用线绳带芯,只能应用在(　　)传动系统中。
    A. 高负荷　　　　　B. 低负荷　　　　C. 液压机　　　　D. 发动机
98. AB016　特种带芯液压机的三角带的带芯采用高分子(　　)整体实芯棒状带芯结构。
    A. 聚丙稀化棕丝　　B. 醋酸酯钢化棕丝　C. 聚酯稀化棕丝　　D. 聚酯钢化棕丝
99. AB017　平行带传动比 i_{12}、主动轮转速 n_1、从动轮转速 n_2、主动轮半径 D_1、从动轮半径 D_2 之间的关系式是(　　)。
    A. $i_{12}=n_1/n_2=D_2/D_1$　　　　　B. $i_{12}=n_2/n_1=D_2/D_1$
    C. $i_{12}=n_1/n_2=D_1/D_2$　　　　　D. $i_{12}=n_1/D_1=D_2/n_2$
100. AB017　传动比 i_{12}、主转速 n_1、从动轮转速 n_2、全动轮半径 D_1、从动轮半径 D_2, $i_{12}=n_1/n_2=D_2/D_1$ 表示传动比错误的是：(　　)。
    A. 平皮带的开口式传动的传动比　　　B. 交叉式平型带传动比
    C. 半交叉式平型传动比　　　　　　　D. 齿轮传动比
101. AB017　齿轮传动比 i_{12}、主动齿轮齿数 Z_1、从动齿轮齿数为 Z_2、主动轮转速 n_1、从动轮转速 n_2 之间的关系式是(　　)。
    A. $i_{12}=n_1/n_2=Z_2/Z_1$　　　　　B. $i_{12}=n_2/n_1=Z_2/Z_1$
    C. $i_{12}=n_1/n_2=Z_1/Z_2$　　　　　D. $i_{12}=n_1/Z_2=Z_1/n_2$
102. AB018　中速齿轮传动速 v 值应为(　　)。
    A. 2~15m/s　　　　B. 3~15m/s　　　　C. 4~15m/s　　　　D. 5~15m/s
103. AB018　高速齿轮传动速度 v 值应大于(　　)。
    A. 10m/s　　　　　B. 11m/s　　　　　C. 13m/s　　　　　D. 15m/s
104. AB018　不属于齿轮传动类型的是(　　)。
    A. 圆柱齿轮传动　　B. 摩擦传动　　　　C. 螺旋齿轮传动　　D. 锥齿轮传动
105. AB019　d 表示分度圆直径,m 表示模数,z 表示齿数,三者之间的关系式为(　　)。
    A. $d=m·z$　　　　B. $d=m/z$　　　　C. $d=z/m$　　　　D. $d=m+z$
106. AB019　模数为4,齿数为16,分度圆直径为(　　)。
    A. 64mm　　　　　B. 20mm　　　　　C. 12mm　　　　　D. 4mm
107. AB019　分度圆直径为32mm,模数为4,齿数为(　　)。
    A. 8　　　　　　　B. 36　　　　　　　C. 28　　　　　　　D. 128
108. AB020　齿轮分度圆上具有标准的模数和(　　),所以取它作为齿轮各部分尺寸的计算基础。
    A. 齿数　　　　　　B. 标准的压力角　　C. 倾斜角　　　　　D. 直角
109. AB020　齿轮齿锯为314mm,分度圆直径1300mm,齿数为(　　)。
    A. 11　　　　　　　B. 12　　　　　　　C. 13　　　　　　　D. 14
110. AB020　在齿顶圆和齿根圆之间,规定一定(　　),作为计算齿轮各部分尺寸的基准。
    A. 齿顶高　　　　　B. 齿根高　　　　　C. 齿距　　　　　　D. 直径为d的圆

111. AB021　决定齿轮大小的两大要素是(　　)和齿数。
　　A.模数　　　　　　B.压力角　　　　　C.材料　　　　　　D.功能
112. AB021　如果齿轮的齿数一定,模数越大则轮的(　　)。
　　A.径向尺寸也越大　B.径向尺寸不变　　C.径向尺寸也越小　D.轴向尺寸也越小
113. AB021　齿轮模数被定义为(　　)的一个基本参数
　　A.齿轮质量　　　　B.齿轮制造　　　　C.齿轮检测　　　　D.齿轮使用
114. AB022　钻机第一次使用液压油(　　)应换油。
　　A.100h　　　　　　B.200h　　　　　　C.300h　　　　　　D.400h
115. AB022　液压系统的油温不得超过(　　)。
　　A.45℃　　　　　　B.60℃　　　　　　C.70℃　　　　　　D.80℃
116. AB022　冬季启动油泵,液压系统应空载继续启动等油温超过(　　),方可全程运行。
　　A.15℃　　　　　　B.20℃　　　　　　C.30℃　　　　　　D.35℃
117. AB023　压力在7.0~14.0MPa温度在50~80℃室内,固定液压设备使用(　　)液压油。
　　A.HM　　　　　　　B.HL　　　　　　　C.HR　　　　　　　D.HV
118. AB023　压力在7.0~14.0MPa温度在-50℃以下,在寒冷露天和严寒区使用(　　)液压油。
　　A.HL　　　　　　　B.HR　　　　　　　C.HM　　　　　　　D.HV 或 HS
119. AB023　压力在7.0MPa以下,温度在50℃以下,在寒冷露天和严寒区使用(　　)液压油。
　　A.HR　　　　　　　B.HL　　　　　　　C.HV　　　　　　　D.HS
120. AB024　液压系统中有铅元件,则不能选用 pH>(　　)的碱性液压油。
　　A.8.5　　　　　　　B.8.3　　　　　　　C.8　　　　　　　　D.7.5
121. AB024　齿轮油泵对液压油最大黏度限度是(　　)。
　　A.200mm²/s　　　　B.900mm²/s　　　　C.1000mm²/s　　　　D.1500mm²/s
122. AB024　齿轮油泵对液压油最低黏度限度是(　　)。
　　A.50mm²/s　　　　　B.40mm²/s　　　　　C.30mm²/s　　　　　D.20mm²/s
123. AB025　钻机液压系统的叙述错误的是(　　)。
　　A.必须使用设计规定的液压油
　　B.空气侵入油缸必须打开排气阀排气
　　C.操作油缸时不能忽大忽小
　　D.钻机工作时要经常检查管线接头松紧状况并及时进行处理
124. AB025　不可能造成油缸爬行的是(　　)。
　　A.空气侵入　　　　　　　　　　　　　B.油压过低
　　C.密封装置损坏发生泄漏　　　　　　　D.油泵泄露
125. AB025　关于WT-100M型钻机液压系统的叙述正确的是(　　)。
　　A.液压系统可用双联泵向钻井泵马达合流供油,可为钻机提供更多的钻井液
　　B.系统简单、故障环节少、便于维修保养

C. 系统操作复杂、必须经专门培训

D. 选用柱塞泵,可提供较大压力

126. AB026 发动机油黏度分类按照美国 SAE 标准,黏度分为( )、30、40、50 数字越大黏度越大。

A. 5　　　　　　　B. 10　　　　　　　C. 15　　　　　　　D. 20

127. AB026 发动机油等级按照美国 API 标准分类,汽油机油级别用 SA、SB、SC、SD、SE、SF、SG、SH、( )、SL、SM、SN 表示。

A. SI　　　　　　　B. SK　　　　　　　C. SJ　　　　　　　D. SO

128. AB026 发动机油等级按照美国 API 标准分类,柴油机油级别用 CA、CB、CC、CD、CE、( )CF-4、CG-4、CH-4 表示。

A. CI　　　　　　　B. CF　　　　　　　C. CK　　　　　　　D. CH

129. AC001 电流的单位是( )。

A. 欧姆　　　　　　B. 伏特　　　　　　C. 瓦　　　　　　　D. 安培

130. AC001　1A=( )。

A. 1000mA　　　　B. 10mA　　　　　C. 0.1mA　　　　　D. 0.001Ma

131. AC001 习惯上把电流的方向规定为( )。

A. 电子　　　　　　B. 电荷　　　　　　C. 正电荷　　　　　D. 负电荷

132. AC002 消耗电能的电路中,除了具备电源和导线外,还必须有( )。

A. 电阻　　　　　　B. 电容　　　　　　C. 线圈　　　　　　D. 负载

133. AC002 凡是将电气设备首尾相连,而剩下一个首端和一个尾端的电路称为( )。

A. 串联电路　　　　B. 并联电路　　　　C. 半并联电路　　　D. 混联电路

134. AC002 凡是将电气设备相应的两端分别连在一起的电路称为( )。

A. 串联电路　　　　B. 并联电路　　　　C. 半并联电路　　　D. 混联电路

135. AC003 电路中,对电流通过有阻碍作用并造成能量消耗的部分叫( )。

A. 电压　　　　　　B. 电阻　　　　　　C. 电流　　　　　　D. 电动势

136. AC003 不同材料的导线导电性能的优劣用材料的( )来表示。

A. 电阻率　　　　　B. 电阻值　　　　　C. 截面积　　　　　D. 长度

137. AC003 电阻的单位名称为( ),用符号 Ω 表示。

A. 欧姆　　　　　　B. 安培　　　　　　C. 法拉　　　　　　D. 高斯

138. AC004 两只 250Ω 的电阻串联后,加上 220V 电压,流过电阻的电流是( )。

A. 55A　　　　　　B. 44A　　　　　　C. 5.5A　　　　　　D. 0.44A

139. AC004 三只 3Ω 电阻串联后,测得回路电流为 3A,则电阻上的压降为( )。

A. 3V　　　　　　　B. 9V　　　　　　　C. 27V　　　　　　D. 81V

140. AC004 有 4 只电阻串联,且 $R_1>R_2>R_3>R_4$ 则( )消耗的功率最大。

A. R_1　　　　　　B. R_2　　　　　　C. R_3　　　　　　D. R_4

141. AC005 三只 3Ω 电阻并联,需加上( )电压后,才能使回路电流为 3A。

A. 3V　　　　　　　B. 6V　　　　　　　C. 9V　　　　　　　D. 12V

142. AC005 两只24Ω的电阻并联,加上12V电压,流过每个电阻的电流是( )。
    A. 0.25A   B. 0.5A   C. 1A   D. 2A

143. AC005 有4只电阻并联,且 $R_1>R_2>R_3>R_4$ 则( )通过的电流最大。
    A. R_1 B. R_2 C. R_3 D. R_4

144. AC006 欧姆定律是由( )导体得出的。
    A. 金属   B. 非金属   C. 铜   D. 超

145. AC006 欧姆定律的意义在于确定电路中( )三者之间的关系。
    A. 电阻、电容、电压   B. 电压、电流、电动势
    C. 电压、电流、电阻   D. 电流、电阻、电功率

146. AC006 欧姆定律是在导体( )不变的情况下得出的。
    A. 电阻   B. 电阻系数   C. 功率   D. 温度

147. AC007 在电阻串联电路中,各电阻上消耗的功率与各电阻阻值为( )。
    A. 正比关系   B. 反比关系   C. 无关系   D. 平方关系

148. AC007 在电阻串联电路中,总电阻为各电阻之( )。
    A. 和   B. 差   C. 积   D. 比

149. AC007 在电阻串联电路中,总电压为各电阻上分电压之( )。
    A. 差   B. 和   C. 积   D. 比

150. AC008 在电阻并联电路中,各电阻两端的电压与各电阻的阻值是( )。
    A. 和关系   B. 差关系   C. 积关系   D. 无关系

151. AC008 在电阻并联电路中,总电导为各分电导之( )。
    A. 差   B. 和   C. 积   D. 比

152. AC008 在电源并联电路中,总电压与各电源的电压为( )。
    A. 和关系   B. 并关系   C. 积关系   D. 相等关系

153. AC009 两个相互靠近的导体,中间夹一层不导电的绝缘介质,就构成了( )。
    A. 电位器   B. 电容器   C. 电阻器   D. 电感器

154. AC009 在电容的单位制中,1F等于( )。
    A. 10μF   B. 100μF   C. 1000μF   D. 1000000μF

155. AC010 属于有极性的电容是( )。
    A. 电解电容   B. 云母电容
    C. 瓷介电容   D. 聚丙烯电容

156. AC010 使充电后的电容器失去电荷(释放电荷和电能)的过程称为( )。
    A. 充电   B. 放电   C. 导电   D. 蓄电

157. AA010 电容器并联时,总容量等于各个电容器容量之( )。
    A. 和   B. 差   C. 积   D. 比

158. AC011 铝电解电容器的特点是( )
    A. 频率特性好 B. 容量大   C. 容量误差小 D. 耐压低

159. AC011 电容器中空气双连属于( )电容器。
    A. 电解   B. 可变   C. 微调   D. 固定

160. AC011　电解电容器属于(　　)电容器。
　　　A. 可变　　　　　　B. 微调　　　　　　C. 固定　　　　　　D. 半可变
161. AC012　用万用表测量电容的漏电,应将万用表调到(　　)挡位。
　　　A. 直流电压　　　　B. 交电压　　　　　C. 直流电流　　　　D. 电阻
162. AC012　在电路中,不属于电容器应用范畴的是(　　)。
　　　A. 调谐　　　　　　B. 限流　　　　　　C. 滤波　　　　　　D. 耦合
163. AC012　电容器的额定电压指可以连续加在电容器上的最高的直流电压或交流电压的(　　)。
　　　A. 有效值　　　　　B. 最大值　　　　　C. 额定值　　　　　D. 平均值
164. AC013　电场中某两点之间电压的大小表明在这两点之间(　　)移动单位电荷作功能力的大小。
　　　A. 电场力　　　　　B. 磁场力　　　　　C. 电场强度　　　　D. 磁场强度
165. AA013　电路中两点之间的(　　)称为电压。
　　　A. 电动势　　　　　B. 电阻　　　　　　C. 电位差　　　　　D. 电阻
166. AC013　在电源电路里,两点间的电势差称为两点间的(　　)。
　　　A. 伏特　　　　　　B. 电动势　　　　　C. 电位　　　　　　D. 电压
167. AC014　在电源内部把单位正电荷从电源负极移到正极所做的功称为(　　)。
　　　A. 电能　　　　　　B. 电功率　　　　　C. 电动势　　　　　D. 电压
168. AC014　在电源内部把(　　)从电源负极移到正极所做的功称为电动势。
　　　A. 电子　　　　　　B. 正电荷　　　　　C. 负电荷　　　　　D. 原子核
169. AC014　电动势的单位是(　　)。
　　　A. 伏特　　　　　　B. 安培　　　　　　C. 欧姆　　　　　　D. 瓦特
170. AC015　可变电阻的阻值可在一定范围内变化,且具有(　　)引出端。
　　　A. 1个　　　　　　 B. 2个　　　　　　 C. 3个　　　　　　 D. 4个
171. AC015　电阻通常分为固定电阻和(　　)电阻两种。
　　　A. 绕线　　　　　　B. 薄膜　　　　　　C. 实芯　　　　　　D. 可变
172. AC015　色环电阻用色环来表示电阻的阻值和误差,普通的为(　　),高精密的用五色环表示。
　　　A. 二色环　　　　　B. 三色环　　　　　C. 四色环　　　　　D. 五色环
173. AC016　能够产生电能,以供给电路(　　)的装置,称为电源。
　　　A. 电压　　　　　　B. 电流　　　　　　C. 电动势　　　　　D. 能量
174. AC016　为电路提供(　　)的能源,称为电源。
　　　A. 电压　　　　　　B. 电流　　　　　　C. 电动势　　　　　D. 电位
175. AC016　直流电路中,在导体两端产生和维持恒定的(　　)的装置是电源。
　　　A. 电流　　　　　　B. 电位　　　　　　C. 电势差　　　　　D. 电压
176. AC017　电势 E 在数值上等于电源力将一个单位电量的(　　)从电源负极移到电源正极所做的功。
　　　A. 正电荷　　　　　B. 负电荷　　　　　C. 正离子　　　　　D. 负离子

177. AC017　电源的作用是把其他形式的能转化为（　　）。
　　　A. 热能　　　　　　B. 电能　　　　　　C. 化学能　　　　　D. 机械能
178. AC017　电源的作用是把电源内部的（　　）从低电势运送到高电势。
　　　A. 正电荷　　　　　B. 负电荷　　　　　C. 电子　　　　　　D. 离子
179. AC018　电势的大小和方向不随时间而变化，具有恒定电势的电源称为（　　）电源。
　　　A. 直流　　　　　　B. 可变　　　　　　C. 交流　　　　　　D. 稳压
180. AC018　电势的大小和方向随时间变化的电源称为（　　）电源。
　　　A. 直流　　　　　　B. 可变　　　　　　C. 交流　　　　　　D. 稳压
181. AC018　属于直流电源的是（　　）。
　　　A. 水力发电机　　　B. 蓄电池　　　　　C. 火力发电机　　　D. 风力发电机
182. AC019　正弦交流电的最大值是其有效值的（　　）。
　　　A. 0.717 倍　　　　B. 0.8 倍　　　　　C. 1.414 倍　　　　D. 1.5 倍
183. AC019　交流电每秒钟变化的周数称为此交流电的（　　），用符号 f 表示。
　　　A. 周期　　　　　　B. 频率　　　　　　C. 波速　　　　　　D. 波长
184. AC019　正弦交流电的瞬时值的最大值 U_m、平均值 U_0、有效值 U 三者的大小关系为（　　）。
　　　A. $U_m > U_0 > U$　B. $U_m > U > U_0$　C. $U > U_m > U_0$　D. $U_0 > U_m > U$
185. AC020　无线电通信中使用的电磁波叫无线电波，（　　）不属于无线电波。
　　　A. 电台发出的信号　　　　　　　　　　B. 手机通话信号
　　　C. 有线闭路电视信号　　　　　　　　　D. 收音机广播信号
186. AC020　无线电波振动的速度就是波的频率，单位是（　　）。
　　　A. 赫兹　　　　　　B. 伏特　　　　　　C. 安培　　　　　　D. 瓦特
187. AC020　对无线电信号有屏蔽作用的是（　　）。
　　　A. 砖墙　　　　　　B. 金属　　　　　　C. 玻璃　　　　　　D. 木板
188. BA001　在地震勘探炮井中，井口的直径叫（　　）。
　　　A. 井口　　　　　　B. 井壁　　　　　　C. 井径　　　　　　D. 井身
189. BA001　在地震勘探炮井中，井口到井底的距离叫（　　）。
　　　A. 井身　　　　　　B. 井深　　　　　　C. 井段　　　　　　D. 井径
190. BA001　在地震勘探炮井中，整个井孔叫（　　）。
　　　A. 井身　　　　　　B. 井深　　　　　　C. 井段　　　　　　D. 井径
191. BA002　钻机钻井的井位位置尽量在侧线的同一侧（　　）布置，以保证排列摆放。
　　　A. 2～3m　　　　　B. 3～5m　　　　　C. 1～2m　　　　　D. 5～10m
192. BA002　在遇特殊地形，钻机不能按规定位置钻井时，沿测线方向偏移左右不大于（　　）道距。
　　　A. 1　　　　　　　B. 1/2　　　　　　C. 1/5　　　　　　D. 1/10
193. BA002　组合井要使测线桩号（　　）。
　　　A. 在组合井的延长线上，范围在5m以内　　B. 与组合井形成一个同心圆
　　　C. 为组合井中心　　　　　　　　　　　　D. 任意位置

194. BA003　南北某测线某点的桩号为 60,向南与其相邻的桩号可能是(　　)。
　　　A. 59.5　　　　　　B. 60　　　　　　C. 60.5　　　　　　D. 61
195. BA003　东西某测线某点的桩号为 120,其向东相邻的桩号可能是(　　)。
　　　A. 119　　　　　　B. 119.5　　　　　C. 120　　　　　　D. 120.5
196. BA003　测线及炮点桩号都按(　　)编号。
　　　A. 生产单位各自规定　　　　　　　B. 统一规律
　　　C. 容易记忆　　　　　　　　　　　D. 简单原则
197. BA004　柴油机曲轴箱内的机油应定期更换,每工作(　　)更换一次。
　　　A. 100h　　　　　B. 250h　　　　　C. 400h　　　　　D. 1000h
198. BA004　WT-10/2.5 型空气压缩机润滑系统油压突然降低不是因为(　　)。
　　　A. 油管破裂　　　　　　　　　　　B. 油管漏油
　　　C. 油管接头因松动而漏油　　　　　D. 油箱破裂
199. BA004　WT-10/2.5 型空气压缩机润滑油压力为(　　)×10^{5}Pa。
　　　A. 1~2　　　　　B. 3~4　　　　　C. 2~5　　　　　D. 0~1
200. BA005　WT-50 型钻机设计的是一种(　　)的车装钻机。
　　　A. 全液压　　　　B. 机械式　　　　C. 气动式　　　　D. 半机械半液压
201. BA005　WT-300 型钻机井架起落油缸缸径为(　　)。
　　　A. 80mm　　　　　B. 85mm　　　　　C. 90mm　　　　　D. 95mm
202. BA005　WT-50 型钻机的液压油箱容量为(　　)。
　　　A. 300L　　　　　B. 350L　　　　　C. 250L　　　　　D. 50L
203. BA006　WT-10/2.5 型空气压缩机的润滑油夏季采用(　　)。
　　　A. Hs-19 压缩机油　B. Hs-13 压缩机油　C. 30 号机油　　　D. 20 号机油
204. BA006　WT-10/2.5 型空气压缩机的润滑油压力为(　　)×100kPa。
　　　A. 1~2　　　　　B. 3~4　　　　　C. 2~5　　　　　D. 0~1
205. BA006　加压装置中的蜗轮减速箱应加(　　)。
　　　A. 机油　　　　　B. 齿轮油　　　　C. 200 号蜗轮润滑油　D. 液压油
206. BA007　单纯从岩性考虑,最好是选择在(　　)中爆炸,可以产生频率适中和强的弹性振动能量。
　　　A. 砂岩和泥岩　　B. 黏土和泥岩　　C. 砾石和泥岩　　D. 黏土和砂岩
207. BA007　地震勘探钻井井深应在潜水面以下(　　)的黏土和泥岩中。
　　　A. 7~9m　　　　　B. 1~3m　　　　　C. 3~5m　　　　　D. 5~7m
208. BA007　为防止面波干扰,能量集中(　　)传播,一般井中可注满水、钻井液或用土填塞。
　　　A. 向下　　　　　B. 向上　　　　　C. 向前　　　　　D. 向后
209. BA0008　较差的激发岩性是(　　)。
　　　A. 泥页岩　　　　B. 含水砂岩　　　C. 石英砂岩　　　D. 疏松砂岩
210. BA008　较差的激发岩性是(　　)。
　　　A. 泥页岩　　　　B. 含水砂岩　　　C. 石灰岩　　　　D. 砾岩

211. BA008 良好的激发岩石是( )。
    A. 泥页岩　　　　B. 石灰岩　　　　C. 白云岩　　　　D. 石英砂岩
212. BA009 二维施工井位在垂直测线方向偏离桩号最大不能超过排列道距地( )。
    A. 1/2　　　　　 B. 1/3　　　　　 C. 1/4　　　　　 D. 1/5
213. BA009 迁移井位常采取( )两种方法。
    A. 恢复炮、定点炮　B. 变观炮　　　　C. 恢复炮、变观炮　D. 定点炮、变观炮
214. BA009 确定炮点时,半径( )内,上空应无高线和各种架空管线。
    A. 10m　　　　　B. 15m　　　　　C. 20m　　　　　D. 50m
215. BA010 炮点应距大桥、堤坝、高层建筑等( )以外。
    A. 50m　　　　　B. 100m　　　　 C. 500m　　　　 D. 1500m
216. BA010 地震勘探放炮时,为了减轻区域内对工农业设备和建筑物的影响,可采取( )的措施。
    A. 加大井深减少药量　　　　B. 加大井深加大药量
    C. 减小井深减少药量　　　　D. 减小井深增大药量
217. BA010 测线炮点编号规则是( )。
    A. 由西—东,由南—北方向递增
    B. 由东—西,南—北方向递增
    C. 由东—西方向递增,南—北方向递减
    D. 由东—西方向递减,北—南递减
218. BA011 以水为连续相的钻井液称为( )。
    A. 水敏性钻井液　B. 水溶性钻井液　C. 水茎钻井液　　D. 黏土
219. BA011 在异常低压底层常采用( )。
    A. 加重钻井液　　B. 低密度钻井液　C. 松散性钻井液　D. 水敏性钻井液
220. BA011 地震勘探钻井,在大部分钻井场合选用( )。
    A. 水　　　　　　B. 水基钻井液　　C. 油基钻井液　　D. 岩层
221. BA012 沙砾层中使用的钻井液相对密度一般为( )。
    A. 1.0　　　　　 B. 1.0~1.05　　　C. 1.06~1.10　　 D. 1.11~1.20
222. BA012 在土层、泥页岩中使用的钻井液配置不应采取( )项措施。
    A. 选用优质黏土　　　　　　B. 添加降失水剂
    C. 增大钻井液相对密度　　　D. 采用"粗分散"的方法
223. BA012 分散相是大量气体,连续相是少量液体构成的分散体系称为( )。
    A. 干气体　　　　B. 雾状气体　　　C. 钻井泡沫　　　D. 充气钻井液
224. BA013 黏土矿分( )个族类。
    A. 2　　　　　　 B. 3　　　　　　 C. 4　　　　　　 D. 5
225. BA013 钠化钙膨土,石膏侵,水泥侵和硬水配浆时,用于软化除钙的无机处理剂是( )。
    A. 烧碱　　　　　B. 氯化钾　　　　C. 纯碱　　　　　D. 硅酸钠
226. BA013 为提高清水钻井的带沙能力,钻井液需加入( )。
    A. 氯化钠　　　　B. 硫酸钡　　　　C. 石灰石　　　　D. 石棉粉

227. BA014 有增黏效用的添加剂是( )。
　　A. 野生植物胶　　　B. 纤维素类　　　C. 腐殖酸类　　　D. 栲胶类
228. BA014 有稀释作用的添加剂是( )。
　　A. 植物胶　　　B. 聚丙烯酰胺　　　C. 纤维素类　　　D. 木质素磺盐类
229. BA014 属于发泡剂的是( )。
　　A. ABS　　　B. F842　　　C. CBS—12　　　D. PAM
230. BA015 钻井井位据居民点( )以外方可钻井。
　　A. 30m　　　B. 40m　　　C. 50m　　　D. 100m
231. BA015 钻井井位距离公用设施( )以外方可钻井。
　　A. 30m　　　B. 40m　　　C. 50m　　　D. 100m
232. BA015 钻井井位距离距涵闸( )以外方可钻井。
　　A. 50m　　　B. 60m　　　C. 70m　　　D. 80m
233. BA016 钻头磨损到( )时应及时报废。
　　A. 钻头合金的3/4　　　B. 接头部位　　　C. 基体　　　D. 依据情况而定
234. BA016 钻头的使用后应清洗干净,晒干后并涂抹( )。
　　A. 汽油　　　B. 柴油　　　C. 机油　　　D. 液压油
235. BA016 冲击器在正常情况下,每使用( )应拆开清洗检修一次或在凿岩速度明显下降时进行清洗检修。
　　A. 80~100h　　　B. 50~80h　　　C. 20~30h　　　D. 5~10h
236. BA017 刮刀钻头是以( )方式破碎岩石的。
　　A. 切屑　　　B. 研磨　　　C. 冲击　　　D. 高频
237. BA017 属于刮刀钻头是( )。
　　A. 鱼尾　　　B. 牙轮钻头　　　C. 麻花钻头　　　D. 冲击钻头
238. BA017 刮刀钻头一般使用于( )地层。
　　A. 软　　　B. 硬　　　C. 砂岩　　　D. 砾石
239. BA018 牙轮钻头的轴承分( )。
　　A. 五类　　　B. 四类　　　C. 三类　　　D. 二类
240. BA018 牙轮钻头按牙轮的数量可分( )。
　　A. 五类　　　B. 四类　　　C. 三类　　　D. 二类
241. BA018 目前,国内外使用最多、最普遍的是( )牙轮钻头。
　　A. 单　　　B. 三　　　C. 组装多　　　D. 双
242. BA019 WT-50型钻机所用标准钻杆长的度为( )。
　　A. 4500mm　　　B. 4000mm　　　C. 3100mm　　　D. 3000mm
243. BA019 使用WT-50型钻机打40m井,用几根标准钻杆( )。
　　A. 11　　　B. 12mm　　　C. 13mm　　　D. 14mm
244. BA019 WTZ-300型标准钻杆长度为( )。
　　A. 5500mm　　　B. 6100mm　　　C. 4500mm　　　D. 4000mm

245. BA020 WT-300型钻机钻杆标准直径( )。
    A. 60.3mm   B. 60mm   C. 58mm   D. 50mm
246. BA020 QPY-30型轻便钻机钻杆标准直径为( )。
    A. 60.3mm   B. 60mm   C. 50mm   D. 33.5mm
247. BA020 WTZ-100M型钻机吹沙筒标准直径为( )。
    A. 33.5mm   B. 60mm   C. 60.3mm   D. 70mm
248. BA021 四行程发动机一个工作循环是指( )。
    A. 曲轴旋转一周,活塞在气缸内上下活动共两个活塞行程
    B. 曲轴旋转两周,活塞在气缸内上下活动共两个活塞行程
    C. 曲轴旋转一周,活塞在气缸内上下活动共四个活塞行程
    D. 曲轴旋转两周,活塞在气缸内上下活动共四个活塞行程
249. BA021 在发动机正常工作允许条件下,汽油发动机和柴油发动机的压缩比一般分别为( )。
    A. 5~10;10~20   B. 6-10;16~22   C. 10~20;5~10   D. 16~22;6~10
250. BA021 汽车发电机在中速运转中,电流表指示放电或充电指示灯发亮,不充电其原因不可能是( )。
    A. 风扇皮带过松打滑   B. 电压调节器有故障
    C. 发电机不发电或充电短路   D. 蓄电池点弱
251. BA022 钻井深度可达100m的钻机是( )。
    A. WTZ-100   B. WTZ-50K   C. WTRZ-305   D. WTRZ-2000
252. BA022 WTRZ-2000型钻机轮,目前普通使用的第三代产品效率高( )。
    A. 50%以上   B. 30%以上   C. 20%以下   D. 10%以内
253. BA022 WT-50型钻井是以( )为洗井介质的。
    A. 水   B. 空气   C. 砂土   D. 钻井液
254. BA023 WT-50型钻机可钻井深( )。
    A. 50m   B. 60m   C. 70m   D. 100m
255. BA023 WT-50型钻机采用的是( )活塞泵。
    A. 单缸单作用卧式   B. 单缸单作用立式
    C. 卧式双缸双作用往复式   D. 卧式双缸单作用往复式
256. BA023 WT-50型钻机钻井泵型号( )。
    A. 200/25   B. 300/25   C. 300/35   D. 400/25
257. BA024 动力头首次加油工作( )后应换新油。
    A. 50小时   B. 100小时   C. 3个月   D. 6个月
258. BA024 涡轮减速箱采用( )进行润滑。
    A. 200号涡轮润滑油   B. 100号涡轮润滑油
    C. 30号机油   D. 20号机油
259. BA024 分动箱冬季采用( )润滑。
    A. 150号工业齿轮油   B. 10号机械油
    C. 20号机油   D. 30号机油

260. BA025　WTJ5018 钻机主要由(　　)链轮箱、动力头、加压提升装置(　　)钻井液泵、气控系统、井架、钻具等组成。
　　A. 加速系统　　　　B. 电气系统　　　　C. 液压系统　　　　D. 冷却系统

261. BA025　WT-50 型钻机提升系统是有(　　)组成。
　　A. 涡轮减速器、链条、链轮及井架　　　　B. 绞车、钢丝绳、天车大钩及井架
　　C. 涡轮减速器、钢丝绳、天车及井架　　　　D. 绞车、链条、链轮及井架

262. BA025　WT-50 型钻机控制手柄有(　　)。
　　A. 4 个　　　　B. 5 个　　　　C. 6 个　　　　D. 7 个

263. BA026　12m 以上钻杆两端 3m 内允许弯曲度使用标准是(　　)。
　　A. 5mm　　　　B. 4mm　　　　C. 3mm　　　　D. 2mm

264. BA026　钻铤的壁厚一般为钻杆壁厚的(　　)。
　　A. 2~3 倍　　　　B. 4~6 倍　　　　C. 7~8 倍　　　　D. 7.5~8.5 倍

265. BA026　钻铤壁厚一般为(　　)。
　　A. 10~20mm　　　　B. 20~25mm　　　　C. 38~53mm　　　　D. 65~75mm

266. BA027　造浆率高的黏土是(　　)。
　　A. 高岭石黏土　　　　B. 蒙脱石黏土　　　　C. 伊利石黏土　　　　D. 海泡石黏土

267. BA027　黏土矿物分(　　)个族类。
　　A. 2　　　　B. 3　　　　C. 4　　　　D. 5

268. BA027　为使难溶于水的有机酸转变为易溶于水的钠盐,需加入的无机处理剂是(　　)。
　　A. 烧碱　　　　B. 氯化钾　　　　C. 纯碱　　　　D. 硅酸钠

269. BA027　提高钻井液密度的加重材料,以使用最为普通的(　　)。
　　A. 石灰石　　　　B. 重晶石　　　　C. 太铁矿石　　　　D. 液体加重剂

270. BA027　能够提高钻井液密度的是(　　)。
　　A. 加水　　　　B. 充气　　　　C. 加柴油　　　　D. 加入可溶性盐

271. BA027　油气侵入钻井液后,(　　)
　　A. 密度升高　　　　B. 密度不改变　　　　C. 密度下降　　　　D. 无影响

272. BA028　属于钻井专用工具的是(　　)。
　　A. kg 扳手　　　　B. 管钳　　　　C. 卡瓦　　　　D. 缸套

273. BA028　钻井专用工具保养时,凡螺纹部分均应清洁,用后涂抹上(　　)。
　　A. 汽油　　　　B. 柴油　　　　C. 黄油　　　　D. 松动剂

274. BA028　钻井专用工具保养时,凡滑动部分应确保无异物并涂抹上(　　)。
　　A. 汽油　　　　B. 柴油　　　　C. 润滑脂　　　　D. 松动剂

275. BA029　石油钻井常用油料中,基本无润滑性的是(　　)。
　　A. 螺纹脂　　　　B. 润滑脂　　　　C. 机油　　　　D. 汽油

276. BA029　钻铤螺纹脂在(　　)为便于搅拌和涂抹常加入适量机油。
　　A. 夏季　　　　B. 冬季　　　　C. 秋季　　　　D. 春季

277. BA029　石油钻井所用螺纹脂不具有(　　)。
　　A. 润滑性　　　　B. 造膜性　　　　C. 防止粘螺纹　　　　D. 冲击性

278. BA030 分散相是大量气体,连续相是少量液体构成的分散体系称为( )。
   A. 干气体　　　　B. 雾状气体　　　　C. 钻井泡沫　　　　D. 充气钻井液

279. BA030 关于钻井泡沫叙述错误的是( )。
   A. 与空气相比,钻井泡沫携屑能力较强
   B. 泡沫中的表面活性剂具有润滑性,不利于吃入钻进
   C. 泡沫对井壁有较好的保护作用
   D. 泡沫可消除钻井的粉尘污染问题

280. BA030 气体是连续介质,液体是分散相的分散体系称为( )。
   A. 干气体　　　　B. 雾状体系　　　　C. 钻井泡沫　　　　D. 充气钻井液

281. BA030 在钻井液中加入发泡剂、稳泡剂,经剧烈混合后形成大量微小泡沫高度分散在钻井液中的低密度钻井液体系称为( )。
   A. 干气体　　　　B. 雾状体系　　　　C. 钻井泡沫　　　　D. 充气钻井液

282. BA031 发泡剂发泡能力强的是( )。
   A. 阴离子型　　　B. 非离子型　　　　C. CMC 型　　　　D. 不能确定

283. BA031 属于稳泡剂的是( )。
   A. ABS　　　　　B. F842　　　　　　C. CBS-12　　　　D. PAM

284. BA031 属于发泡剂的是( )。
   A. CMC　　　　　B. CHC　　　　　　C. ABS　　　　　　D. PAM

285. BA032 坍塌地层钻井,钻井液失水量应控制在( )以内。
   A. 32mL/30min　B. 20mL/30min　　C. 15mL/30min　　D. 5mL/30min

286. BA032 坍塌地层钻井,应采用的钻井液类型是( )。
   A. 失水量和静切力大,相对密度、黏度稍大
   B. 失水量和静切力小,相对密度、黏度稍大
   C. 失水量和静切力小,相对密度、黏度稍小
   D. 失水量和静切力大,相对密度、黏度稍小

287. AB032 漏失地层钻井时应采用( )黏度和切向力大的钻井液。
   A. 相对密度大　　B. 黏度和切向力小　C. 相对密度小　　　D. 浓度低

288. BA032 钻井液密度大小的确定主要取决于钻井液中固相的重量,而钻井液中固相的重量是( )钻屑重量之和。
   A. 黏度　　　　　B. 造浆黏土的重量　C. 密度　　　　　　D. 切向力

289. BA033 钻井液流动时,越靠近固体边界处钻井液速度( )。
   A. 越高　　　　　B. 越低　　　　　　C. 相同　　　　　　D. 不定

290. BA033 钻井液的环空返速高对携带岩屑( )。
   A. 不利　　　　　B. 有利　　　　　　C. 影响不大　　　　D. 有害

291. BA033 环空中钻井液以( )流动最有利于携带岩屑。
   A. 湍流　　　　　B. 尖峰型层流　　　C. 平板型层流　　　D. 塞流

292. BA033 泵吸反循环钻进,具有钻进( )功率消耗低等特点。
   A. 效率高　　　　B. 效率低　　　　　C. 平稳　　　　　　D. 功率消耗高

293. BA034 钻井时遇漏失地层,孔口无返水,但孔内保持有一定高度,这类地层属(　　)。

　　A. 轻微漏失　　　　B. 中等程度漏失　　C. 严重漏失　　　　D. 不能判断

294. BA034 处理埋钻事故的措施错误的是(　　)。

　　A. 开大泵量冲孔　　　　　　　　　　B. 上下窜动钻具

　　C. 增大转速　　　　　　　　　　　　D. 取出上部钻具,捞取下部钻具

295. BA034 能造成埋钻事故的是孔壁垮塌、(　　)、钻井泵排量不足。

　　A. 钻进慢　　　　　B. 转速快　　　　　C. 钻井泵排量不足　　D. 钻进深度

296. BA034 循环钻井液是通过(　　)和循环系统,将液体注入井中,使岩屑随着液体一起返回地面。

　　A. 液压　　　　　　B. 泵　　　　　　　C. 气压　　　　　　D. 井架

297. BA035 两井组合直列式布置,钻井点位走向应(　　)测线。

　　A. 垂直　　　　　　B. 平行　　　　　　C. 重合　　　　　　D. 相交

298. BA035 三井组合直列式布置,钻井点位走向应(　　)测线。

　　A. 垂直　　　　　　B. 平行　　　　　　C. 平行或垂直　　　D. 相交

299. BA035 两井组合对称式布置,钻井点位走向平行于测线,钻井点位应均分布在炮点桩号(　　)。

　　A. 两侧　　　　　　B. 右侧　　　　　　C. 左侧　　　　　　D. 左右都可以

300. BA036 关于钻井泡沫叙述错误的是(　　)。

　　A. 与空气相比,钻井泡沫携屑能力较强

　　B. 泡沫中的表面活性剂具有润滑性,不利于钻井

　　C. 泡沫对井壁有较好的保护作用

　　D. 泡沫可消除钻井的粉尘污染问题

301. BA036 造浆率高的黏土是(　　)黏土。

　　A. 高岭石　　　　　B. 蒙脱石　　　　　C. 伊利石　　　　　D. 海泡石

302. BA036 用于配置盐水钻井液的黏土是(　　)。

　　A. 高岭石黏土　　　B. 蒙脱石黏土　　　C. 伊利石黏土　　　D. 海泡石黏土

303. BA037 为使难溶于水的有机酸转变为易溶于水的钠盐,需加入的无机处理剂是(　　)。

　　A. 烧碱　　　　　　B. 氯化钾　　　　　C. 纯碱　　　　　　D. 硅酸钠

304. BA037 分散钻井液的滤矢量一般较(　　)。

　　A. 高　　　　　　　B. 低　　　　　　　C. 有时高有时低　　D. 稳定

305. BA037 发泡剂发泡能力强的是(　　)。

　　A. 阴离子型　　　　B. 非离子型　　　　C. CMC型　　　　　D. 淀粉

306. BA038 配置盐水钻井液或对付盐类地层钻井液的好材料是(　　)。

　　A. 海泡黏土　　　　　　　　　　　　B. 伊利石矿物

　　C. 蒙脱石黏土　　　　　　　　　　　D. 高岭石矿物

307. BA038 造浆能力低,且难以改性和用化学处理剂调节钻井液性能是(　　)。

　　A. 海泡矿物　　　　B. 伊利石矿物　　　C. 蒙脱石黏土　　　D. 高岭石矿物

308. BA038 晶体结构比较稳定,不易膨胀冰化,造浆率低,接受处理能力差,不易改性或用化学处理机调节钻井液性能是(   )。
    A. 海泡矿物   B. 伊利石矿物   C. 蒙脱石黏土   D. 高岭石矿物

309. BA039 钻硬地层时,要求钻头水眼(   ),以提高喷射压力。
    A. 适当小一些   B. 大小都可以   C. 适当大一些   D. 必须大些

310. BA039 在钻粗砂井时,不小于药包外景的条件下,钻头直径应(   ),以便将井口粗砂粒带出。
    A. 尽量增大   B. 不变   C. 尽量减小   D. 增大变小都可

311. BA039 冲击器的润滑在夏季用(   )机械油。
    A. 20号   B. 5~10号   C. 38号   D. 2号里基脂

312. BA040 现在取心钻井常用取心钻头是(   )钻头。
    A. 牙轮   B. 刮刀   C. 金刚石   D. 牙轮和刮刀

313. BA040 牙轮钻头破岩过程中的作用是通过复锥、移轴、(   )来实现的。
    A. 冲垮   B. 钻进   C. 钻杆   D. 超顶

314. BA040 主要用来破碎岩石,形成井眼的钻具是(   )。
    A. 钻头   B. 钻杆   C. 射流喷嘴   D. 接头

315. BA041 石油钻井按钻头(   )可分为刮刀钻头、牙轮钻头、金刚石钻头、PDC钻头等。
    A. 公用   B. 制造方法   C. 结构   D. 成本

316. BA041 钻进时,使用(   )易发生井斜,井身质量较差。
    A. 刮刀钻头   B. 牙轮钻头   C. 金刚石钻头   D. PDC钻头

317. BA041 刮刀钻头在(   )地层钻进时,效率大大降低。
    A. 软   B. 松软及高塑性
    C. 高塑性   D. 较硬和硬质结合、硬夹层的

318. BA042 钻井作业时,负责卡瓦的钻工是(   )。
    A. 一钻工   B. 二钻工   C. 三钻工   D. 司钻

319. BA042 为提高接卸钻杆速度,防止钻杆螺纹磨损,卸钻具时钻杆接头应距卡瓦(   )。
    A. 10~20mm   B. 30~40mm   C. 60~80mm   D. 50~60mm

320. BA042 卸钻杆时,卸松钻杆的间隙应小于(   )。
    A. 1/4扣   B. 3/4扣   C. 1扣   D. 7/4扣

321. BA043 一钻工扶住滑套,下放动力头,使下接头对准卡瓦处钻杆,旋动动力头使之连接,连接时应保留(   )间隙。
    A. 1/2~3/4扣   B. 1/3~3/5扣   C. 1/4~3/5扣   D. 1/2~2/3扣

322. BA043 扶动力头下接头的是(   )。
    A. 一钻工   B. 二钻工   C. 三钻工   D. 司钻

323. BA043 操作动力头旋转的是(   )。
    A. 一钻工   B. 二钻工   C. 三钻工   D. 司钻

324. BA044 用于旋转钻具的系统是(   )。
    A. 旋转系统   B. 提升系统   C. 循环系统   D. 动力系统

325. BA044　属于钻具的是(　　)。
　　　A. 动力头　　　　B. 加压装置　　　　C. 钻头　　　　D. 卡瓦
326. BA044　不属于钻具的是(　　)。
　　　A. 钻杆　　　　B. 方钻杆　　　　C. 钻头　　　　D. 卡瓦
327. BA045　不属于钻具的是(　　)。
　　　A. 圆钻杆　　　　B. 方钻杆　　　　C. 钻杆接头　　　　D. 套管
328. BA045　主要用来破碎岩石,形成井眼的钻具是(　　)。
　　　A. 钻头　　　　B. 钻杆　　　　C. 射流喷嘴　　　　D. 接头
329. BA045　用来连接钻头的钻具是(　　)。
　　　A. 钻杆　　　　B. 射流喷嘴　　　　C. 焊铜　　　　D. 动力头下接头
330. BA046　用来连接钻头的是钻杆接头的(　　)螺纹。
　　　A. 细牙内　　　　B. 粗牙内　　　　C. 细牙外　　　　D. 粗牙外
331. BA046　用来连接动力头下接头的是钻杆接头的(　　)螺纹。
　　　A. 细牙内　　　　B. 粗牙内　　　　C. 细牙外　　　　D. 粗牙外
332. BA046　WT-50型钻机用的钻杆接头是(　　)。
　　　A. 直接套在钻杆两端后焊接成型　　　　B. 细牙内螺纹上在钻杆两端
　　　C. 粗牙内螺纹上在钻杆两端　　　　D. 粗牙外螺纹上在钻杆两端
333. BA047　钻机钻头合金钢块排列形式有(　　)。
　　　A. 2种　　　　B. 3种　　　　C. 4种　　　　D. 5种
334. BA047　两翼鱼尾型钻头钨钢合金钢块排列形式(　　)。
　　　A. 牙型　　　　B. 蜂窝型　　　　C. 三棱型　　　　D. 圆形
335. BA047　三棱锥型钻头钨金钢合金钢块排列形式(　　)。
　　　A. 牙型　　　　B. 蜂窝型　　　　C. 三棱型　　　　D. 菱形
336. BA048　钻机钻井时,放下滑套的是由(　　)操作的。
　　　A. 司钻　　　　B. 一钻　　　　C. 二钻　　　　D. 三钻
337. BA048　钻机钻井时,扶动力头下接头接卸钻杆的是由(　　)操作的。
　　　A. 司钻　　　　B. 一钻　　　　C. 二钻　　　　D. 三钻
338. BA048　钻机钻井时,接卸钻杆时接挂滑套小链接是由(　　)操作的。
　　　A. 司钻　　　　B. 一钻　　　　C. 二钻　　　　D. 三钻
339. BA049　一钻工拉出卸开的钻杆交给(　　)完成。
　　　A. 司钻　　　　B. 二钻　　　　C. 二钻、三钻　　　　D. 三钻
340. BA049　摆放钻机钻井液槽是由(　　)完成。
　　　A. 司钻　　　　B. 二钻　　　　C. 一钻、二钻　　　　D. 三钻
341. BA049　钻机钻井时,主要负责钻杆接卸的是(　　)。
　　　A. 司钻　　　　B. 一钻　　　　C. 二钻　　　　D. 三钻
342. BA050　钻机运转中(　　)进行检查维修。
　　　A. 司钻　　　　B. 一钻　　　　C. 三钻　　　　D. 严禁

343. BA050 在( )的情况下可操作钻机。
    A. 暴风雪   B. 大风沙   C. 大雾天   D. 晴天
344. BA050 钻机的打井操作必须是( )担任。
    A. 司钻   B. 一钻   C. 二钻   D. 三钻
345. BA051 地震钻机动力头旋转是由( )手柄控制。
    A. 加速   B. 旋转   C. 加压提升降落   D. 起落井架
346. BA051 地震钻机一般转速控制在( )范围内。
    A. 100~200r/min   B. 150~300r/min   C. 200~400r/min   D. 300~400r/min
347. BA051 地震钻机发生鳖钻时,应及时将( )手柄归到中位检查处理。
    A. 加压   B. 井架起升落降   C. 旋转   D. 油门控制
348. BA052 地震钻机两通气开关有( )控制形式。
    A. 1种   B. 2种   C. 3种   D. 4种
349. BA052 地震钻机两通气开关要是钻井泵停止运转( )。
    A. 切断供气通道,并将离合器气囊中气体排出
    B. 接通供气通道,并将离合器气囊中气体排出
    C. 切断供气通道,并将离合器气囊中充气
    D. 接通供气通道,并将离合器气囊中充气
350. BA052 地震钻机两通气开关有( )挡位。
    A. 1   B. 2   C. 3   D. 4
351. BA053 地震钻机快速提升下降是由( )个手柄来完成。
    A. 1   B. 2   C. 3   D. 4
352. BA053 WT-50J 型地震钻机加速手柄( )。
    A. 可单独使用   B. 不能单独使用
    C. 必须与加压手柄配合   D. 必须与旋转手柄配合
353. BA053 钻机在钻进时不使用( )手柄。
    A. 加速   B. 加压提升降落   C. 油门控制   D. 旋转
354. BA054 动力头旋转系统的压力调节,搬动井架起落手柄,同时调节换向阀中溢流阀的调节螺钉,使其达到所需要的压力为或小于( )。
    A. 8.0MPa   B. 8.5MPa   C. 12.25MPa   D. 13.5MPa
355. BA054 井架起落手柄一般为( )。
    A. 推或拉都落   B. 推→落;拉→起
    C. 推或拉都起   D. 推→起;拉→落
356. BA054 井架起落手柄是控制油缸的,油缸活塞与活塞杆不同心度大于( )时应予矫正或更换。
    A. 0.001mm   B. 0.01mm   C. 0.1mm   D. 1.0mm
357. BA055 钻井液中的固相,按固相相对密度来划分,可分为垂固相清固相,黏土相相对密度一般为( )。
    A. 2.3~2.6   B. 2.6~2.7   C. 2.7~2.8   D. 2.8~2.9

358. BA055　钻井液中的固相,按固相相对密度来划分,可分为重固相、软固相、岩屑相对密度一般在(　　)之间。
　　A. 2.3~2.6　　　B. 2.6~2.7　　　C. 2.2~2.8　　　D. 2.8~2.9

359. BA055　地震勘探钻井,在大部分钻井场合选用(　　)。
　　A. 水　　　　　B. 水基钻井液　　C. 油基钻井液　　D. 不能确定

360. BA056　符合地震钻机钻工岗位职责 HSE 提示和预防措施的是(　　)。
　　A. 按规定穿戴劳动防护用品
　　B. 钻机各部位及安全防护装置检查与钻工无关
　　C. 观察井位点地形、障碍物、高压线、采取安全保障措施与钻工无关
　　D. 钻机车在行驶时,除驾驶室外,其他任何部位钻工可乘坐

361. BA056　不符合钻机钻工岗位职责的是(　　)。
　　A. 完钻后不用清理场地　　　　　B. 整理工具
　　C. 冬季施工后放净上下水管及泵内积水　　D. 挂好进水管及钻井液槽

362. BA056　钻机过程中打捞钻井液和钻杆接卸工作是(　　)。
　　A. 钻工　　　　B. 司钻　　　　　C. 钻机司机　　　D. 以上都可

363. BA057　链轮箱离合器摩擦片磨损量超过(　　)或烧坏时,应更换新片。
　　A. 2mm　　　　B. 3mm　　　　　C. 1.5mm　　　　D. 1mm

364. BA057　链轮箱离合器(　　)型号轴承损坏,会造成钻井泵不停。
　　A. 60214　　　B. 7213　　　　　C. 3516　　　　　D. 3514

365. BA057　链轮箱连接齿轮油泵的输出轴一端用(　　)骨架油封密封。
　　A. PD65×95×12　B. PD90×115×12　C. PD52×72×12　D. PD45×70×12

366. BA058　使用卡套方法是手扶卡套(　　)。
　　A. 中间部位推卡套挂在小链节上　　B. 底端推卡套挂在小链节上
　　C. 上端推卡套挂在小链节上　　　　D. 上小勾卸钻杆

367. BA058　使用卡套方法是(　　)。
　　A. 钻进时使用卡套　　　　　　　　B. 卸钻杆时用卡套
　　C. 钻进和卸钻杆时都用　　　　　　D. 钻进和卸钻杆时都不用

368. BA058　使用卡套的方法是(　　)。
　　A. 为了清除卡套上的泥冰用锤重重敲击
　　B. 便于卸连接头将管钳夹在卡套上
　　C. 卡套上的小勾脱落,用铁丝拧在卡套上代替小勾
　　D. 将卡套内经常注一些润滑油,润滑卡套

369. BA059　加压装置蜗轮箱工作油温温升不超过(　　)。
　　A. 35℃　　　　B. 45℃　　　　　C. 55℃　　　　　D. 65℃

370. BA059　有效实现钻具的提升和钻进时对钻头的内(　　)。
　　A. 加压装置　　B. 动力头　　　　C. 钻井泵　　　　D. 分动箱

371. BA059　蜗轮减速器的润滑,首次加油工作(　　)左右应更换新油。
　　A. 100h　　　　B. 150h　　　　　C. 200h　　　　　D. 300h

372. BA060 钻井泵工作时其润滑油温升不超过( )。
   A. 45℃   B. 35℃   C. 25℃   D. 15℃
373. BA060 WT-450/25 型钻井泵为( )。
   A. 单缸单作用泵   B. 单缸双作用泵
   C. 双缸单作用泵   D. 双缸双作用泵
374. BA060 WT-450/25 型钻井泵安全阀为( )。
   A. 膜片式   B. 剪销式   C. 活塞式   D. 按钮式
375. BA061 WT-100M 型钻机钻井泵动力端润滑( )。
   A. 冬季采用20号机械油,夏季采用30号机械油
   B. 冬季采用30号机械油,夏季采用20号机械油
   C. 全年使用20号机械油
   D. 全年使用30号机械油
376. BA061 WT-50 型钻机 300/25 型钻井泵工作压力小于或等于( )。
   A. 1.0MPa   B. 2.0MPa   C. 2.5MPa   D. 3MPa
377. BA061 钻井泵应每工作( )更换润滑油一次。
   A. 400h   B. 300h   C. 200h   D. 150h
378. BA062 钻井泵在正常转速下,压力表的压力下降,排量减小或完全不排钻井液的原因之一是( )。
   A. 缸套和活塞磨损严重   B. 排水管接头未上紧
   C. 吸水管畅通   D. 密封填料损坏漏水
379. BA062 钻井泵活塞是易损件,应( )更换。
   A. 坏时   B. 20 天   C. 25 天   D. 30 天
380. BA062 钻井泵阀没有工作,应更换( )、阀胶垫或阀座。
   A. 密封填料   B. 阀弹簧   C. 阀盖垫   D. 缸盖垫
381. BA063 WT-100M 型钻机动力头采用几级齿轮传动( )。
   A. 1 级   B. 2 级   C. 3 级   D. 4 级
382. BA063 WT-100M 型钻机动力头采用( )齿传动。
   A. 直   B. 斜   C. 螺旋   D. 锥
383. BA063 动力头工作时轴承温升最好不要超过( )。
   A. 35℃   B. 45℃   C. 55℃   D. 80℃
384. BA064 蜗轮分动箱采用( )进行润滑。
   A. 100 号蜗轮润滑油   B. 200 号蜗轮润滑油
   C. 30 号机械油   D. 20 号机械油
385. BA064 加压装置轴承( )应进行一次润滑。
   A. 一个月   B. 三个月   C. 两周   D. 一周
386. BA064 加压装置蜗轮箱工作时,其轴承温升在正常情况下不超过( )。
   A. 35℃   B. 45℃   C. 55℃   D. 65℃

387. BA065　冲击器在正常情况下,每使用(　　)应拆开清洗检修一次,或在凿岩速度明显下降时进行清洗检修。
　　A. 80~100h　　B. 50~80h　　C. 20~30h　　D. 5~10h

388. BA065　冲击器的润滑在夏季用(　　)机械油。
　　A. 5~10#　　B. 20#　　C. 38#　　D. 40#

389. BA065　冲击器的润滑在冬季用(　　)机械油。
　　A. 5~10#　　B. 20#　　C. 38#　　D. 40#

390. BB001　按照炸药组成的化学成分分类,可以将炸药分为单质炸药和(　　)两大类。
　　A. 混合型炸药　　B. 发射药　　C. 黑火药　　D. 烟火剂

391. BB001　硝胺炸药按组成分类属于(　　)。
　　A. 单质炸药　　B. 混合炸药　　C. 黑火药　　D. 烟火剂

392. BB001　TNT炸药按组成分类属于(　　)。
　　A. 单质炸药　　B. 混合型炸药　　C. 黑火药　　D. 烟火剂

393. BB002　起爆药常用来(　　)。
　　A. 引爆其他炸药　　B. 爆炸做功　　C. 产生热量　　D. 推进动

394. BB002　猛爆药的特点(　　)。
　　A. 反应速度极快　　B. 对外界作用敏感
　　C. 反应速度慢　　D. 对外界作用不敏感

395. BB002　TNT炸药可溶于(　　)。
　　A. 水　　B. 酒精　　C. 煤油　　D. 汽油

396. BB003　炸药的爆燃主要是由炸药质量、炸药的(　　)和抗压缩性等因素决定的。
　　A. 爆轰感度　　B. 量级　　C. 类型　　D. 起爆能力强

397. BB003　炸药的爆轰传播速度一般可达每秒(　　)之间。
　　A. 数毫米到数米　　B. 数十米到数百米
　　C. 数千米到数万米　　D. 数万米到数几十万米

398. BB003　炸药燃烧过程中,产生的气体如不能及时排出,燃烧反应区内压力就会(　　)。
　　A. 平稳　　B. 不变　　C. 下降　　D. 增高

399. BB004　地震勘探常用的电雷管称为(　　)电雷管。
　　A. 瞬发　　B. 秒延期　　C. 毫秒延期　　D. 半毫秒延期

400. BB004　按雷管的管壳材料分类,可分为(　　)雷管。
　　A. 1种　　B. 2种　　C. 3种　　D. 4种

401. BB004　地震勘探使用的雷管,一般选用(　　)电雷管。
　　A. 5号　　B. 6号　　C. 7号　　D. 8号瞬发

402. BB005　生产企业代号用(　　)阿拉伯数字表示
　　A. 前两位　　B. 第三位　　C. 第四位、第五位　　D. 第六位、第七位

403. BB005　生产月份代号用(　　)阿拉伯数字表示
　　A. 前两位　　B. 第三位　　C. 第四位、第五位　　D. 第六位、第七位

404. BB005 生产年份代号用( )阿拉伯数字表示
    A. 前两位　　　　　B. 第三位　　　　　C. 第四位、第五位　　　D. 第六位、第七位

405. BB006 雷管测试仪的安全电流不能超过( )。
    A. 30mA　　　　　B. 40mA　　　　　C. 50mA　　　　　D. 60mA

406. BB006 使用测试仪测量雷管一次通电时间不能超过( )。
    A. 5s　　　　　　B. 4s　　　　　　C. 3s　　　　　　D. 2s

407. BB006 检测雷管的内阻在 0.7~1.25Ω 之间的,误差要求不超过( )。
    A. 0.15Ω　　　　B. 0.25Ω　　　　C. 0.35Ω　　　　D. 0.45Ω

408. BB007 袋装炸药堆高不得超过( )。
    A. 1m　　　　　　B. 2m　　　　　　C. 5m　　　　　　D. 8m

409. BB007 严禁炸药与雷管混放,炸药堆与雷管的距离不得小于( )。
    A. 10m　　　　　B. 15m　　　　　C. 20m　　　　　D. 25m

410. BB007 炸药、导火索堆高不得超过( )。
    A. 1m　　　　　　B. 2m　　　　　　C. 5m　　　　　　D. 8m

411. BB008 工业雷管安装炸药量的多少分为( )个等级。
    A. 5　　　　　　　B. 10　　　　　　C. 15　　　　　　D. 20

412. BB008 瞬发电雷管是在电能作用下立即起爆的电雷管。从通电到起爆时间不大于( )。
    A. 5ms　　　　　　B. 10ms　　　　　C. 15ms　　　　　D. 18ms

413. BB008 有关电管的说法中错误的是( )。
    A. 电雷管是塑料导爆管的冲击波冲能激发的工业雷管
    B. 电雷管由火雷管和电引火元件组成
    C. 电雷管激发后瞬时爆炸的称为瞬发电雷管
    D. 电雷管激发后隔一定时间爆炸的称为延期电雷管

414. BB009 金属壳电雷管的管壳外径(参考 GB 8031—2005))一般为( )。
    A. 6.9m　　　　　B. 8.2mm　　　　C. 10mm　　　　D. 12mm

415. BB009 对串联连接的 20 发电雷管能以( )恒定直流电,应全部爆炸
    A. 0.2A　　　　　B. 0.45A　　　　C. 0.8A　　　　　D. 1.2A

416. BB009 铜脚线电雷管全电阻不大于( ),上下限差值不大于 1.0Ω。
    A. 2.0Ω　　　　　B. 4.0Ω　　　　　C. 6.0Ω　　　　　D. 8.0Ω

417. BB010 炸药在空气中爆炸对周围介质的破坏主要有( )种形式。
    A. 一　　　　　　　B. 二　　　　　　C. 三　　　　　　D. 四

418. BB010 一般认为,超压值 $\Delta p > 0.5 kgf/cm^2$ 时,就可以使人( )。
    A. 昏迷　　　　　　B. 致残　　　　　C. 致死　　　　　D. 受伤

419. BB010 冲击波的杀伤作用主要是由( )和冲击波作用时间来决定的。
    A. 爆炸碎片　　　　B. 炸药量　　　　C. 冲击波超压　　D. 产生的能量

420. BB011 空气冲击波对建筑物的破坏作用按超压质的不同分为( )个等级。
    A. 2　　　　　　　B. 4　　　　　　　C. 5　　　　　　　D. 7

421. BB011 三级破坏超压值为( )。
    A. 0.06kgf/cm² B. 0.05kgf/cm²
    C. 0.01kgf/cm² D. 0.1kgf/cm²

422. BB011 一级破坏超压值为( )。
    A. 0.06kgf/cm² B. 0.05kgf/cm²
    C. 0.08~0.10kgf/cm² D. 0.15~0.20kgf/cm²

423. BB0012 高爆速震源药柱的爆速不小于( )。
    A. 2000m/s B. 3000m/s C. 4000m/s D. 5000m/s

424. BB0012 爆速低于( )的震源药柱为低爆速震源药柱。
    A. 2000m/s B. 3500m/s C. 4000m/s D. 5000m/s

425. BB0012 震源药柱产品的类别与型号,一般由( )、名称代号、规格代号及类型代号等部分组成
    A. 使用方式代号 B. 颜色代号 C. 厂商代号 D. 日期代号

426. BB013 炸药在热能的作用下发生爆炸的难易程度称为( )感度。
    A. 冲击 B. 热 C. 爆轰 D. 摩擦

427. BB013 炸药受其他炸药爆炸的作用下发生爆炸的难易程度称为( )感度。
    A. 冲击 B. 热 C. 爆轰 D. 摩擦

428. BB013 TNT 炸药的爆发点为( )。
    A. 230℃ B. 285~295℃ C. 170~173℃ D. 330~340℃

429. BB014 在( )的情况下要对炮点周围进行警戒。
    A. 建立排列中 B. 炮井下药中
    C. 爆炸机充电中 D. 排列故障排除中

430. BB014 浅组合炮井放炮的安全警戒距离是( )以外。
    A. 50m B. 60m C. 70m D. 100m

431. BB014 水坑爆破时,水深必须超过1.5m,药量不得大于( )。
    A. 30kg B. 40kg C. 50kg D. 60kg

432. BB015 雷管中的桥丝发热的热点燃引火药。常用的桥丝有( )和镍铬合金丝。
    A. 康铜丝 B. 钢丝 C. 铁丝 D. 铝丝

433. BB015 目前国产雷管的起爆药,大多采用( )作为起爆药。
    A. TNT B. 二硝基重氮酚 C. 黑索金 D. 特屈儿

434. BB015 描述加强帽作用错误的说法是( )。
    A. 减少起爆药的暴露面积,提高抗震能力
    B. 防止起爆药受潮,增加雷管的防潮能力
    C. 在雷管中形成一个密闭小室,促使起爆药爆炸时压力的增长
    D. 为了固定脚线

435. BB016 检测不合格的电雷管应( )处理。
    A. 挖坑深埋 B. 丢弃不用
    C. 做好记录,返还上交 D. 直接销毁

436. BB016 电雷管引脚线剥皮时,应使用( )防止静电产生。
    A. 钢制斜口口钳   B. 铜制剥线钳
    C. 铁制斜口口钳   D. 铝合金偏口钳
437. BB016 康铜电阻丝雷管最大安全电流为( )。
    A. 0.4A   B. 0.6A   C. 0.8A   D. 1.0A
438. BB017 在同一炮点上只可以存放( )装有雷管的药包。
    A. 1个   B. 2个   C. 3个   D. 4个
439. BB017 炸药包下炮井(坑)时,放炮线应由( )。
    A. 下药人随身携带放在井口并短路   B. 爆炸员随身携带放在井口并短路
    C. 爆炸员随身携带放在爆炸点短路   D. 要专人看管
440. BB017 制作好的炸药包,炮线与雷管连接的另一端必须( )。
    A. 开路   B. 短路   C. 断路   D. 线头绝缘
441. BB018 引爆药包或雷管应置入顶端的( )。
    A. 1/2处   B. 1/3处   C. 2/3处   D. 1/4处
442. BB18 雷管放入炸药包时聚能槽应( )。
    A. 向左   B. 向右   C. 向下   D. 向上
443. BB018 炸药结块时用( )轻轻捣开。
    A. 木棒   B. 铁棒   C. 铝棒   D. 石块
444. BB019 警戒时,警戒人员应站在离检波器串( )以外。
    A. 3m   B. 4m   C. 5m   D. 10m
445. BB019 山地放炮施工,炮点半径( )内区域为危险区,警戒人员应选择在危险区外高处、平坦地带,避开断崖、陡坡、浮石等危险地带进行警戒,附上无关人员进入危险区。
    A. 100m   B. 120m   C. 150m   D. 200m
446. BB019 其他地形放炮作业,一般炮点半径( )内为危险区域,警戒人员应选择在危险区外进行警戒,防止无关人、畜和车辆进入。特殊情况另据爆炸方式、药量计算确定炮点危险区域的半径。
    A. 100m   B. 120m   C. 150m   D. 200m
447. BB020 不符合国标《爆破安全规程》(GB 6722—2011)中有关爆破警戒和信号的相关规定的说法是( )。
    A. 装药警戒范围由爆破技术负责人确定
    B. 爆破警戒范围由设计确定
    C. 爆破作业项目的安全警戒工作由施工单位负责实施
    D. 地震勘探填装炸药包时可不设警戒范围
448. BB020 放炮时炮点周围进行警戒的作用就是( )。
    A. 提高采集质量   B. 避免安全事故
    C. 避免人为因素干扰   D. 避免产生废炮

449. BB020 警戒中用到信号分为( )三种,各类信号均应使爆破警戒区域及附近人员
能清楚地听到或看到。
A. 预警信号、起爆信号、解除信号　　　B. 语言信号、声音信号、旗语信号
C. 声音信号、颜色信号、符号信号　　　D. 准备信号、爆破信号、撤离信号

450. BB021 人工挑运原包装炸药不得超过( )。
A. 0.5 箱(袋)　　B. 1 箱(袋)　　C. 1.5 箱(袋)　　D. 2 箱(袋)

451. BB021 背运原包装炸药不得超过( )。
A. 0.5 箱(袋)　　B. 1 箱(袋)　　C. 1.5 箱(袋)　　D. 2 箱(袋)

452. BB021 搬动拆箱炸药不得超过( )。
A. 5kg　　B. 10kg　　C. 15kg　　D. 20kg

453. BB022 爆破器材公路运输时,前后车辆应保持适当的安全距离,一般应大于( )。
A. 50m　　B. 60m　　C. 70m　　D. 100m

454. BB022 人工搬动混合炸药和起爆器材不得超过( )。
A. 30kg　　B. 20kg　　C. 10kg　　D. 5kg

455. BB022 民爆物品运输规定,( )要远离建筑设施重要桥梁和堤坝、边境要地和公共
场所,并有专人看管民爆物品。
A. 中途停歇时　　B. 行驶途中　　C. 卸货时　　D. 行驶路线

456. BC001 地震电缆在施工中必须对准桩号,误差不得大于( )。
A. 2m　　B. 1.5m　　C. 1m　　D. 0.5m

457. BC001 地震电缆在施工中严禁( )重压及砍、砸。
A. 车辆　　B. 人　　C. 敲打　　D. 手按

458. BC001 SCOPION 采集系统的地震电缆线的长度是( )。
A. 150m　　B. 300m　　C. 75m　　D. 120m

459. BC002 收地震电缆时应该先取下( ),才能开始收线。
A. 检波器　　B. 大线插头　　C. 检波器夹子　　D. 桩号

460. BC002 收地震电缆时为保护插头,应该及时( )。
A. 捆扎　　B. 装车　　C. 扛走　　D. 加上保护盖

461. BC002 收地震电缆时,如遇到树枝或树根勾住电缆,应该( )收。
A. 硬拉着　　B. 绕着　　C. 折断树枝或树根　　D. 按正常规定

462. BC003 428 地震电缆属于( )类型地震电缆。
A. 覆盖　　B. 数传　　C. 加长　　D. 拖缆

463. BC003 连接采集站间的地震电缆是( )。
A. 覆盖电缆　　B. 数传电缆　　C. 加长电缆　　D. 交叉电缆

464. BC003 连接交叉站与采集站间的地震电缆是( )。
A. 数传电缆　　B. 上车电缆　　C. 加长电缆　　D. 交叉电缆

465. BC004 覆盖电缆用来传送( )信号。
A. 电　　B. 无线电　　C. 模拟地震　　D. 数字地震

466. BC004　数传电缆的数据对用来传送(　　)信号。
　　　A. 模拟地震　　　　B. 数字地震　　　　C. 无线电　　　　D. 电
467. BC004　陆地集中式采集系统使用(　　)地震电缆。
　　　A. 加长　　　　　　B. 遥测　　　　　　C. 覆盖　　　　　D. 拖缆
468. BC005　覆盖地震电缆的特点是(　　)。
　　　A. 每个地震道占用一对导线传送信号　　B. 多道占用一对导线传送信号
　　　C. 电缆芯数少　　　　　　　　　　　　D. 传送的是数字信号
469. BC005　覆盖地震电缆的特点是(　　)。
　　　A. 电缆芯数少　　　　　　　　　　　　B. 多道占用一对导线传送信号
　　　C. 无方向性　　　　　　　　　　　　　D. 传送的是数字信号
470. BC005　覆盖地震电缆的特点是(　　)。
　　　A. 用于分散采集　　　　　　　　　　　B. 多道占用一对导线传送信号
　　　C. 传送的是数字信号　　　　　　　　　D. 用于集中采集
471. BC006　(　　)是数传电缆在地震勘探中的作用之一。
　　　A. 传输采集指令　　　　　　　　　　　B. 传输模拟信号
　　　C. 传输井口信号　　　　　　　　　　　D. 传输爆炸信号
472. BC006　数传电缆在地震勘探中的作用之一是(　　)。
　　　A. 为仪器供电　　　B. 为采集站供电　　C. 为检波器供电　　D. 起爆炸药
473. BC006　地震数传电缆在野外施工中是一种必不可少的(　　)设备。
　　　A. 载波　　　　　　B. 信号传输　　　　C. 光导传输　　　　D. 输电
474. BC007　数传电缆主要是用来传输(　　)。
　　　A. 交流电　　　　　B. 直流电　　　　　C. 电信号　　　　　D. 光信号
475. BC007　地震数传电缆与普通地震电缆相比,区别在于数传电缆(　　)。
　　　A. 少芯、线细　　　B. 多芯、线粗　　　C. 一样　　　　　　D. 绝缘高
476. BC007　目前地震勘探野外使用最多的电缆是(　　)。
　　　A. 普通电缆　　　　　　　　　　　　　B. 数传电缆
　　　C. 数传电缆和普通电缆都有　　　　　　D. 光缆
477. BC008　地震电缆的插头要用(　　)清洗。
　　　A. 清水　　　　　　B. 汽油　　　　　　C. 酒精　　　　　　D. 洗洁剂
478. BC008　地震电缆的插头发现接触不良现象要及时做(　　)处理。
　　　A. 塞铜丝　　　　　B. 掰簧片　　　　　C. 换簧片　　　　　D. 换插头
479. BC008　排列上使用架杆是为了穿越(　　)。
　　　A. 公路　　　　　　B. 铁路　　　　　　C. 村庄　　　　　　D. 树林
480. BC009　宽窄接触片式抽头是依靠夹子片的(　　)来实现连接的。
　　　A. 弹性　　　　　　B. 压力　　　　　　C. 刚性　　　　　　D. 硬度
481. BC009　宽窄接触片式抽头的缺点是(　　)。
　　　A. 易氧化变黑影响接触的可靠性　　　　B. 操作较复杂
　　　C. 操作较复杂,影响速度　　　　　　　D. 收线时易碰手,影响速度

482. BC009 跨接式抽头的优点是( )。
　　A. 接插头方便、灵活　　　　　　　B. 接触可靠并具有防水性
　　C. 接触较可靠并具有全防水性　　　D. 接触可靠

483. BC010 电缆过小河收线时,可以( )。
　　A. 从中间开始　B. 从河边向中间收　C. 线在水中拽　D. 插头落入水中

484. BC010 收线时未按技术要求的做法是( )。
　　A. 拔开插头　B. 盖好保护盖　C. 不断开插头　D. 取下检波器夹子

485. BC010 408采集链电缆插头是( )式。
　　A. 簧片　　　B. 针孔　　　C. 跨接　　　D. 接触

486. BC011 用于集中式数字地震仪采集的地震电缆是( )。
　　A. 数传电缆　B. 多次覆盖电缆　C. 加长电缆　D. 拖缆

487. BC011 多次覆盖电缆在施工中要求电缆对准( )。
　　A. 检波器　　B. 炮点桩号　　C. 排列桩号　　D. 测线号

488. BC011 用于模拟地震仪采集的地震电缆是( )。
　　A. 数传电缆　B. 多次覆盖电缆　C. 加长电缆　D. 拖缆

489. BC012 遥测地震数据采集系统所用地震电缆是( )。
　　A. 数传电缆　B. 多次覆盖电缆　C. 加长电缆　D. 遥测电缆

490. BC012 遥测地面采集系统所采集的地震数据是通过( )的方式传送给中央记录单元。
　　A. 有线　　　B. 无线　　　C. 先储存后提取　　D. 数据包

491. BC012 遥测地面采集系统主机发出的指令是通过( )的方式发送给地面采集设备。
　　A. 有线　　　B. 无线　　　C. 先储存后提取　　D. 数据包

492. BC013 加长电缆与( )外观相似,只是电缆中间没有抽头。
　　A. 数传电缆　B. 遥测电缆　C. 拖缆　　　D. 覆盖电缆

493. BC013 加长电缆插头与连接到的覆盖电缆插头,要做到( )一一对应。
　　A. 针针号　　B. 孔孔号　　C. 针孔号　　D. 插头号

494. BC013 加长电缆是把排列上的电缆与( )连接起来。
　　A. 仪器　　　B. 采集站　　C. 检波器　　D. 电源站

495. BC014 卡车线是连接( )的一根光缆。
　　A. 交叉站与交叉站　　　　　　　B. 交叉站与采集站
　　C. 交叉站与仪器车　　　　　　　D. 交叉站与电源站

496. BC0014 仪器车是通过( )把命令传输给交叉站,来控制排列工作。
　　A. 交叉线　B. 数传电缆　C. 普通电缆　D. 卡车线

497. BC014 交叉站是通过( )把地震数据传输给仪器车。
　　A. 交叉线　B. 数传电缆　C. 普通电缆　D. 卡车线

498. BC014 光纤卡车线内部是通过( )来传递信号的。
　　A. 铁线　　B. 铜线　　　C. 银线　　　D. 光信号

499. BC015　各接收排列的交叉站是通过(　　)连接的。
　　A. 交叉线　　　　B. 数传电缆　　　　C. 普通电缆　　　　D. 卡车线
500. BC015　交叉线是连接(　　)的一根光缆。
　　A. 交叉站与交叉站　　　　　　　　B. 交叉站与采集站
　　C. 交叉站与仪器车　　　　　　　　D. 交叉站与电源站
501. BC015　二维地震勘探的排列,不需要使用(　　)。
　　A. 卡车线　　　　B. 交叉线　　　　C. 数传电缆　　　　D. 小线
502. BC016　防水数传地震电缆在水深(　　)范围内使用。
　　A. 0~1.5m　　　　B. 0~10m　　　　C. 0~15m　　　　D. 0~20m
503. BC016　地震电缆称为独立电缆的是(　　)。
　　A. SCOPIO 地震电缆　　　　　　　B. SN408UL 地震电缆
　　C. FDU-428 电缆　　　　　　　　　D. ARIES 地震电缆
504. BC016　单根数传电缆地震电缆长度计算(　　)
　　A. 道容量×单道长度 55m＝单根电缆的长度
　　B. 道容量×单道长度 50m＝单根电缆的长度
　　C. 道容量×单道长度 45＝m 单根电缆的长度
　　D. 道容量×单道长度 40m＝单根电缆的长度
505. BC017　SJ-1 型检波器属于(　　)。
　　A. 压电式　　　　B. 激光式　　　　C. 电动式　　　　D. 涡流式
506. BC017　SJ 型检波器的自然频率是(　　)。
　　A. 10Hz　　　　　B. 20Hz　　　　　C. 28Hz　　　　　D. 35Hz
507. BC017　地震勘探中常用的检波器串是(　　)。
　　A. 20DX-28Hz　　　　　　　　　　B. 20DX-10Hz
　　C. 20DX-35Hz　　　　　　　　　　D. 20DX-40Hz
508. BC018　对检波器的失真度也叫谐波失真,高分辨率勘探要求(　　)。
　　A. 0.1%　　　　　B. 0.2%　　　　　C. 0.3%　　　　　D. 0.4%
509. BC018　对检波器的失真度也叫谐波失真,常规勘探一般要求(　　)。
　　A. 0.1%　　　　　B. 0.2%　　　　　C. 0.3%　　　　　D. 0.4%
510. BC018　对检波器的横向固有(　　)要求是高一些好。
　　A. 周期　　　　　B. 质量　　　　　C. 频率　　　　　D. 重量
511. BC019　属于光纤地震电缆的是(　　)。
　　A. WTYP-200 型　B. WTYP 型-3　　C. MDS-16 型　　D. GDAPS-4 型
512. BC019　属于数传地震电缆的是(　　)。
　　A. WTYP-200 型　B. WTYP-3 型　　C. MDS-16 型　　D. GDAPS-4 型
513. BC019　数传电缆是一种(　　)电缆,它只能用于地面施工。
　　A. 海洋　　　　　B. 水中　　　　　C. 陆地　　　　　D. 民用
514. BC020　电动式检波器主要由磁钢、线圈、弹簧片和(　　)组成。
　　A. 软铁外壳　　　B. 紫铜环　　　　C. 变压器　　　　D. 尾椎塑料外壳

515. BC020　有关电动式检波器的结构错误的说法是(　　)。
　　A. 线圈通过弹簧片与软铁外壳相连
　　B. 磁钢固定在检波器中心,线圈固定在软铁外壳上
　　C. 线圈是可动的
　　D. 磁钢通过尾椎塑料外壳固定在检波器中心

516. BC020　有关电动式检波器的结构错误的说法是(　　)。
　　A. 线圈通过弹簧片与软铁外壳相连
　　B. 磁钢是固定的,线圈是可动的
　　C. 线圈处于磁钢和外壳之外
　　D. 磁钢通过尾椎塑料外壳固定在检波器中心

517. BC021　涡流检波器主要由(　　)组成。
　　A. 磁钢、线圈、弹簧片和软铁外壳
　　B. 磁钢、线圈、弹簧片、紫铜环和软铁外壳
　　C. 压电陶瓷片、尼龙骨架、变压器、聚氨酯外壳
　　D. 导线、尾椎塑料外壳

518. BC021　压电晶体式检波器主要由(　　)组成。
　　A. 磁钢、线圈、弹簧片和软铁外壳
　　B. 磁钢、线圈、弹簧片、紫铜环和软铁外壳
　　C. 压电陶瓷片、尼龙骨架、变压器、聚氨酯外壳
　　D. 导线、尾椎塑料外壳

519. BC021　陆地地震勘探常用的检波器是(　　)。
　　A. 压电晶体式　　B. 涡流检波器　　C. 电动式　　D. 三分量

520. BC022　将机械振动信号转换成电信号的能量转换装置是(　　)。
　　A. 地震电缆　　B. 采集站　　C. 检波器　　D. 电源站

521. BC022　地震检波器是用来(　　)的。
　　A. 传输信号　　B. 放大信号　　C. 信号滤波　　D. 拾取地面振动

522. BC022　常用9只检波器串的结构是(　　)。
　　A. 三串三并　　B. 单纯串联　　C. 单纯并连　　D. 三串二并

523. BC023　有关电动式检波器工作原理错误的说法是(　　)。
　　A. 地震检波器是用来把地震波转换成机械信号的装置
　　B. 地震检波器工作时牢固地安置在地面上,可以把它和地面看成一体
　　C. 地震检波器产生的信号是交流信号
　　D. 当地面振动时,检波器外壳和磁铁也和地面一起振动

524. BC023　有关电动式检波器工作原理错误的说法是(　　)。
　　A. 地震检波器是用来把地震波转换成电信号的装置
　　B. 地震检波器工作时牢固地安置在地面上,但不能把它和地面看成一体
　　C. 地震检波器产生的信号是交流信号
　　D. 当地面振动时,检波器外壳和磁铁也和地面一起振动

525. BC023 地震检波器产生的信号是( )。
   A. 直流信号　　　　B. 激光信号　　　　C. 交流信号　　　　D. 无线信号
526. BC024 地震检波器中的双线圈的作用是( )。
   A. 提高地震检波器的机电效率
   B. 提高地震检波器的抗干扰能力
   C. 提高地震检波器的灵敏度又提高抗干扰能力
   D. 突出有效波,压制干扰波
527. BC024 检波器线圈两个绕组互为反绕,提高了检波器的( )。
   A. 阻尼　　　　　　B. 频率　　　　　　C. 信噪比　　　　　D. 阻值
528. BC024 在绕检波器线圈时,通常采用( )方法绕制。
   A. 正反　　　　　　B. 正向　　　　　　C. 反向　　　　　　D. 双股正向
529. BC025 涡流检波器的特点是( )。
   A. 抗干扰性弱　　　　　　　　　　B. 抗干扰性强
   C. 灵敏度比动圈式检波器高　　　　D. 使用寿命比动圈式检波器长
530. BC025 涡流检波器的缺点是( )。
   A. 阻尼受线圈负载影响　　　　　　B. 抗干扰性不强
   C. 灵敏度比动圈式检波器低　　　　D. 电路的连接不可靠
531. BC025 涡流检波器的缺点是( )。
   A. 阻尼受线圈负载影响　　　　　　B. 抗干扰性强
   C. 灵敏度比动圈式检波器高　　　　D. 使用寿命比动圈式检波器短
532. BC026 涡流检波器的优点是( )。
   A. 灵敏度比动圈式检波器高　　　　B. 使用寿命比动圈式检波器长
   C. 电路连接可靠　　　　　　　　　D. 适合于接收低频信号
533. BC026 涡流检波器的缺点是( )。
   A. 阻尼受线圈负载影响　　　　　　B. 抗干扰性强
   C. 灵敏度比动圈式检波器高　　　　D. 使用寿命比动圈式检波器短
534. BC026 涡流检波器主要由( )组成。
   A. 磁钢、线圈、弹簧片和软铁外壳
   B. 磁钢、线圈、弹簧征、紫铜环和软铁外壳
   C. 压电陶瓷片、尼龙骨架、变压器、聚氨脂外壳
   D. 导线、尾锥塑料外壳
535. BC027 压电检波器的特点是( )。
   A. 抗干扰性弱　　　　　　　　　　B. 抗干扰性强
   C. 灵敏度比动圈式检波器高　　　　D. 防水能力强
536. BC027 压电检波器是随( )产生电压。
   A. 线圈运动　　　　B. 水压变化　　　　C. 磁钢运动　　　　D. 晶体运动
537. BC027 压电检波器产生的电压与水压成( )。
   A. 正比　　　　　　B. 反比　　　　　　C. 不变　　　　　　D. 相等

538. BC028　压电检波器工作原理是应用了陶瓷的( )效应。
　　　A. 正压电　　　　B. 逆压电　　　　C. 磁　　　　　　D. 电

539. BC028　压电检波器的核心部件是( )。
　　　A. 尼龙骨架　　　B. 压电陶瓷片　　C. 变压器　　　　D. 聚氨酯外壳

540. BC028　压电检波器的变压器处在尼龙骨架的( )。
　　　A. 上边　　　　　B. 下边　　　　　C. 外面　　　　　D. 框中

541. BC029　三分量检波器是同时接收( )三个方向振动的检波器。
　　　A. X, Y, Z　　　B. 上,下,水平　　C. 左,右,垂直　　D. 空中,水中,井中

542. BC029　海洋勘探使用的检波器是( )。
　　　A. 涡流式　　　　B. 电动式　　　　C. 压电式　　　　D. 动圈式

543. BC029　动圈式检波器属于( )。
　　　A. 涡流式　　　　B. 电动式　　　　C. 压电式　　　　D. 激光式

544. BC030　检波器在应用过程中,要有足够大的( )以减少道间相互影响。
　　　A. 绝缘电阻　　　B. 道间距　　　　C. 灵敏度　　　　D. 横向固有频率

545. BC030　检波器在应用过程中,在保证满足其他参数和有效压制干扰的前提下,要求具有尽可能高的( )。
　　　A. 绝缘电阻　　　B. 灵敏度　　　　C. 横向固有率　　D. 密封性

546. BC030　检波器在应用过程中,要有尽可能低的( )以精确地反应地震波的动力学特征。
　　　A. 失真度　　　　B. 阻尼　　　　　C. 内阻　　　　　D. 横向固有频率

547. BC031　尾锥是固定( )的主要部件。
　　　A. 检波器　　　　B. 上盖　　　　　C. 芯体　　　　　D. 线圈

548. BC031　检波器尾锥的长度一般选为( )。
　　　A. 5cm　　　　　B. 8cm　　　　　C. 10cm　　　　　D. 15cm

549. BC031　检波器尾锥一般为铁或( )的。
　　　A. 铜合金　　　　B. 铁合金　　　　C. 铝合金　　　　D. 钢合金

550. BC032　检波器外壳的颜色一般为( )。
　　　A. 黑色　　　　　B. 红色　　　　　C. 蓝色　　　　　D. 粉红色

551. BC032　检波器外部结构由外壳、防水帽、尾锥及( )组成。
　　　A. 上盖　　　　　B. 压簧　　　　　C. 螺母　　　　　D. 绝缘垫

552. BC032　检波器上盖是由一种( )塑料注塑而成。
　　　A. PVC　　　　　B. 尼龙　　　　　C. ABS　　　　　D. 聚氨酯

553. BC033　检波器的外壳是起着保护( )作用的。
　　　A. 密封圈　　　　B. 底盖　　　　　C. 芯体　　　　　D. 护套

554. BC033　高分辨检波器外壳一般都为( )。
　　　A. 三角形　　　　B. 圆筒形　　　　C. 球体形　　　　D. 菱形

555. BC033　当检波器串的外壳出现破裂时,容易造成( )故障。
　　　A. 断路　　　　　B. 漏电　　　　　C. 开路　　　　　D. 接触不良

556. BC034 检波器护套是起(　　)作用的。
    A. 拆装方便　　　　B. 防尘　　　　　　C. 隔离　　　　　　D. 防热

557. BC034 检波器(　　)是起防水、防尘的作用的。
    A. 护套　　　　　　B. 上盖　　　　　　C. 外壳　　　　　　D. 螺丝

558. BC034 检波器护套的材质一般都采用(　　)制成。
    A. 塑料　　　　　　B. ABS料　　　　　C. 橡胶　　　　　　D. 聚氨酯

559. BC035 当检波器磁钢受到强烈撞击后,可使磁场强度(　　)。
    A. 减弱　　　　　　B. 增加　　　　　　C. 稍增加　　　　　D. 不减弱

560. BC035 检波器磁钢一般都为(　　)形状。
    A. 条状　　　　　　B. 圆柱　　　　　　C. 长方形　　　　　D. 正方形

561. BC035 检波器磁钢是选用(　　)材料制成的。
    A. 铁质　　　　　　B. 硬磁　　　　　　C. 软磁　　　　　　D. 钢

562. BC036 检波器芯体由外壳、磁钢、弹簧片以及(　　)等件组成。
    A. 线圈　　　　　　B. 螺钉　　　　　　C. 接线柱　　　　　D. 穿线环

563. BC036 检波器芯体中磁钢(　　)的磁性最强。
    A. 南端　　　　　　B. 北端　　　　　　C. 两端　　　　　　D. 中间

564. BC036 检波器芯体的弹簧片为(　　)。
    A. 1片　　　　　　B. 2片　　　　　　C. 3片　　　　　　D. 4片

565. BC037 当检测检波器芯体不通时,可断定(　　)部位出现问题。
    A. 弹簧片　　　　　B. 电阻　　　　　　C. 线圈　　　　　　D. 磁钢

566. BC037 当检波器芯体出现短路时,可断定(　　)部位有问题。
    A. 弹簧片　　　　　B. 电阻　　　　　　C. 线圈　　　　　　D. 磁钢

567. BC037 检测检波器芯体极性时,使用模拟万用表的(　　)。
    A. 电压挡　　　　　B. 电流挡　　　　　C. 最小电流挡　　　D. 通路挡

568. BC038 检波器线圈上下共分(　　)绕组。
    A. 1　　　　　　　B. 2　　　　　　　C. 3　　　　　　　D. 4

569. BC038 检波器线圈的上下绕组的圈数必须(　　)。
    A. 一致　　　　　　B. 上多下少　　　　C. 下多上少　　　　D. 乱绕

570. BC038 检波器线圈上下绕组的方向必须是(　　)。
    A. 同相　　　　　　B. 正绕　　　　　　C. 反绕　　　　　　D. 一反一正

571. BC039 检波器芯体阻尼电阻断开,芯体阻值(　　)。
    A. 增大　　　　　　B. 减小　　　　　　C. 不变　　　　　　D. 不受影响

572. BC039 当测量芯体直流电阻时,应把电表打到(　　)位置。
    A. 电阻挡　　　　　B. 电流挡　　　　　C. 交流电压挡　　　D. 直流电压挡

573. BC039 在焊接芯体线圈时必须使用(　　)助焊剂。
    A. 酸性　　　　　　B. 中性　　　　　　C. 焊油　　　　　　D. 盐酸

574. BC040 检波器弹簧片的正常工作倾角不得大于(　　)。
    A. 10°　　　　　　B. 20°　　　　　　C. 30°　　　　　　D. 40°

575. BC040　检波器的弹簧片为(　　)支点平衡式弹簧片。
　　　A. 1　　　　　　　B. 2　　　　　　　C. 3　　　　　　　D. 4

576. BC040　检波器弹簧片是一种(　　)很高的薄片,使用时要十分小心。
　　　A. 精度　　　　　 B. 指标　　　　　 C. 要求　　　　　 D. 弹性

577. BC041　弹簧片发生扭曲,则频率(　　)。
　　　A. 增加　　　　　 B. 下降　　　　　 C. 基本不变　　　 D. 为零

578. BC041　频率变化大与(　　)有关。
　　　A. 弹簧片　　　　 B. 磁钢　　　　　 C. 线圈　　　　　 D. 尾锥

579. BC041　弹簧片的频率偏高是由(　　)而引起。
　　　A. 材质　　　　　 B. 簧片薄　　　　 C. 簧片不均　　　 D. 簧片厚

580. BC042　地震检波器在使用过程中错误做法的是(　　)。
　　　A. 使用和搬运过程中要严禁撞击　　B. 要经常拆开塑料外壳清洁
　　　C. 不要放在潮湿的地方保存　　　　D. 严禁使用无尾椎检波器施工

581. BC042　地震检波器在使用过程中错误做法的是(　　)。
　　　A. 检波器与电缆连接时应负对正,正对负
　　　B. 不要轻易拆开塑料外壳
　　　C. 不要放在潮湿的地方保存
　　　D. 严禁使用无尾椎检波器施工

582. BC042　地震检波器在使用过程中错误做法的是(　　)。
　　　A. 检波器与电缆连接时应正对正,负对负
　　　B. 不要轻易拆开塑料外壳
　　　C. 可以手拉检波器组合线拔检波器
　　　D. 严禁使用无尾椎检波器施工

583. BC043　用万用表测量电阻时,万用表的转换开关放在×100倍率数上,表头的读数为25,则该电阻的阻值是(　　)。
　　　A. 2000Ω　　　　　B. 5000Ω　　　　　C. 2500Ω　　　　　D. 1000Ω

584. BC043　用MF500型万用表测量电阻时,应读取第(　　)个标度线。
　　　A. 1　　　　　　　B. 2　　　　　　　C. 3　　　　　　　D. 4

585. BC043　用数字万用表测量晶体二极管参时,应使用(　　)。
　　　A. R×1挡　　　　　B. R×10挡　　　　 C. R×1K挡　　　　 D. 二极管挡

586. BC044　万用表由于A/D芯片转换出来的数字,根据显示位数,一般称为(　　)数字万用表。
　　　A. 31/3 位　　　　 B. 31/2 位　　　　 C. 3/4 位　　　　　D. 31/5 位

587. BC044　不属于数字万用表量程转换方式的是(　　)。
　　　A. 手动量程　　　　　　　　　　　 B. 自动量程
　　　C. 自动/手动量程　　　　　　　　　D. 固定量程

588. BC044　带有刻度盘指针的表为(　　)万用表。
　　　A. 模拟　　　　　 B. 电子型　　　　 C. 数字型　　　　 D. 模拟电子

589. BC045 数字万用表的优点是( )。
    A. 准确度高　　　B. 结构简单　　　C. 价格便宜　　　D. 读数直观

590. BC045 模拟万用表测量( )时必须安装内置电池。
    A. 电压直流　　　B. 交流电压　　　C. 电阻　　　　　D. 电流

591. BC045 ( )时,万用表串联接入被测电路,红表笔接电流流入方向,黑表笔接电流流出方向。
    A. 直流电流测量　B. 交流电流测量　C. 电压测量　　　D. 电阻测量

592. BC046 模拟万用表不可调整部分是( )。
    A. 机械调零　　　B. 欧姆调零　　　C. 量程选择　　　D. 极性转换

593. BC046 模拟万用表由表头、测量电路和( )三部分组成。
    A. 显示屏　　　　B. 转换开关　　　C. 表笔　　　　　D. 电池

594. BC046 描述模拟万用表表头刻度线表示错误的是( )读数。
    A. 电阻　　　　　B. 电压　　　　　C. 电流　　　　　D. 电感

595. BC047 模拟万用表读数时,目光要( )对准表盘。
    A. 偏左　　　　　B. 偏右　　　　　C. 垂直　　　　　D. 向上

596. BC047 模拟万用表测试( )以上电压时,应换特殊高绝缘笔,而且尽量做到一端固定,单手操作以求安全。
    A. 400V　　　　　B. 800V　　　　　C. 500V　　　　　D. 100V

597. BC047 模拟万用表在测量时,要远离( )。
    A. 文具　　　　　B. 电器　　　　　C. 硬物　　　　　D. 磁铁

598. BC048 当使用数字万用表测量电阻时屏幕显示"1"则表示( )。
    A. 开路或量程小　B. 电压低　　　　C. 表笔接反　　　D. 量程过大

599. BC048 数字万用表使用完后应将转换开关放在( )挡位上。
    A. ON　　　　　　B. OFF　　　　　 C. 电压最低　　　D. 电压最高

600. BC048 数字式万用表长时间不用,时应将( )存放。
    A. 电池取出　　　　　　　　　　　B. 收起表笔
    C. 打到最大档　　　　　　　　　　D. 关闭电源

601. BC049 数字万用表测量误差增大常常是因为( )。
    A. 表使用太长　　　　　　　　　　B. 表的性能变差
    C. 电源电压不足　　　　　　　　　D. 转换开关接触不良

602. BC049 当数字万用表无显示时应首先检查( )。
    A. 被测线路是否接上　　　　　　　B. 测试表笔是否断线
    C. 插口是否松动　　　　　　　　　D. 熔断丝是否烧断

603. BC049 数字式万用表( )打开电源开关。
    A. 测量电阻时不用　　　　　　　　B. 测量电流时不用
    C. 测量电压时不用　　　　　　　　D. 任何测量时都要

604. BC050 排列上的电子设备包括采集站、交叉站、电源站、数传电缆和( )。
    A. 充电器　　　　B. 手持电台　　　C. 车载电台　　　D. 检波器串

605. BC050 排列上的电子设备包括采集站、交叉站、电源站、检波器串和(　　)。
　　A. 充电器　　　　B. 手持电台　　　C. 车载电台　　　　D. 数传电缆

606. BC050 排列上的采集设备,使用(　　)提供电源。
　　A. 干电池　　　　B. 发电机　　　　C. 仪器车　　　　　D. 12V 电瓶

607. BC051 二维地震勘探中,用卡车线与仪器主机连接的是(　　)。
　　A. 采集站　　　　B. 电源站　　　　C. 交叉站　　　　　D. 数传电缆

608. BC051 三维地震勘探中,连接各接收线交叉站的是(　　)。
　　A. 卡车线　　　　B. 交叉线　　　　C. 数传电缆　　　　D. 检波器串

609. BC051 三维地震勘探中,卡车线一般用(　　)。
　　A. 一根　　　　　B. 二根　　　　　C. 三根　　　　　　D. 四根

610. BC052 不属于地震勘探排列使用的对讲机附件是(　　)。
　　A. 电池组　　　　B. 螺纹天线　　　C. 充电器　　　　　D. 吸盘天下

611. BC052 调频发射机由(　　)组成。
　　A. 7 种　　　　　B. 6 种　　　　　C. 5 种　　　　　　D. 4 种

612. BC052 调频电台由(　　)组成。
　　A. 3 种　　　　　B. 4 种　　　　　C. 5 种　　　　　　D. 6 种

613. BC053 功率级的作用是(　　)。
　　A. 进行功率放大　　　　　　　　　B. 进行电压放大
　　C. 用音频信号对载波的频率进行调制　D. 产生发射机所需的载波信号

614. BC053 地震勘探使用的手持电台工作制式是(　　)。
　　A. 全工　　　　　B. 双工　　　　　C. 调频　　　　　　D. 调幅

615. BC053 不属于地震勘探所用电台的是(　　)。
　　A. 指挥生产　　　B. 处理排列故障　C. 遥控放炮　　　　D. 定位服务

616. BC054 野外排列上使用的对讲机一般的额定功率是(　　)。
　　A. 2W　　　　　　B. 5W　　　　　　C. 8W　　　　　　　D. 10W

617. BC054 目前对讲机使用的电池类型是(　　)。
　　A. 镍铬　　　　　B. 干电　　　　　C. 锂电　　　　　　D. 铅酸

618. BC054 地震勘探所使用的对讲机一般工作在(　　)。
　　A. VHF 频段　　　B. UHF 频段　　　C. AM 频段　　　　 D. FM 频段

619. BC055 不安装电台天线,最容易出现的故障是(　　)。
　　A. 降低输出功率　　　　　　　　　B. 烧坏电台电流
　　C. 接收不到电信号　　　　　　　　D. 烧坏电台发射功率管

620. BC055 电台使用中做法错误的是(　　)。
　　A. 了解开关的作用　　　　　　　　B. 充电时使用配套充电机
　　C. 不能长时间按住通话键　　　　　D. 发射时天线接触其他物体

621. BC055 两对讲机通话时,不可以同时按(　　)。
　　A. 开关键　　　　B. 音量键　　　　C. 复位键　　　　　D. 发送键

622. BC056　警戒排列人员应站在离检波器串（　　）以外。
A. 20m　　　　　B. 15m　　　　　C. 10m　　　　　D. 5m

623. BC056　对车辆、农机等机械设备，应使其距离排列线（　　）以外。
A. 300m　　　　B. 500m　　　　C. 600m　　　　D. 700m

624. BC056　地震勘探放炮前警戒排列人员应（　　）。
A. 自己在排列上走动　　　　　　B. 牲畜可以走动
C. 了解周围环境情况　　　　　　D. 排列附近的动力设备可以不管

二、判断题（对的画"√"，错的画"×"）

（　）1. AA001　石油物探是基于地球物理学和石油地质学理论，采用相应的地球物理仪器和装备在地球表面，或者在空中、井中记录地下信息，并通过相应的数据处理和解释获取地下地层的物性及结构，寻找隐藏在地层中的石油及天然气的方法。

（　）2. AA002　钻井勘探法是间接找油的一种方法。

（　）3. AA003　地震勘探应用最广泛的是反射波法。

（　）4. AA004　岩石处于弹性限度内，可以看成理想弹性体，称为塑性带。

（　）5. AA005　地震勘探由采集、处理和钻井三个环节组成。

（　）6. AA006　相邻两个接收点之间的距离称为偏移距。

（　）7. AA007　在地震勘探的野外采集中，采用的是人工方法激发地震波。

（　）8. AA008　炸药震源激发的是瞬时尖脉冲信号，频带较宽。

（　）9. AA009　选择激发岩性应选取潮湿的可塑性岩层。

（　）10. AA010　所谓检波器组合就是把多道检波器的组合在一起接收。

（　）11. AA011　组合不但可以压制规则干扰波，还可以压制随机干扰。

（　）12. AA012　地震勘探野外施工第一阶段为地震钻井。

（　）13. AA013　调查工区干扰波类型及分布规律，是为了确定最佳激发井深。

（　）14. AA014　组合高差是指一个组合内每口井的地面之间的高程差。

（　）15. AA015　海洋物探船是海上进行地震数据采集的基本条件，所有的仪器的正常工作和采集完成都离不开物探船。

（　）16. AA016　滩涂、极浅海和浅海称为石油地震勘探的"滩海三带"。

（　）17. AA017　海洋地震勘探是在勘探船运行中不停顿地接收地震波。

（　）18. AB001　金属材料的性能包括：金属材料的机械性能、金属材料的物理，化学和导电性能。

（　）19. AB002　金属材料分为：黑色金属和白色金属两大类。

（　）20. AB003　硬度值越高，金属表面抵抗塑性变形的能力就越大。

（　）21. AB004　金属的化学性能是指金属在室温或高温时抵抗各种化学作用的能力。

（　）22. AB005　根据机械零件的不同用途对金属材料的物理性能要求亦有所不同。

（　）23. AB006　铸造性是金属材料能用铸造的方法获得合格铸件的性能。

（　）24. AB007　平皮带传动的特点是：富有弹性、能缓冲、吸震、传动平稳、无噪声。

(   )25. AB008 当两轴轴心线之间的距离不大时,可采用三角皮带。
(   )26. AB009 齿轮传动非常平稳。
(   )27. AB010 液压传动传速比准确。
(   )28. AB011 热处理能提高金属表面性能和耐腐蚀性。
(   )29. AB012 润滑工作是设备在使用中的一个很一般的环节。
(   )30. AB013 动载荷与交变载荷的破坏作用都比静载荷小。
(   )31. AB014 静载荷是指大小不多或变动很慢的载荷。
(   )32. AB015 变形按卸除载荷后能否完全消失,分为弹性变形和塑性变形。
(   )33. AB016 三角带由包布、顶胶、抗拉体和底胶四部分组成。
(   )34. AB017 平行带传动比是两带轮的转速之比与其直径成正比。
(   )35. AB018 根据齿轮传动轴的相对位置,齿轮传动既是平面齿轮传动。
(   )36. AB019 圆柱齿轮的圆柱直径称为分度圆直径。
(   )37. AB020 在齿轮整个圆周上,均匀分布的轮齿总数,称为齿数。
(   )38. AB021 齿距 p、圆周率 π、模数 m 三者的关系是:$m=p\pi$。
(   )39. AB022 HL:表示机床通用液压油。
(   )40. AB023 液压系统工作时,对液压油的质量要求不严格。
(   )41. AB024 HF:表示液压油。
(   )42. AB025 液压油的作用之一:润滑机械。
(   )43. AB026 不同牌号的种类润滑油不可混用、混储。
(   )44. AC001 在电路中流动的多数是带负电荷的自由电子,但自由电子的流动方向并不是电流的方向。
(   )45. AC002 电路是电压通过之路径。
(   )46. AC003 导线电阻的大小主要决定于导线的材料、长度、截面积和环境的温度。
(   )47. AC004 4 只电阻串联,当 $R_1>R_2>R_3>R_4$ 时,R_1 消耗功率最大。
(   )48. AC005 4 只 12Ω 电阻并联后,加上 1.5V 电压,电路上总电流为 0.6A。
(   )49. AC006 欧姆定律是由非金属导体得出的。
(   )50. AC007 在电阻串联电路中,各电阻上流过的电流相等。
(   )51. AC008 在电阻并联电路中,电流的分配与电阻成正比。
(   )52. AC009 电容器就是由两个彼此绝缘又相互靠近的导体所组成的器件。
(   )53. AC010 电容器并联时,总容量等于各个电容器容量之比。
(   )54. AC011 线介质电容器属于固定电容器。
(   )55. AC012 选用电容器时,应使额定电压低于实际工作电压,并留有足够的余量。
(   )56. AC013 电压是表征电场或电路能量特性的物理量。
(   )57. AC014 在电源内部把单位正电荷从电源正极移到正极所做的功称为电动势。
(   )58. AC015 电阻值不随其两端所加电压和通过的电流而变化的电阻称为线性电阻。
(   )59. AC016 为电路提供电压的能源,称为电源。
(   )60. AC017 电源的作用是将其他形式的能量转化成电能。
(   )61. AC018 蓄电池属于交流电源。

(   )62. AC019　实际工作中被广泛应用的交流电是正弦交流电。
(   )63. AC020　当导体中通过迅速变化的电流时,导体就会向它周围的空间发射电磁波。
(   )64. BA001　在地震勘探炮井中,井的最上部叫井口。
(   )65. BA002　钻井后应认真填写完钻记录。
(   )66. BA003　每个统一桩号都插有小旗或一般木桩和土堆标志,土堆下埋有桩号卡。
(   )67. BA003　组合井无须严格按照组合井间距及基距设计布置。
(   )68. BA004　钻机钻井泵齿轮箱加入的是齿轮油,加压装置中的涡轮减速箱加入的是机械油。
(   )69. BA005　钻机钻井泵的活塞是由铁活塞和胶皮活塞组成的。
(   )70. BA006　润滑油脂可以一直使用,不必按使用时间或周期更换。
(   )71. BA007　在陆地上进行地震勘探,井中爆炸是激发地震波唯一的方法。
(   )72. BA008　在湿的可塑性岩石中激发时,波的频率在中频范围变化效果差。
(   )73. BA009　施工任务书是施工组提供的关于施工具体内容的说明,其中标定了钻井点位、数量、井深、药量及注意事项。
(   )74. BA010　山地施工井位选择应遵循避高就低、避干就湿的原则。
(   )75. BA011　钻井液由分散介质、分散相和钻井液处理剂组成。
(   )76. BA012　在土层、泥页岩中钻进时宜选用失水量大的钻井液。
(   )77. BA013　在硬岩层钻进时应采用悬排能力较强的钻井液。
(   )78. BA014　黏土主要有黏土矿物组成。
(   )79. BA015　施工前要观察地表及周边环境,不用与有关部门联系了解地下情况下钻头可分为四类。
(   )80. BA016
(   )81. BA017　刮刀钻头一般用于钻硬地层。
(   )82. BA018　牙轮钻头工作时切削齿交替接触井底、破岩扭矩小、切削齿与井底接触面积小、比压高、易于吃入地层。
(   )83. BA019　WTZ-100M 型钻机钻杆长度为 4500mm。
(   )84. BA020　WT-50 型钻机钻杆标准直径为 50mm。
(   )85. BA021　WT-50 型钻机驱动装置为齿轮油泵。
(   )86. BA022　WTZ-300 型地震钻机是一种用于石油、煤炭、矿产和水文地质勘探的车装钻机。
(   )87. BA023　WT-50 型钻机是针对我国山地设计的一种全液压车装钻机。
(   )88. BA024　井架总成的常规保养,链条调整做到左右对称,松紧程度适当。
(   )89. BA025　钻机的传动系统主要任务是把发动机的能量传递与分配给各工作系统。
(   )90. BA026　12m 以上钻杆两端 3m 内允许弯曲度使用标准是 4mm。
(   )91. BA027　高岭石黏土易膨胀水化造浆效率高。
(   )92. BA027　丹宁和栲胶类添加剂在钻井液处理中主要起稀释或胶溶作用。
(   )93. BA028　钻井专用工具使用后的保养应做到:用后应认真清洗干净并晾干。
(   )94. BA028　钻井专用工具使用时要严格按照使用要领操作。

(   ) 95. BA029　钻铤螺纹脂在冬季为便于搅拌和涂抹常加入适量机油。
(   ) 96. BA030　空气是密度最低的钻井介质。
(   ) 97. BA030　钻井泡沫特别适于低压地层钻进。
(   ) 98. BA031　烷基苯磺酸钠(ABS)是一种发泡剂。
(   ) 99. BA031　发泡用的表面活性剂可以是一种，也可以是几种复配的复合剂。
(   ) 100. BA032　钻井液的相对密度是钻井液的主要性能之一。
(   ) 101. BA033　钻井液从环形空间上返流动的速度叫钻井液上返速度。
(   ) 102. BA034　通过钻井泵和循环系统将液体注入井中，使岩屑随着液体一起返回地面。
(   ) 103. BA035　组合井布置形式有：直列式、对称式、均布式。
(   ) 104. BA036　钻井液黏度越大对井壁的压力越大。
(   ) 105. BA037　井壁上形成泥皮后，渗透性减少，减慢钻井液的继续失水。
(   ) 106. BA038　蒙脱石黏土是优质的造浆黏土矿物。
(   ) 107. BA039　牙轮钻头的牙轮的超顶距越大，钻头滑动剪切作用越大。
(   ) 108. BA040　冲击钻头的冲击器的润滑在夏季用 30 号机械油。
(   ) 109. BA041　钻机在钻进过程中可以反钻，钻头不会掉落井中。
(   ) 110. BA042　扶钻机动力头下接头时切不可手扶下接头螺纹部位。
(   ) 111. BA043　一钻工在动力头旋转时不可摘滑套挂链。
(   ) 112. BA044　钻具是钻机使用的工具。
(   ) 113. BA045　钻具在旋转系统带动下做旋转运动。
(   ) 114. BA046　钻杆接头只有不同细牙内螺纹，直接套在钻杆两端后焊接成型。
(   ) 115. BA047　地震钻机常用钻头钨合金钢块一般排列成牙型。
(   ) 116. BA048　地震钻机滑套的提放是由三钻工完成的。
(   ) 117. BA049　一钻工负责江钻杆放入钻杆槽内。
(   ) 118. BA050　钻具螺纹卸不开时可以人机配合强行拆卸。
(   ) 119. BA051　地震钻机旋转系统是由加速手柄控制的。
(   ) 120. BA052　两通气开关手柄主要控制压缩气体通断。
(   ) 121. BA053　要实现地震钻机快速提升是由加速手柄和加压提升降落手柄同时来完成的。
(   ) 122. BA054　井架起落是由井架起落手柄完成的。
(   ) 123. BA055　钻井液的密度大小取决于造浆黏土的质量。
(   ) 124. BA056　地震钻机钻工要积极参加 HSE 各项活动遵守劳动纪律。
(   ) 125. BA057　链轮箱是采用液压油传动。
(   ) 126. BA058　钻具停止旋转时，方可将卡套链挂在挂钩上。
(   ) 127. BA059　WT-100 型钻机加压装置的作用，给钻头加压。
(   ) 128. BA060　阀组件是钻井泵内非常重要的部件。
(   ) 129. BA061　钻井泵长时间不用或冬季不施工时，应拧下放水螺丝及放空丝堵，以排空泵头及管线内的残余钻井液。

( )130. BA062 活塞的移动,使泵内形成负压,水池中的液体在液面大气压作用下,挤开吸水阀进入缸内,这一工作过程叫泵的吸入过程。

( )131. BA063 动力头的作用是为钻机提供动力。

( )132. BA064 加压装置润滑,夏季采用20号机械油,冬季采用30号机械油。

( )133. BA065 潜孔钻机停钻时应先清洗井底后再停气起钻。

( )134. BA065 潜孔钻机钻井时为提高效率应加大钻压。

( )135. BB001 单体炸药是由单一的物质分子组成的。

( )136. BB002 能引起0.5g猛炸药达到爆轰所需要最小起爆药量,称为极限药量。

( )137. BB003 在外界能量作用下,炸药的变化形式主要有燃烧和爆轰。

( )138. BB004 电雷管是以电能转化成热能而激发引发爆炸的工业雷管,它是由火雷管和电引火元件组。

( )139. BB005 工业雷管编码在5年内具有唯一性。

( )140. BB006 万用表可以用来测试雷管阻值。

( )141. BB007 地震队爆破器材库可以设在市区和居民聚居的地方。

( )142. BB008 火雷管是一切雷管的基础。

( )143. BB009 电雷管引爆的最小电流称为最小准爆电流。一般最小准爆电流为0.4~0.7A。

( )144. BB010 炸药在空气中爆炸,只要爆轰产物不直接作用人体就不会死亡。

( )145. BB011 冲击波不会对建筑主体构件的刚度、强度、稳定性产生一定的破坏。

( )146. BB0012 低爆速震源药柱按照500m/s的级差又分为Ⅰ、Ⅱ、Ⅲ…型,爆速越低,型号数越大。

( )147. BB013 炸药密度越大,其火焰感度和爆轰感度越高。

( )148. BB014 在移动通信高度发达的今天,要引起高度重视,手机、电台、对讲机不得靠近爆炸作业点,严格执行操作规程,保持安全距离。

( )149. BB015 雷管外壳底部有一个凹槽,起聚能作用。

( )150. BB016 瞬时电雷管其瞬时起爆的均一性取决于电雷管的全电阻和桥丝电阻。使用前都应检测。

( )151. BB017 一般情况下,炸药包不得在野外过夜,如遇特殊情况药包可以在野外过夜。

( )152. BB018 制作药包应避开高压和强电磁波干扰。

( )153. BB019 警戒炮点,水域放炮作业,确保爆破点周围200m内无任何船只和人员;爆破作业船与爆破点之间的距离不得小于100m。

( )154. BB020 爆炸点警戒是野外生产中一项非常重要的工作,直接关系到人的生命财产的安全。

( )155. BB020 炮点警戒人员与爆炸机操作员之间的联络可以用口语,也可以用哨子和旗语。

( )156. BB021 搬动拆箱炸药不得超过40kg。

( )157. BB021 挑运原包装炸药不得超过2箱(袋)。

(   )158. BB022　为了避免引起殉爆,前后车辆应保持适当的安全距离。车间距一般应大于150m。

(   )159. BC001　地震电缆在施工中必须沿着侧线方向铺设。

(   )160. BC002　用电缆本身可以捆扎收好的电缆线。

(   )161. BC003　地震电缆按传输的信号方式不同,可分为覆盖电缆和数传电缆。

(   )162. BC004　加长地震电缆在外观上与平常电缆最根本的区别是针孔不是一一对应的。

(   )163. BC005　覆盖地震电缆传送的是模拟信号。

(   )164. BC006　数传电缆中,传送给仪器的信号是模拟信号。

(   )165. BC007　在地震勘探施工中用于传输数字信号的电缆称为数传电缆。

(   )166. BC008　电缆插头不容易氧化,可以不用清洁。

(   )167. BC009　跨接式抽头具有全防水性。

(   )168. BC010　428数传电缆收完后,用自身的插头一端线缆将其捆好。

(   )169. BC011　多次覆盖地震电缆俗称大线,用于集中采集和模拟采集系统。

(   )170. BC012　有线遥测仪器的地震电缆就是俗称的大线。

(   )171. BC013　加长电缆即加长线,在野外施工中,当仪器车到不了停点时,可用加长线把排列和仪器连接起来。

(   )172. BC014　卡车线又叫上车线,是连接仪器车和交叉站的。

(   )173. BC015　地震勘探数传交叉线相比光纤交叉线具有信号衰减大的缺点。

(   )174. BC016　目前428型地震电缆有一种型号。

(   )175. BC017　野外施工中,高分辨下井最常用的是40Hz检波器。

(   )176. BC018　检波器的失真度也叫谐波失真,它反映检波器信噪比高低。

(   )177. BC019　数传电缆是地震勘探专用电缆。

(   )178. BC020　电动检波器在工作时,线圈是固定不动的。

(   )179. BC021　检波器按工作原理可分为电动式、涡流式和压电晶体式三大类。

(   )180. BC022　地震检波器不属于电子设备。

(   )181. BC023　电动式检波器线圈与磁钢做相对运动所产生的感应电势即为检波器的输出信号。

(   )182. BC024　双线圈检波器,对外磁场来说两线圈所产生的感应电动势是相加的。

(   )183. BC025　涡流检波器的特点阻尼不受线圈负载影响。

(   )184. BC026　涡流式地震检波器受到地震波作用时,铜环与磁钢做相对运动,铜环产生涡流,使线圈感应电动势。

(   )185. BC027　压电检波器的压电效应就是压电元件机电转换性能。

(   )186. BC028　压电地震检波器主要用于海上和水网地区的地震资料采集。

(   )187. BC029　三分量检波器是同时接收X,Y,Z三个方向振动的检波器。

(   )188. BC030　检波器的阻尼程度只对检波器的振幅有显著的影响。

(   )189. BC031　尾锥可分内螺纹和外螺纹两种。

(   )190. BC032　检波器上盖是由PVC制成的。

( )191. BC033　检波器漏电与壳体上盖有直接关系。
( )192. BC034　检波器护套一般都由塑料注成。
( )193. BC035　检波器磁钢一般都为圆柱形状。
( )194. BC036　检波器芯体内部只有一个弹簧片起作用。
( )195. BC037　检波器芯体的好坏可以用万用表的最小电流挡判定。
( )196. BC038　检波器线圈只有一个绕组。
( )197. BC039　焊接检波器线圈时,必须使用中性助焊剂。
( )198. BC040　检波器弹簧片是由钢片做成的。
( )199. BC041　检波器的频率不准,是由弹簧片发生改变造成的。
( )200. BC042　没有尾椎的检波器也可以使用。
( )201. BC043　指针型万用表测量电阻时,不用选择量程。
( )202. BC044　万用表分为两种一种是模拟万用表另一种是数字万用表。
( )203. BC045　模拟万用表的精度高于数字显示万用表。
( )204. BC046　模拟万用表表头刻度线一般有四条,分别表示电阻、电压、电流以及电平的读数。
( )205. BC047　模拟万用表测量电阻时,必须要欧姆调零。
( )206. BC048　数字万用表测量电路上的电阻时,电路可以通电测量。
( )207. BC049　数字万用表测量220V交流电压时应把量程开关拨到500V位置上。
( )208. BC050　地震勘探生产时,接收排列是固定不变的。
( )209. BC051　二维地震勘探不需要使用交叉线。
( )210. BC052　电台主要由发射机组成。
( )211. BC053　接收机的功能是:利用不同的载波频率,以频率的不同点来区分选择出所需要的消息
( )212. BC054　无线对讲机,是由主机、鞭装天线、电池和充电器组成。
( )213. BC055　预防对讲机电池亏电严重以致损坏,所以使用中应及时补充电量,充电时必须使用专用充电机。
( )214. BC056　海上作业时,挂机橡皮船和来往船舶要保持70m以上安全距离。

答 案

一、单项选择题

1. C 2. B 3. D 4. B 5. A 6. C 7. A 8. B 9. C 10. A
11. B 12. D 13. C 14. C 15. B 16. B 17. D 18. B 19. B 20. C
21. B 22. C 23. B 24. B 25. C 26. B 27. C 28. A 29. D 30. C
31. D 32. D 33. B 34. A 35. B 36. C 37. A 38. C 39. C 40. D
41. C 42. B 43. B 44. C 45. A 46. B 47. D 48. B 49. C 50. C
51. C 52. D 53. D 54. A 55. A 56. B 57. A 58. B 59. B 60. B
61. A 62. B 63. B 64. B 65. A 66. C 67. D 68. A 69. D 70. A
71. B 72. D 73. A 74. D 75. B 76. D 77. B 78. A 79. A 80. D
81. A 82. B 83. A 84. C 85. A 86. A 87. B 88. C 89. D 90. D
91. A 92. B 93. D 94. A 95. B 96. A 97. B 98. D 99. A 100. D
101. A 102. B 103. D 104. B 105. A 106. A 107. A 108. B 109. C 110. D
111. A 112. A 113. B 114. C 115. D 116. A 117. A 118. D 119. A 120. A
121. A 122. D 123. A 124. B 125. B 126. D 127. C 128. B 129. D 130. A
131. C 132. D 133. A 134. C 135. B 136. A 137. B 138. D 139. C 140. A
141. A 142. B 143. D 144. B 145. C 146. D 147. A 148. A 149. B 150. D
151. B 152. B 153. B 154. D 155. A 156. C 157. B 158. B 159. B 160. C
161. D 162. B 163. A 164. A 165. C 166. D 167. C 168. B 169. A 170. C
171. D 172. C 173. D 174. B 175. C 176. A 177. B 178. A 179. A 180. C
181. B 182. C 183. B 184. B 185. C 186. A 187. B 188. C 189. B 190. A
191. B 192. D 193. C 194. A 195. D 196. B 197. B 198. C 199. A 200. A
201. C 202. B 203. A 204. A 205. C 206. B 207. C 208. A 209. C 210. C
211. A 212. A 213. C 214. C 215. D 216. A 217. A 218. C 219. B 220. B
221. C 222. C 223. C 224. C 225. C 226. C 227. A 228. D 229. C 230. C
231. C 232. A 233. C 234. C 235. C 236. A 237. A 238. A 239. D 240. B
241. B 242. C 243. D 244. B 245. A 246. D 247. D 248. D 249. B 250. C
251. A 252. B 253. D 254. C 255. C 256. B 257. B 258. A 259. C 260. C
261. A 262. C 263. B 264. B 265. C 266. C 267. C 268. A 269. B 270. D
271. C 272. C 273. C 274. C 275. D 276. B 277. D 278. C 279. B 280. B
281. D 282. A 283. D 284. C 285. A 286. B 287. D 288. B 289. B 290. D
291. C 292. A 293. C 294. C 295. B 296. B 297. A 298. C 299. A 300. B
301. B 302. A 303. A 304. B 305. A 306. A 307. B 308. D 309. A 310. C

311. A	312. C	313. D	314. A	315. C	316. A	317. D	318. A	319. C	320. D
321. A	322. A	323. D	324. A	325. C	326. D	327. D	328. A	329. A	330. D
331. B	332. A	333. B	334. A	335. C	336. D	337. D	338. B	339. C	340. C
341. C	342. D	343. D	344. A	345. B	346. B	347. C	348. A	349. A	350. B
351. B	352. A	353. A	354. C	355. B	356. D	357. A	358. C	359. B	360. A
361. A	362. A	363. A	364. A	365. A	366. A	367. B	368. D	369. A	370. A
371. A	372. B	373. D	374. B	375. A	376. B	377. C	378. A	379. A	380. B
381. C	382. B	383. B	384. B	385. D	386. B	387. C	388. B	389. D	390. A
391. B	392. A	393. A	394. A	395. B	396. A	397. C	398. D	399. D	400. C
401. D	402. A	403. C	404. D	405. A	406. D	407. B	408. B	409. D	410. C
411. B	412. B	413. A	414. A	415. D	416. B	417. B	418. C	419. C	420. C
421. D	422. B	423. D	424. D	425. D	426. A	427. D	428. C	429. C	430. C
431. C	432. A	433. B	434. D	435. C	436. B	437. A	438. A	439. C	440. B
441. B	442. C	443. A	444. C	445. A	446. A	447. D	448. B	449. A	450. C
451. B	452. B	453. C	454. C	455. A	456. D	457. A	458. C	459. B	460. C
461. B	462. B	463. B	464. A	465. C	466. B	467. C	468. C	469. C	470. C
471. A	472. B	473. C	474. C	475. A	476. B	477. C	478. C	479. A	480. A
481. A	482. C	483. B	484. C	485. B	486. B	487. C	488. B	489. D	490. B
491. B	492. D	493. C	494. C	495. C	496. D	497. D	498. D	499. B	500. C
501. B	502. C	503. D	504. A	505. C	506. C	507. B	508. A	509. B	510. C
511. C	512. D	513. C	514. C	515. C	516. C	517. C	518. C	519. C	520. C
521. D	522. A	523. A	524. B	525. C	526. C	527. C	528. C	529. C	530. C
531. D	532. C	533. D	534. D	535. D	536. B	537. A	538. A	539. C	540. D
541. A	542. C	543. B	544. A	545. B	546. A	547. A	548. B	549. C	550. C
551. A	552. C	553. C	554. B	555. B	556. C	557. A	558. C	559. A	560. C
561. B	562. A	563. C	564. B	565. C	566. C	567. C	568. B	569. C	570. D
571. A	572. C	573. B	574. B	575. C	576. A	577. D	578. A	579. A	580. C
581. A	582. C	583. C	584. A	585. C	586. B	587. D	588. A	589. A	590. C
591. A	592. D	593. B	594. D	595. C	596. C	597. D	598. A	599. B	600. A
601. C	602. D	603. D	604. D	605. D	606. D	607. C	608. B	609. B	610. D
611. B	612. A	613. A	614. C	615. D	616. B	617. C	618. A	619. D	620. D
621. D	622. D	623. A	624. C						

二、判断题

1. √ 2. × 正确答案:钻井勘探法是直接找油的一种方法。 3. √ 4. × 正确答案:岩石处于弹性限度内,可以看成理想弹性体,称为弹性形变区。 5. × 正确答案:地震勘探由采集、处理和解释三个环节组成。 6. × 正确答案:相邻两个接收点之间的距离称为道间距。 7. √ 8. √ 9. √ 10. × 正确答案:所谓检波器组合就是把多个检波器的输出叠加起来作为一道的信号。 11.√ 12.× 正确答案:地震勘探野外施工第一阶段为地震测量。 13.× 正确答案:调查工区干扰波类型及分布规律,是为了确定压制干扰的有效办法。 14.× 正确答案:组合高差是指一个组合内最高的井下爆炸点与最低的井下爆炸点之间的高程差。 15.√ 16.√ 17.√ 18.× 正确答案:金属材料的性能包括:金属材料的机械性能、金属材料的物理,化学和工艺性能。 19.× 正确答案:金属材料分为:黑色金属和有色金属两大类。 20.√ 21.√ 22.√ 23.√ 24.√ 25.√ 26.× 正确答案:齿轮传动不够平稳。 27.× 正确答案:液压传动传速比不如机械传动的准确。 28.√ 29.× 正确答案:润滑工作是设备在使用中的一个很重要的环节。 30.× 正确答案:动载荷与交变载荷的破坏作用都比静载荷大。 31.√ 32.√ 33.√ 34.× 正确答案:平行带传动比是两带轮的转速之比与其直径成反比。 35.× 正确答案:根据齿轮传动轴的相对位置,可将齿轮传动分为既平面齿轮传动与空间齿轮传动。 36.√ 37.√ 38.× 正确答案:齿距 ρ、圆周率 π、模数 m 三者的关系是:$m=\rho/\pi$。 39.√ 40.× 正确答案: 液压油质量的优劣,将在很大程度上影响液压系统的工作可靠性和使用寿命。 41.× 正确答案:HF:表示抗燃液压油。 42.√ 43.√ 44.√ 45.× 正确答案:电路是电流通过之路径。 46.√ 47.× 正确答案:4 只电阻串联,当 $R_1>R_2>R_3>R_4$ 时,R_1 消耗功率最大。 48.√ 49.× 正确答案:欧姆定律是由金属导体得出的。 50.√ 51.× 正确答案:在电阻并联电路中,电流的分配与电阻成反比。 52.√ 53.× 正确答案:电容器并联时,总容量等于各个电容器容量之和。 54.√ 55.× 正确答案:选用电容器时,应使额定电压高于实际工作电压,并留有足够的余量。 56.√ 57.× 正确答案:在电源内部把单位正电荷从电源负极移到正极所做的功称为电动势。 58.√ 59.× 正确答案:为电路提供电流的能源,称为电源。 60.√ 61.× 正确答案:蓄电池属于直流电源。 62.√ 63.√ 64.√ 65.√ 66.√ 67.× 正确答案:组合井要严格按照组合井间距及基距设计布置。 68.× 正确答案:钻机钻井泵齿轮箱加入的是齿轮油,加压装置中的涡轮减速箱加入的不是机械油。 69.√ 70.× 正确答案:润滑油脂要经常检查、添加,要按时更换。 71.× 正确答案:在陆地上进行地震勘探,除了井中爆炸激发外还可以使用可控震源。 72.× 正确答案:在湿的可塑性岩石中激发时,波的频率在中频范围变化效果好。 73.√ 74.√ 75.√ 76.× 正确答案:在土层、泥页岩中钻进时宜选用失水量小的钻井液。 77.× 正确答案:在硬岩层钻进时对钻井液悬排能力要求不高。 78.√ 79.× 正确答案:施工前尽可能与有关部门联系,了解地下是否有电缆、油气管道、水管道并明确具体位置。 80.× 正确答案:钻头可分为三类:冲击钻头、研磨钻头和刮刀钻头。 81.× 正确答案:刮刀钻头一般用于钻软地层。 82.√ 83.√ 84.× 正确答案:WT-50 型钻机钻杆标准直径为 60.3mm。 85.× 正确答案:WT-50 钻机动力来源为汽车发动机。 86.√ 87.× 正确答案:WT-50 型钻机是针对我国平原设计的一种全液压车装钻机。 88.√ 89.√ 90.√ 91.× 正确答案:高岭石黏土不易膨胀水化造浆效率不高。 92.√ 93.√ 94.√ 95.√ 96.√ 97.√ 98.√ 99.√ 100.√ 101.√ 102.√ 103.√ 104.× 正确答案:钻井液黏度越大对井壁的压力越小。 105.√ 106.√ 107.√ 108.× 正确答案:冲击钻头的冲击器的润滑在夏季用 20 号机械油。 109.× 正确答案:钻机在钻进过程中严禁反钻,以防钻头掉落井中。 110.√

111. √ 112. √ 113. √ 114. × 正确答案:钻杆接头也有不同细牙内螺纹,直接套在钻杆两端后焊接成型。 115. √ 116. × 正确答案:地震钻机滑套的提放是由一钻工完成的。 117. × 正确答案:二钻工负责江钻杆放入钻杆槽内。 118. × 正确答案:钻具螺纹卸不开时不可以人机配合强行拆卸。 119. × 正确答案:地震钻机旋转系统是由旋转手柄控制的。 120. √ 121. √ 122. √ 123. × 正确答案:钻井液的密度大小取决于钻井液的固相的质量。 124. √ 125. × 正确答案:链轮箱是采用套筒滚子链条传动。 126. √ 127. × 正确答案:WT100 型钻机加压装置的作用,给钻头加压和升降钻具。 128. √ 129. √ 130. √ 131. × 正确答案:动力头的作用是驱动钻具、输送钻井液。 132. × 正确答案:加压装置润滑,夏季采用 30 号机械油,冬季采用 20 号机械油。 133. √ 134. × 正确答案:潜孔钻机钻井时不宜加大钻压。 135. × 正确答案:单体炸药是由单一的化合物组成的。 136. √ 137. √ 138. √ 139. × 正确答案:工业雷管编码在 10 年内具有唯一性。 140. × 正确答案:测试雷管阻值不能用万用表,必须使用专用的雷管测试仪。 141. × 正确答案:地震队爆破器材库不可以设在市区和居民聚居的地方。 142. √ 143. √ 144. × 正确答案:炸药在空气中爆炸,爆轰产物不直接作用人体也会造成死亡。 145. × 正确答案:冲击波会对建筑主体构件的刚度、强度,稳定性产生一定的破坏作用 146. √ 147. × 正确答案:炸药密度越大,其火焰感度和爆轰感度越低。 148. √ 149. √ 150. × 正确答案:瞬时电雷管其瞬时起爆的均一性取决于电雷管的全电阻。使用前都应检测。 151. × 正确答案:一般情况下,炸药包不得在野外过夜,如遇特殊情况药包需在野外过夜时,必须派专人看管。 152. √ 153. √ 154. √ 155. × 正确答案:炮点警戒人员与爆炸机操作员之间的联络不能用口语,而只能使用哨子和旗语。 156. × 正确答案:搬动拆箱炸药不得超过 20kg。 157. √ 158. × 正确答案:为了避免引起殉爆,前后车辆应保持适当的安全距离。车间距一般应大于 50m。 159. √ 160. × 正确答案:收好的电缆线不允许用电缆本身捆扎,要另用绳子捆扎。 161. √ 162. × 正确答案:加长地震电缆在外观上与平常电缆最根本的区别是针孔是一一对应的。 163. √ 164. × 正确答案:数传电缆中,传送给仪器的信号是数字信号。 165. √ 166. × 正确答案:电缆插头进入泥水要及时清理。 167. √ 168. × 正确答案:428 数传电缆收完后,用一根绳将其捆好。 169. √ 170. × 正确答案:有线遥测仪器的地震电缆包括大线、交叉线、上车线等。 171. √ 172. √ 173. √ 174. × 正确答案:目前 428 型地震电缆有普通型和防水型。 175. √ 176. × 正确答案:检波器的失真度也叫谐波失真,它反映检波器接收信号的畸变程度。 177. √ 178. × 正确答案:电动检波器在工作时,线圈对磁钢做相对运动的。 179. √ 180. × 正确答案:地震检波器属于精密电子设备。 181. √ 182. × 正确答案:双线圈检波器,对外磁场来说两线圈所产生的感应电动势是互相抵消的。 183. √ 184. √ 185. √ 186. √ 187. √ 188. × 正确答案:检波器的阻尼程度对检波器的振幅、频率和相位都有显著的影响。 189. √ 190. × 正确答案:检波器上盖是由 ABS 料注塑而成。 191. √ 192. × 正确答案:检波器护套一般都由橡胶注成。 193. √ 194. × 正确答案:检波器芯体内部有两个弹簧片起作用。 195. √ 196. × 正确答案:检波器线圈有两个绕组。 197. √ 198. × 正确答案:检波器弹簧片是由铍青铜做成的。 199. √ 200. × 正确答案:没有尾椎的检波器不可以使用,要及时更换尾椎才能使用。 201.× 正确答案:指针型万用表测量电阻时,根据电阻的阻值大小,合理的选择量程。 202.√ 203.× 正确答案:数字显示万用表的精度高于指针万用表。 204.√ 205.√ 206.× 正确答案:数字万用表测量电路上的电阻时,应将电路电源断开测量。 207.√ 208.× 正确答案:地震勘探生产时,接收排列是随时滚得的。 209.√ 210.× 正确答案:电台主要由发射机、接收机两大部分组成。 211.√ 212.× 正确答案:无线对讲机,是由主机、螺旋天线、电池和充电器组成。 213.√ 214.× 正确答案:海上作业时挂机橡皮船和来往船舶要保持50m以上安全距离。

中级工理论知识练习题及答案

一、单项选择题(每题4个选项,只有1个是正确的,将正确的选项号填入括号内)

1. AA001 分界面上由一种振动类型转换为另一种振动类型的波叫做(　　)。
   A. 反射波　　　　B. 直达波　　　　C. 转换波　　　　D. 透视波
2. AA001 当地震波的入射角大于临界角时,则在临界点以外的分界面上没有透射波产生,入射波都转换为反射波,这种现象叫作波的(　　)。
   A. 全反射　　　　B. 反射　　　　　C. 透射　　　　　D. 多次反射
3. AA001 入射角正弦与透射角正弦之比等于两种介质中的波速比,这就是(　　)。
   A. 惠更斯原理　　B. 反射定律　　　C. 透射定律　　　D. 费马原理
4. AA002 物理点即通常所说的炮点和检波点等,其标志是根据(　　)而设计的。
   A. 控制点标志　　B. 测站点标志　　C. 物探生产要求　D. 测量生产要求
5. AA002 物理点标志是根据物探生产要求而设计的,主要为后续的(　　)指示和标志点位。
   A. 工区踏勘　　　B. 物探施工　　　C. 测量施工　　　D. 物探资料解释
6. AA002 物探测量的基本任务是依据物探设计,将物探测线的(　　)采用一定的测量方法放样到实地,为物探野外施工、资料处理及解释提供符合要求的测量成果和图件。
   A. 物理点　　　　B. 起点　　　　　C. 端点　　　　　D. 拐点
7. AA003 在一个CDP道集内各炮检点连线的方位方向应当比较均匀地分布在(　　)的360°的方位上。
   A. 共炮点　　　　B. 共中心点　　　C. 检波点　　　　D. 物理点
8. AA003 三维观测系统的选择应考虑各地下点的覆盖次数应尽可能(　　)。
   A. 连续分布　　　B. 有规律　　　　C. 不断变化　　　D. 相同或接近
9. AA003 有关三维观测系统设计原则描述错误的说法是(　　)。
   A. 炮检距应当是从小到大均匀分布
   B. 各地下点的覆盖次数应尽可能相同或接近
   C. 三维观测系统设计是不受地面条件的制约
   D. 三维地震观测系统还要受地层倾角、最大炮检距、道距、规则干扰波等各种因素的影响
10. AA004 各反射点叠加成一个叠加道的区域称为(　　)。
    A. 排列片　　　　B. 面元　　　　　C. 满覆盖面积　　D. 检波点面积
11. AA004 一个特定炮点激发时,由参与接收的全部检波点所构成的区域(或点集)就是这一炮所对应的(　　)。
    A. 排列片　　　　B. 面元　　　　　C. 炮点面积　　　D. 一次覆盖面积

12. AA004　最大非纵距是指在横向方向上的(　　)。
　　A. 最小炮检距　　　B. 偏移距　　　C. 最大炮检距　　　D. 线距
13. AA005　二维测量在遇障碍物时,可考虑提前偏移,山区转折边方位角与设计测线方位角之差不大于(　　)。
　　A. 4°　　　　　　B. 8°　　　　　C. 12°　　　　　　D. 16°
14. AA005　二维采用弯曲测线施工时,测线转折方位角一般应小于(　　)。
　　A. 8°　　　　　　B. 12°　　　　C. 16°　　　　　　D. 30°
15. AA005　三维施工时,如遇各种地面障碍无法放样布设激发点,可偏移激发点。偏移的激发点应实测,确保施工正确及(　　)的均匀性。
　　A. 激发点位置　　B. 检波点位置　　C. 覆盖次数　　D. 物理点位置
16. AA006　新老测线相接时,应使用统一桩号,放样实测的满覆盖端点与设计位置或相接老测线端点的位移量不大于(　　)。
　　A. 1/4 道距　　　B. 1/2 道距　　　C. 3/4 道距　　　D. 道距
17. AA006　平原区二维测量在遇障碍物时,可考虑提前偏移,偏离设计测线的最大垂直距离小于(　　)。
　　A. 1/4 道距　　　B. 1/4 线距　　　C. 1/2 道距　　　D. 1/2 线距
18. AA006　平原区二维测量在遇障碍物时,可考虑提前偏移,其转折点应是激发点或接收点,转折段长度应大于(　　),并回到原测线的位置和方位上。
　　A. 1km　　　　　B. 2km　　　　　C. 3km　　　　　　D. 4km
19. AA007　现在地震采集时,仪器是以(　　)记录地震信号的。
　　A. 数字形式　　　B. 模拟形式　　　C. 电压形式　　　D. 电流形式
20. AA007　地震采集设备是把机械振动转化为(　　)并进行放大的。
　　A. 模拟信号　　　B. 电信号　　　C. 动能　　　　　D. 机械能
21. AA007　若以最大振幅与最小振幅之比,定为动态范围,则地震信息的动态范围最大可以达到(　　)。
　　A. 60　　　　　　B. 106　　　　　C. 120　　　　　　D. 160
22. AA008　大炮初至法解决不了的是(　　)。
　　A. 低降速带厚度　　　　　　　　　B. 低降速带速度
　　C. 岩性　　　　　　　　　　　　　D. 高速层速度
23. AA008　目前,陆上地震勘探表层结构的调查方法,是采用微测井和(　　)。
　　A. 浅层反射法　　B. 浅层折射法　　C. 面波频散法　　D. 电法
24. AA008　在地震勘探过程中,适合于沙漠地区施工的表层调查方法是(　　)。
　　A. 探地雷达法　　B. 双井微测井法　　C. 沙丘厚度曲线法　　D. 重磁法
25. AA009　降速带是低速带与(　　)之间的过渡带。
　　A. 高速层　　　　B. 潜水面　　　　C. 岩石层　　　　D. 虚反射界面
26. AA009　不能产生静校正量变化的因素是(　　)。
　　A. 地表高程变化　　　　　　　　　B. 低降速层横向厚度变化
　　C. 低降速层横向速度变化　　　　　D. 激发药量的变化

27. AA009 地震勘探时,一般界定高速层速度达到( )以上时,才能称为高速层。
   A. 300m/s   B. 1200m/s   C. 1600m/s   D. 4500m/s

28. AA010 根据测线所完成地质任务的不同,测线有主测线与( )测线之分。
   A. 次要   B. 辅助   C. 联络   D. 协助

29. AA010 在布设测线时,一般主测线应( )构造走向。
   A. 平行   B. 垂直   C. 斜交   D. 围绕

30. AA010 相邻工区、不同年度、不同野外采集方法的两条测线连接时,其连接点应在各自的( )段内。
   A. 激发点   B. 接收点   C. 一次覆盖   D. 满覆盖

31. AA011 测线 CY2000—365.5,"2000"表示( )。
   A. 施工地区名 B. 施工年份   C. 测线编号   D. 桩号

32. AA011 测线 CY 2000—365.5,"365.5"表示( )。
   A. 施工地区名 B. 施工年份   C. 测线编号   D. 桩号

33. AA011 地震勘探测线由( )递增。
   A. 东向西   B. 南往北   C. 西南往东北 D. 东北往西南

34. AA012 三维地震接收线是由( )递增的。
   A. 西向东   B. 东向西   C. 北往南   D. 东北往西南

35. AA012 两块三维工区相接时,如果采集方法差别较大,应考虑( )相接。
   A. 检波点   B. 炮点   C. 满覆盖   D. 一次覆盖

36. AA012 两块三维工区相接时,如果当采集方法相同或相近时,可以考虑( )相接。
   A. 物理点   B. 成像面积   C. 满覆盖   D. 一次覆盖

37. AA013 踏勘过程中了解古建筑、施工作业区、暗河、光缆、电缆、各种管线、水源、水井潜水面、岩性等,是为了( )。
   A. 掌握工区的地表条件,调查允许的施工范围
   B. 掌握工区的通行条件,确定运载机具
   C. 调查工区内的近地表条件及允许施工的范围
   D. 掌握当地的物资供应能力和物价水平

38. AA013 通过踏勘,不能解决的问题是( )。
   A. 制定质量控制点和针对性质量保证措施
   B. 通过踏勘,进行合理的资源配置
   C. 制定合理的作业计划
   D. 确定全区的激发因素

39. AA013 掌握工区的通行条件,主要是为了( )。
   A. 建立生产生活服务网点
   B. 建立公共关系网
   C. 确定主要运载机具,预测交通安全控制点
   D. 了解施工难点

40. AA014　当激发点连续空点较多,致使总覆盖次数低于设计覆盖次数(　　)时,应及时进行补炮或变观。

　　A. 三分之一　　　B. 二分之一　　　C. 三分之二　　　D. 四分之三

41. AA014　可控震源与炸药震源联合施工时,应在同一地点进行两种震源(　　)试验,以求取不同激发子波。

　　A. 检波器组合　　B. 激发对比　　　C. 仪器因素　　　D. 干扰波调查

42. AA014　炸药激发时,激发深度以(　　)为准。

　　A. 设计深度　　　B. 钻井深度　　　C. 药包顶面　　　D. 药包底部

43. AA015　检波器串应统一编号,施工期间,每月都应用检波器测试仪进行检测,抽样合格率应达到(　　)以上。

　　A. 50%　　　　　B. 80%　　　　　C. 90%　　　　　D. 95%

44. AA015　平原或水陆交互带二维地震采集施工时,接收点的组合中心与测量标桩的定位差沿测线方向不大于道距的(　　)。

　　A. 二分之一　　　B. 四分之一　　　C. 十分之一　　　D. 整数倍

45. AA015　平原或水陆交互带三维地震采集施工时,接收点的组合中心与测量标桩的定位差沿接收线和垂直接收线的方向均不大于道距的(　　)。

　　A. 二分之一　　　B. 四分之一　　　C. 十分之三　　　D. 十分之一

46. AA016　从初至波的各道开始起跳的时间,可以分析排列上各道的(　　)是否正确,以及地形有无变化。

　　A. 能量　　　　　B. 时间　　　　　C. 位置　　　　　D. 波形

47. AA016　一张良好的记录,必须具备能量强、(　　)的特点。

　　A. 波形稳定　　　B. 信噪比高　　　C. 无面波干扰　　D. 无折射波干扰

48. AA016　仪器的录制因素按照设计要求设置,回放因素设置要合理,达到(　　)的目的。

　　A. 能够监视资料质量　　　　　　　B. 顺利施工
　　C. 安全生产　　　　　　　　　　　D. 完成地质任务

49. AA017　不属于地震队自存资料的是(　　)。

　　A. 项目验收书　　　　　　　　　　B. 测量地物平面图
　　C. 地震仪器检测记录　　　　　　　D. 原始记录磁带

50. AA017　不作为对采集过程控制验收的内容是(　　)。

　　A. 测线施工顺序　　　　　　　　　B. 开工通知书
　　C. 采集参数的变更通知书　　　　　D. 采集过程控制文件

51. AA017　在顾客验收时,不作为地震工作量统计必备内容的是(　　)。

　　A. 满覆盖面积　　B. 空炮率　　　　C. 炸药的消耗量　D. 线束数

52. AB001　金属材料的弹性是指(　　)。

　　A. 当外力去掉后仍然恢复原来形状的性质
　　B. 当外力去掉后产生永久变形
　　C. 金属材料的坚硬程度
　　D. 载荷作用于金属材料使其产生尺寸和形状的改变

53. AB001 弹性形变是( )。
   A. 当外力去掉后仍然恢复原来形状的性质
   B. 随着外力消失的变形
   C. 外力消失而保留下来变形
   D. 载荷作用于金属材料使其产生尺寸和形状的改变
54. AB001 关于弹性形变说法正确的是( )。
   A. 物体形状的改变叫弹性形变
   B. 一根铁丝用力折弯后的形变叫弹性形变
   C. 物体在外力作用后能够恢复原状的形变叫弹性形变
   D. 物体在外力作用后的形变叫弹性形变
55. AB002 金属材料在外力作用下,( ),说明这种材料的刚性越好。
   A. 产生永久性变形　　　　　　B. 容易产生弹性变形
   C. 不容易产生弹性变形　　　　D. 发生破坏的性质
56. AB002 金属材料的塑性是指( )。
   A. 当外力去掉后仍然恢复原来形状的性质
   B. 当外力去掉后产生永久变形不发生破坏的性质
   C. 当外力去掉后产生永久变形发生破坏的性质
   D. 载荷作用于金属材料使其产生尺寸和形状的改变
57. AB002 一般把延伸率( )的金属材料称为塑性材料。
   A. 大于百分之二　B. 大于百分之三　C. 大于百分之四　D. 大于百分之五
58. AB003 金属材料的强度是指( )。
   A. 当外力去掉后仍然恢复原来形状的性质
   B. 当外力去掉后产生永久变形
   C. 金属材料在静载荷作用下,抵抗破坏的性能
   D. 载荷作用于金属材料使其产生尺寸和形状的改变
59. AB003 拉伸试验时,式样拉断前承受的最大标称拉应力称为( )。
   A. 屈服强度　　B. 抗拉强度　　C. 塑性强度　　D. 抗压强度
60. AB003 金属的( )越好,其锻造性能就越好。
   A. 硬度　　　　B. 塑性　　　　C. 弹性　　　　D. 强度
61. AB004 金属材料按测试方法不同,硬度分为( )压入硬度、回跳硬度。
   A. 划痕硬度　　B. 变形硬度　　C. 断裂硬度　　D. 弯曲硬度
62. AB004 金属材料表现出的力学性能是( )。
   A. 导电性　　　B. 抗氧化性　　C. 导热性　　　D. 硬度
63. AB004 常用的硬度测定方法有( )、洛氏硬度和维氏硬度等测试方法。
   A. 英氏硬度　　B. 布氏硬度　　C. 摄氏硬度　　D. 华氏硬度
64. AB005 工程上所用的材料,一般要求其屈强比( )。
   A. 越大越好　　　　　　　　　B. 越小越好
   C. 大些,但不可过大　　　　　D. 小些,但不可过小

65. AB005　式样拉断前,承受的最大标称拉应力为(　　)。
　　A. 抗压强度　　　B. 屈服强度　　　C. 疲劳强度　　　D. 抗拉强度
66. AB005　适用于硬质合金表面淬火及薄片金属的硬度测试方法是(　　)。
　　A. 布氏硬度　　　　　　　　　　　B. 洛氏硬度
　　C. 维氏硬度　　　　　　　　　　　D. 布氏硬度和维氏硬度
67. AB006　金属的韧性通常随温度降低而(　　)。
　　A. 变好　　　　　B. 变差　　　　　C. 不变　　　　　D. 变小
68. AB006　判断韧性的依据是(　　)。
　　A. 强度和塑性　　　　　　　　　　B. 冲击韧度和塑性
　　C. 冲击韧度和多冲抗力　　　　　　D. 冲击韧度和强度
69. AB006　承受动力荷载作用的钢结构,应选用塑性(　　)好的钢材。
　　A. 冲击韧性　　　B. 弹性　　　　　C. 强度　　　　　D. 硬度
70. AB007　某对配合的孔和轴,测得其轴直径为40.012mm,孔直径为40mm,则孔轴的配合性质是(　　)。
　　A. 间隙配合　　　　　　　　　　　B. 过盈配合
　　C. 过渡配合　　　　　　　　　　　D. 过盈配合或过渡配合
71. AB007　表述零件尺寸合格条件的错误说法是(　　)。
　　A. 基本尺寸在最大极限尺寸和最小极限尺寸之间
　　B. 实际尺寸在最大极限尺寸和最小极限尺寸之间
　　C. 实际偏差在上偏差和下偏差之间
　　D. 实际尺寸在公差范围内
72. AB007　对偏差与公差之关系,说法正确的是(　　)。
　　A. 实际偏差越大,公差越大　　　　B. 上偏差越大,公差越大
　　C. 上下偏差越小,公差越大　　　　D. 上下偏差越大,公差越大
73. AB008　72mm 等于(　　)。
　　A. 7.2m　　　　　B. 0.72m　　　　C. 0.072m　　　D. 0.00720m
74. AB008　机件向不平行任何基本投影面的平面投影所得的视图称为(　　)。
　　A. 局部视图　　　B. 剖视图　　　　C. 斜视图　　　　D. 主视图
75. AB008　空间平面相对于一个投影面的位置不可能(　　)。
　　A. 平行　　　　　　　　　　　　　B. 垂直
　　C. 倾斜　　　　　　　　　　　　　D. 出现其投影和原平面形状不类似的情况
76. AB009　以下关于零件图技术要求叙述错误的是(　　)。
　　A. 由于每个尺寸不能做到绝对准确,所以要标注尺寸公差
　　B. 由于零件表面,有的部分没有必要制造得很光滑,所以要标注表面粗糙度
　　C. 为使零件具有一定的机械力学性能,所以要标注零件的材料及热处理办法
　　D. 技术要求指的是零件上的每个标注尺寸
77. AB009　以下标注中,表示零件表面最光滑的是(　　)。
　　A. $Ra3.2$　　　B. $Ra6.3$　　　C. $Ra12.5$　　D. $Ra50$

78. AB009 以下表面粗糙度,表示零件表面最粗糙的符号是(　　)。
   A. Ra3.2   B. Ra6.3   C. Ra12.5   D. Ra50

79. AB010 三视图中水平投影面用(　　)表示。
   A. V   B. H   C. W   D. Z

80. AB010 三视图中侧投影面用(　　)表示。
   A. V   B. H   C. W   D. Z

81. AB010 以下关于三视图的投影规律叙述错误的是(　　)。
   A. 主俯视图"长对正"   B. 左右视图"宽相等"
   C. 主左视图"高平齐"   D. 俯左视图"宽相等"

82. AB011 发动机压缩比为8.6,其应燃用(　　)汽油。
   A. 89#   B. 92#   C. 95#   D. 98#

83. AB011 涡轮增压发动机压缩比为10.1,应燃用(　　)汽油。
   A. 89#   B. 92#   C. 95#   D. 98#

84. AB011 按照我国汽车用乙醇汽油标准,乙醇汽油含有(　　)的乙醇。
   A. 5%   B. 10%   C. 15%   D. 20%

85. AB012 我国南方冬季温度在4℃以上时,柴油发动机可以选用(　　)柴油。
   A. 0#   B. -10#   C. -20#   D. -35#

86. AB012 轻柴油牌号是按凝点高低来划分的,如10#柴油表示其凝点不超过(　　)。
   A. -10℃   B. 10℃   C. -5℃   D. 5℃

87. AB012 轻柴油牌号是按凝点高低来划分的,如-10#表示柴油的凝点不高于(　　)。
   A. -10℃   B. 10℃   C. -5℃   D. 5℃

88. AB013 压缩机输入功率小于20kW选用(　　)压缩机油。
   A. DAC   B. DAG   C. DAH   D. DAJ

89. AB013 油冷回转式压缩机轻载荷选用(　　)压缩机油。
   A. DAG   B. DAH   C. DAJ   D. DAC

90. AB013 在PCV装置的汽油发动机选用(　　)级润滑油。
   A. SB   B. HM   C. HR   D. HS

91. AB014 我国北方冬季气温不低于-26℃的寒区,全年可用(　　)牌号的齿轮油。
   A. 80W/90   B. 85W   C. 80W   D. 90

92. AB014 描述齿轮油不正确的说法是(　　)。
   A. 润滑传动系统   B. 冷却传动机件
   C. 提高动力   D. 防止生锈

93. AB014 长江流域及其他地区冬季气温不低于-10℃的地区,全年可用(　　)油。
   A. 80W   B. 85W   C. 75W   D. 90

94. AB015 柱塞泵一般选用(　　)液压油。
   A. HL   B. HM   C. HR   D. HS

95. AB015 齿轮泵使用的液压油最低黏度通常不大于(　　)。
   A. 20   B. 15   C. 10   D. 8

96. AB015 叶片泵使用的液压油最低黏度通常不大于(　　)。
    A. 20　　　　　　B. 15　　　　　　C. 10　　　　　　D. 8

97. AB016 油罐车防静电措施不正确的是(　　)。
    A. 油罐车快速装卸燃料时,应将接地线插入地下不少于100mm深度
    B. 往油罐车加注燃料时,应将输油管插在油罐入口处
    C. 在快速装油开始接近结束时,应适当降低罐装速度
    D. 装油容器出口不可覆盖绸、毡等织物

98. AB016 油库区与输电线的距离不小于电线杆长的(　　)。
    A. 1.5倍　　　　B. 2.0倍　　　　C. 2.5倍　　　　D. 3.0倍

99. AB016 (　　)汽油是由92%异辛烷和8%的正庚烷所组成。
    A. 90#　　　　　B. 92#　　　　　C. 95#　　　　　D. 98#

100. AB017 柴油在使用前的错误做法是(　　)。
    A. 明火加热　　　　　　　　　　B. 除去杂质和水份
    C. 过滤　　　　　　　　　　　　D. 沉淀

101. AB017 柴油在使用和存储中的错误做法是(　　)。
    A. 柴油中渗入少量煤油　　　　　B. 低温下储存
    C. 曝晒储存　　　　　　　　　　D. 冬季时可进行必要的预热

102. AB017 (　　)柴油适用于气温在-14℃至-29℃时使用。
    A. 0#　　　　　　B. -20#　　　　C. -35#　　　　D. -50#

103. AB018 闪点在(　　)℃以上的油品称为可燃品。
    A. 40℃　　　　　B. 50℃　　　　C. 61℃　　　　D. 70℃

104. AB018 汽油比柴油易燃烧的原因是(　　)。
    A. 闪点低　　　　B. 燃点低　　　C. 自燃点低　　D. 易挥发

105. AB018 当燃油发生着火时不可以用(　　)灭火。
    A. 棉被　　　　　B. 水　　　　　C. 泡沫　　　　D. 砂土

106. AB019 气孔是在焊接熔池的(　　)过程中产生的。
    A. 一次结晶　　　B. 二次结晶　　C. 三次结晶　　D. 四次结晶

107. AB019 焊接过程中,溶化金属自坡口背面流出,形成穿孔的缺陷称为(　　)。
    A. 未焊透　　　　B. 未焊满　　　C. 烧穿　　　　D. 过满

108. AB019 电光性眼炎是电弧光中强烈的(　　)造成的。
    A. 红外线　　　　B. 紫外线　　　C. 可见光　　　D. X射线

109. AB020 按照焊条药皮熔化后,熔渣的特性来分类,可将电焊条分为(　　)和碱性焊条。
    A. 钛铁矿焊条　　B. 酸性焊条　　C. 氧化铁焊条　　D. 石墨焊条

110. AB020 结构钢焊条牌号符合用(　　)表示。
    A. J　　　　　　B. R　　　　　　C. W　　　　　　D. G

111. AB020 耐热钢焊条牌号符号用(　　)表示。
    A. J　　　　　　B. R　　　　　　C. W　　　　　　D. G

112. AB021　我国生产的工业用活动扳手最大尺寸是(　　)。
　　　A. 250mm　　　　B. 300mm　　　　C. 600mm　　　　D. 508mm
113. AB021　活动扳手的公称尺寸是指活动扳手的(　　)。
　　　A. 开口宽度　　　B. 长度　　　　　C. 厚度　　　　　D. 柄部长度
114. AB021　主要组成为:手柄、调节螺圈、牙板和钳头的工具是(　　)。
　　　A. 手钳　　　　　B. 活动扳手　　　C. 管钳　　　　　D. 定尺寸扳手
115. AB022　十字滑块联轴节装配时轴向摆动量可在(　　)之间。
　　　A. 0.5~1.5mm　　　　　　　　　　　B. 1.0~2.5mm
　　　C. 2.0~3.5mm　　　　　　　　　　　D. 3.0~4.5mm
116. AB022　十字滑块联轴节装配时径向摆动量可在(　　)d+0.25mm之间(d为轴径)。
　　　A. 0.1　　　　　　B. 0.01　　　　　C. 1.0　　　　　　D. 0.001
117. AB022　传动轴万向节安装时,应使传动轴两端的叉(　　)。
　　　A. 在同一平面内　B. 错开60°　　　 C. 错开90°　　　　D. 不做要求
118. AB023　密封滚动轴承箱内添加润滑脂不宜过满,以装注到箱内(　　)为宜。
　　　A. 1/3~2/3　　　 B. 1/4~1/2　　　 C. 1/4~3/4　　　　D. 1/2~1/3
119. AB023　滚动轴承有夹杂物进入,其运转时会出现(　　)。
　　　A. 冲击声　　　　B. 金属摩擦声　　C. 轰隆声　　　　D. 不规则声音
120. AB023　滚动体损坏,轴承破裂,轴承在运转时全出现(　　)。
　　　A. 冲击声　　　　B. 粗嘎声　　　　C. 轰隆声　　　　D. 不规则声音
121. AB024　乙炔气瓶的瓶温不得越过(　　)。
　　　A. 40℃　　　　　B. 45℃　　　　　C. 50℃　　　　　D. 55℃
122. AB024　使用乙炔瓶应离明火(　　)以外。
　　　A. 5m　　　　　　B. 10m　　　　　 C. 15m　　　　　　D. 20m
123. AB024　使用等压式割炬时,应保证乙炔有一定的(　　)。
　　　A. 流量　　　　　　　　　　　　　　B. 纯度
　　　C. 工作压力　　　　　　　　　　　　D. 流量,纯度和工作压力
124. AB025　在狭窄空间,最适合端部方形螺母紧螺纹和松螺纹的工具是(　　)。
　　　A. 活动扳手　　　B. 开口扳手　　　C. 套筒扳手　　　D. 管钳
125. AB025　套筒扳手它是由多个(　　)的套筒并配有手柄、接杆等多种附件组成。
　　　A. 带五角孔　　　B. 带六角孔　　　C. 带七角孔　　　D. 带八角孔
126. AB025　套筒的规格有(　　)和英制之分。
　　　A. 公制　　　　　B. 定制　　　　　C. 标准　　　　　D. 非标
127. AB026　链钳主要作用是用于外径(　　)的紧螺纹和松螺纹。
　　　A. 较大螺母　　　B. 较小金属管件　C. 较大金属管件　D. 方形金属管件
128. AB026　用钳口的锥度增加扭矩,通常锥度在(　　),咬紧管状物。
　　　A. 3°~6°　　　　B. 3°~8°　　　　C. 3°~10°　　　　D. 3°~12°
129. AB026　在狭窄空间,不能用于紧螺纹和松螺纹的手工具是(　　)。
　　　A. 活动扳手　　　B. 开口扳手　　　C. 套筒扳手　　　D. 管钳

130. AB027　链传动中心距小于500mm,其轴向偏移应小于(　　)。
　　　A. 0.5mm　　　　B. 1.0mm　　　　C. 1.5mm　　　　D. 2.0mm
131. AB027　链传动中心距大于500mm,其轴向偏移应小于(　　)。
　　　A. 1.0mm　　　　B. 1.5mm　　　　C. 2.0mm　　　　D. 2.5mm
132. AB027　水平链传动其链的下垂度等于(　　)的中心距。
　　　A. 0.01倍　　　　B. 0.02倍　　　　C. 0.03倍　　　　D. 0.04倍
133. AB028　键发生形变或剪断时,在允许的条件下可采用增加轮毂槽的宽度或增加键的长度的方法,有时也可采用两个键相隔(　　)安装以增加键的强度。
　　　A. 60°　　　　B. 90°　　　　C. 128°　　　　D. 180°
134. AB028　具有结构简单、装拆方便、对中性好等优点,因而应用广泛的是(　　)。
　　　A. 平键连接　　　B. 半圆连接　　　C. 锲键连接　　　D. 切向键连接
135. AB028　常用于轴端连接的是(　　)平键。
　　　A. 圆头　　　　B. 方头　　　　C. 单圆头　　　　D. 平头
136. AB029　花键连接按花键工作方式可以分为(　　)。
　　　A. 1种　　　　B. 2种　　　　C. 3种　　　　D. 4种
137. AB029　花键连接已标准化按齿形不同分为(　　)。
　　　A. 1种　　　　B. 2种　　　　C. 3种　　　　D. 4种
138. AB029　渐开线花键的齿形为渐开线,其分度圆压力角分(　　)。
　　　A. 10°　　　　B. 20°　　　　C. 30°　　　　D. 40°
139. BA001　下列选项中不可能造成沙桥卡钻的是(　　)。
　　　A. 井眼直径不规则　　　　　　　B. 钻井液循环不正常
　　　C. 钻井液黏度小,含砂多　　　　D. 硬地层下钻速度慢
140. BA001　下列选项中不会造成泥包卡钻的是(　　)。
　　　A. 软地层钻井,加大钻压
　　　B. 黏土层采用粘度大的钻井液
　　　C. 软地层钻进,泵量不足
　　　D. 软地层钻进,适当提高转速,控制钻压
141. BA001　不能预防掉块及井壁坍塌事故的措施是(　　)。
　　　A. 采用大密度钻井液　　　　　B. 采用小密度钻井液
　　　C. 起钻速度要慢　　　　　　　D. 适当降低转速
142. BA002　在钻进中的钻压不宜太大,一般按钻头直径(　　)即可。
　　　A. 150300kg/25.4mm　　　　B. 300400kg/25.4mm
　　　C. 400500kg/25.4mm　　　　D. 100150kg/25.4mm
143. BA002　在高速下钻井,钻杆容易被折断,经验告诉我们,转速一般控制在(　　)左右较为适宜。
　　　A. 159r/min　　　B. 200r/min　　　C. 300r/min　　　D. 400r/min
144. BA002　旋转法钻进是受(　　)。
　　　A. 钻压、转进所限制在钻进过程中两者缺一不可
　　　B. 钻压、排量所限制在钻进过程中两者缺一不可

C. 转速、排量所限制在钻进过程中两者缺一不可

D. 钻压、转速、排量所限制,在钻进过程中三者缺一不可

145. BA003　钻机液压.循环预热系统,要由(　　)盯守。
    A. 一钻　　　　　B. 二钻　　　　　C. 司钻　　　　　D. 司机

146. BA003　下列违反安全操作岗位职责的是(　　)。
    A. 司钻将钻机委托他人照看
    B. 钻机工作时不允许对钻机进行维护保养作业
    C. 钻机搬运时,为防止钻杆丢失将钻杆捆紧固定牢
    D. 发现各类隐患及时排除

147. BA003　司钻在进行钻井作业时,(　　)。
    A. 如有需要,可以交给一钻工进行钻井作业
    B. 可以交给钻井小组其他钻工
    C. 严禁擅自离开工作岗位
    D. 可以无故随时停止钻井作业

148. BA004　岩石按被钻头破碎的难易程度的分级,岩石的可钻性分为(　　)。
    A. 9级　　　　　B. 10级　　　　　C. 11级　　　　　D. 12级

149. BA004　为使用方便,把岩石的可钻性为1级到3级的,称为(　　)。
    A. 软岩石　　　B. 中硬岩石　　　C. 硬岩石　　　D. 坚硬岩石

150. BA004　为使用方便,把岩石的可钻性为4级到6级的,称为(　　)。
    A. 软岩石　　　B. 中硬岩石　　　C. 硬岩石　　　D. 坚硬岩石

151. BA005　WT100M型钻机工作室变速杆应挂(　　)。
    A. 3挡　　　　　B. 4挡　　　　　C. 5挡　　　　　D. 6挡

152. BA005　WT100M型钻机空压机皮带的紧度通过(　　)调整。
    A. 调整螺栓　　B. 张紧轮　　　　C. 调整垫片　　D. 无须调整

153. BA005　关于钻井操作的说法正确的是(　　)。
    A. 钻井时应最大限度的提高转速,以提高钻进的效率
    B. 钻压越大越应提高转速,以提高钻进的效率
    C. 如遇硬地层时,可适当提高转速,以提高钻进的效率
    D. 如遇硬地层时,应该降低转速

154. BA006　2W12.5/8型空气压缩机排气量为(　　)。
    A. 12.5m³/min　　B. 12.5m³/s　　C. 12.5m³/h　　D. 12.5mm³/s

155. BA006　2W12.5/8型空气压缩机工作压力为(　　)。
    A. 低压为0.8MPa,高压为1.0MPa　　　B. 0.8MPa
    C. 12.5MPa　　　　　　　　　　　　　D. 0.8~1.0MPa

156. BA006　2W12.5/8型空气压缩机气缸数为(　　)。
    A. 2　　　　　　B. 4　　　　　　C. 6　　　　　　D. 8

157. BA007　不可能造成钻杆折断事故的原因是(　　)。
    A. 钻压过大　　　　　　　　　　　B. 处理卡钻事故
    C. 泵压过大　　　　　　　　　　　D. 钻杆质量不好

158. BA007　钻具错误的保养方法是(　　)。
    A. 过弯的钻杆要校直　　　　　　　B. 存放时丝扣部分要涂润滑油
    C. 存放时要防止发生弯曲　　　　　D. 旧钻杆应坚决淘汰

159. BA007　不属于钻杆折断的主要原因是(　　)。
    A. 钻杆在钻进和提升时受到压力、扭力、拉力过大
    B. 钻进中发生掉块卡钻,埋钻等事故,使钻具回转阻力突然增大,可能造成钻具折断处理事故时,往往强力起拔造成钻具折断
    C. 钻杆在孔内工作条件不正常,如钻杆本身不直,回转阻力很大等
    D. 钻井过程中,液压系统压力突然升高,转矩变大。

160. BA008　有可能造成钻杆脱落的是(　　)。
    A. 钻井泵泵量过小
    B. 动力头转速过高
    C. 提升速度过快
    D. 钻杆或钻头螺纹磨损严重,由于误操作,使钻机反转

161. BA008　属于正确处理钻杆脱落的是(　　)。
    A. 快速加压接好脱落钻杆
    B. 强力冲洗井底,利于接上脱落钻杆
    C. 使用接头螺纹磨损较轻钻杆下到井中,对扣连接,接好后提出井外
    D. 更换管径更大的钻具打捞脱落钻杆

162. BA008　不能有效预防钻杆脱落的方法是(　　)。
    A. 认真按照操作规程,做到正确的操作钻机
    B. 认真作好钻杆维护工作,防止钻杆过早严重磨损
    C. 快速接换钻具,防止钻杆脱落
    D. 使用钻杆前要进行认真的检查螺纹磨损情况,磨损轻的用到井的下部,较重的用到上部,严重磨损的予以淘汰

163. BA009　属于钻杆折断现象的是(　　)。
    A. 钻井泵泵压增大　　　　　　　　B. 钻具转速突然变慢
    C. 可听到井内有磨铁的声音　　　　D. 钻具剧烈跳动

164. BA009　能有效预防钻杆折断故障的措施是(　　)。
    A. 注意钻头磨损情况,随时更换钻头
    B. 钻井时应合理选择钻压、转速,不能盲目加大钻压、提高转速
    C. 保证液压系统压力,以提供更大的旋转扭矩
    D. 注意水封密封情况,发现问题及时处理

165. BA009　不可能有效预防钻杆折断故障的措施是(　　)。
    A. 升降钻具或处理钻井事故时不要猛拉猛放
    B. 遇有复杂地层应采取措施避免钻井事故的发生
    C. 钻井时应选择大钻压、高转速
    D. 凡弯曲钻杆必须矫正后再用,有螺纹损伤者,必须剔除更换

166. BA010 液压传动系统的液压泵作用是( )。
    A. 将机械能转换为液压能   B. 将液压能转换为机械能
    C. 控制液体压力、流量和流动方向   D. 输送和存储液体
167. BA010 液压传动系统的执行部分作用是( )。
    A. 将机械能转换为液压能   B. 将液压能转换为机械能
    C. 控制液体压力、流量和流动方向   D. 输送和储存液体
168. BA010 液压传动系统的控制阀作用是( )。
    A. 将机械能转换为液压能   B. 将液压能转换为机械能
    C. 控制液体压力、流量和流动方向   D. 输送和储存液体
169. BA011 钻机液压元件属精密元件,检修时应用( )清洗。
    A. 柴油   B. 液压油   C. 煤油   D. 汽油
170. BA011 WT50型钻机液压系统调定压力为( )。
    A. 12.25MPa   B. 0.25MPa   C. 2.45MPa   D. 13MPa
171. BA011 液压系统中滤油器的作用是( )。
    A. 储油散热   B. 连接液压管道
    C. 保护液压元件   D. 指示压力
172. BA012 容积式液压泵工作时,输出的油液主要具有( )。
    A. 动能   B. 机械能   C. 液压能   D. 势能
173. BA012 WTZ18D型钻机液压系统中油泵属于( )。
    A. 动力部分   B. 执行部分   C. 控制部分   D. 辅助部分
174. BA012 冬季启动油泵,液压系统应空载继续启动,等油温超过( )时,方可进入全程运转。
    A. 15℃   B. 20℃   C. 30℃   D. 45
175. BA013 常用压力控制阀有减压阀、溢流阀、( )。
    A. 节流阀   B. 换向阀   C. 单调阀   D. 顺序阀
176. BA013 WT300型钻机加压回路中的溢流阀作为加压马达的背压阀,通常调定背压压力为( )。
    A. 1.1MPa   B. 1.2MPa   C. 1.3MPa   D. 1.4MPa
177. BA013 WT300型钻机井架起落油缸行程为( )。
    A. 1000mm   B. 966mm   C. 900mm   D. 866mm
178. BA014 WT50型钻机三联泵为( )。
    A. 叶片式   B. 径向柱塞式 C. 齿轮式   D. 轴向柱塞式
179. BA014 液压管线在安装时应避免急转弯,转弯半径R应大于或等于( )D(D为软管内径)。
    A. 5   B. 10   C. 15   D. 20
180. BA014 液压密封装置中哪种密封件结构简单,密封效果较好而使用最广泛( )。
    A. 间隙密封   B. O形密封圈 C. V形密封圈 D. Y形密封圈
181. BA015 液压系统的油温不得超过( )。
    A. 45℃   B. 60℃   C. 70℃   D. 75℃

182. BA015 冬季启动油泵,液压系统应空载断续启动使油温上升,待油温超过(　)时方可进入全负荷运转。
　　A. 10℃　　　　　B. 15℃　　　　　C. 25℃　　　　　D. 35℃

183. BA015 不属于控制阀控制的功能是(　)。
　　A. 调节液流压力　B. 调节液流温度　C. 调节液流流量　D. 调节液流流动方向

184. BA016 下列正确叙述WT100M型钻机液压系统的是(　)。
　　A. 液压系统可双联泵向钻井泵马达合流供油,可为钻机提供更多的钻井液
　　B. 系统简单、故障环节少、便于维修保养
　　C. 系统操作复杂、必须经专门培训
　　D. 选用柱塞泵,可提供较大压力

185. BA016 钻机液压系统的叙述正确的是(　)。
　　A. 必须使用设计固定的液压油
　　B. 空气侵入油缸必须打开排气阀排气
　　C. 操作油缸时不能忽大忽小供油
　　D. 钻机工作时要经常检查管线接头松紧状况并及时进行处理

186. BA016 造成油缸爬行的不可能是(　)。
　　A. 空气侵入　　　　　　　　　B. 油压过低
　　C. 密封装置损坏发生泄漏　　　D. 油泵泄漏

187. BA017 WT300型钻机加压回路中的溢流阀作为加压马达的背压阀,通常调定背压压力为(　)。
　　A. 1.1MPa　　　B. 1.2MPa　　　C. 1.3MPa　　　D. 1.4MPa

188. BA017 容积式液压泵正常工作时,输出的油液主要具有(　)。
　　A. 动能　　　　　B. 机械能　　　　C. 液压能　　　　D. 势能

189. BA017 液压系统中滤油器的作用是(　)。
　　A. 储油散热　　　B. 连接液压管路　C. 保护液压元件　D. 指示压力

190. BA018 钻机到达预定井位后,首先(　)。
　　A. 挂好档位　　　B. 拉紧手刹车　　C. 打好垫木　　　D. 传递动力

191. BA018 冬季启动油泵,应空载断续起动,使油温上升,待油温超过(　),方可进行全负荷运转。
　　A. 10℃　　　　　B. 15℃　　　　　C. 20℃　　　　　D. 25℃

192. BA018 起放井架时一般要求速度为"(　)"。
　　A. 快　　　　　　B. 快—慢—快　　C. 慢—快—慢　　D. 慢

193. BA019 WTZ5081TZJ钻机工作机构,以机械方式驱动的是(　)。
　　A. 钻具的旋转　　B. 钻井泵　　　　C. 钻具升降　　　D. 井架起落

194. BA019 WTZ5081TZJ钻机的动力由(　)提供。
　　A. 专用发动机　　B. 电动机　　　　C. 空压机　　　　D. 汽车发动机

195. BA019 为钻机液压系统提供压力油的是(　)。
　　A. 油泵　　　　　B. 空压机　　　　C. 钻井泵　　　　D. 油箱

196. BA020 不属于机械设备的日常保养内容是(　　)。
    A. 对设备检查　　B. 清洗构件　　C. 更换损坏零部件　　D. 添加更换润滑油

197. BA020 对于设备日常保养错误的说法是(　　)。
    A. 维护保养技术要求简单　　　　B. 保养费用高
    C. 减少零部件的磨损　　　　　　D. 延长设备的使用寿命

198. BA020 对于执行生产设备保养制度的错误说法是(　　)。
    A. 要严格执行日常保养　　　　　B. 要严格执行周末保养
    C. 出现故障维修　　　　　　　　D. 要严格执行定期保养

199. BA020 设备二级维护的间隔时间一般是一级维护间隔时间的(　　)。
    A. 1~2倍　　B. 3~4倍　　C. 4~5倍　　D. 5~6倍

200. BA021 WTZ5081TZJ钻机工作期间,应确保钻机发动机、底盘处于良好的工作状态,储气筒压力不能低于(　　)。
    A. 0.6MPa　　B. 0.8MPa　　C. 1.0MPa　　D. 1.2MPa

201. BA021 钻机在不平的井场进行钻井作业时,应(　　)。
    A. 车头向上
    B. 车头方向应向下,拉紧手制动器、车轮前应加垫三角垫木
    C. 除拉紧手制动器
    D. 车轮前应加垫三角垫木

202. BA021 钻机在运行中,各零部件会产生不同程度的(　　)、老化和损伤。
    A. 松动、变形、磨损、疲劳　　　B. 褪色
    C. 锈蚀　　　　　　　　　　　　D. 高温

203. BA022 WTJ5081TZJ型钻机钻井深度为(　　)。
    A. 20m　　B. 50m　　C. 80m　　D. 100m

204. BA022 WTJ5081TZJ型钻机钻杆规格为(　　)。
    A. $\phi 60mm \times 300mm$　　　　B. $\phi 60mm \times 4500mm$
    C. $\phi 80mm \times 300mm$　　　　D. $\phi 80mm \times 4500mm$

205. BA022 WTJ5081TZJ钻机动力头最大输出扭矩为(　　)。
    A. 300N·m　　B. 500N·m　　C. 800N·m　　D. 1000N·m

206. BA023 钻机的定期保养作业内容主要是(　　)。
    A. 清洁表面　　　　　　　　　　B. 紧定螺栓
    C. 调整和润滑　　　　　　　　　D. 清洁、紧定、调整和润滑

207. BA023 设备润滑必须严格实行"五定"即(　　)。
    A. 定人、定机、定时、定质、定量　　B. 定人、定点、定时、定质、定钱
    C. 定人、定点、定时、定质、定量　　D. 定人、定点、定时、定牌、定量

208. BA023 下列关于例行保养叙述错误的是(　　)。
    A. 例行保养是定期对维护、保养情况进行检测
    B. 例行保养主要内容是:进行清洁、润滑、紧固易松动的零件,检查零件、部件的完整

C. 设备润滑必须严格实行五定

D. 例行保养必须由单位组织,全员参与

209. BA024　WT300 型钻机注水泵使用累积( )应更换润滑油。
　　A. 100h　　　　B. 200h　　　　C. 300h　　　　D. 600h

210. BA024　WT300 型钻机注水泵由( )驱动。
　　A. 发动机经机械传动直接　　　　B. 液压系统
　　C. 气控系统　　　　D. 液压和气控系统

211. BA024　WT300 型钻机注水泵是( )。
　　A. 叶片泵　　　B. 活塞泵　　　C. 齿轮泵　　　D. 轴向柱塞泵

212. BA025　下列选项中,不属于钻机憋泵故障原因的是( )。
　　A. 钻井过程中,下钻速度过快,地层中的泥沙堵住了钻头水眼,造成憋泵
　　B. 钻井过程中,钻井液不清洁,造成钻头水眼被沙石堵塞,导致憋泵
　　C. 液压系统压力降低,造成憋泵
　　D. 钻井液中的沙石或其它钻屑沉积在钻井泵高压管线中,越积越多,造成堵塞导致憋泵

213. BA025　下列选项中,不能有效预防钻机憋泵故障的是( )。
　　A. 提前预防、及时处理卡钻事故
　　B. 应及时清除钻井泵及其高、低压管线中的泥沙
　　C. 做好设备维护,保证液压系统压力正常
　　D. 及时清理钻井液液中泥沙

214. BA025　下列选项中,不能有效处理钻机憋泵故障的是( )。
　　A. 钻井泵安全阀打开,首先应更换规定的安全阀销子,使安全阀能正常工作
　　B. 钻头水眼被堵憋泵,应用转动钻具,并用大锤震击钻具,并断续开泵,以求将堵塞物冲开
　　C. 涨紧传动皮带,保证动力充沛
　　D. 钻井泵高压管线钻屑沉积,应卸开高压管线,开泵将泥沙洗净

215. BA026　在进行钻机操作时,按规定( )应穿戴劳动保护用品。
　　A. 司钻　　　　B. 一钻　　　　C. 二钻　　　　D. 钻工和司钻

216. BA026　动用明火烤车( )盯守。
　　A. 不用人　　　B. 必须有专人　　C. 没必要用司钻　　D. 没必要用一钻

217. BA026　钻机出现( )情况时,应停止运行并及时检修。
　　A. 制动或传动系统没出现故障
　　B. 钻机泵或空气压缩机安全阀没有失灵
　　C. 钻机仪表损坏或显示异常
　　D. 管路没出现漏气、漏水、漏油

218. BA027　钻井泵连杆大头轴承间隙的调整( )。
　　A. 修理轴径尺寸　　　　B. 更换轴瓦
　　C. 调整垫片厚度　　　　D. 更换活塞

219. BA027　缸套活塞间隙过大影响钻井泵正常工作,一般通过更换(　　)方法进行维修。
　　　A. 缸套　　　　B. 铁活塞　　　　C. 橡胶活塞　　　D. 垫片

220. BA027　不会影响钻井泵排量与压力的因素是(　　)。
　　　A. 阀弹簧弹性　　　　　　　　B. 阀、阀座密封性
　　　C. 缸套、活塞密封性　　　　　D. 十字头轴瓦与滑道间隙

221. BA028　为液压系统提供一定压力和流量的油液的部分叫(　　)。
　　　A. 动力部分　　B. 执行部分　　　C. 控制部分　　　D. 供油部分

222. BA028　将油液的压力能转变为机械能的部分叫(　　)。
　　　A. 动力部分　　B. 输出部分　　　C. 控制部分　　　D. 执行部分

223. BA028　WTJ5123TZJ 钻机液压系统压力为(　　)。
　　　A. 100N·m　　B. 123N·m　　　C. 1000N·m　　　D. 5123N·m

224. BA029　动力头工作时,若发现动力头管路座中的两个小孔漏钻井液说明(　　)可能损坏。
　　　A. 大齿轮轴　　B. 密封胶圈　　　C. 顶部O形圈　　　D. 轴承

225. BA029　动力头密封圈拆卸顺序正确的是(　　)
　　　A. 拧下锁紧密封头→松开防松环→拧开八角套→卸下弯管接头和夹紧环。
　　　B. 松开防松环→拧下锁紧密封头→拧开八角套→卸下弯管接头和夹紧环。
　　　C. 拧开八角套→拧下锁紧密封头→松开防松环→卸下弯管接头和夹紧环。
　　　D. 拧开八角套→卸下弯管接头和夹紧环→松开防松环→拧下锁紧密封头。

226. BA029　动力头密封胶圈调整,通过(　　)的工作位置来调整。
　　　A. 弯管接头　　B. 锁紧密封头　　C. 防松环　　　D. 八角套

227. BA030　下列选项中,不可能造成液压系统爬行的是(　　)。
　　　A. 空气侵入　　　　　　　　　B. 液压泵磨损
　　　C. 环境温度过低　　　　　　　D. 系统压力过高

228. BA030　下列选项中不可能造成液压系统油温升高的是(　　)。
　　　A. 系统压力过高　　　　　　　B. 液压泵流量大
　　　C. 管路弯曲太多　　　　　　　D. 管径太大

229. BA030　下列选项中不可能造成液压系统噪声和振动的是(　　)。
　　　A. 空气侵入　　　　　　　　　B. 液压泵磨损
　　　C. 液压阀工作不良　　　　　　D. 液压油过量

230. BA031　2W12.5/10型空压机,压力调节是通过控制(　　)上的卸荷装置来完成工作的。
　　　A. 各缸进气阀　B. 各缸排气阀　　C. 高压排气阀　　D. 低压排气阀

231. BA031　2W12.5/10型空压机阀片磨损量大于厚度的(　　),就需要换新阀片。
　　　A. 5%　　　　B. 10%　　　　　C. 15%　　　　　D. 20%

232. BA031　2W12.5/10型空压机阀座磨损量超过(　　)时,应更换阀座。
　　　A. 0.032mm　　B. 1.032mm　　　C. 2.032mm　　　D. 3.021mm

233. BA032　WT100M 型钻压装置加压轴与链轮通过(　　)传递扭矩。
　　　A. 花键　　　　　　B. 平键　　　　　　C. 连轴节　　　　　　D. 螺纹
234. BA032　WT100M 型钻机加压装置的作用是(　　)。
　　　A. 给钻头加压　　　　　　　　　　B. 升降钻具
　　　C. 给钻头加压和升降钻具　　　　　D. 给液压泵加压
235. BA032　QPY30 钻机液压操作手柄在加压位置,系统加不上压力或加压缓慢的原因不可能是(　　)。
　　　A. 液压泵泄漏　　　　　　　　　　B. 调压阀弹簧失效
　　　C. 钻机阻力过大　　　　　　　　　D. 油缸的耐油橡胶油封磨损
236. BA033　钻机液压系统(　　)是造成压力不足的原因之一。
　　　A. 泵、马达内泄严重　　　　　　　B. 环境温度太高
　　　C. 油污染　　　　　　　　　　　　D. 油品变质
237. BA033　不属于液压油泵声音异常故障原因的是(　　)。
　　　A. 液压油中有水　　　　　　　　　B. 油液黏度过高
　　　C. 吸油滤油器堵塞　　　　　　　　D. 泵故障
238. BA033　钻机液压系统第一次使用(　　)须更换新油。
　　　A. 100h　　　　B. 200h　　　　C. 300h　　　　D. 500h
239. BA034　HY-20G 型山地钻机钻机由(　　)组成。
　　　A. 3 大块　　　B. 4 大块　　　C. 5 大块　　　D. 6 大块
240. BA034　HY-20G 型山地钻机钻机(　　)和动力头旋转马达模块通过动力头插销现快速连接。
　　　A. 井架加压马达模块　　　　　　　B. 发动机油泵模块
　　　C. 钻具　　　　　　　　　　　　　D. 油箱散热器框架总成模块
241. BA034　油箱散热器框架模块和(　　)通过活节螺栓和螺母实现快速拆装。
　　　A. 旋转马达　　B. 加压马达　　C. 发动机油泵模块　　D. 井架
242. BA035　当钻杆脱落时,应进行(　　)方法打捞钻杆。
　　　A. 快速加压接好脱落钻杆
　　　B. 强力冲洗井底,利于接上脱落钻杆
　　　C. 使用接头螺纹磨损较轻钻杆下到井中,对扣连接,接好后提出井外
　　　D. 更换管径更大的钻具打捞脱落钻杆
243. BA035　下列选项中,不属于能有效预防钻杆脱落的是(　　)。
　　　A. 认真按照操作规程,做到正确的操作钻机
　　　B. 认真作好钻杆维护工作,防止钻杆过早严重磨损
　　　C. 快速接换钻具,防止钻杆脱落
　　　D. 检查螺纹磨损情况,磨损较重的禁止使用
244. BA035　下列选项属于能有效预防钻杆脱落的是(　　)。
　　　A. 认真维护钻机,做到泵量正常
　　　B. 认真作好钻杆维护工作,防止钻杆弯曲

C. 快速接换钻具,防止钻杆脱落
D. 使用钻杆前要进行认真的检查螺纹磨损情况,严重磨损的予以淘汰

245. BA036　加压提升装置的主要作用是(　　)。
　　 A. 旋转钻具　　　　　　　　　B. 给液压油提供压力
　　 C. 升降钻具　　　　　　　　　D. 输送钻井液

246. BA036　加压提升装置加压轴上通过(　　)固定着加压链轮。
　　 A. 螺纹　　　　B. 键　　　　C. 过盈配合　　　D. 焊接

247. BA036　加压提升装置(　　)转动就会直接带动链条上下运动。
　　 A. 轴承　　　　B. 轴　　　　C. 加压链轮　　　D. 齿轮

248. BA037　(　　)在运转过程中,至少有一个齿轮轴线的几何位置不固定,而是绕着其他定轴齿轮的轴线回转。
　　 A. 平面定轴轮系　　　　　　　B. 空间定轴轮系
　　 C. 周转轮系　　　　　　　　　D. 定轴轮系

249. BA037　减速器有(　　)之分。
　　 A. 高速和低速　B. 立式和卧式　C. 增压和减压　D. 链条和齿轮

250. BA037　混合轮系既包含定轴轮系又包含周转轮系,或由几个(　　)轮系组成。
　　 A. 空间　　　　B. 周转　　　C. 定轴　　　　D. 蜗轮

251. BA038　钻机气动离合器摩擦片磨损量超过(　　)时应换新片。
　　 A. 1mm　　　　B. 2mm　　　C. 3mm　　　　D. 4mm

252. BA038　钻机气动离合器间隙的调整正常值为(　　)。
　　 A. 1~2mm　　　B. 21~3mm　　C. 31~4mm　　　D. 41~5mm

253. BA038　钻机气动离合器间隙通过(　　)调整。
　　 A. 垫片　　　　B. 锁紧螺母　　C. 轴承　　　　D. 弹簧

254. BA039　钻井泵每工作(　　)更换润滑油一次。
　　 A. 100h　　　　B. 200h　　　C. 300h　　　　D. 500h

255. BA039　钻井泵工作时,应经常检查泵体、十字头、缸套等各处有无异常声音;轴承温升不得超过(　　)。
　　 A. 15℃　　　　B. 30℃　　　C. 45℃　　　　D. 60℃

256. BA039　下列选项中,不能造成拉杆密封材料刺钻井液的是(　　)。
　　 A. 活塞损坏　　　　　　　　　B. 密封填料压帽松
　　 C. 密封填料损坏　　　　　　　D. 拉杆磨细

257. BA040　WTJ5081型钻机气控系统的气源取自(　　)。
　　 A. 空压机排气口　B. 汽车的储气筒　C. 大气　　　D. 链轮箱

258. BA040　气控系统调压阀的作用是(　　)。
　　 A. 调整气路系统的压力　　　　B. 调整储气筒压力
　　 C. 调整空压机输出压力　　　　D. 调整液压系统压力

259. BA040　油雾器是将润滑油喷成雾状,(　　)的工作机构。
　　 A. 润滑摩擦片　B. 润滑传动装置　C. 润滑减速箱　D. 润滑气控系统

260. BA041 关于机油量使用说法错误的是（　　）。
　　A. 机油不足会造成发动机严重损坏
　　B. 机油变质会造成发动机严重损坏
　　C. 机油量越多，发动机润滑越好
　　D. 机油量要控制在标尺刻度 min 和 max 之间

261. BA041 发动机空气细滤芯堵塞，说法正确的是（　　）。
　　A. 用水清洗　　　　　　　　B. 用柴油清洗
　　C. 有压缩空气清洗　　　　　D. 不允许清洗，更换

262. BA041 在清洗散热器表面尘土和油污时，可用（　　）作洗涤剂、用软毛刷或尼龙刷清洗。
　　A. 机油　　　B. 柴油　　　C. 液压油　　　D. 汽油

263. BA042 为确保液压系统正常的工作温度，风扇电机工作设置了自动温控回路，只有当温度达到55℃时，散热器自动开始工作；当温度到（　　）时，散热器风扇自动停止工作。从而保证液压油在最佳油温下运转。
　　A. 54℃　　　B. 50℃　　　C. 45℃　　　D. 30℃

264. BA042 液压系统动力头上的两根管线、油泵上的液压油管线均为高压管线，使用（　　）或发现已有破损、折痕时必须更换。
　　A. 一周　　　B. 一季　　　C. 一月　　　D. 一个施工期

265. BA042 钻井完毕，可用（　　）清洗钻机，减少钻机拆卸与搬迁过程中对钻机系统的污染。
　　A. 液压油　　　B. 水　　　C. 汽油　　　D. 压缩空气

266. BA043 HY-20G 山地钻机结构形式（　　）。
　　A. 整体式　　　B. 车载　　　C. 框架组合　　　D. 交接

267. BA043 HY-20G 山地钻机采用（　　）驱动。
　　A. 全液压　　　B. 气驱动　　　C. 机械电　　　D. 电驱动

268. BA043 HY-20G 山地钻机液压系统采用（　　）、负载敏感多路阀和轴配流摆线马达组成液压系统。
　　A. 叶片泵　　　B. 柱塞泵　　　C. 齿轮泵　　　D. 螺杆泵

269. BA043 HY-20G 钻机主机由（　　）汽油机驱动。
　　A. 1 台　　　B. 2 台　　　C. 3 台　　　D. 4 台

270. BA043 HY-20G 钻机的由（　　）的汽油机驱动。
　　A. 9 马力　　　B. 14 马力　　　C. 16 马力　　　D. 20 马力

271. BA044 HY-20G 钻机钻井前，启动发动机，将油门置于（　　）位置。发动机运转（冬季不少于5min），使之预热后方可正常钻井。
　　A. 怠速　　　B. 关闭　　　C. 最大　　　D. 最小

272. BA044 钻进时，为避免卡钻，要及时（　　）。
　　A. 敲钻杆　　　B. 滑井　　　C. 加压　　　D. 加速

273. BA044 不符合安全操作规程的做法是（　　）。
　　A. 为操作方便可不戴安全帽　　　　B. 选择井位时,应注意空中高压线
　　C. 钻井时司钻不得离开工作岗位　　D. 卸钻杆时油门不宜过大

274. BA044 做法符合安全操作规程的是（　　）。
　　A. 为操作方便可不戴安全帽
　　B. 司钻将钻机委托他人照看
　　C. 钻机搬运时,为防止钻杆丢失将钻杆横放在钻机上
　　D. 钻机工作时不允许对钻机进行维护保养作业

275. BA045 钻机日常维护以（　　）为主要内容。
　　A. 调整和检查　　B. 清洁、添加　　C. 润滑和紧固　　D. 修理

276. BA045 一级维护以（　　）为中心内容。
　　A. 调整和检查　　B. 清洁、添加　　C. 润滑和紧固　　D. 修理

277. BA045 设备二级维护以（　　）为中心内容。
　　A. 调整和检查　　B. 清洁、添加　　C. 润滑和紧固　　D. 修理

278. BA046 下列关于设备维护保养范围的叙述错误的是（　　）。
　　A. 为防止设备劣化,维持设备性能而进行的清扫、检查、润滑、紧固以及调整等日常维护保养工作。
　　B. 为测定设备劣化程度或性能降低程度而进行的必要检查。
　　C. 为修复劣化,恢复设备性能而进行的修理活动。
　　D. 设备整体拆解、检查修理。

279. BA046 下列关于设备保养意义的叙述不正确的是（　　）
　　A. 保证机械设备经常处于良好的技术状态,随时可以投入运行。
　　B. 减少故障停机日,提高机械完好率、利用率,减少机械磨损,延长机械使用寿命。
　　C. 降低机械运行和维修成本,确保安全生产。
　　D. 减少保养费用,提高设备效益。

280. BA046 机械保养必须贯彻（　　）预防为主的原则。
　　A. 只用不养　　B. 只修不养　　C. 养修并重　　D. 以旧换新

281. BA047 钻具使用过程中,以下说法错误的是（　　）。
　　A. 钻进时应均匀送钻
　　B. 每次接好单根下放钻具,应在接触井底前启动动力头
　　C. 钻进时严禁猛放猛压
　　D. 钻杆必须戴好护丝

282. BA047 钻具在使用中的要注意的是（　　）。
　　A. 校直弯曲钻杆　　　　　　　　　B. 给螺纹涂润滑油
　　C. 清洗钻具　　　　　　　　　　　D. 钻进时严禁猛放猛压

283. BA047 钻杆保管堆放时,管壁及螺纹部分应涂以（　　）。
　　A. 汽油　　　B. 柴油　　　C. 润滑脂　　　D. 以上均不可

284. BA048　润滑井架提升链条使用(　　)。
　　　A. 汽油　　　　B. 柴油　　　　C. 机油　　　　D. 润滑脂
285. BA048　以下部件不是安放在井架中的是(　　)。
　　　A. 动力头　　　B. 悬挂钻具　　C. 加压提升系统　　D. 钻井泵
286. BA048　滑动轴承间隙调整常用(　　)。
　　　A. 局部更换法　B. 更换新零件　C. 调整法　　　D. 附加零件法
287. BA048　井架采用(　　)结构,使用无缝钢管焊接而成。
　　　A. "Π"式珩架　B. U 形　　　　C. 口形　　　　D. 梯形
288. BB001　遥控爆炸系统由三大部分组成,即编码器、(　　)、译码器组成。
　　　A. 电台　　　　B. 炮线　　　　C. 仪器车　　　D. 药包
289. BB001　起爆信号是由遥控爆炸系统中的(　　)产生的。
　　　A. 电台　　　　B. 井口检波器　C. 编码器　　　D. 译码器
290. BB001　放炮时,准备好起爆信号,是由(　　)产生的。
　　　A. 译码器　　　B. 电台　　　　C. 编码器　　　D. 井口检波器
291. BB002　运输过程中电瓶正负接线柱密封包装以防止(　　)。
　　　A. 扎伤人员　　　　　　　　　B. 刮坏其它设备
　　　C. 防止电池短路起火　　　　　D. 损坏电瓶
292. BB002　爆炸机操作员必须接受(　　)培训。
　　　A. 地震勘探知识　　　　　　　B. 爆破器材安全管理知识、专业技能
　　　C. 爆炸机维修知识　　　　　　D. 包药工的实际操作
293. BB002　爆炸机在运输中,不能与(　　)混载运输。
　　　A. 其它采集设备　　　　　　　B. 爆炸机辅助设备
　　　C. 人员、重物　　　　　　　　D. 炮线
294. BB003　爆炸机起爆电压输出最大为(　　)。
　　　A. 200V　　　　B. 300V　　　　C. 400V　　　　D. 500V
295. BB003　SHOTPROII 爆炸机系统连线,不能与(　　)连接。
　　　A. 电台　　　　B. 雷管　　　　C. 井口检波器　D. 计算机串口
296. BB003　BOOMBOX 爆炸机充电快,在(　　)内可将高压充足。
　　　A. 1s　　　　　B. 10s　　　　　C. 20s　　　　　D. 30s
297. BB004　不属于地震勘探爆炸作业程序的是(　　)。
　　　A. 制作炸药包　B. 接受任务　　C. 作业准备　　D. 进入作业现场
298. BB004　不属于地震勘探爆炸作业程序的是(　　)。
　　　A. 确认炮点　　B. 建立爆炸作业站　C. 装填炸药　D. 放炮警戒
299. BB004　在地震勘探放炮时,爆炸机充电过程中,发现炮点周围有异常,应(　　)。
　　　A. 通知仪器操作员
　　　B. 停止充电,拔掉炮线并短路,通知仪器操作员
　　　C. 处理情况,继续放炮
　　　D. 等待

300. BB005　SHOT PRO Ⅱ译码器开机后系统进入主菜单按(　　)键进入测试菜单。
    A. F　　　　　　　　B. E　　　　　　　　C. D　　　　　　　　D. C
301. BB005　SHOT PRO Ⅱ译码器测试菜单下,按下"ARM"键用来(　　)。
    A. 检测并显示雷管阻值　　　　　　　B. 检测并显示井口检波电阻阻值
    C. 察看放炮历史记录　　　　　　　　D. 发出准备好信号
302. BB005　SHOT PRO Ⅱ译码器连接电瓶后,(　　)加电开机。
    A. 按"ARM"按钮3次　　　　　　　　B. 按"CHARGE"按钮3s
    C. 按"ARM"按钮3s　　　　　　　　 D. 按"CLR"键3次
303. BB006　Motorola GM-338/398 电台(　　)用于信道选择。
    A. 按压上下键　　　B. 左右键　　　C. P1和P2键　　　D. P3和P4键
304. BB006　Motorola GM-338/398 电台(　　)亮起表示电台发射处于状态。
    A. 黄色指示灯+绿色指示灯　　　　　B. 黄色指示灯
    C. 红色指示灯　　　　　　　　　　　D. 绿色指示灯
305. BB006　Motorola GM-338/398 电台 LCD 显示"H"表示电台处于(　　)状态。
    A. 灵敏度高　　B. 灵敏度低　　C. 低功率发射　　D. 高功率发射
306. BB007　爆炸机电台在放炮过程中起到(　　)的作用。
    A. 收发数据信号　　　　　　　　　　B. 发送数据信号
    C. 接收数据信号　　　　　　　　　　D. 转换数据信号
307. BB007　爆炸机电台每次通话发射时间,不得大于(　　)以防损坏电台。
    A. 30s　　　　　B. 40s　　　　　C. 65s　　　　　D. 90s
308. BB007　在遥控爆炸系统中,不是由电台传送的是(　　)。
    A. 同步信号　　B. 高压信号　　C. 爆炸信号　　D. 井口信号
309. BB008　起爆网络中,某一口井没起爆的原因是(　　)。
    A. 雷管开路　　　　　　　　　　　　B. 炮线之间连接处接触不良
    C. 雷管或炮线短路　　　　　　　　　D. 炮线开路
310. BB008　组合炮井至少要由(　　)以上组成,才能叫做组合井。
    A. 2口　　　　　B. 3口　　　　　C. 4口　　　　　D. 5口
311. BB008　下列不属于起爆网络的组成部分是(　　)。
    A. 炮线　　　　B. 炸药包　　　C. 爆炸机　　　D. 雷管
312. BB009　连接爆炸机炮线前,首先要检查(　　)。
    A. 雷管通断　　B. 检波器阻值　　C. 炸药上浮情况　　D. 主炮线通断
313. BB009　放炮前要检查爆炸机电台的(　　)与仪器编码器电台频道是否一致。
    A. 保密码　　　B. 频道　　　　C. 音量　　　　D. 队号
314. BB009　放炮前要核实(　　)并报告仪器操作员。
    A. 炮点桩号　　B. 井深　　　　C. 药量　　　　D. 排列桩号
315. BB010　按下BOOMBOX爆炸机(　　)测试井口检波器电阻,电阻值会显示在屏幕上。
    A. "TEST"键　　　　　　　　　　　　B. 按"ARM"按钮和"GPS"键
    C. 按"CHARGE"和"GPS"键　　　　　　D. 按"ARM"按钮

316. BB010　按下 BOOMBOX 爆炸机(　　),用来测试雷管阻值。
　　　A."TEST"和"CHARGE"　　　　　　B."CHARGE"按钮
　　　C."ARM"按钮　　　　　　　　　　D."TEST"和"ARM"开关

317. BB010　BOOMBOX 爆炸机关机方法是(　　)。
　　　A.按 ARM 按钮 3s　　　　　　　　B.按 CHARGE3s
　　　C.TEST+ARM　　　　　　　　　　D.先关电台在断开电源插头

318. BB011　按"(　　)"键进入 SHOT PRO Ⅱ 译码器的放炮菜单。
　　　A.A　　　　B.B　　　　C.C　　　　D.D

319. BB011　SHOT PRO Ⅱ 译码器进入放炮菜单后,面板两个指示灯(　　)。
　　　A.变红色同时均匀闪烁　　　　　　B.变红色同时快速闪烁
　　　C.变绿色同时均匀闪烁　　　　　　D.只有左侧红灯闪烁

320. BB011　SHOT PRO Ⅱ 译码器操作面板"B"键的功能是(　　)。
　　　A.进入点火菜单　　　　　　　　　B.参数设置菜单
　　　C.测试菜单　　　　　　　　　　　D.返回主菜单

321. BB012　每天爆炸机开机后,首先要查看显示窗口单元盒号、队号、(　　)等信息是否正确。
　　　A.电压　　　　　　　　　　　　　B.雷管阻值
　　　C.井口检波器阻值　　　　　　　　D.保密码

322. BB012　爆炸机开机后,要核对(　　)、单元盒号、队号、保密码等信息是否正确。
　　　A.电台频道　　　　　　　　　　　B.雷管阻值
　　　C.井口检波器阻值　　　　　　　　D.电压

323. BB012　Boom Box 爆炸机的开机方法是(　　)。
　　　A.向中间扳动 ARM　　　　　　　　B.同时扳动 ARM+CHARGE
　　　C.扳动 CHARGE　　　　　　　　　D.接通电源自动开机

324. BB013　井口检波器使用 DX-10Hz 型芯体,直流电阻是(　　)。
　　　A.180Ω　　　B.220Ω　　　C.280Ω　　　D.320Ω

325. BB013　放炮时没有井口时间的原因之一是(　　)。
　　　A.线圈卡壳　　B.未埋置好　　C.信号干扰　　D.激发弱

326. BB013　正常情况下,炸药在井中 20m 处爆炸,正确的井口时间是(　　)左右。
　　　A.5ms　　　　B.15ms　　　　C.40ms　　　　D.50ms

327. BB014　地震勘探使用的中型被复炮线,一般每盘长度为 1000m±5m,直流环电阻不大于(　　)。
　　　A.80Ω　　　B.100Ω　　　C.120Ω　　　D.150Ω

328. BB014　组合井放炮时,炮井之间的炮线连接采用(　　)方法。
　　　A.水手接　　B.串并结合　　C.并联　　　　D.串联

329. BB014　连接炮线时,炮线的绝缘外皮剥离应在(　　)为宜。
　　　A.0.5cm　　　B.1cm　　　　C.2cm　　　　D.3cm

330. BB015　炮线连接雷管时,一般不需要检查炮线的(　　)。
　　　A.阻值大　　B.断路　　　　C.短路　　　　D.电感

331. BB015 常用轻型被复炮线的线芯是( )。
   A. 全铁丝　　　　B. 钢丝加铜丝　　　C. 全钢丝　　　　D. 全铜丝

332. BB015 轻型被复炮线的线芯是( )组成。
   A. 三根铜线、四根钢线　　　　　　B. 三根铜线、三根钢线
   C. 四根铜线、三根钢线　　　　　　D. 四根铜线、四根钢线

333. BB016 炸药在热能的作用下发生爆炸的难易程度称为( )。
   A. 冲击感度　　　B. 热感度　　　　C. 爆轰感度　　　D. 摩擦感度

334. BB016 炸药受其他炸药爆炸的作用下发生爆炸的难易程度称为( )。
   A. 冲击感度　　　B. 热感度　　　　C. 爆轰感度　　　D. 摩擦感度

335. BB016 梯恩梯炸药的爆发点为( )。
   A. 170~173℃　　B. 230℃　　　　C. 285~295℃　　D. 330~340℃

336. BB017 在地表开阔的沙土、黏土层放炮施工,建立爆炸站点应距离井炮点( )以外。
   A. 20m　　　　　B. 30m　　　　　C. 40m　　　　　D. 50m

337. BB017 放炮时,当确认炮井周围没有人、畜、车辆时才能进行( )。
   A. 爆炸机电台通话　　　　　　　　B. 安置井口检波器
   C. 高压充电　　　　　　　　　　　D. 测量井口

338. BB017 操作爆炸机放炮时,爆炸机操作员应( )。
   A. 背向井口　　　B. 面向井口　　　C. 不看井口　　　D. 观察上空

339. BB018 测量组合井时,炮线间的某处短路会有( )故障。
   A. 电阻大　　　　B. 电阻小　　　　C. 不通　　　　　D. 漏电

340. BB018 组合井炮线的测量应先( )。
   A. 用雷管表分别测量单井雷管的通断
   B. 用雷管表测量并联后雷管的通断
   C. 用雷管表测量串联后雷管的通断
   D. 用爆炸机分别测量单井雷管的通断

341. BB018 测量单深井雷管阻值的正确做法是( )。
   A. 先断开短路点再串联
   B. 先断开短路点再并联
   C. 串联在炮线两端,然后在断开炮线短路点
   D. 并接在炮线两端,然后在断开炮线短路点

342. BB019 不属于爆炸机电瓶不能充电的原因是( )。
   A. 充电器故障　　　　　　　　　　B. 电瓶故障
   C. 连接错误　　　　　　　　　　　D. 充电时间不够

343. BB019 爆炸机铅酸电瓶的优点有( )。
   A. 重量轻　　　　B. 电压高　　　　C. 无记忆效应　　D. 内阻小

344. BB019 爆炸机电瓶充满电后的虚压是( )。
   A. 11V　　　　　B. 12V　　　　　C. 12.8V　　　　D. 13.8V

345. BB020 使用500型指针万用表测量12V的电瓶电压时,量程开关应搁( )挡位上。
A. 直流10V B. 直流50V C. 交流100V D. 交流250V

346. BB020 额定电压为12V的爆炸机用铅酸电池,最低放电电压是( )。
A. 8.5V B. 9.5V C. 10.5V D. 11.5V

347. BB020 使用数字万用表测量电瓶电压,要注意的是( )。
A. 表的挡位 B. 表笔的极性
C. 万用表的角度 D. 电瓶的极性

348. BB021 充电时随着充电的完成电流会( )。
A. 变小 B. 变大 C. 不变 D. 时大时小

349. BB021 充电机不要在( )环境中使用。
A. 潮湿 B. 电磁干扰 C. 通风 D. 干燥

350. BB021 电瓶充电结束时,要( )。
A. 将充电器断开 B. 断开充电器电源
C. 先断开充电器电源再断开电瓶 D. 先断开电瓶再断开充电器电源

351. BB022 在地震勘探中,井中爆破方式的错误说法是( )。
A. 井中爆破方式,不能有效压制各种干扰波
B. 井中爆破方式是应用最广泛的爆破方式
C. 井中爆破方式比较安全
D. 井中爆破方式,可以获得理想的地震记录资料

352. BB022 地震勘探遇到水域时,只要超过( )以下水中爆破,也能获得比较好的资料。
A. 1.5m B. 2m C. 3m D. 5m

353. BB022 地震勘探爆破方式在施工中不常用是( )。
A. 井中爆破 B. 水中爆破
C. 空中爆破 D. 空中爆破或坑中爆破

354. BB023 当电台( )时,禁止放炮或按发射键,以防止烧坏电台。
A. 未调好音量 B. 未选择频道 C. 未安装天线 D. 未固定好

355. BB023 当周围有( )时,禁止使用电台。
A. 建筑物 B. 丛林 C. 易燃易爆物品 D. 人畜和车辆

356. BB023 为了保证通信良好,电台一定要使用( )的天线。
A. 输入阻抗匹配 B. 灵敏度高 C. 功率大 D. 效率高

357. BB024 高分辨率地震勘探需要尽可能提高激发频率( )激发的地震波频率较高。
A. 较小的炸药量 B. 较大的炸药量
C. 较深的炮井 D. 较浅的炮井

358. BB024 成型震源药柱的密度一般为( )。
A. $0.50 \sim 0.65 \text{g/cm}^3$ B. $0.68 \sim 0.75 \text{g/cm}^3$
C. $1.2 \sim 1.4 \text{g/cm}^3$ D. $1.5 \sim 1.68 \text{g/cm}^3$

359. BB024　地震勘探最常用的爆破器材是(　　)。
　　A. 黑索金、8号瞬发电雷管　　　　　　B. 硝铵、梯恩梯、8号瞬发电雷管
　　C. 氮化铅、毫秒雷管　　　　　　　　　D. 泰安、8号瞬发电雷管

360. BB025　在(　　)的情况下,就要对炮点周围进行警戒。
　　A. 建立排列　　B. 炮井下药　　C. 高压充电　　D. 排列故障排除

361. BB025　浅组合炮井放炮的安全警戒距离是(　　)以外。
　　A. 50m　　B. 60m　　C. 70m　　D. 100m

362. BB025　放炮时排列进行警戒的作用就是(　　)。
　　A. 提高采集质量　　　　　　　　　　　B. 避免安全事故
　　C. 避免人为因素干扰　　　　　　　　　D. 避免产生废炮

363. BB026　要使雷管在1ms内起爆,爆炸机应该提供(　　)以上高压。
　　A. 300V　　B. 400V　　C. 500V　　D. 600V

364. BB026　井口检波器与井口的距离每炮应保持一致,插在距离井口(　　)处。
　　A. 0.5m　　B. 2m　　C. 4m　　D. 4.5m

365. BB026　采用组合井爆炸时,同一组雷管的内阻应相近,雷管必须串联,起爆时差应小于(　　)。
　　A. 0.2ms　　B. 0.5ms　　C. 0.7ms　　D. 0.8ms

366. BB027　当炸药量大到极限炸药量时,再继续增加炸药量,有效波的振幅(　　)。
　　A. 增大　　B. 减小　　C. 增加缓慢　　D. 不增也不减

367. BB027　几何耦合就是(　　)。
　　A. 就是药包直径与炮井直径之比乘以%
　　B. 炸药的特性阻抗与介质的特性阻抗之比
　　C. 炸药的密度乘以炸药起爆速度
　　D. 岩石的密度乘以岩石的纵波速度

368. BB027　阻抗耦合就是(　　)。
　　A. 就是药包直径与炮井直径之比乘以%
　　B. 炸药的特性阻抗与介质的特性阻抗之比
　　C. 炸药的密度乘以炸药起爆速度
　　D. 岩石的密度乘以岩石的纵波速度

369. BB028　在坚硬的岩层中爆炸可产生(　　)。
　　A. 中频波　　B. 低频波　　C. 高频波　　D. 甚高频波

370. BB028　在黏土、胶泥、湿沙等岩石中激发可产生(　　)。
　　A. 中频波　　B. 低频波　　C. 高频波　　D. 甚高频波

371. BB028　有最差的激发岩性的是(　　)。
　　A. 泥页岩　　B. 载松砂岩　　C. 石灰岩　　D. 白云岩

372. BB029　最佳激发岩性是潜水面一下(　　)。
　　A. 5~7m　　B. 4~6m　　C. 3~5m　　D. 2~3m

373. BB029 有最差的激发岩性的是(　　)。
　　　A. 泥页岩　　　　　B. 载松砂岩　　　　C. 石灰岩　　　　D. 白云岩

374. BB029 有良好的激发岩性的是(　　)。
　　　A. 含水砂岩　　　　B. 石英砂岩　　　　C. 石灰岩　　　　D. 白云岩

375. BB030 实验证明,爆炸能量与岩石介质之间有(　　)种耦合关系。
　　　A. 1　　　　　　　B. 2　　　　　　　　C. 3　　　　　　　D. 4

376. BB030 炸药的特征阻抗就是(　　)。
　　　A. 炸药直径与炮井直径之比乘以100%
　　　B. 炸药的特性阻抗与介质的特性阻抗之比
　　　C. 炸药的密度乘以炸药的起爆速度
　　　D. 岩石的密度乘以岩石的纵波速

377. BB030 所谓岩石的特性阻抗是(　　)。
　　　A. 炸药直径与炮井直径之比乘以100%
　　　B. 炸药的特性阻抗与介质的特性阻抗之比
　　　C. 炸药的密度乘以炸药的起爆速度
　　　D. 岩石的密度与波在该岩石中传播速度乘积

378. BC001 在遇到特殊地形条件时,二维地震测线也允许布设成(　　)。
　　　A. 曲线　　　　　　B. 折线　　　　　　C. 蛛网状　　　　D. 蜂窝状

379. BC001 在遇到特殊地形条件时,三维地震测线网还可以布设成(　　)。
　　　A. 三角网　　　　　B. 三边网　　　　　C. 蛛网状　　　　D. 蜂窝状

380. BC001 一般来说,二维地震测线的(　　)相互之间保持平行并垂直于地质构造走向。
　　　A. 主测线　　　　　B. 联络测线　　　　C. 辅助测线　　　D. 相邻测线

381. BC002 一般来说,二维地震测线的联络线方向与主测线方向(　　),并按照一定的间距排列。
　　　A. 平行　　　　　　B. 连接　　　　　　C. 正交　　　　　D. 无关

382. BC002 普查阶段地震勘探的二维测线线距通常为(　　)。
　　　A. 几十千米　　　　B. 几百米　　　　　C. 几十米　　　　D. 几百到几十米

383. BC002 详查阶段地震勘探的二维测线线距通常为(　　)。
　　　A. 几万米　　　　　B. 几千米　　　　　C. 几百米　　　　D. 几十米

384. BC003 线性组合每道共有(　　)串检波器串。
　　　A. 1　　　　　　　B. 2　　　　　　　　C. 4　　　　　　　D. 8

385. BC003 面积组合每道共有(　　)串检波器串。
　　　A. 1　　　　　　　B. 2　　　　　　　　C. 4　　　　　　　D. 8

386. BC003 地震勘探使用点式组合检波方式用于(　　)。
　　　A. 工业电干扰的地区　　　　　　　　　B. 多方向干扰波存在的地区
　　　C. 当某一道处于特殊地形时　　　　　　D. 面波干扰比较大的地区

387. BC004 组合检波是利用各叠加道之间的地震波(　　)来压制干扰波,突出有效波。
　　　A. 视速度差异　　　B. 频率差异　　　　C. 剩余时差　　　D. 幅度差异

388. BC004 地震勘探使用组合方式检波可以( )。
   A. 突出有效波,压制声波   B. 增强有效信号
   C. 突出有效波,压制干扰波   D. 提高生产效率
389. BC004 地震检波器的组内距( )。
   A. 使沿着地面传播的面波到两点时差为该波周期整数倍
   B. 使沿着地面传播的面波到两点时差为该波周期二分之一
   C. 越大越好
   D. 越小越好
390. BC005 面积组合方式用于( )。
   A. 工业电干扰的地区   B. 多方向干扰波存在的地区
   C. 当某一地震道处于特殊地形时   D. 面波干扰比较大的地区
391. BC005 直线组合检波的形成能抑制( )方向大干扰波。
   A. 沿测线   B. 垂直测线   C. 平行测线   D. 多
392. BC005 面积组合检波的形成能抑制( )方向大干扰。
   A. 沿测线   B. 垂直测线   C. 平行测线   D. 多
393. BC006 线性组合是检波在同一道上,沿测线方向( )直线布设的。
   A. 按一定角度 B. 垂直测线   C. 平行测线   D. 任意
394. BC006 线性组合主要压制( )来的干扰波。
   A. 沿测线方向 B. 垂直测线方向 C. 45°方向   D. 任意方向
395. BC006 回字形排列属于( )组合形式。
   A. 线性   B. 点式   C. 团放   D. 面积
396. BC007 组合检波检波器埋置时,检波器之间高差要小于( )。
   A. 1m   B. 2m   C. 3m   D. 4m
397. BC007 线性组合要求两串检波器串,按要求图形,平行测线,在( )两侧摆放。
   A. 测线   B. 炮点   C. 桩号   D. 任意
398. BC007 双矩形组合要求检波器串组成的矩形,即要对称桩号,又要对称( )。
   A. 测线   B. 炮点   C. 各检波器   D. 各检波器串
399. BC008 检波器夹子是连接( )的主要部件。
   A. 采集站   B. 电缆   C. 交叉站   D. 卡车线
400. BC008 检波器夹子的极片一般采用( )制造而成。
   A. 青铜片   B. 紫铜片   C. 铁片   D. 钢片
401. BC008 检波器夹子的护体是( )制成的。
   A. 切割   B. 注塑   C. 冲压   D. 浇注
402. BC009 三串四并检波器串有( )组并联。
   A. 12   B. 7   C. 4   D. 3
403. BC009 三串三并检波器串有( )组并联。
   A. 2   B. 3   C. 9   D. 6

404. BC009 四串三并检波器串有( )组并联。
    A. 12　　　　　　B. 7　　　　　　C. 4　　　　　　D. 3
405. BC010 三串三并检波器串夹子的负极,与从夹子开始数的第( )只检波器的负极相连。
    A. 1、4、7　　　B. 2、5、8　　　C. 3、6、9　　　D. 每只检波器
406. BC010 三串三并检波器串夹子的正极,与从夹子开始数的第( )只检波器的正极相连。
    A. 1、4、7　　　B. 2、5、8　　　C. 3、6、9　　　D. 每只检波器
407. BC010 三串三并检波器串的串连线,连在( )检波器上。
    A. 1、4、7　　　B. 2、5、8　　　C. 3、6、9　　　D. 每只
408. BC011 埋置检波器要求中的"正"的内容是指( )。
    A. 单只检波器安放位置要准
    B. 单串检波器串安放位置要准
    C. 检波器要对准桩号
    D. 检波器安放位置要准,要求组合检波器的每组中心应对准桩号
409. BC011 挖坑埋置检波器要求坑深一般不小于( )。
    A. 5cm　　　　　B. 10cm　　　　C. 15cm　　　　D. 20cm
410. BC011 埋置检波器要求中的"紧"的内容是指( )。
    A. 检波器的尾椎要拧紧
    B. 检波器的外壳要拧紧
    C. 检波器与地面耦合要紧
    D. 检波器串与电缆连接要紧
411. BC012 地震检波器串联的单只芯体之间的的连接关系是( )相连。
    A. 正极与正极　　B. 负极与负极　　C. 负极与正极　　D. 不确定
412. BC012 按要求检波器串正极输出一端应该使用( )导线。
    A. 蓝色　　　　　B. 红色　　　　　C. 白色　　　　　D. 黄色
413. BC012 一般通常把排列中极性接反的检波器接收道叫做( )。
    A. 懒道　　　　　B. 微震道　　　　C. 不工作道　　　D. 反相道
414. BC013 检波器串的灵敏度不合格对地震资料的影响( )。
    A. 非常小　　　　B. 非常大　　　　C. 没影响　　　　D. 可以忽略
415. BC013 检波器串的技术指标包括波器串的阻尼系数、衰减系数、( )、灵敏度、绝缘电阻及拉力强度等。
    A. 小线夹子的材料　　　　　　　　B. 检波器外壳强度
    C. 自然频率　　　　　　　　　　　D. 尾椎材料
416. BC013 野外地震勘探生产过程中,使用( )简单判断检波器串的好坏。
    A. 数字万用表　　B. 机械万用表　　C. 检波器测试仪　D. 断点仪
417. BC014 地震检波器在使用过程中错误作法的是( )。
    A. 使用和搬运过程中要严禁撞击　　B. 要经常拆开塑料外壳清洁
    C. 不要放在潮湿的地方保存　　　　D. 严禁使用无尾椎检波器施工
418. BC014 地震检波器在使用过程中错误作法的是( )。
    A. 检波器与电缆连接时应负对正,正对负
    B. 不要轻易拆开塑料外壳

C. 不要放在潮湿的地方保存

D. 严禁使用无尾椎检波器施工

419. BC014 地震检波器在使用过程中错误作法的是( )。
    A. 检波器与电缆连接时应正对正,负对负
    B. 不要轻易拆开塑料外壳
    C. 可以手拉检波器组合线拔检波器
    D. 严禁使用无尾椎检波器施工

420. BC015 检波器磁钢退磁,会使检波器的( )降低。
    A. 灵敏度　　　　B. 自然频率　　　　C. 衰减系数　　　　D. 阻尼系数

421. BC015 检波器在运输过程中,很容易损坏检波器的( )。
    A. 外壳　　　　　B. 尾椎　　　　　　C. 弹簧片　　　　　D. 连线

422. BC015 在运输检波器的过程中,运输车辆一定要( )行驶。
    A. 快速　　　　　B. 高速　　　　　　C. 慢速　　　　　　D. 按要求速度

423. BC016 检波器串测试时,要求检波器串插在( )的地面上。
    A. 平坦　　　　　B. 松软　　　　　　C. 坡面　　　　　　D. 凹凸

424. BC016 影响检波器串测试结果的外部环境是( )。
    A. 干燥天气　　　B. 强磁环境　　　　C. 温暖天气　　　　D. 湿度

425. BC016 野外生产过程中,要求全部检波器每个( )要至少进行一次测试。
    A. 工区　　　　　B. 年度　　　　　　C. 月　　　　　　　D. 半年

426. BC017 在有淤泥区域埋置检波器时,应( )。
    A. 清理淤泥　　　　　　　　　　　　B. 使用沙袋
    C. 放在淤泥表面　　　　　　　　　　D. 将检波器插到淤泥底部

427. BC017 在坚硬冻土层埋置检波器时,可以采用( )方法。
    A. 铺土　　　　　B. 沙袋　　　　　　C. 用铁钎打孔　　　D. 用物品堆积

428. BC017 埋置检波器时,( )有利于检波器的埋置。
    A. 黄土　　　　　B. 疏松岩土　　　　C. 沙土　　　　　　D. 泥土

429. BC018 沼泽地段施工时,检波器埋置也要做到平、稳、( )、直、紧。
    A. 正　　　　　　B. 快　　　　　　　C. 深　　　　　　　D. 高

430. BC018 在沼泽地带施工时,应选用( )检波器,选用加长的检波器尾锥。
    A. 常规　　　　　B. 防水　　　　　　C. 高频　　　　　　D. 加速度

431. BC018 当测线穿过河堤时,在( )埋置检波器对记录面貌改善十分有利。
    A. 大堤上土质松软区　　　　　　　　B. 水底淤泥层中
    C. 堤下土质密质层　　　　　　　　　D. 任何地形

432. BC019 夏季在农田中施工时,下列关于检波器埋置说法错误的是( )。
    A. 检波器插置在农作物根茎附近
    B. 检波器埋置要达到"平、稳、正、直、紧"
    C. 检波器尽量插置在硬土层上
    D. 检波器埋置要尽量减少对农作物的损坏

433. BC019 夏季施工如遇高杆作物,检波器串线不要挂在高杆作物上,要把检波器串线压到底部,以防止(　　)造成干扰。
 A. 拉动大线 B. 检波器松动
 C. 因刮风拉动检波器 D. 漏电

434. BC019 冬春交接季节施工,埋置检波器要尽量用干燥的浮土,主要是为了防止检波器(　　)。
 A. 风吹草动干扰 B. 歪倒
 C. 耦合不好 D. 受潮漏电

435. BC020 检波器埋置时,不利的地形地貌是(　　)。
 A. 依山邻水公路旁 B. 山脚崖坎脚下
 C. 喀斯特地形发育地区 D. 基地岩层露头

436. BC020 检波器埋置时,有利的地形地貌是(　　)。
 A. 喀斯特地形发育地区 B. 干沟与交叉河口
 C. 基底岩层露头处 D. 石灰岩出露区

437. BC020 检波器埋置时,地表岩土有利土质是(　　)。
 A. 疏松岩土　　B. 页岩　　C. 砂岩　　D. 沟底堆积物

438. BC021 地震检波器埋在淤泥中,得到的地震记录(　　)。
 A. 微振背景大 B. 低频成分大大增加
 C. 微振背景小 D. 高频成分大大增加

439. BC021 高分辨勘探常用高频检波器,可以(　　)。
 A. 压制高频,提升低频 B. 突出有效波,压制干扰波
 C. 压制低频,提升高频 D. 使高频成分大大增加

440. BC021 下列说法错误的是(　　)。
 A. 过阻尼使检波器灵敏度降低,有效波的分辨率低
 B. 欠阻尼使检波器灵敏度增加,有效波的分辨率低
 C. 临界阻尼使检波器灵敏度居中,有效波的分辨率低
 D. 综合起来考虑灵敏度和分辨率,阻尼量接近临界阻尼好

441. BC022 如果六串二并的 20DX-10Hz 检波器串电阻为 772Ω,是因为有(　　)造成。
 A. 两个检波器断路 B. 两个检波器短路
 C. 一个检波器断路 D. 一个检波器短路

442. BC022 如果六串二并的 20DX-10Hz 检波器串电阻为 1700Ω,是因为有(　　)造成。
 A. 两个检波器断路 B. 两个检波器短路
 C. 一个检波器断路 D. 一个检波器短路

443. BC0322 三串三并的 20DX 地震检波器串,如果电阻是 245Ω,它属于下列哪种情况(　　)。
 A. 有一处断路点　B. 有一处短路点　C. 有二处断路点　D. 有二处短路点

444. BC023 排列中去掉检波器串后电缆还漏电是(　　)漏电。
 A. 检波器　　B. 电缆插头座　　C. 组合电缆线　　D. 检波器夹子

445. BC023　排列中去掉检波器串后电缆还漏电是(　　)漏电。
　　A. 检波器　　　　　B. 组合电缆线　　　C. 电缆线破损　　　D. 检波器夹子

446. BC023　排列中电缆漏电的原因与(　　)有关。
　　A. 电缆有外伤没受潮　　　　　B. 插头弹簧片氧化
　　C. 芯线有短路的地方　　　　　D. 电缆插头有泥水

447. BC024　大线漏电的原因之一是(　　)。
　　A. 插头弹簧片氧化　　　　　　B. 芯线有短路的地方
　　C. 电缆有外伤没受潮　　　　　D. 电缆有外伤而受潮

448. BC024　大线漏电的原因之一是(　　)。
　　A. 插头弹簧片氧化　　　　　　B. 芯线有短路的地方
　　C. 检波器夹子触地　　　　　　D. 电缆有外伤没受潮

449. BC024　电缆与检波器漏电与(　　)无关。
　　A. 插头进水　　　　　　　　　B. 电缆有外伤无进水
　　C. 检波器夹子触地　　　　　　D. 电缆有外伤进水

450. BC025　排列道或本道断路的原因之一是(　　)。
　　A. 检波器串夹子短路
　　B. 三串三并的检波器串中的一个检波器断路
　　C. 检波器串中的一个检波器短路
　　D. 电缆线断路

451. BC025　排列道或本道断路的原因之一是(　　)。
　　A. 检波器串夹子未接到电缆抽头上　　B. 串联组合检波器接线相碰
　　C. 检波器串中的一个检波器短路　　　D. 检波器组合线有破损

452. BC025　排列道或本道断路的原因之一是(　　)。
　　A. 三串三并的检波器串中的一个检波器断路
　　B. 检波器串中的一个检波器短路
　　C. 检波器串夹子失去弹性
　　D. 检波器串夹子短路

453. BC026　排列道或本道电阻小的原因之一是(　　)。
　　A. 三串三并的检波器串中的一个检波器断路
　　B. 串联组合中多接一串检波器
　　C. 并插头间弹簧片接触不良
　　D. 备用道过早接入

454. BC026　排列道或本道电阻小的原因之一是(　　)。
　　A. 三串三并的检波器串中的一个检波器断路
　　B. 串联组合中多接一串检波器
　　C. 并联组合中多接一串检波器
　　D. 插头间弹簧片接触不良

455. BC026 排列道或本道电阻小的原因之一是( )。
    A. 三串三并的检波器串中的一个检波器断路
    B. 有漏电检波器存在
    C. 插头间弹簧片接触不良
    D. 电缆断路

456. BC027 排列道或本道短路的原因之一是( )。
    A. 三串三并的检波器串中的一个检波器断路
    B. 三串三并的检波器串中的一个检波器短路
    C. 电缆线插头短路
    D. 电缆线断路

457. BC027 排列道或本道短路的原因之一是( )。
    A. 检波器夹子短路
    B. 三串三并的检波器串中的一个检波器短路
    C. 三串三并的检波器串中的一个检波器断路
    D. 电缆线断路

458. BC027 排列道或本道短路的原因之一是( )。
    A. 三串三并的检波器串中的一个检波器短路
    B. 检波器串夹子在电缆的抽头处相碰
    C. 三串三并的检波器串中的一个检波器断路
    D. 电缆线断路

459. BC028 野外施工中,检波器夹子经常出现被( )情况,必须及时处理。
    A. 氧化   B. 变形   C. 折断   D. 损坏

460. BC028 检波器串线一端阻值正常,另一端不通,是( )而引起故障。
    A. 夹子   B. 少组   C. 掉电阻   D. 短路

461. BC028 检波器串的维修过程中,( )的故障占有相当的比例。
    A. 夹   B. 尾锥   C. 上盖   D. 外壳

462. BC029 焊接小线夹子时,应先( )后焊接,才能保证质量。
    A. 镀锡   B. 测试   C. 判断   D. 加热

463. BC029 焊接夹子时,线头剥线过长会造成( )。
    A. 断路   B. 短路   C. 漏电   D. 接触不良

464. BC029 焊接检波器夹子时,可适当使用一些( )做助焊剂。
    A. 松脂油   B. 焊油   C. 煤油   D. 酒精

465. BC030 覆盖地震电缆传送地震信号的原理是( )。
    A. 传送地震信号
    B. 传送地震信号并起延长作用
    C. 传送地震信号并起道数转换作用
    D. 起延时作用

466. BC030 覆盖电缆排列上的每个地震道信号是按( )方式传输给地震仪。
    A. 并行   B. 串行   C. 无线   D. 中继

467. BC030　数传电缆排列上的每个地震道信号是按(　　)方式传输给地震仪。
　　A. 并行　　　　　B. 串行　　　　　C. 无线　　　　　D. 中继

468. BC031　408 数传电缆有(　　)对电源对。
　　A. 1　　　　　　B. 2　　　　　　C. 3　　　　　　D. 4

469. BC031　428 数传电缆有(　　)对命令对。
　　A. 1　　　　　　B. 2　　　　　　C. 3　　　　　　D. 4

470. BC031　SCOPION 数传电缆有(　　)对本道对。
　　A. 6　　　　　　B. 5　　　　　　C. 3　　　　　　D. 4

471. BC032　428 数传电缆插头是(　　)式。
　　A. 簧片　　　　　B. 针孔　　　　　C. 跨接　　　　　D. 接触

472. BC032　AREIS 数传电缆插头是(　　)式。
　　A. 簧片　　　　　B. 针孔　　　　　C. 跨接　　　　　D. 接触

473. BC032　408 采集链电缆插头是(　　)式。
　　A. 簧片　　　　　B. 针孔　　　　　C. 跨接　　　　　D. 接触

474. BC033　接触电阻大、可靠性不高、使用寿命短、防水性能差的电缆插头是(　　)式。
　　A. 簧片　　　　　B. 针孔　　　　　C. 跨接　　　　　D. 接触

475. BC033　接触电阻小、可靠性高、防水性能好的电缆插头是(　　)式。
　　A. 簧片　　　　　B. 针孔　　　　　C. 跨接　　　　　D. 接触

476. BC033　结构复杂、不易清洗、更换困难的电缆插头是(　　)式。
　　A. 簧片　　　　　B. 针孔　　　　　C. 跨接　　　　　D. 接触

477. BC034　地震电缆穿越沼泽区域时,应注意(　　)。
　　A. 防静电　　　　B. 防漏电　　　　C. 防沙尘　　　　D. 防拖拉

478. BC034　地震电缆过高压线时,应注意(　　)。
　　A. 防电磁干扰　　B. 防漏电　　　　C. 静电　　　　　D. 防拖拉

479. BC034　地震电缆穿越沙漠地带时,应注意(　　)。
　　A. 防静电　　　　B. 防漏电　　　　C. 防沙尘　　　　D. 防辐射

480. BC035　地震电缆护套材料具有优异的(　　)性能。
　　A. 导电　　　　　B. 耐磨　　　　　C. 防干扰　　　　D. 防雷击

481. BC035　数传电缆的(　　)是其芯线的保护层。
　　A. 插头　　　　　B. 护套　　　　　C. 护盖　　　　　D. 抽头

482. BC035　电缆的保护层具有很强的(　　)性和很宽的工作温度。
　　A. 耐磨　　　　　B. 冲击　　　　　C. 柔性　　　　　D. 阻燃

483. BC036　电缆线穿过(　　)时,要将电缆线架高。
　　A. 农田　　　　　B. 小河　　　　　C. 沙漠　　　　　D. 便道

484. BC036　电缆线穿过(　　)时,要将电缆插头座、电缆抽头与检波器的连接处架起来。
　　A. 庄稼地　　　　B. 沙漠　　　　　C. 便道　　　　　D. 沼泽地

485. BC036　电缆线在穿过(　　)时,可以埋置。
　　A. 农田　　　　　B. 便道　　　　　C. 沼泽地　　　　D. 公路

486. BC037 地震电缆线在布设时,电缆插头应该尽量远离( )。
 A. 民房 B. 树木 C. 水源 D. 耕地
487. BC037 收地震电缆线时,应该及时( ),防止异物进入。
 A. 捆扎 B. 盖好插头盖 C. 装车 D. 加盖抽头套
488. BC037 发现地震电缆线外部保护层有破裂,( )。
 A. 应该及时更换地震电缆线 B. 地震电缆线可以继续使用
 C. 用胶布缠好继续使用 D. 用炮线扎紧继续使用
489. BC038 电缆线插头插孔有( )可导致电缆短路。
 A. 小树枝 B. 草沫子 C. 尘土 D. 铁屑
490. BC038 清理电缆线插头插孔的雪水时,要用( )来干燥电缆插头。
 A. 电烙铁烘烤 B. 电吹风 C. 明火烘烤 D. 电热棒烘烤
491. BC038 清理电缆线插头的异物时,要用( )来清理电缆插头。
 A. 螺丝刀 B. 铁丝 C. 软毛刷 D. 抹布
492. BC039 电缆线插头的插孔内有( )可以导致电缆线阻值大。
 A. 雪水 B. 铁屑 C. 泥土 D. 冰屑
493. BC039 电缆线插头的插孔内有草屑,可能导致电缆线( )。
 A. 短路 B. 阻值大 C. 阻值小 D. 正常
494. BC039 下面描述正确的是( )。
 A. 电缆线阻值大是电缆线自身原因引起的
 B. 电缆线阻值大会影响地震资料品质
 C. 阻值大的电缆线可以继续使用
 D. 阻值大的电缆线可以做备用线
495. BC040 清洗电缆线最好用( )清洗。
 A. 洗洁精 B. 工业酒精 C. 清水 D. 去污剂
496. BC040 焊接电缆线时,应用( )助焊剂焊接。
 A. 酸性 B. 碱性 C. 中性 D. 不要求
497. BC040 维修数传电缆时,发现中间多股接触不好的线时,应采取( )方法进行补修。
 A. 切断表皮 B. 局部切口 C. 全切断 D. 单根接线
498. BC041 排列中,电缆线漏电会引起这道( )。
 A. 阻值大 B. 阻值小 C. 检波器开路 D. 电缆线开路
499. BC041 电缆线插头里有雪或冰屑会造成( )。
 A. 电缆线阻值大 B. 电缆线阻值小
 C. 检波器开路 D. 电缆线开路
500. BC041 电缆线的检波器抽头有雪或冰屑会造成( )。
 A. 这道阻值大 B. 这道阻值小
 C. 这道检波器开路 D. 这道电缆线开路

501. BC042 一般电缆线的( )损坏,会造成电缆线漏电严重,阻值减小。
    A. 绝缘层　　　　　B. 保护层　　　　　C. 插头　　　　　D. 抽头
502. BC042 为防止在清理电缆线插头的过程中,对插针、插孔造成伤害,要求使用( )清理插头。
    A. 软毛刷　　　　　B. 硬毛刷　　　　　C. 小起子　　　　D. 钢丝刷
503. BC042 清理电缆线抽头的雪或冰屑,要求使用( )轻轻拭去。
    A. 湿抹布　　　　　B. 干抹布　　　　　C. 干纸巾　　　　D. 湿纸巾
504. BC043 428采集站的数据传输方式是( )。
    A. 有线　　　　　　B. 无线　　　　　　C. 间歇　　　　　D. 中继
505. BC043 428XL采集站的数据传送包括( )。
    A. 排列桩号　　　　　　　　　　　　　B. 检波器的电信号
    C. 测线号　　　　　　　　　　　　　　D. 检波器组合信号
506. BC043 SCOPION采集站采集站的数据传输方式是( )。
    A. 有线　　　　　　B. 无线　　　　　　C. 间歇　　　　　D. 中继
507. BC044 可以当做采集站用的电源站的型号是( )。
    A. 428　　　　　　　B. 408　　　　　　C. 388　　　　　　D. SCOPION
508. BC044 下面不属于电源站的作用是( )。
    A. 信号转换　　　　B. 电压转换　　　　C. 连接采集链　　D. 为采集链供电
509. BC044 电源站通过( )与电瓶连接。
    A. 数传电缆　　　　B. 电瓶连线　　　　C. 检波器串　　　D. 交叉线
510. BC045 仪器主机与外部采集设备连接的是( )。
    A. 采集站　　　　　B. 电源站　　　　　C. 交叉站　　　　D. 检波器
511. BC045 主机系统发出的指令通过( )控制野外采集设备。
    A. 交叉站　　　　　B. 电源站　　　　　C. 采集站　　　　D. 中继站
512. BC045 野外采集设备所采集的地震数据通过( )输送给中央记录单元。
    A. 电源站　　　　　B. 交叉站　　　　　C. 采集站　　　　D. 中继站
513. BC046 408UL采集站形式是单站( )道。
    A. 双　　　　　　　B. 单　　　　　　　C. 4　　　　　　　D. 3
514. BC046 主机的指令经( )处理,来管理野外排列。
    A. 采集站　　　　　B. 检波器　　　　　C. 数传电缆　　　D. 电源站
515. BC046 地震数据经( )处理传输给主机。
    A. 检波器　　　　　B. 数传电缆　　　　C. 采集站　　　　D. 电源站
516. BC047 摆放采集站要求距离炮点( )以外。
    A. 2m　　　　　　　B. 3m　　　　　　　C. 4m　　　　　　D. 5m
517. BC047 在野外施工中,摆放采集站要做到( )。
    A. 平稳　　　　　　B. 按一定倾角　　　C. 埋置　　　　　D. 悬挂
518. BC047 当采集站在炮井附近时,采集站放置应( )。
    A. 在炮井左边　　　　　　　　　　　　B. 在炮井右边
    C. 倒置　　　　　　　　　　　　　　　D. 套塑料袋或用纸袋盖住

519. BC048 数传电缆插头插合采集站插座时,要先将插头的( )对准插座定位孔再插合。
A. 插针　　　　　B. 插孔　　　　　C. 定位销　　　　D. 连线

520. BC048 SCOPION 采集站与数传电缆的连接方式是( )式。
A. 抽头插座　　　B. 耦合一体　　　C. 焊接　　　　　D. 分离

521. BC048 排列中两个采集站之间是用( )连接的。
A. 覆盖电缆　　　B. 加长电缆　　　C. 数传电缆　　　D. 检波器串

522. BC049 能将检波器串传来的地震信号进行放大的野外采集设备是( )。
A. 采集站　　　　B. 交叉站　　　　C. 电源站　　　　D. 主机

523. BC049 能将检波器串传来的地震信号进行滤波的野外采集设备是( )。
A. 采集站　　　　B. 交叉站　　　　C. 电源站　　　　D. 主机

524. BC049 能将检波器串传来的地震信号进行模数转换的野外采集设备是( )。
A. 电源站　　　　B. 交叉站　　　　C. 采集站　　　　D. 主机

525. BC050 陆用 428XL 采集站的特点是( )。
A. 单站单道,有线传输　　　　B. 单站三道,有线传输
C. 单站六道,有线传输　　　　D. 单站六道,无线传输

526. BC050 陆用 408UL 采集站的特点是( )。
A. 单站单道,有线传输　　　　B. 单站三道,有线传输
C. 单站六道,有线传输　　　　D. 单站六道,无线传输

527. BC050 SCOPION 采集站的特点是单站( )。
A. 单道,有线传输,用于陆上
B. 三道,有线传输,用于陆上
C. 四道,无线传输,用于陆上或海上
D. 六道,有线传输,主要用于陆地

528. BC051 野外排列使用的电瓶电压是( )。
A. 6V　　　　　　B. 9V　　　　　　C. 12V　　　　　 D. 24V

529. BC051 SCOPION 采集站的工作电压是( )。
A. 12V　　　　　 B. 24V　　　　　 C. 36V　　　　　 D. 48V

530. BC051 428XL 采集链工作电压是( )。
A. 24V　　　　　 B. 36V　　　　　 C. +24-24V　　　 D. 12V

531. BC052 SCOPION 采集站面板右上方三芯插座的功能是( )。
A. 接电话的插孔　　　　　　　B. 用于插检波器
C. 接处接电源　　　　　　　　D. 连接两边来的遥测电缆

532. BC052 GDAPS4 采集站( )接大线。
A. A、b　　　　　B. 两插座　　　　C. Ⅰ、Ⅱ　　　　D. LINE1、LINE2

533. BC052 TELSEIS 采集站单站( )道。
A. 4　　　　　　　B. 6　　　　　　　C. 8　　　　　　　D. 10

534. BC053　在施工过程中,采集站外壳(　　)。
　　A. 可以打开检查　　　　　　　　B. 可以打开维修
　　C. 外壳不可以打开　　　　　　　D. 根据现场情况而定

535. BC053　运输采集站的车辆在公路上行驶时,车速不能超过每小时(　　)。
　　A. 20km　　　　B. 40km　　　　C. 60km　　　　D. 80km

536. BC053　运输和搬运采集站时的错误做法是(　　)。
　　A. 不能接通电源　　　　　　　　B. 不能磕碰
　　C. 不能摔　　　　　　　　　　　D. 不加防尘盖

537. BC054　电源站用于(　　)地震仪器的采集系统中。
　　A. 集中采集　　B. 有线遥测　　C. 无线遥测　　D. 所有

538. BC054　对428电源站的正确说法是(　　)。
　　A. 电源站只能为排列供电
　　B. 电源站即能为排列供电又能当交叉站使用
　　C. 电源站即能为排列供电又能当采集站使用
　　D. 电源站即能为排列供电又能当中继站使用

539. BC054　电源站的外部供电电压是(　　)。
　　A. 6V　　　　　B. 9V　　　　　C. 12V　　　　D. 24V

540. BC055　428地面采集设备每隔(　　)个采集站,就需要摆放一个电源站。
　　A. 12~24　　　B. 24~36　　　C. 36~48　　　D. 48~60

541. BC055　野外冬季施工,布设电源站时环境温度不能低于(　　)。
　　A. -10℃　　　B. -20℃　　　C. -30℃　　　D. -40℃

542. BC055　428电源站配备了(　　)。
　　A. 2个电源插座　　　　　　　　B. 2个检波器电缆插座
　　C. 3电源插座　　　　　　　　　D. 3个检波器电缆插座

543. BC056　在60m道距方法施工中,428电源站一般最多可以带(　　)。
　　A. 36道　　　　B. 48道　　　　C. 60道　　　　D. 72道

544. BC056　428采集系统排列上的电源站是通过(　　)连接到排列上的。
　　A. 覆盖电缆　　B. 卡车线　　　C. 采集链　　　D. 检波器串

545. BC056　连接电源站的电瓶如果电压低于(　　)上面的LED指示灯就停止闪烁。
　　A. 10V　　　　B. 10.3V　　　C. 10.8V　　　D. 11V

546. BC057　在施工中,电源站的连接线损坏,应该用(　　)的来更换。
　　A. 普通电线　　B. 通用型　　　C. 自制　　　　D. 配套专用

547. BC057　电源站在使用过程中的错误做法是(　　)。
　　A. 轻拿轻放　　　　　　　　　　B. 注意正负极性
　　C. 可以随意移动　　　　　　　　D. 搬运时要盖防尘盖

548. BC057　当电源站外接电瓶的电压低于(　　)时就要及时更换。
　　A. 8V　　　　　B. 9V　　　　　C. 10V　　　　D. 11V

549. BC059　不属于小线漏电的原因是（　　）。
　　　A. 检波器进水　　　　　　　　　　B. 小线夹子落入水中
　　　C. 内部开路　　　　　　　　　　　D. 小线夹子贴于潮湿地面

550. BC059　不属于检波器微震原因的是（　　）。
　　　A. 牛羊　　　B. 树木（风）　　C. 检波器埋置不正　　D. 夹子接错

551. BC059　工作道不正常的原因是（　　）。
　　　A. 检波器卡壳　　B. 人为接反　　C. 附近有干扰　　D. 以上全是

552. BC060　操作电台开关、按键、旋钮时，错误做法是（　　）。
　　　A. 用力过大　　B. 轻按　　　C. 了解功能　　　D. 正确选择

553. BC060　安装天线正确做法是（　　）。
　　　A. 阻抗匹配　　　　　　　　　　　B. 天线接触其他物体
　　　C. 天线方向随意　　　　　　　　　D. 天线位置随意

554. BC060　不要在（　　）和强电磁波感应的环境周围地区使用电台。
　　　A. 丛林　　　B. 高频辐射　　　C. 山区　　　D. 建筑物

555. BC061　施工任务书中的障碍物位置是由（　　）提供的。
　　　A. 队部　　　B. 测量组　　　C. 施工组　　　D. 仪器组

556. BC061　施工任务书中的井深数据是为（　　）提供的。
　　　A. 仪器组　　B. 放线班　　　C. 钻井组　　　D. 检修组

557. BC061　施工任务书中的排列桩号数据是为（　　）提供的。
　　　A. 仪器组　　B. 放线班　　　C. 钻井组　　　D. 检修组

558. BC062　车载电台所用的天线是（　　）天线。
　　　A. 鱼骨式　　B. 折叠式　　　C. 鞭式　　　D. 定向式

559. BC062　野外地震勘探生产中，每部车载电台都要选择相同的（　　），用来语音通话联络。
　　　A. 音量　　　B. 频率　　　C. 话筒　　　D. 天线

560. BC062　车载电台在使用时要先打开（　　）。
　　　A. 音量开关　　B. 噪声开关　　C. 电源开关　　D. 频率开关

二、判断题（对的画"√"，错的画"×"）

（　）1. AA001　地震波入射到两种介质的分界面时，会发生波的反射、透射和折射，同时服从斯奈尔定律（反射一折射定律）。

（　）2. AA002　测线物理点的坐标是在野外通过测量仪器设备设计的。

（　）3. AA003　三维地震观测法又称为面积观测法。

（　）4. AA004　震源线是指在其上布设检波点的线。

（　）5. AA005　地震采集施工时，如遇各种地面障碍无法放样布设激发点，可偏移激发点。

（　）6. AA006　施工前需对工区内的设计测线进行实地踏勘，折线或弯线施工选线后的测线就可以进行施工。

(　　)7. AA007　野外地震仪器能够直接记录地震信号。
(　　)8. AA008　用微测井和浅层折射法就能解决任何工区表层结构的问题。
(　　)9. AA009　当地表起伏不平,低降速带厚度及速度横向变化剧烈时,会在叠加道集中的各道之间产生很大的时差,影响叠加效果和成像质量。这时,要进行表层因素的校正(消除),称为静校正。
(　　)10. AA010　二维地震测网的密度,一般概查主测线线距大于4km,联络测线线距可大于8km。
(　　)11. AA011　测线CY 2003—356.5,"CY"表示为施工地区名。
(　　)12. AA012　三维地震测线炮线垂直于检波线。
(　　)13. AA013　野外工区踏勘工作要在施工设计之前进行。
(　　)14. AA014　激发参数应根据深浅层地震地质条件,在施工现场确定。
(　　)15. AA015　开工前应对数据采集系统进行极性检查,极性统一规定为初至下跳。
(　　)16. AA016　仪器班报所有内容由施工员逐炮填写,特殊地形、地物需标注清楚。
(　　)17. AA017　地震采集竣工验收工作由地震队完成。
(　　)18. AB001　弹性是指金属受外力作用时产生变形,当外力去掉后仍能恢复原来形状的性能。
(　　)19. AB002　硬度值越高,金属塑性变形的能力就越大。
(　　)20. AB003　一般是以金属抗拉强度作为基本的强度指标。
(　　)21. AB004　一般情况下,金属的硬度越高,耐磨性越差。
(　　)22. AB005　疲劳强度是指金属材料在无限多次交变载荷作用下而不破坏的最大应力。
(　　)23. AB006　冲击韧性的高低取决于材料有无迅速塑性变形的能力。
(　　)24. AB007　一个完整的尺寸应包括尺寸界线、尺寸线和尺寸数字三个基本要素。
(　　)25. AB008　孔轴配合后出现很大的过盈,说明孔轴的精度很低。
(　　)26. AB009　表面粗糙度直接影响零件的使用性能。
(　　)27. AB010　三视图中Y轴表示长度方向。
(　　)28. AB011　国产汽油牌号是按辛烷值的高低来划分的。
(　　)29. AB012　柴油机冷启动液中可以掺入汽油。
(　　)30. AB013　压缩机油的质量选择主要是黏度选择。
(　　)31. AB014　选用润滑油时,应尽可能选用高黏度的润滑油。
(　　)32. AB015　齿轮泵对液压油的抗磨要求比叶片泵、柱塞泵高。
(　　)33. AB016　汽油溅入眼中,应立即用食盐水或清水洗涤。
(　　)34. AB017　柴油在加入油箱前应用绸布过滤。
(　　)35. AB018　一般情况下,柴油的燃点是427℃。
(　　)36. AB019　焊接过程的实质是用加热或加压力及加填充材料等手段,借助金属原子间的结合力与扩散作用,使分离的金属材料牢固地连接起来。
(　　)37. AB020　低温钢焊条牌号符号用D表示。
(　　)38. AB021　活动扳手的公称尺寸是指活动扳手的长度。

(   )39. AB022　安装传动轴万向节时,应使传动轴两端的叉不在同一平面内。

(   )40. AB023　为防止滚动轴承发热,安装时应适当调大轴承间隙。

(   )41. AB024　气割时,割嘴后倾角应随钢板厚度的增加而增加。

(   )42. AB025　套筒特别适用于拧转地方分狭小或凹陷很深出的螺栓或螺母。

(   )43. AB026　在狭窄空间,最适合端部方形螺母紧螺纹和松螺纹的工具是开口扳手。

(   )44. AB027　链传动的倾斜度增大时,不需要进行下垂度调整。

(   )45. AB028　半圆键多用在轻载连接。

(   )46. AB029　花键连接是由轴和轮毂孔上的多个键齿和键槽组成。

(   )47. BA001　发生泥包卡钻可用清水钻进,大泵量循环,不停地上下活动钻具等措施来排除。

(   )48. BA002　在钻进过程中功率一定的条件下,钻压与转速成正比关系。

(   )49. BA003　地震钻机司钻有权拒绝一切违章指挥,发现各类隐患及时排除,无法解决的要立即上报。

(   )50. BA004　岩石可钻性取决于岩石自身的物理力学性质,与钻进的工艺技术措施无关。

(   )51. BA005　WT100M 型钻机采用钻井液钻井,最大钻井深度可达 100m。

(   )52. BA006　动力头的作用是驱动钻具旋转,将扭矩经钻杆传至钻头,达到破岩钻井的目的。

(   )53. BA007　钻进时,泵压降低可能是钻具折断引起的。

(   )54. BA008　处理卡钻、埋钻事故或钻井阻力过大时,上提钻具不要过猛。

(   )55. BA008　使用钻杆前要认真检查螺纹磨损情况,磨损轻的用到井的上部。

(   )56. BA009　为减少非常严重地危害钻杆螺纹联接部位的腐蚀作用,存放钻杆时,必须使螺纹保持清洁和干净,将螺纹部分涂上润滑油并带好护扣套。

(   )57. BA009　凡弯曲钻杆必须矫正后再用,有螺纹损伤者,必须用在井的上部。

(   )58. BA010　油液是液压传到系统中最常用的工作介质,但不是液压元件的润滑剂。

(   )59. BA011　液压传动传速比准确,传动效率高。

(   )60. BA012　8 号液力传动油的黏度随温度的升高而降低。

(   )61. BA013　选用齿轮式油泵,油马达对系统用油的过滤精度要求很高,系统的抗污染性较差。

(   )62. BA014　减压阀能维持出口压力近于恒定。

(   )63. BA015　常用流量控制阀有单向阀、换向阀、顺序阀等。

(   )64. BA016　WT100M 型钻机液压系统多路阀的溢流阀调定压力为 12.5MPa。

(   )65. BA017　WTZ100M 型钻机液压系统采用齿轮泵的主要原因是使系统对用油的过滤精度要求较低。

(   )66. BA018　钻进前应上下活动动力头,查看各液压管线是否存在刮磨或打死弯,如有问题进行调整。

(   )67. BA018　钻进时一旦发现钻井泵上返量减小、憋泵或钻具转速降低,则应适当加快钻进速度。

(   )68. BA019　WTZ5081TZJ 钻机的传动系统主要包括主传动轴、链轮箱、离合器等。
(   )69. BA020　设备的日常例行保养一般由专业人员承担。
(   )70. BA021　钻机工作期间,可以接触传动轴、带传动、链传动等运转部位,但必须采取安全措施。
(   )71. BA022　WTZ5081TZJ 钻机加压系统加压提升力为 1000N。
(   )72. BA023　钻机的定期保养作业,是按工作时间规定的周期性的保养。
(   )73. BA024　WT300 钻机注水泵使用时不需调压。
(   )74. BA025　钻井过程中,下钻速度过快,地层中的泥沙堵住了钻头水眼,造成憋泵。
(   )75. BA025　钻井过程中,司钻应指挥钻工及时做好钻井液清洁工作。
(   )76. BA026　钻机运转过程中不准进行维修保养作业。
(   )77. BA027　连杆轴瓦松旷会造成钻井泵动力端异响。
(   )78. BA028　齿轮油泵盖与油泵壳体的密封不严会造成齿轮泵不上油或压力不大。
(   )79. BA029　WT50 钻机动力头采用单级直齿传动。
(   )80. BA030　液压系统工作时温升应小于 45℃。
(   )81. BA031　2W12.5/10 空压机的工作压力为 10MPa。
(   )82. BA032　加压装置链条采用人工定期润滑。
(   )83. BA033　液压系统的油温不得超过 90℃。
(   )84. BA034　HY-20G 型山地钻机操作手柄位于发动机油泵模块。
(   )85. BA035　钻杆或钻头使用时间较长或维护不及时、使用不当,导致在钻井过程中,造成钻杆或钻头脱落。
(   )86. BA036　加压提升装置主要由加压链轮、加压链条、轴承及轴承组成。
(   )87. BA036　蜗轮轴通过花键套与压轴连接。
(   )88. BA037　中心轮和行星架又称为周转轮系的基本构件。由二个中心轮(K)和一个行星架(H)组成的周转轮系称为 2K-H 型。
(   )89. BA038　气动离合器使用中如发现有异常噪声,应及时检查排除。
(   )90. BA038　为了改善链条工作环境特设置磁性螺塞,螺塞上装有强力磁铁可吸附磨损下的铁屑微粒,从而使油液清洁减少磨损。
(   )91. BA039　经常检查连杆与泵头、泵体密封填料相对运动部位,及时涂抹润滑油。
(   )92. BA039　钻井泵空气包上装有压力表,可随时观察钻井泵的吸入压力。
(   )93. BA040　气控系统的作用主要给气动离合器的气囊进行充、放气来实现离合器的接合或分离,从而来控制钻井泵工作。
(   )94. BA040　气水分离器的作用是过滤外界空气中的水分、污物。
(   )95. BA041　要对钻机的液压管线进行定期或不定期的检测,防止因管线磨损而造成高压伤害事故的发生。
(   )96. BA041　安装管线及接头时,应先用柴油清洗干净,并用压缩空气吹干,清洗时严禁采用棉纱等针棉织品擦拭,应采用毛刷和绸布。
(   )97. BA042　钻机只有按规定进行保养及润滑,才能确保其使用寿命,并充分发挥钻机的作用。

(　　)98. BA042　钻机液压系统压力设定后,一个施工季检查一次。

(　　)99. BA043　HY-20G 钻机钻井方式空气钻井或空气震击钻井,可选钻井方式有螺旋钻井和钻井液钻井。

(　　)100. BA043　HY-20G 钻机所用发动机输出功率为 6000W。

(　　)101. BA044　钻进时,为避免卡钻,要提高转速、增加压力。

(　　)102. BA044　启动发动机,一定要将油门置于最大位置。

(　　)103. BA045　设备一级维护作业内应包括二级维护作业和日常维护作业。

(　　)104. BA046　机械的部件磨损、间隙增大、配合改变直接影响设备原有的平衡,设备的稳定性、可靠性、使用效益均会有相当程度的降低。

(　　)105. BA047　平常要防止钻杆摔弯、敲扁,过弯的钻杆要及时校直。

(　　)106. BA047　钻井时,要严格遵守操作规程,合理选择钻井参数,尤其要正确控制钻压,加压要均匀。

(　　)107. BA048　钻机井架出现弯曲必须更换。

(　　)108. BB001　在地震勘探放炮时,遥控爆炸系统受控于爆炸机。

(　　)109. BB002　爆炸机通电开机之后,再安装电台天线。

(　　)110. BB003　编码器和爆炸机存储达到 500 个质量控制纪录,收工后可以下载到计算机中。

(　　)111. BB004　野外放炮进入作业现场,首先寻找正确的炮点桩号。

(　　)112. BB005　SHOT PRO Ⅱ 译码器放炮菜单下,按下"ARM"按钮,爆炸机便发出准备好信号。

(　　)113. BB006　安装 Motorola GM-338/39 电台话筒时,插头不分方向。

(　　)114. BB007　一般情况爆炸机电台与译码器共用一组电瓶。

(　　)115. BB008　在串联起爆网络中,只要有某一口炮井拒爆,则其他的炮井全部拒爆。

(　　)116. BB009　放炮前没有进行井口检波器电阻值检测,可能会造成放炮无 τ 值的情况。

(　　)117. BB010　BOOMBOX 爆炸机,开机、充电及工作状态,是由面板上面的指示灯显示的。

(　　)118. BB011　在 SHOT PRO Ⅱ 译码器的放炮准备菜单中,必须同时按下"CHARGE"和"ARM"按键才能充电。

(　　)119. BB012　BOOMBOX 爆炸机开机后,显示窗口有显示,面板指示灯不闪烁,说明机器工作正常。

(　　)120. BB013　井口检波器在使用中是不分极性的。

(　　)121. BB014　炮线 T 形接时要求纵、横反向拉紧。

(　　)122. BB015　炮线阻值越大,放炮流过雷管的起爆电流就越大。

(　　)123. BB016　引起炸药爆炸所需的外来能量越小,则炸药的感度越高。

(　　)124. BB017　放炮中一旦出现异常现象,应立即释放"ARM"按钮(断开高压电源),取下炮线将其短路。

(　　)125. BB018　测量组合起爆网络总电阻值,应该将测试仪串联在组合电路中。

( )126. BB019 适当地提高充电电流,可以缩短充电时间,但会缩短电瓶的使用寿命。
( )127. BB020 一般地说,放电深度越深,电池的寿命越短。
( )128. BB021 电瓶充电的顺序是,先连接好电瓶与充电机正负线,再接通充电机电源。
( )129. BB022 井中爆破方式是应用最广泛的爆破方式,在选择适当的激发岩性后,此方式能有效地压制各种干扰波,获得理想的地震记录资料。
( )130. BB023 电台的音量开的越大,接收的灵敏度越高。
( )131. BB024 地震勘探要求炸药爆炸反应时间短、足够的能量、反应速度快,用电雷管能可靠的引爆。要求炸药的防水性能好,在使用、运输、储存过程中比较方便和安全。
( )132. BB025 地震勘探中只是对爆炸点进行警戒,排列不需要警戒。
( )133. BB026 多井组合放炮时,各单井选用的雷管型号必须相同,其电阻值差应小于 $0.5\sim0.8\Omega$。
( )134. BC027 高分辨率地震勘探,需要尽可能提高激发频率,较小的炸药量激发的地震波频率较高。
( )135. BB028 有效波的能量主要分布在 $10\sim30$Hz 的频率范围内。
( )136. BB029 在含水黏土、砂岩或泥岩中反射波激发效果较差。
( )137. BB030 当炸药的特性阻抗等于岩石的特性阻抗时,激发地震波能量最大。
( )138. BC001 二维地震测线在遇到特殊地形条件时,可布设成折线或弯线。
( )139. BC002 二维地震勘探测线比较密集,线距较小;三维地震勘探测线比较稀疏,线距较大。
( )140. BC003 组合检波是利用干扰波与有效波出现规律的差异和传播方向的不同来压制干扰波。
( )141. BC004 野外生产多采用直线型组合检波形式。
( )142. BC005 组合检波的目的是为了增强有效波,削弱干扰波。
( )143. BC006 组合检波就是把检波器串团放在排列上。
( )144. BC007 面积组合时检波器串埋置的要求不但要对称桩号,还要对称测线。
( )145. BC008 检波器夹子极片一般都采用铁质材料制造而成。
( )146. BC009 由多个检波器通过串并联的方式连接在一起就组成了检波器串。
( )147. BC010 检波器磁钢没有极性。
( )148. BC011 检波器埋置时要做到平、稳、正、直、紧均匀放开。
( )149. BC012 地震检波器的极性对接收地震波没有影响。
( )150. BC013 检波器串的技术指标包括检波器串的阻尼系数、衰减系数、自然频率、灵敏度、绝缘电阻及拉力强度等。
( )151. BC014 没有尾椎的检波器也可以使用。
( )152. BC015 检波器的弹簧片作为线圈的支撑部件,在受到强烈冲击时,容易变形或损坏,使检波器不能正常工作。
( )153. BC016 检波器串在野外生产中,不需要测试。

(   )154. BC017　在沼泽地带施工时,应当选用防水检波器串。

(   )155. BC018　在沼泽地带施工时,一般要选用常规检波器。

(   )156. BC019　冬季冰上或硬地施工作业,使用重锤或硬物敲击埋置检波器。

(   )157. BC020　检波器埋置时,地表岩土有利土质是纯泥堆积物。

(   )158. BC021　检波器的灵敏度越高对弱小信号的响应能力就越强。

(   )159. BC022　三串三并的 20DX 检波器串它的电阻是 500Ω,可以肯定这串检波器最多有两处断点。

(   )160. BC023　地震电缆绝缘电阻是指相互绝缘的芯线间或绝缘芯线和地之间的电阻。

(   )161. BC024　"开路法"是检查排列漏电的好方法。

(   )162. BC025　地震电缆插头间接触不良易造成过路道或本身道不通。

(   )163. BC026　三串三并的检波器串中的一个检波器断路会造成检波器串电阻小。

(   )164. BC027　从电缆上测量,拔开电缆插头后仍短路说明是电缆短路。

(   )165. BC028　小线夹子断片也可以使用。

(   )166. BC029　检波器夹子焊接时,正负极的线头剥的不宜过长。

(   )167. BC030　数传地震电缆排列上每个地震道的输出信号按并行方式传输给仪器车。

(   )168. BC031　地震电缆线上的检波器抽头是一宽一窄,宽面接正极,窄面接负极。

(   )169. BC032　408 数传电缆插头是簧片式的。

(   )170. BC033　针孔式插头的特点是接触点电阻小、可靠性高、防水性能好。

(   )171. BC034　布设地震电缆线时,将线团放在地上,拽起一个插头向前走,直到下一个点。

(   )172. BC035　数传电缆的护套是所有芯线的保护层。

(   )173. BC036　复杂条件下,地震电缆线可以随意布设。

(   )174. BC037　地震电缆线插头被水浸泡可以造成电缆线短路。

(   )175. BC038　电缆线间短路,不能用蜂鸣器代替测试。

(   )176. BC039　电缆线被车辆反复碾压,接触不良,可以造成电缆线阻值大。

(   )177. BC040　用万用表无法检测电缆线阻值大。

(   )178. BC041　电缆线自身漏电会引起电缆线阻值小。

(   )179. BC042　电缆线插头如果有雪或冰屑,可以用加热器直接烤干。

(   )180. BC043　采集站把检波器送来的信号进行放大和滤波。

(   )181. BC044　排列中的电源站,不需要外部供电,是独立工作的。

(   )182. BC045　在主机与采集站之间,交叉站起到桥梁的作用。

(   )183. BC046　408UL 采集站是无线传输。

(   )184. BC047　采集站要安放平稳,要放正,有太阳能电池面一面要朝上放置。

(   )185. BC048　428XL 采集站与电缆是采用固定连接方式,在野外生产过程中不可以随意分开。

(   )186. BC049　采集站可以采集检波器的阻值信息,处理后发送给主机。

(   )187. BC050　SCOPION 采集站是单站 8 道,无线传输。

(   )188. BC051 野外排列采集站用仪器车集中供电。
(   )189. BC052 在排列中，不同型号的采集站可以互换使用。
(   )190. BC053 运输和搬运集站时应拔开插头座并将防尘盖盖好才能搬运。
(   )191. BC054 只要有采集站的野外采集排列都需要有电源站。
(   )192. BC055 在施工中，更换428电源站电瓶时，为了不影响数据采集，应先将新电瓶连接到另一个接口后，再断开旧的电瓶。
(   )193. BC056 排列中电源站可以随意摆放。
(   )194. BC057 电源站的电源线在与电瓶连接时，应该特别注意正负极一致。
(   )195. BC058 采集站布设不好可以引起微震。
(   )196. BC059 仪器做检波器脉冲测试不合格，原因是外界有干扰。
(   )197. BC060 电台没有安装天线前可以通话发射，只是通话距离近。
(   )198. BC061 施工任务书的内容有：当日施工的测线号、障碍物位置、排列接收的起始点号、排列长度、钻井的起始点号、井深、单井药量等内容。
(   )199. BC062 车载电台的电源线，可以直接连接到汽车用的电瓶上。

答 案

一、单项选择题

1. C	2. A	3. C	4. C	5. B	6. A	7. B	8. D	9. C	10. B
11. A	12. C	13. D	14. D	15. C	16. B	17. B	18. A	19. A	20. B
21. C	22. C	23. B	24. C	25. A	26. D	27. C	28. C	29. B	30. D
31. B	32. C	33. B	34. A	35. C	36. A	37. C	38. D	39. C	40. D
41. B	42. B	43. D	44. C	45. D	46. C	47. B	48. A	49. D	50. A
51. C	52. A	53. B	54. C	55. C	56. B	57. D	58. C	59. B	60. D
61. A	62. D	63. B	64. C	65. D	66. B	67. D	68. C	69. A	70. D
71. A	72. D	73. C	74. C	75. D	76. D	77. A	78. D	79. B	80. C
81. B	82. B	83. C	84. B	85. A	86. B	87. A	88. B	89. A	90. A
91. A	92. C	93. D	94. C	95. A	96. C	97. B	98. A	99. B	100. A
101. C	102. C	103. C	104. D	105. B	106. A	107. C	108. B	109. B	110. A
111. B	112. C	113. B	114. C	115. B	116. B	117. A	118. D	119. D	120. A
121. A	122. B	123. C	124. C	125. D	126. A	127. C	128. B	129. D	130. B
131. C	132. B	133. D	134. A	135. C	136. B	137. B	138. D	139. D	140. D
141. B	142. A	143. D	144. C	145. C	146. A	147. C	148. D	149. A	150. B
151. B	152. C	153. C	154. A	155. A	156. C	157. C	158. C	159. D	160. D
161. C	162. C	163. C	164. B	165. C	166. C	167. B	168. C	169. C	170. A
171. C	172. C	173. A	174. A	175. D	176. D	177. C	178. C	179. B	180. A
181. D	182. B	183. B	184. B	185. D	186. B	187. D	188. C	189. C	190. B
191. B	192. C	193. B	194. C	195. A	196. C	197. B	198. C	199. C	200. A
201. B	202. A	203. B	204. A	205. D	206. D	207. C	208. D	209. B	210. B
211. B	212. C	213. C	214. C	215. D	216. B	217. C	218. C	219. C	220. D
221. A	222. D	223. C	224. B	225. D	226. C	227. C	228. D	229. D	230. A
231. B	232. C	233. C	234. C	235. C	236. A	237. A	238. C	239. B	240. A
241. C	242. C	243. C	244. D	245. C	246. B	247. C	248. C	249. B	250. B
251. B	252. C	253. C	254. C	255. C	256. A	257. B	258. A	259. D	260. C
261. D	262. B	263. B	264. C	265. D	266. C	267. A	268. C	269. A	270. B
271. A	272. B	273. A	274. C	275. D	276. C	277. A	278. D	279. D	280. C
281. D	282. D	283. C	284. D	285. D	286. C	287. A	288. A	289. C	290. A
291. C	292. B	293. C	294. C	295. B	296. A	297. A	298. C	299. B	300. A
301. A	302. C	303. A	304. C	305. D	306. A	307. C	308. B	309. C	310. A

311. C	312. C	313. B	314. A	315. A	316. C	317. D	318. A	319. A	320. D
321. D	322. A	323. A	324. C	325. A	326. B	327. D	328. D	329. C	330. D
331. B	332. A	333. B	334. C	335. C	336. D	337. C	338. B	339. D	340. A
341. D	342. D	343. C	344. D	345. B	346. D	347. A	348. C	349. A	350. C
351. A	352. A	353. C	354. B	355. C	356. A	357. C	358. C	359. C	360. C
361. D	362. C	363. C	364. B	365. B	366. C	367. A	368. C	369. C	370. D
371. B	372. C	373. B	374. A	375. B	376. D	377. D	378. B	379. C	380. A
381. C	382. A	383. C	384. C	385. C	386. C	387. B	388. C	389. C	390. B
391. A	392. D	393. C	394. A	395. D	396. A	397. C	398. A	399. C	400. C
401. B	402. C	403. B	404. D	405. B	406. C	407. C	408. C	409. C	410. C
411. C	412. B	413. D	414. B	415. C	416. B	417. B	418. A	419. C	420. A
421. C	422. D	423. A	424. C	425. C	426. D	427. C	428. A	429. C	430. C
431. C	432. A	433. C	434. C	435. C	436. C	437. B	438. C	439. C	440. C
441. D	442. C	443. B	444. B	445. C	446. D	447. B	448. C	449. C	450. D
451. A	452. C	453. C	454. C	455. C	456. C	457. C	458. C	459. C	460. A
461. A	462. A	463. B	464. B	465. C	466. A	467. B	468. C	469. C	470. C
471. B	472. B	473. C	474. B	475. C	476. B	477. B	478. C	479. C	480. C
481. C	482. C	483. C	484. D	485. C	486. C	487. B	488. C	489. C	490. C
491. C	492. C	493. B	494. B	495. C	496. C	497. C	498. C	499. C	500. B
501. C	502. A	503. C	504. A	505. B	506. C	507. D	508. A	509. C	510. C
511. A	512. B	513. B	514. A	515. C	516. B	517. A	518. C	519. C	520. B
521. C	522. C	523. C	524. C	525. A	526. A	527. C	528. C	529. C	530. C
531. B	532. D	533. A	534. C	535. B	536. D	537. B	538. A	539. C	540. C
541. D	542. A	543. C	544. C	545. C	546. C	547. C	548. C	549. C	550. C
551. D	552. A	553. A	554. B	555. B	556. C	557. B	558. C	559. C	560. C

二、判断题

1. √ 2. × 正确答案:测线物理点的坐标是由室内设计,通过测量仪器设备在野外将设计的位置在地表面标定出来。 3. √ 4. × 正确答案:震源线是指在其上布设炮点或震源点的线。 5. √ 6. × 正确答案:施工前需对工区内的设计测线进行实地踏勘,折线或弯线施工选线后的测线需经雇主批准后方可施工。 7. × 正确答案:野外地震仪器在记录之前,必须先进行放大,直到地震信号的幅度达到记录设备所要求的电压范围,才能记录。 8. × 正确答案:对地震勘探表层调查工作而言,任何一种方法均不是万能的,在不同施工区域解决问题的能力是不同的。 9. √ 10. √ 11. √ 12. × 正确答案:三维地震测线炮线平行于检波线。 13. √ 14. × 正确答案:激发参数应符合设计规定和试验后确定的参数。 15. √ 16. × 正确答案:仪器班报所有内容由仪器操作员逐炮填写,特殊地形、地物需标注清楚。 17. × 正确答案:地震采集竣工验收工作由施工方工程管理人员和顾客完成。 18.√ 19.× 正确答案:硬度值越高,金属抵抗塑性变形的能力就越大。 20.√ 21.× 正确答案:一般情况下,金属的硬度越高,耐磨性越好。 22.√ 23.√ 24.√ 25.× 正确答案:孔轴配合后出现很大的过盈,并不说明孔轴的精度很低。 26.√ 27.× 正确答案:三视图中 Y 轴表示宽度方向。 28.√ 29.× 正确答案:柴油机冷启动液中不可以掺入汽油。 30.√ 31.× 正确答案:选用润滑油时,应尽可能选用低黏度的润滑油。 32.× 正确答案:齿轮泵对液压油的抗磨要求比叶片泵、柱塞泵低。 33.√ 34.√ 35.× 正确答案:一般情况下,柴油的燃点是220℃。 36.√ 37.× 正确答案:低温钢焊条牌号符号用 W 表示。 38.√ 39.× 正确答案:安装传动轴万向节时,应使传动轴两端的叉在同一平面内。 40.× 正确答案:为防止滚动轴承发热,安装时应适当调整轴承间隙。 41.√ 42.√ 43.× 正确答案:在狭窄空间,最适合端部方形螺母紧螺纹和松螺纹的工具是套筒扳手。 44.× 正确答案:链传动的倾斜度增大时,链的下垂度应调小。 45.√ 46.√ 47.√ 48.× 正确答案:在钻进过程中功率一定的条件下,钻压与转速成反比关系。 49.√ 50.× 正确答案:岩石可钻性不仅取决于岩石自身的物理力学性质,还与钻进的工艺技术措施有关。 51.√ 52.√ 53.√ 54.√ 55.× 正确答案:使用钻杆前要认真检查螺纹磨损情况,磨损轻的用到井的下部。 56.√ 57.× 正确答案:凡弯曲钻杆必须矫正后再用,有螺纹损伤者,必须剔除更换。 58.× 正确答案:油液是液压传到系统中最常用的工作介质,又是液压元件的润滑剂。 59.× 正确答案:液压传动比不如机械传动不准确,传动效率低。 60.√ 61.× 正确答案:选用齿轮式油泵,油马达对系统用油的过滤精度要求不一定很高,系统的抗污染性较差。 62.√ 63.× 正确答案:流量控制阀有节流阀、调速阀、溢流节流阀、分流集流阀。 64.√ 65.√ 66.√ 67.× 正确答案:钻进时一旦发现钻井泵上返量减小、憋泵或钻具转速降低,则应适当减慢钻进速度。 68.√ 69.× 正确答案:设备的日常例行保养一般由操作工人承担。 70.× 正确答案:钻机工作期间,严禁接触传动轴、带传动、链传动等运转部位。 71.× 正确答案:WTZ5081TZJ 钻机加压系统加压提升力为 15kN。 72.√ 73.× 正确答案:WT300 钻机注水泵使用时需调压。 74.√ 75.√ 76.√ 77.× 78.√ 79.× 正确答案:WT50 钻机动力头采用单级斜齿传动。 80.× 正确答案:液压系统工作时温上升应小于35℃。 81.√ 82.√ 83.× 正确答案:液压系统的油温不得超过80℃。 84.× 正确答案:HY-20G 型山地钻机操作手柄位于油箱散热器操作阀模块。 85.√ 86.× 正确答案:加压提升装置主要由蜗轮减速箱、加压轴、加压链轮、加压链条、轴承及轴承组成。 87.√ 88.√ 89.√ 90.√ 91.√ 92.× 正确答案:钻井泵空气包上装有压力表,可随时观察钻井泵的工作压力。 93.√ 94.× 正确答案:气水分离器的作用是过滤压缩空气中的水分、污物。 95.√ 96.√ 97.√ 98.× 正确答案:钻机液压系统压力每次使用,必须检查。 99.√ 100.× 正确答案:HY-20G 钻机所用发动机输出功率为 10kW。 101.× 正确答案:钻进时,为避免卡钻,要时常滑井。 102.× 正确答案:启动发动机,将油门置于怠速位置。 103.× 正确答案:设备二级维护作业内应包括一级维护作业和日常维护作业。 104.√ 105.√ 106.√ 107.× 正确答案:钻机井架出现弯曲必须及时进行维修。 108.× 正确答案:在地震勘探放炮时,遥控爆炸系统受编码器控制。　109.×　正确答案:爆炸机通电开机之前,首先安装电台天线。　110.√　111.√　112.×　正确答案:SHOT PRO Ⅱ译码器放炮菜单下,同时按下"CHARGE"和"ARM"按钮则开始充电,待充满电后自动发出准备好信号。　113.×　正确答案:安装 Motorola GM-338/39 电台话筒时,应按照插头自锁的固定面插入。　114.√　115.√　116.√　117.√　118.×　正确答案:在 SHOT PRO Ⅱ译码器放炮菜单中,按下的"CHARGE"按键就开始充电。　119.×　正确答案:BOOMBOX 爆炸机开机后显示窗口有显示,面板指示灯闪烁,说明机器工作正常。120.×　正确答案:井口检波器在使用中也要注意极性。　121.√　122.×　正确答案:炮线阻值越大,放炮流过雷管的起爆电流就越小。　123.√　124.√　125.√　126.√　127.√　128.√　129.√　130.×　正确答案:电台的音量大小,与接收的灵敏度没有关系。　131.√　132.×　正确答案:地震勘探对爆炸炮点和排列都必须要求警戒。　133.×　正确答案:多井组合放炮时,各单井选用的雷管型号必须相同,其电阻值差应小于 0.3～0.5Ω。　134.√　135.×　正确答案:有效波的能量主要分布在 30～70Hz 的频率范围内。　136.×　正确答案:在含水黏土、砂岩或泥岩中反射波激发效果最好。　137.√　138.√　139.×　正确答案:三维地震勘探测线比较密集,线距较小;二维地震勘探测线比较稀疏,线距较大。　140.√　141.×　正确答案:野外生产多采用面积型组合检波形式。　142.√　143.×　正确答案:组合检波就是把检波器串按设计图形摆放在排列上。　144.√　145.×　正确答案:检波器夹子极片一般都采用紫铜片制造而成。　146.√　147.×　正确答案:检波器磁钢有正负极性。　148.√　149.×　正确答案:地震检波器串的极性要求必须一致,如果极性不一致会相互抵消,仅影响本道的接收效果。　150.√　151.×　正确答案:没有尾椎的检波器不可以使用,要及时更换尾椎才能使用。　152.√　153.×　正确答案:检波器串在野外生产中,要定期进行测试。　154.√　155.×正确答案:在沼泽地带施工时,一般要选用防水检波器。　156.×　正确答案:冬季冰上或硬地施工作业,应使用埋置检波器专用工具(如钎子等)打孔儿埋置,严禁使用重锤或硬物敲击埋置检波器。　157.√　158.√　159.×　正确答案:三串三并的 20DX 检波器串它的电阻是 500Ω,可以肯定这串检波器至少有两处断点。　160.√　161.√　162.√　163.×　检正确答案:三串三并的检波器串中的一个检波器短路会造成检波器串电阻小。　164.√　165.×　正确答案:小线夹子断片不可以使用。　166.√　167.×　正确答案:数传地震电缆排列上每个地震道的输出信号按串行方式传输给仪器车。　168.√　169.×　正确答案:408 数传电缆插头是针孔式的。　170.√　171.×　正确答案:布设地震电缆线时,用胳膊挎着线团,边走边放,直到下一个点。　172.√　173.×　正确答案:在复杂条件下,地震电缆的布设要严格按照施工任务书的要求,沿着测线,对准桩号布设。　174.√　175.×　正确答案:电缆线间短路,可以用蜂鸣器代替测试。　176.√　177.×　正确答案:用万用表可以检测电缆线阻值大。　178.√　179.×　正确答案:电缆线插头如果有雪或冰屑,可以用电吹风慢慢吹干。　180.√　181.×　正确答案:排列中的电源站,需要外部供电,才能工作。　182.√　183.×　正确答案:408UL 采集站是有线传输。　184.√　185.√　186.√　187.×　正确答案:SCOPION 采集站是单站 3 道,有线传输。　188.×　正确答案:野外排列采集站分别用多个直流电瓶供电。　189.×　正确答案:在排列中,不同型号的采集站不能互换使用。　190.√　191.×　正确答案:只有有线遥测地震仪器才使用电源站。　192.√　193.×　正确答案:排列中电源站不可以随意摆放,应该按约每48道摆放一个电源站。　194.√　195.×　正确答案:采集站布设不好不会引起微震,微震主要是由于检波器埋置不好或受到外界干扰而引发的。　196.√　197.×　正确答案:电台没有安装天线前,不能发射,以免烧坏电台发射管。　198.√　199.×　正确答案:车载电台的电源线,要连接在检测符合电压要求的电瓶上。

附 录

附录1　职业技能等级标准

1　工种概况

1.1　工种名称
石油地震勘探工。

1.2　工种定义
操作石油地震勘探钻机、爆炸机、采集站、电源站、检波器串、地震电缆等进行石油地震勘探及辅助作业的人员。

1.3　工种等级
本工种共设五个等级,分别为:初级(国家职业资格五级)、中级(国家职业资格四级)、高级(国家职业资格三级)、技师(国家职业资格二级)、高级技师(国家职业资格一级)。

1.4　工种环境
室外作业。部分岗位为室内作业,有噪声。

1.5　工种能力特征
身体健康,具有一定的理解、表达、分析、判断能力和形体知觉、色觉能力,动作协调灵活。

1.6　基本文化程度
高中毕业(或同等学历)。

1.7　培训要求

1.7.1　培训期限
全日制职业学校教育,根据其培养目标和教学计划确定期限。晋级培训:初级不少于280标准学时;中级不少于210标准学时;高级不少于200标准学时;技师不少于280标准学时;高级技师不少于200标准学时。

1.7.2　培训教师
培训初、中、高级的教师应具有本职业资格证书或中级以上专业技术职业任职资格;培训技师、高级技师的教师应具有本职业高级技师职业资格证书或相应专业高级专业技术职务。

1.7.3　培训场地设备
理论培训应具有可容纳30名以上学员的教室,技能操作培训应有相应的设备、工具、安全设施等较为完善的场地。

1.8 鉴定要求

1.8.1 适用对象

(1)新入职的操作技能人员;

(2)在操作技能岗位工作的人员;

(3)其他需要鉴定的人员。

1.8.2 申报条件

具备以下条件之一者可申报初级工:

(1)新入职完成本职业(工种)培训内容,经考核合格人员。

(2)从事本工种工作1年及以上的人员。

具备以下条件之一者可申报中级工:

(1)从事本工种工作5年以上,并取得本职业(工种)初级工职业技能等级证书。

(2)各类职业、高等院校大专及以上毕业生从事本工种工作3年及以上,并取得本职业(工种)初级工职业技能等级证书。

具备以下条件之一者可申报高级工:

(1)从事本工种工作14年以上,并取得本职业(工种)中级工职业技能等级证书的人员。

(2)各类职业、高等院校大专及以上毕业生从事本工种工作5年及以上,并取得本职业(工种)中级工职业技能等级证书的人员。

技师需取得本职业(工种)高级工职业技能等级证书3年以上,工作业绩经企业考核合格的人员。

1.8.3 鉴定方式

分理论知识考试和操作技能考核。理论知识考试采用闭卷笔试方式为主,推广无纸化考试形式;操作技能考核采用现场操作、模拟操作、实际操作笔试等方式。理论知识考试和操作技能考核均实行百分制,成绩皆达60分以上(含60分)者为合格。技师还需进行综合评审,综合评审包括技术答辩和业绩考核。综合评审成绩是技术答辩和业绩考核两部分的平均分。

1.8.4 鉴定时间

理论知识考试90分钟;操作技能考核不少于60分钟;综合评审的技术答辩时间40分钟(论文宣读20分钟,答辩20分钟)。

2. 基本要求

2.1 职业道德

(1)爱岗敬业,自觉履行职责;

(2)忠于职守,严于律己;

(3)吃苦耐劳,工作认真负责;

(4)勤奋好学,刻苦钻研业务技术;
(5)谦虚谨慎,团结协作;
(6)安全生产,严格执行生产操作规程;
(7)文明作业,质量环保意识强;
(8)遵规守纪,遵守法律。

2.2 基础知识

2.2.1 地球的基本面貌及石油地质知识

(1)地球的基本面貌;
(2)地质作用概述;
(3)地球上的岩石;
(4)背斜、向斜与断层;
(5)石油地质学相关知识。

2.2.2 石油物探基础知识

(1)石油物探方法概述及地震勘探的基本原理;
(2)地震资料野外采集方法;
(3)野外地震勘探工作流程。

2.2.3 浅海滩地震勘探基础知识

(1)滩浅海区域自然条件;
(2)项目二海上勘探工作的基本原理;
(3)海上地震勘探工作方法。

2.2.4 机械基础知识

(1)工程材料基础知识;
(2)机械零件基础知识;
(3)机械修理基础知识;
(4)油料使用基础知识。

2.2.5 焊接基础知识

(1)锡焊常用工具;
(2)焊料与助焊剂;
(3)电子线路焊接方法。

2.2.6 电工电子基础知识

(1)直流电;
(2)交流电;
(3)电容与电容器;
(4)整流和滤波电路;
(5)晶体管;
(6)场效应管;
(7)晶体管管脚及质量判别金属材料的性能。

2.2.7 野外施工作业管理基础知识
(1)健康、安全与环境保护;
(2)班组管理;
(3)野外求生知识。

2.2.8 计算机基础知识
(1)计算机的组成;
(2)计算机软件基本知识与应用。

3 工作要求

本标准对初级、中级、高级、技师、高级技师的技能要求依次递进,高级别包含低级别的要求。

3.1 初级

职业功能	工作内容	技能要求	相关知识
一、钻井	(一)检查地震钻机	1. 能检查钻机发动机 2. 能检查钻具 3. 能检查钻机的润滑系统	1. 地震钻机的组成 2. 钻具的组成 3. 地震钻机的保养
	(二)操作地震钻机	1. 能启动钻机发动机 2. 能操作钻机液压系统 3. 能操作钻机钻井液循环系统	1. 地震钻机的操作规程 2. 地震钻机手柄的操作方法
	(三)养护地震钻机	1. 能更换钻井泵润滑油 2. 能更换涡轮箱润滑油 3. 能更换动力头润滑 4. 能更换钻机钻井泵活塞 5. 能更换钻机钻井泵阀垫	1. 润滑油的作用 2. 润滑油的分类 3. 钻井泵的作用 4. 活塞的作用 5. 阀的作用
二、爆炸	(一)制作炸药包	能制作成型炸药包	制作炸药包的有关规定
	(二)操作设备	1. 能装填炸药 2. 能连接起爆线安置井口检波器 3. 能警戒放炮点 4. 能操作雷管测试仪	1. 爆炸杆使用安全常识 2. 放置炸药包有关规定 3. 使用电台注意事项
三、放线	(一)操作采集外设	1. 能布设地震电缆检波器 2. 能判断检波器串故障 3. 能操作收放缆机	1. 地震电缆线使用注意事项 2. 采集站的使用方法 3. 检波器组合形式 4. 埋置地震检波器的技术要求 5. 地震加长电缆概念 6. 电缆线的布设方法
	(二)使用仪表工具	1. 能使用万用表测量电阻 2. 能维护电烙铁	1. 万用表测量电阻的方法 2. 电烙铁的使用方法

3.2 中级

职业功能	工作内容	技能要求	相关知识
一、钻井	（一）操作地震钻机	能操作地震钻机单杆打井	地震勘探对地震钻井的要求
	（二）养护地震钻机	1. 能保养地震钻机钻井泵总成 2. 能更换地震钻机钻井泵阀组件 3. 能更换地震钻机分动箱润滑油 4. 能更换地震钻机链轮箱润滑油 5. 能保养地震钻机起钎加压装置总成 6. 能常规保养地震钻机气动系统 7. 能保养地震钻机井架总成 8. 能更换地震钻机加压系统小链轮总成 9. 能更换地震钻机动力头水封 10. 能更换地震钻机动力头下油封 11. 能更换地震钻机万向节十字轴	1. 钻井泵的组成 2. 阀的作用 3. 润滑油的分类 4. 加压装置的作用 5. 加压装置的组成 6. 钻机空压系统的组成 7. 动力头的组成 8. 万向节十字轴更换方法
二、爆炸	（一）操作设备	1. 能连接起爆网络 2. 能排除起爆网络故障 3. 能爆炸机电瓶检测与充电 4. 操作爆炸机通信电台	1. 电瓶的充电方法 2. 雷管的测试方法 3. 雷管的技术参数 4. 爆炸网络的组成
	（二）安装设备	能安装爆炸机	爆炸机操作方法
三、放线	（一）操作采集外设	1. 能在复杂地表条件下摆放检波器串 2. 能在复杂地表条件下摆放地震电缆 3. 能在特殊环境下摆放检波器串 4. 能在特殊环境下摆放地震电缆	1. 复杂条件下检波器串的摆放要求 2. 复杂条件下电缆的摆放形式 3. 高压电线下检波器串摆放要求 4. 使用地震电缆线的注意事项
	（二）使用仪表工具	1. 能调试维护万用表 2. 能维护手持电台 3. 能使用万用表测量电瓶电压	1. 万用表的组成 2. 电台维护注意事项 3. 电瓶电压的测量方法
	（三）排除采集外设故障	1. 能查找排除排列故障 2. 能排除地震检波器串故障	1. 查找排除排列故障的方法 2. 查找排除检波器串故障的方法

3.3 高级

职业功能	工作内容	技能要求	相关知识
钻井	（一）养护地震钻机	1. 能更换地震钻机钻井泵缸套 2. 能更换地震钻机钻井泵阀座 3. 能更换地震钻机钻井泵主动轴轴承 4. 能更换地震钻机钻井泵从动轴轴承 5. 能调整地震钻机钻井泵连杆大瓦 6. 能更换地震钻机动力头主动轴轴承 7. 能更换地震钻机动力头中心管轴承 8. 能维护地震钻机液压系统 9. 能操作台钻 10. 能使用丝锥板牙	1. 地震钻机钻井泵的组成 2. 地震钻机动力头的组成 3. 地震钻机液压系统的组成 4. 台钻的使用方法 5. 攻丝的基本常识

续表

职业功能	工作内容	技能要求	相关知识
钻井	（二） 排除地震钻机故障	1. 能处理地震钻机钻井泵气动离合器打滑 2. 能处理地震钻机钻井泵动力端异响 3. 能处理地震钻机齿轮油泵异响 4. 能处理地震钻机液压系统不启动 5. 能处理地震钻机液压系统动作慢	1. 地震钻机钻井泵离合器打滑原因 2. 排除地震钻机钻井泵动力端异响的方法 3. 排除地震钻机齿轮油泵异响的方法 4. 液压传动的工作原理 5. 液压系统的组成 6. 钻机系统动作慢原因
爆炸	（一） 操作设备	1. 能操作爆炸机 2. 能设置 SHOTPROII 译码器参数 3. 设置 BOOMBOX 译码器参数	爆炸机操作方法
爆炸	（二） 排除爆炸机故障	1. 能排除爆炸机不开机故障 2. 能排除爆炸机通信故障 3. 能排除放炮无井口时间故障 4. 能维护保养爆炸机	1. 爆炸机的维护方法 2. 爆炸机电瓶的更换方法
放线	（一） 检修采集外设	能组装三串三并地震检波器串	组装地震检波器串的方法
放线	（一） 检修采集外设	能焊接地震电缆线插头、电缆	地震电缆线插头种类
放线	（二） 排除采集外设故障	能排除三串三并地震检波器串故障	室内排除地震检波器串故障的方法
放线	（二） 排除采集外设故障	能排除地震电缆线故障	室内排除地震电缆线故障的方法
放线	（三） 使用仪表工具	1. 能使用检波器测试仪 2. 能用万用表测试检波器性能 3. 能使用万用表测量二极管	1. 检波器测试仪的使用方法 2. 电动式地震检波器的结构 3. 二极管种类

3.4 技师

职业功能	工作内容	技能要求	相关知识
一、钻井	（一） 养护地震钻机	1. 能组装地震钻机 2. 能组装地震钻机动力头 3. 能组装地震钻机钻井泵 4. 能组装地震钻机分动箱 5. 能组装地震钻机带传动机构 6. 能组装地震钻机气控系统 7. 能保养地震钻机空压机	1. 钻机系统的组成 2. 组装钻机动力头的方法 3. 组装钻机钻井泵的方法 4. 钻机分动箱的保养方法 5. 组装带传动机构方法 6. 组装钻机气控系统的方法 7. 钻机空压系统的组成
一、钻井	（二） 排除地震钻机故障	1. 能排除钻机动力头主轴不转故障 2. 能排除钻机钻井泵排量不足故障 3. 能排除液压系统动作慢故障	1. 动力头的组成 2. 钻井泵的组成 3. 液压系统爬行的原因
二、爆炸	（一） 操作设备	能输入译码器参数	译码器参数输入要求
二、爆炸	（二） 排除爆炸机故障	1. 能排除爆炸机电源故障 2. 能排除爆炸机充电机故障	1. 爆炸机不开机的故障排除方法 2. 爆炸机充电机的维护方法

续表

职业功能	工作内容	技能要求	相关知识
三、放线	（一）检测采集外设	1. 能组装高分辨地震检波器 2. 能检测微测井电缆线	1. 高分辨检波器的结构 2. 检查微测井电缆激发点顺序 3. 检测微测井电缆线通断的方法
三、放线	（二）排除采集外设故障	1. 能排除高分辨地震检波故障 2. 能排除检波器串极性及阻值故障	1. 高分辨检波器故障的排除方法 2. 检波器串故障排除方法
三、放线	（三）使用仪表工具	1. 能更换电路板元器件 2. 能调试电子电路	1. 电路的基础知识 2. 电路的概念
综合能力	（一）计算机应用	1. 能使用 Word 进行文件编辑 2. 能使用 Excel 制作表格	办公软件应用
综合能力	（二）理论与技能培训	能对初、中、高级石油地震勘探工进行理论、技能培训	1. 教学计划的编写方法 2. 培训方案的编制方法及要求

3.5 高级技师

职业功能	工作内容	技能要求	相关知识
一、钻井	（一）养护地震钻机	能组装齿轮传动机构	组装齿轮传动机构工艺
一、钻井	（二）排除地震钻机故障	1. 能焊接动力头壳体 2. 能焊接钻头钨钢块 3. 能焊接钻杆接头 4. 能排除换向滑阀不动故障 5. 能排除钻机分动箱异响故障 6. 能排除链轮箱异响故障 7. 能排除齿轮油泵异响故障	1 焊接工具选择要求 2. 焊料选择要求 3. 焊剂选择要求 4. 钻头钨合金钢块排列形式 5. 换向滑阀不动的排除方法 6. 排除钻机分动箱异响故障的方法 7. 排除链轮箱异响故障的方法 8. 排除齿轮油泵异响故障的方法
二、爆炸	（一）维修排除故障	1 能排除译码器高压不放电故障 2. 能排除译码器辅助部件故障 3. 能输入编译码器参数	1. 爆炸机译码信号故障排除方法 2. 编译码器参数的输入方法
二、爆炸	（二）设计电子电路	能使用驻功率计 能测试遥爆启动	设计整流稳压电路方法
三、放线	（一）排除采集外设故障	能排除采集链故障	根据采集链电路图判断故障
三、放线	（二）检测采集外设	1. 能检测采集站 2. 能检测电源站 3. 能检测交叉站 4. 能检测采集链	1. 检测采集站的方法 2. 检测电源站的方法 3. 检测交叉站的方法 4. 检测采集链的方法
四、培训	（一）计算机应用	1. 能利用网络查询搜集资料信息 2. 能制作多媒体技术培训课件	1. 互联网的应用 2. 计算机办公软件的应用
四、培训	（二）工艺计划编制	1. 能绘制观测系统 2. 能制定考核点项目	1. 绘制观测系统方法 2 制定考核点项目方法
四、培训	（三）论文答辩	能论文答辩	论文的编写方法

4 比重表

4.1 理论知识

项目			初级（%）	中级工（%）	高级工（%）	技师、高级技师（%）
基本要求		基础知识	30	30	30	25
技能要求	钻井	检查地震钻机	10			
		操作地震钻机	10	15		
		养护地震钻机	6	10	25	15
		排除地震钻机故障			10	15
	爆炸	制作炸药包	9			
		操作设备	9	10	5	5
		安装设备		5	5	
		排除爆炸机故障			5	5
		设计电子电路		5		
	放线	操作采集外设	20	10		
		使用仪表工具	6	5	5	5
		排除采集外设故障		10	10	10
		检修采集外设			5	
		检测采集外设				5
	综合能力	理论与技能训				5
		计算机应用				5
		工艺计划编制				3
		论文答辩				2
合 计			100	100	100	100

4.2 技能操作

项目			初级工（%）	中级工（%）	高级工（%）	技师（%）	高级技师（%）
技能要求	钻井	检查地震钻机	10				
		操作地震钻机	20	15			
		养护地震钻机	10	25	20	20	10
		排除地震钻机故障			20	15	20
	爆炸	制作药包	10				
		操作设备	10	10	10	5	
		安装设备	10	15	10		

续表

项	目		初级工(%)	中级工(%)	高级工(%)	技师(%)	高级技师(%)
技能要求	爆炸	安装设备	10	15	10		
		设计电子电路		5			5
		排除爆炸机故障			10	15	15
	放线	操作采集外设	10	10			
		使用仪表工具	20	10	10	10	5
		排除采集外设故障		10	10	10	10
		检修采集外设			10		
		检测采集外设				10	10
	综合能力	理论与技能培训				10	
		计算机应用				5	10
		工艺计划编制					5
论文答辩			50	50	50	40	40
合计			100	100	100	100	100

附录2 初级工理论知识鉴定要素细目表

行业:石油天然气　　　　工种:石油地震勘探工　　　　等级:初级工　　　　鉴定方式:理论知识

行为领域	代码	鉴定范围	鉴定比重	代码	鉴定点	重要程度	备注
基础知识 A 30% (47:12:04)	A	地震勘探基础知识 (17:00:00)	10%	001	石油物探的概念	X	上岗要求
				002	石油物探的方法	X	上岗要求
				003	地震勘探的方法	X	上岗要求
				004	地震勘探基本原理	X	上岗要求
				005	地震勘探的工作环节	X	上岗要求
				006	野外观测系统基本概念	X	上岗要求
				007	地震波激发要求及震源种类	X	上岗要求
				008	陆上和海上非炸药震源的种类	X	上岗要求
				009	陆上炸药震源激发因素的选择	X	上岗要求
				010	检波器接收方法及组合检波的概念	X	上岗要求
				011	检波器组合方法	X	上岗要求
				012	野外地震勘探工作流程	X	上岗要求
				013	地震勘探野外试验工作	X	上岗要求
				014	组合激发的概念及作用	X	上岗要求
				015	海上地震勘探工作方法	X	上岗要求
				016	滩浅海区域自然条件	X	上岗要求
				017	海上地震勘探工作原理	X	上岗要求
	B	机械基础知识 (15:09:02)	10%	001	金属材料的性能	Z	上岗要求
				002	金属材料的分类	YZ	上岗要求
				003	金属材料的机械性能	X	上岗要求
				004	金属材料的化学性能	X	上岗要求
				005	金属材料的物理性能	X	上岗要求
				006	金属材料的工艺性能	Z	上岗要求
				007	平皮带传动的特点	YZ	上岗要求
				008	三角皮带传动的特点	YZ	上岗要求
				009	齿轮传动的特点	X	上岗要求
				010	液压传动的特点	X	上岗要求
				011	热处理的目的	YZ	上岗要求
				012	润滑油的作用	X	上岗要求
				013	载荷的概念	YZ	上岗要求

续表

行为领域	代码	鉴定范围	鉴定比重	代码	鉴定点	重要程度	备注
基础知识 A 30% (47：12：04)	B	机械基础知识 (15：09：02)	10%	014	静载荷的概念	Y	上岗要求
				015	变形的概念	X	上岗要求
				016	三角皮带的结构	X	上岗要求
				017	传动比的概念	X	上岗要求
				018	齿轮传动的常用类型	X	上岗要求
				019	分度圆点概念	Y	上岗要求
				020	齿数概念	Y	上岗要求
				021	模数概念	Y	上岗要求
				022	液压油的概念	X	上岗要求
				023	液压油的型号分类	X	上岗要求
				024	液压油的选用分类	X	上岗要求
				025	液压油的作用	X	上岗要求
				026	润滑油的分类	X	上岗要求
	C	电工知识 (15：03：02)	10%	001	电流的概念	Y	上岗要求
				002	电路的概念	Y	上岗要求
				003	电阻的概念	X	上岗要求
				004	计算电阻串联的方法	X	上岗要求
				005	计算电阻并联的方法	X	上岗要求
				006	欧姆定律的概念	Z	上岗要求
				007	电阻串联的概念	X	上岗要求
				008	电阻并联的概念	X	上岗要求
				009	电容器的概念	X	上岗要求
				010	电容器的特点	X	上岗要求
				011	电容器的种类	X	上岗要求
				012	电容器的应用	X	上岗要求
				013	电压的概念	X	上岗要求
				014	电动势的概念	X	上岗要求
				015	电阻的种类	Z	上岗要求
				016	电源的概念	X	上岗要求
				017	电源的作用	X	上岗要求
				018	电源的种类	X	上岗要求
				019	交流电的概念	X	上岗要求
				020	无线电信号的概念	Y	上岗要求

续表

行为领域	代码	鉴定范围	鉴定比重	代码	鉴定点	重要程度	备注
专业知识 B 70% (118∶18∶09)	A	钻井 (52∶08∶05)	26%	001	地震钻井的特点	X	上岗要求
				002	地震勘探对钻井的要求	X	上岗要求
				003	寻找井位桩号	X	上岗要求
				004	设备的润滑清洁方法	X	上岗要求
				005	识别地震钻机的方法	X	上岗要求
				006	地震钻机对润滑的要求	Y	上岗要求
				007	井深对记录质量的影响	X	上岗要求
				008	岩性对记录质量的影响	X	上岗要求
				009	常规井位的确定方法	X	上岗要求
				010	特殊井位的确定方法	X	上岗要求
				011	钻井液的性能	X	上岗要求
				012	钻井液的组成	Y	上岗要求
				013	钻井液的分类	X	上岗要求
				014	选用钻井液的方法	X	上岗要求
				015	地震勘探对井位的要求	X	上岗要求
				016	钻头的概念	X	上岗要求
				017	刮刀钻头的概念	X	上岗要求
				018	牙轮钻头概念	X	上岗要求
				019	确定 WT50 钻机钻杆长度尺寸的方法	X	上岗要求
				020	确定 WT50 钻机钻杆直径尺寸的方法	X	上岗要求
				021	WT50 钻机的驱动装置	X	上岗要求
				022	地震钻机的分类	X	上岗要求
				023	地震钻机的特点	X	上岗要求
				024	地震钻机的保养	X	上岗要求
				025	地震钻机的组成	X	上岗要求
				026	钻杆的保养方法	Z	上岗要求
				027	钻井钻井液常用添加剂的性能	Y	上岗要求
				028	钻井专用工具的保养	X	上岗要求
				029	螺纹脂的作用	X	上岗要求
				030	冲击器的使用与保养	X	上岗要求
				031	可压缩钻井循环介质	Z	上岗要求
				032	可压缩钻井循环介质添加剂及其用途	Y	上岗要求
				033	钻井液相对密度的概念	Y	上岗要求
				034	钻井液的上返速度概念	X	上岗要求
				035	循环钻井液概念	X	上岗要求

续表

行为领域	代码	鉴定范围	鉴定比重	代码	鉴定点	重要程度	备注
专业知识 B 70% (118∶18∶09)	A	钻井 (52∶08∶05)	26%	036	组合井一般布置形式	X	上岗要求
				037	钻井液的流变特性	X	上岗要求
				038	钻井液的失水造壁性	Y	上岗要求
				039	黏土矿物组成分类	Y	上岗要求
				040	钻头的分类	X	上岗要求
				041	钻头的保养方法	Y	上岗要求
				042	钻头的使用方法	X	上岗要求
				043	接钻杆的程序	Z	上岗要求
				044	接卸钻杆的注意事项	X	上岗要求
				045	钻具的概念	X	上岗要求
				046	钻具的组成	Z	上岗要求
				047	钻杆接头的形式	X	上岗要求
				048	钻头钨合金钢块排列形式	X	上岗要求
				049	钻机钻井时的一钻工的作用	X	上岗要求
				050	钻机钻井时的二钻工的作用	X	上岗要求
				051	地震钻机的操作规程	X	上岗要求
				052	操作钻机旋转手柄的方法	X	上岗要求
				053	操作地震钻机两通气开关手柄的方法	X	上岗要求
				054	操作地震钻机快速提升下降手柄的方法	X	上岗要求
				055	操作地震钻机起落井架手柄的方法	X	上岗要求
				056	配置钻井液的方法	X	上岗要求
				057	地震钻机钻工的岗位职责	X	上岗要求
				058	链轮箱的作用	X	上岗要求
				059	卡套的使用方法	X	上岗要求
				060	链条的作用	X	上岗要求
				061	阀的作用	X	上岗要求
				062	活塞的作用	Z	上岗要求
				063	钻井泵的作用	X	上岗要求
				064	动力头的作用	X	上岗要求
				065	加压装置的作用	X	上岗要求
	B	爆炸 (21∶01∶00)	18%	001	炸药的分类	X	上岗要求
				002	炸药的性能	X	上岗要求
				003	炸药的燃烧与爆轰	X	上岗要求
				004	雷管的分类	X	上岗要求
				005	炮雷管的编码	X	上岗要求

续表

行为领域	代码	鉴定范围	鉴定比重	代码	鉴定点	重要程度	备注
专业知识 B 70% (118:18:09)	B	爆炸 (21:01:00)	18%	006	电雷测试的安全规定	Y	上岗要求
				007	爆破器材的存储规定	X	上岗要求
				008	雷管的性能	X	上岗要求
				009	电雷管的技术指标	X	上岗要求
				010	冲击波对人的损伤危害	X	上岗要求
				011	冲击波对建筑物的破坏作用	X	上岗要求
				012	震源药柱的性能指标	X	上岗要求
				013	炸药的感度	X	上岗要求
				014	地震勘探爆破安全规程	X	上岗要求
				015	电雷管的结构	X	上岗要求
				016	电雷管使用的注意事项	X	上岗要求
				017	装填炸药安全规定	X	上岗要求
				018	制作炸药包的规定	X	上岗要求
				019	警戒要求的内容	X	上岗要求
				020	警戒的一般知识	X	上岗要求
				021	民爆物品人工搬运规定	X	上岗要求
				022	民爆器材运输规定	X	上岗要求
	C	放线 (45:09:04)	26%	001	摆放地震电缆线的技术要求	X	上岗要求
				002	收地震电缆线的技术要求	X	上岗要求
				003	地震电缆线的分类	X	上岗要求
				004	地震电缆线的作用	X	上岗要求
				005	多次覆盖电缆的用途	Z	上岗要求
				006	数传电缆的用途	X	上岗要求
				007	数传电缆与普通电缆的区别	Z	上岗要求
				008	使用地震电缆线的注意事项	Y	上岗要求
				009	地震电缆线的抽头性能	X	上岗要求
				010	收地震电缆线的注意事项	X	上岗要求
				011	多次覆盖电缆的概念	X	上岗要求
				012	遥测电缆的概念	Y	上岗要求
				013	加长电缆的概念	Z	上岗要求
				014	卡车线的作用	X	上岗要求
				015	交叉线的作用	X	上岗要求
				016	物探专用电缆型号	X	上岗要求
				017	常用地震检波器的型号	Y	上岗要求
				018	地震检波器的性能	X	上岗要求

续表

行为领域	代码	鉴定范围	鉴定比重	代码	鉴定点	重要程度	备注
专业知识 B 70% (118∶18∶09)	C	放线 (45∶09∶04)	26%	019	地震检波器的种类	X	上岗要求
				020	动圈式地震检波器的基本结构	Y	上岗要求
				021	地震检波器的分类	X	上岗要求
				022	地震检波器的概念	X	上岗要求
				023	地震检波器的工作原理	X	上岗要求
				024	地震检波器采用双线圈的原理	Y	上岗要求
				025	涡流式检波器的特点	Y	上岗要求
				026	涡流式检波器的结构原理	Z	上岗要求
				027	压电式检波器的特点	X	上岗要求
				028	压电式检波器的结构原理	X	上岗要求
				029	地震检波器的功能	X	上岗要求
				030	地震检波器的应用	X	上岗要求
				031	检波器尾椎作用	X	上岗要求
				032	检波器外部结构	X	上岗要求
				033	检波器外壳功能	X	上岗要求
				034	检波器防水帽的性能	X	上岗要求
				035	检波器磁钢的性能	X	上岗要求
				036	检波器芯体结构	X	上岗要求
				037	检波器芯体检测	Y	上岗要求
				038	检波器线圈结构	X	上岗要求
				039	检波器线圈性能	X	上岗要求
				040	检波器弹簧片结构	X	上岗要求
				041	检波器弹簧片性能	X	上岗要求
				042	使用地震检波器的注意事项	Y	上岗要求
				043	万用表测量电阻方法	Z	上岗要求
				044	万用表的分类	X	上岗要求
				045	万用表的特点	Y	上岗要求
				046	万用表的组成	X	上岗要求
				047	使用模拟万用表的注意事项	X	上岗要求
				048	使用数字万用表的注意事项	X	上岗要求
				049	数字万能表测量方法	X	上岗要求
				050	排列的概念	X	上岗要求
				051	排列的类型	X	上岗要求
				052	手持电台的组成	X	上岗要求
				053	手持电台的功能	X	上岗要求
				054	手持电台的技术要求	X	上岗要求
				055	使用手持电台注意事项	X	上岗要求
				056	排列警戒的要求	X	上岗要求

注:X—核心要素;Y——般要素;Z—辅助要素。

附录3 初级工操作技能鉴定要素细目表

行业：石油天然气　　工种：地震勘探工　　等级：初级工　　鉴定方式：操作技能

行为领域	鉴定范围			鉴定点			备注
	代码	名称	鉴定比重	代码	名称	重要程度	
操作技能 100% (16:03:01)	A	钻井 (09:03:01)	40%	001	检查钻机发动机	Y	
				002	检查钻具	Z	
				003	检查钻机的润滑系统	X	
				004	出工前检查钻机	X	
				005	收工后检查钻机	X	
				006	更换钻井泵润滑油	X	
				007	更换涡轮箱润滑油	Y	
				008	更换动力头润滑油	X	
				009	更换钻机钻井泵活塞	X	
				010	更换钻机钻井泵阀垫	Y	
				011	启动钻机发动机	X	
				012	操作WT50钻机液压系统	X	
				013	操作WT30钻机钻井液循环系统	X	
				014	配置钻井液	X	
				015	接钻杆	X	
				016	卸钻杆	X	
				017	冲击器拆装与保养	X	
	B	爆炸 (04:00:00)	30%	001	制作成型炸药包	X	
				002	装填炸药	X	
				003	连接起爆线安置井口检波器	X	
				004	警戒放炮点	X	
				005	操作雷管测试仪	X	
	C	放线 (03:00:00)	30%	001	布设地震电缆检波器	X	
				002	判断检波器串故障	X	
				003	使用维护与电烙铁	X	
				004	操作收放缆机	X	

注：X—核心要素；Y——般要素；Z—辅助要素。

附录4 中级工理论知识鉴定要素细目表

行业:石油天然气　　　工种:石油地震勘探工　　　等级:中级工　　　鉴定方式:理论知识

行业领域	代码	鉴定范围	鉴定比重	代码	鉴定点	重要程度
基础知识 A 30% (44:14:02)	A	地震勘探基础知识 (14:03:00)	5%	001	地震波入射到分界面上的传播规律	X
				002	石油物探测量基本知识	X
				003	三维观测系统概念及设计原则	Y
				004	三维观测系统有关术语的定义	X
				005	测线的偏移和变观要求	X
				006	二维测线实测要求	X
				007	地震波接收对仪器的基本要求	X
				008	表层结构调查方法	X
				009	近地表低降速层与静校正基本概念	Y
				010	二维地震测线布设原则	Y
				011	二维地震测线的命名及编排	X
				012	三维地震测线设计原则及编排	X
				013	地震勘探工区踏勘工作内容和目的	X
				014	野外地震资料采集激发工作的技术和质量要求	X
				015	野外地震资料采集接收工作的技术和质量要求	X
				016	地震资料的分析	X
				017	地震资料采集竣工验收工作内容	X
	B	机械基础常识 (14:07:02)	20%	001	金属的弹性变形概念	X
				002	金属的塑性变形概念	X
				003	金属的强度概念	X
				004	金属的硬度概念	X
				005	金属的疲劳强度概念	Y
				006	金属的冲击韧性概念	Y
				007	公差的概念	Y
				008	配合的概念	Y
				009	选择表面粗超度参数原则	Z
				010	机械制图的要素	X
				011	汽油特点	X
				012	柴油特点	X
				013	机油特点	X

续表

行业领域	代码	鉴定范围	鉴定比重	代码	鉴定点	重要程度
基础知识 A 30% (44：14：02)	B	机械基础常识 (14：07：02)	20%	014	齿轮油的特点	X
				015	液压油的特点	X
				016	安全使用汽油要求	X
				017	安全使用柴油要求	X
				018	燃料使用的安全知识	Z
				019	电焊的概念	Y
				020	焊条的分类	Y
				021	确定扳手尺寸的方法	X
				022	万向节十字轴更换方法	X
				023	滚动轴承的特点	X
				024	气割的原理	X
				025	套筒扳手作用	X
				026	管钳的作用	X
				027	链传动的特点	X
				028	键的作用	X
				029	花键连接的特点	X
	C	电工、电子基础知识 (16：04：00)	5%	001	电功的概念	X
				002	电功率的概念	X
				003	磁场对导体的作用	X
				004	磁场的概念	X
				005	磁场强度的概念	X
				006	电场的性质	X
				007	电场力的性质	X
				008	电磁感应定律的概念	X
				009	电磁感应定律的应用	X
				010	电流的性质	X
				011	电路的状态	Y
				012	电源的串联与并联	Y
				013	电阻在电路中的作用	X
				014	电阻的测量方法	X
				015	电容在电路中的作用	Y
				016	电容的测量方法	Y
				017	晶体管管脚及质量判别	X
				018	二极管的测量方法	X
				019	电流的测量方法	X

续表

行业领域	代码	鉴定范围	鉴定比重	代码	鉴定点	重要程度
基础知识 A 30% (44∶14∶02)	C	电工、电子基础知识 (16∶04∶00)	5%	020	电压的测量方法	X
				021	助焊剂的作用	X
				022	助焊剂的分类	X
专业知识 B 70% (137∶15∶07)	A	钻井 (49∶06∶02)	25%	001	卡钻的类型	X
				002	钻井参数	Y
				003	地震钻机司钻的岗位职责	Z
				004	岩石的可钻性	X
				005	钻井工艺对钻进机械设备的基本要求	X
				006	影响钻井的因素	X
				007	引起钻杆折断的原因	X
				008	排除钻杆脱落故障	X
				009	预防钻杆折断	X
				010	液压传动的工作原理	X
				011	液压系统的组成	X
				012	液压泵的工作原理	X
				013	液压马达的工作原理	X
				014	换向阀的工作原理	X
				015	液压阀的分类	Y
				016	多路阀结构分类	X
				017	多路阀阀间连接方式分类	X
				018	钻机的操作方法	Z
				019	钻机的传动系统	Y
				020	钻机日常保养内容	Y
				021	钻机使用注意事项	X
				022	钻机的主要参数	Y
				023	钻机的定期保养	Y
				024	钻机注水泵的保养方法	X
				025	预防钻机憋泵	X
				026	钻机安全操作规程	X
				027	钻井泵的组成	X
				028	齿轮油泵的优点	X
				029	钻机动力头的组成	X
				030	钻机液压系统的维护	X
				031	钻机气控系统的组成	X
				032	加压装置的组成	X

续表

行业领域	代码	鉴定范围	鉴定比重	代码	鉴定点	重要程度
专业知识 B 70% (137:15:07)	A	钻井 (49:06:02)	25%	033	排除液压系统故障	X
				034	山地钻机的组成	X
				035	钻杆脱落事故的预防	X
				036	加压提升装置的使用和维护	X
				037	保养减速箱要点	X
				038	使用和维护链轮箱	X
				039	使用与维护钻井泵	X
				040	使用与保养气控系统	X
				041	轻便钻机使用保养注意事项	X
				042	保养轻便钻机整机	X
				043	轻便钻机主要性能参数	X
				044	操作轻便钻机钻井	X
				045	钻机保养制度	X
				046	设备维护保养的概念和意义	X
				047	使用与保养钻具	X
				048	钻机井架组成	X
	B	爆炸 (28:04:00)	20%	001	遥控爆炸系统的组成	X
				002	爆炸机的使用注意事项	X
				003	爆炸机的功能	X
				004	地震勘探爆炸作业程序	X
				005	爆炸机的组成	X
				006	爆炸机电台面板介绍	X
				007	爆炸机电台的作用	X
				008	爆炸网络的组成	X
				009	放炮前的准备工作	X
				010	BOOMBOX 爆炸机面板介绍	X
				011	SHOTPROII 爆炸机面板介绍	X
				012	操作 SHOTPROII 爆炸机方法	Y
				013	井口检波器的作用	X
				014	起爆网络炮线连接方法	X
				015	炮线的性能	X
				016	影响爆炸效能的因素	X
				017	建立爆炸站点的安全规定	X
				018	起爆网络的测试方法	Y
				019	爆炸机电瓶的充电方法	X

续表

行业领域	代码	鉴定范围	鉴定比重	代码	鉴定点	重要程度
专业知识 B 70% (137:15:07)	B	爆炸 (28:04:00)	20%	020	爆炸机电瓶的测试方法	Y
				021	爆炸机充电机使用注意事项	X
				022	地震勘爆破方式	X
				023	爆炸机电台的使用注意事项	X
				024	地震勘探使用的炸药与雷管	X
				025	爆炸作业的安全规定	X
				026	爆炸工作中的技术要求	X
				027	炸药与振幅的关系	X
				028	炸药与频率的关系	X
				029	激发岩性与有效波的关系	X
				030	炸药与岩石的耦合关系	X
	C	放线 (51:16:05)	25%	001	地震勘探测线的原则	Y
				002	地震勘探测线的形式	Y
				003	组合检波的概念	X
				004	组合检波的特点	X
				005	组合检波的作用	Z
				006	组合检波法的形式	X
				007	组合检波的埋置要求	X
				008	检波器串夹子的结构	X
				009	地震检波器串的结构	Y
				010	地震检波器串的连接	X
				011	检波器串埋置的技术要求	X
				012	地震检波器串的极性判别方法	X
				013	地震检波器串的指标要求	X
				014	使用地震检波器串注意事项	X
				015	地震检波器串运输注意事项	X
				016	检波器串的测试要求	X
				017	埋置检波器串的不利条件	Z
				018	沼泽地带检波器串的埋置要求	X
				019	不同气候条件下检波器的埋置	X
				020	复杂条件下检波器串的埋置要求	X
				021	检波器对记录的影响	Y
				022	地震检波器串故障的判断方法	Z
				023	排列中地震电缆漏电的原因	X
				024	排列中地震电缆漏电的排除方法	Y

续表

行业领域	代码	鉴定范围	鉴定比重	代码	鉴定点	重要程度
专业知识 B 70% (137：15：07)	C	放线 (51：16：05)	25%	025	排列中检波器串断路的原因	X
				026	排列中检波器串电阻小的原因	Y
				027	排列中检波器串短路的原因	Y
				028	检波器夹子的故障原因	X
				029	检波器夹子的焊接方法	X
				030	地震电缆线传输信号的原理	X
				031	地震电缆线的结构	X
				032	地震电缆线插头的种类	Y
				033	地震电缆线插头的特点	X
				034	地震电缆线的布设方法	X
				035	地震电缆护套的作用	X
				036	复杂条件下电缆的摆放形式	X
				037	排列中地震电缆线短路的原因	X
				038	排除排列中电缆线短路的方法	X
				039	排列中电缆线电阻大的原因	X
				040	排除排列中电缆线电阻大的方法	X
				041	排列中电缆线电阻小的原因	X
				042	排除排列中电缆线电阻小的方法	X
				043	地震采集站的作用	X
				044	地震电源站的作用	X
				045	交叉站作用	X
				046	采集站的概念	X
				047	摆放采集站的技术要求	X
				048	采集站的连接方式	Y
				049	常用采集站的用途	Y
				050	常用采集站的特点	Y
				051	常用采集站工作电压	Y
				052	采集站的使用方法	Y
				053	使用采集站的注意事项	Y
				054	电源站的工作原理	X
				055	电源站的使用方法	X
				056	电源站的摆放连接	X
				057	使用电源站注意事项	X
				058	工作道故障的排除方法	X
				059	工作道不正常的原因	X

续表

行业领域	代码	鉴定范围	鉴定比重	代码	鉴定点	重要程度
专业知识 B 70% (137∶15∶07)	C	放线 (51∶16∶05)	25%	060	车载电台使用注意事项	X
				061	施工任务书的内容	X
				062	车载电台的使用方法	X

注:X—核心要素;Y——般要素;Z—辅助要素。

附录5 中级工操作技能鉴定要素细目表

行业:石油天然气　　工种:石油地震勘探工　　等级:中级工　　鉴定方式:操作技能

行为领域	代码	鉴定范围	鉴定比重	代码	鉴定点	重要程度	备注
技能操作 A 100% (17:03:01)	A	钻井 (09:02:01)	40%	001	保养钻机钻井泵总成	X	
				002	保养井架总成	X	
				003	更换分动箱润滑油	X	
				004	保养起升加压装置总成	Y	
				005	常规保养气动系统	Z	
				006	更换链轮箱润滑油	X	
				007	更换钻井泵阀组件	X	
				008	更换钻机加压系统小链轮总成	X	
				009	更换钻机动力头水封	X	
				010	更换钻机动力头下油封	X	
				011	更换万向节十字轴	X	
				012	维护气动离合器	Y	
				013	操作钻机钻井	X	
	B	爆炸 (03:01:00)	30%	001	连接起爆网络	X	
				002	排除起爆网络故障	X	
				003	爆炸机电瓶检测与充电	X	
				004	安装检测爆炸机	X	
				005	操作爆炸机通讯电台	X	
	C	放线 (05:00:00)	30%	001	复杂地形布设电缆线和埋置地震检波器	X	
				002	排除排列故障	X	
				003	排除三串三并检波器串故障	X	
				004	排除六串二并检波器串故障	X	
				005	更换检波器上盖		
				006	使用万用表测试检波器性能	X	

注:X—核心要素;Y—一般要素;Z—辅助要素。

附录6 高级工理论知识鉴定要素细目表

行业：石油天然气　　　　工种：石油地震勘探工　　　　等级：高级工　　　　鉴定方式：理论知识

行为领域	代码	鉴定范围	鉴定比重	代码	鉴定点	重要程度	备注
基础知识 A 30% （41：10：02）	A	石油地质知识 （12：07：00）	10%	001	石油的元素及烃类组成	X	
				002	石油的非烃组成	X	
				003	石油的物理性质	X	
				004	油气生成的物化条件	X	
				005	天然气的成分及分类	Y	
				006	油气储集层	Y	
				007	油气的运移	Y	
				008	油气藏成藏要素	Y	
				009	油气藏类型	X	
				010	地球的外部圈层	X	
				011	地球的内部结构	X	
				012	地球的物理性质	X	
				013	岩浆岩分类及成分	X	
				014	沉积岩的分类	X	
				015	变质岩成分、结构及常见变质岩	Y	
				016	岩石的密度	Y	
				017	影响岩石速度的主要因素	Y	
				018	背斜与向斜	X	
				019	断层的概念	X	
	B	地震勘探基础知识 （08：01：00）	10%	001	地震波的分类	X	
				002	陆上石油物探控制测量和施工测量	X	
				003	二维观测系统的分类及相关概念	X	
				004	二维观测系统表述方式及覆盖次数计算	X	JS
				005	不同勘探阶段测线布设的目的和要求	Y	
				006	微测井概念及原理	X	
				007	浅层折射方法及作用	X	
				008	干扰波调查试验及干扰波分类	X	
				009	表层结构调查技术及质量要求	X	

续表

行为领域	代码	鉴定范围	鉴定比重	代码	鉴定点	重要程度	备注
基础知识 A 30% (41：10：02)	C	机械基础知识 (21：02：02)	10%	001	尺寸公差概念	X	
				002	上偏差概念	Y	
				003	下偏差概念	Y	
				004	基本尺寸概念	X	
				005	组装滑动轴承的方法	X	
				006	实际尺寸的概念	X	
				007	配合的分类	X	
				008	确定尺寸公差的方法	X	
				009	退火的目的	Y	
				010	正火的概念	Y	
				011	淬火的概念	Y	
				012	回火的概念	Y	
				013	钻孔的基本常识	X	
				014	弯曲的概念	X	JD
				015	研磨的概念	X	JD
				016	气焊的概念	X	JD
				017	齿轮传动的优点	X	
				018	链传动的优点	X	
				019	链传动的概念	X	
				020	齿轮传动的概念	X	
				021	蜗杆传动的概念	X	
				022	蜗杆与蜗轮的关系	X	
				023	滚动轴承的特点	X	
				024	销连接装配的要求	X	JD
				025	钻头的切削速度	X	JS
专业知识 B 70% (86：17：06)	A	钻井 (4510：02)	35%	001	液压流动系数概念	Y	
				002	液动力概念	X	
				003	液压系统震动的原因	X	JD
				004	液压装置噪声的原因	X	JD
				005	液压系统爬行的原因	X	
				006	液压系统进气的原因	X	JD
				007	气压控制元件概念	X	JD
				008	气压发生装置概念	X	
				009	空气的压缩性概念	X	
				010	钻机安全操作规程	Y	JD

续表

行为领域	代码	鉴定范围	鉴定比重	代码	鉴定点	重要程度	备注
专业知识 B 70% (86:17:06)	A	钻井 (4510:02)	35%	011	坍塌地层钻井的方法	X	
				012	漏失地层钻井的方法	X	
				013	钻井事故的分类	X	
				014	处理钻井事故的基本方法	X	
				015	卡钻事故的处理方法	X	
				016	判断孔内坍塌掉块程度的要点	X	JD
				017	防止油液污染的措施	X	JD
				018	钻机取力的步骤	Z	
				019	空压机的保养方法	X	
				020	钻机链轮箱的保养方法	X	JD
				021	判断液压油缸活塞的移动速度的方法	X	JS
				022	空气压缩机排气不正常原因	Y	JS
				023	钻机气动系统的组成	X	
				024	选择钻机液压油的方法	X	
				025	液压动力元件概念	X	
				026	液压执行元件分类	X	
				027	液压控制元件分类	X	
				028	液压辅助元件分类	Y	JD
				029	钻机液压卡紧的原因	X	
				030	冲击器的概念	Z	
				031	钻机系统的组成	X	
				032	确定马达扭矩的方法	X	JS
				033	确定齿轮油泵功率的方法	X	JS
				034	钻机钻井泵离合器打滑原因	X	
				035	钻机拉杆密封填料刺水原因	X	
				036	钻机系统动作慢原因	X	
				037	排除钻机齿轮油泵异响的方法	X	JD
				038	处理沙桥卡钻的方法	X	JD
				039	处理泥包卡钻的方法	X	JD
				040	换向阀工作次序紊乱的原因	Y	
				041	排除钻井泵动力端异响的方法	X	
				042	钻机出工前的准备工作	X	
				043	钻机的操作要求	X	JD
				044	钻井过程中的检查及注意事项	X	JD
				045	山地钻机操作使用	X	JD

续表

行为领域	代码	鉴定范围	鉴定比重	代码	鉴定点	重要程度	备注
专业知识 B 70% (86∶17∶06)	A	钻井 (45∶10∶02)	35%	046	山地钻机的保养	X	JD
				047	山地钻机故障排除	Y	
				048	动力头的修理	Y	
				049	分动箱的修理	Y	
				050	钻井泵的修理	Y	
				051	液压系统的修理	X	
				052	气控系统的修理	X	
				053	复杂地形下钻井要求	X	JD
				054	液压辅助元件过滤器的过滤精度确定方法	X	
				055	钻机的组装与试车	X	
				056	空压机传动轴的修理	X	
				057	启动汽车发动机的步骤	X	JD、JS
	B	爆炸 (13∶01∶00)	15%	001	操作 BOOMBOX 爆炸机放炮	X	
				002	爆炸机常见故障方法	X	
				003	操作 SHOTPROII 爆炸机放炮	X	
				004	设置 SHOTPROII 爆炸机参数	X	
				005	设置 BOOMBOX 爆炸机参数	X	JD
				006	设置 SGD-S 爆炸机参数	Y	
				007	早爆的原因及处理方法	X	JD
				008	盲炮的原因及处理方法	X	
				009	电瓶充电机的使用与维护	X	
				010	爆炸机测试起爆网络方法	X	
				011	电瓶充电机的故障排除方法	X	
				012	爆炸机的维护保养方法	X	
				013	无井口时间原因及排除方法	X	
				014	天线故障的现象及排除方法	X	
	C	放线 (28∶06∶04)	20%	001	电缆线导体的电阻	X	JS
				002	电缆线导体的电容	X	
				003	电缆线物理特征阻抗	X	
				004	电缆线的绝缘电阻	X	
				005	电缆线的工作电容	Z	
				006	地震电缆线串音	X	
				007	地震电缆衰减系数	Z	
				008	地震电缆拉断力	Y	
				009	地震电缆伸长率	X	

续表

行为领域	代码	鉴定范围	鉴定比重	代码	鉴定点	重要程度	备注
专业知识 B 70% (86:17:06)	C	放线 (28:06:04)	20%	010	查找地震电缆线断路的方法	X	
				011	排除地震电缆线断路的方法	X	
				012	电缆断点仪的使用的方法	Y	
				013	组装地震检波器串的技术要求	Z	
				014	焊接地震电缆线插头的方法	X	
				015	检波器串参数指标的测定方式	X	
				016	检波器阻尼系数对记录的影响	X	JD
				017	地震检波器阻尼的三种状态	Y	
				018	地震检波器阻尼系数的选用	X	JD
				019	检查地震检波器串故障的方法	X	JD
				020	排除地震检波器串故障的方法	Y	JD
				021	地震检波器串电阻值的计算方法	X	JS
				022	检波器的灵敏度影响因素	X	
				023	检波器测试仪的探头极性	X	
				024	测试检波器的要求	Y	
				025	检波器测试仪的使用方法	Y	JD
				026	检波器芯体工作原理	Z	
				027	焊接检波器芯体要求	X	
				028	三维勘探采集站及交叉站的摆放	X	
				029	特殊地表条件采集站的摆放	X	JD
				030	特殊地表条件电源站的摆放	X	JD
				031	小折射仪的排列形式	X	
				032	收工后地面电子设备的保养	X	JD
				033	小折射仪的作用	X	
				034	地震信号的数字化	X	JD
				035	现代地震数据采集系统的基本结构	X	
				036	覆盖地震电缆线定义	X	JD
				037	电缆线导体要求	Y	
				038	电缆线护套作用	X	

注:X—核心要素;Y—一般要素;Z—辅助要素。

附录7 高级工操作技能鉴定要素细目表

行业：石油天然气　　　工种：地震勘探工　　　等级：高级工　　　鉴定方式：操作技能

行为领域	鉴定范围			鉴定点			备注
	代码	名称	鉴定比重	代码	名称	重要程度	
操作技能 100% (30:04:01)	A	钻井 (18:03:01)	40%	001	更换钻机钻井泵缸套	X	
				002	更换钻机钻井泵阀座	Y	
				003	更换动力头主动轴轴承	X	
				004	更换动力头中心管轴承	X	
				005	更换钻井泵主动轴轴承	X	
				006	更换钻井泵从动轴轴承	X	
				007	调整钻井泵连杆大瓦	X	
				008	维护钻机液压系统	X	
				009	操作台钻	Y	
				010	使用丝锥	Y	
				011	使用板牙	Z	
				012	处理钻井泵气动离合器打滑	X	
				013	处理齿轮油泵端异响	X	
				014	处理液压系统不启动	X	
				015	处理液压系统动作慢	X	
				016	处理钻井泵动力端异响	X	
				017	操作钻机在复杂地层钻井	X	
				018	维护山地井架总成	X	
				019	维护山地起升加压装置	X	
				020	维护山地动力头	X	
				021	更换钻井泵阀座	X	
				022	装配万向传动装置	X	
	B	爆炸 (04:01:00)	30%	001	操作爆炸机放炮	X	
				002	排除爆炸机不开机故障	X	
				003	排除爆炸机通讯故障	X	
				004	排除放炮无井口时间故障	X	
				005	维护保养爆炸机	X	
				006	设置 SHOTPROII 译码器参数	x	
				007	设置 BOOMBOX 译码器参数	X	

续表

行为领域	鉴定范围			鉴定点			备注
	代码	名称	鉴定比重	代码	名称	重要程度	
操作技能 100% (30:04:01)	C	放线 (08:00:00)	30%	001	使用万表查找及排除排列故障	X	
				002	使用万用表检查检波器串的工作情况	X	
				003	更换检波器防水帽	X	
				004	检测检波器电缆性能	X	
				005	组装检波器芯体与外壳	X	
				006	焊接与测试六串地震检波器串	X	
				007	焊接与测试混联地震检波器串	Y	
				008	焊接小折射电缆	X	
				009	操作检波器测试仪		

注：X—核心要素；Y——般要素；Z—辅助要素。

附录8　技师、高级技师理论知识鉴定要素细目表

行业：石油天然气　　　工种：石油地震勘探工　　　等级：技师、高级技师　　　鉴定方式：理论知识

行为领域	代码	鉴定范围	鉴定比重	代码	鉴定点	重要程度	备注
基础知识 A 25% (85:17:02)	A	地质知识 (14:07:00)	5%	001	岩石的分类	X	
				002	变质作用	X	
				003	地质作用的概念和类型	Y	
				004	地质年代的划分	Y	
				005	地质作用的能源	Y	
				006	岩浆及岩浆活动的概念	Y	
				007	火山作用	Y	
				008	侵入作用	X	
				009	常见岩浆岩	X	
				010	成岩作用与沉积岩成因	X	
				011	圈闭的形成及分类	Y	
				012	背斜油气藏成因及分类	Y	
				013	断层油气藏的形成与分类	X	
				014	含油气盆地	X	
				015	石油的成因	X	
				016	沉积岩的成分与颜色	X	
				017	常见的沉积岩及特征	X	
				018	沉积岩的结构	X	
				019	地层油气藏的形成与分类	X	
				020	油气的生成阶段及生油层	X	
				021	内力地质作用和外力地质作用	X	
	B	地震勘探知识 (18:01:00)	5%	001	地震勘探野外试验方法	X	
				002	地震勘探野外试验内容	X	
				003	规则干扰波概念及类型	X	
				004	无规则干扰波概念及类型	X	
				005	干扰波的压制方法	X	
				006	面波的特征	X	
				007	声波的特征	X	
				008	浅层折射波的特征	X	
				009	地震波运动学特征	X	

续表

行为领域	代码	鉴定范围	鉴定比重	代码	鉴定点	重要程度	备注
基础知识 A 25% (85:17:02)	B	地震勘探知识 (18:01:00)	5%	010	地震波动力学特征	Y	JS
				011	地震勘探坐标系统的基本概念	X	
				012	三维观测系统类型	X	
				013	三维观测系统参数的选取方式	X	
				014	三维观测系统表述方式及覆盖次数的计算方法	X	JS
				015	激发因素试验流程及因素的选择	X	
				016	三维地震测线实测要求	X	
				017	地震记录的评价标准	X	
				018	高分辨率地震勘探技术	X	
				019	多波多分量地震勘探技术	X	
	C	机械基础知识 (42:04:01)	5%	001	更换零件的基本原则	X	
				002	修整零件的基本原则	X	
				003	完全互换法装配零件	X	
				004	用选配法装配零件	Y	JD
				005	用修配发装配零件	Y	JD
				006	用调整法装配零件	Y	JD
				007	装配图主要内容	X	
				008	联轴器及其装修工艺	Z	
				009	机械维修的常用方法	X	
				010	液压油的选用原则	X	
				011	空压机机油的选用原则	X	JD
				012	齿轮机油的选用原则	X	JD
				013	带传动机构及其装修工艺	X	
				014	齿轮传动机构的组装工艺	X	
				015	零件主视图的表达方式	X	JD
				016	零件图尺寸的标注要求	X	JD
				017	零件表面粗糙度的标注方法	Y	JD
				018	形位公差的标注方法	X	JS
				019	齿轮分度圆直径的确定方法	X	JS
				020	绘制零件图的步骤方法	X	
				021	轴类零件表面的修理方法	X	
				022	轴上键槽的修理方法	X	
				023	花键的修理方法	X	
				024	旧件修复方法	X	
				025	磨损的规律	X	

续表

行为领域	代码	鉴定范围	鉴定比重	代码	鉴定点	重要程度	备注
基础知识 A 25% (85：17：02)	C	机械基础知识 (42：04：01)	5%	026	零件磨损阶段的分类	X	JD
				027	三视图的形成	X	
				028	三视图之间的对应关系	X	
				029	零件的分类	X	
				030	零件图的内容	X	
				031	零件图的视图选择	X	
				032	零件图的尺寸标注原则	X	
				033	零件的表面粗糙度概念	X	
				034	极限与配合的概念	X	
				035	形状和位置公差	X	
				036	键连接装配要求	X	JD
				037	零件热装配的方法	X	JD
				038	零件冷装配的方法	X	
				039	带传动机构的组装方法	X	JS
				040	链传动机构的组装方法	X	JS
				041	滚动轴承的装配方法	X	
				042	固定连接及装修工艺	X	
				043	滚动轴承及装修工艺	X	
				044	滑动轴承及装修工艺	X	
				045	链传动的装配要求	X	JD
				046	识读装配图中的尺寸与配合	X	
				047	装配图的表达方法	X	
	D	计算机知识 (08：04：01)	5%	001	计算机的分类	X	
				002	计算机的工作原理	X	
				003	计算机软件的基本概念	X	
				004	办公软件的应用种类	X	
				005	计算机的主要技术指标	X	
				006	计算机的组成	X	
				007	计算机的存储系统	Y	
				008	软件基本知识	X	
				009	计算机病毒的防治	Y	
				010	局域网络的安全防范知识	Y	
				011	局域网的组建系统	Y	
				012	多媒体系统	Z	
				013	互联网的应用	X	

续表

行为领域	代码	鉴定范围	鉴定比重	代码	鉴定点	重要程度	备注
基础知识 A 25% (85：17：02)	E	野外施工管理基础知识（03：01：00）	5%	001	产品的概念	Y	
				002	质量管理要求	X	
				003	内部质量审核标准	Y	
				004	环境保护的内容	X	
专业知识 B 75% (118：07：02)	A	钻井（37：02：01）	30%	001	钻机大修的标志	X	JD
				002	钻机的养护制度	X	JD
				003	钻机井架的维护要求	X	
				004	设备一级保养的内容	X	
				005	钻机的装配方法	X	JS
				006	钻机的检验方法	X	
				007	转盘离合器助力器的维修方法	X	
				008	山地钻机调试前期准备工作	Z	JD
				009	钻机的拆卸与装配方法	X	
				010	绞车离合器摩擦片和气囊的更换方法	X	
				011	钻机动力头的组装方法	X	JD
				012	钻机钻井泵的组装方法	X	JD
				013	水龙头使用和保养方法	X	
				014	液压系统的维护方法	X	
				015	转盘的使用和保养方法	Y	
				016	组装钻机气控系统的方法	X	JD
				017	测试马达转速方法	X	
				018	液压传动气穴形成原因		JD
				019	钻机气动三大件保养要求	X	
				020	更换动力头油封的技术要求	X	
				021	钻机损坏的原因	X	
				022	钻机空压机响声的原因	X	
				023	钻机分动箱异响的原因	X	JD
				024	防止空气进入液压系统的措施	Y	JD
				025	钻井液压系统泄漏的故障原因	X	JD
				026	钻机加压装置的组成	X	
				027	钻机空压机的技术要求	X	JD
				028	钻机离合器故障分析与排除方法	X	
				029	钻井泵的原理	X	
				030	钻机气控系统的工作原理	X	
				031	山地钻机动力头的检修方法	X	JD

续表

行为领域	代码	鉴定范围	鉴定比重	代码	鉴定点	重要程度	备注
专业知识 B 75% (118:07:02)	A	钻井 (37:02:01)	30%	032	变速箱的使用与故障排除方法	X	
				033	判断汽车底盘故障方法	X	JD
				034	山地钻机发动机的检修方法	X	JD
				035	传动箱和分动箱的使用与维护	X	
				036	山地钻机油泵油箱框架总成维修内容	X	JD
				037	山地钻机调试方法	X	JD
				038	山地钻机验收项目	X	
				039	山地钻机井架检修内容	X	
				040	山地钻机液压系统的检修内容	X	JD
	B	爆炸 (12:03:00)	15%	001	排除译码器辅助部件故障	X	JD
				002	SGD-S 控制器参数设置方式	X	
				003	设置 SHOTPRO 编码器参数方式	X	JD
				004	遥控爆炸同步系统工作原理	X	
				005	BOOM BOX 译码器故障排除方法	X	JD
				006	SHOTPROII 译码器故障排除方法	X	JD
				007	设置 BOOMBOX 编译码器参数方式	X	
				008	SGD-S 译码器常见故障现象	X	
				009	SHOTPROⅡ遥爆系统启爆延迟调整方法	Y	JD
				010	BOOMBOX 遥爆系统启爆延迟调整方法	Y	
				011	设置 SHOTPROII 编译码器参数方法	Y	
				012	排除译码器故障的方法	X	
				013	GPS 位置差分原理	X	JD
				014	GPS 在爆炸机的应用	X	
				015	驻波功率计使用方法	X	JD
	C	放线 (24:02:01)	15%	001	地震专用光缆的主要技术指标	Y	
				002	光缆的结构		
				003	光缆的优点	X	
				004	采集链的维修方法	X	JD
				005	采集外设的检测方法	X	JD
				006	数传电缆的结构特点	Y	
				007	地震线缆的技术要求	Z	JD
				008	检波器串开路的故障原因	X	JD
				009	检波器串开路的故障排除方法	X	JS
				010	检波器串短路的故障原因	X	JD
				011	检波器串短路的故障排除方法	X	JD

续表

行为领域	代码	鉴定范围	鉴定比重	代码	鉴定点	重要程度	备注
专业知识 B 75% (118:07:02)	C	放线 (24:02:01)	15%	012	检波器串阻值大的故障原因	X	JD、JS
				013	检波器串阻值大的故障排除方法	X	JD
				014	检波器串阻值小的故障原因	X	JS
				015	检波器串阻值小的故障排除方法	X	JD
				016	检波器串芯体故障排除方法	X	
				017	更换地震采集链线缆的方法	X	JD
				018	地震电缆线的分类	X	JD
				019	更换地震线缆插头	X	
				020	设置检波器测试仪参数	X	JD
				021	排除六串二并及五串二并检波器串故障	X	JS
				022	兆欧表的使用电方法	X	JD
				023	光缆的维修方法	X	
				024	排列助手的功能	X	JD
				025	排列助手的使用注意事项	X	JD
				026	采集链的配置更新	X	
				027	光缆的传导方式	X	JD
				028	浅海地震检波器使用及注意事项	X	JD
	D	综合能力 (23:00:00)	15%	001	使用 Word 进行文件编辑	X	
				002	使用 EXCEL 制作表格	X	
				003	利用网络查询搜集资料信息	X	
				004	利用多媒体制作培训课件	X	
				005	技能培训的内容及原则	X	JD
				006	区块完工后地震仪器的验收工作	X	JD
				007	区块开工前地震仪器的准备工作	X	JD
				008	科技论文的撰写方法	X	
				009	科技论文的定义和基本特征	X	JD
				010	科技论文的分类	X	
				011	撰写技论文的格式要求	X	
				012	撰写技论文的字体要求	X	
				013	培训方案的编制内容	X	
				014	观测系统的绘制方法	X	
				015	地震测线布设的基本要求	X	
				016	GDZ24A 仪器操作系统	X	
				017	GDZ24A 仪器数据采集前的准备工作	X	JD
				018	GDZ24A 仪器使用规程	X	

续表

行为领域	代码	鉴定范围	鉴定比重	代码	鉴定点	重要程度	备注
专业知识 B 75% (118∶07∶02)	D	综合能力 (23∶00∶00)	15%	019	GDZ24A 仪器菜单结构说明	X	JD
				020	GDZ24A 仪器启动数据采集方法	X	
				021	GDZ24A 仪器年月检录制	X	
				022	电子线路焊接与调试步骤	X	JD

注：X—核心要素，掌握；Y——般要素，熟悉；Z—辅助要素，了解。

附录9 技师操作技能鉴定要素细目表

行业：石油天然气　　　　工种：地震勘探工　　　　等级：技师　　　　　　方式：操作技能

行为领域	代码	鉴定范围	鉴定比重	代码	鉴定点	重要程度
技能操作 A 85% (19:04:00)	A	钻井 (07:04:00)	35%	001	组装钻机	Y
				002	组装钻机动力头	X
				003	组装钻机钻井泵	X
				004	组装钻机链轮箱	Y
				005	组装钻机分动箱	X
				006	组装钻机气控系统	X
				007	保养钻机空压机	Y
				008	排除钻机动力头主轴不转故障	X
				009	排除钻井泵排量不足故障	X
				010	排除液压系统动作慢故障	X
				011	检查与保养空压机	Y
	B	爆炸 (03:00:00)	20%	001	设置SHOTPRO Ⅱ 编码器参数	X
				002	设置BOOMBOX编码器参数	X
				003	遥爆系统常见故障排除	X
	C	放线 (06:00:00)	30%	001	焊接地震检波器串	X
				002	用检波器测试仪器检测芯体	X
				003	判断并排除检波器串极性故障	X
				004	判断并排除检波器串阻值故障	X
				005	检测数传地震电缆	X
	D	综合能力 (03:00:00)	15%	001	使用Word进行文件编辑	X
				002	使用Excel编辑表格	X
				003	指导地震勘探工的理论培训	X
				004	指导地震勘探工的技能培训	X

注：X—核心要素，掌握；Y—一般要素，熟悉；Z—辅助要素，了解。

附录10　高级技师操作技能鉴定要素细目表

行业:石油天然气　　　工种:地震勘探工　　　等级:高级技师　　　鉴定方式:操作技能

行为领域	代码	鉴定范围	鉴定比重	代码	鉴定点	重要程度
技能操作 A 75% (29:01:01)	A	钻井 (10:01:00)	30%	001	组装齿轮传动机构	X
				002	焊接动力头壳体	X
				003	焊接钻头钨钢块	X
				004	焊接钻杆接头	X
				005	排除换向阀滑阀不动的故障	X
				006	排除钻机分动箱异响的故障	X
				007	排除链轮箱异响的故障	Y
				008	排除齿轮油泵异响的故障	X
				009	检修 WTZ5122TZJ 钻机	X
				010	调试 WTZ5122TZJ 钻机	X
				011	山地钻机性能试验	X
	B	爆炸 (04:00:00)	20%	001	排除译码器高压不放电故障	X
				002	排除译码器辅助部件故障	X
				003	使用驻波功率计测试电台功率	X
				004	遥爆系统启动延迟测试	x
	C	放线 (11:00:00)	25%	001	输入 SMT-200 系列检波器测试参数	X
				002	更换地震电缆插头	X
				003	维修电缆断线	X
				004	使用排列助手设置相关参数	X
				005	使用排列助手完成相关检测	X
				006	使用排列助手设定采集链中 FDU 单元个数	X
	D	综合能力 (04:00:01)	25%	001	绘制观测系统	z
				002	分析三维观测系统图	X
				003	技术论文及答辩	X
				004	制作多媒体技术培训文稿	x
				005	电子线路焊接与调试	z
				006	设置小折射仪参数	X
				007	录取小折射仪月检	X
				008	操作小折射仪检测排列	X

注:X—核心要素,掌握;Y——般要素,熟悉;Z—辅助要素,了解。

附录11 操作技能考核内容层次结构表

级别\项目\内容	技能操作 钻井	爆炸	放线	综合能力	时间合计 min
初级	40分 10~15min	30分 15~30min	30分 15~30min		100分 40~75min
中级	40分 10~20min	30分 10~30min	30分 15~30min		100分 35~80min
高级	40分 10~20min	30分 30~30min	30分 10~40min		100分 50~90min
技师	35分 20~30min	20分 10~20min	30分 10~30min	15分 20~50min	100分 60~130min
高级技师	30分 20~30min	20分 10~20min	25分 10~30min	25分 20~50min	100分 60~130min

参 考 文 献

[1] 黄祥成,胡农,李德富.机修钳工技师手册.北京:机械工业出版社,2001.
[2] 钱可强等.机械制图.北京:中国劳动社会保障出版社,2001.
[3] 中国石油天然气总公司劳资局.石油地震勘探工.北京:石油工业出版社,1998.
[4] 中国石油天然气集团公司人事劳资部.石油地震勘探工.北京:石油工业出版社,2000.